# Mathematiker und Mathematik an der Universität München

## 500 Jahre Lehre und Forschung

von

Michael Toepell

# ALGORISMUS

## STUDIEN ZUR GESCHICHTE DER MATHEMATIK UND DER NATURWISSENSCHAFTEN
### HERAUSGEGEBEN VON MENSO FOLKERTS

Heft 19

MÜNCHENER UNIVERSITÄTSSCHRIFTEN

INSTITUT FÜR GESCHICHTE DER NATURWISSENSCHAFTEN
MÜNCHEN 1996

# Mathematiker und Mathematik an der Universität München

## 500 Jahre Lehre und Forschung

von

Michael Toepell

INSTITUT FÜR GESCHICHTE DER NATURWISSENSCHAFTEN
MÜNCHEN 1996

Die Deutsche Bibliothek - CIP-Einheitsaufnahme

**Toepell, Michael:**
Mathematiker und Mathematik an der Universität München :
500 Jahre Lehre und Forschung / Michael Toepell. Institut für
Geschichte der Naturwissenschaften, München. - München :
Inst. für Geschichte der Naturwiss., 1996
  (Algorismus ; H. 19) (Münchener Universitätsschriften)
  Zugl.: München, Univ., Habil.-Schr., 1992
  ISBN 3-89241-020-8
NE: 1. GT

Gedruckt mit Unterstützung aus Mitteln
der Münchener Universitätsschriften

© München 1996
Druck: db drucken + binden gmbh, Schellingstr. 23, 80799 München

Die Mathematik ist stets ein großer Faktor im Kulturleben der Menschheit gewesen; als solcher ist sie dem Schüler in historischem Zusammenhange vorzuführen.

Ferdinand Lindemann

*Rektorats-Antrittsrede 1904*

# Vorwort

Am 1.Mai 1492 - also vor einem halben Jahrtausend - wurde für den Mathematiker und Astronomen Johann Engel an der Universität Ingolstadt eine Lehrstelle eingerichtet, die durch regelmäßige Neubesetzungen zu einer planmäßigen Fachprofessur wurde und aus der bald ein Lehrstuhl, Ende des 18. Jahrhunderts ein zweiter, 1856 ein mathematisch-physikalisches Seminar und inzwischen die Mathematische Fakultät mit über 60 Professoren und Privatdozenten hervorgegangen sind.

Eine Anfrage an das Mathematische Institut der Universität München mit der Bitte um einen Beitrag über die Geschichte dieses Instituts, war 1987 der Anlaß, diese Vorgeschichte eingehender zu untersuchen. Es gab bisher keine Gesamtdarstellung der Entwicklung. Während über "Die Mathematik und ihre Dozenten an der Berliner Universität (1810-1933)" das umfangreiche Werk - fast ein Lebenswerk - von K.-R. Biermann schon in der zweiten Auflage erschienen ist und auch bereits über die Mathematik an anderen Universitäten eingehendere Arbeiten vorliegen (z.B. [Beckert] über Leipzig, [Gericke 1955] über Freiburg i.Br., [Reindl] über Würzburg), gibt es über die Universität München, an der gerade die Mathematikgeschichte besonders gepflegt wird, nichts auch nur annähernd Vergleichbares. So ist schließlich aus der ursprünglichen Arbeit an dem entsprechenden Beitrag [Toepell 1989] für den DMV-Band über die Mathematischen Institute in Deutschland (1800-1945) die vorliegende Untersuchung entstanden.

Bei einer 500jährigen Geschichte eines aus einem Lehrstuhl hervorgegangenen Instituts können neben dem allgemeinen Entwicklungsgang, der natürlich alles wesentliche erfassen sollte, bemerkenswerte Entwicklungsschritte nur beispielhaft eingehender dargestellt werden. Um die Einzeluntersuchungen etwas zu fokussieren, wurde ein genereller Schwerpunkt gesetzt.

Betrachtet man die Entwicklung genauer, so ergibt sich, daß für das Verständnis der Gegenwart eine Periode maßgebend war, in der sich die Universität von der jahrhundertealten Lehranstalt zu einer Einrichtung entwickelte, in der Lehre und Forschung gleichermaßen zu ihrem Recht kommen. Diese Entwicklung fällt in die Zeit des 19. und die erste Hälfte des 20. Jahrhunderts.

Wie sich zeigt, sind in diesem Zusammenhang die folgenden Fragen bisher kaum untersucht worden: In welcher Weise hat sich dieser Übergang vollzogen? Welche Forschungsschwerpunkte haben sich dabei entwickelt? Wer war daran beteiligt? Wie ist das Mathematische Seminar entstanden? Welche Aufgaben hatte es? Wie kam es zu den entscheidenden Berufungen?

Diese Fragen führen im besonderen in die Epoche, die zwischen der Seminargründung (1856) und dem Beginn der Ära Perron-Carathéodory-Tietze Mitte der 1920er Jahre liegt. Den Schwerpunkt bildet dabei die Untersuchung des mathematisch-physikalischen Seminars unter Seidel, Bauer, Lindemann, Voss und Pringsheim - also der aufschlußreichen Jahrzehnte um die Wende zum 20. Jahrhundert.

Der *Zweck des Seminars* war bei seiner Gründung und im ersten Jahrhundert seines Bestehens die Ausbildung von Mathematiklehrern. Aus den Seminaren gingen im 20. Jahrhundert Institute hervor. Allerdings ist unter diesen deren ursprüngliche Zweckbestimmung, die Lehrerbildung, inzwischen nicht selten in Vergessenheit geraten. Da dies insbesondere für das Mathematische Institut der Universität München gilt, ist die Entwicklung des Seminars einer der Schwerpunkte der vorliegenden Arbeit.

Es war also die *Lehrerbildung*, die zur Institutionalisierung und dem damit verbundenen Ausbau der Mathematik führte. Erst seit Mitte des 20. Jahrhunderts nimmt demgegenüber die Ausbildung von *Diplommathematikern* für Wirtschaft, Verwaltung und Hochschulen einen vergleichbaren Stellenwert ein. Naturgemäß werden daher in der vorliegenden Arbeit im besonderen Ausbildungsfragen berücksichtigt. Um den Rahmen nicht zu überziehen, wurde auf eine vertiefte Behandlung mathematischer Probleme verzichtet. Sie wäre eher Gegenstand einer Problemgeschichte oder auch ausführlicher biographischer Untersuchungen.

Die Arbeit vermittelt also sowohl erstmals eine Gesamtdarstellung einer rund 500jährigen Entwicklung, die die geleisteten Vorarbeiten zusammenfaßt, als auch eine detaillierte, quellenorientierte Untersuchung einer bislang noch nicht genauer dargestellten Epoche, nämlich der Jahrzehnte von 1850 bis 1925.

Die Gesamtdarstellung verlangt, daß man sich neben den Quelleneditionen auch auf Sekundärliteratur stützen kann. Diese schon vorhandenen Forschungsarbeiten wurden, was bei historischen Arbeiten selbstverständlich sein sollte, ebenfalls ausführlich zitiert, um stets ein sorgfältiges Zurückverfolgen zu den Quellen zu ermöglichen. Bei der eingehenderen Untersuchung der Jahre von 1850 bis 1925 steht dagegen, wie erwähnt, das unmittelbare

## Vorwort

Quellenstudium im Vordergrund. Eine Reihe von Dokumenten zum genannten Schwerpunkt wurden in den Anhang aufgenommen.

Die erwähnte Anfrage und damit die ursprüngliche Anregung, die zur vorliegenden Untersuchung führte, ging von Herrn Prof. Dr. Winfried Scharlau aus. Herr Prof. Dr. Otto Forster und Herr Prof. Dr. Rudolf Fritsch vermittelten und reichten das Gesuch an den Autor weiter.

Der inzwischen verstorbene Lindemann-Schüler Prof. Dr. Dr. Otto Volk stellte den in seinem Besitz befindlichen Teil des Lindemann-Nachlasses zur Verfügung und berichtete noch in mehreren Begegnungen aus der Ära Lindemann-Voß. Weitere durch Herrn Fritsch zusammengetragene Nachlaßteile, wie etwa auch das Manuskript mit den Lebenserinnerungen Lindemanns, stammen von Nachkommen.

Besonders lebendig wurde die Entwicklung im 20. Jahrhundert durch die zahlreichen Gespräche mit Herrn Prof. Dr. Karl Seebach. Er hat seit Beginn der 30er Jahre die Entwicklung der Mathematik in München nicht nur miterlebt, sondern auch selbst mitgestaltet.

Herr Prof. Dr. Menso Folkerts stellte die im Institut für Geschichte der Naturwissenschaften aufbewahrten Akten des Mathematisch-physikalischen Seminars zur Verfügung und gewährte Einsicht in die dort vorhandenen Nachlässe. Frau Prof. Dr. Laetitia Boehm und ihre Mitarbeiter ermöglichten mir den Zugang zum Universitätsarchiv, Herr Bibliotheksoberrat Dr. Helmut Rohlfing (Göttingen) zum Nachlaß von Felix Klein und David Hilbert. Frau Maria Ketnath war, als Verwalterin der Dekanatsakten, bei der Vervollständigung der Promotions- und Habilitationsübersichten behilflich. Gelegentlich war auch die Benutzung der Handschriftenabteilungen von Universitätsbibliothek und Bayerischer Staatsbibliothek, sowie des Bayerischen Hauptstaatsarchivs und des Archivs der Bayerischen Akademie der Wissenschaften wertvoll.

Viele hier Ungenannte unterstützten das Projekt durch mündliche und auch schriftliche Anregungen, Mitteilungen und Hinweise, auch durch Tagungs- oder Diskussionsbeiträge - etwa bei Vorträgen des Autors. Dazu gehören ebenfalls eine Reihe von Mitgliedern der Fakultäten für Mathematik und für Physik der Universität München. Nicht zuletzt hat mein verehrter Lehrer und Kenner der Materie Herr Prof. Dr. Helmuth Gericke, der die Freiburger Institutsgeschichte verfaßt hat und sich bereits früher, etwa in

# Vorwort

Seminaren, mit der Geschichte des Münchner Instituts beschäftigt hatte, durch wiederholtes Lesen des Manuskripts und konstruktive Anmerkungen die Entstehung der Arbeit mit großem Wohlwollen begleitet. Ihnen allen möchte ich an dieser Stelle meinen herzlichen Dank aussprechen.

München, den 1. Mai 1992                    Michael Toepell


Seit längerem wurde aus verschiedenen Richtungen der Wunsch geäußert, die vorliegende von der Fakultät für Mathematik der Universität München im Sommersemester 1992 als Habilitationsschrift angenommene Arbeit zu veröffentlichen. Das bevorstehende Jubiläum zum 25jährigen Bestehen der Fakultät war nun der konkrete Anlaß, das bisher nur in wenigen Exemplaren vervielfältigte Manuskript in eine gedruckte Form zu bringen. Dabei wurde der Text - auch unter Berücksichtigung neuerer historischer Forschungsarbeiten - an verschiedenen Stellen etwas überarbeitet und ergänzt. Einige Bezüge wurden aktualisiert.

Dem Thema entsprechend berücksichtigt die Arbeit den Personalstand bis 1992. Auf eine Weiterführung über 1992 hinaus wurde in dieser historisch orientierten Schrift weitgehend verzichtet. Lediglich in den Abschnitten 11.2 und 11.3 sind inzwischen abgeschlossene Lehrtätigkeiten an der Fakultät durch eine Jahresangabe in Klammern ergänzt worden.

Auch an dieser Stelle einige Worte des Dankes: Prof. Dr. Winfried Scharlau (Münster) sowie Prof. Dr. Menso Folkerts haben das Manuskript mit kritischem Auge gelesen und mir wertvolle Ratschläge erteilt. Ihnen und auch mehreren weiteren Kollegen aus den Fakultäten für Mathematik und Physik möchte ich für ihre Beiträge und ergänzenden Bemerkungen herzlich danken. Mein Dank gilt ebenso Prof. Dr. Rudolf Fritsch, der mir an seinem Lehrstuhl für Didaktik der Mathematik von 1986 bis 1992 den nötigen Freiraum gewährte, ohne den die gedeihliche Entstehung dieser Arbeit nicht möglich gewesen wäre.

Nicht zuletzt möchte ich darüber hinaus Menso Folkerts danken für die bereitwillige Aufnahme dieser Schrift in seine Buchreihe *Algorismus - Studien zur Geschichte der Mathematik und der Naturwissenschaften*.

München, im Sommer 1996                    Michael Toepell

# Inhaltsverzeichnis

Vorwort ............................................................................... VII
Erläuterungen zu den Zitaten und Abkürzungen ................... XIX
Abkürzungsverzeichnis ........................................................... XX

## 0. Einführung ...................................................................... 1
0.1 Aufgaben und Schwerpunkte ............................................. 1
0.2 Zur Forschungssituation .................................................... 6
0.3 Zur Quellenlage ................................................................. 8
0.4 Verbindungslinien zu anderen Universitäten ................... 11
0.5 Die Entwicklung im Überblick ........................................ 12

## 1. Humanistische Blütezeit 1472 - 1588 ............................ 17
1.1 Gründung der Universität ................................................ 17
1.2 Mathematik an der Artistenfakultät ................................. 20
   1.2.1 Organisation nach dem Vorbild Wiens ..................... 20
   1.2.2 Baccalaureat ............................................................. 22
   1.2.3 Magisterprüfung ....................................................... 24
   1.2.4 Stundenplan ............................................................. 27
1.3 Einrichtung einer Fachprofessur für Mathematik und Astronomie
    im Jahre 1492 ................................................................ 29
   1.3.1 Johann Engel ............................................................ 29
   1.3.2 Stabius und Celtis .................................................... 32
   1.3.3 Stiborius und Tannstetter ......................................... 35
1.4 Erste mathematische Bibliotheksbestände ...................... 36
   1.4.1 Der Bücherkatalog der Artistenfakultät von 1492 .... 36
   1.4.2 Das Bücherverzeichnis von 1508 ............................. 38
1.5 Neuorientierung am Anfang des 16. Jahrhunderts .......... 41
   1.5.1 Rud, Ostermair, Würzburger, Fischer und Veltmiller ... 41
   1.5.2 Johann Böschenstein ................................................ 43
   1.5.3 Johann Eck und Gregor Reisch ................................ 44

Inhalt

1.6 Peter Apian .................................................................. 46
   1.6.1 Kartographie und der "Cosmographicus Liber" ........... 46
   1.6.2 Apians Rechenbuch und das "Astronomicum Caesareum" ........ 48
   1.6.3 Vorlesungsverzeichnis von 1548 .............................. 50
1.7 Philipp Apian - die Zeit konfessioneller Auseinandersetzungen ........... 51
   1.7.1 Vorlesungen und Werk ........................................ 51
   1.7.2 Johann Bosch - der Vorlesungsplan von 1571 .................... 54

**2. Die Zeit der Jesuiten** ..................................................... 57

2.1 Übernahme der Fakultät durch den Jesuitenorden ........................ 57
   2.1.1 Universitätskrise .............................................. 57
   2.1.2 Förderung der Mathematik durch Clavius ....................... 60
   2.1.3 Die ersten Ordensmathematiker ................................ 61
   2.1.4 Johann Lanz ................................................... 63
2.2 Christoph Scheiner ........................................................ 64
   2.2.1 Storchenschnabel und Ellipsenzirkel ............................ 64
   2.2.2 Astronomische Untersuchungen ................................ 65
   2.2.3 Mathematische Lehrtätigkeit ................................... 67
2.3 Scheiners Nachfolger im 17. Jahrhundert .............................. 68
   2.3.1 Johann Baptist Cysat .......................................... 68
   2.3.2 Niedergang .................................................... 70

**3. Neuerungen in der Epoche der Aufklärung (18. Jh.)** ...................... 75

3.1 Hervortreten einzelner Mathematiker ................................... 75
   3.1.1 Ignaz Koegler und Anton Kleinbrodt ............................ 75
   3.1.2 Nicasius Grammatici ........................................... 76
3.2 Erste Studienreform (1746) unter Maximilian III. Joseph und Ickstatt . 78
   3.2.1 Professur für Experimentalphysik .............................. 78
   3.2.2 Die Gebrüder Mangold ........................................ 79
   3.2.3 Die Zeit der Akademiegründung ............................... 80
   3.2.4 Zanner und Amman ............................................ 83
3.3 Neue Vorlesungsgrundlagen in reiner Mathematik (1773) ............... 85
   3.3.1 Johann Helfenzrieder .......................................... 85
   3.3.2 "Anfangsgründe der reinen Mathematik" ........................ 85

3.3.3 Differentialrechnung ... 87
3.3.4 Größen ... 87
3.3.5 Höhere Geometrie ... 88
3.4 Reine und angewandte Mathematik in den Reformansätzen der 1770er Jahre ... 89
   3.4.1 Die Aufhebung des Jesuitenordens und deren Folgen ... 89
   3.4.2 Ickstatt u. Wolff über die Aufgaben des Mathematikunterrichts .. 90
   3.4.3 Gutachten - Aufwertung der Mathematik u. ihrer Anwendungen 93
   3.4.4 Vorlesungspläne ... 95
3.5 Ausweitung des mathematischen Studienangebots unter Steiglehner und Schlögl ... 97
   3.5.1 Erneute Ordensaufsicht ... 97
   3.5.2 Neubesetzungen durch Ordensgeistliche ... 98
   3.5.3 Mathematik und ihre Anwendungen zur Zeit der Reform um 1784 ... 99
3.6 Das letzte Jahrzehnt in Ingolstadt ... 103
   3.6.1 Der Physiker Heinrich ... 103
   3.6.2 Gerald Bartl ... 104
   3.6.3 Knoglers Vorlesungen ... 105
   3.6.4 Magolds Lehrbuch ... 107
   3.6.5 Neuorganisation - Jahresvorlesungsplan von 1799 ... 108

**4. Entwicklung des mathematischen Fachstudiums in Landshut (1800-1826) und in München in der Zeit Ludwigs I. (1826-1848)** ... 113

4.1 Führende Stellung der mathematischen Sektion unter Montgelas ... 113
   4.1.1 Abschaffung der Fakultäten ... 113
   4.1.2 Pflichtfach Mathematik ... 114
4.2 Einflüsse und Auswirkungen der Bildungsreformen um Humboldt ... 115
   4.2.1 Stahl, Seyffer, Schelling, Niethammer ... 115
   4.2.2 Mathematische Schulbildung ... 117
   4.2.3 Förderung der reinen Mathematik durch die Lehrerbildung ... 119
4.3 Begründung der kombinatorisch-analytischen Forschungsrichtung durch Stahl ... 120
   4.3.1 Verbindung zu Goethe ... 120
   4.3.2 "Combinatorische Analysis" ... 122

Inhalt

4.4 Aufschwung in München unter Ludwig I., Thiersch und Schelling .... 124
4.5 Johann Leonhard Späth ............... 126
4.6 Einrichtung eines mathematischen Fachstudiums (1836) ............... 130
4.7 Thaddäus Siber und Georg Simon Ohm ............... 133
4.8 Franz Desberger ............... 136
4.9 Hierl, Reindl und Recht ............... 139

5. **Die Konstituierung mathematischer Forschung an der Universität in der zweiten Hälfte des 19. Jahrhunderts** ............... 143

5.1 Philipp Ludwig Seidel ............... 143
    5.1.1 Einfluß der Berliner und der Königsberger Schule ............... 143
    5.1.2 Einführung des wissenschaftlichen Studiums ............... 147
    5.1.3 Gleichmäßige Konvergenz ............... 149
5.2 Die Entwicklung der technischen Richtung durch angewandte Mathematiker ............... 150
    5.2.1 Technische Vorlesungen an der Universität ............... 150
    5.2.2 Mathematik an den neugegründeten Realgymnasien ............... 154
    5.2.3 Gründung der Technischen Hochschule München (1868) ............... 155
    5.2.4 Habilitationen an Universität und Technischer Hochschule ............... 160
5.3 Das Mathematisch-Physikalische Seminar ............... 162
    5.3.1 Seminargründungsgesuch von Martin Ohm (1832) ............... 162
    5.3.2 Einrichtung und Statuten (1856) ............... 166
    5.3.3 Weitere mathematische Seminare ............... 171
    5.3.4 Gründung der Seminarbibliothek ............... 173
    5.3.5 Prämien ............... 175
    5.3.6 Tätigkeitsberichte ............... 177
    5.3.7 Abschaffung der Prämien und Tätigkeitsberichte ............... 182
    5.3.8 Fortführung des Seminars ............... 184
    5.3.9 Zusammenhang von Schule und Universität ............... 187
5.4 Fachliche Zusammenschlüsse ............... 189
    5.4.1 Mathematischer Verein ............... 189
    5.4.2 Mathematisch-naturwissenschaftliche Sektion ............... 191
5.5 Die Spezialisierung der Lehrstühle ............... 193
    5.5.1 Der Geometer und Algebraiker Conrad Gustav Bauer ............... 193
    5.5.2 Seidels "Pro memoria" (1874) ............... 197

## 6. Die Ära Pringsheim - Lindemann - Voss am Übergang von empirisch-anschaulicher zu formal-deduktiver Mathematik ......... 201

6.1 Alfred Pringsheim und Ferdinand Lindemann ..................... 201
6.2 Ausweitung des Vorlesungsangebots ................................... 205
6.3 Das Berufungsbemühen um Klein und seine Auswirkung auf die mathematische Schule in Göttingen .................................... 208
6.4 Die Berufung von Lindemann ............................................. 212
6.5 Initiativen, Vorlesungen und Werk Lindemanns .................. 218
6.6 Einrichtung neuer Stellen: Assistenz und Extraordinariat; Doehlemann und der Bayerische Mathematikerverein ......... 226
6.7 Berufungsbemühungen um Hilbert und Voss ...................... 230
6.8 Aurel Voss .......................................................................... 235
6.9 Beziehungen zur Göttinger Schule ...................................... 239

## 7. Neue Aufgaben- und Forschungsbereiche der Mathematik in den ersten Jahrzehnten des 20. Jahrhunderts ..................... 243

7.1 Theoretische Physik als spezielles Anwendungsgebiet der Mathematik ........................................................................ 243
7.2 Mathematisch-physikalische Sammlung ............................. 248
   7.2.1 Entwicklung der Sammlung seit dem 17. Jahrhundert .... 248
   7.2.2 Sammlung mathematischer Modelle .............................. 251
7.3 Ferienkurse für Mathematiklehrer ....................................... 255
7.4 Didaktik, Elementarmathematik, Vorlesungsbetrieb ........... 259
   7.4.1 Zur Konstituierung der Mathematikdidaktik - Hugo Dingler ..... 259
   7.4.2 Pädagogik als Universitätsdisziplin, Antrag Lindemanns zur Elementarmathematik ............................................ 264
   7.4.3 Organisationsplan von 40 Mathematikvorlesungen (1919) ........ 266
   7.4.4 Stellungnahme der Ordinarien; Auswirkungen ............... 271
   7.4.5 Lehrauftrag Elementarmathematik: Dingler, Bochner, Popp, Vogel ................................................................. 274

Inhalt

## 8. Die Ära Perron - Carathéodory - Tietze ... 279

8.1 Erweiterungen und Neubesetzungen in den 1920er Jahren ... 279
    8.1.1 Eduard v. Weber ... 279
    8.1.2 Friedrich Hartogs ... 280
    8.1.3 Otto Volk ... 284
    8.1.4 Berufungsvorgänge 1922/24 ... 287
    8.1.5 Oskar Perron ... 292
    8.1.6 Constantin Carathéodory ... 295
    8.1.7 Der Geometer und Topologe Heinrich Tietze ... 297

8.2 Versicherungsmathematik ... 300
    8.2.1 Entstehung des versicherungsmathematischen Seminars ... 300
    8.2.2 Der Versicherungsmathematiker Friedrich Böhm ... 302

8.3 Veränderungen in der Zeit des Nationalsozialismus ... 305
    8.3.1 Naturwissenschaftliche Fakultät ... 305
    8.3.2 Einflüsse des Nationalsozialismus ... 307
    8.3.3 "Entpflichtungen" und Neubesetzungen ... 310
    8.3.4 Diplom-Studiengang ... 314

## 9. Entwicklung und Ausbau ab 1945 ... 317

9.1 Mathematisches Institut ... 317

9.2 Konsolidierung in der Nachkriegszeit ... 321

9.3 Geschichte der Mathematik ... 325
    9.3.1 Stellenwert und Vorlesungen von 1860 bis 1928 ... 325
    9.3.2 Heinrich Wieleitner, Kurt Vogel ... 329
    9.3.3 Institut für Geschichte der Naturwissenschaften ... 332

9.4 Der Ausbau von 1955 bis 1977 ... 334
    9.4.1 Neubesetzungen traditioneller Lehrstühle ... 334
    9.4.2 Einrichtung neuer Lehrstühle ... 338
    9.4.3 Lehrstuhl für Didaktik der Mathematik ... 341

9.5 Mathematische Fakultät ... 342

# Inhalt

**10. Dokumente** .................................................................................. 349

10.1 Studienschema für die Candidaten der Mathematik und Physik
  von 1856 ................................................................................... 349
10.2 Statuten für das mathematisch-physikalische Seminar an der
  königl. Universität München (1856) ........................................ 349
10.3 Antrag um Beförderung Bauers zum Ordinarius (1869) ............ 351
10.4 Antrag Seidels "Pro memoria" zum Seminarausbau (1874) ...... 354
10.5 Quellentexte zum Seminarbetrieb ............................................. 356
  10.5.1 Bibliothek ........................................................................ 356
  10.5.2 Tätigkeitsberichte des Seminars (1891 - 1908) ............... 358
10.6 Prämien ..................................................................................... 368
10.7 Berufungsverfahren betr. Felix Klein und Ferdinand Lindemann
  an die Universität München (1892) .......................................... 370
  10.7.1 Antrag zur Berufung von Felix Klein ............................. 370
  10.7.2 Befürwortung des Berufungsantrags durch den Senat ..... 372
  10.7.3 Verhandlungskorrespondenz ........................................... 373
  10.7.4 Berufungsschreiben zur Berufung von Felix Klein ......... 374
  10.7.5 Vereinbarung zwischen Althoff und Klein zur Abwendung
    der Berufung nach München: ............................................ 376
  10.7.6 Ablehnung des Rufes durch Felix Klein ......................... 377
  10.7.7 Fakultätsantrag zur Berufung von Ferdinand Lindemann ....... 379
  10.7.8 Senatsantrag zur Berufung von Ferdinand Lindemann: ......... 383
10.8 Antrag Lindemanns betr. Seminarraum (1893) ......................... 386
10.9 Korrespondenzen - insbesondere mit Klein, Hilbert und Lindemann 389
  10.9.1. Bauer an Klein ................................................................ 389
  10.9.2. Pringsheim an Klein ....................................................... 389
  10.9.3. Voss an Klein ................................................................. 396
  10.9.4. Bauer an Hilbert ............................................................. 405
  10.9.5. Dingler an Hilbert .......................................................... 405
  10.9.6. Lindemann an Hilbert .................................................... 406
  10.9.7. Perron an Hilbert ............................................................ 408
  10.9.8. Voss an Hilbert ............................................................... 410
  10.9.9. Bauer an Lindemann ...................................................... 410

# Inhalt

10.9.10. Voss an Lindemann .................................................... 412
10.9.11. Tietze an Lindemann .................................................. 414
10.9.12. Klein an Lindemann .................................................. 414
10.10 Antrag um Beförderung zum Ordinarius betr. Alfred Pringsheim ... 417
10.11 Berufung von David Hilbert an die Universität München 1900/03 . 419
10.12 Promotionsgutachten von Oskar Perron (1902) .......................... 422
10.13 Berufung von Aurel Voss an die Universität München (1903) ....... 423
10.14 Promotionsgutachten Friedrich Hartogs (1903) .......................... 426
10.15 Wahlvorschlag Friedrich Hartogs (1927) .................................. 427

**11. Mathematiker der Ludwig-Maximilians-Universität** .................. 429

11.1 Ordinarien in Ingolstadt von 1472 bis 1800 ............................... 429
11.2 Ordinarien in Landshut und München von 1800 bis 1992 ............. 430
11.3 Außerordentliche Professoren .................................................. 433
11.4 Habilitationen, Privatdozenten ................................................. 434
11.5 Promotionen .......................................................................... 440
Dissertationen-Verzeichnis ..................................................... 442

**12. Quellen- und Literaturverzeichnis** ......................................... 467

12.1 Archivalien ........................................................................... 467
12.2 Quellenverzeichnis zum Seminarbetrieb .................................... 472
12.3 Gedruckte Quellen und Sekundärliteratur .................................. 475

Namenverzeichnis ......................................................................... 499

Sachverzeichnis ............................................................................ 513

## Erläuterungen zu den Zitaten und Abkürzungen

Es wurde Wert darauf gelegt, die Quellen selbst sprechen zu lassen. Um das Verfolgen themenbezogener Entwicklungen etwa über verschiedene Zeiträume hinweg zu erleichtern, wurde angestrebt, durch Querverweise Wiederholungen möglichst zu vermeiden. Dabei bedeutet z.B.

5.3.2 := Abschnitt 5.3.2 entsprechend dem Inhaltsverzeichnis.

Auf publizierte Quellen und Literatur wird in eckigen Klammern hingewiesen. Zum Beispiel bedeutet

[Prantl], 2, 154 := das unter *Prantl* im Literaturverzeichnis angegebene Werk, Band 2, Seite 154.

Verschiedene Werke desselben Autors werden durch Jahrgangsangaben nach dem Namen differenziert. Auf nicht publizierte Quellen wird durch Angabe des Archivs (siehe Abkürzungsverzeichnis S. XX) bzw. Standorts und der Signatur hingewiesen. So bedeutet z.B.

UAM: O C I 26 := die im Universitätsarchiv München unter der Signatur "Littera: O, Abt.: C I, Fascikel No.26" (= Sitzungsprotokolle u.a. der Phil.Fak. 1899/1900) aufbewahrten Akten.

Biographische Daten werden vielfach in Fußnoten zusammengefaßt. Die Stellen mit näheren biographischen Angaben sind im Namenregister durch Kursivdruck gekennzeichnet. Namen aus Fußnoten sind nicht Gegenstand des Namenregisters. Bei einem Hinweis auf eine Akademiemitgliedschaft ist, falls nicht anders angegeben, die Bayerische Akademie der Wissenschaften München gemeint. Eine Übersicht über die Mathematiker der Akademie enthält Kapitel 3.2.3. Aufgrund der räumlichen Nähe waren Münchner Akademiemitglieder in der Regel ordentliche Mitglieder, auswärtige entsprechend korrespondierende Mitglieder.

Quellentexte werden, abgesehen von offensichtlichen Schreibflüchtigkeiten, originalgetreu wiedergegeben. Hervorhebungen sind kursiv wiedergegeben. Hinzufügungen bzw. Anmerkungen stehen in eckigen Klammern bzw. Fußnoten.

# Erläuterungen

## Abkürzungsverzeichnis

a.D. = außer Dienst
ADB = Allgemeine Deutsche Biographie
AdBL = Annalen der Baierischen Litteratur
AdW = Akademie d.Wissenschaften
AMS = American Mathematical Society
amtsenth. = amtsenthoben
ao. = außerordentlich
apl. = außerplanmäßig
Ass. = Assistent
Ass.Prof. = Assistant-Professor
Assoc.Prof. = Associated Professor
BAdW = Bayerische Akademie der Wissenschaften
Bez. = Bezirk
BHStA = Bayerisches Hauptstaatsarchiv München
Bibl. = Bibliothek
BPhV = Bayerischer Philologen-Verband
BSB = Bayerische Staatsbibliothek München
Dipl. = Diplom
Dir. = Direktor
DMV = Deutsche Mathematiker-Vereinigung
Doz. = Dozent
DSB = Dictionary of Scientific Biography
emer. = emeritiert
entpfl. = entpflichtet
etatm. = etatmäßig
Fa. = Firma
fac.doc. = facultas docendi
GHS = Gesamthochschule
Gymn. = Gymnasium
höh. = höhere
Hon.Prof. = Honorarprofessor
HS = Hochschule
Inst. = Institut
IGN = Institut für Geschichte der Naturwissenschaften der Universität München
k. = königlich bzw. kaiserlich
KM: siehe MK
LA = Lehrauftrag bzw. Lehrbeauftragter
LMU = Ludwig-Maximilians-Universität
Lt. = Leiter bzw. Leitung
L.Prüf. = Lehramtsprüfung
Mag. = Magister
m.d.V.b. = mit der Vertretung/Verwaltung beauftragt
MK = Bayer. Staatsministerium des Innern für Kirchen- und Schulangelegenheiten, *später*: Staatsministerium für Unterricht und Kultus bzw. Wissenschaft und Kunst
MPhSem = Mathematisch-physikalisches Seminar der k. Universität München
nb. = nichtbeamtet
NDB = Neue Deutsche Biographie
NL = Nachlaß Lindemann
O = Ober...
o. = ordentlich
PA = Personalakt
PD = Privatdozent bzw. Dozent
PH = Pädagogische Hochschule
Prof. = Professor
Prom. = Promotion
i.R. = im Ruhestand
Sch. = Schule
sd. = Suizid
Sem. = Seminar
städt. = städtisch
StAss. = Studienassessor
StExamen = Staatsexamen
StDir. = Studiendirektor
StProf. = Studienprofessor
StRef. = Studienreferendar
StRat = Studienrat
Stud. = Studium
TH = Technische Hochschule
u. = und
U = Universität
UAM = Universitätsarchiv München
UBM = Universitätsbibliothek München
UBG = Niedersächsische Staats- und Universitätsbibliothek Göttingen
VDI = Verein Deutscher Ingenieure
Wiss.Rat = Wissenschaftlicher Rat

## 0. Einführung

Eine der Aufgaben der Mathematikgeschichte besteht darin, die Mathematik in ihrem wissenschaftlichen, kulturellen und sozialen Zusammenhang zu betrachten und dies auch zu vermitteln[1]. Dabei wird Mathematikgeschichte methodisch und inhaltlich in vielfältiger Weise und unter verschiedenen Gesichtspunkten betrieben. So etwa unter problemgeschichtlichen, ideengeschichtlichen, institutionsgeschichtlichen, biographischen oder sozialgeschichtlichen Aspekten. Oder es steht die Anwendung in der Lehre, in der Mathematikdidaktik oder die Einbettung in die allgemeine Wissenschafts- und Kulturgeschichte im Vordergrund. Die vorliegende Studie geht der Entwicklung der mathematischen Lehre und Forschung an einer Institution nach - der Ludwig-Maximilians-Universität, die 1472 in Ingolstadt begründet wurde, im Jahr 1800 nach Landshut verlegt wurde und seit 1826 in München beheimatet ist. Nach Einrichtung einer mathematischen Lehrstelle 1492 ist es schon allein aufgrund dieser inzwischen 500jährigen Geschichte der Mathematik an der Ludwig-Maximilians-Universität einmal an der Zeit, einen Überblick über diese Geschichte zu erstellen.

Dabei ist die Entwicklung der Mathematik von dieser Universität aus natürlich nicht in dem Maße beeinflußt worden wie das etwa durch die früheren mathematischen Zentren Göttingen oder Berlin der Fall war. Daß auch die Universität München in der mathematischen Forschung bis zum 19. Jahrhundert nur in wenigen Fällen hervorgetreten ist, war für diese Institutionen generell nicht ungewöhnlich.

### 0.1 Aufgaben und Schwerpunkte

Um so mehr war die Ludwig-Maximilians-Universität, allein durch ihre Größe, eine Institution der Lehre[2]. Hier stand sie vielfach im Vordergrund. Dennoch kann die Geschichte des mathematischen Unterrichts an dieser Universität als weitgehend typisch für die Entwicklung an einer mitteleuropäischen Universität angesehen werden. Eines der Ziele ist, diesen Entwick-

---

[1] Vgl. auch [Scriba], 116 f.
[2] In den letzten beiden Jahrhunderten gehörte die Münchner Universität zusammen mit der Berliner zu den größten Universitäten Deutschlands.

## 0. Einführung

lungslinien der Mathematik und der Mathematikausbildung an der Ludwig-Maximilians-Universität nachzugehen. Im 19. und im beginnenden 20. Jahrhundert liegt die Hauptaufgabe der Lehre an der Universität in der Ausbildung von Gymnasiallehrern. Im Bereich der Mathematik war bis zur verbreiteten Einführung des Diploms um die Mitte des 20. Jahrhunderts die Lehramtsprüfung - das Staatsexamen - die übliche Abschlußprüfung.

Allgemein sind gerade von dieser Universität "entscheidende Impulse in der Gymnasiallehrerausbildung ausgegangen"[1]. Impulse, die sich auch auf das Fach Mathematik erstrecken. Bemerkenswert ist hier ein Fachstudienplan von 1836 und im Jahr 1856 die Einrichtung des mathematisch-physikalischen Seminars. In der zweiten Hälfte des 19. Jahrhunderts war das Wirken der Mathematiker BAUER und SEIDEL ausschlaggebend für eine Neuorientierung in der Ausbildung zum höheren Lehramt in Mathematik und Physik. LINDEMANN gestaltete als Nachfolger SEIDELs das Lehramtsstudium maßgeblich mit. Mit ihm standen ebenfalls PRINGSHEIM und VOSS der Lehre aufgeschlossen gegenüber.

Zudem hat sich herausgestellt, daß der mathematische Fachbereich an der Münchner Universität seit den ersten Jahrzehnten des 20. Jahrhunderts auf dem Gebiet der Didaktik und der Geschichte der Mathematik gegenüber Göttingen und Berlin eine hervorragende Rolle einnimmt. 1912 war es in München zur ersten Habilitation in Deutschland für *Methodik, Unterricht und Geschichte der mathematischen Wissenschaften* gekommen (7.4). 1916 vertrat dieser Dozent "als derzeit einziger an einer deutschen Universität, die Didaktik der mathematischen Wissenschaften"[2]. 1928 gab es dann entsprechend eine erste spezielle Habilitation für "Geschichte der Mathematik" (9.3). Hierin zeigt sich eine gewisse Verwandtschaft zu Münster: Auch dort hat die Didaktik, historisch gesehen, einen besonderen Stellenwert. Erstmals an einer deutschen Hochschule wurde dort 1951 ein Seminar für Didaktik der Mathematik gegründet - von Heinrich BEHNKE[3]. Mit BEHNKE begann, nach seinen ersten zahlentheoretischen Arbeiten, in Münster die Ära der Funktionentheorie mehrerer Veränderlicher[4]. Dieses Gebiet war auch an der Ludwig-Maximilians-Universität seit Beginn des 20. Jahrhunderts[5] ein be-

---

[1] [Neuerer], 6
[2] [Lorey 1916], 372
[3] Näheres zur Vorgeschichte vgl. [Schubring 1985].
[4] Näheres dazu bei [Forster], 230 f.
[5] Die Anfänge gehen hier auf Hartogs und seinen Doktorvater Pringsheim zurück (Kap. 8.1.2).

## 0.1 Aufgaben und Schwerpunkte

sonderer Schwerpunkt, nachdem man sich hier schon Anfang des 19. Jahrhunderts speziell der Funktionentheorie zugewandt hatte (4.3).

Zur institutionellen Entwicklung gehören aber auch Organisationsformen von Lehre und Forschung, die Studieninhalte und Studiengänge, neben der Seminargründung die Ausgliederung der Technischen Hochschule 1868, die Einrichtung neuer Lehrstühle und deren Schwerpunkte, die Beziehung zu anderen Einrichtungen, die Bibliothek, die mathematisch-physikalischen Sammlungen und die zugehörigen Räumlichkeiten.

Doch soll nicht nur die Entwicklung der Institution dargestellt werden, sondern es wird angestrebt, auch die Beiträge und das Wirken der Mathematiker lebendig werden zu lassen. Schließlich wird der Gang der Entwicklung durch Einzelpersönlichkeiten bestimmt. Dabei steht neben Tätigkeiten und Lebensstationen ihr wissenschaftliches Wirken im Vordergrund - zusammen mit ihren Beziehungen zum Umfeld der Universität, wie zum Beispiel zu allgemein interessierenden Ausbildungsfragen oder zu Kollegen an anderen Universitäten. Zu den fachlichen Kommunikationsformen gehören hier etwa sich bildende Vereinigungen, Zeitschriften, Tagungen oder Korrespondenzen.

Ein historischer Überblick über eine 500jährige Entwicklungsperiode wird immer einen Kompromiß darstellen. Man bewegt sich zwischen der Darstellung einer Institution (Universität, Lehrstühle, Seminar) und der Entwicklung der Mathematik und ihrer Teilgebiete selbst[1]. Beides ist dabei zu berücksichtigen; muß aber auch in einer vertretbaren Kürze aufeinander abgestimmt sein. Zu berücksichtigen ist zudem, daß in den ersten Jahrhunderten die Lehre gegenüber der Forschung insgesamt eher im Vordergrund stand, ehe es im 20. Jahrhundert zu einem ausgewogenen Verhältnis kam.

Insgesamt ist die vorliegende wissenschaftshistorische Untersuchung eher wissenschaftsorganisatorisch als biographisch oder gar mathematischbegrifflich ausgerichtet. Die biographischen Daten dienen weniger dazu, das Leben einzelner Mathematiker darzustellen, als vielmehr dem durch gemeinsame Aufgaben (Ausbildung und Forschung) entstehenden Beziehungsge-

---

[1] Wie allgemein in institutsgeschichtlichen Untersuchungen üblich, wurde auf die Wiedergabe detaillierter mathematischer Beiträge verzichtet. Die Problem- und Ideengeschichte der Mathematik in den letzten hundert Jahren ist Gegenstand der Festschrift zum DMV-Jubiläum 1990 [Fischer;Hirzebruch; Scharlau;Törnig].

## 0. Einführung

flecht innerhalb eines Instituts und seines Umfeldes nachzugehen. Daher wurde auf ausführliche detaillierte Darstellungen der einzelnen Biographien verzichtet zugunsten der Wirksamkeit in der mathematischen Lehre und Forschung.

Dazu zählen auch die verwendeten Lehrbücher, auf die bis zum 19. Jahrhundert wiederholt genauer eingegangen wird. Bis dahin waren die Professoren enger als heute an den kanonisch vorgegebenen Lehrstoff gebunden. Hier ist der Anteil der Eigenpublikationen an der Ludwig-Maximilians-Universität im Vergleich zu allen verwendeten Lehrbüchern durchaus beachtlich.

Die Darstellung erhebt keinen Anspruch auf Vollständigkeit. Vielmehr wird wiederkehrenden Entwicklungsschritten, wie etwa Ernennungs- und Berufungsverfahren oder dem Seminarbetrieb (5.3) und der damit verbundenen Prämienverleihung nur beispielhaft nachgegangen. Die heutigen Berufswege von Mathematikern haben sich in der ersten Hälfte des 19. Jahrhunderts entwickelt. Bis dahin war es nicht allzu ungewöhnlich, wenn etwa ein Ordinarius der Mathematik zugleich Pfarrer war. Ein ergänzendes Professorenverzeichnis im Anhang enthält die Namen der 59 Ingolstädter Ordinarien der Mathematik (11.1) - wobei in den ersten Jahren der Begriff "Lektor" geeigneter wäre - und die der 43 anfangs in Landshut und ab 1826 in München tätigen Ordinarien (11.2). Ein Verzeichnis aller außerordentlichen Professoren (11.3) schließt sich an.

Die wissenschaftliche Forschungstätigkeit einer Universität dokumentiert sich nicht zuletzt an den entstehenden Dissertationen und Habilitationen. Sie gelten vielfach als Maßstab für Forschungsschwerpunkte und Niveau einer Fakultät und bilden zudem oft auch den Keim für weitere Forschungsarbeiten. Um das Bild gelegentlich zu vervollständigen, wurden frühere Promotionsgutachten eingesehen und davon Auszüge aufgenommen.

Zudem lag bisher kein vollständiges Dissertationenverzeichnis vor. So bedauern die Herausgeber eines mathematischen deutschen Dissertationenverzeichnisses[1]: "Abgesehen von den allgemeinen Bibliographien über Hochschulschriften insgesamt konnte keine zusammenhängende Liste speziell mathematischer Dissertationen ermittelt werden. Wie die Autoren im

---

[1] [Butzer;Stark], VII. Zu diesem die Jahre 1961-1970 erfassenden Verzeichnis gibt es nach freundlicher Mitteilung von Herrn Prof. Butzer noch immer keine Fortsetzung.

## 0.1 Aufgaben und Schwerpunkte

Verlauf der Vorarbeiten zu dieser Bibliographie mit Erstaunen feststellen mußten, stand überhaupt bei nur drei Hochschulen ein vollständiges Verzeichnis bezüglich der hauseigenen Promotionen sofort zur Verfügung!" Ein derartiges Verzeichnis, das neben dem Namen den Titel der Dissertation, den Tag der mündlichen Prüfung und die Namen der Gutachter enthält, ist im Anhang (11.5) zu finden.

Entsprechend wurde ein Verzeichnis der Privatdozenten und Habilitationen (11.4) mit den Themen der Habilitationsschriften angelegt[1]. Während bei SEIDEL und BAUER jeweils speziell eine zur Habilitation eingereichte Schrift nachgewiesen wurde, wurde eine definitive mit dem Untertitel "Habilitationsschrift" versehene Arbeit erstmals von Pringsheim 1877 eingereicht. Kurze Zeit später wurde auch an der Universität Berlin eine Habilitationsschrift gefordert[2].

Ein besonderer Gegenstand der vorliegenden Arbeit ist die Untersuchung der Berufungsverfahren in den Jahrzehnten nach Gründung des Seminars. Daraus geht hervor, wer vorgeschlagen und ausgewählt wurde, welche Gründe gerade für bestimmte Kandidaten gesprochen haben und welche von den Berufenen abgelehnt haben - wie etwa KLEIN und HILBERT. Neben Gutachten über zu gewinnende Fachkollegen enthalten die Berufungsanträge oft auch Näheres über Aufgaben und Ziele in Lehre und Forschung. Gelegentlich werden neben den Einzelleistungen der Mathematiker auch andere wünschenswerte Eigenschaften wie Vielseitigkeit, Lehrbefähigung oder Organisationsgabe gewürdigt.

Insbesondere wurden die Bemühungen um KLEIN und LINDEMANN ausführlich dokumentiert (6.3, 6.4). Die außergewöhnlich hoch dotierte Berufung von KLEIN nach München 1892 machte geradezu mathematisch "Geschichte". Sie steht am Beginn der Entwicklung Göttingens zum fachlichen Weltzentrum. Dazu hat Klein, der zur Rufabwendung vom preußischen Kultusministerium großzügig unterstützt wurde, die Weichen gestellt und die entsprechenden Initiativen in die Wege geleitet.

---

[1] Zusätzlich zu den beim Dissertationenverzeichnis genannten Quellen wurden hierfür an Akten des Hauptstaatsarchivs herangezogen: HStA MK 11312 und 11313.
[2] Ab 1880; s. [Biermann], 17.

# 0. Einführung

## 0.2 Zur Forschungssituation

Wie erwähnt, fehlt eine Gesamtdarstellung zur Mathematik an der Ludwig-Maximilians-Universität. Die ausführlichste Studie hierzu ist die Dissertation von Hellfried UEBELE aus dem Jahre 1972. Sie behandelt die Mathematik und Physik[1] in der ersten Zeit der Münchner Universität von 1826 bis zur Mitte des 19. Jahrhunderts. Die Arbeit ist biographisch orientiert und stützt sich daher zu einem guten Teil auf Leben und Werk der fünf damals in München wirkenden Mathematiker SPÄTH, SIBER, STAHL, DESBERGER und HIERL. Diese Dissertation bildet heute die Forschungsgrundlage für die erste Hälfte des 19. Jahrhunderts.

Neben zahlreichen kleineren Aufsätzen über einzelne Mathematiker liegen noch zwei globalere Arbeiten vor, in denen andere Schwerpunkte berücksichtigt wurden: die 29seitige Vortragsausarbeitung von Kurt VOGEL über den "Donauraum, die Wiege mathematischer Studien in Deutschland"[2] und der in den Akademie-Sitzungsberichten erschienene 26seitige Aufsatz von Joseph Ehrenfried HOFMANN über "Die Mathematik an den altbayerischen Hochschulen"[3]. VOGEL skizziert, ausgehend vom mittelalterlichen Fächerkanon der *Artes liberales*, einen Überblick über die tragende Rolle der Mathematiker JOHANNES VON GMUNDEN, GEORG PEURBACH und REGIOMONTAN in der Anfangszeit der rund ein Jahrhundert vor Ingolstadt gegründeten Universität Wien. Abschließend geht er auf die engen Beziehungen zwischen den Mathematikern beider Universitäten in den ersten Jahrzehnten nach der Ingolstädter Gründung näher ein.

Der Aufsatz von HOFMANN ist ebenfalls aus einem Vortrag entstanden[4] und behandelt in Kürze die Entwicklung der Mathematik an beiden Münchner Hochschulen von ihrer Gründung bis in die erste Hälfte des 20. Jahrhunderts - bisher der einzige Gesamtüberblick. Dabei stützt sich diese durchaus nützliche Arbeit ausschließlich auf veröffentlichte Quellen und Sekundärliteratur, was bei einem derart langen Zeitraum auch angebracht erscheint[5].

---

[1] Die Physik entwickelte sich bis zur Mitte des 19. Jahrhunderts noch weitgehend unter dem Namen "angewandte Mathematik".
[2] [Vogel 1973]
[3] [Hofmann 1954]
[4] "Mathematisches aus früheren Tagen der altbayerischen Hochschulen", gehalten am 5.9.1952 auf der Jahrestagung der DMV in München.
[5] Segl hält sie - wohl daher und auch aufgrund einiger Ungenauigkeiten - für "unbefriedigend" ([Segl], 184).

## 0.2 Zur Forschungssituation

Die drei genannten Arbeiten werden in der inzwischen klassischen "Bibliographie zur Geschichte der Universität Ingolstadt - Landshut - München 1472 - 1982"[1] angeführt. Von den 5099 Werken[2] zur Geschichte der Universität gibt Buzás hier unter der Rubrik "Fakultät für Mathematik. Geschichtliches" insgesamt zehn Titel an, von denen neben den genannten [Lorey 1916], [Perron;Carathéodory;Tietze] und allenfalls als Quelle Maurus MAGOLDs "Mathematischen Lehrbuchs zum Gebrauch öffentlicher Vorlesungen auf der königlich-bayerischen Landes-Universität zu Landshut" (3.6.4) von Interesse für die vorliegende Arbeit sind[3].

Obwohl LOREY in seinem umfassenden Werk über "Das Studium der Mathematik an den deutschen Universitäten seit Anfang des 19. Jahrhunderts" die mathematischen Seminare in Deutschland ausführlich beschreibt[4], sagt er nichts über das *Münchner Seminar*. Die Existenz dieses Seminars ist daher in der Geschichte der mathematischen Institutionen allgemein wenig bekannt. Ähnlich wie bei dem für das Lehrergrundstudium eingerichteten Seminar in Münster[5] hat sich LOREY bezüglich München auf biographische Darstellungen beschränkt.

Die Kurzdarstellung [Perron;Carathéodory;Tietze] erschien 1926 in der 340 Seiten umfassenden Chronik über "Die wissenschaftlichen Anstalten der Ludwig-Maximilians-Universität". Die Mathematiker und das Mathematische Seminar werden in dieser Chronik auf gerade einer einzigen Seite vorgestellt. Es ist kein Einzelfall und eher die Regel, daß in den Universitätsgeschichten die Mathematiker etwas stiefmütterlich behandelt werden[6].

---

[1] [Buzás 1984], 338 f.: Nr.4471 (Hofmann) bis 4480 (Vogel); in alphabetischer. Reihenfolge.

[2] Dabei hat Buzás auf die - einige Tausend - Personalbibliographien von Professoren bereits verzichtet.

[3] Bei den restlichen vier Titeln handelt es sich 1.) um ein Informationsheft der "mathematisch-physikalischen Fachschaftsvertretung" vom WS 1968/69 (Nr.4472), 2.) um den kommentierten Vorlesungsplan vom WS 1971/72 (Nr.4473), 3.) um die Ansprache des Bayer. Kultusministers (1957-1964) Theodor Maunz und des Prodekans Richard Dehm bei der Eröffnung des Dreierinstituts 1962 (Nr.4476) ([Chronik 1961/62], 82-87) und 4.) um die "Ansprache von Roider Jackl anläßlich des Richtfestes zweier Institutsgebäude für Mathematik und Theoretische Physik" 1970 im Löwenbräu-Keller (Nr.4478) (Maschr.-vervielfältigt).

[4] In folgender Reihenfolge: Mathematisches Seminar Königsberg, Halle, Göttingen, Berlin, Bonn, Breslau, Greifswald, Freiburg, Würzburg, Heidelberg, Tübingen, Marburg und Jena; [Lorey 1916], dort im 4. Kapitel.

[5] [Schubring 1985], 155

[6] Vgl. auch [Biermann], 13.

## 0. Einführung

Unter den übrigen, nicht in dieser Rubrik "Fakultät für Mathematik. Geschichtliches" genannten gut 5000 Titeln wird in der Bibliographie von BUZÁS die Mathematik nur am Rande erwähnt. Eine Ausnahme bildet die Arbeit [Gericke;Uebele], in der in einem zehnseitigen Überblick das Wirken von SEIDEL und BAUER beschrieben werden. Hierin haben die Autoren auch die noch vorhandenen Nachlaßbestände berücksichtigt. Dieser Aufsatz ergänzt zusammen mit [Uebele] die Lehrstuhl- und Personalgeschichte des 19. Jahrhunderts, die durch die vorliegende Arbeit weitergeführt wird.

An weiteren wichtigen Forschungsarbeiten zu den ersten Jahrhunderten sind aus dem näheren Umfeld [Bauch], [Grössing], [Günther], [Schaff] und [Schöner] zu nennen. SCHAFF hat in seiner Dissertation 1912 die Entwicklung der Physik in der Ingolstädter Zeit der Universität untersucht, der Historiker SCHÖNER die Rolle der Mathematiker und Astronomen im ersten Jahrhundert der Universität. Auch zur Physik an der Ludwig-Maximilians-Universität gibt es neuere eingehende Forschungsarbeiten - neben biographischen Arbeiten[1] insbesondere zur Entwicklung im 19. und 20. Jahrhundert[2].

In der Dissertation von SÄCKL über die "Rezeption des Funktionsbegriffs" im 19. Jahrhundert, einer "Fallstudie zur Sozialgeschichte der Mathematik mit besonderem Blick auf Bayern" [Säckl] werden neben dem Schulbereich auch allgemeinere Entwicklungen in der Hochschule untersucht. Einen grundlegenden Beitrag für Fragen zur Lehrerbildung im 19. Jahrhundert in Bayern leistet die Dissertation von NEUERER [Neuerer]. Sie stellt vor allem die verschiedenen Lehramtsstudiengänge und das bayerische wissenschaftliche und pädagogische Prüfungswesen in diesem Zeitraum dar. Dabei wird auch der mathematisch-physikalische Seminarbetrieb berücksichtigt.

### 0.3 Zur Quellenlage

Für Arbeiten, die sich vertieft mit der Geschichte mathematischer Institutionen beschäftigen, ist neben den Forschungsberichten und der allgemeineren Sekundärliteratur das unmittelbare Studium der nicht edierten Archivalien und der publizierten Quellen wesentlich. Die Darstellung einer

---

[1] Zum Beispiel zu Planck, Röntgen, Heisenberg, G.S.Ohm.
[2] z.B. [Eckert 1993], [Oittner-Torkar]

## 0.3 Zur Quellenlage

500jährigen Entwicklung verlangt hier allerdings eine klare Beschränkung. Im Hinblick auf die zweifache Aufgabe der vorliegenden Arbeit, ist daher die Benutzung der Quellen zu differenzieren. Sie ist abhängig vom jeweiligen Zeitraum, der im Hinblick auf eine möglichst übersichtliche Anordnung folgendermaßen grob strukturiert ist:
- in der globalen Darstellung (1472-1850 und 1925-1992) überwiegt der chronologische Zusammenhang,
- bei dem lokalen Schwerpunkt (1850-1925) der sachliche Zusammenhang.

Zunächst zur globalen Darstellung: Hier geht es um die mathematische Ausbildung und um die Stellung der Mathematik im Organismus der Universität. Soweit es in diesem Gesamtüberblick über die 500jährige Entwicklung möglich und vertretbar war, wurden auch die Forschungsaktivitäten und die in den ersten Jahrhunderten noch nicht sehr zahlreichen mathematischen Veröffentlichungen berücksichtigt. Auf entsprechende Literatur, Bibliographien, Quellen, Schriftenverzeichnisse - soweit vorhanden - wurde hingewiesen. Nützlich waren dabei die bibliographischen Zusammenstellungen zu Lebensdaten und Schriftenverzeichnissen von Professoren der Philosophischen Fakultät in der Ingolstädter Zeit: [Böhme], [Gerber], [Högner], [Kraus,W.], [Mandelkow], [Werk]. Sie wurden in den 70er Jahren als medizin-historische Dissertationen an der Universität Erlangen erstellt. Jedoch weisen diese Arbeiten qualitative Unterschiede auf.

Zu den klassischen biblio- und biographischen Quellen gehören [Duhr], [Sommervogel], [Kobolt] und [Romstöck 1886 u. 1898]. An archivalischen Editionen zur Geschichte der Ludwig-Maximilians-Universität liegen zudem [Mederer], [Pölnitz], [Prantl], [Ruf 1932], [Seifert 1973] vor.

Anders gestaltet sich die Benutzung der Quellen im Bereich des gesetzten Schwerpunkts. Reichhaltige Dokumente über den Seminarbetrieb unter SEIDEL und BAUER und der folgenden Ära von LINDEMANN, PRINGSHEIM und VOSS enthalten die in einem Ordner des Instituts für Geschichte der Naturwissenschaften aufbewahrten Akten "Mathematisch-physikalisches Seminar der k. Universität München". Obwohl nicht ganz vollständig, sind diese Akten des mathematisch-physikalischen Seminars erfreulicherweise doch umfangreicher vorhanden als an manch anderer Universität[1]. Diese ab 1882 erhaltenen Seminarakten[2] sind eng an die Verleihung der Prämien und die

---
[1] Vgl. etwa [Biermann], 19.
[2] IGN: MPhSem

## 0. Einführung

damit verbundenen Tätigkeitsberichte gebunden. Die Akten enden wenige Jahre nach den im Jahr 1904 zuletzt gewährten Prämien und konnten zudem mit Hilfe einiger Akten des Universitätsarchivs[1] ergänzt werden.

Zu den benutzten Quellen im einzelnen gehören sowohl publizierte Quellen, wie etwa mathematische Arbeiten, Vorlesungsverzeichnisse, Statuten, Studienpläne und Prüfungsordnungen, als auch bisher nicht veröffentlichte Archivalien, wie etwa Anträge, Tätigkeitsberichte, Sitzungsprotokolle, Personalakten, Gutachten, Verträge und Korrespondenzen.

Darüber hinaus wurde Primärliteratur von Quellenwert benutzt, wie etwa Gelehrtenverzeichnisse, Quellensammlungen, Biographien, Bibliogaphien, Schulprogramme, Universitätschroniken und Jahresberichte, Erinnerungen, Nekrologe und Gedächtnisreden. Dazu kommen mathematikhistorische Forschungsarbeiten, allgemeine Arbeiten zur Universitätsgeschichte, Jubiläumsschriften, Ausstellungskataloge und sekundäre Literatur. Insbesondere wurden die Vorlesungsverzeichnisse systematisch ausgewertet. Sie geben thematisch Aufschluß über das Lehrangebot und ergänzen die von den einzelnen Mathematikern publizierten Lehrbuch- und Forschungsarbeiten. Neben den Vorlesungsangeboten wurden auch beispielhaft die für ein übliches Mathematikstudium Ende des 19. Jahrhunderts belegten Vorlesungen wie die von v.WEBER (8.1.1) wiedergegeben.

Ein guter Teil der vorliegenden Arbeit beruht auf bisher nicht ausgewertetem Akten- und Nachlaßmaterial. Als recht ergiebig erwiesen sich die insgesamt gut erhaltenen Bestände des Universitätsarchivs München. Aus dem Institut für Geschichte der Naturwissenschaften wurden die erwähnten Seminarakten ausgewertet und die vorhandenen Bestände der Nachlässe von BAUER, SEIDEL und WIELEITNER eingesehen und überprüft. Dazu kommen die Nachlässe von LINDEMANN (München und Würzburg), KLEIN (Göttingen), HILBERT (Göttingen) und VOLK (Würzburg). Nützlich waren auch das Bayerische Hauptstaatsarchiv, das Archiv der Bayerischen Akademie der Wissenschaften, die Handschriftenabteilung der Bayerischen Staatsbibliothek sowie der Universitätsbibliothek.

Da in der vorliegenden Untersuchung die Institutsgeschichte gegenüber den biographischen Gesichtspunkten im Vordergrund steht, wurden speziell auch Sachakten wie Seminar-, Fakultäts- bzw. Senatsakten berücksichtigt. Fast jeglicher Schriftverkehr des Seminars ging über den Senat, der dann

---

[1] z.B. UA: Sen 211

## 0.4 Verbindungslinien zu anderen Universitäten

den universitären Schriftwechsel mit dem Ministerium zu verwalten hatte. Nicht alles läßt sich rekonstruieren, da auch Akten verlorengegangen sind[1].

Bis vor kurzem fehlte eine Sammlung von Biographien über die wachsende Zahl von Mathematikern seit dem 19. Jahrhundert. Diese Lücke haben der DMV-Band über die Mathematischen Institute in Deutschland 1800-1945 [Scharlau] und das DMV-Mitgliedergesamtverzeichnis 1890-1990 [Toepell 1991] geschlossen. Dieses Verzeichnis enthält mit über 5000 Kurzbiographien einen hohen Prozentsatz der Mathematiker des späteren 19. und des 20. Jahrhunderts. Die Benutzung beider Bände über Tätigkeiten und Lebensstationen wurde nur in Ausnahmefällen ausdrücklich erwähnt.

Auf die Wiedergabe von Schriftenverzeichnissen wurde verzichtet. Sie gehören, da oft recht umfangreich, eher in den Anhang von Einzelbiographien - auf die jeweils hingewiesen wurde. Allgemeine bildungspolitische Diskussionen über die bayerischen Universitäten, wie sie etwa den Landtagsprotokollen bzw. der Berichterstattung des Landtags zu entnehmen sind, wurden nur am Rande angesprochen.

Gelegentlich wurden von der Fakultät Preisaufgaben gestellt. So ist etwa die von GOETTLER (5.2.4) 1897 gelöste Preisaufgabe ausgezeichnet und als Dissertation anerkannt worden. Die Vergabe von Preisaufgaben wäre einer weiteren Untersuchung vorbehalten.

### 0.4 Verbindungslinien zu anderen Universitäten

Wie steht es um die Verbindungen zu anderen Universitäten, zu anderen mathematischen Schulen? Ähnlichkeiten und auch Beziehungen bestehen vor allem in den ersten Jahrhunderten zu der 15 Jahre früher und ebenfalls im süddeutschen Raum gegründeten Universität Freiburg[2]. Speziell im 19. Jahrhundert liegt der Vergleich mit Berlin[3] nahe. Doch stand die Münchner Schule ab der Jahrhundertmitte durch die Beziehungen von BAUER und SEIDEL nicht nur unter dem Einfluß der Berliner, sondern auch der Königsberger Schule. Neben SEIDEL hatten STEINHEIL, LINDEMANN, SOMMERFELD und LETTENMEYER engere Beziehungen zu Königsberg.

---

[1] So sind etwa im Bayerischen Hauptstaatsarchiv die Personalakten von Seidel, Bauer und Voss 1944 verbrannt.
[2] Gründung 1457. Siehe dazu [Gericke 1955].
[3] Siehe dazu [Biermann].

## 0. Einführung

In den Jahrzehnten um die Wende zum 20. Jahrhundert gab es vielfältige Verbindungen zur aufblühenden Göttinger Schule unter KLEIN und HILBERT - etwa auch durch die Mitarbeit an den Mathematischen Annalen. In der offen geführten Diskussion mit KLEIN hatte PRINGSHEIMs Bemühen um Präzisierung der Mathematik Breitenwirkung. Die Pflege der Funktionentheorie durch PRINGSHEIM und seinen Schüler HARTOGS führte schließlich dazu, daß später - zusammen mit CARATHÉODORY und FABER (TH) - München neben Berlin und Göttingen zu einem Schwerpunkt der Funktionentheorie in Deutschland wurde.

Enge Verbindungen zu Göttingen hatten LINDEMANN und VOSS. LINDEMANN hatte bei KLEIN 1873 in Erlangen promoviert und war Doktorvater von HILBERT[1]. Mit beiden korrespondierte LINDEMANN vor allem vor seiner Münchner Zeit. VOSS war mit KLEIN sogar freundschaftlich verbunden.

Ab der Mitte des 20. Jahrhunderts vertieften sich in besonderer Weise die keinesfalls auf ein Gebiet beschränkten Verbindungen der Universität München zu der in Münster[2]. Folgende Professoren wirkten an beiden Universitäten: ROBERT KÖNIG, KARL STEIN, MAX KOECHER, FRIEDRICH KASCH, WALTER ROELCKE, HELMUT SCHWICHTENBERG, OTTO FORSTER und WOLFRAM POHLERS.

### 0.5 Die Entwicklung im Überblick

Die 1472 in der ehemaligen Residenzstadt Ingolstadt gegründete Universität erlebte im ersten Jahrhundert ihres Bestehens eine humanistische Blütezeit. Die Mathematik gehörte zur Artistenfakultät, die etwa der Oberstufe der heutigen höheren Schulen entsprach (1.2). Der 1473 eingesetzte Rektor der Universität JOHANN TOLHOPF lehrte von 1472 bis 1492 Dichtkunst und Mathematik. Doch wurde seine Stelle noch nicht als mathematische Professur angesehen. Die Frühgeschichte der ersten planmäßigen Mathematiklektoren an der Ludwig-Maximilians-Universität verliert sich etwas im Dunkeln. Belegt ist nach einem nichtangestellten mathematischen Lehrbeauftragten (1489) die Ernennung des Mathematikers und Astronomen

---

[1] Hilbert hatte bei ihm 1884 in Königsberg promoviert. Die Edition des Briefwechsels Lindemann - Klein und Lindemann - Hilbert wird vorbereitet.
[2] Zur Geschichte der Mathematik in Münster siehe [Forster] und [Schubring 1985].

## 0.5 Die Entwicklung im Überblick

JOHANN ENGEL, der am 1. Mai 1492 so etwas wie ein planmäßiger Lektor wurde (1.3). JOHANN ENGEL, der gelegentlich sogar als erster *Lector ordinarius für Mathematik und Astronomie* angesehen wird, hat eine Reihe astronomischer Schriften verfaßt. Aus seinem Lektorat ging der 1527 mit Peter APIAN besetzte mathematische Lehrstuhl hervor.

Peter (1.6) und Philipp (1.7) APIAN sind um die Mitte des 16. Jahrhunderts besonders durch ihre Beiträge zur Arithmetik, Astronomie und Kartographie hervorgetreten. Um 1611 erwarb sich Christoph SCHEINER durch die Beobachtung der Sonnenflecken einen Namen. 1588 wurde im Zuge der Gegenreformation die Philosophische Fakultät dem Jesuitenorden übertragen (Kap. 2). Die Theologische Fakultät rückte danach in den Mittelpunkt. Rund 200 Jahre lang wurden die Geschicke der Universität von Jesuiten gelenkt - eine Periode immer wieder aufflammender kirchen- und universitätspolitischer Auseinandersetzungen. Insbesondere ging hier die Bedeutung der Mathematik im weiteren Verlauf des 17. Jahrhunderts spürbar zurück.

Doch stand damit die Universität Ingolstadt im Gegensatz zur allgemeinen Entwicklung. So gibt es bemerkenswerte Beiträge von Mathematikern aus dem weiteren Kreis der Jesuiten. Das von der Kritik der Aufklärung geprägte Jesuitenbild des 19. Jahrhunderts hat eine Reihe früherer wissenschaftlicher Leistungen besonders dieser jesuitischen Mathematiker in Vergessenheit geraten lassen.

Im 17. Jahrhundert setzte sich das Beobachten und Experimentieren als Forschungsmethode durch und führte zur Entfaltung der angewandten Mathematik. Doch sind diese naturwissenschaftlichen Neuerungen nur langsam in den Universitätsunterricht eingedrungen. Im 18. Jahrhundert, in der Zeit der Aufklärung, trat der Gesichtspunkt der Nützlichkeit und damit die angewandte Mathematik dann auch an den Universitäten in den Vordergrund (Kap. 3). Das führte dazu, daß die angewandte Mathematik bis zur Gründung der Technischen Hochschule 1868 an der Ludwig-Maximilians-Universität eine maßgebende Rolle spielte. Die Grenzen zur Physik waren noch lange Zeit fließend. Erst im 19. Jahrhundert wurden die Naturwissenschaften an der Universität zu selbständigen Disziplinen mit wissenschaftlichem Niveau.

Bereits bei der Gründung der Universität Göttingen (1737) bestand dort der Grundsatz, daß der Universitätslehrer zugleich Forscher sein sollte. In München gehörte STAHL zu den ersten Mathematikern, die diesen Grundsatz verwirklichten (Kap. 4). Zugleich begründete er die noch heute an der Uni-

## 0. Einführung

versität lebendige funktionentheoretische Forschungsrichtung (4.3). Die endgültige Abschaffung des zweijährigen allgemeinbildenden Pflichtgrundstudiums (Biennium) im Jahre 1847 und dessen Übernahme durch die höheren Schulen führte dazu, daß nun auch im Universitätsunterricht über neueste Forschungsergebnisse vorgetragen wurde. Zudem stieg durch die Entwicklung und Anerkennung der Technik, der technischen Hochschulen und des Realschulwesens der Bedarf an mathematisch-naturwissenschaftlich geschulten Lehrern.

Während die Mathematik in Deutschland zu Beginn des 19. Jahrhunderts noch im Schatten Frankreichs stand, hatte sich das bis zur Mitte des Jahrhunderts geändert. In München war es DESBERGER, der die französischen analytischen Methoden und insbesondere die darstellende Geometrie eingeführt hat (4.8). Drei strukturelle Veränderungen kennzeichnen die zweite Hälfte des 19. Jahrhunderts (Kap. 5) in besonderer Weise:

- Der Übergang von der Lehranstalt zu einer Einrichtung, in der die *Forschung* neben der Lehre den gleichen Stellenwert genießt (5.1).
- Der 1868 durch die Gründung der *Technischen Hochschule* hervorgerufene Wandel (5.2). Während vorher im 19. Jahrhundert die Anwendungen noch intensiv gepflegt wurden, hat man sich an der Universität nach 1868 von diesem Gebiet zurückgezogen und bis nach 1950 im wesentlichen der reinen Mathematik gewidmet. Dabei bildeten neben der komplexen Analysis die Topologie und die Algebra gewisse Schwerpunkte (5.5).
- Der im Beginn des 19. Jahrhunderts eingerichtete Studiengang zur *Ausbildung der Gymnasiallehrer* (4.2 und 4.6), der schon bald zur eigentlichen Existenzgrundlage der Universität wurde. 1856 wurde dafür ein mathematisch-physikalisches *Seminar* (5.3) geschaffen, aus dem später das heutige Mathematische Institut hervorging. Der Zweck des Seminars war "die Heranbildung von Lehrern der Mathematik und Physik an höheren Lehranstalten" (5.3.1), wobei auf eine wissenschaftlich solide Ausbildung Wert gelegt wurde.

Diese drei Übergänge haben sich nicht unabhängig voneinander vollzogen. Das allmähliche Verschwinden der angewandten Mathematik aus der Universitätsmathematik um die Mitte des 19. Jahrhunderts, wie in Deutschland[1] allgemein zu beobachten, wird in München durch die Gründung der Technischen Hochschule besonders deutlich. Allerdings manifestiert sich, aus dem

---

[1] Vgl. etwa [Hensel] oder [Paul;Ruzavin], 132.

## 0.5 Die Entwicklung im Überblick

gleichen Grund, die allgemeine Hinwendung zur angewandten Mathematik ab 1890 speziell an der Universität München nur in überaus beschränktem Maße - etwa an der Einführung von Kursvorlesungen in darstellender Geometrie (6.5).

SEIDEL und BAUER hatten in der zweiten Jahrhunderthälfte (Kap. 5), LINDEMANN, PRINGSHEIM und VOSS Anfang des 20. Jahrhunderts (Kap. 6) wesentlichen Anteil an der wissenschaftlichen Arbeit der Fakultät. Sie haben den Charakter der naturwissenschaftlichen Lehre und Forschung an der Ludwig-Maximilians-Universität mitgeprägt. SEIDEL widmete sich dabei mehr der Analysis, BAUER - wie auch sein Nachfolger VOSS - mehr der Geometrie und Algebra.

PRINGSHEIM, der u.a. Ende der 1860er Jahre in Berlin unter der Ära von WEIERSTRAß studiert hatte und dessen vornehmliche Fachrichtung stets weiter verfolgte, gestaltete in München den Ausbau der durch STAHL begründeten funktionentheoretischen Richtung. Sein Schüler HARTOGS war einer der Begründer der komplexen Analysis mehrerer Veränderlicher - einem inzwischen verbreiteten Gebiet. HARTOGS gehört in der modernen Mathematik zu den bekanntesten Namen der früheren Münchner Schule (8.1.2).

Auf die Berufungsbemühungen um KLEIN, LINDEMANN, HILBERT und VOSS geht Kap. 6 ein. LINDEMANN, der 1882 mit dem Transzendenzbeweis von $\pi$ das Problem der Quadratur des Kreises gelöst hatte, insgesamt über 60 Doktoranden betreut hat und zeitweise Rektor der Universität war, hatte sich in seiner Münchner Zeit besonders auch in Lehre und Verwaltung engagiert. VOSS, PRINGSHEIM, TIETZE, PERRON und STEIN waren Vorsitzende der Deutschen Mathematiker-Vereinigung. Einen zunehmenden Schwerpunkt an der Universität bilden seit Ende des 19. Jahrhunderts die Theoretische Physik (7.1), die Didaktik (7.3 - 7.4) und die Geschichte (9.3) der Mathematik. Eine besondere Blütezeit, gepaart mit einer bemerkenswerten Selbständigkeit unter den Einflüssen des Nationalsozialismus, erlebte die Mathematik an der Universität München unter der Ära des Dreigestirns PERRON - CARATHÉODORY - TIETZE (Kap. 8).

In dem Sinne wie Mathematik Ende des 19. Jahrhunderts gelehrt wurde, wird sie im wesentlichen methodisch auch heute noch gepflegt. Allerdings ist das Spannungsfeld zwischen Lehre und Forschung im 20. Jahrhundert komplexer geworden. Eigene Wissenschaftssprachen, man denke etwa an Logik und Informatik, sind entstanden. Mathematik im weitesten Sinne ist

## 0. Einführung

auf dem Wege, zu einer Leitwissenschaft, einem Bezugssystem zu werden. Zunehmend wird deutlich, daß das Kulturgut *Mathematik* trotz seiner hohen Spezialisierung in geeigneter Weise dennoch bekanntgemacht und zu einem guten Teil auf allgemein verständlichem Niveau, etwa an Schulen, vermittelt werden muß.

# 1. Humanistische Blütezeit 1472 - 1588

## 1.1 Gründung der Universität

Der Begriff Universität bezeichnet im ursprünglichen Sinn nicht eine Anstalt, sondern die *universitas magistrorum et scolarium*, die Gemeinschaft der Lehrenden und Lernenden. Die ersten Universitäten des deutschsprachigen Raumes wurden - relativ spät gegenüber Italien, Frankreich und England[1] - in Prag (1348) und Wien (1365) gegründet.

Dabei wurde der Aufbau in Wien, das damals noch zur Diözese Passau gehörte[2], wesentlich mitgetragen von deutschen Dozenten, die vorher an der Universität Paris tätig gewesen waren. Ein Pfründenentzug im Obödienzbereich der Kurie von Avignon hatte sie zur Rückkehr in die Heimat veranlaßt[3]. Auch organisatorisch orientierte man sich in Wien an der um 1200 entstandenen Universität Paris[4]. Diese seit Mitte des 13. Jahrhunderts in vier Fakultäten gegliederte Universität[5] - eine Gliederung, die bei zahlreichen späteren Universitätsgründungen übernommen wurde - hatte sich sowohl durch ihre theologische als auch durch ihre philosophische Fakultät ein ehrwürdiges Ansehen erworben[6]. Dabei wurden an der philosophischen Fakultät zunächst lediglich die sieben freien Künste (d.h. ursprünglich die einem freien Manne würdigen Künste) und Philosophie gelehrt.

Die siebenfach gegliederten *artes liberales* umfaßten Grammatik, Rhetorik und Dialektik als Trivium und Arithmetik, Geometrie, Musik und Astronomie als Quadrivium[7]. In dieser Reihenfolge beschreibt BOETHIUS[8] das Quadrivium in seiner Bearbeitung der Arithmetik des NIKOMACHOS VON GERASA, der um 100 n.Chr. lebte. Die Philosophie war gegliedert in

- die Philosophia naturalis (Naturwissenschaften; meist an Hand der aristotelischen Schriften),

---

[1] [Vogel 1973], 9
[2] [Vogel 1973], 11
[3] [Boehm;Müller], 17
[4] [Vogel 1973], 10 und [Boehm;Müller], 350
[5] [Boehm 1959], 165
[6] [Boehm;Müller], 13
[7] [Lindgren]; s.a. [Grundel], 25
[8] Boethius: * 475/80 Rom, † 524/25 Pavia

## 1. Humanistische Blütezeit 1472 - 1588

- die Philosophia rationalis (Lehre von der Natur der Seele, der Unsterblichkeit usw.) und
- die Philosophia moralis (Ethik)[1].

Erst in späteren Jahrhunderten wurden auch die Sprach- und Geschichtswissenschaften in die philosophische Fakultät aufgenommen. Der erste Rektor der Universität Wien ALBERT V. SACHSEN[2] war vorher Rektor in Paris gewesen. Von ihm stammen aus seiner Pariser Zeit auch mathematische und astronomische Schriften[3].

Die Entwicklung der *Mathematik* hängt vielfach von ihrer Stellung ab, die sie im Fächerkanon der Wissenschaften, aber auch innerhalb der anerkannten Allgemeinbildung einnimmt. ARISTOTELES[4], die geistige Autorität im Mittelalter, unterscheidet in der Mathematik zwischen der reinen Theorie und ihren Anwendungen auf die wahrnehmbaren Dinge. Dieser Gliederung folgte auch die mathematische Grundausbildung an den Universitäten. Von HUGO VON ST. VICTOR[5] ist ein Lehrplan mit Studienanweisungen, das *Didascalicon*, überliefert[6].

Das Grundstudium umfaßte in der reinen Mathematik

- als *Arithmetica speculativa* die elementare (pythagoräische) Zahlentheorie[7], wie sie etwa in der Nikomachos-Bearbeitung von BOETHIUS vorlag[8]; und
- als *Geometria speculativa* die Anfangsgründe der Elemente von EUKLID (um 300 v.Chr.).

Zur angewandten Mathematik gehörten folgende Gebiete:

- Die *Arithmetica practica*, d.h. Rechenoperationen und grundlegende Algorithmen wie etwa in dem *Algorismus vulgaris* von JOHANNES DE SACRO BOSCO[9]. Kaufmännisches Rechnen übte man auch außerhalb der Universitäten in eigenen Rechenschulen.

---

[1] [Gericke 1990], 120 und 122 ff.
[2] Albert v. Sachsen: * um 1316 Helmstedt, † 1390 Halberstadt
[3] [Vogel 1973], 11; [Gericke 1990], 138, 142 ff. und 311 f.
[4] Aristoteles: 384-322 v.Chr.
[5] Hugo von St. Victor: * 1096 in Sachsen(?); † 1141 Paris
[6] [Gericke 1990], 81
[7] Auch "Arithmetica generalis" genannt.
[8] [Vogel 1973], 9
[9] siehe 1.2.2

## 1.1 Gründung der Universität

- Die *Geometria practica*, d.h. Vermessungsgeometrie - etwa mit Quadrant und Jakobstab - zur Berechnung von Streckenlängen, von Flächen- und Rauminhalten, daher gelegentlich dreifach gegliedert[1]. Sie wurde oft in Anlehnung an LEONARDO VON PISA gelehrt[2].
- Vielfach gehörte auch die Astronomie dazu. Sie war unter anderem für die Kalenderrechnung und die Astrologie nützlich. Als Lehrbuch diente meist die *Sphaera* von SACRO BOSCO[3].

In den folgenden Jahrhunderten hatten neben SACRO BOSCO auch andere Mathematiker, wie etwa JOHANNES DE LINERIIS und JOHANNES DE MURIS - die in der ersten Hälfte des 14. Jahrhunderts lebten - neuere Lehrbücher verfaßt, z.B. über die Bruchrechnung und über die indischen Ziffern. Damit war auch der Lehrplan von HUGO VON ST. VICTOR inzwischen etwas modifiziert worden.

Es folgten eine Reihe weiterer Universitätsgründungen: Heidelberg (1386), Köln (1388), Erfurt (1392), Leipzig (1409), Rostock (1419), Greifswald (1456), Freiburg (1457) und Basel (1460). Nachdem die kurpfälzische Linie der Wittelsbacher bereits eine erfolgreiche Universität in Heidelberg besaß, plante in Altbayern nach dem Aussterben der Ingolstädter Linie (1447) Herzog LUDWIG IX. DER REICHE von Niederbayern-Landshut (1417-1479)[4], - der "treffliche, wohlwollende, loyale und sparsame Fürst"[5] - bereits 1458 die Errichtung einer Universität in der ehemaligen Residenzstadt Ingolstadt. Für die Wahl von Ingolstadt, das 1250 das Stadtrecht erworben hatte, sprachen vor allem seine günstige, zentrale Lage[6].

Wenn auch die Universitäten gegenüber den früheren kirchlichen Hochschulen etwas unabhängiger von der Kirche waren, so mußten sie dennoch im allgemeinen vom Papst bestätigt werden. Am 7.4.1459 erteilte der aufgeschlossene, humanistisch gesonnene Papst PIUS II.[7] das Gründungsprivileg in Form einer Stiftungsbulle[8]. Die Stiftungsdokumente sind 1944/45 durch

---

[1] Näheres in [Gericke 1990], 36 f.
[2] Leonardo von Pisa: 1170/80 - nach 1240. Beispiele und weitere Lehrbücher s.a. [Maß], 125-154, Kap. 6.: Praktische Geometrie.
[3] siehe 1.2.2.
[4] [Boehm;Müller], 266
[5] [Prantl], 1, 10
[6] [Prantl], 1, 12 und [Schaff], 1 f.
[7] Pius II., Enea Silvio Piccolomini: 1408 - 1464
[8] in: [Mederer], 4, 16

## 1. Humanistische Blütezeit 1472 - 1588

Kriegseinwirkung verbrannt[1]. PIUS II. war ein enger Freund des Kardinals, Philosophen und Mathematikers NIKOLAUS VON KUES (1401-1464)[2]. Zur sorgfältigen Vorbereitung der wirtschaftlichen Grundlagen gehörte unter anderem die Umwidmung einer karitativen Pfründner-Stiftung. Das noch heute stehende Pfründnerhaus war bis 1800 Universitätshauptgebäude. Am 17.3.1472 wurde schließlich die Universität durch Ernennung eines vorläufigen Rektors und den Beginn der Einschreibungen eröffnet. Noch im März 1472 begann der Vorlesungsbetrieb[3]. Am 26. Juni 1472 erfolgte die feierliche Einweihung durch den Stifter Herzog LUDWIG DEN REICHEN. Bis zum 25.7.1472 schrieben sich 489 "akademische Bürger" (Studenten und Dozenten) in das Matrikelbuch ein[4]. Die neu gegründete großzügig ausgestattete Universität erlebte gleich in den ersten Jahrzehnten eine humanistische Blütezeit - mit weiterhin rund 400 bis 600 Studenten[5] und 40 bis 60 Dozenten[6]. PRANTL hält sie sogar für "die damals bedeutendste Universität Deutschlands"[7]. Mit Trier (1473), Mainz (1476), Tübingen (1477), Wittenberg (1502), Frankfurt a.d. Oder (1506), Marburg (1527), Königsberg (1544), Dillingen (1554) und Jena (1558) waren 20 Universitäten im deutschsprachigen Raum gegründet worden. Bis 1700 hat sich deren Anzahl verdoppelt, gegenwärtig sind es rund 150 Universitäten und Hochschulen[8].

### 1.2 Mathematik an der Artistenfakultät

*1.2.1 Organisation nach dem Vorbild Wiens*

Die Artistenfakultät war die größte Fakultät - auch in Verwaltung und Leitung. Sie stellte den Rektor. Daß diese Fakultät den Schwerpunkt der Universität bildete[9], war nicht selbstverständlich[10]. Im 17. Jahrhundert trat

---

[1] J. Spörl in [Jahrbuch], 23
[2] [Kühner], 149
[3] [Prantl], 1, 21
[4] [Prantl], 1, 21
[5] [Boehm;Müller], 267 f.
[6] [Prantl], 1, 129 f.
[7] [Prantl], 1, 9
[8] In [Boehm;Müller] werden 144 beschrieben.
[9] [Prantl], 1, 77
[10] [Günther 1882], 9

## 1.2 Mathematik an der Artistenfakultät

der juristische Fachbereich in den Vordergrund. Der Artistenfakultät gehörte auch die Mathematik an. Die *artes liberales*, die vielfach als die wahre *scientia* angesehen wurden[1], waren für das Grundstudium aller Studenten vorgeschrieben - entsprechend den oberen Klassen der heutigen höheren Schulen. Die Studieninhalte betrachtete man als zur Allgemeinbildung gehörend. Anschließend besuchte man mindestens eine - möglichst aber alle drei[2] - der sogenannten "höheren" Fakultäten Theologie, Jura und Medizin. Dieses *studium generale* umfaßte das vollständige Angebot einer damaligen Universität.

Wie der päpstlichen Stiftungsbulle[3] und dem Stiftungsbrief[4] zu entnehmen ist, bildete die Wiener Universität zumindest organisatorisch das maßgebende Vorbild für Ingolstadt: "(...) nach solcher ordnung und gewonhait, alls in der hohen gefreytten universitet und schul zu Wienn"[5]. Schon in der Wiener Lektionsliste vom Ende des 14. Jahrhunderts werden elf verschiedene mathematischen Vorlesungen genannt[6]:

"Sphaera materialis[7], Arismetica, Proportiones breves, Latitudines formarum, Euklides, Arism. et Prop., Perspectiva, Alg. de integris, Theorica planetarum, Computus physicus[8], Algorismus de minutiis[9]."

Bemerkenswert ist, daß in Wien im 15. Jahrhundert Mathematik und Astronomie über das übliche Vorlesungsprogramm hinaus besonders gepflegt wurden[10]. Das ist zu einem guten Teil auf JOHANNES VON GMUNDEN[11], GEORG VON PEURBACH[12] und REGIOMONTANUS[13] zurückzuführen. PEURBACH hatte mathematische Kenntnisse aus Italien mitgebracht. Sein Schüler, der Astronom und Mathematiker REGIOMONTAN, war einer der bedeutend-

---

[1] [Spörl], 10
[2] [Boehm;Müller], 16
[3] [Mederer], 4, 17
[4] [Prantl], 1, 23 ff.
[5] [Prantl], 2, 11
[6] [Günther 1887], 199
[7] Astronomie, nach Sacro Bosco.
[8] Das heißt, das Rechnen mit den nach negativen Potenzen der Zahl 60 fortschreitenden Reihen.
[9] Bruchrechnen im heutigen Sinne.
[10] [Grössing], 67-141. Innerhalb der Mathematik besonders Proportionenlehre und Perspektive (Optik).
[11] Johannes von Gmunden: * 1380/84 Gmunden am Traunsee, † 1442 Wien
[12] Georg von Peurbach: * 1423 Peurbach/Oberösterreich, † 1461 Wien
[13] Regiomontanus (Johannes Müller): * 1436 Königsberg in Franken, † 1476 Rom

# 1. Humanistische Blütezeit 1472 - 1588

sten Gelehrten seiner Zeit. Durch ihn wurde die Trigonometrie zu einem eigenständigen Teilgebiet der Mathematik[1]. GERHARDT spricht gar von Wien, als "dem alten Brennpunkt mathematischer Bildung in Deutschland"[2].

## 1.2.2 Baccalaureat

Die zunehmende Orientierung an den Aristoteles-Schriften hatte das alte Quadrivium im 15. Jahrhundert immer mehr zurückgedrängt[3]. Wenn nun auch Mathematik in Ingolstadt in bescheidenerem Rahmen als in Wien gelehrt wurde, so war sie dennoch unverzichtbare Voraussetzung für die Zulassung zum Baccalaureats- und Magister-Examen. Doktoren gab es nur in den drei "höheren" Fakultäten[4]. Dabei bezeichnen *magister* und *doctor* im allgemeinen den gleichen *gradus*[5].

Erst mit der strafferen Organisation des Universitätsunterrichts Anfang des 13. Jahrhunderts ist - wie in Bologna und Paris - von Prüfungen die Rede. Damals war das Bedürfnis entstanden, die "bisher freie, an keine eigentliche Erlaubnis gebundene und auf geistigem Wettstreit beruhende Lehrbefugnis einzuschränken: es geschah durch ausdrückliche Verleihung auf Grund einer Prüfung. Damit wurden nun die alten Autoritäts-Titel *magister* und *doctor* zum akademischen Grad."[6]

Die Statuten der Artistenfakultät aus dem Gründungsjahr schreiben für das Baccalaureat, das frühestens nach drei Semestern abgelegt werden konnte, neben lateinischer Grammatik und Rhetorik, Aristotelischer Philosophie und Logik vor, folgende naturwissenschaftliche Vorlesungen gehört zu haben[7]:

- die Physik des Aristoteles mit Übungen,
- die *Sphaera materialis* des JOHANNES DE SACRO BOSCO,
- den sogenannten Algorismus
- und die ersten Bücher der *Elemente* von EUKLID.

---

[1] s. dazu [Folkerts 1977]; [Gerl]
[2] [Gerhardt], 36
[3] [Liess], 17
[4] [Günther 1887], 197 f.
[5] [Boehm 1959], 168
[6] [Boehm 1959], 167
[7] [Prantl], 1, 57 f.

## 1.2 Mathematik an der Artistenfakultät

Hierzu ist anzumerken: JOHANNES DE SACRO BOSCO (* Ende 12.Jh. Holywood (?); † 1236 (?) Paris) verfaßte elementare Lehrbücher für seine Studenten der Universität Paris. Die *Sphaera materialis*[1] war das übliche mittelalterlichen Lehrbuch der elementaren Astronomie. Unter anderem werden die Planetenbewegungen beschrieben[2]. Dabei kam JOHANNES DE SACRO BOSCO, wie VOGEL hervorhebt und untersucht[3], noch ohne Trigonometrie aus.

An den Universitäten war jahrhundertelang der *Algorismus vulgaris* in Gebrauch, der ebenfalls von JOHANNES DE SACRO BOSCO stammt. Die Rechenoperationen wurden bis zum Wurzelziehen und zur Reihenlehre[4] entwickelt. Hunderte von Abschriften dieses im westlichen Mittelalter verbreitetsten Lehrtextes über das indisch-arabische Rechnen sind erhalten. Zahlreiche Kommentare sind noch nicht systematisch untersucht worden[5]. Es gab zahlreiche Druckausgaben von 1488 bis 1582. So ist etwa die 14seitige Ausgabe des *Algorismus Domini Joannis De Sacro Busto*[6] noch heute im Besitz der Münchner Universitätsbibliothek.[7] Durch den *Algorismus vulgaris* wurde die neue Methode des Ziffernrechnens gegenüber dem bisherigen Rechnen mit Rechensteinen auf dem Abakus verbreitet[8]. Dabei wurde das Ziffernrechnen von den Studenten wohl nicht selten als schwierig angesehen, wie eine Einführungsrede MELANCHTHONs 1517 an der Universität Wittenberg zeigt[9]. Einer bekannten Darstellung bei GREGOR REISCH (1503) ist zu entnehmen, daß das Rechnen mit indischen Ziffern fälschlicherweise damals BOETHIUS zugeschrieben wurde[10].

---

[1] Erstdrucke: Ferrara 1472, Venedig 1499. Maßgebende Edition: "Tractatus de sphaera". Ed. L. Thorndike: The Sphere of Sacrobosco and its Commentators. Chicago 1949.
[2] Inhalt: s. [Günther 1887], 184 f.; [Gericke 1955], 29; Überlieferung: [Wolf], 208 ff.
[3] [Vogel 1973], 10 f.
[4] [Tropfke 1980], 287 und 353
[5] [Maß], 197
[6] Venedig 1500
[7] Eine maßgebende Ausgabe: "Petri Philomeni de Dacia in Algorismum vulgarem Johannis de Sacrobosco commentarius una cum Algorismo ipso." Ed. M. Curtze. Kopenhagen 1897. Eine neue Ausgabe stammt von F.S. Pedersen: Petri Philomenae de Dacia et Petri de S. Audomaro opera quadrivialia (= Corpus Philosophorum Danicorum Medii Aevi, Pars 1,X:1). Kopenhagen 1983.
[8] [Vogel 1954], 2 f.
[9] [Menninger], 2, 251 f.
[10] s.a. [Gericke 1990], 221

## 1. Humanistische Blütezeit 1472 - 1588

Aus den ersten Büchern der *Elemente* EUKLIDS wurde eine Auswahl getroffen. Anfangs richtete man sich nach der lateinischen Bearbeitung des JOHANNES CAMPANUS VON NOVARA (1200/1210 - 1296), die erstmals 1482 im Druck erschien[1]. Es ist das einzige Werk EUKLIDS, das im Bücherverzeichnis von 1492 und 1508 genannt wird und ebenfalls noch heute in der Universitätsbibliothek vorhanden ist[2].

### 1.2.3 Magisterprüfung

Nach mindestens drei weiteren Semestern konnte die Magisterprüfung abgelegt werden, die für den Besuch der theologischen Fakultät zwingend vorgeschrieben war. Für diese Prüfung verlangten die Statuten neben einer Reihe von Werken des ARISTOTELES[3] die *Theoricae novae planetarum* - nach GEORG V. PEURBACH[4], die er 1454 als Vorlesung hielt und die von 1472, in der Bearbeitung von REGIOMONTAN, bis 1653 in 56 (!) Auflagen im Druck erschien[5]. Entstehungszeit und Autor der, ähnlich wie die *Sphaera* von SACRO BOSCO, weit verbreiteten *Theorica planetarum* sind ungewiß. Möglicherweise war sie in Paris als Ergänzung zu der recht knappen Planetentheorie im vierten Buch der *Sphaera* entstanden[6]. Die weitaus meisten der Hunderte von überlieferten Manuskripten aus dem 13. bis 16. Jahrhundert sind anonym. Ein um 1263 verfaßtes Manuskript stammt von JOHANNES CAMPANUS VON NOVARA (um 1200/1210 - 1296)[7]. Der früher öfter genannte Übersetzer GERHARD VON CREMONA (um 1114-1187) kommt als Autor nicht in Frage[8].

Zu den Anforderungen in Wien gehörten folgende Gebiete[9]: "Quinque libros Euclidis (...) Perspectivam communem (...) Aliquem Tractatum de Proportionibus, et aliquem de Latitudinibus formarum (...) Aliquem librum de Musica et aliquem in Arithmetica"[10]. Im Gegensatz dazu wurden in In-

---

[1] [Schreiber], 102
[2] siehe auch 1.4
[3] Unter anderem "De coelo", "Meteora", "De anima".
[4] [Schaff], 20 und [Hofmann 1954], 7
[5] [Vogel 1973], 16. Siehe Liste der zahlreichen in der Universitätsbibliothek München vorhandenen Inkunabel-Ausgaben; vgl. [Grössing], 303.
[6] [Grant], 451
[7] [Gericke 1990], 319; [Grössing], 69
[8] [Grant], 451
[9] [Kink], 2, 199
[10] vgl. auch [Prantl], 1, 58/9

## 1.2 Mathematik an der Artistenfakultät

golstadt gemäß einem Beschluß von 1473[1] die folgenden Themenbereiche ausdrücklich als nicht zu den Pflichtvorlesungen gehörig ("non obligatori") ausgeschlossen.

1. Die *Latitudines formarum*:

Man versteht unter dieser "äußerst eigenartigen Lehre"[2] so etwas wie graphische Darstellungen von "Formen", d.h. von Eigenschaften bzw. Qualitäten eines Körpers. Dazu gehören z.B. seine Geschwindigkeit. Insofern umfaßt das Gebiet Ansätze einer mechanischen Dynamik. Das grundlegende Werk dafür hatte der Magister NICOLE ORESME (1320/25 - 1382) geschrieben: *Tractatus de configurationibus qualitatum et motuum*[3]. Gelegentlich wird die Schrift als eine Vorstufe der analytischen Geometrie angesehen[4].

2. Die *Perspectiva communis*:

Mit dem Begriff "Perspektive" bezeichnete man im Mittelalter die damalige Optik, d.h. im wesentlichen die Lichtreflexion, Lichtbrechung und Physiologie des Auges. Gewöhnlich lehrte man sie nach dem weit verbreiteten, um 1277/79 entstandenen Lehrbuch von JOHN PECHAM (auch: Johannes Pisanus von Sussex; 1230/35-1292)[5], das die Grundlagen enthält, auf denen im 15. Jahrhundert die exakte Konstruktion der Perspektive aufgebaut werden konnte. Ein weiteres Standardlehrbuch war die *Optica* von dem aus Breslau stammenden WITELO (1230/35-1275)[6], das 1535 erstmals von TANNSTETTER und PETER APIAN (s. 1.6) herausgegeben wurde[7].

3. Die *Proportiones breves*:

Darunter ist die Lehre von den Verhältnissen zu verstehen. Üblich war das Lehrbuch von THOMAS BRADWARDINE[8]. Mißverständlich ist, wenn J. E.

---

[1] [Prantl], 2, 50; [Prantl], 1, 77, 14./13. Z.v.u. irrt sich hier.
[2] [Juschkewitsch], 395
[3] Nicole Oresme and the Medieval Geometry of Qualities and Motions. Ed. M. Clagett. Madison, Milwaukee, London: University of Wisconsin Press 1968.
[4] [Günther 1882], 8 f.; [Günther 1887], 181 f.; Näheres zur Theorie der Formlatituden siehe auch [Juschkewitsch], 402-410.
[5] Maßgebende Edition von David C. Lindberg: John Pecham and the Science of Optics. Madison, Wisconsin 1970; s.a [Gericke 1990], 128; [Grössing], 249/14.
[6] [Maß], 127
[7] [Maß], 154
[8] Thomas Bradwardine: * 1290/1300 Sussex, † 1349 London. Die heute maßgebende Edition stammt von H. L. Crosby: Thomas Bradwardine. His Tractatus de Proportionibus. Its Significance for the Development of Mathematical Physics. Madison/Wisconsin 1955; vgl. [Bradwardine].

## 1. Humanistische Blütezeit 1472 - 1588

HOFMANN die Proportionenlehre mit "Bruchrechnen" übersetzt[1]. Für die Proportionen gibt es nur eine Verknüpfungsoperation, das Zusammensetzen, das der Multiplikation von Brüchen entspricht[2].

4. Die *libri quatuor Euclidis*:
Hier liegt nahe, daß es sich um den Entfall der Bücher II bis V handelt. Damit war eine genauere Kenntnis der "Elemente" gemeint, die in diesen Büchern von II. Größen, III. Kreisen, IV. Regelmäßigen Vielecken und der V. Proportionenlehre handeln. 1478 wurden diese vier Bücher II-V wieder in den Stundenplan aufgenommen[3].

Da diese Bereiche 1473 von den Pflichtvorlesungen ausgeschlossen wurden, ist anzunehmen, daß über diese Themen durchaus gelesen wurde, obwohl sie weder zu den Voraussetzungen für das Baccalaureats- noch für das Magister-Examen gehörten. Sie wurden vor allem von an diesen Bereichen besonders interessierten Studenten besucht[4].

Zwar scheinen nach einem Beschluß von 1476 auch noch die *Arithmetica generalis* und die Planetentheorie als Anforderung für die Magisterprüfung entfallen[5] zu sein, doch handelt es sich auch hier lediglich um eines der vielfach nur vorübergehenden Zugeständnisse, die sich aufgrund der Rivalität der beiden philosophischen Richtungen innerhalb der Artistenfakultät ergaben: Der scholastisch-thomistischen *via antiqua* der Realisten stand die nominalistische *via moderna* gegenüber, die sich an OCCAM anschloß und - etwa wie in Wien - die mathematisch-astronomischen Vorlesungen stärker zu fördern versuchte. OCCAM hatte sich für eine Trennung von Kirche und Staat ausgesprochen. Die zunächst unabhängigen Teilfakultäten wurden jedoch 1476 vorläufig und 1518 endgültig vereinigt[6].

Wie der Historiker JOHANNES SPÖRL bemerkt, waren die Auseinandersetzungen zwischen beiden Richtungen zwar "hemmend, aber auch überaus förderlich". So war die Universität "an der Wende vom 15. zum 16. Jahr-

---

[1] nach [Hofmann 1954], 7
[2] Näheres siehe auch [Juschkewitsch], 396 f. und 401 f.
[3] [Prantl], 2, 90
[4] Dem detaillierten Hin und Her in den damaligen Statuten geht Schöner in [Schöner], Kap. 3.2.1 nach.
[5] UAM: O I, Nr.1, f. 8, s.a. [Prantl], 2, 75 und [Prantl], 1, 81
[6] [Hofmann 1954], 7

## 1.2 Mathematik an der Artistenfakultät

hundert ein Hort der klassischen Studien, genauso wie Pflegestätte der aufblühenden Mathematik und Astronomie"[1].

### 1.2.4 Stundenplan

Das Dekret von 1476 gibt darüber hinaus einen detaillierten Stundenplan an, in dem neben den umfangreichen ARISTOTELES-Hauptvorlesungen am Vormittag und den zugehörigen Übungen am Nachmittag unter anderem den mathematischen Vorlesungen die Mittagszeit von ein Uhr bis zwei Uhr eingeräumt wurde: 2 Wochen Algorismus, 2 Wochen *Euclidis primus* und 6 Wochen *Sphaera materialis*[2]. Der Stundenplan von 1478 umfaßt dann auch wieder Planetentheorie (zwei bzw. ab 1487 drei Wochen[3]) und - um dem Vorbild Wiens zu entsprechen[4] - insgesamt vier, ab 1492 sogar rund acht Wochen auf Buch I - V erweiterte Euklidvorlesungen[5].

Dabei wurden, wie damals üblich, die insgesamt zehn Vorlesungen in der Artistenfakultät häufig von Lehrbeauftragten gehalten, von für eine bestimmte Zeit zu lesen verpflichteten Magistern, die selbst Studenten in einer der höheren Fakultäten waren und später Pfarrer, Ärzte oder Juristen wurden. Die Hauptvorlesungen wurden zu Beginn jedes Studienjahres durch Wahl vergeben, die übrigen verlost[6], so daß häufig "der Lehrer selbst nur das von der Sache wußte, was er zu lehren beauftragt war", wie GÜNTHER bemerkt[7]. Die Dozenten der Mathematik waren in der Anfangszeit in Ingolstadt kaum - und erst später häufiger - auf das Fach, zu dem in der Regel auch noch die Astronomie gehörte, spezialisiert. So auch an anderen Universitäten, z.B. in Freiburg[8]. Diese Spezialisierung war in Wien und vor allem Paris schon früher üblich.

Wie den Vorlesungsverzeichnissen von 1492 bis 1494 zu entnehmen ist, wurde über

---

[1] [Jahrbuch], 24 f.
[2] [Prantl], 2, 76
[3] [Prantl], 2, 95
[4] [Vogel 1973], 12
[5] [Prantl], 2, 89 f. und 110 f.
[6] [Prantl], 1, 88 und [Schaff], 23
[7] [Günther 1887], 197
[8] [Gericke 1955], 9; [Gericke 1990], 224

## 1. Humanistische Blütezeit 1472 - 1588

- "Euklid I" von JOHANN WALMANN (im WS 1492/93), ACHATIUS HEYSWASSER (SS 1493), GEORG SCHMEIDEL (WS 1493), LEONHARD GANSS (SS 1494),
- "II. III. IV. & Vtus Euclidis" von ANDREAS KELLER (WS 1492), LUKAS PRUNNER (SS 1493), JAKOB TURL (WS 1493),
- "Theorice Planetar." von ANDREAS KELLER (WS 1492), JOHANN PLANK (WS 1492, SS 1493), JOHANN PLUEML (SS 1493), GEORG WOLF (WS 1493), CHRISTOPH SAILMAIR (SS 1494) und
- "Algorismus" von WILLIBALD KRAPF (WS 1492) gelesen[1].

Einen genauen Stundenplan für 1492 gibt Prantl[2] an. Der häufige Wechsel der Lehrkräfte, wie er etwa auch in der Anfangszeit in Wien üblich gewesen war[3], brachte es mit sich, daß eine Lehrtätigkeit an der philosophischen Fakultät in den ersten Jahrzehnten im allgemeinen als Durchgangsstadium und nicht als Lebensberuf angesehen wurde. Dies war auch wiederum im 17. und im Anfang des 18. Jahrhunderts üblich, als die Dozenten aus dem Jesuitenorden hervorgingen. Ist von Mathematikern die Rede, so lehrten sie damals durchwegs auch nicht-naturwissenschaftliche Fächer und wechselten nicht selten zum Beispiel auf Pfarrstellen über. Dennoch ist für die Universität in Ingolstadt bemerkenswert, daß sie sich, obwohl TOLHOPF in erster Linie Theologe war, "von je eines gewiegten Mathematikers erfreute"[4].

JOHANN TOLHOPF[5] lehrte neben Mathematik auch Dichtkunst. Er war seit 1472 Professor der Universität, 1473 Rektor[6], 1475 Dekan der *via antiqua*[7] und wird von PRANTL als "wohl der bedeutendste" unter den ersten Lehrern der Artistenfakultät angesehen[8]. 1492 wurde der Astronom, Kosmograph, Theologe und Doktor der Rechte Domherr zu Regensburg, später Propst in Forchheim[9]. Als Kosmograph wandte er sich geographisch-landeskundlichen Themen wie auch der Beschreibung der Himmelserscheinungen zu[10]. Er

---

[1] UAM: O I, Nr.1 und 2; s.a. [Schaff], 24 f.; [Mederer], 1, 40 f.
[2] in [Prantl], 2, 109-111
[3] [Vogel 1973], 12
[4] [Günther 1887], 217
[5] Johann Tolhopf (auch Tolophus oder Tolhoph) * 1454 Kemnath ([Mandelkow], 68); † nach 1504.
[6] [Mederer], 1, 5
[7] [Prantl], 1, 80
[8] [Prantl], 1, 35
[9] [Mandelkow], 68
[10] Zur Kosmographie vgl. [Grössing], 160 f.

verfaßte unter anderem einen Kommentar zum Almagest: "Opuscula quaedam mathematica"[1], der als verloren gilt[2]. Auch seine Tätigkeit als Astrologe soll sein Ansehen gefördert haben[3]. Er wurde zum "Gottesgelehrten", Domherrn und Propst berufen[4].

## 1.3 Einrichtung einer Fachprofessur für Mathematik und Astronomie

### 1.3.1 Johann Engel

Im Jahre von TOLHOPFs Wechsel nach Regensburg (1492) wird nun durch HERZOG GEORG eine spezielle mathematische Fachprofessur[5] mit planmäßiger Besoldung eingerichtet. Das geschieht in Ingolstadt fast zehn Jahre vor Wien[6] - dafür waren es in Wien 1501 gleich zwei nun besoldete Lehrstühle[7] - und fast zwanzig Jahre vor Tübingen[8]. Bereits 1383 war in Bologna ein mathematischer Lehrstuhl geschaffen worden. Dort unterstanden, nach einem Berufungsvertrag[9] von 1404, alle mathematischen Gebiete dem Lehrfach Astrologie - im Mittelalter noch weitgehend dasselbe wie Astronomie. Dabei war der Mathematikordinarius allerdings gehalten, den Studenten das Horoskop zu stellen.

Im Gegensatz zu deutschen Universitäten verteilte man in Bologna den mathematische Kurs auf vier volle Jahre, ohne daß dem Dozenten vorgeschrieben war, in wieviel Wochen er ein Gebiet abzuschließen hatte. Gegen Ende des 15. Jahrhunderts gab es dann in Bologna bereits zwei mathematische Professuren, die eine für Astronomie (damals "höhere Mathematik" genannt), die andere für Arithmetik und Geometrie ("niedere Mathematik"). Die Einrichtung mathematischer Fachprofessuren in jener Zeit ist weniger auf die Initiativen einzelner als auf Impulse des an den Universitäten im

---

[1] [Kobolt 1795], 693 f.
[2] [Prantl], 2, 483; [Günther 1887], 217
[3] [Bauch], 6 f.
[4] Siehe auch [Günther 1887], 217 f.
[5] Ein Lektorat im damaligen Sinne.
[6] [Bauch], 98
[7] [Günther 1887], 253 und 233
[8] [Günther 1887], 218
[9] [Günther 1887], 221

## 1. Humanistische Blütezeit 1472 - 1588

15. Jahrhundert verbreiteten Nominalismus[1], ab Jahrhundertende des auch Mathematik und Astronomie fördernden Humanismus zurückzuführen.

Als der erste planmäßig angestellte "Lector ordinarius für Mathematik und Astronomie" wird JOHANN ENGEL[2] angesehen. Wir folgen hier dem "urkundlich gesicherten Boden" von BAUCH[3]. BAUCH macht darauf aufmerksam, daß nach dem ersten Mathematiker TOLHOPF und vor dem planmäßigen Lektor ENGEL wahrscheinlich noch ein Magister "FRIEDRICH N." Mathematik und Astronomie gelehrt hat. BAUCH stützt sich dabei auf eine Übersicht von ANDREAS STIBORIUS, der als Ingolstädter Lehrbeauftragten für Mathematik und Astronomie vor ENGEL noch den Magister FRIDERICUS nennt[4].

Wie ein neuerlich aufgefundener Eintrag in einem Rechnungsbuch zeigt, wurde drei Jahre vor ENGEL der Lehrbeauftragte FRIEDRICH WEIß für mathematische Vorlesungen zweimal entlohnt[5]. WEIß hatte keinen akademischen Grad und wurde eher wie ein heutiger Lehrbeauftragter besoldet[6]. Dagegen ist von JOHANN ENGEL bekannt, daß er - zudem mit einem deutlich höheren Gehalt (32 fl. gegenüber 22 und 26 fl. bei Weiß) - am 1. Mai 1492 regelrecht angestellt wurde, am Tag des Apostels und Märtyrers Philippus[7]. Damit besteht ab 1492 eine feste Stelle für ein mathematisches Lektorat.

Bereits im Gründungsjahr hatte ENGEL in Ingolstadt studiert[8]. Die Magisterwürde scheint er vor 1476 in Würzburg erhalten zu haben. 1479 wurde er in die medizinische Fakultät Ingolstadt aufgenommen. Nach seiner Anstellung 1492 dozierte ENGEL in Ingolstadt als Mathematiker und auch als Poet

---

[1] [Günther 1887], 219
[2] Auch Angelus; * in Aichach/Oberbayern, † 1512 in Wien ([Mandelkow], 22). Zu Leben und Werk siehe [Knobloch].
[3] [Bauch], 92 u. 97f.
[4] [Bauch], 97
[5] [Schöner], Kap.5. Weiß ist allerdings "aufgrund des Mangels an Quellen für uns kaum faßbar"([Schöner], 1.II). Darüber, wie es zur Einrichtung des Lehrauftrags kam, "kann allerdings nur spekuliert werden"([Schöner], 4.3.2.1).
[6] Deshalb erscheint es gewagt, von einer regelrechten *Berufung* von Weiß auf eine mathematische *Kanzel* zu sprechen ([Schöner], 5.1). Das Wort *Berufung* weckt bei einem Lehrauftrag Mißverständnisse, ebenso ist bei einer mathematischen *Kanzel* keinesfalls an einen Lehrstuhl zu denken.
[7] UAM: E I, f.9 - Einrichtung von Professuren.
[8] Immatrikulation: 29.8.1472.

## 1.3 Fachprofessur für Mathematik (1492)

bis 1497/98[1]. Wie die weitere Entwicklung zeigt, wurde seine Stelle nun zu einer planmäßigen.

Sie war zwar planmäßig, doch kann man noch nicht von einer vollen Professur sprechen - schon gar nicht im heutigen Sinn. Die mathematischen Vorlesungen waren vielfach außerhalb der sonst üblichen Vorlesungszeiten zu halten - an Feiertagen und in den Ferien. Auch aus diesem Grund mag man daher eher an ein Extraordinariat denken. Zudem erhielten die Professoren der drei höheren Fakultäten etwa vierfache Gehälter. Die Besoldung von ENGEL war eher vergleichbar mit dem Gehalt der sechs fest angestellten Magister der Artistenfakultät[2]. Die zahlreichen übrigen Lektoren waren allein auf Hörgelder angewiesen[3].

Schließlich unterstand diese mathematische "Fachprofessur", ebenso wie die 1477 für Poetik und die 1520 für Griechisch gegründete, nicht der Artistenfakultät. Die nicht von der Fakultät, sondern direkt aus der Universitätskasse finanzierten Lehrstuhlinhaber erscheinen daher auch nicht in den Fakultätsakten. Dennoch übten sie einen "bedeutenden Einfluß" auf Fakultätsreformen aus[4]. Da die Poetikpflichtvorlesungen - zumindest zeitweise - nicht vom Lehrstuhlinhaber, sondern von Angehörigen des artistischen Lehrkörpers gehalten wurden[5], erscheint auch JOHANN ENGEL nicht in der Vorlesungsübersicht[6] von 1492 - 1494. Dennoch mag man eine Lehrtätigkeit, die gelegentlich zum Teil unter Berufung auf KOBOLT[7] in Frage gestellt wird[8], nicht generell ausschließen[9]. Einem Dekret von 1476 entnehmen wir[10]: "Item pro legendis textibus fuerunt primi electi (...), postea Magister JOHANNES ENGEL pro Phisicorum (...)".

Einen Pfandschein des Magisters JOHANNES ENGEL von 1483 hat RUF[11] näher untersucht. Reichhaltiger ist das, was wir über seine Publikationstätig-

---

[1] UAM: E I, Nr.1, f.9 u. 11v; s.a. [Romstöck 1886], 2, 9; [Prantl], 1, 130.
[2] [Prantl], 1, 117 u. 130; [Schaff], 20
[3] [Schaff], 20
[4] [Liess], 23 u. 25
[5] [Liess], 25
[6] siehe 1.2.4
[7] Siehe [Kobolt 1795], 44 u. [Kobolt 1824], 12
[8] [Schaff], 26 und [Mandelkow], 22
[9] [Romstöck 1886], 2, 9
[10] [Prantl], 2, 74
[11] [Ruf 1932], 231 f.

## 1. Humanistische Blütezeit 1472 - 1588

keit wissen. Das Schriftenverzeichnis umfaßt über zwanzig Arbeiten[1] mit vorwiegend astronomischem Inhalt. Davon sind mindestens sechs noch vorhanden - darunter die Herausgabe der Alphonsinischen Tafeln (1488), der acht Bücher des arabischen Astrologen ALBUMASAR "De Magnis Coniunctionibus" (1489), Vorschläge zur Kalenderreform und eigene Kalender.

Die Astrologie erlebte im 15./16. Jahrhundert ihre klassische Zeit[2]. Sie behauptete sich trotz der strikten Ablehnung durch AUGUSTINUS[3]. Gelegentlich wurde - wie etwa in Prag - auch gegen mathematische Studien vorgegangen, da sie der Astrologie Vorschub leisten würden. Wie GÜNTHER bemerkt, gehörte in Prag im 15. Jahrhundert auch die *Chiromantie*, die Handlesekunst, zu den mathematischen Vorlesungen[4]. 1497/98 ging ENGEL nach Wien, wo er unter anderem als Professor der Astronomie und Arzt tätig war[5]. Eine geplante verbesserte Neuherausgabe der "Tabulae aequationum motuum planetarum" von GEORG PEURBACH konnte er nicht mehr vollenden[6]. Er starb 1512 in Wien.

### *1.3.2 Stabius und Celtis*

Sein Nachfolger JOHANN STABIUS[7] wird als "eine der bedeutendsten Lehrkräfte jener Zeit" angesehen[8]. STABIUS wurde durch die nach ihm und JOHANNES WERNER (aus Nürnberg; 1468 - 1528) benannte polständige Kegelprojektion, die auf eine herzförmige Weltkarte führt (1514), zum Wegbereiter der mathematischen Geographie[9]. Schon vorher, 1515, hatte er zusammen mit ALBRECHT DÜRER (1471-1528) eine Erdkarte in stereographischer Projektion[10] und zwei Himmelskarten herausgegeben[11]. Auch sonst

---

[1] [Mandelkow], 22-24; [Romstöck 1886], 2, 10 f.: beide nicht identisch. Bei [Zinner 1941]: Nr.198, 319-322, 344 (Albumasar-Ed.), 351-356, 388f., 399, 424, 541, 601f., 642, 757, 926, 956.
[2] [Grössing], 166
[3] Näheres dazu bei [Bauch], 97 f. und [Grössing], 189.
[4] [Günther 1887], 208
[5] [Mandelkow], 22 und [Bauch], 99
[6] [Bauch], 100
[7] Johann Stabius: auch "Stab.", "Stöberer" ([Aschbach], 2, 363 und [Hofmann 1954], 8);
  \* nach 1460 bei Steyr in Oberösterreich, † 1522; Biographie: siehe [Grössing 1968] sowie [Grössing], 170 ff. und 288/2.
[8] [Prantl], 1, 137
[9] [Grössing], 172
[10] Abbildung etwa in [Schröder], 15
[11] [Grössing], 171

## 1.3 Fachprofessur für Mathematik (1492)

haben sich STABIUS und DÜRER "eifrig mit mathematischen Fragen beschäftigt"[1].

Außerdem hat er einige astronomisch-mathematische Arbeiten veröffentlicht[2]. STABIUS, der seit 1482 (Studienbeginn) in Ingolstadt lebte, war ebenso wie TOLHOPF mit dem weitgereisten Humanisten KONRAD CELTIS[3] befreundet[4]. CELTIS war der erste zum "poeta laureatus" kaiserlich gekrönte deutsche Humanist (1487)[5]. Er war in Ingolstadt vorübergehend Professor für Poetik und Rhetorik und hatte sich am 31.8.1492 in seiner berühmten Antrittsrede[6] gegen den scholastischen Lehrbetrieb und den Mangel an wahrer Bildung bei vielen Professoren gewandt. Um den Tiefstand der deutschen Universitäten zu überwinden, müsse die Jugend verstärkt die Realien wie Mathematik, Astronomie und Geographie, aber auch Griechisch studieren[7].

Neben STABIUS wirkten im Sinne dieses umfassenden Bildungsideals in Ingolstadt langfristiger JAKOB LOCHER (Philomosus, 1471-1529)[8], ein Schüler und Nachfolger von CELTIS, und der humanistische Naturwissenschaftler und "Vater der bayerischen Geschichtsschreibung"[9] JOHANNES TURMAIR, genannt AVENTIN (1477-1534)[10]. AVENTIN trat 1523 durch die Herausgabe einer Karte Bayerns als Geograph hervor[11]. Auch CELTIS ist in der Kartographiegeschichte nicht unbekannt: Er hatte die später so genannte "Peutingersche Tafel", die sieben Meter lange Kopie einer altrömischen

---

[1] Vgl. Karl Schottenloher in [Schottenloher], 301.
[2] [Mandelkow], 63 ff.; [Grössing], 170
[3] Conrad Celtis: auch Pickel, aus Wipfeld bei Schweinfurt; 1459-1508 ([Hofmann 1954],7); s. Gesamtbiographie von Lewis W. Spitz: Conrad Celtis. Cambridge 1957; über Leben und Schriften s.a. Diss. v. H.Ch. Klupack über die Philosophische Fakultät Wien von 1450 bis 1545.
[4] Briefwechsel: vgl. [Bauch], 6 und 57; [Grössing], 171
[5] [Hradil], 38
[6] [Prantl], 1, 91
[7] [Vogel 1973], 21; [Grössing], 150
[8] [Hofmann 1954], 7. Lochers Berufung war von Johann Engel beantragt worden; [Prandtl], 1, 130.
[9] [Buzás 1972], 24
[10] Siehe Biographie von Eberhard Dünninger: J. Aventinus. Leben und Werk des bayerischen Geschichtsschreibers. Rosenheim 1977; auch [Winschiers], 32-34.
[11] [Grössing], 192

## 1. Humanistische Blütezeit 1472 - 1588

Straßenkarte, in einer nicht bekannten Bibliothek gefunden und 1507 dem Augsburger Stadtschreiber Conrad PEUTINGER testamentarisch vermacht[1].

In dieser Zeit kam es auch zur Freundschaft mit PETER APIAN (s. 1.6), der nach einer Reihe von Angeboten anderer Universitäten[2] im Jahr 1527 den Lehrstuhl für Mathematik in Ingolstadt übernahm. AVENTIN soll eine besondere Vorliebe für Mathematik gehabt haben[3]. In seiner *Chronica* schreibt er, daß Mathematik ein schönes Studium sei, aber "kein Brod in das Haus bringe"[4].

Wie ENGEL, so ging auch CELTIS 1497 nach Wien. Vorher vermittelte er noch die Berufung seines Freundes STABIUS als Nachfolger von ENGEL ("lector ordinarius mathematicae")[5]. STABIUS, der seine Professur nur nominell bis 1503 ausübte[6], folgte[7] CELTIS 1502. Im gleichen Jahr wurde in Wien vom Kaiser eine Fakultät der Dichter und Mathematiker das *Collegium poetarum et mathematicorum*, eingerichtet. MORITZ CANTOR nennt dies zusammen mit der ebenfalls von CELTIS eingerichteten "Donaugesellschaft" "gewissermaßen die erste Akademie der Wissenschaften in Deutschland"[8]. Wie in Ingolstadt so standen auch deren Professoren, CELTIS für Poetik und STABIUS für Mathematik, mit der Artistenfakultät nur in loser Verbindung[9]. BAUCH weist besonders darauf hin, daß CELTIS beide Richtungen, die humanistische und die realistische Bildung, zusammen "pädagogisch vollbewußt in die Wiege moderner Bildung einbette". Sie bilden keine konträren Gegensätze, sondern sind "Äste desselben Stammes, der wissenschaftlichen Renaissance"[10]! Später wurde STABIUS Historiograph und Sekretär des Kaisers MAXIMILIAN I. (1459 - 1519)[11].

---

[1] [Winschiers], 105
[2] [Romstöck 1886], 2, 11 f.
[3] [Romstöck 1886], 2, 32
[4] [Romstöck 1886], 2, 33
[5] [Bauch], 70 und 101
[6] Die Gründe dafür werden in [Bauch], 103 ff. beschrieben.
[7] [Grössing], 171
[8] [Cantor], 2, 359
[9] [Vogel 1973], 22
[10] [Bauch], 95
[11] [Grössing], 171; [Mandelkow], 63

## 1.3 Fachprofessur für Mathematik (1492)

### 1.3.3 Stiborius und Tannstetter

Der gegenüber der Mathematik aufgeschlossene Kaiser hatte in Wien zudem an der Universität zwei mathematische Lehrstühle einrichten lassen[1]. Einen davon übernahm 1502 bis 1503 ANDREAS STIBORIUS[2]. Er lehrte vorher ebenfalls Mathematik in Ingolstadt (Magister 1484)[3].

Seine umfangreiche, vorwiegend naturwissenschaftliche Bibliothek und seine eigenen mathematisch-astronomischen, aber auch medizinischen - teilweise ungedruckten - Werke hat sein Schüler und Lehrstuhlnachfolger GEORG TANNSTETTER[4] 1514 in einer Geschichte der Wiener Mathematiker "Viri mathematici(...)"[5] beschrieben. Diese Bibliothek umfaßte mit ihren 68 Titeln "wohl das gesamte Wissen der Zeit in Optik, Geometrie, Astronomie, Arithmetik, Metaphysik und 'Magia'"[6]. Den Bericht, die Hauptquelle zu jener Zeit[7] hat TANNSTETTER zusammen mit den Finsternistafeln von PEURBACH und den "Tabulae primi mobilis" von REGIOMONTAN veröffentlicht. Darüber hinaus verdanken wir TANNSTETTER eine Reihe von kommentierten Ausgaben naturwissenschaftlicher Schriften[8], darunter 1515 einen Sammelband der nach Moritz CANTOR "fünf wichtigsten Schriften der mittelalterlichen Mathematik"[9]. TANNSTETTER, der zudem Leibarzt von MAXIMILIAN I. war, bemühte sich um eine Synthese von Medizin und Astrologie, "so daß wir in ihm einen der vorzüglichsten Iatromathematiker der ersten Hälfte des 16. Jahrhunderts vor uns haben"[10].

---

[1] [Cantor], 2, 360
[2] Andreas Stiborius: auch "Stöberl"; * vor 1470 in Pleiskirchen bei Mühldorf a.Inn, † 1515 ([Grössing], 289); Werke: [Romstöck 1886], 1, 76 und [Grössing], 197 f.
[3] [Grössing], 289
[4] Georg Tannstetter: auch Collimitius, aus Rain a. Lech, Magister in Ingolstadt; um 1480-1530 ([Hofmann 1954], 8); Biographie in Aschbach 2, 271-277.
[5] [Grössing], 309. Eingehende Untersuchung in [Graf-Stuhlhofer]. Überblick auch in [Grössing], 174 ff.
[6] [Vogel 1973], 23
[7] [Cantor], 2, 361
[8] [Grössing], 182 f.
[9] [Cantor], 1.Aufl. 2, 361. Für Cantor sind das "die Arithmetik von De Muris, die Proportionenlehre von Bradwardinus, die Latitudines von Oresme in der durch Blasius von Parma erläuterten Ausgabe, das Rechnen mit ganzen Zahlen von Peurbach, das Bruchrechnen von Johann von Gmunden".
[10] [Grössing], 184; s. dazu auch [Günther 1887], 255; Sudhoff, Karl: Iatromathematiker vornehmlich des 15. und 16. Jahrhunderts. Abh. z. Geschichte der Medizin. H.2. Breslau 1902 und [Bauch], 96

## 1. Humanistische Blütezeit 1472 - 1588

### 1.4 Erste mathematische Bibliotheksbestände

#### 1.4.1 Der Bücherkatalog der Artistenfakultät von 1492

TANNSTETTERs Beschreibung der Privatbibliothek von STIBORIUS machte deutlich, wie ungewöhnlich damals ein derartiger Besitz war. Ungewöhnlich auch im Vergleich zur Ingolstädter Universität. Wie die Bücherverzeichnisse zeigen, enthielt die Bibliothek der Artistenfakultät in den ersten Jahrzehnten auf dem Gebiet der Mathematik nur wenige Werke.

Zwar hatte man eine Bibliothek im Stiftungsbrief der Universität nicht vorgesehen[1], doch ist bereits 1472 mit der Universität eine Bücherei der Artistenfakultät eingerichtet worden[2]. Die Bücherversorgung der Hörer wurde dadurch gewährleistet, daß gemäß einem Dekret dieser Fakultät von 1476 künftig mindestens ein Exemplar der Vorlesungsbücher im Besitz von drei Studenten sein mußte[3]. Diese anfangs handschriftlichen Vorlesungsbücher wurden zu Beginn eines jeden Semesters neu verteilt. 1492 beschloß man, daß zumindest "die Texte der Hauptvorlesungen nicht mit der Hand, sondern durch Druck vervielfältigt werden sollten"[4].

Als ältester Bücherkatalog ist ein Verzeichnis von 1492 überliefert, das allerdings die Vorlesungsbücher nicht umfaßt. Es enthält unter den 231 Bänden[5] neben zahlreichen ARISTOTELES-Ausgaben und der Kosmographie von PTOLEMÄUS (lebte um 100-170 n.Chr.), nur ein mathematisches Werk. Zunächst wurde nur das Nötigste angeschafft[6]:

> "Item liber continens quindecim libros / elementorum EUCLIDIS Megarensis una / cum figuris et commentis CAMPANI et / habet in primo folio epistolam aureis literis / impressam. Estque liber papiri arci, im-/pressure Veneciane et rubeo coopertus / integre".

JOHANNES CAMPANUS aus Novara hatte kurz vor 1260 die "Elemente" neu zusammengestellt und bearbeitet[7]. Die Bearbeitung wurde zum mittelal-

---

[1] [Ruf 1932], 220; [Pölnitz], 71 f.
[2] Zur Gründung siehe [Buzás 1972], 11 f.
[3] [Prantl], 2, 74
[4] [Buzás 1972], 12
[5] [Buzás 1972], 13
[6] [Ruf 1932], 248; "Universalität wurde bereits 1490 als Übertreibung empfunden" heißt es in [Buzás 1972], 15.
[7] Über seine Vorlage "Adelard II" siehe [Folkerts 1989], 9 ff. und 38 ff.

## 1.4 Erste mathematische Bibliotheksbestände

terlichen Standardwerk. Sie lag dem Erstdruck von 1482 (Venedig, Verleger Erhard RATDOLT), einem der ersten mit Figuren versehenen gedruckten Bücher, zugrunde[1]. Im Gegensatz zu späteren Ausgaben beginnt der Text ohne jegliche Vorrede (Widmungsbrief) bereits auf dem reich geschmückten Titelblatt[2]. Insgesamt sind von dieser Ausgabe noch etwa 300 Exemplare erhalten[3]. Das Werk wurde in der Folgezeit oft nachgedruckt.

P. RUF hat neben dem Bücherkatalog ebenfalls ein damaliges Verzeichnis der Einnahmen und Ausgaben der Bibliothek wiedergegeben[4]: "Acceptorum et Expensorum Rationes in philosophica facultate ab anno 1486 ad 1526"[5]. Dort heißt es unter anderem: "Sequuntur exposita pro liberaria collegii artistarum"[6].

Eintrag zum Wintersemester 1493: "(...) commentum NICOLAI DE ORBELLIS super libris phisicorum ARISTOTELIS premissis aliquibus de mathematica"[7]. Näheres ist dem Katalog über diese vorangestellten Mathematikbücher nicht zu entnehmen.

Eintrag zum Wintersemester 1496: "Item 2 fl. Renenses in auro pro cosmographia PTOLEMEY a magistro TONHAWSER. Item 14 sexarios de ymaginibus in PTOLEMEO, ut scit dominus licentiatus PLUEMEL"[8]. Hierbei dürfte es sich um den im Vorlesungsverzeichnis des Sommersemesters 1493 (siehe 1.2.4) genannten Johann PLUEML handeln, der über die Planetentheorie gelesen hatte.

Eintrag zum Jahr 1498: "Item (...) de uno LXXX denarios, quorum nomina: cosmographia PTOLOMEI in duobus libris"[9].

Im Bücherkatalog von 1492, den man in den folgenden Jahren noch ergänzt hat, werden auch eine Reihe naturwissenschaftlicher ARISTOTELES-Ausgaben verschiedener Kommentatoren genannt. So etwa unter der Rubrik "In artibus et primo in philosophia naturali atque metaphizica"[10] in mehrfa-

---

[1] vgl. [Günther 1887], 278
[2] [Schreiber], 102 f.; auch in [Steck], 218 und [Maß], 58 mit Abbildung.
[3] [Wiegendrucke], 107 f.
[4] in [Ruf 1932], 220 ff.
[5] Universitätsarchiv München O II 8
[6] [Ruf 1932], 222
[7] [Ruf 1932], 225
[8] [Ruf 1932], 227
[9] [Ruf 1932], 228
[10] [Ruf 1932], 246-248

chen Exemplaren die für die mathematischen Grundlagen wichtige "Metaphysik", die "Physik", die "Meteorologie", "Parva Naturalia", die "Tierkunde" und die Werke "Über den Himmel", "Über Entstehen und Vergehen" und "Über die Seele" - jeweils mit Kommentaren von AVERROES (1126 Cordoba - 1198 Marrakesch)[1]. Besonders zu den Physikvorlesungen nennt das Verzeichnis Ausgaben mehrerer weiterer Kommentatoren, darunter auch diejenige von THOMAS V. AQUIN[2]:

"Item liber continens commentum subtilissimi doctoris S. THOME DE AQUINO in octo libros phizicorum et XII libros methaphizice ARISTOTELIS. Et est liber papiri arci, impressure Papiensis in parteque albo coopertus."

In dieser Rubrik der naturwissenschaftlichen Werke wird unmittelbar nach der zitierten CAMPANUS-Ausgabe der "Elemente" EUKLIDs ohne Titel ein 21 Bücher umfassender Band des BOETHIUS beschrieben[3]: "Item liber continens viginti unum libros BOECII, quorum tituli primo folio continentur, Veneciis impressus in papiro arci alboque integre coopertus." 1492 waren in Venedig die Werke von BOETHIUS gedruckt worden. Wie dem Ausgabenverzeichnis zu entnehmen ist, wurden im Sommersemester 1493 wohl gerade diese Werke des BOETHIUS angeschafft[4]: "Item quinto 8 fl. (...) pro BOECIO in operibus suis".

Die logischen Schriften faßte man in einer eigenen Rubrik zusammen[5]. Hiernach besaß die Bibliothek von ARISTOTELES unter anderem die "Analytica"[6], die "Topik"[7] und die "Peri Hermeneias"[8].

*1.4.2 Das Bücherverzeichnis von 1508*

Ein weiteres Bücherverzeichnis der Artistenfakultät wurde 1508 angelegt. Die Bibliothek war auf 374 Bände angewachsen. Bis um das Jahr 1520 wurden 84 weitere Bände nachgetragen[9]. Zwar werden in diesem Verzeich-

---

[1] "... cum commento Averroys" [Ruf 1932], 246.
[2] [Ruf 1932], 248
[3] [Ruf 1932], 248
[4] [Ruf 1932], 224
[5] [Ruf 1932], 250 f.
[6] Die Grundlagen einer beweisenden Wissenschaft; s. [Gericke 1984], 230.
[7] Buch VII handelt von der Definition.
[8] Über Formen der sprachlichen Ausdrucksweise.
[9] [John], 383; [Buzás 1972], 16 ff.

## 1.4 Erste mathematische Bibliotheksbestände

nis Handschriften und Drucke nicht unterschieden, die Beschreibung ist wesentlich summarischer, doch hat der Herausgeber W. JOHN 250 davon erhaltene Bände - zwei Jahre vor dem Kriegsbrand 1944 - durch Angabe der Signaturen identifiziert[1]. Dabei enthält der Katalog von 1508 inzwischen zur "Physik" des ARISTOTELES vier Textausgaben und elf Kommentare[2]. Die entsprechenden Handschriften hat RUF 1935[3] beschrieben. Zur Astronomie werden in dieser Reihenfolge neun Werke angegeben:

1. "Cosmographia PTHOLOMEI",
2. "Figure cosmographie PTHOLOMEI"[4].

Bei einer der späteren Revisionen wurden beide Schriften noch in diesem Verzeichnis als nicht mehr vorhanden gekennzeichnet.

3. "Practica astronomie",
4. "Tabule astronomie"[5].

Während die dritte Schrift bisher nicht identifiziert wurde und möglicherweise als verloren anzusehen ist, hält JOHN die letztgenannte Schrift "wohl" für die Handschrift 4° Cod. ms. 737 der Universitätsbibliothek München. Der umfangreichste Teil der Handschrift[6] enthält die "Tabulae astronomicae et 'Canones de practica tabularum astronomie compilati et collecti per mag. JOHANNEM DE GMUNDEN' cum registro." aus dem Jahr 1444.[7] Daneben sind in der Handschrift einige astronomische Anmerkungen und Tabellen, zum Teil ebenfalls von JOHANNES VON GMUNDEN, zu finden[8].

5. "Tractatus Albionis in astronomia cum cosmographia Ptolomei et aliis"[9].

Diese Handschrift[10] enthält neben der acht Bücher umfassenden Kosmographie des PTOLEMAIOS Untersuchungen über das Astrolabium, Verse über die zwölf Häuser in der Astrologie, einen Almanach des JOHANNES DE LINERIIS aus dem Jahr 1340 und einige kürzere Abhandlungen, etwa über das Verhältnis der Astronomie zu theologischen und historischen Fragen[11].

---

[1] [John]
[2] [Buzás 1972], 20 f.; [John], 402 ff.
[3] in [Ruf 1935]
[4] [John], 392/98 u. 99
[5] [John], 405/272a u. b
[6] Fol. 4v - 118r
[7] [Zinner 1925], Nr. 3691, 3688
[8] [Ruf 1935], 105
[9] [John], 405/275
[10] 2o Cod. ms. 593 der UBM
[11] Siehe [Zinner 1925], Nr. 353, 356, 370, 380; [Ruf 1935], 99.

## 1. Humanistische Blütezeit 1472 - 1588

6. "Tractatus de compositione et usu astrolabii et aliis"[1].
Diese 160 Blätter umfassende Handschrift[2] aus dem 15. Jahrhundert enthält 21 eigenständige Arbeiten. Zu den umfangreichsten gehören drei Traktate von JOHANNES VON GMUNDEN: "Tractatus de compositione astrolabii"[3], "Tractatus de compositione quadrantis"[4], "Tractatus de formatione et utilitate quadrantis"[5]. Neben einem "Tractatus de ponderibus JORDANI NEMORARII cum figuris", einem "Excerptum ex theoricis CAMPANI", zwei Arbeiten über die Proportionenlehre und Geometrie ("isoperimetria, stereometria") enthält die Handschrift auch Oster- und Fixsterntafeln und es wird der Bau von Sonnenuhren erläutert[6].

7. "Cosmographia PTOLOMEI",
8. "Figure cosmographie PTOLOMEI"[7]. Wie oben waren beide Schriften 1942 nicht mehr vorhanden.
9. "Tabulae eclipsium magistri Georgii PEURBACHII cum aliis"[8].
Wie aus 1.3.3 hervorgeht, wurden diese PEURBACHschen Finsternistafeln 1514 von TANNSTETTER veröffentlicht. Sie sind erst nachträglich in den Bücherkatalog aufgenommen worden.

Bei den Nachträgen wurde die laufende Buchnummer von JOHN durch einen Buchstaben ergänzt. An mathematischer Literatur enthält das Verzeichnis neben der genannten Euklidausgabe die Arithmetik des BOETHIUS[9]:

"Introductio in libros arithmeticos divi Severini BOETII, ut in primo folio"[10] und "Item arithmetica in decem libris demonstrata"[11].

Den Grundstock für den Übergang zur allgemeinen Universitätsbibliothek bildete 1573 die reichhaltige Schenkung des JOHANN EGOLPH VON KNÖRINGEN (Hofrat; 1573 Bischof von Augsburg; 1575 gest.)[12]. Seine über

---

[1] [John], 406/284d
[2] 4o Cod. ms. 738 der UBM
[3] Fol. 2r - 36r; [Zinner 1925], Nr. 3593
[4] Fol. 39v - 47r; [Zinner 1925], Nr. 3576
[5] Fol. 56r - 76r; [Zinner 1925], Nr. 3564
[6] [Ruf 1935], 106
[7] [John], 411/354b u. c
[8] [John], 411/354e; 1942 nicht mehr vorhanden.
[9] [John], 406/284a u. b
[10] Inkunabel 2o Inc. 1127 der UBM
[11] War 1942 nicht mehr vorhanden. Text wahrscheinlich von Jordanus Nemorarius (†1237).
[12] [Prantl], 1, 345

6000 Bände umfassende Bibliothek enthielt die Bücher- und Handschriftensammlung des 1563 verstorbenen Ordinarius für Mathematik und Poetik HEINRICH LORITI, genannt GLAREANUS[1]. Damit war die Bibliothek um Größenordnungen angewachsen.

1596 erging die Anordnung, daß ketzerische Bücher nicht ausgeliehen werden dürfen[2]; 1543 war etwa das Hauptwerk von COPERNICUS: "De revolutionibus orbium coelistium" in Nürnberg erschienen. Ab 1599 wurde ein neues Bücherverzeichnis[3] der nun so genannten *Bibliotheca academica Ingolstadiensis* angefertigt, das nach vier Fakultäten in 25 Fächer eingeteilt war und beim Bibliotheksbrand 1944 verlorenging[4]. Diesem Brand fielen allein rund 5000 mathematische Bände zum Opfer, deren Nachweis jedoch heute noch durch den unversehrten, weitergeführten Dienstkatalog möglich ist. Nach 1599 entstanden die nächsten Bibliothekskataloge in den Jahren 1665[5] und 1768[6]. 1774 hat die Bibliothek unter dem "Abgange der Jesuiten eine belangreiche Schädigung" erfahren[7].

## 1.5 Neuorientierung am Anfang des 16. Jahrhunderts

### *1.5.1 Rud, Ostermair, Würzburger, Fischer und Veltmiller*

Kehren wir zurück zur Situation der Mathematik in Ingolstadt am Anfang des 16. Jahrhunderts. Der Kreis der CELTIS nahe stehenden namhaften Mathematiker wie ENGEL, STABIUS, STIBORIUS, TANNSTETTER hatte, da sich in Wien ungleich bessere Bedingungen boten, nach und nach Ingolstadt verlassen. Der Verlust war für die Universität nicht so ohne weiteres auszugleichen, wenn auch die Fachprofessur weiterhin besetzt blieb. Unmittelbarer

---

[1] Auch Heinrich Loris oder Henricus Loritus; * 1488 in Glarus, † 1563 in Freiburg i.Br.; Glareanus war ab 1518 Professor in Basel, ab 1529 bis zu seinem Tode in Freiburg tätig ([Gericke 1955], 28 f.; [Günther 1887], 266 f.).
[2] [Prantl], 1, 446
[3] Cod. Mscr. 525 fol.; 603 Blätter
[4] [Buzás 1984], 363
[5] [Prantl], 1, 512: Cod.Mscr. 528 u. 529 fol.
[6] [Prantl], 1, 614: Cod. Mscr. 538-540 fol.
[7] Der Theologe Christian Ublacker, der von 1768 bis 1773 an der Universität lehrte, hatte "eine große Anzahl Bücher heimlich entführt" und "mehrere andere Ordensmitglieder ihre sogenannte Pult-Bibliothek mit sich genommen" [Prantl], 1, 694 f.

## 1. Humanistische Blütezeit 1472 - 1588

Nachfolger von STABIUS wurde, ohne Magister zu sein[1], 1503 HIERONYMUS RUED (auch Rud). Die Professur verlor an Bedeutung. Nach einem Beschluß von 1507 wurde dem Mathematiker der letzte Platz unter den Dozenten der Fakultät zugewiesen:

"De mathematica vel astronomo conclusum est, quod in locando et querendo in consilio universitatis sit ultimus".

Außerdem war er verpflichtet auch in den Ferien zu lesen. Schon früher war es etwa in Paris nicht ungewöhnlich gewesen, daß über Gebiete des Quadriviums an Feiertagen gelesen wurde. Die "gewisse Degradation" der Mathematik und Poetik innerhalb der damaligen Universität hat BAUCH in seinem Werk über den Humanismus in Ingolstadt[2] näher untersucht. Auf RUED folgte 1507[3] JOHANN OSTERMAIR, nach dessen Tode 1513 JOHANN WÜRZBURGER, der 1517 an der medizinischen Fakultät promovierte. 1518 wandelte HERZOG WILHELM IV. (1493-1550; Herzog von 1508 bis 1550) die bislang außerhalb der Fakultät stehende Professur durch Umwidmung einer der sechs Magisterstellen in eine philosophische Professur für Mathematik um. Sie wird damit zur Dauereinrichtung. Gleichzeitig sollte sich bei Freiwerden einer Magisterstelle die jährliche Besoldung von 16 fl. (seit 1503) auf 40 fl. erhöhen[4].

Dazu kam es zwar erst 1527, doch wurden dem Mathematiker PETER APIAN dann auch 100 fl. gewährt. An weiteren Universitäten in Deutschland wurde in den 1520er Jahren der Mathematiker ebenfalls mit den übrigen Ordinarien gleichgestellt[5]. Auch die anderen Magisterstellen wurden in Ingolstadt allmählich in fest besoldete Professuren umgewandelt[6]. Während man bisher annahm, daß 1519 der Doktor der Medizin JOHANN FISCHER[7] die mathematische Professur übernommen hat, deutet ein neueres Ergebnis darauf hin, daß Würzburger und Fischer identisch sind, die Professur aber dennoch ab 1519 vorerst frei blieb[8]. Erst 1524 wurde sie mit JOHANN VELT-

---

[1] [Prantl], 1, 137
[2] [Bauch], 77 - 83
[3] nach [Prantl], 1, 137; [Mandelkow], 57; [Schaff], 26; nach [Bauch], 105 bereits im Jahre 1503.
[4] [Prantl], 2, 154; [Schaff], 31
[5] [Günther 1887], 265 f.
[6] [Liess], 32
[7] auch Vischer, s. [Mandelkow], 71
[8] Zu der reichlich verworrenen Quellenlage vgl. [Schöner], Kap. 13.1.4: "Der Mathematiker Johannes Fischer: Ein Phantom".

## 1.5 Neuorientierung am Anfang des 16. Jahrhunderts

MILLER[1] wieder neu besetzt. Die seit 1503 tätigen Mathematiker sind insgesamt wenig hervorgetreten. Es scheinen kaum mathematische Schriften von ihnen bekannt zu sein[2]. Auch an den Vorlesungsinhalten hat sich, den Akten zufolge, nicht viel geändert.

### 1.5.2 Böschenstein

Dagegen hat JOHANN BÖSCHENSTEIN[3], der von 1505 bis 1513 an der Universität Hebräisch lehrte[4] und dort auch Rechenunterricht erteilte[5], zwei Rechenbücher herausgegeben[6]. Bevor er 1518 nach Wittenberg ging, lehrte BÖSCHENSTEIN in Augsburg. Dort sind auch - nach Vorarbeiten in Ingolstadt - seine beiden Rechenbücher 1514 erschienen:

1. "Ein New geordnet Rechenbüchlein auf den linien mit Rechenpfennigen mit figuren und exempeln hernach klärlich angezaigt. Getruckt zu Augspurg durch Erhart Oeglin. Anno M.D.XIIII."

2. "Ain New geordnet Rechenbiechlin mit den zyffern den angenden schülern zu nutz, Inhaltent die Siben species Algorithmi mit sampt der Regel de Try, und sechs regeln der prüch, und der regel Fusti mit vil andern guten fragen den kündern zum anfang nutzbarlich (...) Getruckt in der Kayserlichen stat Augspurg durch Erhart Oeglin Anno 1514 Jar."[7].

Das erstgenannte Buch rechnet noch wie das im gleichen Jahr ebenfalls für Anfänger erschienene Rechenbuch von JAKOB KÖBEL[8] mit Rechensteinen ("Rechenpfennigen"). Das andere Buch wird als das erste deutsche Lehr-

---

[1] [Schaff], 54, auch Veldmiller; von 1532-1561 Professor der Medizin in Ingolstadt: [Mandelkow], 70.
[2] Siehe [Mandelkow], 57, 49, 77, 71 und 69 bzw. [Schaff], 54.
[3] Johann Böschenstein: * 1472 Esslingen, † 1540 Nördlingen ([Gerber], 14; [Tropfke 1980], 669; s.a. NDB 2, 407); sein Name, den er selbst auf verschiedene Art schrieb, tritt in 17 Varianten auf; man nahm das Schreiben von Eigennamen damals nicht so genau.
[4] Die Vermittlung dieser für die Theologie wichtigen Sprache gehörte in den ersten Jahrhunderten der Universität nahezu regelmäßig zu den Aufgaben des Mathematikprofessors.
[5] Nach Meretz in [Böschenstein].
[6] [Romstöck 1886], 2, 42
[7] Neuester bearbeiteter Nachdruck (1983) der 3. Aufl. 1518 mit geringfügig geändertem Titel: [Böschenstein]; s.a. [Maß], 208 f.
[8] Jakob Köbel (* um 1460/65, † 1533)

buch des Ziffernrechnens für Anfänger angesehen[1]. Es umfaßt 48 Seiten. Manche Rechenregeln hat BÖSCHENSTEIN in Versen formuliert. Die Regeln werden nicht begründet. Das Büchlein verfolgt in erster Linie ein didaktisches Anliegen. Sein Sohn ABRAHAM BÖSCHENSTEIN veröffentlichte ebenfalls ein Rechenbuch: "Ein nützlich Rechenbüchlein der Zyffer."[2]

Wie das erwähnte Abakusrechnen, so wurde auch das Rechnen auf den Linien mit Rechenpfennigen[3] im 16. Jahrhundert vom Ziffernrechnen abgelöst (s. 1.2.2). Aus der *Regel de try* ist das heutige Dreisatz-Rechnen hervorgegangen. Die Fusti-Rechnung bezieht sich auf das Unreine, Minderwertige einer Ware, das man nicht mehr zum gleichen Preis wie die reine Ware verkaufen kann. Der Begriff tritt in Deutschland im 15. Jahrhundert auf[4].

*1.5.3 Johann Eck und Gregor Reisch*

Ein kleineres mathematisches Werk, eine "Epitome in Arithmeticam"[5] stammt von dem angesehenen Ingolstädter Theologieprofessor (ab 1510) JOHANN ECK[6], der ein Schüler BÖSCHENSTEINs war[7]. ECK ist durch seine Auseinandersetzung mit LUTHER (ab 1518) und durch seinen für die Artistenfakultät Ingolstadt verbindlichen Kommentar zu den naturwissenschaftlichen Schriften des ARISTOTELES, den dreibändigen sog. *Cursus Eccianus* (Augsburg 1518/20) bekannt geworden[8]. Dabei berücksichtigt er[9] die gerade erschienenen Schriften des NIKOLAUS VON KUES[10] und zitiert besonders häufig seinen Freiburger Lehrer, den Theologieprofessor GREGOR REISCH[11], der selbst 1494 in Ingolstadt studiert hatte[12].

GREGOR REISCH verfaßte ein im 16. Jahrhundert weitverbreitetes enzyklopädisches Werk, die "Margarita philosophica" (Die philosophische Per-

---

[1] NDB 2, 407. Es wird häufig zitiert, s. [Tropfke 1980].
[2] [Günther 1887], 307
[3] s. [Menninger], 2, 189-204
[4] [Tropfke 1980], 533 f.
[5] [Romstöck 1886], 2, 58
[6] Johann Eck: * 1486 Egg an der Günz, † 1543 Ingolstadt
[7] Wie übrigens auch Kaiser Maximilian I., Melanchthon und Zwingli.
[8] [ADB] 5, 598; im Bücherverzeichnis von 1508 unter Nr.226a nachgetragen ([John], 400).
[9] [Hofmann 1954], 9
[10] "Opera", Ed. J. Lefèbre d'Étaples. Paris 1514.
[11] Gregor Reisch: * um 1470 Balingen/ Württemberg, † 1525 Freiburg
[12] s. [Mederer], 1, 43; [Schaff], 32

## 1.5 Neuorientierung am Anfang des 16. Jahrhunderts

le), das in 13 Büchern den Lehrstoff der Artistenfakultät enthält[1]. Es erschien von 1503 bis 1599 in mindestens zehn Auflagen und wurde an Universitäten als Lehrbuch benutzt[2]. Obwohl es im Bücherverzeichnis von 1508 noch nicht explizit genannt wird[3], kam es in einer Reihe von Auflagen in den Besitz der Bibliothek[4].

Auch REISCH gliedert die Arithmetik und Geometrie in jeweils einen theoretischen ("speculativa") und praktischen ("practica") Teil. Quadratische Gleichungen und kaufmännisches Rechnen kommen noch nicht vor, in der *Geometria speculativa* werden neben den Beschreibungen von Figuren zugehörige Sätze ohne Beweis angegeben. Dagegen werden die praktische Geometrie und die Astronomie verhältnismäßig ausführlich gelehrt, was durchaus auch dem Studiengang von REISCH in Ingolstadt - in den 1490er Jahren - entsprechen mag. Dabei rechnet er zur praktischen Geometrie die Vermessungslehre, die Visierkunst, die Perspektivenlehre, die Baukunst und die Instrumentenkunde einschließt. So gut wie alles, was man damals auf diesen Gebieten konnte und wußte, findet sich mit eigenen weiterführenden Beiträgen in umfangreicher Darstellung in dem 1484 verfaßten Werk "Géométrie" von CHUQUET († 1488)[5].

Der *Cursus Eccianus* bildete in Ergänzung dazu später in Ingolstadt "lange Zeit die Grundlage für die philosophischen Vorlesungen"[6]. Besonders auf dem Gebiet der Optik stützt sich ECK auf REISCH, wobei er auch die Optik des EUKLID, die Kommentare von THEON und die Schriften von CHARLES BOUVELLES (ca.1470 - ca.1553)[7] berücksichtigt.

Einem bemerkenswerten Motiv, damals Mathematik zu erlernen, ist NIKOLAUS VON KUES nachgegangen. Sein Bestreben war, das Göttliche durch die Mathematik verständlich zu machen. So wie im Unendlichen der

---

[1] Zusammenfassungen in [Gericke 1990], 219-224; [ADB] 28, 117. S.a. Deutsches Biogr. Archiv 1019, 263 (Eitner 1919).
[2] [Gericke 1955], 11
[3] [John]
[4] Es sind dies die Auflagen von 1504, 1508, 1512, 1515 und 1517. Gericke hat 1955 die mathematisch-astronomischen Teile ausführlich untersucht und historisch eingeordnet: [Gericke 1955], 11-27. Einen Überblick findet man in [Gericke 1990], 219-224: "3.4 Der Lehrstoff der philosophischen (artistischen) Fakultät einer mittleren oder kleinen Universität (Freiburg)".
[5] Näheres zu Chuquet siehe z.B. [Gericke 1990], 194 ff. und 320.
[6] [Schaff], 48; eingehende Beschreibung in [Schaff], 32-49
[7] "Robert Bovillus" bei [Schaff], 44.

Unterschied zwischen Kreis und Gerade verschwindet, fallen im "absolut Größten" Gegensätzliches zusammen. REISCH, der ebenfalls den KUSANER zitiert, betrachtete das mathematische Denken als eine Vorstufe für das Verständnis schwierigerer geistiger Zusammenhänge. Auch DESCARTES (1596-1650) sah in der Mathematik ein Vorbild dafür, wie man unbezweifelbare Wahrheiten finden kann[1].

## 1.6 Peter Apian

### 1.6.1 Kartographie und der "Cosmographicus Liber"

Die aristotelische Physik wurde als Hauptfach im Sommer um fünf Uhr und im Winter um sechs Uhr morgens gelesen[2], ab 1526 von den bei SCHAFF[3] genannten Physik-Dozenten. Nachdem die Studentenzahlen aufgrund einer Pestepidemie im Jahre 1521 rapide abgesunken waren[4], hat man 1526 die allgemeine Gebührenfreiheit eingeführt[5].

1527 wurde der wohl bekannteste Mathematiker in der Frühzeit der Universität auf den Ingolstädter Lehrstuhl berufen: PETER APIAN[6]. In den 25 Jahren seines Wirkens erlebte die Mathematik, deren Anwendung in Astronomie und Kartographie ihm ein besonderes Anliegen war, eine glanzvolle Periode. Die Biographie von S. GÜNTHER ist immer noch maßgebend[7]. Eine umfassende Orientierung zum gegenwärtigen Forschungsstand bildet daneben ein von K. RÖTTEL zum 500. Geburtstag APIANs herausgegebener Ausstellungskatalog[8].

---

[1] Nach [Gericke 1990], 4.
[2] [Schaff], 29
[3] in [Schaff], 49 ff.
[4] [Liess], 27
[5] [Liess], 25
[6] Peter Apian: auch Bienewitz; * 1495 ([Günther 1882], 5) Leisnig/Sachsen; † 1552 Ingolstadt; Biographien: [Krafft], 19 f.; [DSB], 1, 178 f.; NDB 1(1953)325 f.; [Günther 1882]; [Winschiers], 21-25. Das Ingolstädter Apian-Gymnasium erinnern an ihn und seinen Sohn Philipp.
[7] [Günther 1882]
[8] [Röttel]

## 1.6 Peter Apian

PETER APIAN hatte in Leipzig und ab 1519 bei TANNSTETTER in Wien studiert. 1520 veröffentlichte er eine der Weltkarten[1]. 1522 erschien dazu in Regensburg eine "Declaratio et usus typi cosmographici", in der APIAN die von WALDSEEMÜLLER (1507) übernommene neue Karten-Projektion eingehend beschreibt[2]. Dem Landshuter Nachdruck[3] von 1524 hat AVENTIN ein empfehlendes Gedicht vorangestellt[4]. Eine andere Projektion stellt die Perspektive dar, die nördlich der Alpen durch ALBRECHT DÜRER und seine 1525 erschienene "Unterweysung der messung mit dem zirckel und richtscheyt" bekannt wurde.

Besondere Verdienste hatte sich APIAN durch sein geographisches Hauptwerk, den "Cosmographicus Liber" (Landshut 1524) erworben. Hierin hat er das Problem der Entfernungsmessung auf der Erde umfassender und vollkommener behandelt als seine Vorgänger, insbesondere durch Einführung des Rechnens mit Koordinaten[5]. Ebenso hat er die Idee von JOHANNES WERNER (1468-1528), geographische Längen mit Hilfe von Monddistanzen zu bestimmen, vereinfacht und erst hierdurch entscheidend verbreitet[6]. Der zweite Teil enthält ein Verzeichnis von 1417 damals sehr genauen geographischen Ortsbestimmungen[7], der "erste große Fortschritt" der mathematischen Erdkunde seit dem Altertum[8]. In Anerkennung dieser später häufig nachgedruckten und in vier weitere Sprachen übersetzten Arbeit[9] wurde APIAN unter großzügigen Bedingungen nach Ingolstadt berufen, was "der Anstalt zur hohen Ehre"[10] gereichte - auch wenn die Mathematik hier "niemals so darnieder gelegen war wie an anderen Hochschulen"[11]. PETER APIAN blieb weiterhin ungewöhnlich produktiv. Das Werkverzeichnis von ROMSTÖCK[12] nennt bis zum Jahr 1535 über 20 eigenständige Schriften aus

---

[1] Abgebildet in [Apian], 27; Vorgänger waren Stabius und Johann Werner, siehe 1.3.2 und [NDB], 1, 325; Waldseemüller und Gregor Reisch, vgl. [Apian], 194 u. 66. Apians Weiterentwicklung dieser Karte zu einer deutlich herzförmigen Weltkarte (Ingolstadt 1530) ist etwa bei [Kupcik], 109 abgebildet.
[2] [Günther 1882], 69 f.
[3] [Romstöck 1886], 2, 15
[4] [Günther 1882], 7
[5] [Romstöck 1886], 2, 14
[6] [Günther 1882], 72
[7] [Günther 1882], 76 f.
[8] [Romstöck 1886], 2, 14
[9] [Romstöck 1886], 2, 12
[10] [Günther 1882], 8
[11] [Günther 1882], 8
[12] in [Romstöck 1886], 2, 14-23

## 1. Humanistische Blütezeit 1472 - 1588

den Bereichen Mathematik, Astronomie und Geographie. Für diese Schriften reichte offenbar selbst die Kapazität der zusammen mit seinem Bruder Georg gegründeten eigenen Druckerei nicht immer aus[1]. Auch REGIOMONTAN, MERCATOR und TYCHO BRAHE besaßen eigene Druckereien. Das war bei Mathematikern und Astronomen damals nicht ungewöhnlich.

### 1.6.2 Apians Rechenbuch und das "Astronomicum Caesareum"

Nach einer Bearbeitung der "Sphaera" von JOHANNES DE SACRO BOSCO (1526) erschien 1527, bis 1580 in mindestens sechs Auflagen, eine Einführung in die Arithmetik "durch Petrum APIANUM der Astromei zu Ingolstatt Ordinarium":

> "Ein newe und wolgegründete underweisung aller Kauffmanns Rechnung in dreien Büchern, mit schönen Regeln und Fragstücken begriffen."

APIAN gehörte zu den wenigen Universitätsprofessoren, die die Arithmetik in deutscher Sprache lehrten[2]. Das Werk ist ähnlich elementar wie das erstmals fünf Jahre vorher erschienene dem Ziffernrechnen gewidmete Rechenbuch von ADAM RIES[3] "Rechenung auff der Linihen und Federn"[4], das bis in die Mitte des 17. Jahrhunderts rund 60 Auflagen erlebte. Es bestand damals großer Bedarf an Rechenbüchern[5] - was nicht nur am aufstrebenden Handel, sondern auch (ab 1525) an der Einrichtung des mathematischen Fachlehrerunterrichts an den Volks- und Mittelschulen lag[6].

Bemerkenswert sind an APIANs Rechenbuch das hier erstmals gedruckt erscheinende heute sogenannte *Pascalsche Dreieck*. Es war ihm so wichtig, daß er es bereits auf der Titelseite wiedergibt. Handschriftliche Vorläufer gab es in China; bei PASCAL tritt es 1665 auf[7]. Bemerkenswert sind auch APIANs Hinweise auf das Rechnen mit Fingern[8] und auf Vorstufen zum Logarithmusbegriff, die auf einer Zuordnung von geometrischen zu arithmeti-

---

[1] [Apian], 68
[2] [Maß], 355
[3] Adam Ries: * 1492 Staffelstein, † 1559 Annaberg
[4] s. Biographie von Kurt Vogel: [Vogel 1959], 25; auch [Menninger], 2, 255.
[5] [Apian], 180
[6] [Günther 1887], II u. 134 ff.
[7] [Tropfke 1980], 290
[8] [Günther 1882], 23

## 1.6 Peter Apian

schen Folgen beruhen[1]. GÜNTHERs Behauptung, APIAN habe durch seine Behandlung der Rechenproben und höheren Wurzeln "seine Zeitgenossen weit hinter sich gelassen"[2], ist allerdings aufgrund neuer Forschungsergebnisse zumindest im Hinblick auf ersteres zu relativieren[3].

Auf der Arithmetik baute die Algebra - damals *Coss* genannt - auf, die sich im wesentlichen mit dem Lösen von Gleichungen beschäftigte. Hier entstanden im 16. Jahrhundert aus den bisherigen Rechenregeln die abstrakten mathematischen Methoden. Ein derartiges Buch hat zwar APIAN angekündigt, ist uns aber nicht überliefert[4]. Eine bemerkenswerte Parallele: Auch ADAM RIES plante die Herausgabe einer *Coss*. Das erhaltene Manuskript wurde 1855 von BERLET wieder aufgefunden, von ihm teilweise[5] und erst 1992 von WOLFGANG KAUNZNER und HANS WUßING vollständig ediert[6].

Eine 1533 erschienene "Introductio geographica" von APIAN enthält neben elementaren planimetrischen und trigonometrischen Sätzen[7] eine Sinustafel[8] von Minute zu Minute zum Radius r = 100 000. In weiteren Schriften widmete sich APIAN Fragen der Zeitbestimmung, der Komentenforschung und der damals verbreiteten Astrologie.

Als PETER APIANs astronomisches Hauptwerk wird das "Astronomicum Caesareum" (1540) angesehen. Es beschreibt die damaligen Beobachtungsinstrumente, darunter ein "Torquetum" genanntes Instrument, eine Vorstufe des Theodoliten[9] und, um langwierige sphärisch-trigonometrische Berechnungen abzukürzen, den Bau von drehbaren Mechanismen zur relativ genau-

---

[1] [Günther 1882], 24 f.; [Tropfke 1980], 298 und 633
[2] [Günther 1882], 80 u. 308. Besonders in Apians Rechenbuch sieht Günther ein Symptom für die "Abstreifung alles handwerksmäßigen Beiwerks" auf dem Weg zur "Präzisierung des rein wissenschaftlichen Charakters auch dieses Teiles der Mathematik" (d.h. der Arithmetik der Rechenbücher).
[3] [Tropfke 1980], 165 ff. und höhere Wurzeln: [Tropfke 1980], 290 f.; s.a. Abschnitt "Kubische Gleichungen" in [Gericke 1990], 213 ff.
[4] [Günther 1882], 27
[5] Br. Berlet: Die Coß von Adam Riese. Programm Annaberg 1860. Und: A. Riese, sein Leben, seine Rechenbücher. Die Coß von Adam Riese. Leipzig/Frankfurt 1892. Vgl. [Vogel (1959)], 20 ff. (d.i. [Vogel (1988)], 2, 430 ff.) und [Günther (1887), 300 u. 326].
[6] Adam Ries: Coß. Hrsg.v. W.Kaunzner u. H.Wußing. Faksimile mit Kommentarband. Stuttgart/Leipzig: Teubner 1992. Siehe auch die mit Transliterationen versehene Auswahl [Gebhardt].
[7] [Günther 1882], 28
[8] [Günther 1882], 30
[9] [Apian], 49 f.; ein derartiges Torquetum hat auch schon Nikolaus von Cues benutzt.

## 1. Humanistische Blütezeit 1472 - 1588

en Bestimmung von Sternpositionen[1]. JOHANNES KEPLER (1571-1630) verwirft zwar[2] das mechanische Prinzip zur Positionsbestimmung[3], erkennt aber den ungeheuren Arbeitsaufwand an. APIAN hat den kunstvoll verzierten Prachtband seinem kaiserlichen Gönner KARL V.[4] gewidmet, der ihn zum Hofmathematiker ernannte und 1541 in den Reichsritterstand erhob[5]. Trotz mehrfacher Angebote anderer Universitäten - wie Leipzig, Wien, Tübingen, Padua, Ferrara - blieb APIAN bis zu seinem Tod (1552) in Ingolstadt. Während seine konzipierten Instrumente bald durch die Erfindung des Fernrohres deutlich verbessert wurden, waren seine Arbeiten auf dem Gebiet der mathematischen Geographie Jahrhunderte lang von bleibenden Wert[6].

### 1.6.3 Vorlesungsverzeichnis von 1548

1548 erschien erstmals an der Universität Ingolstadt ein gedrucktes Vorlesungsverzeichnis. Es war zum öffentlichen Aushang bzw. zur Verteilung bestimmt und trägt werbenden Charakter[7]. Auf den generellen Erlaß der Studiengebühren wird besonders hingewiesen. Im Wintersemester 1546/47 hatten sich nur vier Studenten immatrikuliert[8]. Gründe dafür waren der Schmalkaldische Krieg und die Auslagerung der Universität nach Neuburg an der Donau, da in Ingolstadt eine Pestepidemie drohte[9]. In diesem Verzeichnis wird unter den freien Disziplinen der kaiserliche Mathematiker an erster Stelle genannt:

"*In Liberalibus Disciplinis.*

Dominus Petrus Apianus Mathematicus Caesareus, vir conscriptis & editis in ea scientia libris, celeberrimus, quicquid ad Mathematica cognoscenda requiritur, enarrat atque exacte praelegit."[10]

---

[1] [Günther 1882], 51 ff.
[2] In der "Astronomia nova" Buch II, Kap. 14.
[3] Kepler nennt das eine "industria miserabilis" (NDB 1, 325).
[4] Karl V.: * 1500, † 1558; Kaiser von 1519-1556, eines Reiches in dem "die Sonne nicht unterging".
[5] [Apian], 68
[6] [Schaff], 66
[7] Vgl. auch [Eiden], 40
[8] [Obermeier], 4
[9] [Apian], 68
[10] Vorlesungsanzeige [Vorl.-Verz.] zu 1548. "Herr Petrus Apian, kaiserlicher Mathematiker, ein sehr berühmter Mann, der in dieser Wissenschaft Bücher verfaßt hat. Er liest vor und führt genau aus, was zur Kenntnis der Mathematik notwendig ist."

## 1.7 Philipp Apian - konfessionelle Auseinandersetzungen

Wie das Verzeichnis darüber hinaus zeigt, hat sich die Artistenfakultät durch die besondere Gewichtung des Sprachen inzwischen zur neben den anderen Fakultäten gleichberechtigten Philosophischen Fakultät erweitert[1]. Die Umbenennung setzte sich in Deutschland ab Ende des 16. Jahrhunderts durch[2]. Die Sprachen werden unter eigener Überschrift "In Linguis" angekündigt.

### 1.7 Philipp Apian - die Zeit konfessioneller Auseinandersetzungen

*1.7.1 Vorlesungen und Werk*

Unter den 14 Kindern PETER APIANS erwies sich sein Sohn PHILIPP[3] als besonders begabt. Schon als Kind lernte er in seinem Elternhaus den Erbprinzen und späteren (ab 1550) HERZOG ALBRECHT V. ("der Großmütige") von Bayern (1528-1579) kennen, der ab 1537 von PETER APIAN täglich persönlich unterrichtet wurde. Bereits mit elf Jahren schrieb sich PHILIPP an der Universität ein. 1552 wurde der 21jährige nach dem Tode seines Vaters um Übernahme des Ordinariats gebeten. PHILIPP sagte zu und es folgte eine reichhaltige Vorlesungstätigkeit, unter anderem[4]

- über Arithmetik nach GEMMA FRISIUS[5];
- über die Sphaera, d.h. Globuslehre und Kartenzeichnung, nach PROKLOS (um 410 - 485) und nach GERHARD MERCATOR (1512-1594)[6];
- über Geometrie nach EUKLID;
- über praktische Geometrie, den Gebrauch geodätischer Instrumente, Sonnenuhrkunde, Kosmographie und Planetentheorie.

PHILIPPs Hauptwerk war die im Auftrag von HERZOG ALBRECHT angefertigte Landkarte Altbayerns, zu der PHILIPP selbst ab 1554 über "sechs oder schier sieben summer"[7] hinweg die Vermessungen vornahm. Die mit

---

[1] [Eiden], 43; [Boehm 1959], 169
[2] [Schubring 1989], 265 f.
[3] Philipp Apian: * 1531 in Ingolstadt; † 1589 in Tübingen; Biogr.: NDB 1(1953)326; [Günther 1882]; [Krafft], 19; [Winschiers], 26-29
[4] [Günther 1882], 113 f.
[5] Gemma Frisius: Arithmeticae practicae methodus. Paris 1545.
[6] [Hofmann 1963], 1, 223
[7] [Apian], 71

## 1. Humanistische Blütezeit 1472 - 1588

einem Maßstab von etwa 1:45 000 ungewöhnlich genaue Karte mit einer Gesamtgröße von etwa 5 x 5 Metern[1] bildete bis zum 18. Jahrhundert die Grundlage der bayerischen Landesvermessung[2]. Immer wieder erschienen Neuauflagen der daraus 1568 hervorgegangenen verkleinerten Version (1:144 000), zuletzt 1989 anläßlich des 400. Todestages in Verbindung mit einer Apian-Ausstellung der Bayerischen Staatsbibliothek, die den Nachlaß aufbewahrt. Auch die künstlerische Gestaltung fand Anerkennung[3].

Das Konzil von Trient (1545-1563) bewirkte eine verstärkte Polarisierung der Konfessionen und führte "an der Universität Ingolstadt zu inquisitorischen Maßnahmen"[4]. Am 23.3.1568 mußten auf Drängen des als Universitätskanzlers fungierenden Bischofs von Eichstätt die Professoren den Eid auf das Tridentinische Glaubensbekenntnis schwören, obwohl HERZOG ALBRECHT von einem derartigen Unternehmen "kein Heil für die Universität"[5] erwartete. Nur noch der katholischen Kirche gegenüber glaubenstreue Professoren sollten weiterhin an der Universität lehren dürfen. Schon PETER APIAN - wie auch sein Freund AVENTIN[6] - stand den Ideen der Reformation nahe. In der Mitte des 16. Jahrhunderts, vor Einsetzen der Gegenreformation, galt dies für den überwiegenden Teil (rund 70%) der deutschsprachigen Bevölkerung. PHILIPP, der seinem Vater auch hierin folgte, sah sich daher nicht in der Lage, den verlangten Eid zu schwören. Während er nach Kräften dem Herzog und der Universität zu dienen bereit war[7], stellte er seine "Freiheit des Herzens und Gewissens in Glaubenssachen" über jeden Kompromiß[8]. 1569 mußte PHILIPP Bayern auf Betreiben der Jesuiten verlassen. Nach einem halben Jahr wurde er auf einen angesehenen Lehrstuhl in Tübingen berufen. Dort war er weiterhin auf dem Gebiet der Geodäsie und Astronomie tätig.

Die langjährige Verbindung zu HERZOG ALBRECHT blieb trotz des Landesverweises bestehen. 1576 fertigte PHILIPP APIAN für die 1558 gegründete Hofbibliothek in München zusammen mit dem Ingolstädter Professor

---

[1] [Apian], 74
[2] NDB 1, 326
[3] [Günther 1882], 120 ff.
[4] [Apian], 17
[5] [Günther 1882], 90
[6] [Apian], 70
[7] [Prantl], 1, 329
[8] [Apian], 71. Die Vereidigungsschriften sind in [Prantl], 2, Nr. 86 und 87 veröffentlicht.

## 1.7 Philipp Apian - konfessionelle Auseinandersetzungen

HEINRICH ARBOREUS[1] einen Erd- und einen Himmelsglobus an. Das meisterhafte, das damalige Höchstmaß an Genauigkeit wiedergebende Globenpaar gehört heute zu den besonderen Kostbarkeiten der Bayerischen Staatsbibliothek[2]. ARBOREUS beruft sich dabei auf COPERNICUS, den er anerkennend einen "zweiten PTOLEMÄUS" nennt[3]. Die radikale Vorgehensweise der Kirche gegen das copernicanische System setzte erst später ein[4]

Im Zusammenhang mit der Vorgeschichte der Sterngloben[5] ist der Tübinger Mathematikprofessor (ab 1511), Astronom und Globenbauer JOHANNES STÖFFLER (1452-1531) zu nennen, der sich 1472 als einer der ersten Studenten in Ingolstadt eingeschrieben hatte und seiner Alma mater mit folgenden Worten gedachte:

"Ingolstadt, ein herrlich Hochschul, die etwan in den fryen Künsten mein süsse Mutter gewest ist"[6].

Zu seinen Schülern gehörte von 1512 bis 1518 MELANCHTHON[7].

Doch auch in Tübingen kam es schließlich - unter anderem Vorzeichen[8] - zur Verhärtung der konfessionellen Front. PHILIPP, der sich auf die Augsburger Konfession (1530) berief[9], leistete nicht die von ihm verlangte Unterschrift unter die von orthodoxen Lutheranern verfaßte Konkordienformel[10] und wurde (1584) schließlich ebenfalls entlassen. Er konnte jedoch in Tübingen bleiben. Zu den Studenten seines ehemaligen Schülers und Nachfolgers MICHAEL MAESTLIN[11] gehörte, noch zu Lebzeiten APIANS, JOHANNES KEPLER (1571-1630)[12].

---

[1] Heinrich Arboreus, S.J., * ca.1522 in Lüttich, † 1602 in München; Altphilologe, Astronom und Mathematiker ([Romstöck (1898)], 19).
[2] Hans Wolff hat 1989 "Das Münchner Globenpaar" in [Apian], 153-165 beschrieben.
[3] Arboreus wird zudem als der erste Ingolstädter Professor angesehen, der Copernicanische Arbeiten verwendete ([Schaff], 52).
[4] [Schaff], 53. Giordano Bruno wurde 1600 in Rom verbrannt.
[5] [Apian], 158 ff.
[6] [Günther 1887], 268; dort auch Näheres über seine geometrischen und astronomischen Schriften.
[7] [Günther 1887], 270 u. 273
[8] [Apian], 18
[9] [Günther 1882], 96
[10] [Günther 1882], 105 f.
[11] [Günther 1882], 108
[12] [Günther 1882], 114

## 1. Humanistische Blütezeit 1472 - 1588

### 1.7.2 Bosch - der Vorlesungsplan von 1571

Ende der 1550er Jahre hatte PHILIPP APIAN die Universität vorübergehend verlassen. Er schloß in Italien, wo er auch mit CARDANO (1501-1576) zusammentraf, seine zusätzlichen medizinischen Studien mit der Promotion ab[1]. Möglicherweise hatte schon während dieser Zeit (ab 1558), sicherlich aber ab 1568 der neu an die Universität berufene Mediziner JOHANN LONNAEUS BOSCH[2] die mathematischen Vorlesungen übernommen[3]. Man möchte fragen: Wie kam es zu dieser immer wieder - etwa auch bei TANNSTETTER (siehe 1.3.3) - zu beobachtenden Verbindung mit der medizinischen Fachrichtung? Ein Grund war die Astrologie[4]. Außerdem stand von den drei höheren Fakultäten die Medizin den Naturwissenschaften noch am nächsten.

Obwohl der würdige, vielseitig gebildete[5] und auch als Arzt beliebte[6] Gelehrte BOSCH von 1560 bis zu seinem Tode eine der drei medizinischen Professuren innehatte - 1561 war er sogar Rektor der Universität -, war er (spätestens ab 1568) zugleich noch bis mindestens 1574 Lehrer der Mathematik[7], möglicherweise sogar bis 1585[8]. Ein erhaltenes Vorlesungs- und Personenverzeichnis der philosophischen Fakultät[9] vom Herbst 1573 kündigt ihn mit schmückenden Worten an. Der ebenfalls erhaltene Vorlesungsplan von 1571 weist sogar im einzelnen auf die umfangreichen Vorlesungsinhalte hin und charakterisiert die mathematische Vorlesung zudem als "die erste" im philosophischen Kolleg. In dem "Ordo studiorum et lectionum in quatuor facultatibus apud celeberrimam Academiam Ingolstadiensem authoritate et decreto(...) Principis (...) Alberti Comitis Palatini Rheni ac utriusque Baua-

---

[1] [Günther 1882], 87 ff.
[2] auch Boscius; * 1515 in Löwen/Brabant, † 1585 in Ingolstadt
[3] Die Aussagen der Historiker sind hier aufgrund einer ungesicherten Quellenlage kontrovers. Nach [Schöner], Kap.10.1, hat Bosch "entgegen allen anderen Angaben vermutlich vor 1568 in Ingolstadt nie Mathematik gelehrt."
[4] "Medizin und Astronomie griffen im 16. Jahrhundert noch ineinander - wenn, zum Beispiel, 'dies critici': die für chirurgische Eingriffe günstigen Tage astronomisch berechnet wurden" ([Apian], 70).
[5] [Schaff], 68
[6] [Prantl], 1, 320
[7] [Prantl], 1, 331 und 325
[8] [Schöner], Kap. 10.1
[9] Abgedruckt in [Prantl], 2, 293.

## 1.7 Philipp Apian - konfessionelle Auseinandersetzungen

riae Ducis etc. renouatus et publice propositus sub initium huius Anni 71" (Ingolstadt 1571) heißt es[1]:

"Prima itaque Philosophici Collegii lectio est Mathematica communis quidem omnibus Logicae ac Physicae et reliquis studiosis. Quam accurate sane et diligenter praelegit D. JOANNES BOSCIUS Medicinae Doctor: declaratus Sphaeram Joannis de Sacrobusto, Procli et propriam novam, Geographiam Henrici Glareani et novam suam, Theoricas Planetarum Purbachii, Euclidem, Ptolemaeum, Instrumentorum Mathematicorum fabricam ac explanationem etc., librum de mathematicis figuris et mensuris[2] a se conscriptum, Arithmeticam Gemmae Frisii etc."

In welcher Beziehung stand nun BOSCH zu seinem vertriebenen Vorgänger APIAN? SCHAFFs Meinung[3], BOSCH sei ein "in APIANs Bahnen weiterwandelnder Gelehrter", ist zu relativieren. Denn als sich APIAN 1566 mit Zustimmung der herzoglichen Räte "erbot, an der medizinischen Fakultät über einige zur mathematischen Behandlung taugliche Zweige der Medizin Vorlesungen zu halten", lehnten die drei medizinischen Professoren BOSCH, PEURLE und LANDAU das Gesuch scharf ab[4]. Ihr Motiv scheint dabei "nicht Brotneid, sondern Furcht vor anorthodoxer Mathematik gewesen zu sein"[5]. Zudem wird als Hauptgrund genannt, APIAN sei *haereticus*.

In Ingolstadt veränderte die konfessionell orientierte politische Entwicklung in jener Zeit das gesamte Universitätsleben. Zu dem noch recht umfassenden Vorlesungsplan von 1573 bemerkt PRANTL[6]: "Durch derartigen Betrieb des philosophischen Studiums hätte die Fakultät allen damaligen vernünftigen Ansprüchen genügen und sich mit jeder protestantischen Universität messen können. Doch nur kurze Zeit dauerte dieser Zustand, denn schon im Jahre 1576 brach das jesuitische Unheil wieder herein (...)."

---

[1] [Vorl.-Verz.] (1571)
[2] Diese auch bei Kobolt ([Kobolt 1795], 106) erwähnte Schrift scheint neben rund 14 medizinischen Publikationen Boschs einzige mathematische zu sein ([Mandelkow], 17 und [Romstöck 1886], 2, 43).
[3] [Schaff], 68
[4] UAM: E I, Nr. 2 (25.3.1566)
[5] [Prantl], 1, 328 f.
[6] [Prantl], 1, 325

## 2. Die Zeit der Jesuiten

### 2.1 Übernahme der Fakultät durch den Jesuitenorden

*2.1.1 Universitätskrise*

Der im Abschnitt 1.7.2 deutlich gewordene mathematische Schwerpunkt im Vorlesungsplan von 1571 ("Prima lectio ... est Mathematica ...") beruht zu einem guten Teil auf der vorangegangenen Förderung durch PETER und PHILIPP APIAN. Darüber hinaus waren, nicht nur in der Artistenfakultät, tüchtige Professoren rar. Als Gründe für die sich seit den 1540er Jahren entwickelnde Frequenz- und Nachwuchskrise[1] werden neben dem Schmalkaldischen Krieg und der Pestepidemie auch dadurch hervorgerufene finanzielle Schwierigkeiten genannt[2]. So hatte sich bereits 1549 HERZOG WILHELM IV. hilfesuchend an die 1534 gegründete Gesellschaft Jesu gewandt, deren Mitglieder damals "wegen ihres umgänglichen Wesens, ihres umfassenden Wissens, ihrer Bildung und ihrer Sittenstrenge"[3] in hohem Ansehen standen.

Unter HERZOG ALBRECHT V. richtete 1556 PETER CANISIUS (1521-1597) ein Kolleg mit angegliedertem Gymnasium ein[4]. Bis Ende des 17. Jahrhunderts wurde das Schulwesen in den katholischen Ländern Europas weitgehend von Jesuitengymnasien beherrscht[5]. Wenn diese Gymnasien auch von weltlichen Schülern besucht werden konnten, so dienten sie in erster Linie dazu, den Ordensnachwuchs durch eine solide Ausbildung in den alten Sprachen auf das Philosophiestudium und das dann folgende Theologiestudium vorzubereiten. Dieser Aufbau entspricht dem klassischen Modell der von IGNATIUS vorgesehenen dreistufigen Jesuitenuniversität, die aus der *facultas linguarum* (Gymnasium), der *facultas artium* und der *facultas theologiae* besteht. Eine derartige Universität war etwa die 1554 in Dillin-

---

[1] [Boehm;Müller], 268
[2] [Liess], 30
[3] [Hofmann 1954], 10
[4] Zu den von Ignatius dazu verfaßten Instruktionen siehe [Jesuiten], 40.
[5] Um künftige Studenten "bereits im Vorfeld formen" zu können, wurden an praktisch allen katholischen Universitätsorten auch jesuitische Gymnasien gegründet ([Jesuiten], 135).

## 2. Die Zeit der Jesuiten

gen gegründete, die zudem die erste reine Jesuitenuniversität in Deutschland darstellte[1]. Wenn auch Mathematik und Naturwissenschaften zunächst noch keine eigenständigen Fächer an den Gymnasien waren[2], so wurde doch auch hierauf zunehmend Wert gelegt.

Zunächst wehrte sich die Universität Ingolstadt gegen die Übernahme theologischer und artistischer Professuren durch Jesuiten[3]. 1562 wurde die Artistenfakultät als philosophische Fakultät den anderen drei Fakultäten gleichgestellt[4]. Um sich finanziell aufwendige Auswärtsberufungen zu ersparen, bestimmte 1587 HERZOG WILHELM V. (1548-1626), alle Lehrstühle dieser Fakultät mit Jesuiten - die ja von Ordenseinkünften unterhalten wurden[5] - zu besetzen. Vorher hatte er nach dem Tod von BOSCH[6] die verbliebenen weltlichen Artisten abgesetzt[7]. Das Berufungsrecht ging von der Fakultät an den "Provinzial der oberdeutschen Jesuitenprovinz" über. Der Herzog verzichtete auf das Bestätigungsrecht[8].

1588 wird die gesamte Philosophische Fakultät auch formal dem Jesuitenorden übertragen[9]. Nach Abschaffung der weltlichen Lehrstühle (Lekturen) für Griechisch, Poesie, Rhetorik und schließlich im Jahre 1600 auch für Dialektik bestand die Philosophische Fakultät nur noch aus drei Philosophielehrstühlen[10] und jeweils einem Lehrstuhl für Ethik und für Mathematik[11]. Außer diesen fünf übernahmen die Jesuitenpatres noch drei theologische Lehrstühle und ab 1675 den für Kirchenrecht[12]. Das Philosophiestudium wurde zunehmend auf die Theologie hin ausgerichtet. Die Theologische Fakultät rückte in den Mittelpunkt.

---

[1] An weiteren Gündungen folgten: Paderborn (1616), Molsheim b.Straßburg (1616), Osnabrück (1632) und Bamberg (1648). Zu unterscheiden sind davon die das Gymnasium ergänzenden jesuitischen Lyzeen ([Jesuiten], 134 f.).
[2] [Jesuiten], 123 f.
[3] Ein parallel zur Artistenfakultät von Jesuiten eingerichteter für obligatorisch erklärter Philosophiekurs löste zudem anhaltende Auseinandersetzungen aus ([Jesuiten], 136).
[4] [Hofmann 1954], 10
[5] [Schaff], 75
[6] Bosch, der 1585 starb, hatte ein jährliches Gehalt von 100 fl. ([Prantl], 2, 326).
[7] [Liess], 31
[8] [Hofmann 1954], 11
[9] Näheres siehe [Seifert 1980], 72.
[10] Entsprechend dem dreijährigen zum Magisterium führenden Grundstudienkurs über aristotelische Logik, Physik und Metaphysik.
[11] Wie erwähnt, wurde Mathematik oft zusammen mit Hebräisch gelehrt; vgl. [Seifert 1980], 75.
[12] [Hofmann 1954], 11

## 2.1 Übernahme der Fakultät durch den Jesuitenorden

Rund 200 Jahre lang wurden die Geschicke der Universität von Jesuiten gelenkt - eine Periode immer wieder aufflammender kirchen- und universitätspolitischer Auseinandersetzungen. Die Umgestaltung beschränkte sich dabei nicht allein auf Ingolstadt. Den reformatorischen Universitätsgründungen Marburg (1527), Lausanne (1537), Königsberg (1544), Jena (1558), Genf (1559), Helmstedt (1575) und Altdorf bei Nürnberg (1575) folgten entsprechende gegenreformatorische Gründungen: Dillingen (1554), Wilna/Litauen (1579), Würzburg (1582) und Graz (1586)[1].

Die verbreitete Meinung, die Universität Ingolstadt habe sich dabei "zu einer Hochburg der Jesuitenreformation entwickelt, jedoch auf Kosten ihres wissenschaftlichen Ansehens"[2], schließt nicht aus, daß gerade Mathematik und Astronomie[3] nicht selten auch durch Jesuiten in den folgenden zwei Jahrhunderten[4] besonders verbreitet und gefördert wurden[5]. Die Meinungen über die Stellung der Mathematik bei den Jesuiten gehen auseinander: Einerseits, so wird argumentiert, "nahm die Mathematik und innerhalb dieser wiederum Euklid einen hervorragenden Platz ein, da sie als ideologisch neutral und andererseits als von hohem Bildungswert für das Training des Scharfsinns geschätzt wurde"[6]. Andererseits heißt es aber auch, daß bei den Jesuiten Mathematik "nicht sehr hoch geachtet wurde"[7]. Da bereits an den neu eingerichteten Jesuitengymnasien Wert auf eine fundierte mathematische Grundbildung gelegt wurde, war das Vorlesungsangebot an den Universitäten zwar zeitweise eher bescheiden, doch ist auch hier die Rolle der Mathematik differenziert zu betrachten.

---

[1] [Volk 1982], 243
[2] [Hofmann 1954], 8; Prantl/Romstöck sprechen gar von "Jesuitennullen".
[3] Grundlage der jesuitischen Professoren war in der Astronomie die aristotelische Schrift "De caelo", die durch neuere, auch eigene Forschungsarbeiten ergänzt wurde ([Jesuiten], 203 f.).
[4] Der Orden wurde 1773 aufgelöst und 1814 wieder weltweit zugelassen.
[5] Vgl. dazu die umfassende Bibliographie von Sommervogel: [Sommervogel], 10 (Tables 1909. Nachdruck 1960), 811-846. Eine Zusammenfassung der weiteren Untersuchungen zur jesuitischen Mathematik enthält die Arbeit [Dear]; zur Bedeutung Euklids bei den Jesuiten siehe [Schreiber], 108 - 112; zur Rolle der Jesuiten in Ingolstadt siehe die Aufsätze [Seifert 1980] und [Stötter].
[6] [Schreiber], 108
[7] [Seifert 1980], 75

## 2. Die Zeit der Jesuiten

*2.1.2 Förderung der Mathematik durch Clavius*

Eine Reihe von Jesuiten wurde am ordenseigenen *Collegium Romanum* in Rom wissenschaftlich ausgebildet. Von 1565 bis zu seinem Lebensende 1612 lehrte dort der Mathematiker CHRISTOPH CLAVIUS aus Bamberg[1]. Er verstand es nicht nur, die Wertschätzung der Mathematik und Astronomie[2] innerhalb seines Ordens zu fördern[3], sondern trug durch seine anerkannten Lehrbücher und ausführlich kommentierten Klassikerausgaben auch an den nichtjesuitischen Universitäten zur Verbreitung neuer arithmetischer und algebraischer Methoden bei: dazu gehörte das Dezimalbruchrechnen nach SIMON STEVIN (1548/49-1620) und das Lösen quadratischer und kubischer Gleichungen nach FRANÇOIS VIÈTE (1540-1603).

Die zweibändige Euklidbearbeitung von CLAVIUS, in der er EUKLIDs 465 Propositionen auf 1234 erweiterte[4] und das damals Bekannte zusammenfaßt, wurde zur maßgebenden Jesuitenausgabe des Euklid. Unter anderem sind neue Konstruktionsaufgaben und vereinfachte Lösungen hinzugekommen. In der Schulgeometrie hat sich daraus etwa der vierte Kongruenzsatz und die Konstruktion gemeinsamer Tangenten zweier Kreise erhalten. Die ausführliche Einleitung enthält im besonderen Hinweise auf den Nutzen mathematischer Studien für die Vorbereitung auf theologische Berufe[5]. Diese Euklidbearbeitung wurde zur Standardedition und erlebte von 1574 bis 1738 nicht weniger als 22 Auflagen[6]. In seinem beispielhaften Lehrbuch über angewandte Geometrie "Geometria practica" (Rom 1604) macht CLAVIUS auf den praktischen Nutzen der Geometrie aufmerksam[7].

In Ingolstadt wurde 1592 infolge einer Angleichung an die Ordnung des römischen Kollegs das Fach Mathematik von einer zweistündigen zu einer fünf- bzw. sechsstündigen Pflichtvorlesung aufgewertet[8]. Dies entspricht

---

[1] Auch Chr. Schlüssel S.J.: * 1538, † 1612; Jesuit seit 1555; [ADB] 4, 298-299 und [Cantor], 2.

[2] Clavius kommentierte Johannes de Sacro Bosco und war zudem an der Einführung des Gregorianischen Kalenders beteiligt ([Jesuiten], 214).

[3] Vgl. dazu [Dear], 136 f.

[4] [Maß], 48

[5] [Clavius], 1, 9-29

[6] [Engel], 17

[7] Es geht hier u.a. um Probleme der Landvermessung, um isoperimetrische Flächen und Körper und um das Problem der Quadratur des Kreises ([Jesuiten], 215 f.; [Maß], 128 und 156).

[8] Täglich einstündig im ersten Jahr des Philosophiekurses; über die nicht immer gewährleistete Einhaltung siehe [Seifert 1980], 75.

## 2.1 Übernahme der Fakultät durch den Jesuitenorden

auch der seit 1599 für alle Jesuitenschulen verbindlichen Studienordnung, der "Ratio atque Institutio studiorum Societatis Jesu"[1]. Berücksichtigt man, daß jeder Professor der Philosophiekurse zur gleichen Zeit vor- und nachmittags eine Stunde las und sich an die Vormittagsstunde noch eine einstündige Repetition anschloß[2], so war das daneben, u.a. durch die Abschaffung der weltlichen Lehrstühle bedingt, verhältnismäßig viel Mathematik - auch wenn sich dieser Unterricht auf ein Jahr beschränkte. Außerdem enthält die "Ratio studiorum" die Anweisung, begabte Studenten besonders zu fördern und bemerkenswerte Probleme, um das Interesse wachzuhalten, öffentlich zu besprechen. Grundsätzlich galt jedoch auch hier für den Philosophieprofessor die Regel, "ut auditores suos, ac potissimum nostros ad Theologiam praeparet." Das Mathematikstudium war vor diesem Hintergrund zu sehen.

### 2.1.3 Die ersten Ordensmathematiker

Während die jesuitischen Philosophieprofessoren ihre Tätigkeiten häufig als eine vorübergehende ansahen und oft wechselten, da eine fachliche Spezialisierung weder beabsichtigt noch möglich war[3], waren die Mathematikprofessoren des Ordens zumindest in den ersten Jahrzehnten kontinuierlicher in ihren Stellungen tätig. Nicht selten erlangten sie durch naturwissenschaftliche und theologische Veröffentlichungen eine über ihre verhältnismäßig untergeordnete Stellung im Lehrbetrieb der Fakultät herausragende Bedeutung. 1613 beklagte sich CHRISTOPH SCHEINER über die Geringschätzung, die seinem Fach durch die Kursprofessoren entgegengebracht werde. Der Mathematiker und der Ethiker würden nur als außerhalb des Philosophiekurses stehende Extraordinarien angesehen[4].

Der erste Jesuit (ab 1581) auf dem mathematischen Lehrstuhl war GEORG PHEDER[5], der selbst in Ingolstadt studiert hatte. Ab 1586 war er als Dozent in München und Dillingen - dort für scholastische Theologie - tätig. Wie sich zeigt, war mit der Übernahme der Universität durch die Jesuiten

---

[1] [Gericke 1955], 35; [Seifert 1980], 72. An diese Studienordnung hielt man sich bis zur Aufhebung des Ordens 1773 ([Jesuiten], 123).
[2] [Seifert 1980], 73
[3] [Seifert 1980], 73
[4] BSB Clm 27322/II, 69 ff.; s.a. [Seifert 1980], 76; dies war z.B. auch in Freiburg der Fall ([Gericke 1955], 36).
[5] Georg Pheder: * 1550 Altenwaid/Schwaben, † 1609 München ([Popp], 206)

## 2. Die Zeit der Jesuiten

eine enge Verbindung mit den Jesuitengymnasien in Dillingen und auch in München entstanden[1].

Neben einer Reihe theologischer Schriften ist von PHEDER eine handschriftliche Abhandlung über Sonnenuhren ("de horologiis") überliefert[2], in der er verschiedenste Formen untersucht, unter anderem die der Hohlkugel, des Zylinders und beliebig gekrümmter Flächen. Das war nicht ungewöhnlich: Die Untersuchung und Konstruktion (Horographie) von Sonnenuhren hatte einen beachtlichen Anteil an der gesamten damaligen astronomischen Forschung.

PHEDERs Nachfolger, JOHANN CHRISTOPH SILBERHORN[3] war von 1586 bis 1592 als Professor der Mathematik in Ingolstadt tätig. Anschließend war er dort bis zu seinem Tod Regens (Seminarleiter) am *Collegium Albertinum*, zwischendurch (1595-1597) am *Konvikt* in Dillingen. Er veröffentlichte neben astronomischen Schriften zwei mathematische Abhandlungen:
1. "De Arithmetica, principiis quibusdam Euclidis, capite primo Joannis de Sacro Bosco. Dillingae 1595 et 1596."
2. "De Geometria. 1596."[4].

CORNELIUS ADRIANSEN[5] hatte den Lehrstuhl nur kurze Zeit inne, bevor er 1593 eine der drei Philosophieprofessuren übernahm. 1595 zum Priester geweiht, wurde er 1599 Professor der Mathematik und Beichtvater am *Collegium Germanicum* in Rom. Seine drei Schriften (1595) handeln von philosophischen Disputationen und Thesen.

JOHANN APPENZELLER[6] lehrte von 1593 bis 1601 Mathematik[7] in Ingolstadt, bevor er an den Hof nach München als Lehrer von Prinz Albrecht von Bayern berufen wurde[8]. Von ihm stammen einige astronomische Traktate und ein Manuskript darüber, wie man nachts mit einem Kompaß an Hand der Mondphase die Uhrzeit bestimmen kann[9].

---

[1] In Dillingen finden sich aus dieser Zeit noch eine Vielzahl naturwissenschaftlicher Handschriften, die noch nicht erschlossen sind.
[2] BSB Clm 9801; s.a. [Schaff], 109
[3] Johann Chr. Silberhorn, S.J.: * 1551 Bamberg; † 1599 Ingolstadt ([Popp], 230)
[4] [Popp], 231
[5] Cornelius Adriansen, S.J. (auch Adrianensis): * 1557 Antwerpen; † unbek. ([Popp], 2)
[6] Johann Appenzeller, S.J.: * 1565 Aichach; † 1603 München ([Popp], 7 f.)
[7] Ab 1697 bzw. 1698 auch Hebräisch bzw. Dialektik.
[8] [Romstöck 1898], 18
[9] [Schaff], 108 und 110. Zu den Briefen Keplers und den astronomischen Gutachten Appenzellers siehe BSB: Clm 1607, f.90-120, 185-195, speziell 187.

## 2.1 Übernahme der Fakultät durch den Jesuitenorden

### 2.1.4 Johann Lanz

JOHANN LANZ[1], der die Professur 1601 übernahm, gab 1616 im Auftrag der Fakultät eine Neubearbeitung der "Elemente" EUKLIDs heraus. Damit war auch an der Ingolstädter Universität eine eigene Euklidausgabe entstanden[2]: "Euclides elementorum geometricorum libri sex priores, nova interpretatione in usum studiosae iuventutis in lucem dati. Ingolstadii 1617.".

LANZ ging 1610, als CHRISTOPH SCHEINER die Professur übernahm, an das Kolleg nach München, war aber vorübergehend im Jahre 1614 und von 1616 bis 1618 wieder am Ingolstädter Lehrstuhl tätig. Neben Mathematik lehrte er außerdem Metaphysik und Hebräisch. 1616 erschienen in München - bis 1621 in vier Auflagen - seine

"Libri quattuor institutionum arithmeticarum, in quibus regulis et exemplis practicis brevissime et clarissime explicantur quattuor numerorum genera:
I. Rationales absoluti. II. Rationales cossici. III. Irrationales absoluti. IV. Irrationales cossici. Cum Appendice fractionum astronomicarum. Monachii 1616."

Das Werk enthält: die Grundrechenarten mit ganzen Zahlen und Brüchen, Proportionen, arithmetische und geometrische Folgen, Wurzeln, Grundlagen der Algebra, binomische Formeln mit geometrischer Veranschaulichung und geometrische Anwendungen (Dreieck, Kreis, Sehnenviereck). Diese verbreitete LANZsche Arithmetik wurde auch an protestantischen Universitäten als Lehrbuch verwendet, so "in Leipzig, wo der junge LEIBNIZ nach ihr unterwiesen wurde"[3]. Im 30jährigen Krieg stellte sich 1632 LANZ zusammen mit sechs weiteren Jesuiten[4] zur Freigabe der Stadt München als Geisel dem Schwedenkönig GUSTAV ADOLF II. zur Verfügung[5].

---

[1] Johann Lanz, S.J.: auch Lantz; * 1564 in Tettnang am Bodensee; † 1638 in München ([Popp], 145)
[2] Weitere Jesuitenausgaben (nach Clavius und Lanz) der "Elemente" werden in [Schreiber], 110 und [Steck] genannt.
[3] [Hofmann 1954], 11
[4] [Duhr], 1, 422
[5] 1635 kehrten 40 der insgesamt 44 Geiseln zurück. Eine Straßengruppe in München-Laim erinnert noch heute an die Geiseln. 1634/35 war zudem über die Hälfte der Münchner Bevölkerung der Pest zum Opfer gefallen.

## 2. Die Zeit der Jesuiten

### 2.2 Christoph Scheiner

#### 2.2.1 Storchenschnabel und Ellipsenzirkel

CHRISTOPH SCHEINER[1], der von 1610 bis 1616 in Ingolstadt Mathematik und Hebräisch lehrte, trat durch seine wissenschaftlichen Leistungen auf dem Gebiet der Mathematik, Astronomie und Physik besonders hervor[2]. Nach seinem Studium in Ingolstadt[3] lehrte er zunächst am Gymnasium in Dillingen. Dort konstruierte er 1603 einen Storchenschnabel, den er Pantograph nannte, und einen Ellipsenzirkel.

Der Storchschnabel, im wesentlichen ein aus Stäben bestehendes Parallelogramm, dient dazu, ebene Figuren konstruktiv in ähnliche Figuren abzubilden[4]. Erst 1631 kam es zur Veröffentlichung in der Schrift:

"Pantographice seu ars delineandi res quaslibet per Parallelogrammum lineare seu cavum, mechanicum, mobile" (Rom 1631).

SCHEINER beschreibt hier neben dem Instrument und seiner Theorie auch die Anwendung bei der projektiven Abbildung räumlicher Objekte[5]: Die Idee fand schnell internationale Verbreitung, so daß SCHEINER als deren Entdecker angesehen wird. Dagegen gab es von dem Ellipsenzirkel, den SCHEINER zur Konstruktion von Stundenkurven bei Sonnenuhren verwendete, bereits früher ähnliche Instrumente[6]. Scheiner veröffentlichte seine Untersuchungen zum Ellipsenzirkel zusammen mit seinem Schüler SCHÖNBERGER in einer Schrift über die Geometrie und den Aufbau von Sonnenuhren:

"Exegeses fundamentorum Gnomonicorum, quas in alma Ingolstadiensi Academia praeside Christophore Scheinere etc. publicae disputationi exponebat Nobilis Jo. Georgius Schonbergus. Ingolst. 1615"[7].

---

[1] Christoph Scheiner, S.J.: * um 1576 in Wald bei Mindelheim; † 1650 Neiße/Schlesien, heute: Nysa/Polen ([Kraus,W.], 118 ff.); Werkverzeichnis: [Braunmühl 1891], 90; Biographie s. [Braunmühl 1891]; [Krafft], 305 f.; [DSB], 12, 151 f.
[2] Siehe ausführliches Schriftenverzeichnis in [Romstöck 1886], 1, 60 f.
[3] Unter anderem bei Lanz ([Braunmühl 1891], 1).
[4] Als Herzog Wilhelm V. von Bayern davon hörte, lud er Scheiner 1606 nach München ein, um sich das neue Instrument erklären zu lassen ([Braunmühl 1891], 6).
[5] [Braunmühl 1891], 2-6; s.a. [Jesuiten], 222 ff.
[6] [Schaff], 113 und [Braunmühl 1891], 42; dort wird jeweils auch dessen Aufbau beschrieben.
[7] [Romstöck 1886], 1, 60 f.

## 2.2 Christoph Scheiner

SCHÖNBERGER hatte diese Untersuchungen anläßlich seiner Magisterprüfung zu verteidigen. Er war später Nachfolger SCHEINERs auf dem Freiburger Lehrstuhl[1]. Mathematische Zusammenhänge praktisch anzuwenden und im besonderen dadurch die Astronomie weiter zu entwickeln, war SCHEINER ein besonderes Anliegen[2]. 1617 meint er zur mechanischen Handfertigkeit sogar: Wer sie von der Mathematik trennen will, der baue Luftschlösser - und sie sei so notwendig, daß ohne sie in mathematischen Dingen überhaupt nichts erreicht wird[3].

### 2.2.2 Astronomische Untersuchungen

In März 1610 veröffentlichte GALILEI (1564-1642) in seinem "Nuntius sidereus" - dem "Sternboten" - eine Beschreibung seiner ersten mit dem Fernrohr entdeckten Himmelserscheinungen: unter anderem der Mondoberfläche und der Jupitermonde. Während er damit in der wissenschaftlichen Welt vielfach auf Ablehnung stieß, erkannte KEPLER als einer der ersten die Richtigkeit und Bedeutung dieser Entdeckungen öffentlich an[4]. SCHEINER ging, vielleicht auch aufgrund seiner Ordensstellung, im Vergleich zu GALILEI zurückhaltender und bedächtiger vor.

Um die Entdeckungen zu überprüfen, konstruierte er 1613 nach den Angaben KEPLERs[5] ein Fernrohr mit zwei selbst geschliffenen konvexen Linsen, die er im Abstand der Summe ihrer Brennweiten in ein Rohr einbaute[6]. SCHEINER verdanken wir in diesem Zusammenhang die parallaktische Montierung von Fernrohren, die "auf ihn zurückgeht"[7]. Die Justierung der Aufstellung von Fernrohren wird noch heute vielfach nach der *Scheinerschen Methode* vorgenommen.

1630 erschien sein 774 Folioseiten umfassendes Hauptwerk "Rosa Ursina"[8], das die Ergebnisse seiner langjährigen Sonnenbeobachtung enthält. In

---

[1] [Braunmühl 1891], 39 f.
[2] [Braunmühl 1891], 7
[3] [Schaff], 112
[4] [Braunmühl 1891], 10
[5] Nach [Wolf], 361; [Romstöck 1886], 1, 60; [Braunmühl 1891], 59; [Krafft], 306 mutmaßlich sogar als erster.
[6] Christoph Scheiner: Tractatus de tubo optico. Ingolstadt 1615. (S.a. [Jesuiten], 209 und 323.)
[7] [Schaff], 117 f.
[8] Bracciani 1626/30; vgl. [Braunmühl 1891], 33

## 2. Die Zeit der Jesuiten

der Einleitung berichtet SCHEINER, im März 1611 in Gegenwart seines Schülers und späteren Nachfolgers CYSAT vom Turm der Kreuzkirche in Ingolstadt[1] die Sonnenflecken (Maculae solares) beobachtet zu haben. Dieses Buch über die Sonnenflecken und die Sonnenrotation hat SCHEINER seinem Gönner, Fürst PAUL JORDAN II. von Ursini, gewidmet[2].

Aufgrund einer Anregung CYSATs verwendete SCHEINER bei der Sonnenbeobachtung farbige Gläser, die GALILEI, der im Alter erblindete, nicht besaß[3]. Da ihm aufgrund dieser zunächst unglaublich erscheinenden Beobachtungen seine Vorgesetzten, insbesondere der Provinzial, zur Vorsicht rieten, entschloß sich SCHEINER, darüber zunächst nur unter dem Pseudonym "Apelles" drei Briefe an seinen Freund und Förderer, den Augsburger Bürgermeister MARCUS WELSER (1558-1614) zu veröffentlichen: "Tres Epistolae de Maculis Solaribus, Scriptae ad Marcum Velserum. Augsburg 1612."[4]. Diese Briefe bildeten die Grundlage für den später entbrannten fast zwanzigjährigen Prioritätsstreit zwischen SCHEINER und GALILEI[5]. Die erste, allerdings wenig beachtete Publikation (Juni 1611) stammt von JOHANN FABRICIUS[6].

In der 1614 zusammen mit GEORG LOCHER erschienenen Schrift[7] "Disquisitiones mathematicae de controversiis et novitatibus astronomicis"[8] wendet sich SCHEINER gegen die unendliche Vielheit in der Astronomie und - mit eingehender Begründung - auch gegen die unendliche Ausdehnung ("extensio"). Darauf aufbauend nimmt er gegen das von GALILEI vertretene Copernicanische System Stellung[9] und vertritt wie die meisten Jesuiten das von TYCHO BRAHE modifizierte geozentrische Weltsystem[10]. Darüber hinaus werden die Sonnenrefraktion, die Venusphasen, die Jupiterbegleiter, der

---

[1] Eine Gedenktafel - und das Christoph-Scheiner-Gymnasium - erinnern in Ingolstadt noch heute daran.
[2] Daher der etwas eigenartige Buchtitel. Vgl. auch [Schaff], 111; [Jesuiten], 212.
[3] [Braunmühl 1891], 12 und 14
[4] Siehe [Jesuiten], 210; weitere bibl. Angaben vgl. [Kraus,W.], 120 f.
[5] [Braunmühl 1891], 12; vgl. auch [Shea]
[6] Johann Fabricius: * 1587, † um 1615. Die Entdeckung der Sonnenflecken wird heute Thomas Harriot zugeschrieben, der sie schon am 8.12.1610 gesehen hatte ([Jesuiten], 210). Mit freiem Auge wurden jedoch bereits seit 28 v.Chr. Sonnenflecken von Chinesen beobachtet ([Jesuiten], 240; vgl. [Braunmühl 1891], 35).
[7] [Kraus,W.], 121
[8] UBM: +4° Math.437
[9] [Braunmühl 1891], 21 und 41
[10] Eingehend in der posthum erschienenen Schrift "Prodromus pro sole mobili et terra stabili contra Galilaeum a Galileis." Prag 1651.

## 2.2 Christoph Scheiner

Saturnring und die Entwicklung einer Mondkarte beschrieben. 1615 untersucht SCHEINER in einer weiteren Schrift, "Sol ellipticus", weshalb die Sonne in Horizontnähe als Ellipse und nicht als kreisrunde Scheibe zu sehen ist.

### 2.2.3 Mathematische Lehrtätigkeit

Von SCHEINERs vielseitiger Lehrtätigkeit in Ingolstadt zeugen zwei handschriftliche Quartbändchen mit Vorlesungsaufzeichnungen. Sie handeln unter anderem von sphärischer Astronomie, praktischer Arithmetik, Sonnenuhren, dem fünften Buch des EUKLID (Proportionenlehre), praktischer Geometrie und den Prinzipien verschiedener mathematischer Gebiete, wie der Arithmetik oder der Geometrie[1].

Durch das Bestreben des Jesuitenordens, seine Mitglieder in möglichst einflußreiche Stellungen zu bringen, ging der Ingolstädter Universität dieser hervorragende Wissenschaftler bald verloren[2]. 1616 ging SCHEINER als Hofmathematiker zu Erzherzog MAXIMILIAN (1558-1618), dem Bruder des regierenden RUDOLF II., nach Innsbruck[3]. Dort (Oeniponti 1619) erschien auch erstmals seine Schrift über das Auge und die mit dem Sehvorgang verbundene geometrische Optik: "Oculus sive fundamentum opticum".

Als die Jesuiten 1620 an der Freiburger Universität die theologische und philosophische Fakultät übernahmen, wurde Pater SCHEINER bis 1621 dorthin als Mathematikprofessor abgeordnet. Später war er als Rektor am neu errichteten Jesuitenkollegium in Neiße und von 1625 bis 1633 in Rom tätig, wo er 1633 den Prozess gegen GALILEI miterlebte[4]. Durch seine Experimente auf dem Gebiet der geometrischen Optik, die noch vielfach als ein mathematisches Teilgebiet angesehen wurde, hat SCHEINER zur Modernisierung des Wissenschaftsbegriffs beigetragen.[5] Mit GALILEI, SCHEINER und ihren Zeitgenossen wurde das Experiment zu einem legitimen Mittel der Naturerkenntnis.

Neben Ingolstadt spielten die mathematischen Disciplinen auch an den Kollegien in Würzburg, Rom und La Flèche/Normandie, der Alma Mater

---

[1] BSB: Clm 11877, Clm 12425 "Euclidis liber V dictatus an. 1615"; s.a. [Kraus,W.], 126; [Braunmühl 1891], 37.
[2] [Braunmühl 1891], 48
[3] [Braunmühl 1891], 48
[4] [Braunmühl 1894], 55-57
[5] Der nicht unerhebliche Beitrag der Jesuiten wird in [Dear] untersucht.

## 2. Die Zeit der Jesuiten

von DESCARTES und MERSENNE, eine besondere Rolle im jesuitischen Studienangebot[1]. Da sich die Dozenten der Physik noch lang - bis in die Mitte des 18. Jahrhunderts - an ARISTOTELES orientierten, gingen auch die physikalischen Fortschritte im wesentlichen von Mathematikern und Astronomen aus ([Schaff], 127).

### 2.3 Scheiners Nachfolger im 17. Jahrhundert

#### 2.3.1 Johann Baptist Cysat

Vieles von dem, was SCHEINER später ausgearbeitet hat, beruhte auf seiner ausgiebigen Lehr- und Forschungstätigkeit in Ingolstadt. Durch seine Schüler blieb er weiterhin mit Ingolstadt verbunden[2]. So auch durch JOHANN BAPTIST CYSAT[3], der den mathematischen Lehrstuhl von 1618 bis 1622 übernommen hatte. Schon 1611 hatte CYSAT zusammen mit SCHEINER die Sonnenflecken beobachtet. Bald darauf wurde in Ingolstadt eine Sternwarte, die hölzerne "turris mathematica" errichtet[4]. CYSAT setzte im Sinne SCHEINERs die Beobachtungen nach dessen Weggang fort und weitete sie auf Fixsterne und Kometen aus[5]. Er gilt als der Entdecker des Orionnebels[6] und widmete sich wie bereits PETER APIAN der Kometenbeobachtung - beim Kometen von 1618 wohl als einer der ersten mit Hilfe eines Fernrohrs[7]. Ein Jahr später trat er durch eine vielbeachtete Schrift über Kometen hervor[8]. Hierin bemüht sich CYSAT unter anderem um deren Bahnbestimmungen. Die astronomische Einheit wird dabei von ihm mit 1170 Erdradien[9] angenommen:

---

[1] [Dear], 136
[2] [Schaff], 131 und 125
[3] Johann B. Cysat, S.J.: * 1588 Luzern, † 1657 Luzern; Rektor der Kollegien in Luzern (1610-1618 und ab 1623), Innsbruck (1636), Hall (1637) und Neuburg (1646); baute als Architekt 1630 den Kollegbau in Amberg, 1637 den Kollegkirchenbau in Innsbruck ([Popp], 43 u. XVIII; [Krafft], 306)
[4] Näheres siehe [Schaff], 11 f.
[5] [Schaff], 125
[6] [Braunmühl 1891], 39
[7] [Wolf], 409
[8] [Braunmühl 1891], 84/42; [Braunmühl 1894], 58; [Schaff], 125
[9] Heute: rd. 23500 Erdradien.

## 2.3 Scheiners Nachfolger im 17. Jahrhundert

"Mathemata Astronomica de loco, motu, magnitudine, et causis Cometae, qui sub finem anni 1618 et initium anni 1619 in coelo fulsit. Ingolstadii 1619."
Zudem wird CYSAT als einer der wenigen angesehen, die bei der Mondfinsternis vom 9.12.1620 das völlige Verschwinden des Mondes bemerkten[1] oder am 7.11.1631 den von KEPLER angekündigten Durchgang des Merkurs vor der Sonne tatsächlich verfolgt haben[2].

Neben einem von CYSAT angelegten Sammelband mit vorwiegend astronomischen Schriften und Tafeln[3] ist ein handschriftliches Vorlesungsheft aus dem Jahre 1622 überliefert[4]: "Mathematicarum disciplinarum tria mathemata." Es handelt in drei Abschnitten von Arithmetik (insbesondere Bruchrechnen), Kosmographie (Kartenentwürfe im Polarkoordinatensystem) und Astronomie (mit Sonnenuhrenberechnungen) und scheint einen vollen Jahreskurs zu enthalten[5].

Während SCHEINER und CYSAT noch in einer seit dem Humanismus gepflegten mathematisch-astronomischen Tradition standen, verloren diese Fächer in der Folgezeit für die Universität an Bedeutung. Dagegen kam es auf dem Gebiet der Physik zu einer Neuorientierung durch die Begründung der experimentellen Richtung. Physikalische Fragen werden - etwa bei LORENZ FORER[6], der von 1615 bis 1618 den philosophischen Kurs in Ingolstadt hielt - nicht mehr unter Berufung auf ARISTOTELES entschieden, sondern aufgrund geeigneter Experimente[7].

FORER war 46 Jahre lang literarisch tätig. Von ihm, einem der fruchtbarsten Schriftsteller seiner Zeit, stammen 74 gedruckte Werke[8]. Neben vorwiegend theologischen Studien untersuchte er an Hand von Experimenten

---

[1] Er hat darüber mit Kepler, der ihn kurz davor in Ingolstadt besucht hatte, korrespondiert.
[2] [Wolf], 320
[3] Beschreibung in [Braunmühl 1894]
[4] UBM: 4° Cod.ms. 722 (Vorl.-Script); s.a. [Schaff], 109.
[5] Vermutung von [Schaff], 126
[6] Lorenz Forer, S.J.: *1580 Luzern, † 1659 Regensburg ([Popp], 81).
[7] [Hofmann 1954], 12; [Schaff], 90-101
[8] Darunter während seiner Jahre als Professor in Ingolstadt die Schriften: Physica de igne disputatio.- De relatione.- De qualitatibus motricibus.- De centro gravitatis.- De Magnete.- Disputatio de qualitatibus motricibus, gravitate et levitate.- Disputatio de Impulso, Centro gravitatis, Linea directionis, Circulo Libra et Vecte.- Disputatio de Magnete seu Herculis lapide. Ausführliches Schriftenverzeichnis in [Popp], 81-101.

## 2. Die Zeit der Jesuiten

mechanische Schwerpunkte, spezifische Gewichte und magnetische Eigenschaften. Diese Neuorientierung, der auf experimentellem Gebiet die Beschäftigung mit Uhren, astronomischen und optischen Instrumenten voranging, führte schließlich zu einer stärkeren Gewichtung der angewandten Mathematik[1].

### 2.3.2 Niedergang

Nachfolger von CYSAT waren die Jesuitenpatres HIERONYMUS KÖNIG[2], der von 1622 bis 1626 Mathematik, Hebräisch und Arabisch las, und - daran anschließend - bis 1638 PETRUS HILDEBRANDT[3]. KÖNIG hat eine Schrift über den Bau von Sonnenuhren, zwei handschriftliche Traktate über das Astrolabium (1623) und ein Manuskript "Commentarius in aliquas Mathematicae" (1624) hinterlassen[4]. In einem Vorlesungsheft von 1626 *Mathematica didacta ab Hieronymo König et Petro Hildebrand S.J.*[5] versuchen beide die Ablehnung des Copernicanischen Systems zu begründen[6].

Dennoch scheint sich HILDEBRANDT zumindest gelegentlich den Vorschriften seines Ordensgenerals widersetzt zu haben. So bemerkt DUHR[7]: "Der Pfarrer P. Hildebrandt wird mit den gewöhnlichen Mitteln der Folter zum Eingeständnis der Zauberei gebracht."

Die Zeiten waren rauh. Die Universität litt unter den Wirren des Dreißigjährigen Krieges. 1634/35 mußte sie aufgrund einer Pestepidemie sogar geschlossen werden[8]. Unter diesen Verhältnissen ging auch der Kenntnisstand der Studenten zurück. 1642 wurden die Prüfer in Mathematik bezeichnenderweise besonders darauf hingewiesen: Bei der Magisterprüfung genügt das bloße Hersagen der Lehrsätze nicht - man muß sie auch beweisen können[9]!

HILDEBRANDTs Nachfolger JAKOB FIVA[10] faßte am Ende seines Wirkens in Ingolstadt seine Arithmetikvorlesung in einer Schrift zusammen:

---

[1] Vgl. auch [Gericke 1955], 34.
[2] Hieronymus König, auch Kinich: * 1582 Venedig; † 1646 Wien ([Popp], 135 f.)
[3] Petrus Hildebrandt: * 1580 Laufenburg am Rhein; † 1664 Mindelheim ([Popp], 123)
[4] [Popp], 136
[5] BSB: Clm. 4828; pp.480; s.a. [Romstöck 1898], 146.
[6] [Schaff], 126
[7] [Duhr], 2, 495; vgl. auch [Popp], 123
[8] [Spörl], 12
[9] [Hofmann 1954], 12
[10] Jakob Fiva: * 1605 Fribourg/Schweiz; † 1650 Loretto ([Popp], 81)

## 2.3 Scheiners Nachfolger im 17. Jahrhundert

"Elementa arithmeticae. Ingolstadii 1646"[1]. Dem Dreißigjährigen Krieg fiel rund ein Drittel der deutschen Bevölkerung zum Opfer. Nur langsam erholten sich die Universitäten von den dadurch hervorgerufenen Beeinträchtigungen[2].

Der Südtiroler Jesuit ADAM AIGENLER[3] lehrte von 1666 bis 1671 in Ingolstadt Mathematik und Hebräisch. Er gab anläßlich einer öffentlichen Disputation 1668 ein Handbuch mit geometrischen und astronomischen Aufgaben heraus:

"Tabula geographico-horologa universalis Problematis Cosmographicis, Astronomicis, Geographicis, Gnomonicis, Geometricis."[4]

In ihm werden Gestirnskonstellationen, Uhrzeiten anhand astronomischer Beobachtungen und Finsternisse berechnet. Das Handbuch enthält auch eine Tabelle mit den geographischen Längen und Breiten von über 2000 Orten der Erde und eine Weltkarte, an der schon JOHANN VOGLER, AIGENLERs Vorgänger, gearbeitet hatte[5]. Wie PRANTL hervorhebt, fand aber vor allem AIGENLERs tabellarische Hebräisch-Grammatik "bei den Theologen Beifall"[6].

Von 1676 bis 1680 und von 1688 bis 1690 übernahm ANDREAS WAIBL S.J.[7] die mathematische Professur[8]. In seiner Schrift "Crux geometrica" (Ingolstadt 1689)[9] hat der Jakobsstab als geometrisches Kreuz auch eine symbolische Funktion. Das Büchlein untersucht die Entfernung, Helligkeit und Bewegung von Sternen, den Gebrauch des Kreuzes in der Planimetrie, Stereometrie, Arithmetik, Trigonometrie und seine Anwendungen bei den Logarithmen.

Von den 16 weiteren mathematischen Lektoren zwischen 1680 und 1712 (siehe Übersicht in 11.1) gingen wenig nachhaltige mathematische For-

---

[1] [Romstöck 1898], 91
[2] s.a. [Beckert], 16
[3] Adam Aigenler, S.J.: * 1633 Tramin/Tirol; † 1673 auf der Schiffsreise nach China ([Romstöck 1886], 2, 5)
[4] München Klosterbibliothek St.Anna, 8°Phys.3.
[5] [Jesuiten], 217; [Stötter], 94
[6] [Prantl], 1, 505
[7] Andreas Waibl: * 1642 Überlingen, † 1716 Rom ([Högner], 308)
[8] [Romstöck 1898], 433
[9] München UB: +8° Math. 897

## 2. Die Zeit der Jesuiten

schungsimpulse aus[1]. Die wesentlichen Entdeckungen erfolgten damals meist außerhalb der Hochschulen. Im Gegensatz zu anderen Universitäten, zum Beispiel in Altdorf, hielt man sich zudem in Ingolstadt wieder verstärkt an die Gegenstände des "Corpus Aristotelicum" und deren spätscholastische Weiterbildung[2]. Dies kommt sowohl in den philosophisch-theologischen Veröffentlichungen der mathematischen Lektoren[3] als auch in den Themen der jährlichen Disputationen "Problema mathematicum" zum Ausdruck[4]. Disputationen machten seit jeher einen wesentlichen Bestandteil des Universitätsbetriebs aus. Diese wissenschaftlichen Streitgespräche, die der Wahrheitsfindung dienen sollten, wurden dabei nicht nur auf theologische und philosophische, sondern - ab dem 16. Jahrhundert[5] - auch auf naturwissenschaftliche Fragen angewandt[6].

So standen etwa folgende Disputationsthemen zu mathematisch-physikalischen Fragestellungen auf dem Programm:

*Theoria cometae (1644), Corpus naturale (1654), De horologiis (1659), De significatione cometarum (1665), Eclipsis solis (1666), Tabula geographico-horologa (1668), De mundo elementari (1669), De natura mundi (1670), De corpore naturali (1673), Conclusiones de cometis (1677), De ente simplici (1678), Conjectura de coloribus (1697).*

Wenn auch die astronomischen Thesen "eine gewisse Kontinuität verraten"[7], so ging doch die Bedeutung der Mathematik insgesamt im 17. Jahrhundert spürbar zurück. Den Patres fehlte es gelegentlich an der nötigen Vorbildung. Zudem wechselten Lehrauftrag und Wirkungsstätte häufig[8]. Meist umfaßte der Lehrauftrag neben dem für die Theologen wichtigen He-

---

[1] Dennoch ist Prantls Bemerkung, von den 109 jesuitischen Professoren der philosophischen Fakultät in der Epoche von 1651 bis 1715 hätten gar "nur 12 irgend welche literarische Leistung aufzuweisen"([Prantl], 1, 505), offensichtlich untertrieben, wie etwa die reichhaltigen Angaben bei der Dissertation [Högner] belegen.
[2] [Hofmann 1954], 12 und [Schaff], 144 f.
[3] [Högner]
[4] [Stötter], 93 und [Schaff], 134 ff.
[5] [Günther 1887], 196
[6] [Gericke 1990], 81
[7] [Stötter], 93
[8] [Hofmann 1954], 12 f.

## 2.3 Scheiners Nachfolger im 17. Jahrhundert

bräisch auch Astronomie und Geographie. Mathematik wurde nur noch nebenbei gelesen[1].

Nach der Übernahme der Philosophischen Fakultät durch die Jesuiten wurde auch die Freiheit der Lehre eingeschränkt. Die Auswahl der Vorlesungsbücher nahm der Ordensprovinzial vor, die Verwendung anderer Autoren mußte genehmigt werden, zu druckende Bücher unterlagen der Zensur. Darüberhinaus engte man das Blickfeld noch weiter ein, indem man nichtbayerischen Studenten Schwierigkeiten machte und den Landeskindern umgekehrt den Besuch auswärtiger Universitäten untersagte. Ab 1700 finden sich schließlich kaum mehr nichtbayerische Studenten an der Universität[2].

---

[1] Prantl bemerkt: "Im Jahre 1695 lehnte die Fakultät die Bewerbung eines Mathematikers ab, weil es für dieses Fach an Zuhörern fehle"([Prantl], 1, 505).
[2] [Hofmann 1954], 13

## 3. Neuerungen in der Epoche der Aufklärung

### 3.1 Hervortreten einzelner Mathematiker

#### 3.1.1 Ignaz Koegler und Anton Kleinbrodt

Im 18. Jahrhundert kam es zu grundlegenden Reformen. In den ersten Jahrzehnten wurden aus der Philosophischen Fakultät besonders die Mathematiker über den Rahmen der Universität hinaus bekannt[1].

IGNAZ KOEGLER[2] lehrte von 1712 bis 1714 Mathematik und orientalische Sprachen in Ingolstadt. Während seiner missionarischen Tätigkeit als Mathematiker in Peking (ab 1715), bei der er mit seinen Ingolstädter Ordenskollegen in brieflichem Kontakt stand[3], veröffentlichte er eine Reihe von wissenschaftlich wertvollen Schriften über seine astronomischen Beobachtungen[4] - unter anderem eine chinesische Sternkarte mit einem entsprechenden Katalog. Er wurde Leiter des Kaiserlichen Astronomischen Amtes, der Pekinger Sternwarte, überwachte den chinesischen Kalender und gilt als einer der maßgebenden deutschen Chinamissionare[5]. Ein Landsberger Gymnasium wurde nach ihm benannt.

Sein Nachfolger JOSEF FALK[6] trat um 1714 durch seine Auseinandersetzung mit der Philosophie von DESCARTES hervor[7], was die Fakultät rund zehn Jahre vorher noch nicht hingenommen hatte[8]. Als erster, der in Ingolstadt "bewußt mit der Aristotelischen Tradition brach"[9], wird der Logik- und Philosophieprofessor ANTON KLEINBRODT[10] angesehen. Seinen von 1701 bis 1704 gehaltenen philosophischen Kurs schloß er mit der entscheidenden

---

[1] [Stötter], 100
[2] Ignaz Koegler: * 1680 Landsberg a.Lech; † 1746 Peking; [Romstöck 1898], 178ff.; [Poggendorff], 1, 1290; NDB 12, 297f.
[3] [Schaff], 160
[4] [Högner], 137-143; s.a. [Jesuiten], 240 f.
[5] Vgl. [Jesuiten], 232 ff. und 240 f.
[6] Josef Falk: * 1680 Fribourg/Schweiz; † 1737 München
[7] [Stötter], 100
[8] [Högner], 357
[9] [Schaff], 154
[10] Anton Kleinbrodt: um 1668 - 1718

## 3. Neuerungen in der Epoche der Aufklärung (18.Jh.)

Disputation *Mundus elementaris* ab[1]. An den Beginn aller Ausführungen setzte er das Experiment und die Erfahrung. Darüberhinaus übernahm er die Molekularhypothese von DESCARTES und die Lichtemissionstheorie von NEWTON[2]. So stieß er auf den energischen Widerspruch der Fakultät, die ihn 1704 abberufen hat[3].

### 3.1.2 Nicasius Grammatici

Der Mathematiker NICASIUS GRAMMATICI[4], der von 1720 bis 1726 in Ingolstadt lehrte, ging noch einen Schritt weiter. In einer regulären Vorlesung entwickelt er 1722 das heliozentrische System, allerdings ohne den damals verpönten Namen COPERNICUS auch nur zu erwähnen[5]. Dem war 1719 die Anerkennung des *copernicanischen Systems* durch den Ingolstädter Mediziner TREYLING vorausgegangen[6]:

"nobis (…) systema mundi Copernicanum ceteris multo elegantius, ingeniosius, rationibus et argumentis speciosioribus nixum (…) videtur."

Es sei durch bessere Gründe gestützt, somit der göttlichen Weisheit würdiger und stünde auch nicht im Widerspruch mit der Offenbarung. GRAMMATICIs beide 1725/26 darüber veröffentlichten Schriften und sein heliozentrisches *Planetolabium* fanden auch außerhalb der Universität wissenschaftliche Anerkennung. Damit begann in Ingolstadt der Vermittlungsprozeß zwischen Theologie und Wissenschaft[7].

GRAMMATICI arbeitete in seinen zwölf Werken[8] schwerpunktmäßig auf astronomischem und physikalischem Gebiet. Von mathematischem Interesse

---

[1] [Högner], 356
[2] [Hofmann 1954], 14; s.a. [Stötter], 96 ff.
[3] [Högner], 357
[4] Nicasius Grammatici: * 1684 Trient; † 1736 Regensburg ([Prantl], 2, 508); im 6.Band des Parnassus Boicus: Eusebius Amort, Lebensbeschreibung des Jesuiten N. Grammatici ([Romstöck 1886], 2, 8; [Stötter], 101); Schriftenverzeichnis: [Högner], 87-90; [Poggendorff], 1, 939
[5] [Hofmann 1954], 14
[6] [Prantl], 1, 529; s.a. [Stötter], 101
[7] [Stötter], 101
[8] [Romstöck 1886], 1, 22 f.

## 3.1 Hervortreten einzelner Mathematiker

ist seine Erstschrift (1720) über eine neue Methode[1], Sonnen- und Mondfinsternisse graphisch zu bestimmen:

"Solis et lunae eclipsium in plano organice delineandarum methodus nova." (Freiburg i.Br. 1720).

Mit seinem früheren Lehrer JOSEF FALK stand er in wissenschaftlichem Briefwechsel. GRAMMATICI hatte von 1704 bis 1706 in Ingolstadt studiert[2]. Zwei Arbeiten über die geographische Längenbestimmung und über Kometen entstanden zusammen mit seinem Mitarbeiter und Lehrstuhlnachfolger[3] JOSEF SCHREIER[4], der sich in seiner Schrift über die Theorie der Sonnen- und Mondbewegung zu TYCHO BRAHEs Weltsystem bekannte[5]:

"Theoria solis et lunae una cum parergis de universa mathesi depromptis." (Ingolstadt 1728).

Vergleicht man die genannten publizierenden Mathematiker mit ihren zahlreichen Vorgängern bzw. Nachfolgern, so zeigt sich, daß es Ausnahmen waren - J. E. HOFMANN spricht von "Einzelgängern"[6]. SCHREIERs Nachfolger HEINRICH HIß hat ungeachtet seiner vergleichsweise langen Lehrtätigkeit in Ingolstadt (1716-1720 und 1730-1750)[7] keine Schriften hinterlassen[8].

Die einst wissenschaftliche lebendige Universität war allmählich zu einer fast bedeutungslosen Hochschule erstarrt. Die philosophische Fakultät hatte inzwischen über zwei Drittel ihrer Studenten verloren[9]. Erst ab der Mitte des 18. Jahrhunderts begann man, sich im Zuge der Aufklärung um den Anschluß an die weiterreichenden mathematischen und naturwissenschaftlichen Entdeckungen des Spätbarock zu bemühen.

---

[1] [Schaff], 160
[2] [Högner], 87
[3] von 1726-1732 ([Böhme], 101)
[4] Josef Schreier: * 1681 Abensberg, † 1754 Straubing; [Böhme], 101.
[5] [Schaff], 162
[6] [Hofmann 1954], 14
[7] Nach [Högner], 115 sogar bereits ab dem Jahr 1714.
[8] [Schaff], 162; bei Högner ([Högner], 115) werden nur Briefe genannt
[9] [Schaff], 163. Die Kritik am Studiensystem des Jesuitenordens hat Winfried Müller in [Müller,W.], 17-45 zusammengestellt.

## 3. Neuerungen in der Epoche der Aufklärung (18.Jh.)

### 3.2 Erste Studienreform (1746) unter Maximilian III. Joseph und Ickstatt

#### 3.2.1 Professur für Experimentalphysik

Mit MAXIMILIAN III. JOSEPH (1727-1777) bestieg nach dem bayerisch-österreichischen Erbfolgekrieg 1745 ein Kurfürst den Thron, der bestrebt war, das geistige und materielle Wohl seines Volkes besonders zu fördern. Dabei sollte auch das frühere Ansehen der Universität wiederhergestellt werden[1]. 1746 wurde der philosophische Kurs für alle Studenten auf zwei Jahre beschränkt[2]. Der Staatsrechtler und (seit 1741) Lehrer des Erbprinzen in München JOHANN ADAM ICKSTATT[3] hielt sogar "die ganze jetzt übliche Philosophie" für eine "unnütze Zeitverschwendung"[4]. Künftig sollte die Philosophie in einer für alle Fakultäten nützlichen Weise gelehrt und dabei die *philosophia experimentalis* stärker berücksichtigt werden. So wurde nun eine eigene Professur für Experimentalphysik, in der man sich vor allem mit Mechanik beschäftigte, eingerichtet[5]. Hieran war der Kurfürst persönlich interessiert[6]. Vorher war Experimentalphysik nur gelegentlich als eine Art Ergänzung betrieben worden[7]. Man schlug außerdem schon zu diesem Zeitpunkt vor, die Universität nach München zu verlegen[8].

In Österreich ersetzte 1752 MARIA THERESIA die seit über 150 Jahren gültige *Ratio studiorum* des Jesuiten-Ordens durch einen *Reformierten Studienplan* und wies dadurch den Orden in seine Schranken[9]. Im gleichen Jahr erlaubte der Kurfürst in Ingolstadt das Lesen von Schriften nichtkatholischer Autoren und den literarischen Verkehr mit ihnen[10]. Wie in Österreich, so begann sich auch in Bayern der Staat seiner Möglichkeiten bewußt zu werden. Das Ernennungsrecht des Jesuiten-Provinzials wurde

---

[1] [Prantl], 1, 546
[2] Näheres: [Stötter], 105
[3] Johann A. Ickstatt: * 1702, † 1776; Schüler Christian Wolffs; 1746-65 Professor und Universitätsdirektor in Ingolstadt.
[4] [Prantl], 1, 557
[5] [Hofmann 1954], 14
[6] [Hofmann 1954], 15
[7] [Schaff], 6
[8] [Schaff], 164; Prantl geht auf den Vorschlag von 1769 in [Prantl], 1, 568 näher ein.
[9] [Prantl], 1, 558
[10] [Prantl], 1, 564

## 3.2 Studienreform (1746) unter Maximilian III. Joseph

aufgehoben (1768) und durch den Auftrag ersetzt, bei Neubesetzungen dem Landesherrn auf einer Liste drei Kandidaten zur Auswahl vorzuschlagen[1].

### 3.2.2 Die Gebrüder Mangold

Der erste Professor des neugeordneten Philosophiekurses, JOSEPH MANGOLD[2] lehrte ab 1748 an der philosophischen und ab 1756 an der theologischen Fakultät. Sein dreibändiges Werk

"Philosophia rationalis et experimentalis hodiernis discentium studiis accommodata" (Ingolstadt 1755/1756)

zeigt, worauf er den Schwerpunkt seiner Philosophie legt: Der erste Band ist der Logik und Metaphysik, der zweite und dritte Band der Physik[3] gewidmet. Wie sich zeigt, beherrschte MANGOLD in umfassender Weise sowohl die Physik und Astronomie seiner Zeit als auch alle damals modernen philosophischen Systeme. In seiner physikhistorisch bemerkenswerten[4] Lichttheorie "Systema luminis et colorum" (1753) setzt er sich für die von LEONHARD EULER 1746 publizierte Undulationstheorie ein und wendet sich gegen NEWTONs Emissionstheorie[5]. Wie zum Beispiel in Freiburg[6], so wurde auch in Ingolstadt die Mathematik von manchen Professoren immer noch als außerhalb des Rahmens des philosophischen Kurses stehend betrachtet. Die Physik hatte es da leichter, sie war durch die Schriften des ARISTOTELES im Philosophiekurs seit jeher verankert.

Josephs Bruder MAX MANGOLD[7] gab ein ebenfalls dreibändiges Werk heraus, die "Philosophia recentior"[8], das zum Teil mit dem vorher genannten Werk übereinstimmt. Zusätzlich enthält es aber auf über 100 Seiten im Abschnitt "Praecognita ad Physicam" im Großen und Ganzen den Lehrstoff der

---

[1] [Prantl], 1, 567
[2] Joseph Mangold: S.J., * 1716 Rhelingen/Schwaben, † 1787 Augsburg; [Poggendorff], 2, 34
[3] Fast ohne jegliche Mathematik, die nur zur Erklärung einiger notwendiger Begriffe dient (s.a. [Gericke 1955], 36).
[4] [Schaff], 170 ff.
[5] [Stötter], 106 f.
[6] [Gericke 1955], 36
[7] Max Mangold: S.J., * 1722, † 1797; 1757 Prof. an der philosophischen und ab 1763 an der theologischen Fakultät ([Prantl], 2, 511)
[8] München, Ingolstadt 1763/65

## 3. Neuerungen in der Epoche der Aufklärung (18.Jh.)

reinen Mathematik jener Zeit: Arithmetik, elementare Algebra, Proportionen, Logarithmen, elementare Geometrie, Trigonometrie[1].

### 3.2.3 Die Zeit der Akademiegründung

Neben MANGOLD wirkte von 1750 bis 1764 GEORG KRATZ[2] auf dem mathematischen Lehrstuhl. Obwohl ihm zunächst keine geeigneten Apparate in dem erst aufzubauenden physikalischen Kabinett zur Verfügung standen, arbeitete er intensiv experimentell im Bereich der Mechanik starrer und flüssiger Körper[3].

Auf astronomischem Gebiet erschien von KRATZ eine Schrift über den Venusdurchgang vom 6.Juni 1761 und eine Arbeit über die Bestimmung der Mondstände aufgrund des Newtonschen Gravitationsgesetzes. Diese Arbeit wurde 1762 von der drei Jahre vorher gegründeten Bayerischen Akademie der Wissenschaften in München mit einem Preis ausgezeichnet[4]. Deren Stifter, MAXIMILIAN III. JOSEPH, hatte die Akademie mit Privilegien ausgestattet, die ihre Unabhängigkeit von Anfang an garantierten. Die Akademie bildete für einige Jahrzehnte, bis zur Verlegung der Universität nach München im Jahr 1826, sogar das geistige Zentrum der Stadt. Vorher kam diese Rolle, vor allem im ersten Jahrhundert seines Bestehens, dem 1559 gegründeten Jesuitengymnasium - dem späteren Wilhelmsgymnasium - zu. Dieses Gymnasium hatte 1631 immerhin 1464 Schüler, das Maximum in seiner Geschichte[5].

Schließlich hat KRATZ auch eine mathematische Schrift verfaßt - über eine Methode Quadratwurzeln zu bestimmen[6]:

"Methodus cujuscumque numeri non perfecte quadrati Radicem verae quam proximam brevi labore determinandi. Ingolstadii 1762".

---

[1] [Gericke 1955], 36. Dieser Lehrstoff ist heute an weiterführenden Schulen Gegenstand des Mathematikunterrichts bis zur zehnten Jahrgangsstufe.

[2] Georg Kratz: S.J., auch: Kraz, Krappler ([Böhme], 49); * 1713 Schongau; † 1766 München ([Prantl], 2, 511); Schriftenverzeichnis in [Böhme], 49-51; [Poggendorff], 1, 1315

[3] Näheres bei [Schaff], 174-177; Schriftenverzeichnis in [Romstöck 1886], 1, 35 f.

[4] [Schaff], 176

[5] Bei Klassenstärken, die heute unglaublich wirken: Wiederholt werden ungeteilte Klassen von 140 bis 150 Schülern erwähnt ([Wilhelmsgymnasium], 7 ff.).

[6] [Romstöck 1886], 1, 35; [Böhme], 50. München BSB: 4 Expl. unter Kraz, Georg.

## 3.2 Studienreform (1746) unter Maximilian III. Joseph

Entsprechende Methoden, etwa auch die von PETER APIAN, werden bei TROPFKE[1] erläutert.

Eines der fünf Gründungsmitglieder des Vereins, aus dem ein Jahr später die Akademie hervorging[2], war der früh verstorbene Mathematiker JOHANN GEORG STIGLER (1730-1761), der in Ingolstadt studiert hatte und an der Kadetten-Akademie in München lehrte. Von ihm stammt eine in deutscher Sprache verfaßte "Anleitung zu den mathematischen Wissenschaften. München 1757."[3] STIGLER war nicht, wie sonst üblich, Ordensmitglied. An der Ingolstädter Universität wurde Latein erst allmählich zurückgedrängt. Dagegen schrieben zum Beispiel in Würzburg die Statuten bereits 1731 vor, die mathematischen Vorlesungen in deutscher Sprache zu halten.

Zum engsten Kreis der Gründungsmitglieder der Akademie[4] gehörte auch der Augsburger Instrumentenbauer GEORG FRIEDRICH BRANDER[5]. Er war ausersehen, mit seinen Instrumenten das mathematisch-physikalische Kabinett der Akademie auszustatten und belieferte es im Laufe der Zeit mit rund 150 durchwegs hervorragenden Meisterstücken.

Besonders bekannt wurde BRANDER durch den mehrjährigen Aufenthalt von JOHANN HEINRICH LAMBERT[6] bei ihm in Augsburg[7]. Beide hatten sich durch die *Gründung der Bayerischen Akademie der Wissenschaften 1759* kennengelernt[8]. Von den 60 Mitgliedern im Gründungsjahr wurden sieben als Mathematiker bezeichnet. STIGLER wurde schon erwähnt. Von den übrigen ist allein LAMBERT durch seine Vorarbeiten zur nichteuklidischen und zur darstellenden Geometrie hervorgetreten. Doch faßte er in München nicht recht Fuß, wo, wie er sagte, "die Leute erst an protestantische Gelehrte gewöhnt werden mußten"[9]. Dafür kam LAMBERT in Berlin zu hohem Ansehen,

---

[1] [Tropfke 1980], 287 ff.
[2] [Faber 1959], 1
[3] [Romstöck 1886], 1, 77
[4] [Brachner 1983], 24
[5] Georg Friedrich Brander: 1713-1783; [NDB] 2(1954); [Winschiers], 43-45; vgl. auch [Romstöck 1886], 2, 44-47
[6] Johann Heinrich Lambert: * 1728 Mühlhausen/Elsaß, † 1777 Berlin; Autodidakt, Universalgelehrter, 1748 Hauslehrer Chur, 1756 Niederlande, Frankreich, Italien, Göttingen, Augsburg, München, Leipzig, 1765 Akademiemitgl. Berlin, 1770 Oberbaurat.
[7] [Hartmann], 171
[8] [Brachner 1983], 25
[9] [Faber 1959], 1 f.; vgl. dazu Fabers Bemerkungen zur Korrelation von Mathematik und Konfession in [Faber 1959], 44.

## 3. Neuerungen in der Epoche der Aufklärung (18.Jh.)

obwohl er dort im Schatten von EULER und später von LAGRANGE stand. In München wäre er unbestritten der erste gewesen[1].

Bei den Mitgliedern der Bayerischen Akademie der Wissenschaften lag der Anteil der Mathematiker in den folgenden 200 Jahren bei etwa fünf Prozent. FABER gedenkt in der Festschrift zur 200-Jahr-Feier (1959) darunter folgenden sechs an der Ludwig-Maximilians-Universität wirkenden Ordinarien der Mathematik[2]: SEIDEL, BAUER, VOSS, LINDEMANN, PRINGSHEIM, CARATHÉODORY. Dabei ist FABER aufgefallen[3]: Das Durchschnittsalter der 21 verstorbenen Mathematiker, die zwischen 1850 und 1959 in die Akademie gewählt wurden, beträgt mehr als 75 Jahre, "das der zugehörigen sechs Münchener Universitätsprofessoren sogar mehr als 83"[4].

Hier wären aus der vorangehenden Zeit (vor 1850) noch folgende Akademiemitglieder zu ergänzen: FISCHER, HELFENZRIEDER, STEIGLEHNER, HEINRICH, MAGOLD, KNOGLER, STAHL, SPÄTH, SIBER und STEINHEIL. Eine Akademiemitgliedschaft war also für die mathematischen Ordinarien der Universität damals durchaus üblich[5]. Folgende Universitätsmathematiker des 20. Jahrhunderts, die bei FABER noch nicht genannt sind, ergänzen die Liste der bisherigen Akademiemitglieder: PERRON, TIETZE, E. HOPF, KÖNIG, AUMANN, MAAK, STEIN, RICHTER, KOECHER, SCHÜTTE, FORSTER, SCHWICHTENBERG.

Die Forschung auf dem Gebiet der Mathematik und der Naturwissenschaften entwickelte sich bis ins beginnende 19. Jahrhundert weitgehend unabhängig von der Lehre an den Universitäten. Inwiefern speziell an der Bayerischen Akademie in jener Zeit die Naturwissenschaften Gegenstand der Forschung waren, hat ANDREAS KRAUS[6] untersucht. Doch bieten hier in der Zeit der Aufklärung die Beiträge der Mathematiker, etwa im Vergleich zu Göttingen oder Berlin, ein "ganz bescheidenes Bild"[7]. Auch in späterer Zeit war im Bereich der Mathematik die Rolle der Akademie eine andere als beispielsweise in Berlin. Dort diente die Akademie einerseits durch Mit-

---

[1] Näheres zur Beziehung von Lambert zu München bei [Kraus,A.], 49-53.
[2] [Faber 1959], 4
[3] Einen Vergleich mit anderen Fachrichtungen stellt er allerdings nicht an.
[4] [Faber 1959], 44
[5] Nur anfangs wurde Angehörigen des Jesuitenordens die Mitgliedschaft verweigert. Hierin wäre die Bemerkung in ([Jesuiten], 204) zu ergänzen.
[6] in [Kraus,A.]
[7] Siehe dazu [Kraus,A.], 247-251.

## 3.2 Studienreform (1746) unter Maximilian III. Joseph

gliedschaften Absichten der Universität und andererseits unterstützten "lesende Akademiemitglieder"[1] sowohl das Ansehen als auch einen ordnungsgemäßen Lehrbetrieb der Universität.

Die Gelegenheit, Arbeiten in den Sitzungsberichten der Bayerische Akademie zu veröffentlichen, wurde im 19. und 20. Jahrhundert insbesondere von Mathematikern durchaus genutzt[2]. Zudem unterstützte die Akademie die Publikation von allgemein interessierenden Monographien[3].

Als besondere Pflegestätten der Forschung hatte man schon ab dem 17. Jahrhundert Akademien gegründet: 1657 in Florenz die Accademia del cimento (die allerdings nur zehn Jahre bestand), 1660 die Royal Society in London, 1666 die Académie des Sciences in Paris und 1700 die Königlich Preußische Akademie der Wissenschaften[4]. Erst allmählich fanden die neuen Entwicklungen in der Mathematik auch Eingang in den Universitätsunterricht. Man denke dabei etwa an die Algebra der Italiener des 16. Jahrhunderts, die zur Lösung der allgemeinen Gleichung dritten und vierten Grades geführt hatte. Oder an die Buchstabenrechnung von VIÈTE (1591), die analytische Geometrie von DESCARTES (1637) und die Differentialrechnung von NEWTON (etwa ab 1665) und LEIBNIZ (ab 1675). Mit dem Übergang der Universität von der reinen Lehranstalt zu einer Einrichtung von Forschung und Lehre verloren die Akademien im 19. Jahrhundert naturgemäß etwas von ihrer Vorrangstellung als Forschungszentren. Es kam vielfach zu einer Neubestimmung der Aufgaben der Akademien und Ihres Verhältnisses zu den Universitäten.

*3.2.4 Zanner und Amman*

Greifen wir die Entwicklung der Mathematik an der Universität wieder auf. Nach KRATZ hatte IGNATIUS ZANNER[5] die mathematische Professur in Ingolstadt nur für ein Jahr inne. 1765 kehrte er an seinen Freiburger Lehr-

---

[1] Die keine Professur innehatten, wie zeitweise etwa C.G.Jacobi und L.Kronecker. Siehe [Biermann], 9 u. 22.
[2] Intensiv etwa von F.Lindemann.
[3] Wie etwa die beiden Bände über die mathematischen Probleme von Tietze; [Tietze].
[4] [Gericke 1972], 348
[5] Ignatius Zanner: S.J., auch Zauner ([Schaff], 174 und 177); * 1725 Eichstätt; † 1801 Freiburg i.Br. ([Romstöck 1898], 458 f.); 1744-47, 1751-55 Studium der Philosophie und Theologie in Ingolstadt ([Böhme], 127)

## 3. Neuerungen in der Epoche der Aufklärung (18.Jh.)

stuhl zurück, an dem er mit dieser Unterbrechung von 1759 bis 1777 wirkte[1]. Wie ROMSTÖCK angibt[2], hat ZANNER zwei Schriften zur ebenen Geometrie (1770) verfaßt[3]. In dem Werk "Elementa geometria planae" (Freiburg 1770) verfolgt ZANNER, in vielfacher Anlehnung an EUKLID (1. Buch), einen weitgehend axiomatischen Aufbau bis zur Satzgruppe des PYTHAGORAS. Seine "Propositiones selectae" (Freiburg 1770) enthalten ebenfalls vorwiegend elementargeometrische Sätze.

ZANNERs Vertreter in Freiburg, CAESAR AMMAN[4] wechselte 1765 nach Ingolstadt, wo auch er zusätzlich Hebräisch lehrte. Besonders gefördert wurde das mathematisch-astronomische Studium durch den Philosophieprofessor (für Logik) IGNATIUS RHOMBERG. RHOMBERG stattete 1767 die Sternwarte auf eigene Kosten großzügig mit wertvollen Instrumenten aus der Augsburger Werkstatt von GEORG FRIEDRICH BRANDER aus - was einer Neuerrichtung gleichkam[5].

Die Neuausstattung der Sternwarte kam auch AMMAN, der zugleich Direktor des Observatoriums war, zugute. AMMAN trat durch beachtenswerte astronomische Untersuchungen hervor; von 1767 bis 1772 erschienen fünf entsprechende Schriften[6]. Unter anderem diskutierte er ein Verfahren, mit Hilfe genauer Polhöhenbestimmungen die Größe der Erdabplattung zu ermitteln[7]. Von 1736 bis 1740 waren die Messungen zur Erdabplattung in Peru und Lappland vorgenommen worden[8]. Bereits 1770 zog sich AMMAN aufgrund einer Krankheit[9] von seinem Lehramt zurück.

---

[1] [Gericke 1955], 45
[2] [Romstöck 1898], 458
[3] Sie fehlen bei Böhme ([Böhme], 127 f.).
[4] Caesar Amman: S.J., * 1727 Innsbruck; † 1792 Ingolstadt ([Romstöck 1886], 1, 7) (nach [Prantl], 2, 512 bereits 1774 gest.); Schriftenverzeichnis in [Gerber], 9 f.; [Poggendorff], 1, 38
[5] [Prantl], 1, 612
[6] [Romstöck 1886], 1, 7 f.; [Stötter], 102
[7] [Schaff], 177 f.
[8] Näheres dazu siehe etwa [Silbernagel], 20 f.
[9] [Prantl], 2, 512

## 3.3 Neue Vorlesungsgrundlagen in reiner Mathematik (1773)

### 3.3.1 Johann Helfenzrieder

Mit seinem Nachfolger JOHANN HELFENZRIEDER[1] wurde in Ingolstadt 1770 zum letzten Mal ein Jesuit auf den mathematischen Lehrstuhl berufen[2]. Seine rund 40 Schriften zeugen von einer überaus fruchtbaren Tätigkeit als Mathematiker, Astronom und Physiker[3]. HELFENZRIEDER gab "wahre, nützliche und verständliche" Kalender[4] heraus, beschäftigte sich mit astronomischen und geodätischen Instrumenten (Fernrohre, Distanz- und Winkelmesser, Uhren), mit der Mondfinsternis, dem Nordlicht, dem Prisma, der Luftpumpe, der Feuerspritze, dem Blitzableiter[5], der "Luftschifferey" und gab in seinen Beiträgen zur Baukunst unter anderem an, wie man "eine feuerfeste Bibliothek" oder "ökonomische Oefen" baut[6].

### 3.3.2 "Anfangsgründe der reinen Mathematik"

1772 erschien HELFENZRIEDERs mathematisches Hauptwerk (2.Aufl. 1776). Es gehörte zu den Lehrbüchern, die ab 1773 - dem Jahr der Ordensauflösung - in Ingolstadt die jahrhundertealten Vorlesungsgrundlagen ablösten. 1779 wurde es ins Deutsche übersetzt[7]:

"Anfangsgründe der reinen Mathematik, sonderlich für die, welche die Philosophie studieren - gesammelt von Johann Helfenzrieder, der Gottesgelehrtheit Doctor, Churfürstl. wirkl. Rathe und öffentlichem Lehrer der Mathematik und Experimentalphysik auf der hohen Schule zu Ingolstadt, der Churfürstl. Baierischen und Churmeynzischen Aka-

---

[1] Johann Helfenzrieder: S.J., * 1724 Landsberg; † 1803 Zisterzienserkloster Raitenhaslach bei Burghausen; seit 1775 Akademiemitglied; [Müller,W.], 79; [Poggendorff], 1, 1054
[2] [Stötter], 102
[3] [Gerber], 34-44
[4] [Gerber], 34 f.
[5] Franklins Idee hatte sich erst kurz vorher in Süddeutschland verbreitet; vgl. [Hermann 1971], 1, 31.
[6] In [Schaff], 187 ff. werden die physikalisch-technischen Werke näher beschrieben.
[7] [Gerber], 37

## 3. Neuerungen in der Epoche der Aufklärung (18.Jh.)

demie der Wissenschaften zu Erfurt ordentlichem Mitgliede. Aus dem Latein in das Deutsche übersetzt. Günzburg a. d. Donau 1779."[1]

HELFENZRIEDER war nicht nur in München und Erfurt Akademiemitglied, sondern wurde auch von der *Königlich Dänischen Gesellschaft* in Kopenhagen und von der *Jablonowsky-Societät* in Leipzig geehrt[2]. Das Lehrbuch gibt den damals von Helfenzrieder vorgesehenen Umfang der Vorlesungen in reiner Mathematik an. Es sei auf einige besondere Textstellen dieses weniger bekannten Werks hingewiesen. Die Titelblattrückseite trägt, wie auch die lateinische Ausgabe[3], das damals allgemein erforderliche Siegel der Druckerlaubnis: "Sign. München in dem Churfürstl. Bücher-Censur-Collegium den 4. Nov. 1772."

Zu Beginn seiner Vorrede rechtfertigt HELFENZRIEDER als erstes die Existenz der Mathematik gegenüber der Philosophie, wobei ihm das erwachte Interesse an dem neuen Fach Physik entgegenkommt (S. 3):

"*Vorrede.*

Es gibt nicht wenige unter denen, die sich auf die Philosophie verlegen, die entweder nicht Lust, oder nicht Muße genug haben, sich etwas tiefer in die Mathematik einzulassen, doch ganz können sie derselben gewiß nicht entbehren, wenn sie nicht, sonderlich in der Physik, gar im Finstern herumtappen wollen."

HELFENZRIEDER weist auf die Möglichkeit hin, den zweiten Hauptteil über Geometrie vor dem ersten Hauptteil über Arithmetik und Algebra zu lesen und bemerkt dazu (S. 4):

"Ich weiß es wohl, es kömmt manchen Anfängern die Algebra allzutrocken und unlustig vor: die Geometrie, da der Anblick der Figuren ihre Einbildungskraft ein wenig ergötzet, und unterstützet, ist ihnen angenehmer, und es gedünkt sie, als ob sie darinnen etwas viel handgreiflichers als in den abgesönderten und abstracten Größen der Arithmetik und Algebra anträfen."

---

[1] UB: 8° Math.59
[2] [Stötter], 102
[3] UB: 8° Math.4684

## 3.3 Neue Vorlesungsgrundlagen (1773)

*3.3.3 Differentialrechnung*

Die 345 Seiten der gegenüber der lateinischen Ausgabe (245 Seiten) wesentlich erweiterten deutschen Ausgabe[1] hat HELFENZRIEDER noch um eine 15seitige Ergänzung bereichert, die er im Vorwort ankündigt (S. 5f.):

"Um auch von der so berühmten, und nützlichen Differential- und Integralrechnung den Anfängern einigen Begriff beyzubringen, habe ich zu Ende einen kleinen Anhang davon beygesetzt, der in dem lateinischen Büchchen nicht ist.

Gott gebe, daß die studierende Jugend, die angepriesenen Nutzbarkeiten der Mathematik unterdessen glaube, und mit der Zeit einsehe und selbst erfahre."

HELFENZRIEDER mutet also, im Gegensatz zu CHRISTIAN WOLFF in dessen "Anfangsgründen", die an Universitäten noch verhältnismäßig junge Differential- und Integralrechnung (1779) bereits den Anfängern in Ingolstadt zu. Das war in einem für Vorlesungen gedachten Lehrbuch noch ungewöhnlich[2]. Bereits ab 1827 sind an der Ludwig-Maximilians-Universität (von SPÄTH, s. 4.5) eigenständige Vorlesungen zur Differential- und Integralrechnung eingerichtet worden, die heute noch zu den grundlegenden Anfängervorlesungen gehören. Etwa an der Universität Freiburg i.Br. kam es dazu erst rund zehn Jahre später[3].

*3.3.4 Größen*

EUKLID definiert mit seinen Axiomen ein Größensystem. Demnach nimmt HELFENZRIEDER zu Beginn des ersten Hauptteils folgende Klassifikation vor (S.7):

"*Die Rechenkunst und Algebra.*

I. Vorläufige Begriffe und das Aussprechen der Zahlen.

§ 1. Die Mathematik ist eine Wissenschaft der Größen (...)"

---

[1] Hierin irrt Schaff, der die deutsche Ausgabe für eine gekürzte hält: [Schaff], 187.
[2] Vgl. auch Boyer, Carl B.: The History of Calculus and its conceptual development. New York 1959; Chapt. VI.
[3] [Gericke 1955], 62

## 3. Neuerungen in der Epoche der Aufklärung (18.Jh.)

"Die abgesönderten Größen *[quantitas discreta]* werden in der Arithmetik, die stetigen *[quantitas continua]* meistens in der Geometrie abgehandelt; die Algebra aber erstreckt sich über beyde."
Eine derartige Einteilung der reinen Mathematik war damals nicht unüblich. Sie ist auch etwa in Freiburg einige Jahre später (1785) in einem Entwurf für das philosophische Studium in dieser Form zu finden[1].

Es geht in diesem Teil *Rechenkunst und Algebra* um Brüche, Wurzeln, Gleichungen, arithmetische und geometrische Folgen, sowie auch um Logarithmen. Das Unendliche bezeichnet HELFENZRIEDER, wie vor ihm JOHN WALLIS (1656)[2], mit $\infty$. Der Geometrieteil handelt von Geraden, Winkeln, Dreieckskonstruktionen, ähnlichen Dreiecken, Kreis- und Polygonschnitten, Flächen- und Volumenbestimmungen, von der Trigonometrie rechtwinkliger und schiefwinkliger Dreiecke und dem Sinussatz. Bei den trigonometrischen Tafeln weist er auf die Logarithmentafeln von CHRISTIAN WOLFF hin.

### 3.3.5 Höhere Geometrie

Es folgt die höhere Geometrie, in der HELFENZRIEDER Kegelschnitte und allgemeinere Kurven, wie etwa die Zykloide (die er "Radlinie" nennt) untersucht. Obwohl die Kegelschnitte bereits insbesondere durch COMMANDINOS Apollonius-Ausgabe (1566) bekannt geworden sein könnten, wurden sie erst relativ spät in den Mathematik-Lehrplan aufgenommen[3]. Mit KEPLER (1571 - 1630) war ihre Bedeutung für die Astronomie erkannt worden.

Zur höheren Geometrie schreibt HELFENZRIEDER (S. 270):

"*Die höhere Geometrie.*

§ 616. Man nennt jenen Theil der Geometrie, die höhere, der nicht nur von dem Zirkel und der Zirkellinie und den daraus entstehenden Körpern, sondern auch von anderen krummen Linien / und Flächen, die sie umfangen, und Körpern, die aus ihrer Bewegung erzeugt werden, handelt."

Hier werden etwa auch Subnormalen und Krümmungsradien untersucht. Wie 1766 in Freiburg[4], so dürften auch hier die Kegelschnitte zum Examenswis-

---

[1] Dieser Entwurf schloß sich an die österreichischen Richtlinien an; [Gericke 1955], 44.
[2] vgl. etwa [Kropp], 149
[3] Siehe [Gericke 1955], 34; auch noch nicht bei Chr. Wolff.
[4] [Gericke 1955], 37

sen gehört haben. Im angekündigten[1] letzten Abschnitt entwickelt HELFENZRIEDER in komprimierter Form die Differential- und Integralrechnung bis zur Bogenlängenbestimmung[2] und der Volumenbestimmung von Rotationskörpern. Um dieses deutlich anspruchsvollere Programm auch verwirklichen zu können, forderte HELFENZRIEDER schon 1773 eine Anhebung der Wochenstundenzahl[3].

## 3.4 Reine und angewandte Mathematik in den Reformansätzen der 1770er Jahre

*3.4.1 Die Aufhebung des Jesuitenordens und deren Folgen*

Die Einführung neuer Lehrbücher war ein Symptom für die grundlegende Bildungsreform jener Zeit. Zunächst wurden 1771 die Schulen reformiert - ein Werk ICKSTATTs. Die bayerischen Gymnasien waren bisher "fest in den Händen der Jesuiten" gewesen[4]. Die Reform brachte den allgemeinen Schulzwang, die staatliche Schulaufsicht, die vierjährige Realschule als Vorbereitung für die bürgerlichen Berufe sowie das sich anschließende fünfjährige Gymnasium, in dem, neben Latein und Griechisch, in bescheide-nem Rahmen nun auch die Realien - Mathematik und Naturwissenschaften - unterrichtet wurden[5]. Damit kamen die Rechenmeisterschulen, an denen Arithmetik und Geometrie erteilt wurde, schließlich zum Erliegen[6].

Eine päpstliche Bulle vom 21. Juli 1773 hob den Jesuitenorden auf[7]. Die Aufhebung war nach den Unterdrückungen in Portugal (1759), Frankreich (1764) und Spanien (1767) vorauszusehen[8]. Sie stellt den Anfang der Entflechtung von Universität und Orden dar[9]. Das führte unter anderem zu einer

---

[1] siehe 3.3.3
[2] Nach John Wallis: Arithmetica inifinitorum; [Kropp], 149.
[3] Siehe Gutachten in 3.4.3
[4] Siehe 2.1.1; vgl. auch [Grundel], 2, 23
[5] [Wieleitner 1910], 9 f.; [Müller,W.], 64
[6] [Maß], 216 f. Ein weiterer Grund war die Aufnahme des Handelsrechnens in den Fächerkanon der Universitäten; siehe Abschnitt 3.5.3.
[7] [Prantl], 1, 579; Näheres dazu s. Hinweis in [Müller,W.], 9.
[8] [Hofmann 1954], 15
[9] [Müller,W.], 4

## 3. Neuerungen in der Epoche der Aufklärung (18.Jh.)

Lockerung der kirchlichen Zensur und zur Förderung der Naturwissenschaften, der Geschichte und der Philologie[1].

ICKSTATT war bestrebt, die Universität wissenschaftlich vollkommen neu zu beleben. Das Vorhaben ist zwar nicht gescheitert[2], doch erwies sich der Prozeß als schwierig und langwierig. Von den dann an der Universität lehrenden zwanzig ordentlichen Professoren und zwei Extraordinarien gehörten zehn dem Jesuitenorden an. Nach längeren Auseinandersetzungen[3] wurden schließlich vier von ihnen übernommen, darunter auch HELFENZRIEDER und der für Physik zuständige Ordinarius MATTHIAS GABLER[4], der zur gleichen Zeit (von 1770 bis 1781) wie HELFENZRIEDER in Ingolstadt wirkte[5]. Beiden wurde am 10.10.1773 nun auch ein volles Gehalt (600 Gulden) zugewiesen. Damit waren sie, wie alle übrigen Professoren der Philosophischen Fakultät, den Ordinarien der anderen Fakultäten auch äußerlich gleich gestellt[6]. Die Philosophische Fakultät umfaßte damals sieben Lehrstühle - für Logik, Ethik, Physik, Chemie, Mathematik, Metaphysik und für Eloquenz[7].

*3.4.2 Ickstatt und Wolff über die Aufgaben des Mathematikunterrichts*

1774 hat ICKSTATT in einer ausgearbeiteten Rede über die "stufenmäßige Einrichtung der niederen und höheren Landschulen" die Aufgabenbereiche an Hand der Inhalte kurz umschrieben. Zur Logik, Physik und Mathematik - dem ersten, dritten und fünften Lehrstuhl - erklärt er[8]:

"Der Erste von diesen Professoren ist der Lehrer der Logik, oder von den Kräften und dem Gebrauche des menschlichen Verstandes in Untersuchung der Wahrheit. Eben derselbe lehret auch die Ontologie von dem Wesen und den Eigenschaften der Dinge überhaupt; allgemeine Begriffe und Eigenschaften der Welt, von Gott und der Seele des Menschen. (...) Der dritte Lehrer beschäftiget sich mit dem Unterricht und der Erklärung (a) des Wesens und der Eigenschaften der körperlichen Dinge überhaupt; (b) in Sonderheit der großen Weltkör-

---

[1] [Spörl], 13
[2] Insofern mag man sich J. E. Hofmann ([Hofmann 1954], 15) nicht ganz anschließen.
[3] [Müller,W.], 56-62
[4] Matthias Gabler: * 1736 Spalt/Franken, † 1805 Wembdingen ([Poggendorff], 1, 826)
[5] [Gerber], 22
[6] [Schaff], 181
[7] [Stötter], 104 f.
[8] [Müller,W.], 65

## 3.4 Reformansätze der 1770er Jahre

per und des gestirnten Himmels; (c) der Lufterscheinungen, Meteoren; (d) von Farben, Schall, und übrigen sinnlichen Vorstellungen; (e) Schwere, magnetischen und elektrischen Kräften usw. (...)
Der fünfte Lehrer erkläret die höhere Geometrie, die mechanische(n) und astronomische(n) Wissenschaften."

Der Aufgabenbereich des neu eingerichteten *Physiklehrstuhls* wird ausführlicher dargestellt[1], derjenige des Mathematikers mutet dagegen recht dürftig an - zumal auch noch Mechanik und Astronomie dazugehören. Allerdings ging ICKSTATT davon aus, daß Arithmetik, Algebra und Elementargeometrie bereits an den nach der Schulreform neu gestalteten Gymnasien gelehrt wird - daher die Einschränkung auf die höhere Geometrie. Zudem räumte der Universitätslehrplan von 1774 der Mathematik nur einen einzigen Jahreskurs ein. Zu berücksichtigen ist also, was unter Mathematik bzw. Mathematikunterricht damals verstanden wurde.

HELFENZRIEDER las 1774/75 einstündig "Mathematik mit untermengten praktischen Operationen"[2]. Dabei waren - neben seinem eigenen Lehrbuch (3.3) - auch die weiteren den Vorlesungen zugrundeliegenden neuen Lehrbücher noch weitgehend elementar gehalten[3]. Sie stammten vorwiegend von norddeutschen Autoren.

Ein diesbezügliches Standardwerk waren die "Anfangsgründe aller mathematischen Wissenschaften" von CHRISTIAN WOLFF[4]. Es erschien ab 1710 (1.Auflage, Halle) bis Ende des 18. Jahrhunderts in mehreren Überarbeitungen und gehörte damals zu den beliebtesten mathematischen Lehrbüchern[5]. Das Werk geht auf LEIBNIZ zurück. Dabei werden die mathematischen *Methoden* in den Mittelpunkt gestellt[6].

Zur Einführung geht WOLFF in seinen "Anfangsgründen" ausführlich auf die mathematischen Methoden ein: "Kurzer Unterricht von der Mathemati-

---
[1] Man orientierte sich vor allem an den technischen Anwendungen.
[2] [Stötter], 111
[3] S.a. [Müller,W.], 93; [Hofmann 1954], 15
[4] Christian Wolff (auch Wolf): * 1679, † 1754; [DSB], 14, 482-484.
[5] [Maß], 35
[6] [Gericke 1955], 40 ff.

## 3. Neuerungen in der Epoche der Aufklärung (18.Jh.)

schen Lehrart"[1]. Sie machen erst den Wert der Mathematik aus, denn - wie WOLFF in seinem Nachschlagewerk "Mathematisches Lexicon"[2] schreibt -

> "so ist nichts in der Welt, dabey die Mathematick nicht könte angebracht werden (...) so bringet uns die Mathematick zu der vollkommensten Erkäntnis aller möglichen Dinge in der Welt (...) so erlangen wir durch die Mathematick die Herrschaft über die Natur".

In diesem Lexikon teilt WOLFF die Mathematik in die "eigentliche" und die "angebrachte" ein[3]. An anderer Stelle spricht er auch[4] von der "Mathesis theoretica seu speculativa, die erwegende Mathematick" bzw. von der "Mathesis practica, die ausübende Mathematick"[5]. Den Begriff der "angewendeten Mathematik" im Titel eines Werkes findet man dann etwa 1764 auch bei CLEMM[6].

Neben dem Lehrbuch von WOLFF benutzte man auch das von JOHANN FRIEDRICH POLACK (1700-1772):

> "Mathesis forensis, worinnen die Rechenkunst, Geometrie, Baukunst, Mechanik abgehandelt (...) wird. Oder Entwurf derer mathematischen Wissenschaften, die ein Rechtsgelehrter nöthig hat."[7].

Die praktische Anwendbarkeit, die Nützlichkeit stand damals nicht nur in der Mathematik, sondern in allen Fächern der Philosophischen Fakultät im Vordergrund. Das gilt auch für andere Universitäten[8]. Die Physik gehörte bis zum 19. Jahrhundert noch immer weitgehend zur angewandten Mathematik. WOLFFs wissenschaftlich anspruchsvolleres Lehrbuch "Elementa Matheseos universae", (Elemente der gesamten Mathematik)[9] enthält in der erweiterten zweiten Auflage (5 Bde. 1730/41), die die Infinitesimalrechnung mit einschließt, dann auch neben der reinen Mathematik (Bd. 1) eine Fülle von Teilgebieten, in die sich die angewandte Mathematik inzwischen aufgefächert hatte (Bd. 2-4)[10]:

---

[1] 1. Band, S. 5-26
[2] Leipzig 1716. Nachdruck: Hildesheim 1978. Sp. 863 f.
[3] "Mathesis pura sive simplex" bzw. "Mathesis impura sive mixta".
[4] Vgl. Kap. 1.1
[5] s.a. [Maß], 34-37
[6] s. 3.4.4
[7] Leipzig 1.Aufl.1734. 4.Aufl.1770 ([Tropfke 1980], 707)
[8] Vgl.: "Der Grundsatz der Nutzbarkeit" in [Gericke 1955], 38ff.
[9] 1.Aufl.: 2 Bde. Halle 1713/15
[10] s.a. [Maß], 13-20

## 3.4 Reformansätze der 1770er Jahre

etwa Mechanik, Statik, Hydrostatik, Aerometrie, Hydraulik, Optik, Perspektive, Katoptrik (Spiegeltheorie), Dioptrik (Brechungstheorie), sphärische Trigonometrie, Astronomie, Geographie, Hydrographie (Navigation), Chronologie (Zeitmessung), Gnomonik (Sonnenuhrkunde), militärische und zivile Architektur.

Bis zum 17. Jahrhundert war auch noch die Musik (Harmonielehre) als ein Teilgebiet der Mathematik angesehen worden[1].

### 3.4.3 Gutachten - Aufwertung der Mathematik und ihrer Anwendungen

Zu Beginn der Studienreform 1773/74 hatte ICKSTATT seine Kollegen um entsprechende Gutachten gebeten. Sie enthalten einige interessante Stellungnahmen zur Mathematik, die die neue Rolle dieses Faches in besonderer Weise kennzeichnen:

ICKSTATT selbst hatte sich für eine Anhebung des Niveaus der mathematischen Vorlesungen ausgesprochen. Auch der Philosophieprofessor und Jesuitengegner STEIGENBERGER[2] forderte eine stärkere Gewichtung der Mathematik. Er beklagte, daß bisher nur Grundkenntnisse in Algebra, Geometrie und Trigonometrie - "und zwar nur soviel, als zur Physik notwendig" - vermittelt worden seien, hingegen hätte man die höhere Geometrie und Astronomie völlig vernachlässigt. Dazu sei zukünftig mindestens ein zweiter Mathematiker einzustellen. Er selbst erklärte sich bereit, mathematische Einführungskurse zu geben[3].

HELFENZRIEDER plädierte in seinem Gutachten[4] für eine Anhebung der mathematischen Vorlesungen von einer auf drei Wochenstunden. Auch sollten sie so gelegt werden, daß die Hörer nicht durch parallele philosophische Vorlesungen vom Besuch abgehalten würden. Sein eigenes Lehrbuch sollte Vorlesungsgrundlage sein:

"In selbem hab ich alles, was ein Student aus der Arithmetik, Algebra, der gemeinen und höheren Geometrie und der Trigonometrie zu wissen nöthig hat, samt einer kleinen Logarithmustafel eingetragen."

---

[1] [Maß], 16-19 und 243-264
[2] Steigenberger: * 1741, † 1785; ab 1781 Vorstand der Münchner Hofbibliothek
[3] [Müller,W.], 78 f.
[4] BHStA: GL 1489/49 1773 XI 26; s.a. [Müller,W.], 80

## 3. Neuerungen in der Epoche der Aufklärung (18.Jh.)

Es ist ein Lehrbuch zur reinen Mathematik. HELFENZRIEDER wünschte sich daher noch Ergänzungen "in der practischen Mathematik, die mit der Oeconomie so viel Verbindung hat."[1] Zur praktischen Mathematik rechnete man etwa die Maß-, Münz-, und Gewichtskunde, die Geodäsie, Meteorologie, Technologie, Erd- und Himmelskunde[2]. 1777 wurden HELFENZRIEDERS "Anfangsgründe" (3.3) schließlich offizielles Lehrbuch; ab 1779 in der deutschen Ausgabe, die 1781 und 1791 neu aufgelegt wurde[3]. Ebenfalls 1777 hat sich ICKSTATTs Nachfolger (ab 1776), der Jurist und Historiker JOHANN GEORG LORI[4] in einer Denkschrift

"gegen die ausschließlich klerikale Bildung gewandt, (...), so daß die Pflege der deutschen Sprache und der historischen, mathematischen und physikalischen Fächer gänzlich darniederlag"[5].

Auch MATTHIAS GABLER forderte in seinem Gutachten eine Aufwertung der Mathematik, da sie einem Physiker "ohnentbehrlich seye"[6]. Bemerkenswert ist, wie einhellig zumindest in der Philosophischen Fakultät die Förderung der mathematisch-naturwissenschaftlichen Fächer vorgeschlagen wurde. Andere Fächer kamen hinzu. 1774 nahm man die von ICKSTATT in seiner Rede geforderte Geschichte - der inzwischen nicht mehr besetzte Lehrstuhl war 1727 eingerichtet worden[7] - wieder in das Fächerangebot auf[8]. 1781 wurde ein Lehrstuhl für "Cameral und Oeconomie" eingerichtet[9], nachdem das Fach Ökonomie vorher vom Chemiker ROUSSEAU und ab 1775 vom Physiker GABLER, der auch Physik und elementare Mathematik las, gelehrt wurde[10].

---

[1] BHStA: GL 1489/49 1773 XI 26
[2] [Hofmann 1954], 14 f.
[3] [Stötter], 115
[4] Johann Georg Lori: * 1723, † 1787; als Bergrat beschäftigte er sich mit der Landesvermessung, im damaligen Sinn angewandte Mathematik ([Faber 1959], 1); Kurzbiographie s. [Winschiers], 92 f.
[5] Nach [Prantl], 1, 626; vgl. auch [Müller,W.], 149.
[6] BHStA Gerichtsliteralien 1489/49 1773 XI 23; [Müller,W.], 80.
[7] [Stötter], 103 f.
[8] [Stötter], 105
[9] [Müller,W.], 65
[10] [Stötter], 113

## 3.4 Reformansätze der 1770er Jahre

*3.4.4 Vorlesungspläne*

Ab den 1770er Jahren kam es so zu erheblichen Änderungen in den Vorlesungsangeboten, auf die wir im folgenden näher eingehen. Wie den Vorlesungsplänen der Studienjahre 1776/77 und 1777/78 zu entnehmen ist[1], bildete Mathematik als Grundlage der Physik einen Schwerpunkt im ersten Jahr des zweijährigen Kurses an der Philosophischen Fakultät. Neben anderen Vorlesungen wie Naturgeschichte (Biologie), Chemie, Logik, Metaphysik, Ästhetik, Physik, Ökonomie, Geschichte wurden folgende Kurse, die als mathematische galten, angeboten:

---

*1776/77:*

a) erstes Jahr

1. Semester: Arithmetische und geometrische Wissenschaften nach CLEMM - GABLER
2. Semester: Höhere Geometrie, statische und architektonische Wissenschaften nach CLEMM - HELFENZRIEDER

b) zweites Jahr

1. Semester: Optik und Astronomie nach CLEMM - HELFENZRIEDER
2. Semester: Experimentalphysik und praktische Geometrie - HELFENZRIEDER

*1777/78:*

a) erstes Jahr

1. Semester: Elementarmathes [sic!] nach HELFENZRIEDER - GABLER
2. Semester: Höhere Mathes nach HELFENZRIEDER - GABLER

b) zweites Jahr

1. Semester: Mechanik und Astronomie nach STATTLER - HELFENZRIEDER.

---

[1] BHStA: MInn 19611; s.a. [Müller,W.], 147 f.

## 3. Neuerungen in der Epoche der Aufklärung (18.Jh.)

Wiederholt wird also nach CLEMM gelesen. HEINRICH WILHELM CLEMM[1] lehrte in Tübingen und am Gymnasium in Stuttgart. 1759 erschien sein Lehrbuch:

"Erste Gründe aller mathematischen Wissenschaften"[2]; 1764 auf zwei Bände erweitert unter dem Titel: "Mathematisches Lehrbuch oder vollständiger Auszug aus allen so wohl zur reinen, als angewendeten Mathematik gehörigen Wissenschaften, nebst einem Anhange oder kurzen Entwurf der Naturgeschichte und Experimentalphysik. Stuttgart: J.B.Metzler 2.Aufl. 1768"[3].

Bemerkenswert ist hier im Buchtitel der Begriff der "angewendeten" Mathematik.

HELFENZRIEDER hielt 1777/78 seine Physik-Vorlesung nach dem zweiten Band von BENEDIKT STATTLERs[4] "Compendium philosophicae"[5]. Die Fächer Mathematik und Physik blieben auch in den folgenden Jahrzehnten ohne scharfe Trennung verbunden und wurden wiederholt von demselben Dozenten gelehrt. Dagegen wurde immer deutlicher die Optik als zur Physik, die Astronomie als zur Mathematik gehörend angesehen[6]. 1778 heißt es im Vorlesungsverzeichnis[7]:

"Johann HELFENZRIEDER, (Exjesuit) kurfürstlich geistlicher Rath, lehrt die 'Mathesin applicatam', und Experimentalphysik nach den GABLERischen, und seinen eigenen Schriften."

Von den 18 physikalischen und philosophischen Schriften GABLERs[8] kommt hierfür die 1778/79 veröffentlichte "Naturlehre"[9] in Frage.

Ebenfalls in diesem Studienjahr 1778/79 wurde in Ingolstadt eine außerordentliche Professur für reine Mathematik und Astronomie eingerichtet.

---

[1] Heinrich W. Clemm: * 1725, † 1775; s.a. [Poggendorff], 1, 456.
[2] [Cantor], 4, 671
[3] vgl. [Müller,W.], 146
[4] Theologieprofessor in Ingolstadt
[5] [Müller,W.], 149
[6] [Schaff], 183
[7] Annalen der Baierischen Litteratur (= AdBL) vom Jahr 1778, 1. Bd. Nürnberg 1781. S. 65.
[8] [Gerber], 22-25
[9] AdBL vom Jahr 1778, S. 106; vgl. auch [Schaff], 181 f.

3.5 Ausweitung des mathematischen Studienangebots

Berufen wurde HELFENZRIEDERs Assistent JOHANN NEPOMUK FISCHER[1] mit dem Recht, die Nachfolge HELFENZRIEDERs anzutreten. Der exjesuitenfreundliche Ministerialvertreter VON LIPPERT[2] hielt zwar die Aufstellung für "ueberhaupts und absolute genommen nicht nothwendig", befürwortete dennoch die Berufung, da GABLER und HELFENZRIEDER überlastet seien - letzterer halte des Tages Vorlesungen, besorge seine Gelehrtenkorrespondenz und Verwaltungsgeschäfte, führe Experimente durch, um dann zusätzlich in der Nacht noch zu observieren[3].

In einem Brief an LORI[4] wird HELFENZRIEDER als "ein vollkommen redlicher Mann" charakterisiert: "Diesem macht nichts und niemand eine Angelegenheit als allein seine Mathes." Er hielt sich aus den Streitigkeiten heraus[5]. Dennoch wurde auch er 1781, wie alle, die bisher aus dem Fond des aufgelösten Jesuitenordens besoldet wurden, entlassen - ebenso GABLER und FISCHER[6].

## 3.5 Ausweitung des mathematischen Studienangebots unter Steiglehner und Schlögl

*3.5.1 Erneute Ordensaufsicht*

Wie war es zu diesen Entlassungen gekommen? Nach dem Tode von MAXIMILIAN III. JOSEPH war Altbayern 1777 an KARL THEODOR[7] gefallen, dem die Berater des ehemaligen Kurfürsten unerwünscht waren. So wurde LORI, der ICKSTATT bei der Reform der Universität unterstützt hatte und zugleich (seit 1752) Hofrat in München war, 1779 aus dem Dienst entfernt[8]. 1781 gründete KARL THEODOR den bayerischen Zweig des Malteseror-

---

[1] Johann Nepomuk Fischer: * 1749 Miesbach; † 1805 Würzburg; seit 1776 Akademiemitglied; siehe [Müller,W.], 137 f.; [Schaff], 181 und 189 f.; [Gerber], 20; [Poggendorff], 1, 751, [Reindl], 73ff.
[2] [Müller,W.], 133 ff.
[3] [Müller,W.], 138
[4] [Müller,W.], 79
[5] [Müller,W.], 105
[6] [Müller,W.], 206
[7] Karl Theodor: * 1724, † 1799, 1742 Kurfürst von der Pfalz in Mannheim, 1777 auch von Altbayern.
[8] [Hofmann 1954], 15

## 3. Neuerungen in der Epoche der Aufklärung (18.Jh.)

dens[1]. Dieser Gründung "zur Bekämpfung des Unglaubens" übereignete KARL THEODOR das Jesuitenvermögen (etwa 7,4 Mio. fl.), aus dem die Philosophische Fakultät nach einer Verfügung MAXIMILIANs ihre Mittel bezogen hatte. Neun Professoren, darunter drei Theologen, wurden entlassen[2]. Die Oberaufsicht über die Fakultät ging auf vier Prälatenorden[3] über, die als Gegenleistung die Lehrstühle mit Ordensangehörigen besetzen durften[4].

### 3.5.2 Neubesetzungen durch Ordensgeistliche

Wohl aus finanziellen Gründen wurden 1781 nur vier der sechs Lehrstühle der Fakultät neu besetzt[5]. Für Mathematik und Physik wurden zwei engagierte und angesehene Persönlichkeiten[6] berufen: GEORG CHRISTOPH STEIGLEHNER[7] und VINCELIN SCHLÖGL[8].

SCHLÖGL hatte bereits in den siebziger Jahren als Professor für Rhetorik und Ästhetik in Ingolstadt gelehrt[9]. Obwohl STEIGLEHNER für Mathematik und Experimentalphysik und SCHLÖGL für "Naturlehre" (Physik) berufen worden waren[10], haben sie sich schon 1782/83 von dieser Zuordnung gelöst. Im Studienjahr 1781/82 las Steiglehner noch:

"diebus Martis, Mercurii et Sabbati Mathesin elementar. die Veneris sublimiorem" und

---

[1] [Müller,W.], 4
[2] [Müller,W.], 206
[3] Benediktiner, Zisterzienser, Augustinerchorherren, Prämonstratenser.
[4] [Müller,W.], 5. Zugleich übernahmen die Prälatenorden bis 1799 das höhere Schulwesen.
[5] Logik, Metaphysik und Ethik wurden zusammengefaßt, Chemie gestrichen.
[6] [Müller,W.], 255
[7] Georg Christoph Steiglehner: O.S.B., als Benediktiner Pater Coelestin aus St.Emmeram in Regensburg; * 1738 Sindersbühl bei Nürnberg, † 1819 Regensburg; 1790-1808 Akademiemitglied ([Gerber], 123 und 141); [Müller,W.], 212; [Poggendorff], 2, 991; [Grill]; s.a. Lebensgeschichten, verfaßt von Placidus Heinrich (1819) und Rudolf Freytag (1921)
[8] Vincelin Schlögl: Augustinerchorherr in Polling; * 1743 Hofhegnenberg, † 1811 Augsburg ([Müller,W.], 110; [Poggendorff], 2, 806)
[9] [Müller,W.], 110 und 211; die Angaben in [Gerber], 116 weichen an dieser Stelle von den Quellen ab.
[10] [Müller,W.], 210

## 3.5 Ausweitung des mathematischen Studienangebots

"die vero Jovis Physicam experimentalem ab hora X-XI". "Vicelinis Schlögl explicabit Physicam et Oeconomiam, (...)"[1].

1782/83 und auch im folgenden Studienjahr war die gesamte Mathematik von SCHLÖGL übernommen worden. Er las an vier Tagen von 8-9 Uhr morgens:

"explicabit Mathesin elementarem et sublimiorem, iisdemque diebus ab hora tertia pomeridiana Mathesin applicatam ad ductum Wencesl.[aus] Johann. Gustav. Karsten."

Von KARSTEN[2] stammt das achtbändige Standardwerk "Lehrbegriff der gesammten Mathematik. Greifswald 1767-1777". Außerdem hat KARSTEN ein dreibändiges Lehrwerk zur Elementarmathematik verfaßt, dessen Titel sich an Christian WOLFF (3.4.2) anlehnt: "Anfangsgründe der mathematischen Wissenschaften. Greifswald 1780."

### 3.5.3 Mathematik und ihre Anwendungen zur Zeit der Reform um 1784

Unter der "gesamten Mathematik" verstand man damals die elementare, höhere und angewandte Mathematik, wobei man die ersten beiden unter dem Begriff "reine Mathematik" zusammenfaßte. Angewandte Mathematik war bis gegen die Mitte des 19. Jahrhunderts das, was wir heute als experimentelle und theoretische Physik, als Astronomie und vielfach sogar als Technik ansehen würden. Der Physiker hielt dagegen - wie erwähnt - von Anfang an seine Vorlesungen in Anlehnung an die physikalischen Schriften des ARISTOTELES. Sie handeln etwa von der Materie, den Formen und den Arten aller möglichen Ursachen. Im 18. Jahrhundert wird nun auch an der Universität der Übergang zu den neuzeitlichen Aufgaben der Physik deutlich.

Diese Aufgaben werden etwa 1782 in einem Bericht von STEIGLEHNER gekennzeichnet. Die Physik soll Vorurteile auslöschen und die Ursache natürlicher Begebenheiten aufdecken. Der Lehrer sollte mit jedem Gegenstand auch dessen Geschichte und die vorhandene Literatur dazu mit seiner Stellungnahme vortragen. Nur durch Beobachtungen und Versuche sei der Natur "das Geständnis der Wahrheit" abzuzwingen[3]. Diese Haltung war damals

---

[1] [Vorl.-Verz.] zu 1781/82
[2] Johann G. Karsten: * 1732, † 1787; lehrte an den Universitäten Rostock und Halle; seit 1765 korrespondierendes Mitglied der Bayerischen Akademie der Wissenschaften, s.a. [Kraus,A.], 60f.
[3] UAM: O I 6; nach [Stötter], 118

## 3. Neuerungen in der Epoche der Aufklärung (18.Jh.)

nicht selbstverständlich. Dabei gab STEIGLEHNER seinen Vorlesungen "solchen Schwung, daß von überallher die Hörer begeistert zu ihm strömten"[1].

SCHLÖGL hat sich entsprechend zu den mathematischen Vorlesungen geäußert:

"Die Elementarmathematik wird so gelehrt, daß sie das vollkommendste praktische Muster einer im ganzen Leben höchst nöthigen, genau bestimmten und ordentlichen Denkungsart sey."[2].

Mathematik soll brauchbar und nützlich sein, die angewandte Mathematik der Technik und ihrer Optimierung dienen. Bereits seit Jahrhunderten waren Kenntnisse im Handelsrechnen außerhalb der Universitäten, vor allem durch die Rechenmeister, verbreitet worden. Mit den Reformen ab 1771 wurde auch dieses Gebiet in den Fächerkanon der Ingolstädter Universität aufgenommen und von SCHLÖGL, der sich unter anderem mit Renten- und Versicherungsrechnungen beschäftigte, besonders gefördert[3].

Eine neuerliche Universitätsreform führte ab 1784 zu einer weiteren Ausweitung des mathematisch-naturwissenschaftlichen und staatswirtschaftlichen Fächerangebotes. Mathematik wurde nun sogar in *beiden* Jahren des Bienniums[4] gelehrt, eine Mehrbelastung, die SCHLÖGL und STEIGLEHNER ohne zusätzliches Lehrpersonal übernommen haben. Dafür hielt jeder von ihnen bis 1790 stets die gleichen Vorlesungen. Der streng verbindliche[5] Vorlesungsplan[6] war von nun an wieder in deutsch gefaßt.

Im einzelnen las SCHLÖGL vierstündig "Elementarmathematik / nach KARSTEN" für das erste Jahr, dreistündig "Angewandte Mathematik in besonderer Rücksicht auf das Maschinenwesen, die Hydrotechnik und die Theile des Bergbaus./ nach KARSTEN, und KÄSTNERs Markscheide-Kunst"[7] für das zweite Jahr, wechselweise damit "Rechnung des Unendlichen / nach eigenen Heften" und schließlich gab er "nach Vereinbarung"

---

[1] [Hartmann], 173
[2] nach [Stötter], 117
[3] [Stötter], 117
[4] Des Kurses an der Philosophischen Fakultät.
[5] [Stötter], 119
[6] Siehe [Vorl.-Verz.] ab 1787 und [Müller,W.], 253 f.
[7] D.h. unterirdische Vermessung, etwa in Bergwerken.

## 3.5 Ausweitung des mathematischen Studienangebots

"Anleitung zur ökonomisch-politischen Rechnung / nach KARL CHASSOT DE FLORENCOURT, Abhandlungen von der juristischen und politischen Rechenkunst. Altenburg 1781."

Die Schriften ABRAHAM GOTTHELF KÄSTNERs[1] wurden damals "von jedem deutschen Mathematiker gelesen"[2]. KÄSTNER hatte sich 1739 in Leipzig habilitiert und war ab 1756 als Ordinarius in Göttingen unter anderem Lehrer von GAUß. In seinem einflußreichen, mehrbändigen Werk "Anfangsgründe der Arithmetik, Algebra, Geometrie, ebenen und sphärischen Trigonometrie und Perspective. Göttingen 1758" geht KÄSTNER, nachdem er in der Vorrede auf Unterschiede gegenüber dem Werk CHRISTIAN WOLFFs hingewiesen hat, im besonderen ebenfalls auf die mathematische Methode ein. Er macht dabei in neuer Weise auf die Problematik der geometrischen Grundbegriffe aufmerksam[3].

Von KÄSTNER stammt auch eine vierbändige "Geschichte der Mathematik"[4]. Ein Werk, das zu den ersten derart umfangreichen Unternehmungen auf diesem Gebiet gehört. Aufgrund der Auswahl und Darstellung wurde es zwar gelegentlich gering geschätzt[5], doch noch etwa zu Beginn des 20. Jahrhundert von S. GÜNTHER als ein sehr nützliches Werk in M. CANTORs "Vorlesungen über Geschichte der Mathematik"[6] ausführlich beschrieben. Den unterschiedlichen Beurteilungen der Leistungen KÄSTNERs ist PURKERT in seinem Beitrag "Die Mathematik an der Universität Leipzig von ihrer Gründung bis zum zweiten Drittel des 19. Jahrhunderts"[7] nachgegangen.

STEIGLEHNER las einstündig eine "besondere Lehre der Kegelschnitte / nach CLEMM" vorwiegend im Hinblick auf die Astronomie[8] für das erste Jahr. Außerdem bot er "nach Vereinbarung ... Astronomie mit trigonometrischen Hilfswissenschaften / nach CLEMM und DE LA LANDE" an, vierstündig theoretische Physik nach KARSTEN und jeweils einstündig Experimentalphysik und[9] Meteorologie - "nach eigenen Erklärungen" für das zweite Jahr.

---

[1] Abraham Gotthelf Kästner: * 1719, † 1800; [Cantor], 3 und 4; [ADB] 15, 439 ff.
[2] [Cantor], 4, 1096
[3] Bemerkenswerte Einzelheiten werden in [Gericke 1955], 49 f. besprochen.
[4] Abraham Gotthelf Kästner: Geschichte der Mathematik. Göttingen 1796-1800.
[5] Vgl. [Smith], 1, 542
[6] [Cantor], 4, 7-12
[7] [Beckert], 19 ff.
[8] [Stötter], 118]; Lehrbuch wie 1776/77
[9] Erstmals in Deutschland; vgl. [Schaff], 192 u. 194; [Hartmann], 173.

## 3. Neuerungen in der Epoche der Aufklärung (18.Jh.)

Die Aufteilung der Mathematik und Physik auf zwei Lehrstühle war wohl dennoch nicht recht zufriedenstellend. Es mag auch zu Überschneidungen gekommen sein. So schlug STEIGLEHNER bald vor, SCHLÖGL möge sich allein auf die reine, vor allem die höhere Mathematik beschränken und die angewandte, zusammen mit der Physik ganz ihm überlassen. Denn es ist, wie er meint,

"die Naturlehre heut zu Tage fast nichts anderes mehr, als angewandte Mathematik, ausgenommen man wollte in dieser gar ohne gründliche Vorbereitung lehren, und in jener die alten Metaphysikationen und Spekulationen wieder hervor ziehen."[1].

Der Vorschlag blieb ohne Erfolg, was mit dem Konkurrenzdenken zwischen Benediktinern und Augustinerchorherren zusammenhängen mag[2].

STEIGLEHNERs Schwerpunkte waren neben seiner zehnjährigen Lehrtätigkeit meteorologische und astronomische Beobachtungen[3] sowie physikalische Experimente. Der Sternwarte und dem nahezu unbrauchbar gewordenen physikalischen Kabinett verhalf er zu neuem Glanz[4]. Aufgrund der Kontakte von STEIGLEHNER und HEINRICH stand die Sammlung, durch das zeitweise Überlassen von Instrumenten, in engem Zusammenhang mit dem physikalischen Kabinett von St.Emmeram in Regensburg[5]. Wohl auch dadurch bedingt, konnte sich das Kabinett der Universität Ingolstadt, nachdem STEIGLEHNER es übernommen hatte, "gar bald mit den besten in Deutschland messen"[6]. 1790 wurde STEIGLEHNER Akademiemitglied, 1791 kehrte er als gewählter Fürstabt in sein Kloster St.Emmeram zurück[7].

Von Schlögl stammt eine Schrift über die "Prima elementa analyseos infinitorum cum applicatione ad theoremata et problemata. Ingolstadii 1783", die aus seinen Vorlesungen hervorgegangen ist. In ihr wird die damalige Differential- und Integralrechnung im Hinblick auf astronomische und physi-

---

[1] UBM: Cod. $2^O$ 411 (1786) VIII 25; s.a. [Müller,W.], 255.
[2] [Müller,W.], 256
[3] Veröffentlichungen s. [Gerber], 125
[4] Zur Geschichte der astronomisch-physikalischen Sammlung, des Armariums, siehe 7.2 und [Schaff], 194-220; zur zugehörigen Handbibliothek s. [Schaff], 215 f.
[5] Vgl. dazu [Hartmann], 319-323 und 341-348.
[6] [Hartmann], 173
[7] [Müller,W.], 212; [Schaff], 190-192

kalische - vor allem optische - Anwendungen bis hin zu einfachen Optimierungsaufgaben dargestellt[1].

1791 verließ auch SCHLÖGL Ingolstadt - er kehrte zurück nach Polling. Man hatte ihn fristlos entlassen, da er (ungerechtfertigt) verdächtigt wurde, sich dem 1776 gegründeten, humanistisch geprägten Illuminatenorden, den KARL THEODOR 1784 verboten hatte[2], angeschlossen zu haben.

## 3.6 Das letzte Jahrzehnt in Ingolstadt

### 3.6.1 Der Physiker Heinrich

STEIGLEHNER bestimmte 1791 seinen ehemaligen Schüler JOSEPH HEINRICH[3] zu seinem Nachfolger[4]. Eine Biographie HEINRICHs aus der Sicht der Benediktiner, die sich auf eine Reihe von Briefen aus seinem Nachlaß stützt, veröffentlichte 1929 LUDWIG HARTMANN, Mathematiklehrer an der Luitpoldoberrealschule München[5]. An Hand des dort wiedergegebenen Schriftverkehrs beschreibt HARTMANN auch eingehend den Gang des Berufungsverfahrens[6]. Allerdings wird HEINRICHs (für uns bemerkenswertes) Lehrbuch über die Kegelschnitte[7] in dieser Biographie nicht erwähnt.

HEINRICH, der sieben Jahre (bis 1798) in Ingolstadt lehrte, bevor er nach St.Emmeram zurückkehrte[8], trat vor allem durch zahlreiche physikalische Schriften, unter anderem zur Lichttheorie, Phosphoreszenz, Meteorologie und über Längen- und Breitenbestimmungen, hervor[9]. Er verfaßte 1819 eine

---

[1] München UB: $4^O$ Phys. 107:6
[2] Vgl. dazu etwa [Stötter], 121 f.
[3] Joseph Heinrich: O.S.B., Pater Placidus; * 1758 Schierling; † 1825 Regensburg; seit 1789 Akademiemitglied ([Gerber], 30 ff.; [NDB] 8, 433 f.; [Poggendorff], 1, 1051)
[4] [Schaff], 192
[5] [Hartmann]
[6] [Hartmann], 173-176
[7] Näheres dazu siehe 3.6.3.
[8] [Müller,W.], 212
[9] [Romstöck 1886], 1, 24-26; [Hartmann], 167

## 3. Neuerungen in der Epoche der Aufklärung (18.Jh.)

Lebensgeschichte STEIGLEHNERs[1] und hinterließ mehrere unveröffentlichte mathematische Manuskripte[2].

1797 bewies er in einer Abhandlung "Über die mittlere Kraft und Richtung der Winde" eine von LAMBERT ohne Beweis veröffentlichte Formel zur Berechnung der mittleren Richtung und der resultierenden Kraft von acht gegebenen Windstärken[3].

Erst mit KRATZ, STEIGLEHNER und HEINRICH hat die Universität gegen Ende des 18. Jahrhunderts wieder die "führende Stellung in Fragen der Physik"[4] erreicht, die sie in der ersten Hälfte des 17. Jahrhunderts bald nach SCHEINER eingebüßt hatte.

### 3.6.2 Gerald Bartl

Anstelle von SCHLÖGL wurde 1791 GERALD BARTL[5] berufen, der vorher am Lyzeum in München unterrichtet hatte. Seine Schrift über die Binomialentwicklung "Theorema Binomiale ex Analysi Finitorum Universaliter Demonstratum"[6] ist ein Beispiel dafür, daß nun auch die mathematischen Forschungsarbeiten an der Universität allmählich über den kanonischen Lehrstoff hinausführen. BARTL erweitert hier die Darstellung von KÄSTNERs "Anfangsgründen" (1758) auf rationale Exponenten[7].

Wenn auch 1793/94 BARTL - wie vor ihm SCHLÖGL - Elementarmathematik "nach KARSTEN und FISCHER"[8] und "Rechnung des Unendlichen" lehrte und daneben HEINRICH - wie STEIGLEHNER - einstündig "Besondere Lehre der Kegelschnitte", so war doch der Anteil ihrer physikalischen Vorlesungen deutlich höher. Da zudem[9] HEINRICH für Physik und BARTL für theoretische Physik und Mathematik eingestellt wurden, kann man ab 1791 noch nicht von der Errichtung einer zweiten mathematischen Professur spre-

---

[1] [Gerber], 33; [Hartmann], 157
[2] nach [Romstöck 1886], 1, 27
[3] [Hartmann], 160 f.
[4] [Schaff], 222
[5] Gerald Bartl: Augustiner aus Polling; * 1766 Habach; † 1822 Merching ([Müller,W.], 290)
[6] Ingolstadt 1794. Vgl. 4.3.2.
[7] [Böhme], 7
[8] Vorlesungs-Verzeichnis 1793/94, in: Akademische Gesetze für die Studierenden 1788-1798 ([Vorl.-Verz.]).
[9] nach [Schaff], 184 f.

chen¹. Ein 1791 errichteter Lehrstuhl für Technologie wurde 1794 wieder aufgehoben mit der Bestimmung²:

"Alle Professoren, welche physikalische und mathematische Gegenstände behandeln, sollen sich befleißigen, ihren Vortrag auf die Künste und Handwerke anwendbar zu machen (...)".

### 3.6.3 Knoglers Vorlesungen

Da BARTL nicht dem Benediktinerorden angehörte, wurde er nach drei Jahren wieder entlassen³. Seine Vorlesungen übernahm 1794 der Benediktiner GABRIEL KNOGLER[4], ebenfalls ein Schüler STEIGLEHNERs[5]. Er lehrte 12 Jahre - bis 1806 - an der Universität Mathematik und wiederholt auch Physik. Zum Beispiel bot er 1797/98 folgende mathematische Vorlesungen an:

"Reine Mathematik

a) gemeine, nebst der Landmeßkunst. Nach JOHANN SCHULTZ [sechsstündig].

b) höhere. Nach RAUCH und HEINRICH" [einstündig].

"Juristische, politische und ökonomische Rechenkunst. Nach eigenen Heften".

JOHANN SCHULTZ verfolgt in seinem Werk "Anfangsgründe der reinen Mathesis"⁶ die Arithmetik bis zu den Logarithmen und die Geometrie bis zur sphärischen Trigonometrie. Etwas später veröffentlichte er diese Schrift in vereinfachter Form für "den ersten Cursus auf der Universität"⁷: "Kurzer Lehrbegriff der Arithmetik, Geometrie, Trigonometrie und Landmeßkunst", Königsberg 1797. Eine 1788 erschienene Vorstufe der "Anfangsgründe" von SCHULTZ bildet sein Werk "Versuch einer genauen Theorie des Unendlichen", das bis zur Integration von Flächen zweiten Grades führt.

---

[1] Insofern wäre [Hofmann 1954], 16 hier zu korrigieren.
[2] [Stötter], 123
[3] [Stötter], 123; [Müller,W.], 310
[4] Gabriel Knogler: O.S.B., * 1759 Pfaffenhofen; † 1838 Wemding; seit 1808 korr. Akademiemitglied; [Müller,W.], 311; [Werk], 83; [Poggendorff], 1, 1282
[5] [Schaff], 184
[6] Königsberg ¹1790. ²1804
[7] siehe dort S. III

## 3. Neuerungen in der Epoche der Aufklärung (18.Jh.)

Bei "RAUCH" handelt es sich vermutlich[1] - wie im Vorlesungsplan 1800/01 angegeben - um die "Elementa sectionum conicarum et calculi infinitesimalis usui physicae accomodata." (München 1790) des Benediktiners GREGOR RAUCH[2]; bei "HEINRICH" um dessen soeben erschienene Schrift "De sectionibus conicis tractatus analyticus" (Regensburg 1796), in der auch noch Flächen zweiter Ordnung untersucht werden, was damals für ein Vorlesungswerk durchaus anspruchsvoll war. Die Schrift enthält zu den Kegelschnitten ein 26seitiges Literaturverzeichnis mit Anmerkungen[3] - gleichzeitig ist dies ein Überblick über die Entwicklung der Kegelschnitte von der Zeit vor ARCHIMEDES und APOLLONIUS über COMMANDINO[4] und EULER (1748) bis hin zu den neuesten Ausgaben[5].

KNOGLER selbst war eher Lehrer als Forscher. Neben einer Meteorologievorlesung veröffentlichte er 1796 eine Schrift über "Elemente der angewandten Mathematik"[6], um "Anfängern die Erlernung der angewandten Mathematik so leicht als möglich (...) zu machen" (S. V dort). KNOGLER setzt unter anderem an "Vorkenntnissen" voraus (S. 1):

"§ 1. Die angewandte Mathematik (Mathesis applicata) ist derjenige Theil der Mathematik, der sich mit wirklichen Gegenständen beschäftiget."

Er teilt die angewandte Mathematik in die "mechanischen, optischen, astronomischen und architektonischen Wissenschaften" ein. KNOGLER behandelt hiervon vor allem "die Geostatik, Hydrostatik und Aerostatik". Hauptgegenstand der letzteren ist die barometrische Höhenformel.

Der Historiker SEGL[7] charakterisiert ihn als "jenen enzyklopädisch gebildeten Typ des Gelehrten (...), der in erster Linie Lehrer, kaum selbst Forscher war". Darüberhinaus hatte er an der Landshuter Universität nebenbei die Aufgaben eines Hausinspektors und Baudirektors übernommen.

---

[1] Vgl. [Segl], 164
[2] Gregor Rauch: * 1749, † 1812; Lehrer in Neuburg a.d.Donau und München, Abt vom Kloster Andechs ([Uebele], 102)
[3] p. 317-343
[4] 1566; lateinische Übersetzung der griechisch erhaltenen Bücher I-IV von Apollonius.
[5] Die nur arabisch erhaltenen Bücher V-VII von Apollonius hatte 1710 Halley herausgegeben; vgl. a. [Gericke 1990], 121
[6] Ingolstadt 1796; s.a. [Romstöck 1886], 1, 32
[7] in [Segl], 165

## 3.6 Das letzte Jahrzehnt in Ingolstadt

### 3.6.4 Magolds Lehrbuch

1798 schied HEINRICH aus gesundheitlichen Gründen aus[1]). Sein Lehrstuhl ging auf den Tegernseer Benediktiner MAURUS MAGOLD[2] über, der Mathematik[3] zunächst "nach CLEM"[4] bzw. KÄSTNER[5] lehrte. Später wurde MAGOLD vor allem durch sein eigenes "Mathematisches Lehrbuch zum Gebrauch öffentlicher Vorlesungen", das von 1802 bis 1813 in fünf Bänden erschien[6], bekannt. Dieses Lehrbuch diente jahrzehntelang als Vorlesungsgrundlage und gliedert sich in folgende Bände:

Band 1: Arithmetik, Algebra, Differential- und Integralrechnung einer Variablen.

Band 2: Elementargeometrie und Trigonometrie bis zu sphärischen Dreiecken.

Band 3: Polygonometrie[7] und Markscheidekunde. Höhere Geometrie.

Zum bisher üblichen Umfang der höheren Geometrie gehörten die Rektifikation krummer Linien und die Kegelschnitte, wie etwa bei HELFENZRIEDER (siehe 3.3.5). Diesen Umfang ergänzt MAGOLD[8] durch einen dritten Hauptteil: "Von höhern algebraischen und transzendenten Linien", in denen er unter anderem die Kissoide, die Konchoide, die Quadratrix, die Schnekkenlinie und die Zykloide untersucht.

Band 4 und 5: Mechanik fester Körper.

MAGOLD nennt als seine Lehrer, "durch deren schätzbare Bücher ich mich gebildet" (Band 1, Vorwort von 1802): "CARNOT, EULER, KÄSTNER,

---

[1] [Hartmann], 177-182
[2] Maurus Magold: * 1761 Schongau; † 1837 Landshut; seit 1808 korrespond. Akademiemitglied; zeitweise Rektor; studierte bei Steiglehner und Schlögl ([Romstöck 1886], 1, 38 f.; [Poggendorff]; [NDB])
[3] Nicht Physik, wie in [Müller,W.], 345 angegeben.
[4] [Vorl.-Verz.] von 1798/99; Lehrbuch von Clemm s. 3.4.4: 1776/77.
[5] [Vorl.-Verz.] von 1799/1800; mathematische Lehrbücher siehe 3.5.3 und [Tropfke 1980], 693.
[6] [Magold]; s.a. [Romstöck 1886], 1, 39; [Werk], 84 f.
[7] Das heißt: Anwendung der Trigonometrie auf Polygone, zur Entstehung vgl. [Cantor], 4, 430.
[8] "(...) nach Carnot's Idee" (S. VI).

## 3. Neuerungen in der Epoche der Aufklärung (18.Jh.)

LORENZ, MAß, SCHULTZ und VEGA." Von JOHANN FRIEDRICH LORENZ[1] und GEORG VON VEGA[2] waren damals folgende Werke verbreitet:

Lorenz, J.F.: Euclid's Elemente, fünfzehn Bücher aus dem Griechischen übersetzt. Halle 1781. 2.Aufl.1798.

Lorenz, J.F.: Grundriß der angewandten Mathematik. Theil 1-2. Helmstedt 1791.

Lorenz, J.F.: Die ersten Gründe der allgemeinen Größenberechnung. Helmstedt 1792.

Lorenz, J.F.: Die Elemente der Mathematik. Band 1-7. Leipzig 1.Aufl.: 1785. 2.Aufl.: 1793.

Vega, G.v.: Vorlesungen über die Mathematik. 4 Bände. Wien 1782-1800.

Das "logarithmisch-trigonometrische Handbuch" von VEGA, das MAGOLD zitiert[3], ist von 1800 bis 1860 in 44 Auflagen erschienen.

Mit KNOGLER und MAGOLD endet die Ära der bayerischen Landesuniversität in Ingolstadt. Die nun folgenden Veränderungen wirkten sich insbesondere auch auf die Bedeutung und die Rolle der Mathematik an dieser Universität aus.

### 3.6.5 Neuorganisation - Jahresvorlesungsplan von 1799

Das Jahr 1799 brachte mit dem Regierungsantritt von Kurfürst MAXIMILIAN IV. JOSEPH[4] - ab 1806 König MAXIMILIAN I. von Bayern - auch eine Neuorganisation der Universität[5]. Sie führte unter anderem zur Errichtung eines staatswirtschaftlichen Institutes,[6] an dem etwa auch Technologie und Vermessungskunde gelehrt wurde. Darüber hinaus führte die Neuorganisation zur Ausweitung des Lehrangebotes der Philosophischen Fakultät. Sie erhielt sieben neue Professuren[7]. Die Physik wurde nun neben KNOGLER vor allem von dem neu dafür speziell berufenen Ordinarius JOSEPH WEBER ver-

---

[1] Johann Friedrich Lorenz: * 1738; † 1807
[2] Georg von Vega: * 1756; † 1802; siehe Leben und Wirken: K.Doehlemann i.d. Zeitschrift f.Math.u.Physik 39(1894).
[3] Bd. 1, S. 462
[4] Maximilian IV. Joseph: * 1756, † 1825.
[5] [Stötter], 124
[6] Das sogenannte "Kameralinstitut", das Prantl in [Prantl], 1, 692 als fünfte Fakultät bezeichnet.
[7] [Segl], 125

## 3.6 Das letzte Jahrzehnt in Ingolstadt

treten[1]. Damit gab es jetzt zwei mathematische Ordinarien: GABRIEL KNOGLER und MAURUS MAGOLD. Auch die Geschichtsvorlesungen wurden ausgeweitet, zum Beispiel Vorlesungen zur "Litterärgeschichte" gehalten, wie dies MAGOLD angeregt hatte[2].

Ab dem Studienjahr 1797/1798 erscheint nun auch regelmäßig ein gedrucktes Vorlesungsverzeichnis - ab 1800 halbjährlich. KNOGLER hatte[3] Halbjahreskurse gefordert. Die Ankündigungen sind in dem "Vollständigen Lehrplan sämmtlicher Fakultäten, und des Kameralinstitutes"[4] für die vorgesehenen Studienjahre semesterweise geordnet. Dieser Vorlesungsplan stellt daher gleichzeitig auch eine Studienordnung dar. Er umfaßt - letztmalig - noch das gesamte Jahresangebot der Universität. Dabei ist der Studienaufbau verbindlicher festgelegt als früher[5]. Die Ferien wurden verkürzt, den Professoren das Lesen nach eigenen Heften, das sich inzwischen vielfach verbreitet hatte, "als zeitverderblich und dem wahren Unterrichte nachtheilig gänzlich verboten"[6].

Diesem Vorlesungsverzeichnis vom November 1799 entnehmen wir an mathematischen und verwandten Vorlesungen nun, gegenüber dem seit 1774 eingerichteten Einjahreskurs, bereits ein recht umfangreiches Angebot[7] (siehe Übersicht auf S.110).

Das Stundendeputat der Studenten belief sich in den vier Pflichtsemestern des philosophischen Kurses auf immerhin 39, 40, 44 bzw. 34 Wochenstunden. Das differenzierte Fächerangebot war symptomatisch für die Reform. Deren Ziel war es, der Universität mehr als bisher (seit 1773) zu dem Ansehen zu verhelfen, das ihr *vor* der Jesuitenherrschaft zukam. Der Nachholbedarf war nicht zu übersehen. So hatte man etwa in Göttingen schon seit der Gründung (1737) die Grundidee der modernen Universität, die Einheit von Forschung und Lehre angestrebt und gefördert[8]. Nicht zuletzt hat die Gründung der neuen wissenschaftlichen Forschungsakademien (Berlin, Göttingen, München) zu einem "Massensterben" von über zwanzig

---

[1] [Werk], 100; [Schaff], 184
[2] [Müller,W.], 363
[3] Wie an den meisten deutschen Universitäten üblich ([Segl], 126).
[4] in: [Vorl.-Verz.](1799/1800)
[5] [Müller,W.], 362
[6] [Segl], 126
[7] Zusätzlich wurden Privatvorlesungen gehalten.
[8] Über den mathematischen Universitätsunterricht jener Zeit im allgemeinen vgl. [Lorey 1916], 23 ff.

## 3. Neuerungen in der Epoche der Aufklärung (18.Jh.)

*Juristische Fakultät.*

3. Sem. KNOGLER: Gerichtliche Mathematik (4std.)

*Philosophische Fakultät.*

1. Sem. MAGOLD: "Arithmetik und Algebra" (6std.) (nach KÄSTNER)
2. Sem. MAGOLD: "Geometrie, ebene und sphärische Trigonometrie, praktische Geometrie mit Anwendungen an dem Felde" (6std.) (nach KÄSTNER) (ab 1802 nach "eigenem Lehrbuch")
3. Sem. KNOGLER: Höhere Mathematik abwechselnd mit Astronomie (4std.) (erstere nach KÄSTNER);
MAGOLD: Angewandte Mathematik mit besonderer Rücksicht auf die Maschinenlehre (6std.) (nach KÄSTNER und MÖNCH)
4. Sem. KNOGLER: Meteorologie (2std.) ("nach eigenem noch ungedruckten Plane")
KNOGLER: Physikalisch-mathematische Geographie (4std.) (nach BODE)

*Kameralinstitut.*

2. Sem. MILBILLER: Statistik (6std.)
3. Sem. KNOGLER: Juristische, politische und ökonomische Rechenkunst (4std.) (nach MICHELSEN)[1]
MAGOLD: Angewandte Mathematik mit besonderer Rücksicht auf Maschinenlehre (6std.) (nach KÄSTNER und MÖNCH)
5. Sem. KNOGLER: Höhere Mathematik (2std.) (nach KNOGLER)
6. Sem. KNOGLER: Physikalisch-mathematische Geographie und Meteorologie (6std.)
MAGOLD: Markscheidekunst (6std) (nach KÄSTNER; ab 1802 "eigenes Lehrbuch")

---

[1] "Anleitung zur juristischen, politischen und oekonomischen Rechenkunst". Halle 1782.

## 3.6 Das letzte Jahrzehnt in Ingolstadt

Universitäten geführt[1]. Wie Magold 1799 meinte, werde aber (inzwischen) "der Contrast zwischen Ingolstadt und anderen besonders protestantischen Universitäten (...) meist übertrieben dargestellt". Sollte doch ein Rückstand zu beobachten sein, könne man diesem schließlich durch Ermunterung und Achtung der Lehrer sowie durch "zweckmässige literarische Freyheit" leicht abhelfen[2].

Ebenfalls im November 1799 fiel in München die Entscheidung über die Verlegung der Universität aus dem zur Festung ausgebauten Ingolstadt in das offene Landshut, der ehemaligen Residenzstadt. Nachdem die Franzosen schon 1796 vorübergehend in Bayern standen und von den Österreichern zurückgedrängt worden waren, rückten sie nun erneut näher. Im Jahre 1800 kam es zum Sieg über die Österreicher bei Hohenlinden. Die kriegerischen Wirren waren ein willkommener Anlaß, "mit der verhaßten Jesuitentradition zu brechen und der Universität organisatorisch und geistig ein neues Gesicht zu geben"[3].

---

[1] [Boehm;Müller], 23; [Segl], 125
[2] [Müller,W.], 368
[3] [Segl], 128

# 4. Entwicklung des mathematischen Fachstudiums in Landshut (1800-1826) und in München in der Zeit Ludwigs I. (1826-1848)

## 4.1 Führende Stellung der mathematischen Sektion unter Montgelas

### 4.1.1 Abschaffung der Fakultäten

Am 4. Juni 1800 war mit rund 900 Studenten[1] Vorlesungsbeginn in Landshut. Sowohl der antiklerikale Geist der Aufklärung als auch der beginnende Einfluß des Napoleonischen Zentralismus führten zu weiteren Reformen. So wurden die Fakultäten vorübergehend aufgelöst und dafür acht[2] wissenschaftliche Sektionen eingerichtet - in wechselnder Zuordnung. Das zwölfseitige "Encyclopädische Verzeichnis der Lehrvorträge an der kurfürstlich-bayerischen Universität zu Landshut" vom Sommersemester 1800 nennt die Sektionen in folgender Anordnung:

"I. Historische Wissenschaften
II. Mathematische Wissenschaften
III. Philosophische Wissenschaften
IV. Physikalische Wissenschaften
V. Medizinische Wissenschaften
VI. Positive Rechtswissenschaften
VII. Positive Religionswissenschaften
VIII. Philologie
IX. Freye Künste[3]"

---

[1] [LMU Roegele;Langenbucher]
[2] Ab 1817 fünf.
[3] Dazu gehörten Malen, Fechten, Reiten und Tanzen.

## 4. Fachstudium in Landshut und München (1800-1848)

Die Vorrangstellung der mathematischen, der historischen und der physikalischen Sektion ist nicht zu übersehen. NAPOLEON war selbst mathematisch interessiert[1]. Auch wenn diese Sonderstellung der Mathematik nur vorübergehend gilt, so erlebt dieses Fach im 19. Jahrhundert neben einem tiefgreifenden innermathematischen auch einen institutionellen Wandel an den Universitäten. Zum inneren Wandel gehört der Übergang zur Formalisierung mathematischer Strukturen, zum institutionellen Wandel der Einzug der mathematischen Forschung an den Universitäten.

Die mathematischen Wissenschaften als zweite der Sektionen in Landshut wurden nun auch im Vorlesungsverzeichnis in 1. Reine Mathematik und 2. Angewandte Mathematik unterteilt. Ab dem Wintersemester 1800/01 unterschied man reine und angewandte "Groeßenlehre", wobei in diesem Semester unter der reinen Größenlehre MAGOLD "Ziffern- und Buchstabenrechnung nach KAESTNERS Anfangsgründen der Rechenkunst" und KNOGLER "Hoehere Mathematik nach RAUCH Elementa Sectionum conicarum" angeboten haben - mit dem Zusatz: "Beym Privatunterricht, wenn dieser besonders verlangt wird, nach FISCHER Anfangsgruende der hoehern Geometrie, zum Gebrauch der Vorlesungen. Jena 1796". Schon KNOGLERs Vorgänger BARTL hatte sich an FISCHER orientiert. Unter "Angewandter Groeßenlehre" boten KNOGLER "Gerichtliche Mathematik" und MAGOLD "Mathematische Naturwissenschaften"[2] an. 1803 kam "Politische Rechenkunst" dazu.

*4.1.2 Pflichtfach Mathematik*

Die Sektionen I, II, III, IV und VIII waren aus der Philosophischen Fakultät hervorgegangen[3]. Auch beispielsweise die Universität Würzburg schloß sich der Aufteilung in Sektionen an[4] - eine Aufteilung, die man für "sehr schicklich und zweckmäßig" hielt. Zusätzlich hat der Minister MAXIMILIAN JOSEPH VON MONTGELAS aus Ingolstadt zunächst

---

[1] Inwiefern er sich sogar mathematisch betätigt hat, hat Joachim Fischer 1988 eingehend untersucht - in [Fischer,J.]: "Napoleon und die Naturwissenschaften"
[2] Nach Kaestners Anfangsgründen der angewandten Mathematik.
[3] Vgl. Dekret von 1804 ([Segl], 130; hier wird auch der weiteren Entwicklung der Sektionen nachgegangen).
[4] [Volk 1982], 245

## 4.1 Führende Stellung der mathematischen Sektion

"jene Gelehrten übernommen, die unter der reaktionären Regierung des Kurfürsten KARL THEODOR aufklärerischer Umtriebe verdächtigt worden waren"[1]. Er machte die Ordinarien zu uniformierten Staatsdienern[2]. Angehende Professoren gelten nun als "Privatdocenten"[3], die in Bayern Beamte waren. MONTGELAS, von 1799 bis 1817 der führende Politiker Bayerns, war der Schöpfer des heutigen bayerischen Staates, "einem Kind der Französischen Revolution"[4].

In Regierungserlässen[5] wurde ausdrücklich angehenden Staatsdienern verbindlich vorgeschrieben, Mathematik "mit Fleiß und Fortgang" gehört zu haben. Ähnlich forderte 1814 der Rektor MITTERMAIER, man möge bei der philosophischen Promotion auch die Verteidigung von Thesen aus der Mathematik, Physik, Geschichte und den übrigen Fakultätsfächern vorschreiben. Er beklagte den Mangel an wissenschaftlichem Eifer bei den Kandidaten der Philosophie: "Er streitet ein paar Stunden über den Begriff der Philosophie, und er ist Doctor Philosophiae"[6].

Zu Ehren des Begründers LUDWIG DES REICHEN[7] und des Neustifters Kurfürst MAXIMILIAN IV. JOSEPH[8] wurde der Alma mater mit großen Feierlichkeiten 1802 der Name *Ludwig-Maximilians-Universität* verliehen[9].

## 4.2 Einflüsse und Auswirkungen der Bildungsreformen um Humboldt

### 4.2.1 Stahl, Seyffer, Schelling, Niethammer

Die Öffnung der Universität und der Grenzen Bayerns führte nicht nur zu einer Beeinflussung durch das französische, sondern auch durch das sich neu formierende preußische Bildungswesen.

---

[1] [LMU Roegele;Langenbucher], 73
[2] [Segl], 130
[3] [Prantl], 1, 702; 1799 eingeführt: vgl. [Vorl.-Verz.](1799/1800), 4 f.
[4] Manfred Treml: Das Königreich Bayern (1806-1908). In: [Treml], 39.
[5] Der Jahre 1804, 1807, 1814 ([Segl], 131 und 141).
[6] [Segl], 143
[7] siehe 1.1
[8] siehe 3.6.5
[9] [Segl], 129

## 4. Fachstudium in Landshut und München (1800-1848)

KONRAD DIETRICH MARTIN STAHL[1] übernahm 1806, nachdem er vorher in Jena und ab 1804 in Würzburg[2] gelehrt hatte, als Ordinarius für Mathematik und Physik die Aufgaben von KNOGLER[3]. Bereits 1803 hatte MONTGELAS mehrere Protestanten aus Jena an die Universität Würzburg berufen[4], darunter auch FRIEDRICH WILHELM SCHELLING (1775-1854) und FRIEDRICH IMMANUEL NIETHAMMER (1766-1848). In Preußen war das Lehrpersonal erst ab 1841 konfessionell gemischt[5].

1804 nahm der Astronom und Mathematiker KARL FELIX SEYFFER[6], aus Göttingen kommend, einen Ruf an die Ludwig-Maximilians-Universität an[7]. Doch war er nur kurze Zeit in Landshut tätig - bevor er 1806 Direktor der Sternwarte in München wurde[8]. An Hand der Beobachtungsdaten einer Sonnenfinsternis bestimmte er die Längengrade verschiedener Orte[9].

SCHELLING, dem 1802 die Ehrendoktorwürde in Landshut verliehen worden war[10], wurde 1806 zum Akademiemitglied gewählt und lehrte von 1826- 1841 an der Universität München. NIETHAMMER förderte besonders in Bayern den von WILHELM VON HUMBOLDT in Preußen begründeten Neuhumanismus. Eine wesentliche Forderung HUMBOLDTs war dabei,

---

[1] Konrad Dietrich Martin Stahl: * 1774 Braunschweig (die Angaben dieses mit den Stadtarchiven Braunschweig und München übereinstimmenden Geburtsjahres ([Huber,U.], 576) weichen ab bei [Poggendorff], 2, 979: 1771; bei [Werk], 140: 1733 und bei [Uebele], 166: 1770, dort auch weitere Quellen), † 1833 München; Stud.(Jura, Math., Physik) Helmstedt, 1795 PD U Jena, 1798 ao.Prof., 1802 Akad.Gymn. Coburg, 1804 U Würzburg, 1806 Landshut, ab 1808 (zunächst korrespondierendes) Akademiemitglied ([Huber,U.], 576); s.a. ADB 35(1893); Schriftenverzeichnis in [Uebele], 179; [Poggendorff], 2, 979 f.; [Werk], 140 f.
[2] Vgl. [Reindl], 75.
[3] Knogler übernahm in Ingolstadt und später in Wending eine Pfarrei.
[4] [Uebele], 167
[5] [Huber,U.], 2. Wie Johann v.Ringseis schreibt, war dann auch bei der Verlegung der Universität nach München 1826 die definitive Absicht König Ludwigs I., Würzburg katholisch, Erlangen protestantisch und München konfessionell gemischt auszurichten (S.v.Moisy, Von der Aufklärung zur Romantik. Geistige Strömungen in München. Hrsg. Bayer.Staatsbibliothek. Regensburg 1984. S.173).
[6] Karl Felix Seyffer: * 1762 Blitzfeld in Schwaben, † 1822 München; Akademiemitglied; Schriftenverz.: [Poggendorff], 2, 915
[7] UAM: E II 322.
[8] [Segl], 132
[9] [Werk], 121 ff.; s.a. [ADB] 34, 108
[10] [Segl], 129

## 4.2 Auswirkungen der Bildungsreformen um Humboldt

"dass die gelehrten Schulen nicht bloss lateinische seyen, sondern der historische und mathematische Unterricht gleich gut und sorgfältig mit dem philologischen behandelt werde"[1].

Wenn auch die Realia und technischen Berufszweige vom Neuhumanismus eher vernachlässigt wurden, so hat doch "der naturwissenschaftlich gerichtete Neuhumanismus, der in der unerbittlich strengen Pflege der reinen Wissenschaft sein Ziel sieht"[2] die Entwicklung der zweckfreien reinen Mathematik besonders gefördert.

1810 wurde die Friedrich-Wilhelms-Universität (seit 1949: *Humboldt-Universität*) in Berlin gegründet. Die Universitätsidee HUMBOLDTs, zu der[3] die Verbindung von Forschung und Lehre gehört, beeinflußte auch die Ludwig-Maximilians-Universität[4]. In der Folgezeit gelang es ihr, sich wie andere Hochschulen dem wissenschaftlichen Fortschritt anzuschließen und den Aufbruch der Naturwissenschaften mitzugestalten[5] - auch wenn sich dies keinesfalls linear vollzog.

Letztlich führten die weitgehend von Preußen ausgehenden Schul- und Hochschulreformen zur Rettung der traditionellen deutschen Universitätsstruktur gegenüber der französischen Fachschulidee. Diese Reformen orientierten sich an den Bildungsidealen des Neuhumanismus, des Idealismus und dem Gedanken der Wissenschaftsfreiheit.

### 4.2.2 Mathematische Schulbildung

Die Anhebung des Niveaus der Universitätsmathematik ließ eine verbesserte Schulbildung wünschenswert erscheinen. In der frühen Phase der Bildungsreform wurde an den Gymnasien Mathematik vorübergehend zum Hauptprüfungsfach erhoben und damit den alten Sprachen und der Geschichte gleichgestellt[6]. Die Naturwissenschaften, die während des gesamten 19.

---

[1] W. v. Humboldt 1809 ([Säckl], 47)
[2] [Klein 1926], 114
[3] Wie schon seit 1737 in Göttingen angestrebt, siehe 3.6.5.
[4] [Boehm;Müller], 24
[5] Deutschland stand in Konkurrenz zu Frankreich ([Schneider 1987]).
[6] Die Gleichstellung war von den deutschen Aufklärungspädagogen vorbereitet und nach 1806 von den französischen Reformplänen unterstützt worden. Vgl. [Schneider 1987],

## 4. Fachstudium in Landshut und München (1800-1848)

Jahrhunderts an Gymnasien und Realschulen der Mathematik "bedeutungsmäßig nach- und untergeordnet"[1] waren, gehörten zu den Nebenfächern.

1808 wurde in Bayern von NIETHAMMER neben dem Gymnasium ein naturwissenschaftlicher ("realistischer") Ausbildungsgang eingerichtet. Man hat ihn jedoch nach zehn Jahren wieder aufgelöst - zum Teil aus organisatorischen Gründen[2]. Als einer der weiteren Gründe für die erneute Schwächung des Faches Mathematik wird die allgemeine Unfähigkeit damaliger Philologen angesehen, einem die Mathematik umfassenden Bildungsanspruch zu genügen[3]. Einen gewissen Ausgleich bildete der ab 1833 in Bayern bestehende technische Bildungsweg[4]. Erst in der zweiten Jahrhunderthälfte wurden realistische Ausbildungsgänge auf einem den Gymnasien entsprechenden Leistungsniveau in eigenen Schulformen, den Realgymnasien, erneut begründet[5]. Die universitären Lehramtsprüfungen für Lehrer an höheren Schulen wurden ebenfalls 1808 eingeführt[6]. In Preußen stammt die erste Prüfungsordnung für das gymnasiale Lehramt *pro facultate docendi* aus dem Jahre 1810. Sie sah bis 1831 noch den allgemeingebildeten und nicht allein fachbezogenen Gymnasiallehrer vor[7]. 1811 wurden in Bayern die fachwissenschaftlichen Prüfungen durch ein pädagogisches Examen ergänzt.

Während das Lehramt an höheren Schulen bis dahin vor allem ein Durchgangsstadium für Theologen war[8], wurde mit diesem entsprechenden Lehrerbildungsgesetz neben den Theologen, Juristen und Ärzten ein neuer akademischer Beruf geschaffen: der des Philologen, des wissenschaftlich ausgebildeten Gymnasiallehrers. Das bisherige Klassenlehrersystem wurde durch ein Fachlehrersystem abgelöst[9]. Zwar war der Bedarf an mathematisch-naturwissenschaftlich geschulten Lehrern zunächst noch gering, doch

---

215 ff. Kap.3: Das Verhältnis von Bildung und Mathematik vor dem Hintergrund der curricularen Entwicklung an den Gymnasien und Hochschulen.
[1] [Schneider 1987], 216.
[2] Vgl. [Säckl], 52. Gelegentlich wird von einem regelrechten fast sechzigjährigen "Schulkampf" gesprochen, in dem seit der Verstaatlichung der Jesuitengymnasien 1773 Realismus und Verbalismus gegeneinander angetreten sind (vgl. z.B. [Wilhelmsgymnasium], 11 f.).
[3] Siehe [Schneider 1987], 215.
[4] Siehe 5.2.1; [Uebele], 11
[5] Siehe 5.2.2
[6] [Boehm;Müller], 271
[7] Vgl. [Neuerer], 19ff., 100f. sowie [Schubring 1983].
[8] Bis 1773 lag das gymnasiale Bildungswesen in Altbayern in den Händen der Jesuiten.
[9] [Neuerer], 19

## 4.2 Auswirkungen der Bildungsreformen um Humboldt

stieg er in der zweiten Hälfte des 19. Jahrhunderts mit der Entwicklung und Anerkennung des Realschulwesens und der damit verbundenen Gründung technischer Fach- und Hochschulen deutlich an.

Mit der Säkularisierung der Lehrerausbildung verschwanden auch die Ordensgeistlichen aus den philosophischen Fakultäten. Darüberhinaus wurde dadurch der staatliche Einfluß gegenüber den örtlichen Schulträgern (Städte, Gemeinden, Kirche) verstärkt[1].

1809 wurde in Bayern das *Abitur* als Zulassungsvoraussetzung für das Studium eingerichtet. Das 1788 durch ein Edikt des preußischen Königs FRIEDRICH WILHELM II.[2] in Deutschland eingeführte Abitur war nicht Voraussetzung für das Studium, sondern erlaubte lediglich den Zugang zum universitären Benefizwesen. Eine weitere Schulreform (1816) setzte den Umfang des gymnasialen Mathematikunterrichts auf 60 Jahreswochenstunden fest[3], während das Stundenmaß heute beim größten Teil der Abiturienten nur etwas mehr als die Hälfte umfaßt.

Besonders ausgeprägt hat sich der Einfluß der napoleonisch-zentralistischen Staatsstruktur in Bayern und Baden-Württemberg. Hier haben sich etwa die zentral gestellten Abitur- und Staatsexamensprüfungen bis heute erhalten.

### 4.2.3 Förderung der reinen Mathematik durch die Lehrerbildung

Während das Lehrziel bisher immer noch im wesentlichen auf das Rechnen, Konstruieren und die Anwendungsgebiete der Mathematik gerichtet war[4], änderte sich das mit dem beginnenden 19. Jahrhundert.

Mit der Neuorientierung des Gymnasiums wurde ihm auch allmählich die bisherige Aufgabe der Artistenfakultät, vor dem Hauptstudium für eine solide Allgemeinbildung zu sorgen, übertragen. Neben den Hauptfakultäten wurde nun die Philosophische Fakultät zu einer gleichwertigen und gleichberechtigten - mit der Ausbildung der Gymnasiallehrer als Hauptaufgabe. Insbesondere bildete dabei im mathematischen Lehrbetrieb an den Universitäten ab 1808 bis etwa zur Mitte des 20. Jahrhunderts die Lehrerbildung die

---

[1] [Säckl], 149
[2] Dem Neffen und Nachfolger Friedrichs des Großen.
[3] [Czymek], 190
[4] [Hofmann 1954], 16

## 4. Fachstudium in Landshut und München (1800-1848)

eigentliche Existenzgrundlage. Ohne die Lehramtsstudenten hätte sich der Lehrbetrieb wohl zurückhaltender und möglicherweise auch in mehr technischer Richtung entwickelt. So hat[1] die relativ "zweckfreie" Lehrerbildung im 19. Jahrhundert, neben ihrer sozialen Funktion, Existenzgrundlage des universitären Lehrbetriebs zu sein, die Entwicklung der reinen Mathematik in besonderem Maße gefördert. Hier haben Unterricht und Lehre die Entwicklung einer Wissenschaft erheblich beeinflußt[2].

Man möchte fragen: In welcher Richtung hat sich nun die *reine Mathematik* an der Ludwig-Maximilians-Universität entwickelt? Während MAGOLD in seinem genannten umfangreichen Lehrwerk den überlieferten Fächerkanon des 18. Jahrhunderts ausgestaltet hat, setzte STAHL neue Akzente.

### 4.3 Begründung der kombinatorisch-analytischen Forschungsrichtung durch Stahl

*4.3.1 Verbindung zu Goethe*

Die Neigung STAHLs zur Mathematik und Physik wurde - wie er erzählt - durch einen guten Unterricht am dreijährigen Collegium Carolinum in Braunschweig[3], das kurze Zeit später auch GAUß besucht hat, geweckt[4]. Nach der Habilitation 1795 in Jena mit einer Arbeit über eine neue *doctrina de dignitatibus*[5] veröffentlichte er 1797 eine *Tabellarische Übersicht der mathematischen Wissenschaften*, auf die er auch noch in späteren Vorlesungen aufgebaut hat. Zu seinem Beförderungsgesuch von 1798 nahm der damalige Berater des Weimarer Herzogs, der Geheime Rat (mit Ministeraufgaben) JOHANN WOLFGANG GOETHE Stellung[6]:

---

[1] Wie zum Beispiel W.Eccarius in seiner Dissertation über Crelle [Eccarius 1974] ausführt.
[2] vgl. auch [Schubring 1983]
[3] Entspricht der heutigen Kollegstufe.
[4] [Uebele], 166
[5] Lehre von den Potenzen.
[6] Goethes Werke. Sophienausgabe (Weimarer Ausgabe) IV.Abt. Goethes Briefe, 13.Bd., S. 363 f. u. 426 (Geheime Kanzleiakten Weimar). Weimar: Böhlau 1887/1919. Nachdr. München 1987.

## 4.3 Kombinatorisch-analytische Forschungsrichtung (Stahl)

"Der Doctor STAHL, ein sehr empfehlungswürdiger junger Mann, giebt in beyliegendem Supplicat seinen Wunsch zu erkennen als Professor extraordinarius der Philosophie angestellt zu werden. Er ist aus Braunschweig gebürtig, woselbst sein Vater noch lebt, hat sich in Helmstedt, unter dem bekannten PFAFF[1], in Mathematicis qualificirt und sich darauf aus entschiedener Neigung für das akademische Leben in Jena niedergelassen und daselbst sich sowohl in Privatis als Privatissimis die er gelesen sehr fleißig und thätig gezeigt. (...)

Mehrere jenaische Professoren sprechen rühmlich von ihm und da er öfters bey mir gewesen, so darf ich ihm, ob ich gleich seine Wissenschaft nicht beurtheilen kann, das Lob eines hellen Kopfs, der in seinem Fache durchaus Rechenschaft zu geben bereit ist, wohl beylegen.

Ich besitze von ihm einen kleinen Aufsatz, der eine Übersicht sämmtlicher mathematischen Wissenschaften enthält, und den ich als Probe seiner Methode allenfalls vorlegen kann.

Da es eine wahre Wohlthat für die Jugend ist Mathematik soweit als möglich zu verbreiten und zu erleichtern, so möchte sein Gesuch und seine Person wohl Aufmerksamkeit verdienen.

Weimar am 29.Dec. 1798.                                G."

Im März 1799 wurde dem Gesuch entsprochen und STAHL in Jena zum außerordentlichen Professor für Mathematik und Physik ernannt. In den Jahren 1800 und 1801 erschienen seine beiden Hauptwerke "Grundriß der Combinationslehre, nebst Anwendung derselben auf die Analysis" und "Einleitung in das Studium der Combinationslehre, nebst einem Anhang über die Involutionen und deren Anwendung auf die continuirlichen Brüche". Ersteres ist GOETHE, "dem Verehrer und Beförderer alles Wahren, Schönen und Guten in tiefster Ehrfurcht gewidmet." Auch durch seine Beziehung zu NIETHAMMER und SCHELLING stand GOETHE mit der Ludwig-Maximilians-Universität in gewisser Verbindung[2].

---

[1] Johann Friedrich Pfaff (1765-1825) lehrte von 1788 bis zu deren Schließung 1809 an der Universität Helmstedt. Er arbeitete über neuartige Herleitungen von Differentiationsregeln, über Summierungen und Entwicklungen von Reihen und gehörte der kombinatorischen Schule von Hindenburg an ([Cantor, 4, 219; s.a. 4.3.2). Insbesondere erkannte und förderte er die Begabung des noch jungen C.F.Gauß [Gottwald].

[2] Siehe auch Reismüller, Georg: Goethe und die bayerische Gelehrtenrepublik seiner Zeit. Das Bayerland (1932)143-153.

## 4. Fachstudium in Landshut und München (1800-1848)

SCHELLING hatte während seiner Studienzeit mathematische Vorlesungen in Leipzig gehört - bei K. F. HINDENBURG[1], dessen kombinatorische Schule durch STAHL auch die Ludwig-Maximilians-Universität beeinflußte. Man möchte fragen: Worum geht es bei dieser Schule?

### 4.3.2 "Combinatorische Analysis"

Untersucht man die Entwicklung der diskreten Mathematik, so wird man auf die ihr zugrunde liegenden Fragen der Kombinatorik geführt, die eng mit dem Leipziger Kombinatoriker KARL FRIEDRICH HINDENBURG[2] und STAHL verbunden sind. STAHL hat die von HINDENBURG im letzten Viertel des 18. Jahrhunderts begründete kombinatorische Methode und deren Anwendungen auf die Analysis weiterentwickelt[3]. Unter Analysis verstand man damals die Untersuchung elementarer Funktionen und die Theorie unendlicher Reihen[4]. Hauptprobleme waren die Verallgemeinerung des binomischen Lehrsatzes zum "Polynomialsatz" und die Reihenumkehr[5]. Eines der Hauptwerke HINDENBURGs war "Der polynomische Lehrsatz - das wichtigste Theorem der ganzen Analysis" (Leipzig 1796). Aus heutiger Sicht mag er hier wohl seine Ergebnisse etwas überschätzt haben[6]. STAHLs Lehrbuch "Grundriss der Combinationslehre, nebst Anwendung derselben auf die Analysis" (Jena 1800) enthält bereits eine systematisch formulierte Theorie der Kombinatorik - ein frühes Beispiel einer abstrakten mathematischen Theorie, die in ihrer Folge und Verwendung von Definitionen ("Erklärungen"), symbolischen Bezeichnungen ("willkürliche Sätze"), Lehrsätzen und Anmerkungen bereits in unserem Sinne modern anmutet. Ansätze zu einer im heutigen Sinne mathematischen Struktur, etwa bezüglich der Gruppeneigenschaft von Permutationen, fehlen allerdings noch[7].

Seinen von 1807 bis 1833 angekündigten Vorlesungen über "Combinatorische Analysis" legte STAHL dann auch seine beiden Hauptwerke zugrunde.

---

[1] Diese Mitteilung verdanke ich Herrn W.Schreier (Leipzig).
[2] Karl Friedrich Hindenburg: * 1741, † 1808; [DSB], 6(1972)403 f.; [Beckert], 21-24
[3] Zur Entstehung der sogenannten kombinatorischen Schule siehe Zusammenfassung bei [Gericke 1955], 61; ausführlicher: [Lorey 1916], 27 f.; [Cantor], 4, 201-221, Abschn. 21; neueste fundierte Untersuchung: [Jahnke 1990], 161-232.
[4] Später "niedere Analysis" genannt.
[5] [Uebele], 173
[6] s.a. W.Purkert in [Beckert], 23
[7] [Uebele], 177

## 4.3 Kombinatorisch-analytische Forschungsrichtung (Stahl)

Daneben las er anfangs "Encyclopädische Übersicht der gesammten Mathematik" nach "eigenen Heften". Auch seine auf dem Größenbegriff deduktiv aufgebaute Schrift über Arithmetik und "Buchstabenrechnung"[1] diente STAHL später als Vorlesungsgrundlage[2]. Daneben las er angewandte Mathematik[3] und Physik.

Im Wintersemester 1810/11 wurde erstmals *Funktionentheorie* angeboten - ebenfalls von STAHL, wobei er allerdings zu diesem Gebiet noch keine Vorlesungsgrundlage nennt: "Combinationslehre und Theorie der Functionen, combinatorisch behandelt" (vierstündig). Mit seinem Schwerpunkt "Combinationslehre" bzw. Funktionentheorie, im damaligen Sinn, hat STAHL der sich in dieser Zeit an der Universität konstituierenden reinen Mathematik als Forschungsgebiet eine spezielle Richtung gewiesen. Natürlich hat sich das, was wir heute unter Funktionentheorie verstehen, erst nach und nach entwickelt. Doch noch heute kommt der Funktionentheorie bzw. der komplexen Analysis an der Ludwig-Maximilians-Universität eine besondere Bedeutung zu.

Die damalige Hoffnung, die Kombinatorik zur Grundlage der gesamten Analysis zu machen, erfüllte sich nicht[4]. Auch wird man sich heute kaum einem Nekrolog von 1835 anschließen, nach dem STAHL

"recht eigentlich als Erfinder und Beförderer des Differenzialcalculs und der Infinitesimalrechnung angesehen werden kann"[5].

Doch war STAHL, wie MORITZ CANTOR schreibt[6]

"Combinatoriker und als solcher in einer Zeit, in welcher man von der Combinationslehre so gut wie Alles erwartete, hoch berühmt."

Im Gegensatz zu STAHL, der nach Verlegung der Universität nach München (1826) noch sechs Jahre dort lehrte, zog es sein damals 65jähriger[7] Kollege MAGOLD vor, als Stadtpfarrer von St.Jodok in Landshut zurückzubleiben. Für die Universität ein "doppelt spürbarer Verlust, da er eines der thätigsten

---

[1] Ein für die damalige Zeit außergewöhnlicher Aufbau.
[2] [Uebele], 172
[3] Wie auch Magold.
[4] [Uebele], 173; vgl. auch [Jahnke 1990]
[5] nach [Uebele], 180
[6] [ADB] 35(1893), 402 f.
[7] 75jährig(?) nach [Segl], 165.

4. Fachstudium in Landshut und München (1800-1848)

Mitglieder des Verwaltungsausschusses und überhaupt einer der redlichsten und biedersten Männer ist"[1].

### 4.4 Aufschwung in München unter Ludwig I., Thiersch und Schelling

1826 wurde die Ludwig-Maximilians-Universität nach München verlegt; zum Ausgleich das Münchner Lyzeum nach Landshut[2]. König LUDWIG I.[3] wollte alle zentralen Kulturinstitutionen in der Hauptstadt, mit damals etwa 40 000 Einwohnern, zusammenführen[4]. Bis zur Einweihung des nach fünfjähriger Bauzeit 1840 fertiggestellten Neubaues an der Ludwigstraße war die Universität 14 Jahre provisorisch im ehemaligen Jesuitenkolleg an der Neuhauser Straße, neben der St. Michaelskirche, untergebracht. Ursprünglich wollte LUDWIG I. die Universität in die Residenz integrieren[5]. Im ersten Semester - dem Wintersemester 1826/27 - waren, von insgesamt 1622 Studenten, 687 in der Philosophischen Fakultät eingeschrieben[6]. Der einsetzende Aufschwung ließ die Universität auf über 1900 Studenten - im Jahr 1831 - anwachsen. Damit gehörte die Universität neben Berlin und Leipzig zu den größten in Deutschland[7].

Folgende mathematische Vorlesungen standen im ersten Semester nach dem Umzug nach München auf dem Programm. Dabei werden die physikalischen Vorlesungen noch unter "Mathematik" angeboten:

---

[1] BHStA: MK 11189 (Akten des Kultusministeriums; s.a. [Uebele], 24.
[2] [Uebele], 23
[3] Ludwig I.: * 1786, † 1868; von 1825 bis 1848 König v. Bayern
[4] [Boehm;Müller], 273. Bis zum Ende des 19. Jahrhunderts stieg die Einwohnerzahl auf rund 500 000 an.
[5] Näheres zum Universitätsbau 1834/35 vgl. [Bruch], 26; zum Erweiterungsbau: [Bruch], 287 f. und 293. Wie einer Eingabe von 1835 zu entnehmen ist - und die Ludwig I. verstimmte -, hielt der damalige Rektor und Ordinarius für Mathematik und Physik Siber (s. 4.7) den Neubau allerdings für unnötig und für zu weit entfernt von der Innenstadt; [Uebele], 116.
[6] Siehe Studentenstatistik von 1826 bis 1848 in [Huber,U.], 607; [Uebele], 11; Erläuterungen dazu auch in [Uebele], 23. Statistisches Material zur Gesamtentwicklung der Philosophischen Fakultät an der LMU: vgl. [Selle].
[7] So hatten etwa im Studienjahr 1830/31 München 40 und Berlin 37 Ordinarien ([Huber,U.], 606).

## 4.4 Aufschwung in München

| 1826/27: | E. Philosophische Fakultät. |
|---|---|
| a) Philosophie. (...) | |
| b) Mathematik. | (Wochenstunden, soweit angeg.) |
| SIBER | Reine Mathematik, nach Magold (3) |
| SPÄTH | Analysis des Endlichen mit Anwendung auf den politischen Calcul, nach Lorenz (4) |
| STAHL | Combinatorische Analysis, nach seiner Einleitung in das Studium der Combinationslehre (4) |
| SPÄTH | Angewandte Mathematik, nach Lorenz (4) |
| SIBER | Angewandte Mathematik, nach eignem Lehrbuche (3) |
| SPÄTH | Analytische Geometrie, mit Anwendung auf die geographische Aufnahme grosser Reiche, nach seiner höhern Geodäsie (6) |
| SIBER | Theorie der Kegelschnitte, nach eignem Lehrbuche |
| V. BAADER | Allgemeine Maschinenkunde |
| SIBER | Theoretische- und Experimental-Physik, nach eignem Lehrbuche (6) |
| STAHL | Experimentalphysik, nach Mayer (6) |
| GRUITHUISEN | Kosmische und organische Physik, als Einleitung zu seinen astronomischen Vorträgen |

Die Verlegung nach München kam einer Neugründung gleich. LUDWIG I. verlieh der Universität einen neuen Charakter, indem er ihr - nach dem Vorbild der Universitäten Göttingen und Berlin, der Idee HUMBOLDTs entsprechend - neben der Lehre nun auch vermehrt die Wahrnehmung von Forschungsaufgaben ermöglichte[1]. Begleitet war dies von einer zunächst liberalen Bildungspolitik, die eine Absage an das zentralistisch geprägte französische Fachschulprinzip war[2]. Die Freiheit der Lehre dokumentierte sich unter

---

[1] [Boehm;Müller], 274
[2] "Die Berliner Universitätsgründung ebenso wie die Neubegründung der Ludwigs-Maximilians-Universität in München 1826 waren klare Absagen an das Fachschulprinzip französischer Prägung, zugleich Bekenntnis zur neuverstandenen 'universitas litterarum' im Sinne des neuhumanistischen Bildungsbegriffs und zur Universität zwar als 'Veranstaltung (Anstalt) des Staates', aber 'nach Maßgabe der Gesetze mit den Rechten privilegierter Korporationen', wie es das Allgemeine Landrecht für die Preußischen

## 4. Fachstudium in Landshut und München (1800-1848)

anderem auch in dem Verzicht, Vorlesungen nach einem bestimmten Lehrbuch zu halten[1]. Unterstützt von SCHELLING und dem Altphilologen FRIEDRICH THIERSCH[2], die sich überdies für Lernfreiheit der Studenten einsetzten, wurde der Pflichtstudiengang, der das zweijährige Grundstudium (*biennium philosophicum*) vorschrieb, 1827 aufgehoben[3] - "mit dem Erfolg allerdings der Hörsaalentleerung"[4], was sich nicht allein auf München beschränkte[5]. Bei der Wiedereinführung[6] (1838) stieg die auf 278 gesunkene Studentenzahl der Philosophischen Fakultät im folgenden Semester auf 464 an[7]. Zentrales Thema der anhaltenden Reformdiskussionen war der Übergang vom Gymnasium zum Fachstudium. 1847 wurde dann das Biennium endgültig abgeschafft - die vorbereitende Allgemeinbildung dem Gymnasium überlassen[8].

### 4.5 Johann Leonhard Späth

Mit Ausnahme der Professur STAHLs wurden in München alle naturwissenschaftlichen Professuren - in Physik, Astronomie, Chemie, Mineralogie, Botanik, Zoologie, Zootomie und die zweite in Mathematik - neu besetzt. Man griff dabei, auch um Haushaltsmittel einzusparen, vorwiegend auf Münchner Akademiemitglieder zurück. An der Akademie hatte es bereits vorher einen universitätsähnlichen Vorlesungsbetrieb gegeben[9]. Im Bereich der Philosophie wurden an die Universität hervorragende Persönlichkeiten - neben SCHELLING etwa auch LORENZ OKEN (1779-1851) und JOSEPH VON GÖRRES (1776-1848) - berufen. Daß man sich bei den naturwissenschaftlichen Lehrstellen nicht ebenfalls um erstrangige Gelehrte bemühte, etwa um

---

Staaten 1794 formuliert hatte, fortlebend in der Rechtsdefinition 'Körperschaften des öffentlichen Rechts'" ([LMU Roegele;Langenbucher], 73).

[1] [Vorl.-Verz.]
[2] Friedrich Thiersch: * 1784, † 1860; (Philologe u. Pädagoge) 1808 Hab. Göttingen, 1809 Wilhelmsgymn. München, 1812 Grd. Philolog. Seminar, 1826 Prof. U München, 1848 Präs. Akad.d.Wiss.
[3] [Boehm;Müller], 274; [Uebele], 12
[4] [LMU Roegele;Langenbucher], 75
[5] Vgl. etwa [Gericke 1955], 55.
[6] [Uebele], 23
[7] [Huber,U.], 607
[8] [LMU Roegele;Langenbucher], 75
[9] [Uebele], 24

## 4.5 Johann Leonhard Späth

GAUß, BESSEL oder JACOBI, mag an der Einstellung König LUDWIGS I. gegenüber den Naturwissenschaften gelegen haben[1]. Dennoch haben sowohl Berufungen zahlreicher außerbayerischer Gelehrter als auch eine weitgehende Lehrfreiheit wesentlich zum Aufschwung der Universität beigetragen.

Auf den Lehrstuhl von MAURUS MAGOLD wurde 1826 der 67jährige JOHANN LEONHARD SPÄTH[2] für reine und angewandte Mathematik berufen. SPÄTH war praxisorientiert. Er hatte bei BRANDER den Bau von Instrumenten erlernt, danach in Altdorf und bei HINDENBURG in Leipzig studiert. 1788 wurde er Extraordinarius in Altdorf, wobei er vor allem Geodäsie lehrte[3], und 1809 Professor am Münchner Lyzeum, was etwa dem Stand eines Extraordinarius an der Universität entsprach.

Die zweijährigen *Lyzeen*, die im Anschluß an das abgeschlossene Gymnasium besucht wurden, dienten damals noch vorwiegend der Ausbildung von Gymnasiallehrern. Sie wurden "von vielen Seiten den Universitäten gleich geachtet"[4]. So waren etwa die Lyzeen in Aschaffenburg, Bamberg, Dillingen und Salzburg Anfang des 19. Jahrhunderts aus Universitäten entstanden[5]. SPÄTH hat am Münchner Lyzeum "Einrichtungen getroffen, die sich mit den Plänen von CRELLE und SCHELLBACH vielfach berühren"[6].

In einem vom Ministerium erbetenen allgemeinen Lehrplan für Gymnasien und Lyzeen weist SPÄTH den Gymnasien die Elementarmathematik und den Lyzeen den Unterricht in den "ersten Prinzipien der höheren Mathematik"[7] zu; d.h. unter anderem Gleichungen und Reihen bis zum vierten Grad, Kombinatorik, Wahrscheinlichkeitsrechnung, sphärische Trigonometrie mit Geodäsie, Differential- und Integralrechnung, Kegelschnitte und Kurven.

Daran anschließend entstand[8] im Jahr 1823 die vermutlich verlorengegangene Schrift "Über das Materielle des Vortrages der Mathematik, Physik und Chemie auf neueren Gymnasien, Lyzeen, Universitäten und technischen Instituten"[9]. Hierin entwickelt SPÄTH einen Vorlesungsplan für ein dreijähri-

---
[1] [Uebele], 25-27
[2] Johann Leonhard Späth: * 1759 Augsburg; † 1842 München; seit 1824 Akademiemitglied; Biographie mit Schriftenverzeichnis siehe [Uebele], 37 - 99; [Poggendorff], 2
[3] [Uebele], 42
[4] [Lorey 1916], 55.
[5] [LMU Roegele;Langenbucher], 72; [Boehm;Müller]
[6] [Lorey 1916], 55
[7] [Uebele], 44; s.a. [Lorey 1916], 56
[8] Wie bei [Lorey 1916], 56 beschrieben.
[9] Vgl. auch [Uebele], 49.

## 4. Fachstudium in Landshut und München (1800-1848)

ges mathematisches Universitätsstudium. Er geht darin über den Lehrplan der Lyzeen hinaus und fordert zusätzlich höhere Gleichungen und Reihen, Variationsrechnung, höhere Geometrie, Differentialkurven[1] und Vorlesungen zur "Mathesis forensis"[2] wie auch zur "Geschichte der Mathematik"[3]. Außerdem macht SPÄTH auf die Vorzüge begleitender Vorlesungshefte aufmerksam, fordert von der Bibliothek die Anschaffung mathematischer Werke für ein Lesezimmer und schlägt vor, eine Modellsammlung einzurichten. Ab den 1830er Jahren wurden auch an preußischen Universitäten entsprechende mathematische Studienpläne entwickelt[4].

Während sich SPÄTHs letztgenannte Forderungen erst Jahrzehnte später erfüllen sollten[5], entsprachen die Vorlesungsangebote in der Zeit seines Wirkens (ab 1826) und anschließend bis in die 1850er Jahre im wesentlichen seinem vorgeschlagenen Studienplan[6]. Auffallend sind dabei häufige Konkurrenzveranstaltungen besonders frequentierter Vorlesungen - meist zur gleichen Tageszeit. Vor allem Privatdozenten waren, da ohne festes Gehalt, auf Hörgelder angewiesen[7].

Die Einrichtung der zur Lehre befugten Privatdozenten[8] hatte zur Folge, dafür als Voraussetzung eine weitere Hochschulprüfung zu entwickeln - die sogenannte Habilitationsprüfung. Sie wurde in München laut königlichem Dekret am 12.7.1827 etabliert[9]. Vorher ergab sich die Lehrbefugnis an Universitäten unmittelbar aus der Promotion zum "magister" oder "doctor"[10]. Eine Ausnahme im Zusammenhang mit den damit verbundenen Übergangserscheinungen war Peter LACKERBAUER, der am 9.3.1827 zum Privatdozenten ernannt wurde "unter der Bedingung, daß er das philosophische Doctorat verordnungsmäßig noch erwerbe". Da das nicht geschehen ist, wurde ihm

---

[1] Im SS 1836 hatte Späth eine Vorlesung über "Die Curvenlehre" angeboten.
[2] Mathematik für Juristen.
[3] [Lorey 1916], 56 ff. bzw. [Uebele], 49 f.
[4] Siehe dazu Abschnitt 4.6 und [Lorey 1916], 277-281
[5] [Lorey 1916], 58; s.a. 7.2.2
[6] [Uebele], 50 f.
[7] [Uebele], 21 f.
[8] siehe 4.1.2
[9] [Uebele], 33
[10] [Boehm;Müller], 14; Näheres über die Privatdozentenfrage siehe [Huber,U.], 166-189; über die frühere Verleihung der akademischen Grade vgl. [Boehm 1959].

## 4.5 Johann Leonhard Späth

der Status eines Privatdozenten am 12.8.1827 vorübergehend wieder aberkannt[1].

Bemerkenswert ist an SPÄTHs Vorlesungstätigkeit die Einführung eines viersemestrigen Kurses von mathematischen Anfängervorlesungen. So kündigte er vom Wintersemester 1826/27 bis zum Sommersemester 1832 vier zweijährige Zyklen an mit folgenden vierstündigen Semestervorlesungen:

1. "Analysis des Endlichen" (algebraische, logarithmische, exponentielle und trigonometrische Funktionen),
2. "Analysis des Unendlichen" (Differentialrechnung),
3. "Integralcalcul",
4. Angewandte Mathematik, etwa "Technische Geometrie" (SS 1828)[2].

Im Wintersemester 1827/28 wurden zudem "Algebra" (6stündig), im Sommersemester 1828 "Theorie der Gleichungen und Reihen" (6stündig) und "Mathematische Theorie der Wahrscheinlichkeit" (3stündig) - alle drei Vorlesungen von DESBERGER[3] - angeboten. Das waren alles neue Vorlesungsthemen. Wenn auch diese damals noch ungewöhnlichen Spezialvorlesungen, falls sie überhaupt zustande kamen[4], nur von wenigen besucht wurden, so verdeutlichen sie doch die sich nun durchsetzende fachliche Spezialisierung der Mathematik an der Ludwig-Maximilians-Universität. Diese Spezialisierung beschränkt sich jetzt nicht mehr wie etwa noch im 18. Jahrhundert auf die Forschung, sondern kommt auch in der Lehre zum Ausdruck. Das zeigt sich zunächst latent in der Anfangszeit der Universität in München und wird ab der Jahrhundertmitte selbstverständlich - nachdem mit SEIDEL und BAUER[5] die in Berlin und Königsberg lebendige Idee, daß die Universität eine Forschungsstätte ist, und daß die Forschung den Unterricht durchdringen muß[6], nach München kam.

---

[1] BHStA: MK 11312. Zwei Jahre später erfolgte die erneute Ernennung.
[2] Vgl. [Uebele], 51.
[3] siehe 4.8
[4] Vgl. etwa Späth, der dann im WS 1826/27 stattdessen Elementarmathematik las ([Uebele], 33); eine damals durchaus übliche Erscheinung ([Gericke 1955], 54).
[5] s. 5.1.1
[6] [Gericke 1955], 63

## 4. Fachstudium in Landshut und München (1800-1848)

### 4.6 Einrichtung eines mathematischen Fachstudiums (1836)

Die Abschaffung des obligatorischen Bienniums im Jahr 1827 legte schließlich auch die Einführung eines mathematischen Fachstudiums nahe. Bisher wurden die mathematischen Vorlesungen meist von Studenten des philosophischen Bienniums besucht. Die weiterführenden Vorlesungen - durchwegs über angewandte Mathematik - wandten sich häufig an Geodäten, Ingenieure, Forstleute oder Pharmazeuten[1]. Sie wurden zum Teil auch an der staatswirtschaftlichen Fakultät gehalten und übernahmen Aufgaben der späteren technischen Hochschulen[2].

"In München ist für die Angewandte Mathematik sehr gesorgt, die sogar in zwei Fakultäten[3] vertreten ist",

bemerkt LOREY über die Situation in den 1830er Jahren[4]. Angehende Lehrer für Lyzeen und Universitäten waren damals noch überwiegend auf Privatstudien angewiesen.

In der reinen Mathematik unterschied man im kanonischen Vorlesungsangebot elementare und höhere Mathematik. Neben der

A. *Elementarmathematik*, zu der

    a) Arithmetik, Buchstabenrechnung und Algebra;

    b) Elementargeometrie und

    c) Trigonometrie gehörten, zählte man zur

B. *Höheren Mathematik*:

"a) höhere Arithmetik - Theorie der Functionen (zu deren gründlicher Behandlung die Combinationslehre heutzutage nothwendig ist), Differenzial- und Integral-Calcul,

b) höhere Geometrie, welche sämmtliche geometrische krumme Linien (zu den wichtigsten gehören Zirkel und Kegelschnitte) und die zu ihnen gehörigen Flächen und Körper zum Gegenstande hat"[5].

---

[1] [Uebele], 17 f.
[2] Zur Entstehung der Technischen Hochschule siehe 5.2.
[3] Gemeint ist neben der Philosophischen die Staatswissenschaftliche Fakultät.
[4] In [Lorey 1916], 69
[5] Siehe [Uebele], 18.

## 4.6 Einrichtung eines mathematischen Fachstudiums (1836)

Wie aus einer bemerkenswerten *Studienordnung* hervorgeht, wurde 1836 nun ein spezieller Studiengang "Mathematik" offiziell eingerichtet[1]. Die in diesem Jahr erschienenen, von SCHELLING und THIERSCH redigierten[2] "Belehrungen für die Studierenden der bayerischen Hochschulen" (München 1836) enthalten neben einer derartigen Übersicht über die einzelnen Teilgebiete der Mathematik auch besondere Empfehlungen für ein vierjähriges "Spezialstudium der Mathematik", das in erster Linie für angehende Lehrer gedacht ist[3] bei (mit den allgemeinen Fächern) insgesamt fünfjähriger Studiendauer[4]:

"Auch das spezielle Studium der Mathematik wird neben den allgemeinen Studien sich gleich von Anfang auf [an] die Quellen und wichtigsten Werke der Wissenschaft wenden, dann die Systeme der theoretischen und praktischen (reinen und angewandten) Mathematik umfassen, damit die Geschichte der mathematischen Wissenschaften verbinden, und von den Naturwissenschaften vorzüglich die Physik tiefer zu ergründen suchen. Gemeiniglich ist das Lehramt der Mathematik mit dem der Naturwissenschaften verbunden."

Im Zusammenhang mit dieser Studienordnung wird auch ein für die damalige Zeit ungewöhnlich ausführlicher *Studienplan* angegeben, an dem SPÄTH sicherlich maßgebend beteiligt war[5]. Die ersten 1831 innerhalb einer amtlichen Studienordnung herausgegebenen Ratschläge für Studierende der Mathematik und Naturwissenschaften stammen von der Philosophischen Fakultät der Universität Halle[6]. Im gleichen Jahr setzte eine neue preußische Lehrerprüfungsordnung richtungsweisende Schwerpunkte. Die hier veranlagte Spezialisierung der Gymnasiallehrer in Philologen, Mathematiker und Historiker unterstützte in besonderem Maße auch Wachstum und Differenzierung der Universitätsmathematik[7].

---

[1] Anregungen gehen auf Späths vorgeschlagenen Studienplan (1823) zurück; siehe 4.5.
[2] [Boehm;Müller], 274
[3] Dabei wurde besonders die Prüfung in höherer Mathematik, die ab der Jahrhundertmitte obligatorisch wurde, hier noch empfohlen. Dadurch würden die Anstellungschancen der Lehramtskandidaten verbessert ([Neuerer], 52 u. 118).
[4] Vgl. auch [Uebele], 19.
[5] Weder die vorangegangenen Münchner Studienordnungen von 1827 und 1832 noch die nachfolgenden von 1842 und 1849 enthalten einen derartigen Studienplan für Lehramtskandidaten ([Neuerer], 111).
[6] [Lorey 1916], 277
[7] [Stäckel], 26ff.

## 4. Fachstudium in Landshut und München (1800-1848)

"**A. Spezialstudium der Mathematik.**

*Erstes Jahr.*

1. Encyclopädie und Methodologie des akademischen Studiums und der Wissenschaften.
2. Allgemeine Fächer der Philosophie, Geschichte, Philologie und der Naturwissenschaften.
3. Wiederholung und weitere Begründung der Elementarmathematik.
4. Studium der Elemente des EUKLIDES im Original.

*Zweites Jahr.*

1. Studium der Werke des ARCHIMEDES und APOLLONIUS VON PERGA.
2. Höhere Arithmetik. Theorie der Funktionen nebst Combinations-Lehre, Differenzial- und Integral-Calcul.
3. Spezielle Studien der Physik.

*Drittes Jahr.*

1. Studium der Werke neuer Mathematiker.
2. Höhere und analytische Geometrie, Theorie der Kegelschnitte, descriptive Geometrie.
3. Ethik, Pädagogik, Methodik des wissenschaftlichen Studiums der Mathematik.

*Viertes Jahr.*

1. Studium der Werke neuerer Mathematiker.
2. Angewandte Mathematik, besonders Mechanik und Astronomie.
3. Geschichte der Mathematik."

## 4.7 Siber und Georg Simon Ohm

Bei der allgemein gehaltenen Studienordnung aus Halle kann man jedoch noch nicht von einem strukturierten Studienplan sprechen. Da der zeitlich folgende bei LOREY[1] besprochene Studienplan aus dem Jahr 1837 stammt (Universität Bonn) und zudem ein "nicht sehr in die Tiefe gehendes Studium der Mathematik und Naturwissenschaften" fordert[2], ist der Münchner Plan vermutlich als *erster detaillierter Studienplan für ein Spezialstudium der Mathematik* an einer deutschen Universität anzusehen. Die nächsten Mathematik-Studienpläne stammen von den Universitäten Jena (1860), Münster (1866), Leipzig (1885), Königsberg (1887) und Göttingen (1892)[3]. Der Münchner Studienplan von 1836 orientiert sich an der historischen Entwicklung der Mathematik und trägt damit zugleich zu einem fachbezogenen Geschichtsbewußtsein bei. Er sieht den auf Seite 132 wiedergegebenen Studienaufbau vor.

Obwohl sich die Münchner Universität bis zur Mitte des 19. Jahrhunderts im Bereich der Mathematik keinesfalls mit den Universitäten Königsberg und Berlin[4] messen konnte, so war sie doch durch das eingerichtete Fachstudium "mancher anderen in Deutschland überlegen"[5].

### 4.7 Siber und Georg Simon Ohm

Kehren wir zurück zu den Mathematikern jener Zeit: SPÄTH hat mit 72 Arbeiten zwar ein für die damalige Zeit recht umfangreiches Werk hinterlassen, doch scheint eine nachhaltige Wirkung nur von seinen Lehrbüchern über Geodäsie - hierin war er ein anerkannter Fachmann[6] - und Forstwissenschaft[7] sowie von einigen praktischen Anweisungen ausgegangen zu sein[8]. Eine Reihe seiner Schriften handeln von Fehleranalysen bei Meßinstrumenten und von technologischen Vorgängen. Angeregt wurde er dazu meist durch Fragen bzw. Zweifelsfälle, die in der Praxis auftraten. UEBELE be-

---

[1] [Lorey 1916], 278 f.
[2] Hier ist nur ein sechssemestriges Studium vorgesehen, davon drei Semester Mathematik ([Lorey 1916], 278 f.).
[3] [Lorey 1916], 279- 283.
[4] s. 5.1.1
[5] [Uebele], 8
[6] [Uebele], 65 ff. und 98
[7] [Uebele], 60 ff.
[8] [Uebele], 98

## 4. Fachstudium in Landshut und München (1800-1848)

schreibt SPÄTH als einen "mathematischen Praktiker", der - was damals noch ungewöhnlich war - die Mathematik auf volkswirtschaftliche Probleme anwandte und die Mathematisierung der Forstwirtschaft in besonderer Weise förderte[1].

1833 wurde SPÄTH, der bereits seit 1824 außerordentliches Mitglied war, zum ordentlichen Mitglied der Bayerischen Akademie der Wissenschaften gewählt. SCHELLING hatte vorher ausführlich dargelegt wie unentbehrlich ein vorzüglicher Fachmathematiker für die Akademie sei. Man betrachtete hier SPÄTH als "den ersten Mathematiker Bayerns"[2]. SPÄTH las bis zum Jahr 1842 - seinem 83. Lebensjahr.

Neben den Lehrstühlen von STAHL und SPÄTH wurde 1826 ein weiterer eingerichtet - "für Mathematik und Naturwissenschaft"[3]. Berufen wurde der Benediktiner THADDÄUS SIBER[4]. SIBER lehrte zunächst an Lyzeen[5] Physik, Mathematik und Ökonomie. Nebenbei unterrichtete er ab 1818 an dem von seinem Freund BENEDIKT V. HOLLAND gegründeten kgl. Erziehungsinstitut (Hollandeum), aus dem 1824 das "Neue Gymnasium", das heute nach LUDWIG I. benannte Ludwigsgymnasium, hervorging[6].

SIBER wurde durch eine Reihe gediegener Lehrbücher bekannt:
- "Anfangsgründe der Physik und angewandten Mathematik"[7];
- "Anfangsgründe der Algebra, Geometrie und Trigonometrie"[8];

---

[1] [Uebele], 97 u. 99
[2] [Uebele], 47
[3] [Uebele], 27
[4] Thaddäus Siber: O.S.B., * 1774 Schrobenhausen; † 1854 München; Studium bei Knogler und Magold in Ingolstadt und Landshut; ab 1820 Akademiemitglied ([Uebele], 111 ff.); Konservator der physikalischen Staatssammlung (Nachfolge von J.v.Fraunhofer) ([Huber,U.], 574); Biographie und Schriftenverzeichnis: [Uebele], 100-165; [Poggendorff], 2
[5] Ab 1803 in Passau; ab 1810 in München.
[6] [BPhV]; [Uebele], 110. Vgl. auch die Übersicht von Max Kusterer: "Die drei ältesten Münchner Gymnasien" im Jahresbericht des Ludwigsgymnasiums München 1988/89. Dem Ludwigsgymnasium ist heute noch das Erziehungsinstitut "Albertinum" angegliedert, das aus dem 1574 gegründeten jesuitischen Studienseminar "Gregorianum" hervorging (s. [Guggenberger], Kap.1; [Jesuiten], 128 f.). Die Umbenennung erfolgte bereits 1849 mit der Gründung des dritten Münchner Gymnasiums, dem Maximiliansgymnasium (hierin ist [Jesuiten], 129 zu korrigieren).
[7] Passau 1.Aufl.1805. 3.Aufl.1828
[8] Landshut 1819, ein "Not- und Hilfsbüchlein" für Philologen an Gymnasien, zum Inhalt siehe [Uebele], 139.

## 4.7 Siber und Georg Simon Ohm

- "Anfangsgründe der höheren Mathematik zum Gebrauche bei seinen Vorlesungen"[1] und
- "Grundlinien der Experimentalphysik"[2].

Neben "Reiner Mathematik ... nach MAGOLD" kündigte SIBER in seinem ersten Semester 1826/27 auch "Theorie der Kegelschnitte (...) nach eigenem Lehrbuche", d.h. nach seinem soeben erschienenen Werk über höhere Mathematik an. Ab 1833 lehrte er, nach dem Ausscheiden STAHLs, nur noch Physik. Die Lehrstühle waren personenbezogen und nicht auf eine bestimmte Fachrichtung festgelegt[3].

SIBERs Forschungsarbeiten beziehen sich im wesentlichen auf Meteorologie und Wissenschaftsgeschichte. In der Meteorologie beschäftigte er sich etwa mit dem Einfluß des Mondes auf das Wettergeschehen[4]. Insgesamt war SIBER mehr Physiker als Mathematiker, sein Interesse richtete sich dabei eher auf die Lehre. Besonderen Anteil nahm er zudem an organisatorischen Fragen der Schulen und Universitäten[5]. Bei verschiedenen Anlässen setzte er sich für eine Verbesserung der Bedingungen des Mathematikstudiums und -unterrichts ein[6]. Wiederholt war der beliebte Lehrer[7] Dekan der Philosophischen Fakultät und Rector magnificus der Universität[8].

1852 gab der 77jährige seinen Lehrstuhl an den 63jährigen Physiker GEORG SIMON OHM[9], den Bruder des Mathematikers MARTIN OHM, ab[10]. GEORG SIMON OHM fand erst verhältnismäßig spät angemessene Anerkennung. Einerseits war die Verbindung zwischen Experimentalphysik und

---

[1] Sulzbach 1826; Differentialrechnung und Kegelschnitte mit Extremwertaufgaben, Flächen-, Volumen- und Schwerpunkts-Bestimmungen, Rektifikation von Kurven.
[2] München 1837
[3] [Uebele], 28
[4] [Uebele], 149 ff.
[5] [Uebele], 100
[6] [Uebele], 119 f.
[7] 1827 hatte er in Mathematik und Physik zusammen über 500 Hörer; [Uebele], 164 u. 114.
[8] Dekan: 1829/30, 1832/33, 1850/51; Rektor: 1834/35, 1838/39; über 20 Jahre Senatsmitglied; [Uebele], 116.
[9] Georg Simon Ohm: * 1789 Erlangen, † 1854 München; Akademiemitglied, seit 1849 U München; in Köln Lehrer von Dirichlet ([Lorey 1916], 32); zu Leben u. Werk mit Nachlaßverzeichnis siehe [Teichmann]
[10] Zu Martin Ohm siehe 5.3.1. Sibers eindringliche Abschiedsworte und weitere Auszüge aus seinen autobiographischen Aufzeichnungen "Mein Lernen und Lehren" (s.a.[Uebele], 162) sind in [Bruch], 21-28 wiedergegeben.

## 4. Fachstudium in Landshut und München (1800-1848)

Mathematik in Deutschland noch kaum entwickelt[1], andererseits hatte man - wie einem Gutachten STAHLs von 1829 zu entnehmen ist[2] - die volle Tragweite der 1826 von OHM in Köln entdeckten und heute nach ihm benannten grundlegenden elektrischen Gesetzmäßigkeit zunächst nicht erkannt. Mit ihm gewann an der Universität München im Bereich der Physik neben der Lehre nun auch die Forschung an Bedeutung[3]. Bereits vor seiner Übernahme des Lehrstuhls hatte G.S. OHM als zweiter Konservator der Mathematisch-physikalischen Staatssammlung[4] einige bemerkenswerte Vorlesungen angekündigt, deren Titel für sich sprechen[5]:

- "Analytische Geometrie im Raume am rechtwinkligen Coordinatensystem als Vorbereitung zur Mechanik" (SS 1850),
- "Ueber die beim Unterricht in der Arithmetik zu befolgende Methode für solche, die darin Lehrer werden wollen" (WS 1850/51),
- "Ueber die Eigentümlichkeiten der Euclidischen Geometrie im Vergleich zu anderen mathematischen Disziplinen" (WS 1851/52).

### 4.8 Franz Desberger

Im Zuge der Erweiterung der mathematischen Vorlesungen (4.5) wurde nach dem Umzug der Universität nach München nun auch wieder ein mathematisches Extraordinariat eingerichtet[6]. Wir schreiben das Jahr 1827. Im September war München Versammlungsort der ersten Tagung der *Gesellschaft deutscher Naturforscher und Ärzte*[7], aus der 1890 die *Deutsche Mathematiker-Vereinigung* hervorging[8]. Ebenfalls in diesem Jahr war (ein Jahr nach SPÄTH und SIBER) ein weiterer Mathematikdozent an die Universität

---

[1] [Teichmann], 2
[2] [Uebele], 169 f.
[3] [Uebele], 165
[4] In der Nachfolge von v.Steinheil. Vgl. [Jungnickel], 1, 278-280. Seit dem Umzug der Universität nach München gab es für die zwei Sammlungen auch zwei Konservatorenstellen.
[5] [Vorl.-Verz.]
[6] Diese im Jahr 1778 für Johann Fischer geschaffene Stelle war 1781 wieder gestrichen worden (3.4.4).
[7] [Neubig], 23
[8] Siehe [Gericke (1966)] und weitere Literaturhinweise zur Geschichte der Deutschen Mathematiker-Vereinigung in der Einführung zu [Toepell (1991)].

## 4.8 Franz Desberger

berufen worden: FRANZ EDUARD DESBERGER[1]. Er wurde zunächst als Honorarprofessor und ab 1830 als Extraordinarius angestellt. Gleichzeitig war er Lehrer - ab 1841 Rektor - der "Polytechnischen Centralschule in München" (Polytechnikum).

Er gehörte zu den ersten Lehrern dieser Schule. Sie war 1827 "für jene Gewerbe, die sich auf Mathematik, Physik, Mechanik und Naturkunde stützen"[2], gegründet worden. Zusammen mit REICHENBACH[3] hatte SPÄTH bereits 1823 einen Plan zur Errichtung einer polytechnischen Schule entworfen[4]. Wie an der für die Entwicklung der technischen Hochschulen beispielgebenden École Polytechnique in Paris (gegründet 1794) war hier die Mathematik Grundlage aller technischen Bildung[5]. Ihre Rolle in den allgemeinen Wissenschaften entsprach ihrer früheren propädeutischen Funktion in den Philosophischen Fakultäten, was nach Gründung der Technischen Hochschulen im besonderen ab den 1870er Jahren bis Anfang des 20. Jahrhunderts von einer "antimathematischen Bewegung" in Frage gestellt wurde[6].

DESBERGER wird als "der erste geprüfte Universitätslehrer im Bereich der Mathematik und Physik in München"[7] angesehen. Er war, obgleich selbst nie Ordinarius[8], wohl der bedeutendste Mathematiker der Münchner Frühzeit. Er hat "als erster"[9] in Bayern die französischen analytischen Methoden und insbesondere die darstellende Geometrie eingeführt[10]. Dabei machte er seine Hörer mit den Ergebnissen der französischen Schulen um LANGRANGE, LAPLACE, POISSON und MONGE bekannt. Wie erwähnt, hielt er in München erste mathematische Spezialvorlesungen. Im Wintersemester 1829/30 bot er zweisemestrig "analytische Geometrie" an[11]. Nach dem

---

[1] Franz Eduard Desberger: * 1786 München, † 1843; zunächst Honorarprofessor, ab 1830 außerordentlicher Professor; zur Biographie vgl. [Huber,U.], 555; [Uebele], 181-205; [Poggendorff]; ao. Akademiemitglied.
[2] [Neubig], 25
[3] siehe 5.2.1.
[4] [Neuerer], 103
[5] vgl. auch [Mackensen], 218
[6] zur Diskussion siehe [Schubring 1989], 273 ff.
[7] Desberger hatte 1815 ein gesondertes Mathematikexamen und 1818 ein Physikexamen abgelegt; siehe BHStA: MInn 23170 und auch [Uebele], 182 f.
[8] Die Fakultät hatte sich zwar 1842 für Desberger als Nachfolger von Späth ausgesprochen (UA: O I 21 v. 11.9.1842), doch wurde die Professur 1843 aufgrund Allerhöchster Entschließung gestrichen (UA: O I 22 v. 14.1.1843).
[9] Nach Moritz Cantor; [ADB], 5, 69.
[10] Näheres siehe [Uebele], 185
[11] [Uebele], 187 und 205

## 4. Fachstudium in Landshut und München (1800-1848)

Vorbild von GASPARD MONGE, dem Mitbegründer der darstellenden Geometrie und Direktor der École Polytechnique in Paris, hielt DESBERGER ebenfalls am Polytechnikum eine Einführung in die darstellende Geometrie[1]. Darüberhinaus bot er auch physikalische Spezialvorlesungen an - etwa 1830/31 über "analytische Mechanik".

Wie seiner Abhandlung "Ueber öffentlichen Unterricht überhaupt, und über polytechnische Schulen insbesondere"[2] zu entnehmen ist, erschienen ihm die analytischen Methoden der Mathematik damals für die polytechnischen Schulen ungeeignet zu sein. Daher legte er hier den Schwerpunkt auf die anwendungsbezogene, anschaulichere darstellende Geometrie[3]. In dieser Abhandlung arbeitet DESBERGER ein Modell aus, wie die naturwissenschaftliche Ausbildung an Schule und Hochschule einzurichten sei. Die "Fakultät der Naturwissenschaften" an den Universitäten sollte auch Forschungsaufgaben übernehmen, polytechnische Schulen sollten sich hingegen ganz den Anwendungen der Naturwissenschaften - etwa auch durch Einrichtung von Praktika - widmen. Diese Vorschläge waren 1827 bei der Gründung der polytechnischen Zentralschule maßgebend. Über die zentrale Bedeutung der Mathematik für die Naturwissenschaft schreibt DESBERGER[4]:

> "Alle Berufsarten also, welche überhaupt von Kenntnissen aus der Naturwissenschaft abhängen, unterscheiden sich vorzüglich nur dadurch, daß sie bald mehr bald weniger Kenntnisse aus dem Gebiete der Mathematik voraussetzen. Dieses sehr bestimmte Merkmal muß nun die Grundlage des Schulplanes bilden."

Erst nach und nach wurden die neuen Forschungsrichtungen auch an der Universität zu einem festen Bestandteil der Mathematikvorlesungen[5]. So ist "descriptive Geometrie" als eigenständige Universitätsvorlesung erstmals im Sommersemester 1836 - fünfstündig - von dem Extraordinarius HIERL angekündigt worden[6]. Zwar kam es gelegentlich zu einer Wiederholung, doch erst ab 1890 wurde regelmäßig über darstellende Geometrie gelesen - zweisemestrig alle zwei Jahre; zunächst von HERMANN BRUNN, später von KARL

---

[1] [Uebele], 187
[2] Augsburg/Leipzig 1827; dort S.107
[3] vgl. [Uebele], 190
[4] "Ueber öffentlichen Unterricht ...", S.89
[5] [Uebele], 205
[6] Hierin, wie auch bezüglich einiger anderer Daten, wäre [Hofmann 1954], 17 geringfügig zu korrigieren.

## 4.9 Hierl, Reindl und Recht

DOEHLEMANN[1]. 1889 wurde etwa auch in Göttingen der Unterricht in darstellender Geometrie aufgenommen[2].

### 4.9 Hierl, Reindl und Recht

Wenige Jahre nach DESBERGER hat man ein zweites mathematisches Extraordinariat eingerichtet - allerdings nun an der Staatswirtschaftlichen Fakultät. Am 23.2.1833 wurde hier der bisher an der Forstschule Aschaffenburg lehrende Mathematiker JOHANN EDUARD HIERL[3] zum außerordentlichen Professor ernannt. Ab 1840 bis zu seiner Emeritierung 1865 besetzte er dann (nach einem Wechsel an die Philosophische Fakultät) das zweite mathematische Ordinariat. Seine Schwerpunkte waren Elementarmathematik, Vermessungskunde und Forstmathematik. Auch zur mathematischen Geographie liegen von ihm Veröffentlichungen vor. HIERL schloß sich noch nicht so sehr wie seine Kollegen SPÄTH, SIBER und DESBERGER den neueren Entwicklungen an[4].

Die ersten mathematischen Übungen an der Universität wurden[5] von dem Astronomieextraordinarius FRANZ V. PAULA GRUITHUISEN (1774 - 1852) im Sommersemester 1830 sechsstündig unter dem Titel "Uebungen im numerären Calcul, dessen der praktische Astronom bedarf" angekündigt. Diese Übungen gehörten bald in jedem Semester zum festen Programm. Unter anderem bot GRUITHUISEN auch "auf Verlangen wöchentlich ein Conversatorium über alle Gegenstände der Naturforschung" an.

Nach dem Tode STAHLs 1833 war dessen Stelle nicht neu besetzt, sondern SIBERs Lehrstuhl in einen für Physik umgewandelt worden[6]. 1835 wurde KARL AUGUST VON STEINHEIL[7] als zweiter Ordinarius für Physik, wobei

---

[1] [Uebele], 187
[2] [Neuenschwander], 22
[3] Johann Eduard Hierl: * 1791 Rückershof bei Amberg, † 1878 München; Biographie und Schriftenverzeichnis: [Uebele], 206-220; s.a. [Huber,U.], 560
[4] vgl. [Uebele], 220
[5] nach Uebele [Uebele], 28
[6] [Uebele], 28
[7] Karl August von Steinheil: * 1801, † 1870; seit 1827 Akademiemitglied, 1835/49 an der LMU, zweiter Konservator der Math.-phys. Sammlg., 1849 Wien, ab 1852 erster Konservator der Math.-phys. Sammlg. d. Bayer. Akad. d. Wiss. und Ministerialrat ([Huber,U.], 576). Leben und Werk, s.a. [Jungnickel], 1, 275-278.

## 4. Fachstudium in Landshut und München (1800-1848)

er auch Mathematik lehrte, berufen. Er wird als einer der ersten Erfinder der damals neuen elektrischen Telegraphie angesehen[1]. VON STEINHEIL hatte von 1822 bis 1825 in Göttingen und bei BESSEL in Königsberg studiert. So war er "der erste, der etwas von den wissenschaftlichen und didaktischen Errungenschaften der Königsberger Schule nach München bringen konnte"[2]. 1848 legte er einen Plan für ein *physikalisches Institut* vor. Als 1856 ein mathematisch-physikalisches Seminar eingerichtet wurde - worauf noch ausführlich eingegangen wird - ist zwar bereits nicht mehr von einem physikalischen Laboratorium[3], sondern von einem physikalischen Institut die Rede[4], doch ist "das Physikalische Institut als solches erst durch den Neubau des Jahres 1892 entstanden"[5].

Nach dem Tode DESBERGERs übernahm 1843 KARL JOSEPH REINDL[6], der vorher in Augsburg lehrte, sowohl dessen Extraordinariat an der Universität als auch dessen Rektorat an der Polytechnischen Zentralschule. Nachdem 1849 VON STEINHEIL nach Wien gegangen war, wurde statt dessen bis 1867 für GEORG RECHT[7] eine eigene außerordentliche mathematische Professur eingerichtet. Auch wenn RECHT wenig publiziert hat, so war er doch als akademischer Lehrer ungewöhnlich erfolgreich[8]. In einem Antrag um Beförderung des Privatdozenten RECHT von 1847 wird auf seine Hörerzahlen hingewiesen, die in den vorangegangenen vier Jahren in Elementarmathematik von 62 auf 218, in der mathematischen Geographie von 10 auf 80 gestiegen sind, obwohl die Vorlesungen drei- bzw. fünffach gelesen wurden[9]. In den damaligen Spezialvorlesungen "Differential- und Integralcalcul", "Einleitung zur höheren Analysis", "analytische Geometrie" und "Trigonometrie" hatte er zwischen 5 und 18 Hörer. 1860/61 kündigte er - dem

---

[1] [Faber 1959], 18
[2] [Uebele], 29
[3] Es war kurze Zeit vorher, 1854, von Jolly beantragt und dann eingerichtet worden, HStA: MK 11316.
[4] UAM: Sen 209/4; Schreiben des KM an den Senat v. 12.6.1856.
[5] Vgl. [Müller,K.A.], 207; [LMU Boehm;Spörl], 303. Zur Eröffnung im Jahre 1894 siehe Kap. 7.1.
[6] Karl Joseph Reindl: * 1812 Bamberg; † 1852 München; [Huber,U.], 570
[7] Georg Recht: * 1813 Ried bei Miesbach; † 1873 München; Schüler von Desberger ([Huber,U.], 570), 1836 Examen (Math., Physik), 1840 Prom., 1842 Hab. PD U München und Lehrer Kreis-, Landwirtschafts- und Gewerbeschule München; von 1836 bis 1868 auch Mathematiklehrer am Ludwigsgymnasium ([Guggenberger], 129); s.a. Schriftenverzeichnis: [Uebele], 32; [Lindemann 1898], 68.
[8] Näheres dazu siehe [Neuerer], 113-117.
[9] [Uebele], 22

## 4.9 Hierl, Reindl und Recht

allgemein erwachenden historischen Interesse entsprechend - "Geschichte und Literatur der Mathematik" (sechsstündig) an.

Wie war es zu diesen Unterschieden der Hörerzahlen etwa in Elementarmathematik und Trigonometrie gekommen? LUDWIG I. hatte 1839 nach längeren Diskussionen[1] die Inhalte der obligatorischen Mathematikvorlesungen auf eine Wiederholung der Gymnasialmathematik, d.h. auf Elementarmathematik ohne Trigonometrie eingeschränkt. Außerdem wurde Mathematik nur noch im ersten Semester des viersemestrigen Grundstudiums gelehrt. Im anschließenden Fachstudiumsangebot für - wie auch in Preußen[2] - nur wenige spezialisierte Mathematikstudenten ging man kaum über die genannten Spezialvorlesungen hinaus. Hierin war München mit den übrigen deutschen Hochschulen weitgehend vergleichbar.

Obwohl in Göttingen GAUß, in Leipzig MÖBIUS, in Bonn PLÜCKER und in Erlangen VON STAUDT wissenschaftlich hervortraten, waren sie in ihrer Lehrtätigkeit verhältnismäßig zurückhaltend[3]. Mathematische Forschungsergebnisse wurden überwiegend in den Akademien diskutiert[4] oder in Zeitschriften veröffentlicht - wie etwa in dem 1826 von AUGUST L. CRELLE gegründeten *Journal für reine und angewandte Mathematik*, das dreißig Jahre lang die einzige deutschsprachige mathematische Zeitschrift war[5], insofern man von dem 1841 gegründeten, für Gymnasiallehrer bestimmten *Archiv für Mathematik und Physik* (Hrsg. GRUNERT) absieht[6]. 1856 wurden die *Zeitschrift für Mathematik und Physik* (Hrsg. SCHLÖMILCH) und 1869 die *Mathematischen Annalen* (Hrsg. CLEBSCH/NEUMANN) gegründet[7].

Lediglich in Berlin bei DIRICHLET und in Königsberg bei JACOBI gab es bereits Mitte der 1830er Jahre ein reicheres Vorlesungsangebot, das auch partielle Differentialgleichungen, elliptische Funktionen und Zahlentheorie umfaßte[8]. Von ihnen gingen wichtige Impulse aus. JACOBI und DIRICHLET

---

[1] s. [Uebele], 12-17
[2] [Schubring 1989], 266
[3] [Lindemann 1898], 7; vgl. auch [Gericke 1955], 54
[4] Seit 1808 waren Gauß, Carnot, Lagrange, Laplace und Monge Mitglieder der Bayerischen Akademie ([Faber 1959], 3).
[5] [Säckl], 53
[6] [Säckl], 58
[7] Dabei entwickelte sich das "Journal" schwerpunktmäßig zum Organ der Berliner, die "Annalen" zum Organ der Göttinger Schule.
[8] [Säckl], 84

## 4. Fachstudium in Landshut und München (1800-1848)

wußten ihre Schüler für neueste Forschungsergebnisse zu begeistern[1]. JACOBI las ab 1829/30 über die Theorie der elliptischen Transzendenten, gelegentlich sogar zehnstündig - und machte so seine Forschungsarbeit zum Mittelpunkt seines Unterrichts[2].

Durch die Berufung von Dozenten der Königsberger Schule wurde auch das mathematische Leben an der Münchner Universität in der zweiten Hälfte des 19. Jahrhunderts in besonderer Weise nachhaltig bereichert. Unterstützt wurde diese Entwicklung durch die endgültige Abschaffung des Bienniums (1847) und durch die von MAXIMILIAN II. JOSEPH[3] angeordnete Reform der Universitätssatzung (1849), die zu einem Aufschwung der Universität führte[4]. Auf die Revolution von 1848 folgte die Abdankung LUDWIGs I. und die Thronbesteigung seines den Wissenschaften gegenüber aufgeschlossenen Sohnes. Vor allem den Naturwissenschaften verschaffte MAXIMILIAN II. durch großzügige Unterstützung freiere Wirkungsmöglichkeiten. So wie sein Vater die Kunst, so belebte MAX II. durch eine Reihe von Neuberufungen namhafter Persönlichkeiten - auch aus Norddeutschland - in München Bildung und Wissenschaft[5].

---

[1] [Lindemann 1898], 7
[2] [Gericke 1955], 54
[3] Maximilian II. Joseph: * 1811, † 1864; ab 1848 König Max II. von Bayern
[4] Vgl. auch [Uebele], 17.
[5] Etwas kühn scheint allerdings die Behauptung über Max II., "daß unter seiner Förderung in der Mitte des 19. Jahrhunderts München zur Hauptstadt der Wissenschaften in Deutschland und seine Universität zum Mittelpunkt naturwissenschaftlicher Forschung und Lehre wurde" ([Neubig], 28).

## 5. Die Konstituierung mathematischer Forschung an der Universität in der zweiten Hälfte des 19. Jahrhunderts

### 5.1 Philipp Ludwig Seidel

*5.1.1 Einfluß der Berliner und der Königsberger Schule*

Die Abschaffung des propädeutischen Grundstudiums im Jahr 1847 erlaubte nun endgültig, die bisher vielfach noch als allgemeinbildend angesehenen Fächer der Philosophischen Fakultät zu Hauptstudienfächern zu erheben; ein Prozeß, der sich - wie oben dargestellt - schon Jahrzehnte früher abzeichnete[1]. Damit und mit der Berufung besonders auf diese Studienfächer spezialisierter Wissenschaftler erhielt die Philosophische Fakultät ihre von den anderen Fakultäten nunmehr unabhängige Eigenständigkeit. Ihre Aufgabe war im besonderen die Ausbildung der Lehrer an höheren Schulen. Die mathematischen Vorlesungen, die bisher vorwiegend der Vermittlung elementarer Methoden dienten, wurden zu Einführungen in die mathematische Wissenschaft.

An diesem Aufschwung waren im Bereich der Mathematik die Ordinarien SEIDEL und BAUER maßgebend beteiligt. Beide wirkten jeweils über drei Jahrzehnte auf ihren Lehrstühlen. PHILIPP LUDWIG SEIDEL[2], "ein Mathematiker von Rang", der "wie so mancher Mathematiker zuerst Astronom werden wollte"[3], hatte bei DIRICHLET[4] und JAKOB STEINER[5] in Berlin und mit HEINE

---

[1] Zur analogen vorangehenden Entwicklung in Preußen vgl. [Schubring 1989], 267.
[2] Philipp Ludwig Seidel: * 1821 Zweibrücken; † 1896 München; ab 1851 Akademiemitglied; ab 1871 Konservator der math.-phys. Staatssammlung; Kurzbiographie: [Huber,U.], 573 f.; [ADB]; [Poggendorff]; Nachruf, Lebenslauf und ausführliches Schriftenverzeichnis in: Lindemann-Rede auf Seidel ([Lindemann 1898]).
[3] [Faber 1959], 17
[4] Peter Gustav Lejeune-Dirichlet: * 1805 Düren b.Aachen, † 1859 Göttingen; 1822 Stud. Paris, 1827 PD Berlin, 1828 ao.Prof. Breslau, 1831 Berlin, 1839 o.Prof., 1855 Göttingen (Nachf. v.Gauß).
[5] Jakob Steiner: *1796 Kanton Bern, † 1863 Bern; 1818 Stud. Heidelberg, 1821 Lehrer Berlin, 1834 ao.Prof. U Berlin, 1834 Preuß.Akad.Mitgl.

## 5. Die Konstituierung von Forschung und Seminar

bei JACOBI[1] und BESSEL[2] in Königsberg studiert[3]. HEINE (1821-1881) wurde später durch sein "Handbuch der Kugelfunktionen"[4] bekannt. Auch der erste Mathematiker der TH München OTTO HESSE[5] stammt aus der Schule JACOBIS.

Schon durch seinen Mathematiklehrer am Gymnasium in Hof, der ein Schüler von GAUß war, war SEIDEL besonders gefördert worden. Allerdings war sein Vater anfangs gegen das Mathematikstudium eingestellt, "da man damit keinen Hund aus dem Ofen locken könne"[6]. SEIDEL genoß den Vorzug, 1840 in das Privatseminar von DIRICHLET aufgenommen zu werden, in dem unter anderem Fragen aus dem Gebiet der Kettenbrüche, der Gamma-Funktion, der elliptischen Integrale, der Konvergenz von Reihen, der Wahrscheinlichkeitsrechnung und der algebraischen Geometrie behandelt wurden[7].

Neben dem Berliner Privatseminar gehörte das Königsberger Seminar (1834) zu den ersten, die damals gegründet worden waren. Zwar wird das von JACOBI in Königsberg eingerichtete Seminar in der Regel als das erste angesehen, da das rein mathematische Berliner Seminar erst 1864 gegründet wurde, doch hat es auch an anderen Universitäten durchaus mehrere Vorstufen gegeben; so etwa in München in den 1820er Jahren, als der Astronom GRUITHUISEN Übungen im numerischen Kalkül veranstaltete[8]. Erwähnt sei auch das für das Lehrergrundstudium um 1831 vorübergehend eingerichtete mathematische Seminar an der Universität in Münster, die von 1818 bis 1902 den Status einer Philosophisch-Theologischen Lehranstalt bzw. Aka-

---

[1] Carl Gustav J. Jacobi: * 1804 Potsdam, † 1851 Berlin; 1821 Stud. U Berlin, 1825 Prom. und Hab., 1826 Königsberg, 1834 Seminargründung, 1844 lesendes Akad.-Mitgl. Berlin.
[2] Friedrich Wilhelm Bessel: * 1784 Minden, † 1846 Königsberg; Autodidakt, 1806 Ass. Sternw. Bremen, 1809 Lt. Sternwarte Königsberg i.Pr., Prom. Göttingen, 1813 Prof. Königsberg.
[3] [Lindemann 1898], 4
[4] 2 Bde. 1878/1881
[5] Otto Hesse: * 1811, † 1874; 1840 Prom. und 1845 ao.Prof. Königsberg; 1855 o.Prof. Halle, 1856 Heidelberg, 1868 TH München; [DSB], VI, 357; Ges.Werke. Hrsg. v. d. BAdW. München 1897.
[6] [Lindemann 1898], 20
[7] [Gericke;Uebele], 391; s.a. [Lorey 1916], 120.
[8] vgl. [Lorey 1916], 112; s.a. 4.9

## 5.1 Philipp Ludwig Seidel

demie hatte[1]. Dem Königsberger Seminar folgend hat in München SEIDEL 1856 ein mathematisches Seminar miteingerichtet[2].

Als JACOBI 1843 erkrankte[3], ging SEIDEL nach München - mit einer Empfehlung BESSELs an seinen früheren Schüler V. STEINHEIL[4]. SEIDEL führte hier mit dem von V. STEINHEIL entwickelten Photometer Sternhelligkeitsmessungen durch und begründete die praktische Photometrie[5]. Wohl auf Veranlassung von GAUß wurde ihm für die Entwicklung des Photometers ein Preis der Göttinger Societät der Wissenschaften zuerkannt[6]. Nach der Promotion über Spiegelformen von Teleskopen[7] habilitierte sich SEIDEL mit dem Thema "Untersuchungen über die Konvergenz und Divergenz der Kettenbrüche". Man mag dabei an DIRICHLETs Einfluß denken[8]: DIRICHLETs Konvergenzbeweise wurden als mustergültig angesehen[9]. Über Kettenbrüche hat in München später insbesondere PERRON gearbeitet. Mit 26 Jahren wurde SEIDEL 1847 Extraordinarius[10].

In einem ausführlichen, an Senat und Ministerium gerichteten Gesuch bittet SEIDEL[11] sieben Jahre später um die Ernennung zum ordentlichen Professor. Es verdient, näher betrachtet zu werden. SEIDEL weist in diesem Gesuch zunächst auf seine wissenschaftlichen Leistungen hin:

"Von der Überzeugung durchdrungen, daß derjenige, welcher eine Professur an der ersten bayerischen Universität, zugleich einer der ersten Deutschlands, mit Ehren ausfüllen will, nicht bloß den Pflichten eines Lehrers zur Noth zu genügen habe, sondern im Stande sein müßte, sein Fach auch in den weiteren Kreisen als Gelehrter zu vertreten, ist der allerunterthänigst Unterzeichnete bemüht gewesen, sich auf dem Gebiete der Wissenschaft nach seinen Kräften thätig zu erweisen. Er glaubt namentlich in drei Richtungen, theils der reinen und

---

[1] [Schubring 1985]
[2] Dabei scheint Seidel auf Ausgewogenheit geachtet zu haben, damit das Seminar - etwa durch freiwilligen und nicht obligatorischen Besuch - nicht zu der von Bessel befürchteten Einschränkung der Studienfreiheit ([Schubring 1985], 166) führt. Näheres s. 5.3.
[3] [Lindemann 1898], 11
[4] [Lindemann 1898], 4f.
[5] [Gericke;Uebele], 393
[6] [Lindemann 1898], 12 und 64 f.: Brief von Gauß an Seidel
[7] 1846; s.a. [Huber,U.], 455
[8] Vgl. auch [Lindemann 1898], 13.
[9] [Säckl], 88
[10] Ernennung am 13.1.1847; UAM: Sen 208/11.
[11] Vom 11.7.1854; UAM: Sen 208/14.

## 5. Die Konstituierung von Forschung und Seminar

theils der angewandten Mathematik angehörig, - nehmlich in der Theorie der Kettenbrüche, in demjenigen Theile der Astronomie, welcher sich mit der Untersuchung der Helligkeit der Gestirne beschäftigt, und in der analytischen Dioptrik, - neue Wege betreten, und in diesen drei Gebieten, von welchen zwei noch sehr wenig ausgebaut waren, während auf dem dritten schon eine große Zahl der ersten Gelehrten ihre Kraft erprobt haben, durch ihm eigenthümliche Leistungen zur Bereicherung der Wissenschaft beigetragen zu haben."

Dann geht SEIDEL auf seine Lehrtätigkeit ein und hebt hervor, daß er - soweit es ihm seine Stellung ermöglichte - bemüht war, "den Bedürfnissen derjenigen Studierenden Rechnung zu tragen, welche tiefer in die Wissenschaft einzudringen begehrten," was damals durchaus noch nicht selbstverständlich erschien. Dabei hat er, wie er bemerkt, im WS 1853/54 in seiner Vorlesung über Differential- und Integralrechnung mit 29 eingeschriebenen eine "sehr ungewöhnlich" Zahl von Zuhörern[1], "nachdem die berufensten Meister seiner Wissenschaft zu der Zeit, als er in Berlin und Königsberg das Glück hatte, zu ihren Schülern zu gehören, nie so viele, selten die Hälfte dieser Anzahl von Zuhöreren gehabt haben." Allerdings haben von seinen Studenten "25 Nichts bezahlt".

Schließlich macht SEIDEL auf die kümmerliche Stellung der Mathematik gegenüber den anderen Fächern der Philosophischen Fakultät besonders aufmerksam: "Das Fach der höhern Mathematik, welchem er seine Thätigkeit gewidmet hat, ist an der hiesigen Hochschule schon seit geraumer Zeit durch *keinen* Ordinarius vertreten[2], während es an anderen Anstalten gleichen Ranges zum Theil durch drei und vier derselben repräsentirt ist."

Dem sorgfältig erstellten, durchaus objektiven Gesuch wurde entsprochen. SEIDEL wurde am 20.1.1855 zum Ordinarius ernannt[3] und wirkte weiterhin vier Jahrzehnte, nach der Emeritierung (1891) noch bis zu seinem Tod 1896, in München. Allerdings wurde seine Vorlesungstätigkeit durch ein Augenleiden, das in seinem letzten Lebensjahrzehnt zur Erblindung führte, schon ab den siebziger Jahren eingeschränkt. Verdienste erwarb sich SEIDEL

---

[1] Im WS 1853/54 waren unter den insgesamt 402 Lehramtsstudenten der Philosophischen Fakultät 33 als Mathematiker immatrikuliert ([Neuerer], 226).
[2] Damals (1854) war nur das zweite Ordinariat durch Hierl besetzt, der aber nicht die höhere Mathematik vertrat (siehe 4.9).
[3] UAM: E II 518.

## 5.1 Philipp Ludwig Seidel

auch durch sein Bemühen um die Angliederung der Sternwarte in Bogenhausen an die Universität.

Schon V. STEINHEIL hat SEIDEL für den "geeigneten Mann" gehalten, "unseren tief darniederliegenden mathematischen Studien an der Universität neuen Aufschwung zu geben"[1]. Während LINDEMANN bemerkt[2], VON STEINHEILs Urteil "passte damals auch auf die anderen deutschen Universitäten" und SEIDELs Berufung würden im wesentlichen zunächst "Schwierigkeiten hauptsächlich confessioneller Natur" entgegengestanden haben, führen neuere Untersuchungen dies auf das taktische Vorgehen des damaligen Innenministers ABEL zurück[3]: "Es war wesentlich ABELs und VON STEINHEILs Verdienst, die Blockade des Königs gegen Höhere Mathematik auf die konfessionelle Bahn abgelenkt zu haben."[4] LINDEMANN, der ebenfalls aus Königsberg nach München kam, charakterisiert die Jahrhundertmitte in seiner Gedächtnisrede folgendermaßen[5]:

> "Es handelt sich hier um die grosse Zeit der Wiedergeburt der Mathematik in Deutschland, die wir vor allen Dingen der Königsberger Schule zu verdanken haben; gab es doch eine Zeit, wo fast alle Lehrstühle an deutschen Hochschulen von früheren Königsbergern besetzt waren."

### 5.1.2 Einführung des wissenschaftlichen Studiums

Wie LINDEMANN weiter schreibt, war SEIDEL "der erste, der in Bayern das wissenschaftliche Studium der Mathematik einführte"[6]. Ab 1847 ergänzte SEIDEL die genannten, noch weitgehend elementarmathematischen Vorlesungen[7] von RECHT und HIERL durch neue Themen. So bot er unter anderem anfangs folgende Vorlesungen an:

- "Lehre von den Reihen, als Einleitung in die Analysis" (SS 1847),
- "analytische Dioptrik" (WS 1848/49),
- "Theorie der Kettenbrüche" (WS 1849/50; SS 1850),

---

[1] [Lindemann 1898], 17
[2] [Lindemann 1898], 66 f.
[3] [Huber,U.], 456
[4] Zur Berufungspolitik im Bereich der Mathematik von 1841 bis 1847 siehe [Huber,U.], 452-457.
[5] [Lindemann 1898], 12
[6] [Lindemann 1898], 17
[7] Siehe 4.9

## 5. Die Konstituierung von Forschung und Seminar

- "sphärische Astronomie" (WS 1847/48) und
- "Elemente der Wahrscheinlichkeitsrechnung" (SS 1851)[1].

Er ging allerdings nicht so weit, Veranstaltungen über neue Forschungsarbeiten - wie in Königsberg und Berlin üblich - zu halten. Aus eigener Erfahrung wußte er, wie schwierig es ist, damit breiteres Interesse zu finden; zumal die Prüfungsordnung derartige Vorlesungen nicht vorschrieb[2].

Doch die von SPÄTH ab 1826 eingeführten mehrsemestrigen Kurse zur Differential- und Integralrechnung[3] wurden nun zu einer festen Einrichtung. Diese Vorlesung wurde etwa im SS 1848 bzw. im WS 1850/51 dreifach angeboten: von HIERL, RECHT und SEIDEL bzw. REINDL. Im Vorlesungsplan[4] des Wintersemesters 1850/51 sind die Wochenstunden nicht immer angegeben worden. Bei der Angabe "täglich" ist von sechs Wochenstunden auszugehen.

---

1850/51:   *E. Philosophische Facultät.*

[keine Unterteilung nach Fachgebieten; Wochenstunden in Klammern]

| | | |
|---|---|---|
| HIERL | Elementar-Mathematik | (6) |
| | Differential- und Integral-Kalkul | (6) |
| | Forstliche Mathematik | (6) |
| | Praktische Geometrie | (6) |
| | Situationszeichnen | (6) |
| OHM | Ueber die beim Unterricht in der Arithm. zu befolgende Methode für solche, die darin Lehrer werden wollen | (4) |
| REINDL | Differential- und Integralrechnung | (6) |
| | Ueber Elementar-Mathematik | (4) |
| SEIDEL | Sphärische Astronomie | (4) |
| RECHT | Elementar-Mathematik | (6) |
| | Analytische Geometrie | |
| | Fortsetzung der Differential- und Integral-Rechnung | |

---

[1] [Vorl.-Verz.]
[2] [Säckl], 85 f.
[3] siehe 4.5
[4] [Vorl.-Verz.]

## 5.1 Philipp Ludwig Seidel

### 5.1.3 Gleichmäßige Konvergenz

Auf wissenschaftlichem Gebiet trat SEIDEL besonders durch seine 1848 in den Abhandlungen der Bayerischen Akademie der Wissenschaften erschienene Arbeit "Über eine Eigenschaft der Reihen, welche discontinuirliche Functionen darstellen"[1] hervor. Er untersucht darin eine konvergente Reihe, deren Glieder zwar stetige Funktionen darstellen, die aber an einzelnen Stellen unstetig ist. Seinen diesbezüglichen Satz formuliert er folgendermaßen:

"*Theorem*: Hat man eine convergirende Reihe, welche eine discontinuirliche Function einer Grösse x darstellt, von der ihre einzelnen Glieder continuirliche Functionen sind, so muss man in der unmittelbaren Umgebung der Stelle, wo die Function springt, Werthe von x angeben können, für welche die Reihe beliebig langsam convergirt"[2].

Mit der Aufklärung dieses Zusammenhanges hatte SEIDEL die Eigenschaft der sogenannten ungleichmäßigen Konvergenz gefunden. Bereits 1826 hatte ABEL auf ein erstes Beispiel hingewiesen[3]:

Die Reihe $\sum_{1}^{\infty} \frac{(-1)^{n+1} \cdot (\sin n \cdot \alpha)}{n}$ konvergiert für alle $\alpha \in \mathbf{R}$ und ist als Sägezahnkurve bei $\alpha = (2k + 1)\cdot\pi$ für ganzzahliges k unstetig. Die Reihe stellt dabei die Fourier-Entwicklung von x/2 im Intervall $-\pi < x < \pi$ dar[4]. ABEL hat sich allerdings nicht um eine nähere Aufklärung des Problems der Unstetigkeit der Summenfunktion bemüht[5].

Die Entdeckung der gleichmäßigen Konvergenz ist als eine der wichtigsten Leistungen SEIDELs anzusehen[6]. Zudem ist sein methodisches Vorgehen der Beweisfindung bemerkenswert[7].

Der Begriff der gleichmäßigen Konvergenz erhielt später durch KARL WEIERSTRAß[8] seinen festen Platz in der Analysis. Die Begriffsbildung geht

---

[1] [Seidel]
[2] [Seidel], 383
[3] [Abel], 316
[4] Den direkten Beweis für die beliebig langsame Konvergenz von Fourierreihen an ihren Sprungstellen durch Rechnung hat erst 1881 Lindemann geliefert: [Lindemann 1881].
[5] Zur Einordnung vgl. auch [Säckl], 35 f. u. 230/33.
[6] Vgl. auch [Lindemann 1898], 72 u. 13; [Gericke;Uebele], 390.
[7] Mit der Entdeckungsgeschichte des Begriffs und dem methodischen Vorgehen hat sich Spalt in [Spalt], 1-101 auseinandergesetzt.

## 5. Die Konstituierung von Forschung und Seminar

vermutlich auf GUDERMANN (1798-1851) zurück, dem Lehrer von WEIERSTRAß[1]. GUDERMANN war mit seiner Vorlesung "Theorie der Modular- oder doppelperiodischen Funktionen" nach JACOBI der erste, der über elliptische Funktionen las[2]. 1870 fand SEIDELs Studienkollege HEINE entsprechend den Begriff der gleichmäßigen Stetigkeit einer Funktion[3].

Daneben arbeitete SEIDEL auf dem Gebiet der Wahrscheinlichkeitsrechnung, der Dioptrik und Photometrie[4]. Bei seinen optischen und astronomischen Arbeiten war er auf Gleichungen mit über 70 Unbekannten gestoßen. Zur Lösung entwickelte er ein noch Mitte des 20. Jahrhunderts benutztes Näherungsverfahren und bewies dessen Konvergenz[5]. Er verstand es, auch technische Gesichtspunkte zu berücksichtigen. Die Verbindung zur Technik war vielfach enger als heute - eine Folge der führenden Rolle, die die angewandte Mathematik an der Universität vor allem bis zur Gründung der Technischen Hochschule (1868) spielte.

### 5.2 Die Entwicklung der technischen Richtung durch angewandte Mathematiker

*5.2.1 Technische Vorlesungen an der Universität*

Man möchte fragen: Wie kam es zur Gründung der Technischen Hochschule? Welche Vorstufen führten dazu? Inwiefern waren daran die Universitätsmathematiker beteiligt?

---

[8] Karl Theodor Wilhelm Weierstraß: * 1815, † 1897; 1834/38 Stud.(u.a.Jura) U Bonn, 1838/40 Stud.(Math.) Münster, 1841 StExamen u. Probejahr Paulinum Münster, 1842/48 Lehrer Math./Phys. Progymn. Deutsch-Krone i.Westpr., 1848/56 OLehrer Gymn. Braunsberg i.Ostpr., 1856 Prof. Gewerbeinst. u. ao.Prof. U Berlin, 1864/92 o.Prof. U Berlin; 1856 Mitgl. d.Berliner und (1861 korr.) 1863 auswärtiges Mitgl. d. Bayer.Akad.d.Wiss.; s. Nachruf v. Emil Lampe in JDMV 6(1897)27-44.

[1] [Forster], 429
[2] [Wußing], 402
[3] [Säckl], 36
[4] Näheres siehe [Lindemann 1898], 15; [Gericke;Uebele], 394 f.
[5] [Faber 1959], 18

## 5.2 Die Entwicklung der technischen Richtung

Neben der nach französischem Vorbild 1827 eingerichteten Polytechnischen Centralschule[1] waren auch an der Münchner Universität technische Vorlesungen Ende der 1820er Jahre nicht ungewöhnlich. So bot im WS 1826/27 bzw. 1827/28 der Ingenieur und Oberbergrat JOSEPH V. BAADER[2], ein "unermüdlicher Vorkämpfer für das Eisenbahnwesen"[3], "Allgemeine Maschinenkunde" bzw. "Maschinenlehre und Maschinenkunde" dreistündig an[4]. Die Eröffnung der Eisenbahnlinie Nürnberg-Fürth am 7.12.1835 erlebte er gerade nicht mehr. Auch später standen noch die Eisenbahnen "im Vordergrund des Interesses"[5].

Erstaunlich ist nun: Meistens wurden sogar die mechanisch-technischen Vorlesungen von Mathematikern gehalten, vielleicht weil sie noch durchwegs mit anwendungsbezogenen mathematisch-physikalischen Themen vertraut waren; so etwa mit "Practischer Geometrie", d.h. Feldmessung, wie sie der Geometer JOSEPH ARNOLD (1782-1851) im SS 1828 und WS 1828/29 las. Den Vorlesungsverzeichnissen entnehmen wir folgende Beispiele: im SS 1828 bot SPÄTH "Technische Geometrie" und im SS 1831 DESBERGER "Maschinenlehre" an[6]. Außerdem hielt etwa der Privatdozent PETER LACKERBAUER[7] von 1829 bis 1837 neben mathematischen Vorlesungen unter anderem auch einige über Vermessungskunde und Maschinenlehre; z.B. im SS 1833 "Angewandte Mathematik, in Verbindung mit Physik und Theorie der Dampfmaschinen". Nicht zuletzt forderte die zunehmende Industrialisierung eine wissenschaftlich fundierte Technik, wobei "vor allem angewandte Mathematik und Chemie Pionierfunktionen hatten"[8].

Wie wir gesehen haben, wurde mit den Reformbestrebungen der Aufklärung[9] auf den praktischen Nutzen der Wissenschaften zunehmend Wert gelegt. So beklagte 1810 FRIEDRICH AST in einem Brief[10]:

---

[1] Siehe 4.8.
[2] Joseph v. Baader: * 1763 München; † 1835; Bruder des Philosophieprofessors und Akademiemitglieds Franz Xaver v.B. (1765-1841) und des Schulrats Clemens Aloys v.B. (1762-1838); vgl. auch [Neubig], 22.
[3] [Uebele], 31
[4] [Vorl.-Verz.]
[5] [Dyck 1920], 11
[6] [Vorl.-Verz.]
[7] Siehe [Uebele], 34.
[8] [Boehm;Müller], 282
[9] Siehe etwa Ickstatt in 3.4.
[10] [Boehm;Müller], 270

## 5. Die Konstituierung von Forschung und Seminar

"Die Zeit des freien Denkens und Lehrens, die Zeit, wo die Wissenschaft als solche galt, wo man nicht die Frage aufwarf, was nützt das für das praktische Leben, scheinen unwiderruflich vorüber zu sein."

Zwar führte schon bald das neuhumanistische Bildungsideal zu einer einflußreichen Gegenbewegung, doch konnte sie die Entwicklung der Technik und der angewandten Naturwissenschaften bis hin zur Einrichtung technischer Hochschulen nicht aufhalten.

In München war 1804 von dem Unternehmer JOSEPH UTZSCHNEIDER (1763-1840), dem Mechaniker GEORG REICHENBACH (1772-1826) und dem Uhrmacher JOSEPH LIEBHERR (1767-1840) ein mathematisch-mechanisches Institut eingerichtet worden. Dieses Institut war der Grundstein für die feinmechanisch-optische Industrie Münchens, die sich im 20. Jahrhundert zur elektro-technischen und schließlich zur "High-Tech"-Industrie weiterentwickelte. Die Gläser für die europaweit geschätzten "astronomischen und mathematischen Instrumente"[1] lieferte ab 1809 das optische Institut von JOSEPH FRAUNHOFER (1787-1826) in Benediktbeuern, das auch GAUß besucht hatte[2]. Obwohl im beginnenden 19. Jahrhundert in Deutschland die Naturwissenschaften und die Technik gegenüber den Geisteswissenschaften noch wenig Beachtung fanden, hatte man hierdurch in München, nachdem auf diesem Gebiet die einst hervorragende Bedeutung von Nürnberg und Augsburg zurückgegangen war, schon bald der weiteren Entwicklung eine besondere Richtung gewiesen[3].

1833 wurde neben der 1827 gegründeten "Polytechnischen Centralschule in München"[4] eine "Technische Hochschule" als formale Zusammenfassung der Staatswirtschaftlichen Fakultät der Universität, der Akademie der bildenden Künste und der Landwirtschaftsschule Schleißheim eingerichtet[5]. Dozent für Mathematik und Physik an dieser "Technischen Hochschule" war ab 1838 CASPAR LEONHARD EILLES[6], der zugleich Lehrer am damals zentral

---

[1] Im wesentlichen Beobachtungs- und Meßinstrumente.
[2] [Neubig], 21
[3] Näheres s.a. [Brachner 1986].
[4] Siehe 4.8.
[5] Siehe [Huber,U.], 150-166: "Staatswirtschaftliche oder Kameralistische Fakultät? Die Gründung einer Technischen Hochschule"; [Uebele], 11; [Mackensen], 221.
[6] Caspar Leonhard Eilles: * 1805 Amberg; † 1882 München; 1826 StExamen, 1827/28 u. 1836/38 Polytechn.Schule München, 1828 Gymn. Amberg, 1831 Lyzeum Dillingen; UAM: E II 441; [Huber,U.], 557; [Uebele], 35.

## 5.2 Die Entwicklung der technischen Richtung

hinter der Michaelskirche gelegenen Ludwigsgymnasium war[1]. 1839 hatten sich von den insgesamt 1424 Studenten der Universität allein 129 für technische Studiengänge wie Architektur, Forst-, Land- und Betriebswirtschaft eingeschrieben[2].

Bald wurde jedoch diese Technische Hochschule vom Innenminister wieder aufgelöst, ein Teil der polytechnischen Zentralschule angegliedert[3] und der Staatswirtschaftlichen Fakultät eine stärker technische Orientierung belassen[4]. Die technische Ausrichtung beschränkte sich nicht allein auf die Vorlesungen. So erschienen in den 40er Jahren von dem Privatdozenten KARL WILHELM DEMPP[5], der ab 1834 zugleich Lehrer für Mathematik und Physik an der Polytechnischen Zentralschule war[6] und neben reiner und angewandter Mathematik über Baukunde und Maschinenlehre las, verschiedene Werke über Anwendungen der Mathematik in der Bautechnik[7]. Sein "Handbuch der theoretischen und praktischen Geometrie" (München 1840) ist, wie dem Untertitel zu entnehmen ist, gedacht "zunächst für Bau- und Werkmeister, Baupariere[8] und für Bauwerkleute eines jeden Baufaches überhaupt". Einen ähnlichen Adressatenkreis hat DEMPPS

"Vollständiges Rechenbuch mit Einschluß der Flächen- und Körperberechnungen und einer Zugabe über Anfertigung der Kostenanschläge. Zunächst für Schüler an Baugewerksschulen und Baugewerksleute überhaupt, namentlich für Maurer, Steinmetzen und Zimmerleute" (München (1.Aufl.1834) 3.Aufl.1847).

Beide Werke gehören zu den wenigen Lehrbüchern, die sich die Berücksichtigung des speziellen Mathematikunterrichts an den polytechnischen Schulen zur Aufgabe machten[9].

---

[1] Ab 1834 als Lehrer, ab 1851 als Konrektor; 1868 Ruhestand; siehe [Guggenberger], 129 und 121.
[2] [Uebele], 23
[3] [Ströhlein], 216
[4] [Huber,U.], 165
[5] Karl Wilhelm Dempp: * 1809 Neisse/Schlesien; † 1848 München; 1827-1848 Privatdozent U München; UAM: E II 436.
[6] [Huber,U.], 555
[7] [Uebele], 34
[8] Heute "Baupoliere".
[9] Vgl. [Hensel], 14

## 5. Die Konstituierung von Forschung und Seminar

### 5.2.2 Mathematik an den neugegründeten Realgymnasien

Der verbreitete Wunsch nach einer besonderen Förderung der mathematisch-naturwissenschaftlichen Fächer an den höheren Schulen führte "nach langem Zögern"[1] im Jahr 1864 zur Gründung der ersten Realgymnasien in Bayern: in München, Augsburg, Nürnberg und Würzburg - die Oberrealschulen wurden ab 1907 eingerichtet[2]. Dies hat die Hochschulmathematik allmählich vom elementaren Unterricht entlastet, wodurch andererseits nun die wissenschaftliche Entwicklung gefördert wurde. Vor allem Mathematik und technisches Zeichnen wurden an den Realgymnasien schwerpunktmäßig gepflegt. In den Oberklassen umfaßte der Unterricht in Mathematik sieben bis acht und in Zeichnen sechs Wochenstunden, dagegen nur drei in Latein[3]. Gegenüber den humanistischen Gymnasien hatte man am *Kgl. Realgymnasium München*[4] von Anfang an als neues Fach "Darstellende Geometrie" eingerichtet und den Mathematikunterricht um folgende Gebiete erheblich erweitert[5]:

Kombinatorik, Wahrscheinlichkeitsrechnung[6], arithmetische Reihen höherer Ordnung, allgemeinere Sätze aus der Reihenlehre, Kettenbrüche, Auflösungsmethoden von Gleichungen vierten Grades, Lehrsätze über höhere algebraische Gleichungen und Determinanten; dazu Gaußsche Gleichungen und Nepersche Analogien in der sphärischen Trigonometrie.

Wie die Unterrichtspraxis zeigte, war das - selbst bei einer derart hohen Wochenstundenzahl - ein überaus anspruchsvolles Programm. Erst der Lehrplan von 1891 brachte durch entsprechende Kürzungen "eine wesentliche Einschränkung und Erleichterung"[7]. Ebenso für die humanistischen Gymnasien, für die 1866 GUSTAV BAUER einen eigenen Mathematiklehrplan

---

[1] [Wieleitner 1910], 27 u. 40
[2] [Wieleitner 1910], 1 ff.
[3] [Bauernschmidt], 12 f.
[4] heute: Oskar-von-Miller-Gymnasium
[5] Die Differential- und Integralrechnung war noch den Hochschulen vorbehalten. Nach [Eccarius 1987], 56 wurde sie jedoch bereits in Thüringen seit der Jahrhundertmitte "auf den höheren Schulen des Realtyps" behandelt.
[6] Dieses in den 1970er Jahren "neu" in der Kollegstufe eingerichtete Gebiet gehörte also bereits im 19. Jahrhundert zur Schulmathematik.
[7] [Bauernschmidt], 31 f.

## 5.2 Die Entwicklung der technischen Richtung

- der auch Kettenbrüche, Wahrscheinlichkeitsrechnung und sphärische Trigonometrie umfaßte - ausgearbeitet hatte[1].

### 5.2.3 Gründung der Technischen Hochschule München

Vier Jahre nach den Realgymnasien kam es 1868 unter anderem für deren Absolventen zur Gründung der "Königlich Polytechnischen Schule zu München". Gewisse Vorbilder waren die Technischen Hochschulen in Karlsruhe (1825 gegr.), Hannover (1831) und Zürich (1855)[2]. 1877 erfolgte die Umbenennung in "Technische Hochschule"[3]. Zusammen mit Braunschweig und Darmstadt, die im gleichen Jahr umbenannt wurden, gehörte damit die TH München zu den drei ersten so bezeichneten "Technischen Hochschulen" des Deutschen Reiches[4]. Seit 1970 trägt sie die Bezeichnung "Technische Universität".

Initiator und Organisator war CARL MAXIMILIAN VON BAUERNFEIND[5], der schon 1856 die Gründung geplant hatte. In seiner Eröffnungsrede sprach er "Über den Einfluß der exakten Wissenschaften auf die allgemeine Bildung und auf die technischen Wissenschaften insbesondere". Für die Gründung waren dabei

"nicht die Bedürfnisse einer privaten Industrie, (...) sondern vielmehr die Forderung des Staates nach einer gründlichen Ausbildung seiner Ingenieure"

bestimmend[6]. Neben der Allgemeinen Abteilung, der die Mathematik angehörte, wurde jeweils eine Abteilung für Bauingenieure, Architekten, Maschineningenieure und Chemiker eingerichtet.

Da mathematisch-technische Studiengänge bereits seit Jahrzehnten an der Universität München etabliert waren, konnte z.B. auch Mathematik an der neuen Technischen Hochschule von Beginn an wie an der Universität studiert werden, was lange Zeit für die technischen Hochschulen in

---

[1] [Wieleitner 1910], 10 f.
[2] [Mackensen], 221 f.; s.a. [Boehm;Müller], 282 ff.
[3] [Ströhlein], 216
[4] [Hensel], 246
[5] Carl Maximilian von Bauernfeind: * 1818, † 1894, Schüler von Georg Simon Ohm.
[6] [Dyck 1920], 11

## 5. Die Konstituierung von Forschung und Seminar

Deutschland ungewöhnlich war[1]. Zudem hatte schon die Vorstufe der Technischen Universität in München, die Polytechnische Centralschule, Mitte des 19. Jahrhunderts im Vergleich zu anderen polytechnischen Schulen "den höchsten Anteil an theoretischen Vorträgen"[2] angeboten. 1865 hatte der Vorsitzende des *Vereins Deutscher Ingenieure* (VDI) F. GRASHOF in seinen "Principien der Organisation der polytechnischen Schulen"[3] gefordert, daß hier

> "Mathematik und die Naturwissenschaften in einer den Universitäten nicht nachstehenden Ausdehnung und Intensität gelehrt werden sollen, so daß (...) doch wenigstens die Möglichkeit geboten sei, diese Wissenschaften an der polytechnischen Schule um ihrer selbst willen und nicht nur als Vorbereitung für die Fachcurse studiren zu können."

Damit entsprach er der Zeitströmung. Infolgedessen hat man in den kommenden Jahrzehnten - nicht nur in München - eine Reihe hervorragender Mathematiker auch an Technische Hochschulen berufen.

Gelegentlich wurden in München sogar Vorlesungen von Universitätsmathematikern "im Gebäude der k. technischen Hochschule"[4] gehalten - wie etwa die dreistündigen Vorlesungen von SEIDEL
- in den Sommersemestern 1878/1880 über "Theorie der Ausgleichung von Beobachtungs-Resultaten (Methode der kleinsten Quadrate)" und
- in den Sommersemestern 1879/1881 über "Wahrscheinlichkeitsrechnung in ihrer Anwendung (...)".

Die gute Kooperation der Universität München mit der Technischen Hochschule war nicht generell selbstverständlich, wie etwa eine diesbezügliche Bemerkung von FELIX KLEIN[5] zeigt:

> "Wie haben sich die Universitäten zu der Ingenieurbewegung gestellt? Nun, zunächst hielten sie diese für etwas ganz Unberechtigtes, man

---

[1] [Ströhlein], 217; [Dyck 1920], 16. Neben München war das damals nur in Dresden möglich ([Lorey 1916], 153). Diese Möglichkeit war daher nicht ganz allein auf München beschränkt, wie Neuerer ([Neuerer], 133) ohne Beleg angibt.
[2] Siehe [Hensel], 13. Innerhalb der allgemeinen Abteilung standen Mathematik, darstellende Geometrie und technisches Zeichnen im Vordergrund.
[3] Zeitschrift des VDI 9(1865)Sp.705 u.f.
[4] [Vorl.-Verz.]: SS 1878-1882
[5] Felix Klein: * 1849 Düsseldorf, † 1925 Göttingen; 1865/70 Stud. Bonn, Göttingen u. Berlin, 1868 Prom. Bonn, 1871 Hab. PD Göttingen, 1872/75 o.Prof. Erlangen, 1875/80 TH München, 1880/86 Leipzig, 1886/1913 U Göttingen, 1913 vorz. emer.

## 5.2 Die Entwicklung der technischen Richtung

suchte sie einfach durch Aburteilung oder durch Ignorieren zu beseitigen. Natürlich ohne Erfolg"[1].

Neben dem Ingenieursstudiengang gehörte ebenso die Ausbildung von Lehrern für Mathematik und Naturwissenschaften zu den Aufgaben der Technischen Hochschule. Als Begründung mag man jedoch nach den bisherigen Ergebnissen die Behauptung, in München habe "die marginale Position der Mathematik innerhalb der Gymnasien und der Universität"[2] zum Aufbau der Mathematiklehrerausbildung an der Technischen Hochschule geführt, nicht uneingeschränkt aufrecht erhalten.

Ein verbindlicher *Studienplan* der Technischen Hochschule von 1869 schrieb für die Lehrerbildung ein sechssemestriges Studium mit durchschnittlich 27 Wochenstunden und deutlichem Schwerpunkt auf Übungen und Praktika vor[3]. Daneben sprach auch die an der Universität höher bewertete reine Mathematik ihre Studenten an, so daß es etwa bis zur Jahrhundertwende[4] zu einer erheblichen Fluktuation zwischen beiden Hochschulen kam. Vor allem die Lehramtskandidaten der Mathematik und Physik nutzten das doppelte Studienangebot mit seinen verschiedenen Schwerpunkten.

Unter den 24 Professoren, die 1868 berufen wurden[5], wurde als erster Mathematikordinarius OTTO HESSE aus Heidelberg gewonnen. Der Wunsch der Ingenieure nach einer soliden mathematischen Ausbildung führte bald zu vermehrten Berufungen von Universitätsmathematikern an die Technischen Hochschulen. Nach HESSEs Tod war bereits vor der Berufung KLEINs (1875) von Kgl. Staatsministerium des Innern für Kirchen- und Schulangelegenheiten ein zweiter *Lehrstuhl für Höhere Mathematik* genehmigt worden[6].

Aufgrund der Beziehungen zur Ludwig-Maximilians-Universität erscheint es angebracht, zunächst einen Überblick zur Lehrstuhlgenealogie der Technischen Hochschule bis 1945 einzufügen. Auf dem ersten Lehrstuhl wirkten nacheinander: KLEIN, ab 1880 LÜROTH, ab 1884 V.DYCK[7] und ab

---

[1] [Klein 1907], 185
[2] [Schubring 1989], 275
[3] [Neuerer], 134
[4] Hier wirkte sich insbesondere die Prüfungsordnung von 1895 aus. Näheres siehe 5.3.2 und die Übersicht über die Anzahl der Mathematikstudenten in 5.3.6.
[5] [Dyck 1920], 13
[6] Näheres bei [Tobies 1992], 757 und [Hashagen], 55. Insofern wäre [Ströhlein], 218 u. 220 zu korrigieren.
[7] Walther von Dyck: * 1856 München, † 1934 Solln b. München; 1875/80 Stud. München, Leipzig u. Berlin, 1879 Prom. (F.Klein) München, 1881 Ass. u. 1882 Hab. PD

## 5. Die Konstituierung von Forschung und Seminar

1934 BALDUS[1]. Auf dem zweiten Lehrstuhl[2]: ab 1875 V. BRILL, ab 1885 VOSS[3], ab 1891 FINSTERWALDER[4], ab 1912 H. BURKHARDT[5] und ab 1916 für 30 Jahre FABER[6]. Von der Mitte des 19. Jahrhunderts an war es durchaus nicht ungewöhnlich, wissenschaftlich hervorragende Mathematiker an die technischen Hochschulen zu berufen[7].

Daneben war - bis 1926 - ein *Lehrstuhl für Grundzüge der Höheren Mathematik* eingerichtet worden[8]. Lehrstuhlinhaber waren ab der Gründung 1868 J.N. BISCHOFF[9], ab 1888 zunächst als außerordentlicher Professor A.V. BRAUNMÜHL[10], ab 1908 H. BURKHARDT und ab 1912 K.DOEHLEMANN[11]. Schließlich hatte man noch einen *Lehrstuhl für Darstellende Geometrie* geschaffen, der ab 1868 mit F.A. KLINGENFELD[12], ab 1880 mit dem außerordentlichen Professor W. MARX[13], ab 1887 mit L. BURMESTER[14], ab 1912 mit

---

Leipzig, 1884/1933 o.Prof. TH München, 1900 Direktor TH München, 1933 emer.; Leben und Schriften, von G.Faber, in: JDVM 45(1935)88-98.

[1] Richard Baldus: * 1885 Saloniki, † 1945 München; 1904/09 Stud. München, 1910 Prom. Erlangen, 1911 Ass. u. 1912 PD U Erlangen, 1916 ao.Prof. Erlangen, 1919 o.Prof. TH Karlsruhe, 1932/45 o.Prof. TH München.

[2] [Ströhlein], 220. Hashagen beschreibt den "Machtkampf" bei der erstmaligen Besetzung in [Hashagen], 55-57.

[3] Siehe 6.8.

[4] Sebastian Finsterwalder: * 1862 Rosenheim/Obb. (nach ihm wurde ein Rosenheimer Gymnasium benannt), † 1951 München; 1880/85 Stud. München u. Tübingen, 1885 Prom. Tübingen, 1886/88 Ass. u. 1888 Hab. PD TH München, 1891/11 o.Prof. Math. TH München, 1911/ 31 o.Prof. Math.u.Darst.Geom. TH München, 1931 emer.

[5] s. 5.4.1

[6] s. 6.5

[7] Vgl. auch [Lexis], 2, 13.

[8] [Ströhlein], 220

[9] Johann Nicolaus Bischoff: * 1827, † 1893; Stud. München, Berlin, Leipzig, 1852 Lehrer polytechn. Schule München, 1864 Gymnasiallehrer Zweibrücken, 1868 o.Prof. TH München (ohne Prom.), 1888 emeritiert. Das Gehalt von Bischoff lag bei 40% des Gehalts von Hesse (s.a. [Hashagen], 48).

[10] s. 5.4.1

[11] s. 6.6

[12] Friedrich August Klingenfeld: * 1817, † 1880; vorher Polytechn. Schule Nürnberg.

[13] Walfried Marx: * 1854, † 1887; Stud. TH München, U Leipzig, 1875 Studienlehrer Darst.Geom. Kadettenkorps; [Hashagen], 63ff.

[14] Ludwig Ernst Hans Burmester: * 1840 Othmarschen/Holstein, † 1927 München; 1861/66 Stud. Dresden, Göttingen u. Heidelberg, 1865 Prom. Göttingen, 1870 Hab. PD Dresden, 1866 Lehrer Realgymn. Lodz, 1872 Prof. Geom. TH Dresden, 1887 Prof. Darst.Geom.u.Kinematik TH München, 1912 emer.

## 5.2 Die Entwicklung der technischen Richtung

FINSTERWALDER, ab 1932 mit BALDUS und ab 1939 mit LÖBELL[1] besetzt wurde.

Um die Kontinuität aufrecht zu erhalten war in der unmitttelbaren Übergangszeit nach HESSE 1874/75 Gustav BAUER beauftragt worden, den geometrischen Teil der Vorlesungen HESSEs weiterzuführen - bis dann FELIX KLEIN berufen wurde und diese Aufgabe übernahm[2]. Aus seinen Erinnerungen wissen wir um die damaligen Zuhörerzahlen: Während es vorher in Erlangen nie mehr als sieben Zuhörer waren, hatten sich an der TH München im Sommer 1875 für die analytische Geometrie 230 Studenten eingeschrieben[3] - eine Größenordnung, vor der auch BAUER vorgetragen haben dürfte.

FELIX KLEIN kümmerte sich von 1875 bis 1880 besonders um die zukünftigen Mathematiklehrer. Zusammen mit ALEXANDER VON BRILL schuf er das "Mathematische Institut"[4] und führte den viersemestrigen Vorlesungszyklus "Höhere Mathematik I-IV" ein, der Differential- und Integralrechnung, Analytische Geometrie, Synthetische Geometrie und Algebraische Analysis zusammenfaßte[5]. Dieser Zyklus reichte damals als Voraussetzung zum Staatsexamen für das höhere Lehramt in Mathematik aus[6]

Zudem legte KLEIN den Grundstock zu einer heute umfangreichen Sammlung mathematischer Modelle[7]. Bezüglich der weiteren Entwicklung der Technischen Hochschule verweisen wir auf [Dyck 1920]; [Hofmann 1954], 18-21; [Ströhlein], 216-222 und [TUM].

1877 fand die Jahresversammlung der mathematischen Sektion der *Gesellschaft deutscher Naturforscher und Ärzte* wiederum in München statt. Sie wird durch das breite inhaltliche Programm und durch die starke interna-

---

[1] Frank Richard Löbell: * 1893 Tandjong-Morawa/Sumatra, † 1964; 1912/ 20 Stud. Straßburg, Freiburg u. Tübingen, 1920 Wiss.StExamen u. 1921 Päd.StExamen Stuttgart, 1920 württ.höh.Schuldienst, 1922 Ass. TH Stuttgart, 1926 Prom. Tübingen, 1928 Hab. Stuttgart, PD TH Stuttgart, 1931 o.Prof. TH Stuttgart, 1934 o.Prof. TH München, 1959 emer., bis 1960 Dir. Inst. f. Geom. TH München.
[2] [Voss 1907], 62
[3] [Lorey 1916], 151
[4] [Ströhlein], 218
[5] [Faber 1959], 24. Zu "einem selbständigen Kursus der höheren Mathematik, wie er für die Lehramtskandidaten der Mathematik vorgeschrieben" sei, hatte Bauer schon Anfang der 60er Jahre an der LMU wesentlich beigetragen (UAM: Sen 208/19, Fakultät (Jolly) an Senat v. 20.5.1865). Die Anfänge eines viersemestrigen Kurses lassen sich bis zu Späth zurückverfolgen, siehe Kap.4.5.
[6] Vgl. Lindemann in 6.5.
[7] [Lorey 1916], 150-152; s.a. 7.2.2

# 5. Die Konstituierung von Forschung und Seminar

tionale Beteiligung als einer der Höhepunkte in der Vorgeschichte der 1890 gegündeten Deutschen Mathematiker-Vereinigung angesehen. Den Einführungsfestvortrag hielt LUIGI CREMONA (1830-1903). Die örtliche Tagungsleitung lag in den Händen von FELIX KLEIN[1].

### 5.2.4 Habilitationen an Universität und Technischer Hochschule

Schon unter KLEIN, "der sich unermüdlich für die Harmonisierung von humanistischer und technischer Bildung einsetzte", hatte "ein zäher Kampf um die Ebenbürtigkeit der Technischen Hochschulen mit den Universitäten" begonnen[2]. Nach WALTHER VON DYCK war das Ziel von Anfang an, "den Unterricht dem der Universitäten gleichwertig zu gestalten"[3]. Während die Technische Hochschule München erst im Jahre 1901 im Zuge der allgemeinen Gleichstellung der Technischen Hochschulen mit den Universitäten das Promotionsrecht erhielt - in München damals speziell zum "Doktor der technischen Wissenschaften"[4] -, konnte sie seit ihrer Gründung (1868) Habilitationen durchführen[5]. Besondere Verdienste kommen hierbei dem Klein-Schüler v. DYCK zu[6]. Dadurch gab es z.B. im Zeitraum von 1870 bis 1915 in München insgesamt 21 mathematische Habilitationen[7] - gegenüber 10 in Berlin, der größten und auch bezüglich der Mathematik angesehensten Universität des Deutschen Reiches[8].

Seit Einführung der Habilitationen Anfang des 19. Jahrhunderts hatte sich in Deutschland ein weitgehend einheitlicher Ablauf eingebürgert: auf die Habilitationsschrift folgte ein Prüfungskolloquium und eine öffentliche Probevorlesung mit anschließender Verteidigung einiger vom Habilitanden zur Diskussion gestellter Thesen. Dabei waren die Probevorlesungen häufig Überblicksvorträge, die zum Teil auch mathematikhistorischen Betrachtungen gewidmet waren. Wichtige Gebiete waren an der Universität München damals Funktionentheorie[9] und Geometrie[10]. In den Diskussionsthesen wur-

---

[1] [Tobies (1991)], 38
[2] [Boehm;Müller], 284
[3] [Dyck 1920], 12
[4] [Boehm;Müller], 284
[5] [Säckl], 78
[6] [Mackensen], 228 f.
[7] TH: 9; LMU: 12, siehe Anhang 11.4
[8] [Biermann]
[9] Habilitationen: Pringsheim, Scheeffer, v. Weber, Hartogs
[10] Habilitationen: Brunn, Doehlemann, Böhm

## 5.2 Die Entwicklung der technischen Richtung

den nicht nur mathematische Themen angesprochen, sondern sie bezogen sich vielfach auch auf den mathematischen Unterricht an Universitäten und höheren Schulen und auf die kulturellen Aufgaben der Mathematik[1]

In Ergänzung dazu sind drei Fälle von Habilitationen besonders zu erwähnen, die aufgrund jeweils spezieller Umstände in den einschlägigen Arbeiten kaum nachgewiesen sind. Dem im Bereich der Variationsrechnung und der Funktionentheorie arbeitenden LUDWIG SCHEEFFER[2] war durch seinen frühen Tod nur eine kurze Lehrtätigkeit beschieden. Als Privatdozent kündigte er in den auf seine Habilitation 1884 folgenden beiden Semestern "Elemente der Differential- und Integralrechnung mit Übungen"[3] und "Synthetische Geometrie"[4] an. Er starb 1885 mit 26 Jahren an Typhus und Lungenentzündung[5].

1886 habilitierte sich der spätere Ordinarius für Theoretische Mechanik KARL HEUN[6] über spezielle lineare Differentialgleichungen zweiter Ordnung. In seinem anschließenden Vorlesungsangebot blieb er im wesentlichen im Bereich seines Spezialgebiets:

*WS 1886/87:* "Theorie der rationalen Funktionen und ihrer Integrale", 3stündig, "privatim";
"Theorie der linearen Differentialgleichungen.
Einleitung", 2stündig, "publice";
*SS 1887:* "Einleitung in die Theorie der linearen Substitutionen";
*WS 1887/88:* "Allgemeine Theorie der Differentialgleichungen", 3stündig.

---

[1] Siehe die ausführlichere Darstellung in [Säckl], 78 ff. Eine Zusammenstellung der Probevorlesungen und Thesen von 1870 bis 1915 findet man ebenfalls bei [Säckl], 250-259; eine Übersicht über die Habilitationen bei [Toepell 1989], 230.
[2] Ludwig Scheeffer (auch: Scheefer): * 1859 Königsberg, † 1885 München; Stud. Heidelberg, Leipzig, Berlin, 1880 Prom. u. StExamen Berlin, 1880/82 Probekand. u. wiss.Hilfslehrer Berlin, 1884 Hab. München; Habilitationsvorlesung und -thesen: s.[Säckl], 252; Nekrolog v. G.Cantor in Bibliotheca mathematica $\underline{2}$(1885)197; s.a. [Lorey 1916], 204.
[3] WS 1884/85, (4+1)-stündig
[4] SS 1885, 4-stündig
[5] UBG: Cod.Ms.F.Klein, Brief v. Voss an Klein Nr.137 vom 13.6.1885.
[6] Karl Heun: * 1859 Wiesbaden, † 1929 Karlsruhe; 1878/82 Stud. Göttingen, Halle u. Berlin, 1881 Prom. Göttingen, 1883 Ass.Lehrer Public School Uppingham/England, 1886 Hab. PD U München, 1890 OLehrer u. 1900/02 Prof. Erste Realschule Berlin, 1902 o.Prof. TH Karlsruhe, 1922 emer.; Thema der Habilitationsschrift, das das bei [Säckl], 253 fehlende ergänzt, siehe Anhang 11.4.; [Poggendorff], $\underline{4\text{-}6}$.

## 5. Die Konstituierung von Forschung und Seminar

1899 hatte sich der Realschullehrer JOHANN GOETTLER[1] mit einer Arbeit über den allgemeinen Raumkonnex habilitiert[2]. LINDEMANN schreibt als Dekan im Habilitationsgesuch vom 20.7.1899 an den Senat[3] darüber:

"In derselben liefert der Verfasser einen nützlichen und selbständigen Beitrag für die Entwicklung der bisher leider sehr vernachlässigten Connex-Theorie, indem er mit großer Geduld eine große Reihe von sich darbietenden complizirten Fragen über Anzahlbestimmungen (insbesondere Singularitäten charakteristischer Flächen) zur Erledigung bringt."

GOETTLER hielt ab dem WS 1899/1900 Vorlesungen, unter anderem über algebraische Kurven und Determinanten. Doch war ihm nur eine kurze Lehrzeit verblieben. GOETTLER wurde aufgrund seines persönlichen Lebenswandels und gerichtlicher Auseinandersetzungen familiärer Art, nach ausführlicher ministerieller Vorankündigung Ende des Jahres 1902 seiner Funktionen und auch seiner Stelle als Privatdozent enthoben[4].

### 5.3 Das mathematisch-physikalische Seminar

*5.3.1 Seminargründungsgesuch von Martin Ohm (1832)*

Ehe es 1856 zur Einrichtung des Seminars kam, aus dem das heutige Mathematische Institut hervorging, sei auf ein frühes Gesuch ein ähnliches Seminar zu begründen, aufmerksam gemacht. Die Initiative ging von MARTIN OHM[5] aus. OHM war einer der ersten Vorkämpfer für eine Moder-

---

[1] Johann Goettler: * 1873; 1893 Stud. U München, 1897 Prom., gleichz. Preisaufgabe der Phil.Fak. II.Skt.; 11.3.1898 "Lehramtsverweser" Passau, 1.7.1898 k.Reallehrer München, Industrieschule, 1899 Hab. München; UAM: Personalakt J.Göttler [so!].

[2] Ernennung zum Privatdozenten durch das Ministerium: 6.8.1899 nach UAM: OC I 26 - Phil.Fak. II.Skt., Zuschriften des Senats 1899/1900 (11.8.1899). Siehe ergänzend z.B. auch Dankschreiben Goettlers an den Senat vom 19.9.1899 in UAM: OC I 26 - Correspondenz Studienjahr 1899/1900.

[3] UAM: Personalakt J.Göttler.

[4] Zur Vorankündigung siehe Schreiben vom 11.10.1902. Der Ausschluß aus seinen öffentlichen Funktionen erfolgte am 23.12.1902. BHStA: MK 11312.

[5] Martin Ohm: * 1792 Erlangen, † 1872 Berlin (Bruder des Physikers G.S.Ohm); Autodidakt, 1811 Prom. (über unendliche Reihen mit zwei Variablen) Erlangen, 1811/17 PD Erlangen u. Privatlehrer, 1817 GymLehrer Thorn, 1821 PD U Berlin, 1824 ao.Prof., 1839 o.Prof., daneben an höh.Schulen Berlin, 1868 em.; Leben u. Werk: [Bekemeier].

## 5.3 Das mathematisch-physikalische Seminar

nisierung des mathematischen Unterrichts an höheren Schulen und Universitäten. Im Zuge seiner ersten bildungspolitischen Bemühungen hatte er sich bereits 1818 mit einer Eingabe "Über die Beförderung des Studiums der Mathematik auf Schulen und Hochschulen" an das preußische Kultusministerium gewandt. Sein Vorschlag unter anderem in Verbindung mit der Universität "eine mathematische Pflanzschule" zur Ausbildung "nicht nur guter Mathematiker, sondern auch guter Lehrer" einzurichten, fand im preußischen Ministerium zwar grundsätzliche Zustimmung, führte aber nicht zu dem beantragten mathematisch-physikalischen Seminar, sondern nur zu einigen kleineren Veränderungen - so auch an der Königsberger Universität, zu deren Einzugsbereich OHMs Gymnasium in Thorn gehörte. Zwei weitere Vorstöße OHMs (1825 und 1828) führten ebenfalls nicht recht weiter[1]. Wie OHM schreibt,

"mußten aber (...) meine Wünsche vorläufig unbeachtet bleiben, weil die Sache einem Manne zur Begutachtung übertragen" wurde, der der Sache durch seine Parteizugehörigkeit ablehnend gegenüberstand[2].

Da seine Eingaben in Preußen abgelehnt wurden, wandte sich der in Bayern gebürtige Extraordinarius der Humboldt-Universität Berlin schließlich an entsprechende Einrichtungen in München und beantragte hier am 14.April 1832 beim zuständigen Innenministerium ein derartiges Seminar. Der achtseitige Antrag ist erhalten. OHM kommt nach Schilderung der allgemeinen Bildungslandschaft und eigener Erfahrungen erst allmählich zu seinem eigentlichen Anliegen. Unter anderem bemerkt er[3]:

"Schon während meines Lehramtes an der Universität Erlangen (1811-1817) glaubte ich einzusehen, daß in Deutschland die Mathematik als Lehrgegenstand, gegen die übrigen Lehrfächer gehalten, noch ungemein wenig ausgebildet sey."

Zudem macht OHM auf drei von ihm stammende beiliegende Schriften aufmerksam[4]:

---

[1] [Lorey 1916], 31-36; s.a. [Bekemeier], 23 ff.
[2] BAdW: Act VII 51, Bl.191, 14.4.1832. Der Gutachter war A.L.Crelle (vgl. [Bekemeier], 60ff.).
[3] Archiv BAdW: Act VII 51 - Math.-phys. Kabinett, Aufsätze, kleine physikalische u.a.d., Bl.191-194. Vollständiger Text in [Schubring 1991], 286-290 ediert.
[4] Nicht nur zwei, wie von Uebele in [Uebele], 120 vermutet.

## 5. Die Konstituierung von Forschung und Seminar

"1) die "Elementarmathematik" in 4 Theilen, von welcher ich die Einleitung, allgemeine Principien des Unterrichts enthaltend, hier beyzulegen mir erlaube [Berlin 1825/27];

2) den "Versuch eines vollkommen consequenten Systems der Mathematik" [Berlin 1822/33], von welchem ich den fünften Band hier ebenfalls beylege; 3) die "Lehre vom Größten und Kleinsten" [Berlin 1825]."

Schließlich bemerkt er:

"In Bezug auf den mathematischen Unterricht in Deutschland glaubte ich nun gefunden zu haben, daß er *im Allgemeinen* niedriger stehe, als die Intelligenz des deutschen Volkes es verträgt. (...) Was uns aber nach meiner Überzeugung in Deutschland vorzüglich noththut, ist die *Errichtung einer Anstalt zur Bildung von Lehrern der Mathematik und Physik.*"

Im Folgenden macht OHM deutlich, daß er sich dabei ein recht praxisorientiertes Seminar vorstellte. Neben dem reinen Universitätsstudium[1] sollte gleichzeitig ein dreijähriges Studium in dem *Seminar* absolviert werden. Dabei bot das Seminar neben der wissenschaftlichen Ausbildung als Besonderheit die Möglichkeit, sich unter Anleitung eines erfahrenen Lehrers

"praktische Lehrfähigkeit und Uebung im erfolgreichen Lehren zu verschaffen, und dieß ist der allerwichtigste Punkt, weil so häufig der tüchtige Mathematiker nicht Pädagog, und der Pädagog nicht Mathematiker ist"[2].

OHM schließt mit einem Hinweis auf seine vollkommene Uneigennützigkeit bei diesem Vorschlag:

"Auch bin ich bereit, meine Ansichten näher zu entwickeln und gegen (...) Zweifel in Schutz zu nehmen. (...) [Ohm berichtet über sein Vorhaben, im September 1832 Verwandte in Erlangen zu besuchen.] Die einzige Gnade, welche ich in letzterm Falle von Eurer Durchlaucht mir erbitten würde, wäre die, mir für diese kleine Reise von Erlangen nach München keine [!] Entschädigung anbieten zu lassen, weil ich den zur Durchführung meiner Ansichten nöthigen Muth mir

---

[1] Nach Ohm eine Art Studium generale, da es noch keine fachwissenschaftlichen Studiengänge gab.
[2] Archiv BAdW: Act VII,51 - Bl.194.

## 5.3 Das mathematisch-physikalische Seminar

nur durch das ungestörte Bewußtseyn meiner völligen Uneigennützigkeit zu verschaffen und zu bewahren hoffen darf. (...)
Professor Dr. M. Ohm, geboren zu Erlangen in Bayern, jetzt wohnhaft Ohmgasse No.2 zu Berlin."

Das Ministerium hat nun nicht die Universität, sondern die vertrautere Akademie und diese wiederum SIBER um ein Gutachten zu diesem Gründungsgesuch gebeten. Die ausführliche Stellungnahme vom 29.7.1832 ist in den Akten der Akademie der Wissenschaften erhalten: "Über H. Prof. Ohms Vorschlag, ein Institut für Bildung der Lehrer der Mathematik u. Physik zu errichten"[1]. SIBER lehnt die Einrichtung eines mathematisch-physikalischen Instituts im wesentlichen mit der Begründung ab, daß "in dieser Hinsicht hinlaenglich gesorgt ist". Der Bedarf an Lehrern sei einfach zu gering. Im Durchschnitt würde jährlich nur ein Mathematiklehrer gebraucht und "vielleicht alle 5 - 6 Jahre" ein Physiklehrer. STAHL und die anderen Akademiemitglieder schlossen sich SIBERs Votum an.

Mit beiden hier nun im Zusammenhang stehenden Schriftsätzen, Gründungsgesuch und definitiv ablehnendes Gutachten, wäre der Vorgang dennoch unzureichend beschrieben, da bemerkenswerterweise die Stellungnahme der Akademieklasse insgesamt keinesfalls auf strikte Ablehnung hinausläuft. Es wird OHM nicht nur "das Bedürfniß eines Nachwuchses von Lehrern der Mathematik und Physik" zugestanden, wie SIBER formuliert, sondern es wird hier nun OHMs Vorschlag ausdrücklich als "höchst wünschenswerth" anerkannt. Dabei geht es nicht nur um die Ausbildung von Lehrern, sondern auch von - vorwiegend - angewandten Mathematikern in Wirtschaft und Verwaltung. Im Antwortschreiben der mathematisch-physikalischen Klasse heißt es dazu[2]:

"...1. Der Antrag des Prof. OHM geht zwar zunächst auf Errichtung einer Anstalt zur Bildung von Lehrern der Mathematik und Physik, allein man kann dies nicht, wie der Verfasser des Gutachtens, Prof. SIBER anzunehmen scheint, als einzigen Zweck ansehen./ Eine solche reichlichere Verbreitung eines mathematischen und naturwissen-

---

[1] Archiv BAdW: Math.-phys. Classe 1823-1834, f.164-166. Der Vorgang wird in der sonst umfangreichen Biographie von Bekemeier ([Bekemeier], 60) zwar angesprochen, doch wird nichts über das Gutachten und die Reaktion gesagt. Bei Uebele sind umgekehrt Antrag und Antwortschreiben nicht nachgewiesen, doch ist das Gutachten vollständig abgedruckt; [Uebele], 120-122.
[2] Archiv BAdW: BAdW an Staatsministerium d.I. vom 6.9.1832: Bl. 189-190.

## 5. Die Konstituierung von Forschung und Seminar

schaftlichen Unterrichts ist noch in andern Hinsichten höchst wünschenswerth, denn manchem Staatsbeamten, z.B. beym Bauwesen, beym Katasterwesen, beym topographischen Bureau, u.s.w. sind gründliche mathematische und naturwissenschaftliche Kenntnisse nothwendig.

2. Die Idee des Professors OHM verdient daher an und für sich volle Anerkennung, wie er denn auch gegenwärtig zu den ausgezeichneten Mathematikern Deutschlands gehört und in dieser Eigenschaft kürzlich von der Akademie einstimmig zum corresp. Mitglied gewählt worden ist.

3. Bey dem unvollkommnen und unbestimmten Zustand mancher bey uns schon bestehender Institute, und da doch wohl anzunehmen ist, daß für die Zwecke polytechnischer Bildung über/ kurz oder lang etwas Entscheidendes und Durchgreifendes geschehe[1], läßt sich indeß jetzt, (...) an Errichtung eines solchen Instituts, als Prof. OHM im Auge hat, nicht denken. (...)"

In den folgenden Jahrzehnten änderte sich, auch durch den Regierungswechsel bedingt, dann tatsächlich der unbestimmte Zustand. Die Vorschläge und Wünsche von OHM, die ihrer Zeit weit voraus waren, sollten sich 24 Jahre später tatsächlich weitgehend erfüllen.

### 5.3.2 Einrichtung und Statuten

Ab 1851 kündigte SEIDEL in den Vorlesungsverzeichnissen wöchentliche Übungen für Lehramtskandidaten an, was damals noch ungewöhnlich war. Deren Studienbedingungen optimal zu gestalten, sie zu wissenschaftlichem Arbeiten anzuleiten, war auch ihm ein besonderes Anliegen - wurde doch Mathematik an den höheren Schulen bis dahin immer noch häufig von Lehrern unterrichtet, die nie Mathematik studiert hatten[2]. Wie einem Brief SEIDELs zu entnehmen ist, hatte er schon 1848 zusammen mit V. STEINHEIL ebenfalls geplant, ein mathematisch-physikalisches Seminar zu begründen, da "jetzt für die Universität und ihre Angehörigen eine gute Zeit ist" und "das Rectorat in den thätigen und dermalen einflußreichen Händen

---

[1] Siehe 5.2.
[2] [Säckl], 187

## 5.3 Das mathematisch-physikalische Seminar

THIERSCH's liegt"[1]. Schließlich gelang es SEIDEL, der inzwischen zum Ordinarius ernannt worden war, 1856 zusammen mit dem Physiker PHILIPP VON JOLLY[2] innerhalb der Philosophischen Fakultät das *mathematisch-physikalische Seminar* einzurichten. JOLLY bestimmte mit Hilfe einer Doppelwaage in den Jahren 1878 bis 1881 unter anderem die Erddichte. Für diese Experimente erhielt er die Genehmigung, den 28 Meter hohen im Universitätskomplex stehenden Aulaturm zu benutzen. Wie WILHELM WIEN[3] schreibt, waren dies "die ersten Arbeiten von dauerndem wissenschaftlichen Wert" in Physik an der Universität München[4].

Die offizielle Genehmigung erteilte das Bayerische Ministerium des Innern für Kirchen- und Schulangelegenheiten am 12.6.1856. Dieses 1847 neu geschaffene Ministerium übernahm die Aufgaben des bisherigen "Obersten Kirchen- und Schulrates"[5]. Bereits 1817 war in Preußen ein entsprechendes "Ministerium für geistliche und Unterrichtsangelegenheiten" gegründet worden. Die Bezeichnungen erinnern an die frühere Personalunion von Geistlichen und Lehrenden[6].

Im Genehmigungsschreiben[7] vom 12.6.1856 werden, nachdem der Zweck des Seminars kurz benannt wurde, JOLLY und SEIDEL als die Vorstände bestimmt. Und weiter:

"2. (...) Jeder derselben empfängt von dem Tage anfangend, wo das Seminar ins Leben tritt, eine Funktionsremuneration von jährlich einhundertfünfzig Gulden in Geld.

3. Die zur Aufnahme des Seminars erforderlichen Räumlichkeiten finden sich im physikalischen Institut. Die demselben unentbehrlichen Instrumente sind dem physikalischen Universitäts-Kabinette zu entnehmen.

---

[1] Näheres bei [Lindemann 1898], 63f. Dies ergänzt den Beleg bei [Neuerer](S.128), der bedauert, in den Akten nichts dazu gefunden zu haben.
[2] Philipp von Jolly: * 1809 Mannheim, † 1884 München; 1829 Stud. Heidelberg, Wien u. Berlin, 1834 Prom., Hab. (Math., Physik, Technologie), 1839 ao.Prof. u. 1846 o.Prof. (Physik) Heidelberg, 1854 o.Prof. (Nachf. v.G.S.Ohm) U München.
[3] siehe 7.1
[4] [Oittner-Torkar], 299ff.
[5] [Huber,U.], 245 ff.
[6] [Säckl], 95
[7] UAM: Sen 209/4; Schreiben des KM an den Senat (12.6.1856).

## 5. Die Konstituierung von Forschung und Seminar

4. Das mathematisch-physikalische Seminar erhält jährlich
   a) für Preise: 150 fl.
   b) für einen Diener: 100 fl.
   c) zur Anschaffung von Büchern und Deckung anderer Realaufgaben: 100 fl. ...

5. Das Seminar ist, wenn möglich noch im Laufe des Sommersemesters 1856 zu eröffnen[1]. (...)

6. Ein Zwang zum Besuche des Seminars kann nicht Platz greifen. Den betreffenden Studirenden ist indessen der Eintritt in dasselbe in passender Weise dringend anzuempfehlen."

In den im Juli 1856 erschienenen[2] *Statuten für das mathematisch-physikalische Seminar an der königl. Universität München*[3] heißt es nun:

"§.1. Der Zweck des Seminars ist die Ausbildung von Lehrern für Mathematik und Physik[4] an höheren Lehr-Anstalten".

§.2. Der Unterricht wird honorarfrei ertheilt und umfaßt Mathematik und Physik. Es werden schriftlich und mündlich zu lösende Aufgaben und Probleme vorgelegt; es werden ferner theoretische Erörterungen solcher Themata gegeben, welche in den öffentlichen Vorlesungen nicht oder nur beiläufig berührt werden, und endlich wird zu Referaten über ältere und neuere Literatur in Mathematik und Physik Veranlassung und Anleitung gegeben.

§.3. Das Seminar besteht aus einer mathematischen und aus einer physikalischen Abtheilung, deren Vorsteher von dem König ernannt werden.

§.4. Für Mathematik sind wöchentlich zwei Stunden bestimmt. Das Referat über Literatur, zu welchem der Vorsteher das Material auswählt, ist monatlich ein Mal. (...)

§.7. Die Mitglieder sind verpflichtet, an allen Stunden beider Abtheilungen Theil zu nehmen. (...)

---

[1] Tatsächlich wurde der Seminarbetrieb im WS 1856/57 aufgenommen.
[2] UAM: Sen 209/7. Schreiben von Jolly an den Rektor v.Ringseis vom 7.7.1856.
[3] IGN: MPhSem und UAM: Sen 209/43. Siehe Anhang 10.2.
[4] Seit 1854 war Physik am humanistischen Gymnasium obligatorisches Unterrichtsfach ([Neuerer], 51).

## 5.3 Das mathematisch-physikalische Seminar

§.9. Für die besten Arbeiten sind Prämien ausgesetzt. Im Ganzen sind hiefür halbjährig 75 fl. bestimmt. (...)"

Die Studenten sollten also nicht nur mit dem gegenwärtigen Stand der Wissenschaft vertraut gemacht werden, sondern sie wurden auch - etwa durch ihre monatlichen Referate über ältere und neuere Literatur - in das Wesen der Forschung eingeführt und angeregt, an der wissenschaftlichen Forschungsarbeit selbst aktiv mitzuwirken. Das gilt auch für ihr späteres Berufsleben. Denn man war mit der Einrichtung der Seminare zugleich bestrebt, den Unterricht an den höheren Schulen zu einem wissenschaftlich begründeten Unterricht werden zu lassen. Tausende von Schulprogrammen im 19. und frühen 20. Jahrhundert, die den Schuljahresberichten beigegeben waren, zeugen von den wissenschaftlichen Aktivitäten der Gymnasial- und Realschullehrer in jener Zeit[1].

Darüberhinaus wurde mit der Einrichtung des Seminars die Ausbildung zum mathematischen Gymnasiallehrer weiter institutionalisiert. Wie an anderen Universitäten bildet auch in München das Seminar gegenüber dem später gegründeten Institut die ältere Einrichtung[2]. Seminare wurden in Deutschland zunächst generell in den Fachgebieten errichtet, in denen auch Lehrer ausgebildet wurden. Unter anderem bestand die Verpflichtung zur Anleitung in Vortragsübungen. Doch stand nach § 6 der Statuten[3] das Seminar nicht nur Lehramtsstudenten offen. Das könnte dazu geführt haben, daß gelegentlich auch Studenten anderer Fächer und Fakultäten daran teilgenommen haben[4].

Bald nach der Gründung des Seminars wurde auch der Studiengang neu geregelt. Ein ab 1856 geltender und bis auf den Seminarbesuch verbindlicher Studienplan (*Studien-Schema*)[5] des mathematischen Lehramtsstudiums - und damit des Mathematikstudiums überhaupt - schrieb neben dem Analysis-

---

[1] Siehe z.B. die Bibliographie der Schulprogramme [Schubring 1986].
[2] [Schubring 1989], 268
[3] Siehe 10.2.
[4] Bei Neuerer heißt es gar ([Neuerer], 129): "So studierten am Seminar auch Mediziner und Pharmazeuten, die sich hier ihre Kenntnisse für ihre Vorprüfungen aneigneten." Da Neuerer die Behauptung nicht belegt und in den gesamten eingesehenen Seminarakten auch kein Beleg gefunden wurde, muß diese Behauptung angezweifelt werden. Im Hinblick auf das Niveau des Seminars, das für Mathematiker und Physiker in den letzten beiden Semestern gedacht war, wäre das allenfalls in der Anfangszeit des Seminars denkbar.
[5] UAM: Sen 209/42; siehe Anhang 10.1.

## 5. Die Konstituierung von Forschung und Seminar

Kurs noch je eine Vorlesung über Algebra, Trigonometrie und analytische Geometrie vor. Das chemische und physikalische Praktikum war im vierten und sechsten Semester vorgesehen. Das Studium schloß mit dem zweisemestrigen mathematisch-physikalischen Seminar ab, das in der Regel in den letzten Semestern, d.h. im siebenten und achten Semester besucht wurde und erst ab 1895 verbindlichen Charakter bekam[1].

Das Münchner Seminar war ähnlich strukturiert wie das 1850 noch zu Lebzeiten von GAUß in Göttingen gegründete mathematisch-physikalische Seminar[2]. Nach den Seminargründungen für Philologie (ab 1810) folgten jene für Geschichte und Mathematik - eine Entwicklung, die um 1880 abgeschlossen war[3]. Heute würde man diese Seminare als Haupt- oder Oberseminare bezeichnen. Später kamen "Proseminare" hinzu. Dadurch entstanden - zusammen etwa mit den Handbibliotheken - allmählich über die Veranstaltungen hinausgehende Institutionen[4].

Satzungsgemäß war das Seminar in erster Linie gegenüber dem Senat als Zwischeninstanz zur Berichterstattung verpflichtet. So unterstand es, außerhalb der Fakultät, unmittelbar den Weisungen des Ministeriums. Bereits 1858 kam auch die Beziehung des Seminars zur Fakultät zur Sprache. Wie beim bestehenden philologischen Seminar forderte die Fakultät auch die Integration des mathematisch-physikalischen Seminars, dessen Status außerhalb des Fakultätsverbandes als "abnorm" angesehen wurde. In einem ministeriellen Schreiben heißt es dazu ablehnend[5]:

"Eine Unterordnung des mathematisch-physikalischen und des historischen Seminars unter die philosophische Fakultät ist mit Geschäftserschwerungen verbunden, welche die hieraus fließenden Vortheile in der Regel überwiegen."

Erst Mitte des 20. Jahrhunderts kam es nach der Einrichtung einer Naturwissenschaftlichen Fakultät mit der Neubestimmung des Seminars in Form des Mathematischen Instituts zur formalen Integration.

---

[1] Siehe 5.3.6.
[2] Vgl. [Neuenschwander], 20. Auch dessen Vorbild, das Hallenser Seminar sah seinen Hauptzweck in der Ausbildung von Mathematiklehrern ([Lorey 1916], 117 f.).
[3] Übersicht in [Beckert], 47.
[4] Zur Institutsbildung siehe 9.1.
[5] UAM: Sen 209/12, KM an Senat vom 19.9.1858.

## 5.3.3 Weitere mathematische Seminare

Die bisher beschriebenen Universitätsseminare wurden zur Ausbildung von Mathematiklehrern im höheren Schuldienst geschaffen. Schwerpunkt war eine wissenschaftlich solide Ausbildung. Zur Gründung der - etwa im Gegensatz zu Sachsen[1] - von den Universitäten institutionell unabhängigen pädagogischen Seminare an Gymnasien kam es in Bayern erst einige Jahrzehnte später. Nachdem andere Fächer bereits ab 1893 berücksichtigt wurden[2], wurde zwar im Jahr 1900 auch für das Lehramt in Mathematik und Physik die Notwendigkeit derartiger Seminare ministeriell anerkannt, doch wurden sie wegen Lehrermangels und finanzieller Probleme tatsächlich erst ab 1904 eingerichtet - bis zum ersten Weltkrieg an vier Gymnasien[3]. Der Besuch war zunächst noch nicht verpflichtend.

Anders beispielsweise in Berlin: Dort hatte bereits 1818 MARTIN OHM[4] auf die Notwendigkeit solch mathematisch-pädagogischer Seminare *an Schulen* hingewiesen[5]. 1856 gründete der DIRICHLET-Schüler KARL SCHELLBACH[6] ein derartiges Seminar, das in den ersten 25 Jahren - ebenfalls freiwillig - von ungefähr hundert angehenden Mathematiklehrern besucht wurde[7]; unter anderem von A. CLEBSCH[8], F. WOEPCKE[9], L. KOENIGSBERGER[10],

---

[1] [Schumak], 303. Leipzig hat seit 1862 ein pädagogisches Universitätsseminar; zum Vergleich siehe [Neuerer], 179.
[2] In Anlehnung an die seit 1890 in Preußen bestehenden Gymnasialseminare, s. [Neuerer], 187.
[3] [Wieleitner 1910], 77; [Säckl], 101
[4] Siehe 5.3.1.
[5] [Lorey 1916], 34 f.. Weitere Eingaben werden in [Jahnke 1987], 118 f. untersucht.
[6] Karl Schellbach: * 1804 Eisleben, † 1892 Berlin; 1824 Stud. Halle, 1829 höh. Lehramt an versch. Schulen Berlin, 1840 Prof.
[7] [Säckl], 99; s.a. [Biermann], 98; [Scharlau], 33
[8] Alfred Clebsch: * 1833 Königsberg, † 1872 Göttingen; 1850 Stud. Königsberg, 1854 StExamen u. Prom. (F.Neumann) Königsberg, 1854/55 Lehrerseminar v.Schellbach, 1855 Realschullehrer Berlin, 1858 PD U Berlin u. o.Prof.(Mechanik) TH Karlsruhe, 1863 o.Prof.(Math.) Gießen u. 1868 Göttingen.
[9] Franz Woepcke: * 1826 Dessau, † 1864 Paris; 1843/47 Stud. Berlin, 1847 Prom., 1848 Stud.(Arab., Astron.) Bonn, 1850 Hab. U Bonn, 1856/58 Lehrer am franz. Gymn. Berlin, sonst Paris.
[10] Leo Koenigsberger: * 1837 Posen, † 1921 Heidelberg; 1857/60 Stud., 1860 Prom. (K.Weierstraß) U Berlin, 1860/64 Lehrer Kadettenkorps Berlin, 1864/66 etatm. ao. u.1866/69 o.Prof. Greifswald, 1869/75 Heidelberg, 1875/77 TH Dresden, 1877/84 U Wien, 1884/1914 U Heidelberg, 1914 emer.

## 5. Die Konstituierung von Forschung und Seminar

L. FUCHS[1], H. A. SCHWARZ[2], A. SCHOENFLIES[3], O. STOLZ[4] und G. CANTOR[5]. Hierauf wurde als ein gewisses Gegengewicht, möglicherweise nach dem Vorbild des "privaten" Seminars von DIRICHLET[6], das mathematisch-wissenschaftliche Seminar an der Universität Berlin (1860/61) durch KUMMER[7] und WEIERSTRAß gegründet, dessen Zweck nun gerade nicht - wie (1856) in München - die Lehrerausbildung war. Im Gründungsgesuch schrieben beide zu diesem Punkt lediglich[8]:

"Ein solches mathematisch-wissenschaftliches Seminar würde nach unserem Dafürhalten ausschließlich die Förderung der mathematischen Bildung unter den Studirenden zum Zwecke haben müssen und würde auf die praktische Ausbildung derselben zu tüchtigen Lehrern der Mathematik nur in so fern von günstigem Einfluß sein können, als es dazu beitragen würde, die Gründlichkeit und Klarheit der mathematischen Kenntnisse künftiger Lehrer zu fördern."

---

[1] Lazarus Fuchs: * 1833 Moschin b.Posen, † 1902 Berlin; Stud. Berlin, 1858 Prom. Berlin, 1860/67 Lehrer versch. höh. Schulen, zuletzt Friedrich-Werdersche Gewerbesch., 1867/69 Doz. Artillerie- u. Ing.-Sch., 1865 Hab. PD U Berlin, 1866/69 ao.Prof. U Berlin, 1869/74 o.Prof. Greifswald, 1874/75 o.Prof. Göttingen, 1875/84 Heidelberg, 1884/1902 U Berlin, 1899 Rektor.

[2] Hermann Amandus Schwarz: * 1843 Hermsdorf unterm Kynast (poln.: Sobiecin), † 1921 Berlin; 1860/66 Stud. u. 1864 Prom. Berlin, 1866 Hab. PD U Berlin, zugl. höh.Schuldienst, 1867 ao.Prof. Halle, 1869 o. Prof. Eidg. Polytechn. Zürich, 1875 o.Prof. Göttingen, 1892/1917 (Nachf.v.Weierstraß) U Berlin, 1917 emer.

[3] Arthur Schoenflies: * 1853 Landsberg/Warthe, 1928 Frankfurt a.M.; 1870/75 Stud. u.1877 Prom. (E.E.Kummer) Berlin, 1878 Gym.Lehrer Berlin u. 1880 Colmar i.E.; 1884 Hab. PD, 1892 ao.Prof. u.1893 etatm. ao.Prof. Göttingen; 1899 o.Prof. U Königsberg i.Pr., 1911/14 Handelsakad. Frankfurt a.M., 1914/22 o.Prof. U Frankfurt a.M., 1920/21 Rektor, 1922 emer.

[4] Otto Stolz: * 1842 Hall i.Tirol, † 1905 Innsbruck; 1860 Stud. (Math.u.Astron.) U Innsbruck u. 1863 U Wien, 1864 Prom. Innsbruck, 1867 Ass. Sternwarte U Wien, 1867 Hab. u. PD U Wien, 1869 weiter.Stud. Berlin u. Göttingen, 1871 PD U Wien, 1872 ao.Prof. u. 1876 o.Prof. U Innsbruck.

[5] Georg Cantor: * 1845 St. Petersburg, † 1918 Halle; 1862/67 Stud. Zürich, Berlin u. Göttingen, 1867 Prom. Berlin, 1869 Hab. PD Halle, 1872 ao.Prof., 1879 o.Prof. U Halle, 1890 Gründer der DMV, 1913 emer.

[6] [Biermann], 97; [Lorey 1916], 120 ff.

[7] Ernst Kummer: * 1810 Sorau, † 1893 Berlin; 1828 Stud. Halle, 1831 Prom., GymLehrer Sorau, 1842 o.Prof. U Breslau, 1855 U Berlin (Nachf.v.Dirichlet), 1883 emer.

[8] [Biermann], 278

## 5.3 Das mathematisch-physikalische Seminar

Etwa seit der Jahrhundertwende wird bedauert[1], daß sich der hieran sichtbare Gegensatz zwischen mathematischer und mathematikdidaktischer Ausbildung "bis heute nicht zu einem ergänzenden Miteinander gewandelt hat"[2]. Durch die gegenüber Berlin erst rund 60 Jahre spätere Gründung der mathematisch-pädagogischen Seminare (an Schulen) war es in München zu dieser scharfen Abgrenzung auch erst nach dem ersten Weltkrieg gekommen.

### 5.3.4 Gründung der Seminarbibliothek

Maßgebende Aufgaben des Seminars waren neben der Ausbildungsfunktion die Einrichtung einer Seminarbibliothek und die Verteilung von Prämien. Bis zum Jahr 1904 wurden derartige Prämien einzelnen Seminarteilnehmern für die Bearbeitung gestellter Aufgaben gewährt - in einer Höhe zwischen 25 und 100 Mark[3]. Das erforderte die Einrichtung eines neuen Etats. Wir greifen als Beispiel einmal die Rechnungsjahre 1884 und 1885 heraus.

Insgesamt standen dem Mathematisch-physikalischen Seminar in diesen beiden Jahren jeweils "für Preise" ein Etat von 429 Mark, "für Bücher und Realausgaben 172 M." und der Mathematisch-physikalischen Sammlung 2143 Mark zur Verfügung[4]. Dazu kamen die Personalkosten (die "Realexegenz" bzw. "Remuneration") in Höhe von 270 Mark für jeden der drei Vorstände. Folgende Bücher bzw. Zeitschriften wurden 1885 auf Rechnung des Seminars "an das physikalische Institut abgeliefert":

"Comptes rendus pro 1885: 24,-; Register für die Sitzungsberichte der k. preußischen Academie von 1874-81: 3,-; Wiedemann, Electricität Band IV 1. & 2.: 39,-; Wüllner, Physik Band III: 12,-."

---

[1] Vgl. [Lorey 1916], 263 f.: "§ 3.1 Die Kluft zwischen Schul- und Universitätsmathematik und vereinzelte Versuche, sie zu überbrücken." Siehe auch David Hilberts diesbezügliche Bemerkungen in einem Ferienkurs für Oberlehrer Ostern 1898, ediert in [Toepell 1986], 119 ff.
[2] [Säckl], 101
[3] Orientiert man sich an den Gehältern, so besaßen diese Beträge gegenüber heute etwa zwanzigfache Kaufkraft.
[4] IGN MPhSem: Schreiben Hauptkasse an Seminar vom 30.9.1884.

## 5. Die Konstituierung von Forschung und Seminar

Dazu hat BAUER "für Bücher und Modelle weitere 40 M. angemeldet."[1]

Ein Jahr später kam es dann "bei Gelegenheit der Extradition des Inventars des physikalischen Kabinetts" aufgrund eines Gesuchs des Verwaltungsausschusses[2] vom 23.6.1886 zur Aufteilung der vorhandenen mathematischen und physikalischen Bücher und Zeitschriften. Sie sollten eindeutig entweder dem physikalischen Institut bzw. Kabinett oder dem mathematisch-physikalischen Seminar zugeordnet werden. Wie die ausführliche Antwort von BAUER zeigt[3], war das nicht ganz einfach - obwohl der Umfang der Bibliothek noch recht bescheiden war. Naturgemäß wurden dabei dem physikalischen Institut eher physikalische Publikationen zugewiesen und damit der Seminarbibliothek ein mathematischer Schwerpunkt verliehen.

Diese nach der Aufteilung vorhandene *Seminarbibliothek* bildete den Grundstock der heutigen mathematischen Institutsbibliothek, deren älteste Bestände bis in das frühe 19. Jahrhundert zurückgehen. Wie aus BAUERs Bericht hervorgeht, bildeten die offenbar nicht "defekt" vorhandenen *Comptes rendus hebdomadaire des séances de l'Academie des Sciences Paris* den Hauptbestandteil der Seminarbibliothek. Bis 1886 waren seit 1835 bereits 101 Bände erschienen. Noch 1933 waren alle Bände von Vol.1(1835) bis Vol.133(1901) vollständig in der Seminarbibliothek vorhanden[4]. Mathematische Einzelwerke fehlten dagegen 1886 im Seminar ganz. Die Anschaffung mathematischer Monographien war damals noch Sache der Universitätsbibliothek, deren rund 5000 mathematische Bände allerdings 1944 verbrannt sind[5].

Wenige Tage später ordnete der Verwaltungsausschuß die Inventarisierung und die Einrichtung eines Bibliothekskataloges an[6]. BAUER antwortete am 5.12.1886 unter Vorlage der Inventarliste, die ihm am 7.12.1886 nach Kenntnisnahme wieder zurückgesandt wurde. Bis 1926 war die mathematische Seminarbibliothek auf ansehnliche ca. 1500 Bände angewachsen[7].

---

[1] Zwei Zeitschriften für weitere 59,- Mark, die bis 1884 auf Rechnung des Seminars angeschafft wurden, gingen 1885 erstmals zu Lasten des physikalischen Instituts. Quelle: IGN MPhSem, Ausgabenübersicht 1885 mit Notizen von Seidel.

[2] Siehe Anhang 10.5.

[3] An den Verwaltungsausschuß vom 15.11.1886. Siehe Anhang 10.5.

[4] Inzwischen sind gerade die ersten hundert Bände, wohl durch Kriegseinwirkung, verlorengegangen.

[5] Näheres siehe 1.4.2.

[6] Schreiben an Bauer vom 23.11.1886; siehe Anhang 10.5.

[7] [Perron;Carathéodory;Tietze], 206

## 5.3 Das mathematisch-physikalische Seminar

### 5.3.5 Prämien

Wie ging nun die Verleihung der Prämien, die in den ersten fünf Jahrzehnten einen festen Bestandteil des Seminarbetriebes bildeten, vor sich? Nach den Paragraphen 9 und 10 der Seminarstatuten waren die Prämien in einem Tätigkeitsbericht am Ende jeden Semesters beim kgl. Staats-Ministerium des Innern für Kirchen- und Schul-Angelegenheiten zu beantragen. Diese Tätigkeitsberichte und auch die ministeriellen Genehmigungen geben Aufschluß über die im Seminar behandelten Themen und die ausgezeichneten Seminarteilnehmer (s. 5.3.6). Genauere Hinweise auf die Inhalte der Einzelvorträge oder der bearbeiteten Probleme fehlen allerdings. Zudem sind auch einige "Kandidaten- bzw. Inscriptionslisten" des Seminars erhalten[1]. Offenbar bildeten die Prämien einen durchaus beachtenswerten Anreiz. Manche Teilnehmer waren innerhalb von vier bis fünf Jahren immer wieder durch ihre aktive Mitarbeit an der Prämienvergabe beteiligt.

Von 1882 bis 1904 gingen entsprechende Preise an 76 Seminarteilnehmer[2]. Die weitaus meisten von ihnen waren Studenten der Mathematik. Rund ein Viertel dieser Seminarteilnehmer trat der 1890 gegründeten Deutschen Mathematiker-Vereinigung bei - wobei fast alle von diesen nach dem Seminarbesuch promoviert hatten und größtenteils Hochschullehrer wurden. Es handelt sich hierbei um die folgenden 18 prämierten Seminaristen:

Julius BAUSCHINGER[3] (Prämie 1882), Hermann BRUNN[4] (1884), Karl DOEHLEMANN[5] (1885, 1886), Richard SCHORR[6] (cand.astr., 1887, 1888,

---

[1] IGN: MPhSem. Quellenverzeichnis siehe Anhang.
[2] Siehe vollständige Übersicht im Anhang 10.6.
[3] Bauschinger, Julius: * 1860 Fürth, † 1934 Leipzig; 1878/82 Stud. München u. Berlin, 1883 Prom. (H.v.Seeliger) U München, 1888 Hab. (Astron.) München, Habilitationsschrift: Über die Biegung von Meridianfernrohren; 1882 Venus-Exped. Hartford/N.-Amer., 1883 Ass. u. 1886 Observ. Sternwarte München, 1888 PD U München, 1896 o.Prof. u. Dir. Astron. Recheninst. U Berlin, 1901/02 LA U Berlin, 1909 o.Prof. Straßburg, 1920 U Leipzig, 1930 emer.
[4] Brunn, Hermann K., Kurzbiographie siehe 8.1.7.
[5] Doehlemann, Karl, Kurzbiographie siehe 6.6.
[6] Schorr, Richard R.E.: * 1867 Kassel, † 1951 Badgastein; 1885/89 Stud. Berlin u. München, 1889 Prom. (H.v.Seeliger) München, 1889/91 Ass. Sternwarten Kiel u. Karlsruhe, 1891/92 Astronom Recheninst. Berlin, 1892/1902 Observator, 1902 Prof. u. 1902/41 Dir. der Sternwarte Hamburg-Bergedorf, 1919/35 o.Prof. U Hamburg, 1935 emer.

## 5. Die Konstituierung von Forschung und Seminar

1889), Adalbert BOCK[1] (1888), Ignaz SCHÜTZ[2] (1892, 1893), Eduard von WEBER[3] (1892), Karl FISCHER[4] (1892), Alfred LOEWY[5] (1893, 1894), Anton KILLERMANN[6] (1894), Wilhelm KUTTA[7] (1894), Heinrich WIELEITNER[8] (1895), Edmund LANDAU[9] (1895), Sophus MARXSEN[10] (1896), Oskar PERRON[11] (1899, 1900, 1901, 1902), Max LAGALLY[12] (1901, 1902, 1903), Emil HILB[13] (1903), August LOEHRL[14] (1904).

---

[1] Bock, Adalbert: * 1865 Oberkirchberg, † 1909; 1886/91 Stud., 1891 Prom. München, 1890/95 Ass. TH München, 1895 Reallehrer Rothenburg a.d.T., 1899 Passau, 1906 Prof. Kreisrealsch. Regensburg.

[2] Schütz, Ignaz R., † 1926; Stud. München, Ass. Göttingen, 1898 München.

[3] Weber, Eduard Ritter von, Kurzbiographie in 8.1.1.

[4] Fischer, Karl Tobias: * 1871 Nürnberg, † 1953 München-Solln, 1889/93 Stud. München, 1899 Cambridge (Engl.), 1896 Prom. (L.Sohncke) München, 1897 Hab. PD TH München, 1892 Ass., 1902 tit.ao.Prof. u. 1915 ao.Prof. Physik TH München, Dir. Bayer. Landesamt Maß u. Gew. München, 1936 emer.

[5] Loewy, Alfred: * 1873 Rawitsch/Posen, † 1935 Freiburg; 1891/95 Breslau, Berlin, München u. Göttingen, 1894 Prom. (F.Lindemann) München; 1897 Hab. PD, 1902 ao.Prof., 1916 o.HonProf. u.1919/34 o.Prof., alles U Freiburg i.Br.; 1934 amtsenth.

[6] Killermann, Anton K.G.: * 1870; 1890/94 Stud., 1899 Prom. München, 1904/05 Ass. TH München, 1895/1906 Reallehrer München, 1906 Rektor Realsch. Ingolstadt, 1923 Konrektor Gymn. Schweinfurt, 1939 Eichstätt.

[7] Kutta, Wilhelm M.: * 1867 Pitschen i.Schlesien, † 1944 Fürstenfeldbruck b.München; 1886/94 Stud. Breslau u. München, 1900 Prom. München, 1902 Hab. TH München, 1894/1902 Ass., 1902 PD TH München, 1907 Prof. angew.Math. TH München, 1909 etatm.ao.Prof. Jena, 1910 o.Prof. TH Aachen, 1911/35 TH Stuttgart, 1935 emer.

[8] Wieleitner, Heinrich K., Kurzbiographie siehe 9.3.2. Wieleitner war seitdem zeitlebens mit Landau befreundet; [Vogel 1988], 184.

[9] Landau, Edmund G.H.: * 1877 Berlin, † 1938 Berlin; 1893/1900 Stud. Berlin, München u. Paris, 1899 Prom. Berlin, 1901 Hab. PD U Berlin, 1906 tit.Prof. U Berlin, 1909/34 o.Prof. (Nachf. v.Minkowski) Göttingen, 1934 amtsenth. Berlin.

[10] Marxsen, Sophus F.: * 1877 Pinneberg, †?; 1894/1900 Stud. Göttingen u. München, 1900 Prom. Göttingen, 1903/04 wiss. Hilfslehrer, 1904 OLehrer, StRat Schleswig, Prof., i.R. Hamburg.

[11] Oskar Perron: * 1880 Frankenthal/Pfalz, † 1975 München; Kurzbiogr. siehe 8.1.5.

[12] Lagally, Max: * 1881 Neuburg a.D., † 1945 Dresden; 1899/1903 Stud. München, 1904 Prom. (F.Lindemann) München, 1913 Hab. u. PD TH München u. Reallehrer München, 1920/45 o.Prof. TH Dresden, 1942 emer.

[13] Hilb, Emil: * 1882 Stuttgart, † 1929 Würzburg; 1899/1903 Stud. München, Berlin u. Göttingen, 1903 Prom. (F.Lindemann) München, 1904/06 Ass. Realgymn. Augsburg, 1906/08 Ass. u. 1908 Hab. PD U Erlangen, 1909 ao.Prof. u. 1923/29 pers.o.Prof. U Würzburg.

[14] Loehrl, F.Chr. August: * 1881 Wassertrüdingen, 1900/06 Stud. München u. Göttingen, 1909 Prom. München, Reallehrer Bayreuth, 1920 StProf.

## 5.3 Das mathematisch-physikalische Seminar

Wenn dies auch im wesentlichen Hochschulmathematiker waren, so sind durchaus auch unter den nicht prämierten Seminaristen spätere Hochschulmathematiker zu finden. So etwa FRIEDRICH VON DALWIGK[1], der nur einmal, im Sommersemester 1891 als Schüler von SEIDEL am Seminar teilnahm.

1901 wurde auch das Mathematische Seminar als Institution Mitglied der Deutschen Mathematiker-Vereinigung. Die von A.GUTZMER (1860-1924) am 16.2.1901 in Jena unterzeichnete "Mitgliedskarte für 1901 ff. (Zugleich Quittung über die Ablösungssumme)" ist noch in den Seminarakten vorhanden. BAUER hatte sämtliche künftigen Jahresbeiträge durch eine einmalige Zahlung[2] abgelöst.

### 5.3.6 Tätigkeitsberichte

Nicht in jedem Jahr wurden Prämien vergeben. So heißt es im Tätigkeitsbericht vom 28.7.1893 u.a.[3]:

"Obgleich in allen drei Abtheilungen eine rege Betheiligung an den Vorträgen und Demonstrationen stattfand, so wurde doch keine Bearbeitung der gestellten Aufgaben eingereicht, was sich wohl zum Theil aus der Schwierigkeit der behandelten Themata erklärt."

Anschließend wird beantragt, die verfügbare Summe der Realexigenz des Seminars zuzuweisen, was auch genehmigt wurde[4]. Das entspricht durchaus den Intentionen der Preisverteilung. In einem Schreiben des Ministeriums[5] an alle Seminare vom 9.7.1894 wurde - veranlaßt durch das romanische Seminar - ausdrücklich darauf hingewiesen, daß die Verteilung in geringen Beträgen "zu einer nutzlosen Verzettelung der Seminargelder" führe und eine Prämie

"nur demjenigen gebührt, der hervorragende und ausgezeichnete Leistungen aufzuweisen hat, nicht jedem, der mit größerem oder geringe-

---

[1] Dalwigk, Friedrich von, * 1864 Kassel, † 1943 Weilheim/Obb.; 1885/92 Stud. Marburg, München u. Berlin, 1892 Prom. (H.Weber) Marburg, 1895 Ass. TH München, 1897 Hab. PD Marburg, 1907 Prof. U Marburg, 1922/24 Prof. Geod. Inst. Potsdam, 1924 i.R. Starnberg/Obb., 1930 Oberstdorf i.Allgäu, 1937 Tutzing.
[2] Auf dem Umschlag werden dafür 70 Mark angegeben; IGN: MPhSem.
[3] IGN MPhSem: Entwurf.
[4] IGN MPhSem: Schreiben des Senats an das Seminar vom 9.8.1893.
[5] IGN MPhSem: Schreiben des K.bay. Staatsministeriums des Innern für kirchliche und schulische Angelegenheiten Nr.2423.

## 5. Die Konstituierung von Forschung und Seminar

rem Fleiß und Erfolg an den seminaristischen Übungen teilgenommen hat."

Wird von Preisverteilungen abgesehen, so

"wird es angezeigt sein, (...) die hierdurch freiwerdenden Mittel zur Förderung der Seminarbibliothek zu verwenden."

Die Genehmigungsanträge des Seminars zur Prämienverteilung wurden ab 1891 mit einem Tätigkeitsbericht versehen. Diese Berichte vermitteln ein Bild des damaligen Seminarlebens[1]. Es zeigt sich, daß man ab dem WS 1893/94 nun auch zwischen Unter- und Oberseminaren unterschieden hat. Diese Aufteilung wurde nahegelegt durch die in den kommenden Jahren zu erwartenden hohen Teilnehmerzahlen. Die neue Prüfungsordnung von 1895, die die bisher freiwillige wissenschaftliche Hausarbeit (Staatsexamensarbeit) nun obligatorisch vorschrieb, führte ab Mitte der 1890er Jahre zu einem deutlichen Anstieg der Seminarteilnehmer. BAUERs Unterseminar im WS 1895/96 (Übungen aus der analytischen Geometrie) wurde von immerhin 55 Studenten besucht![2] LINDEMANN, der seine Studenten eher an neuere anspruchsvolle Forschungsergebnisse als an den Examensstoff heranführte, scharte durchwegs die kleinere Gruppe um sich. Zu dieser kleineren Gruppe gehörten jedoch vielfach künftige Doktoranden und Hochschullehrer.

Die Zahl der Mathematiker unter den Lehramtsstudenten der Philosophischen Fakultät war im Seminar im 19. Jahrhundert generell, wie die folgende Tabelle zeigt, erheblichen Schwankungen unterworfen. Das lag - an der Gesamtzahl erkennbar - nicht nur an kriegsbedingten Einflüssen[3]. Eine Rolle spielen dabei auch die erwähnten Prüfungsordnungen, damit verbundene Fächerkombinationen und in München die Möglichkeit, praxisorientierter an der Technischen Hochschule zu studieren[4].

Die folgende Tabelle gibt den Anteil der Mathematiker unter allen (in Klammern angegebenen) Lehramtsstudenten der Philosophischen Fakultät

---

[1] Die Berichte sind in 10.5 wiedergegeben.
[2] IGN MPhSem: Schreiben des Seminars an den Senat vom 16.3.1896 (siehe 10.5). Es gab aber (siehe z.B. Tätigkeitsbericht vom 20.3.1895) auch durchaus Seminare mit nur zwei Teilnehmern.
[3] Auch z.B. in Münster kam es um 1880 zu einem relativen Maximum der Mathematikstudenten; [Schubring], 176.
[4] Näheres dazu siehe [Neuerer].

## 5.3 Das mathematisch-physikalische Seminar

(ab 1873/74 der II.Sektion)[1] zunächst in Absolutzahlen an. Um die Vergleichbarkeit zu erleichtern, ist nach der Klammer jeweils der auf ganze Zahlen gerundete Prozentsatz angegeben:

| | | | |
|---|---|---|---|
| 1856/57: 42 | (391) 11 % | 1857/58: 44 | (433) 10 % |
| 1858/59: 30 | (405) 7 % | 1859/60: 20 | (395) 5 % |
| 1860/61: 13 | (412) 3 % | 1861/62: 16 | (379) 4 % |
| 1862/63: 9 | (351) 3 % | 1863/64: 8 | (354) 2 % |
| 1864/65: 4 | (352) 1 % | 1865/66: 5 | (315) 2 % |
| 1866/67: 5 | (275) 2 % | 1867/68: 8 | (340) 2 % |
| 1868/69: 14 | (315) 4 % | 1869/70: 12 | (309) 4 % |
| 1870/71: 25 | (327) 8 % | 1871/72: 40 | (388) 10 % |
| 1872/73: 42 | (383) 11 % | 1873/74: 45 | ( 80) 56 % |
| 1874/75: 39 | ( 82) 48 % | 1875/76: 58 | (112) 52 % |
| 1876/77: 69 | (145) 48 % | 1877/78: 61 | (151) 40 % |
| 1878/79: 74 | (182) 41 % | 1879/80: 85 | (202) 42 % |
| 1880/81: 92 | (203) 45 % | 1881/82: 68 | (187) 36 % |
| 1882/83: 48 | (204) 24 % | 1883/84: 45 | (208) 22 % |
| 1884/85: 36 | (216) 17 % | 1885/86: 17 | (197) 9 % |
| 1886/87: 14 | (211) 7 % | 1887/88: 30 | (254) 12 % |
| 1888/89: 20 | (208) 10 % | 1889/90: 19 | (201) 9 % |
| 1890/91: 13 | (219) 6 % | 1891/92: 15 | (212) 7 % |
| 1892/93: 30 | (229) 13 % | 1893/94: 27 | (261) 10 % |
| 1894/95: 39 | (285) 14 % | 1895/96: 69 | (317) 22 % |
| 1896/97: 66 | (371) 18 % | 1897/98: 114 | (438) 26 % |
| 1898/99: 116 | (480) 24 % | 1899/00: 128 | (513) 25 % |

Nicht immer scheinen allerdings die eingeschriebenen Studenten mit denjenigen, die die Seminare tatsächlich besucht haben, übereinzustimmen. Bemerkenswert ist hier ein Schreiben von Aurel VOSS, der im Sommer-

---

[1] Der mathematisch-naturwissenschaftlichen Sektion gehörten am Jahrhundertende 41% der Studenten der Gesamtfakultät an. Angegeben sind jeweils die Zahlen vom Wintersemester.

## 5. Die Konstituierung von Forschung und Seminar

semester 1903 erstmals ein Seminar in München abgehalten hatte, an seinen Kollegen LINDEMANN (21.7.1903)[1]:

"Verehrter Herr College.

Die Namen der in meiner Liste uns'res Seminars inscribirten Herren sind Sträuble Theodor, Droschl Heinrich, Hilb Emil, Schmauß August, Prosch Karl, Wallner Carl, Dr. Guggenheimer Siegfried, Tappen Max, Wagner Ernst.

Ein Name unleserlich. Eine sonderbare Gesellschaft; ich habe in *Wirklichkeit* ganz andere Leute gehabt.

Mit bestem Gruß

Ihr ergebenster A. Voss."

Wie sahen nun die *Tätigkeitsberichte* aus? Ein typischer diesbezüglicher Bericht ist etwa das Schreiben[2] des Physikers von LOMMEL[3] an den Senat vom 24.4.1894:

"Betreff: Die Thätigkeit des mathematisch-physikalischen Seminars im Wintersemester 1893/94.

Im Wintersemester 1893/94 waren an den Seminarübungen bei Herrn Prof. Dr. BAUER 11, bei Herrn Geheimrath Prof. Dr. BOLTZMANN 11, bei Herrn Prof. LINDEMANN 11, bei dem Unterzeichneten 4 Studierende betheiligt. Herr Prof. Dr. BAUER behandelte: Biegung einer elastischen Linie, schwingende Saiten, mit Vorträgen der Theilnehmer, Herr Geheimrath Prof. Dr. BOLTZMANN: im Oberseminar:

1) Anwendung der Theorie der conformen Abbildung auf physikalische Probleme,

2) Versinnlichung der elektromagnetischen Erscheinungen durch Bewegung der Kraftlinien, mit Vorträgen der Theilnehmer und Lösung von Aufgaben;

im Unterseminar:

Auflösung einfacher Aufgaben aus der mechanischen Wärmetheorie. Herr Prof. LINDEMANN hielt Übungen zur Differentialrechnung für

---

[1] IGN MPhSem
[2] IGN MPhSem: Entwurf, weitgehend identisch mit UAM: Sen 211/8.
[3] Eugen v.Lommel war 1884 aus Erlangen als Professor der Experimentalphysik und Nachfolger von Jolly nach München gekommen. Lommel starb 1899, als er gerade Rektor der Universität war ([Müller,K.A.], 208).

## 5.3 Das mathematisch-physikalische Seminar

Anfänger, und der Unterzeichnete behandelte die Bewegungserscheinungen sphärischer und cylindrischer Wellen.

Nach gemeinsamer Berathung der Vorstände wurde beschlossen, für folgende Theilnehmer des Seminars

AUER, Ludwig, aus Donauwörth,
FLEISCHMANN, Leonhard, aus Archshofen (Württemb.),
KILLERMANN, Anton, aus Passau,
KUTTA, Wilhelm, aus Breslau,
LOEWY, Alfred, aus Rawitsch (Posen)

Prämien von je vierzig Mark zu beantragen.

Wir richten hiermit an den k. akademischen Senat die ergebenste Bitte, diesen Antrag an höchster Stelle befürworten zu wollen.

Verehrungsvollst
die Vorstandschaft des mathematisch-physikalischen Seminars
Prof. Dr. E. von LOMMEL."

Besonders häufig erhielt stud. math. Oskar PERRON[1] Prämiengelder zugesprochen: am 19.3.1899, 11.8.1899, 14.8.1900, 9.4.1901, 6.8.1901 und am 5.8.1902.[2] Er promovierte im Sommer 1902 bei LINDEMANN mit einer Arbeit "Über die Drehung eines starren Körpers um seinen Schwerpunkt bei Wirkung äußerer Kräfte"[3].

1902 hat LINDEMANN von BAUER, der 1901 emeritiert worden war, den geschäftsführenden Vorsitz des Seminars übernommen. Die Tätigkeitsberichte wurden von nun an nicht mehr semesterweise, sondern nur noch jährlich am Ende eines Studienjahres eingereicht.

Selbstverständlich ergab sich wiederholt auch die Notwendigkeit, die Seminarmittel an die veränderten Verhältnisse anzupassen. Folgender Verwaltungsvorgang dokumentiert die Beantragung zusätzlicher Mittel für das Seminar: In einem Brief an die Philosophische Fakultät[4] baten 1904 "die Direktoren der mathematischen Abtheilung des mathematisch-physikalischen

---

[1] s. 8.1.5
[2] IGN MPhSem; UAM: Sen 211/23,3
[3] [Heinhold 1980], 122
[4] 16.11.1904; UAM: Sen 209/24

## 5. Die Konstituierung von Forschung und Seminar

Seminars LINDEMANN, VOSS, BAUER" um eine Erhöhung ihres Etats von jährlich 272 M, der

> "durch Zeitschriften und Buchbinder-Rechnungen nahezu verbraucht" wird. "Weitere Bedürfnisse sind bisher fast alljährlich aus dem HOFFMANN'schen Legat gedeckt, was indessen mit dem stiftungsmässigen Zweck dieses Legats kaum verträglich ist.
>
> Die Seminare anderer Universitäten verfügen über *sehr* viel höhere Mittel. In Freiburg i.Br. stand dem mathematischen Seminar z.B. schon 1883 die Summe von 560 M jährlich zur Verfügung[1] (neben 300 M jährlich für Prämien)."

Die Fakultät reichte einen Tag später das Gesuch weiter an den Senat. Im Schreiben vom 17.11.1904 befürwortete der Dekan HERTWIG "diesen Antrag auf's Wärmste". Einen Tag später hat sich "der akad. Senat: LINDEMANN" an den k. Verwaltungsausschuß "mit dem ergebensten Ersuchen um gutachtliche Äußerung" gewandt. Am 21.11.1904 antwortete der Verwaltungsausschuß:

> "(...) können wir uns nur dafür aussprechen, daß im k. Staatsministerium des Innern für Kirchen- und Schulangelegenheiten beantragt wird, daß die Mittel (...) gewährt werden."

Unterzeichner ist nun zum dritten Mal, jetzt als "der derzeitige Rektor" - LINDEMANN. 1905 standen dem Seminar infolgedessen zwar 429 Mark zur Verfügung[2], doch wurde die Verteilung von Prämien gerade dann bald eingestellt[3].

### 5.3.7 Abschaffung der Prämien und Tätigkeitsberichte

Nachdem 1904 die letzten Preise im mathematisch-physikalischen Seminar verliehen worden waren, waren die Stimmen lauter geworden, die eine generelle Abschaffung der Prämien forderten. Damit hängt auch das Bemühen zusammen, den Aufbau der Bibliothek stärker zu fördern. In einer grundsätzlichen Stellungnahme schreibt BAUER am 20.2.1905:

---

[1] 1883 war Lindemann von dort nach Königsberg berufen worden.
[2] UAM: Sen 209/26
[3] Vgl. auch [Müller,K.A.], 206

## 5.3 Das mathematisch-physikalische Seminar

"Als vor mehreren Jahren zum ersten Male von Seiten des Ministeriums an die Vorstände der Seminarien die Anfrage erging, ob es nicht zweckmäßig erscheine, die Seminarprämien aufzuheben und den Betrag derselben zur Realexigenz der Seminarien zuzuschlagen, sprachen sich die Vorstände des philologischen Seminars für Beibehaltung der Prämien aus und der Vorschlag blieb deshalb ohne Erfolg. Die damaligen Vorstände des math.-phys. Seminars (Herr V.LOMMEL, Herr LINDEMANN und der Unterzeichnete) hatten sich im Gegentheil einstimmig für Annahme des ministeriellen Vorschlags erklärt und es besteht[?] kein Zweifel, daß die jetzige Vorstandschaft des Seminars sich insgesammt wieder in demselben Sinne äußern wird.

Gust. Bauer"

Am 1.12.1907 hat LINDEMANN einen letzten ausführlichen Tätigkeitsbericht eingereicht[1]. Folgende mathematische Gebiete waren demnach Gegenstand des Seminars:

LINDEMANN: WS 1906/07, Übungen aus der Theorie der Differenzengleichungen; SS 1907, Vorträge über specielle Gebiete aus der Theorie der Minimalflächen.

VOSS: WS 1906/07, Existenzbeweise der Lösungen von Systemen gewöhnlicher Differentialgleichungen, funktionentheoretische Behandlung derselben nach Lazarus FUCHS; SS 1907, Existenzbeweise der Lösungen von Systemen partieller Differentialgleichungen, Lösungen gewöhnlicher Differentialgleichungssysteme in der Nähe singulärer Punkte.

Die Angaben eines im nächsten Studienjahr zusammengestellten Zirkulars[2] hat LINDEMANN nicht mehr in Form eines Tätigkeitsberichts eingereicht. Einer nachträglichen Zusatzbemerkung auf dem Zirkular ist zu entnehmen:

"Nach Rücksprache mit dem Sekretär Herrn Dr. EINHAUSER auf Grund der M.[Ministeriellen] Entschließung nicht mehr abgesandt. F.L. [Ferdinand Lindemann]"

---

[1] IGN MPhSem: Seminar an Senat 1.12.1907; Durchschlag eines Schreibens von Lindemann, aufgrund eines zunächst verlegten "Circulars" verfaßt (siehe 10.5).
[2] IGN MPhSem: Seminar-Circular vom 23.7.1908 an Röntgen, Voss und Sommerfeld (siehe 10.5).

## 5. Die Konstituierung von Forschung und Seminar

"Nach einem alten Übereinkommen, das schon unter den Vorständen VON JOLLY und VON SEIDEL bestand, ist die für Seminarprämien ausgesetzte Summe von 429 M., resp. deren Rest (falls Prämien verteilt werden) zu *gleichen* Teilen an den Realetat der mathematischen und der physikalischen Abteilung des Seminars übergegangen. Die Section hat in ihrer Sitzung am 12.Febr.1909 beschlossen, daß eine Teilung auch ferner beibehalten werden soll," schrieb der Dekan VOSS am 13.2.1909 an den Senat, der dem Verwaltungsausschuß am 3.3.1909 entsprechende Anweisungen erteilte[1]. Damit sind die regelmäßigen Tätigkeitsberichte und Anträge des Seminars entfallen[2].

### 5.3.8 Fortführung des Seminars

Eine Fortsetzung der offiziellen Tätigkeitsberichte bildet ein von LINDEMANN angelegtes, in seinem Nachlaß erhaltenes Heft "Mathematisches Seminar München 1909 - ...", das vom Wintersemester 1909/10 bis zum Sommersemester 1912 geführt wurde. Neben den Veranstaltern LINDEMANN und VOSS werden hier anfangs am 6.12.1909 folgende 15 Seminarteilnehmer genannt[3]: BERWALD[4], [Fritz] NOETHER[5], PERRON, LAGALLY, HARTOGS, ROSENTHAL, DINGLER, ALFRED MOLL[6], F. BÖHM, V. PIDOLL, S. MAZURKIEWICZ, P. DEBYE[7], R. SEELIGER, HAMBURGER[8], FRANZ FUCHS[9]. Unter

---

[1] UAM: Sen 211, 31/1 u. 31/2.

[2] Den Abschluß der Akten des Seminars bilden 20 maschinengeschriebene vorgedruckte Anweisungsformulare des Rektorats zur "Verteilung von Seminarprämien", die am 20.7.1909 dem Seminar zugingen, aber aufgrund der Abschaffung der Prämien keine Verwendung mehr fanden.

[3] Zu deren Dissertationsthemen siehe Anhang 11.5.

[4] Ludwig Berwald: * 1883 Prag, † 1942 Ghetto Lodz; 1902/08 Stud. U München, 1908 Prom. (A.Voss) U München, 1919 Hab. Dt.U Prag, 1922 ao.Prof. u. 1927/39 o.Prof. Dt.U Prag, Okt.1941 nach Lodz deport.

[5] Fritz Alexander Ernst Noether (Bruder v. Emmy N.): * 1884 Erlangen, † 1941; 1903/09 Stud. Erlangen, München u. Göttingen, 1909 Prom. München, 1910/11 Hilfsarb. U Göttingen, 1911 Ass., Hab. PD TH Karlsruhe, 1918 etatm.ao.Prof. Karlsruhe, 1921/22 Industrietätigk., 1922 o.Prof. TH Breslau, 1934 amtsenth., 1934 Prof. Forsch.-Inst. f.Math.u.Mech. U Tomsk/UdSSR.

[6] Alfred Moll: * 1882 München, 1908 StExamen, 1919 StRat, 1926 StProf. Altes Realgymn. München.

[7] Peter J.W. Debye: * 1884 Maastricht/Holl., † 1966 Ithaka/N.Y.; 1901/05 Stud. TH Aachen, 1905 Dipl.-Ing. Aachen, 1906 Ass., 1908 Prom. (A.Sommerfeld) U München, 1910 PD U München, 1911 ao.Prof. Theor. Phys. Eidg. TH Zürich, 1912 o.Prof. U Utrecht, 1914 o.Prof. U Göttingen, 1920 o.Prof. ETH Zürich, 1927/35 o.Prof. U

## 5.3 Das mathematisch-physikalische Seminar

den nicht an anderer Stelle erwähnten hervorragenden Teilnehmern ist FRITZ NOETHER zu erwähnen, der im Frühjahr 1909 "Über rollende Bewegung einer Kugel auf Rotationsflächen" mit "summa cum laude" bei VOSS promoviert hatte. In seinem Gutachten schreibt VOSS dazu[1]:

"Die Arbeit, welche einen wesentlichen Fortschritt in der Untersuchung über nicht holonome Bewegungen eines starren Körpers bedeutet, zerfällt in 3 Teile. (...) Auch diese Untersuchung ist mit Geschick erschöpfend durchgeführt und zeigt, wie gründlich der Verfasser mit der Anwendung funktionentheoretischer Fragen vertraut ist. Ich halte die Arbeit für eine in jeder Beziehung den Anforderungen entsprechende ..."

Neben der Besprechung neuerer Literatur[2] wurden im Seminar, meist in mehreren Abschnitten, kürzere Vorträge gehalten. So sprach etwa im WS 1909/10 PERRON wiederholt über das Waringsche Problem und seine Lösung durch HILBERT (1909). HARTOGS trug über "Singuläre Stellen der Funktion mehrerer Variabeln" und über seine Habilitationsschrift vor; im WS 1910/11 über PAUL KOEBES Untersuchungen[3], deren Anwendung auf algebraische Kurven und über den allgemeinen Abbildungssatz. Im SS 1910 standen Integralgleichungen (BÖHM), Lebesgue-Integrale (V. PIDOLL), die

---

Leipzig, 1935/40 U Berlin u. Kaiser-Wilh.-Inst. f.Phys. Berlin, 1940/52 Prof.f.Chemie Cornell U Ithaka/N.Y.

[8] Hans Ludwig Hamburger: * 1889 Berlin, † 1956 Köln; 1907/14 Stud. U Berlin, Lausanne, Göttingen u. U München, 1914 Prom. (A.Pringsheim) U München, 1919 Hab. PD U Berlin, 1922 ao.Prof. U Berlin, 1924/35 o.Prof. Köln, 1935 amtsenth., Berlin, 1939 emigriert, 1941/47 Lect. U Southampton, 1947/53 o.Prof. U Ankara/Türkei, 1953/56 o.Prof. U Köln.

[9] Franz Fuchs: * 1881 Straßburg, † 1971; Stud. Darmstadt, U u. TH München, 1903 StExamen, 1906 Prom. U München; 1905 Ass. (Astronomie) im Deutschen Museum, 1912 Abt.-Lt., 1936 Abt.-Dir. dort, 1951 i.R.; s. [Litten 1991].

[1] Gutachten 21.2.1909, UAM: OC I 35p - F.Noether.

[2] Z.B. am 13.2.1910 die soeben erschienenen "Grundlagen der Geometrie" von Friedrich Schur, "Maxwellsche Theorie und Elektronentheorie" von Franz Richarz, "Sammlung Borel: alles bisher Erschienene".

[3] Paul Koebe: * 1882 Luckenwalde, † 1945 Leipzig; 1900/06 Stud. Kiel, U u. TH Berlin u. Göttingen, 1905 Prom. (H.A.Schwarz) Berlin, 1907 Hab. PD Göttingen, 1910 ao.Prof. u. 1911 etatm. ao.Prof. Leipzig, 1914 o.Prof. Jena, 1926/45 o.Prof. u. Dir. Math.Sem. U Leipzig

## 5. Die Konstituierung von Forschung und Seminar

Variationsrechnung nach HILBERT (DEGENHART), ROSENTHALs Dissertation und "Didaktik und Methodik" von ALOIS HÖFLER[1] auf dem Programm. Neue Teilnehmer waren in SS 1911: WEICKMANN[2], GRELLING, ELSE SCHÖLL, W. V. WELZ, PAUSCH[3]; im SS 1912: R. JENTZSCH, RAUBER[4], W. LENZ, M. LAUE, P. EPSTEIN[5], H. HOLZBERGER[6], OTTO SZÁSZ[7], HAUPT[8], HUNTINGTON[9]. Vortragsthemen im SS 1911: Goldener Schnitt (DOEHLEMANN), Dirichletsches Prinzip und Hilberts Arbeit über das Dirichletsche Integral (HAMBURGER), Theorie des Fluges (MOLL); im SS 1912: Oszillationstheoreme (HAUPT), Grundlagen der Euklidischen Geometrie (HUNTINGTON), unendliche Determinanten (SZÁSZ).

Im wesentlichen bestand das Seminar in dieser Form fort. Noch 1918 antwortete LINDEMANN auf eine Anfrage, ob die Seminar-Statuten von 1856 weiterhin Gültigkeit haben[10]:

---

[1] Alois Höfler: * 1853 Kirchdorf/Oberösterr., † 1922 Wien; 1871/76 Stud. U Wien, 1886 Prom. Graz, 1895 Hab. PD Päd.u.Philos. Wien, 1876 GymnLehrer Wien, 1881/1903 Prof. Theres.-Gymn. Wien, 1903 o.Prof. Prag, 1907 o.Prof. U Wien.

[2] Ludwig F. Weickmann: * 1882 Neu-Ulm, † 1961 Bad Kissingen; 1901/05 Stud. U München u. 1908/09 Göttingen, 1905 StExamen, 1905/08 Ass. U München, 1911 Prom. (A.Voss) U München, 1911 Obs. u. 1919 Hauptobs. Meteorol. Zentralstation München, 1922 Hab.(Meteorol.) PD U München, 1923/45 o.Prof. U Leipzig, 1948/53 Präs. dt.Wetterdienst Bad Kissingen, 1953 i.R., 1954 HonProf. FU Berlin, 1959 o.Prof.em. U München.

[3] Ludwig Pausch: * 1888; 1910 StExamen, 1912 Prom. U München, 1920 StRat Gymnasium Günzburg.

[4] Arthur Rauber: * 1888, 1913 StExamen, 1913 Prom. U München, 1919 Wunsiedel, 1921 StRat Techn. Staatslehranstalt Nürnberg, StProf.

[5] Paul Epstein: * 1871 Frankfurt a.M., † 1939 (Freitod); 1895 Prom. U Straßburg, 1903 PD U Straßburg, Lehrer TH Straßburg, 1919 ao.Prof. U Frankfurt a.M.

[6] Hermann Holzberger: 1913 Prom. U München.

[7] Otto Szász: * 1884 Alsószucs/Ungarn (jetzt: Dolná Suca/ Tschech.), † 1952 Montreux/Schweiz; Stud. Budapest, Göttingen, München u. Paris, 1911 Prom. Budapest, 1914 Hab. PD u. 1921/33 ao.Prof. U Frankfurt a.M., PD U Budapest, 1933 Entzug der venia legendi, 1933/36 Visit.Prof. Mass.Inst.Techn. u. Brown U Providence, 1936/47 Res. Lect. u. 1947/52 Prof. U Cincinnatti/Ohio.

[8] Otto Haupt: * 1887 Würzburg, † 1988; 1906/13 Stud. U Würzburg, U Berlin, U München u. U Breslau, 1910 StExamen, 1911 Prom. Würzburg, 1913 Hab. PD u. 1913/20 Ass. TH Karlsruhe, 1920 o.Prof. U Rostock, 1921/53 o.Prof. U Erlangen, 1953 emer.

[9] Edward Vermilye Huntington: * 1874 Clinton/N.Y., † 1952 Cambridge/Mass.; 1891/97 Stud. Harvard, 1899/1901 Stud. Straßburg u.Göttingen, 1901 Prom. (H.Weber) Straßburg, 1895/99 u. 1901/05 Instr. Harvard U u. Williams-Coll.; 1905/15 Ass.Prof., 1915/19 Assoc.Prof. u. 1919/41 Prof. Mech. Harvard U Cambridge/Mass. USA, 1941 em.

[10] UAM Sen 209/43. Vollständige Statuten: siehe Anhang 10.2.

## 5.3 Das mathematisch-physikalische Seminar

"Noch gültig bis auf die §§., die sich auf die Prämien beziehen (8,9,10), da die Prämien aufgehoben sind.
§.4. Satz 2 und §.7. sind nicht mehr durchführbar, und so lang ich hier bin, ausser Uebung.
16.4.18. Lindemann.
Das *Studien-Schema* ist gänzlich veraltet."

Mit dem *Studien-Schema* ist das in 5.1.2 erwähnte und im Anhang (10.1) wiedergegebene Schema von 1856 gemeint. Dieses Schema war erstmals 1892 durch einen strafferen Studienplan ersetzt worden, der für das Lehramt in Mathematik und Physik nur noch drei Studienjahre vorschrieb. Er verzichtete auf die inzwischen den allgemeinbildenden höheren Schulen zugewiesene Elementarmathematik und sah stattdessen synthetische und darstellende Geometrie vor[1].

Während in den 1890er Jahren und um die Jahrhundertwende noch von einer mathematischen und einer physikalischen Abteilung des Seminars die Rede war, wurden die beiden Abteilungen schon ab 1903 gelegentlich als mathematisches bzw. physikalisches Seminar bezeichnet. Am 27.6.1923 hat man dann auch formal das "Seminar mathematisch-physikalischer Errichtung" schließlich in ein mathematisches und in ein physikalisches Seminar aufgeteilt, wobei die Assistentenstelle mit Einverständnis der Physiker dem mathematischen Seminar zugeordnet wurde[2].

*5.3.9 Zusammenhang von Schule und Universität*

Der Zusammenhang der höheren Schulen mit den Universitäten wurde vom Kultusministerium bewußt gepflegt. Im 19. Jahrhundert war auch in Bayern "die Kluft zwischen Gymnasium und Universität bei weitem nicht so groß wie heute"[3]. Da Universitätsdiplome in Mathematik erst nach dem zweiten Weltkrieg verbreitet wurden[4], war das Staatsexamen die übliche Abschlußprüfung. Schullehrer waren im 19. Jahrhundert ohnehin oft materiell besser gestellt als Hochschulmathematiker. Die soziale Anerkennung

---

[1] UAM: O C I 18, publ. in [Neuerer], 99f.
[2] UAM: Sen 209/57, zur Assistentenstelle vgl. auch 6.6.
[3] [Forster], 429; s.a. 5.3.3 und 7.3.
[4] s. 8.3.4

## 5. Die Konstituierung von Forschung und Seminar

war vergleichbar. Zudem stand das Staatsexamen "in dem Rufe, erheblich schwieriger als ein Promotionsverfahren zu sein"[1].

Einer Reihe von Hochschullehrern, die zunächst am Gymnasium tätig waren, kam die dort gesammelte Lehr- und Unterrichtserfahrung in ihrer Universitätslaufbahn zugute. Dies galt später in gleicher Weise für das 20. Jahrhundert. Wie HEINHOLD bemerkt, kam die Tätigkeit an einer höheren Schule etwa "auch im Aufbau und der Verständlichkeit der Vorlesungen von PERRON und auch von LETTENMEYER zur Auswirkung"[2].

Regelmäßig wurden Universitätsprofessoren als "Ministerialkommissionäre" beim Abitur eingesetzt, mit "Unterrichtsvisitationen" beauftragt oder in den Obersten Schulrat berufen. Dieser 1872 gegründete Oberste Schulrat, dem höchsten Gymnasialgremium in Bayern, ermöglichte - unter Anwesenheit des Ministers - die unmittelbare Zusammenarbeit von Universität, Schule und Verwaltung[3].

Damit ging einer eine "im Vergleich zu heute viel größere Durchlässigkeit zwischen den Beschäftigungen als Hochschul- und Gymnasiallehrer"[4]. Auch haben nicht selten Lehrer an höheren Schulen auf vielen Gebieten der Mathematik zu ihrer Weiterentwicklung beigetragen. Man denke etwa an KARL WEIERSTRAß und HERMANN GRAßMANN[5]. Eine große Zahl hervorragender Forscher, darunter auch JULIUS PLÜCKER, ERNST KUMMER und JAKOB STEINER, waren wenigstens zeitweise als Lehrer an höhern Schulen tätig. Im 20. Jahrhundert denke man etwa an die in München wirkenden Mathematiker und Mathematikhistoriker SIEGMUND GÜNTHER, RICHARD BALDUS, HUGO DINGLER, FRITZ LETTENMEYER, HEINRICH WIELEITNER und KURT VOGEL. Nicht zuletzt wird durch die zahlreichen Habilitationsthesen, die sich auf den gymnasialen Mathematikunterricht beziehen, die Verbindung zur höheren Schule deutlich[6].

---

[1] [Eccarius 1987], 43
[2] [Heinhold 1984], 183
[3] [Säckl], 83 und 95
[4] In [Säckl], 54 f. werden dazu Beispiele genannt, Gemeinsamkeiten und Unterschiede tabellarisch zusammengestellt.
[5] [Gericke 1972], 352
[6] vgl. auch [Säckl], 83

## 5.4 Fachliche Zusammenschlüsse

### 5.4.1 Mathematischer Verein

Neben dem Seminar gab es im 19. Jahrhundert auch einen Mathematischen Verein in München. Bereits 1834, dem Gründungsjahr des mathematischen Seminars in Königsberg, war in München ein "Gründungsgesuch eines mathematisch-physicalischen Vereins von Studierenden" eingereicht worden[1]. Das Gesuch war von acht Studenten unterzeichnet worden, die dem Verein, ähnlich wie dem von SCHERK in Halle gegründeten[2], durchaus Seminarcharakter geben wollten. Das Gesuch wurde jedoch vom Verwaltungsrat der Universität abgelehnt[3]. Nach der Einrichtung des Münchner Seminars 1856 kam es schließlich 1877 zur Gründung eines eher die Geselligkeit pflegenden Vereins, in dem aber auch Fachvorträge zu hören waren[4]. Bei seiner Gründung mögen ähnliche Überlegungen maßgebend gewesen sein wie 1861 bei der Einrichtung des Mathematischen Vereins in Berlin, der "zahlreichen weiteren Vereinen an anderen deutschen Universitäten als Vorbild gedient hat"[5]. Dort wurde der Verein von Mathematikstudenten gegründet,

> "die wegen der Beschränkung der Zahl der Seminarmitglieder nicht in das neue Seminar aufgenommen werden konnten, (...) mit der Absicht, mathematische Kenntnisse unter den Studenten durch Vorträge, Diskussionen, Stellen und Lösen von Aufgaben zu fördern."

Vorsitzender des Berliner Verein war zum Beispiel 1864/65 GEORG CANTOR[6].

Der Mathematische Verein in München stand "vor allem um die Jahrhundertwende in Blüte"[7]. Er wurde im Jahr 1900, ein Jahr vor dem mathematischen Seminar der Münchner Universität, als Institution Mitglied der

---

[1] Sen 209/1
[2] [Lorey 1916], 112 f.; [Biermann], 97
[3] [Neuerer], 128
[4] [Hofmann 1954], 21
[5] [Biermann], 100
[6] [Biermann], 100
[7] [Hofmann 1954], 21; vgl. auch H. Wieleitner: Der mathematische Verein München. Zeitschr.f.math.u.nat.Unterr. 50(1919)56-58.

## 5. Die Konstituierung von Forschung und Seminar

Deutschen Mathematiker-Vereinigung[1], bestand noch Anfang der 1930er Jahre[2] und gab 1936 als "Mathematischer Verein der Universität München" der DMV seine Auflösung bekannt[3]. GEORG KERSCHENSTEINER[4] berichtet 1926 über den Verein[5]:

"Als einen andern glückliche Zufall betrachtete ich es, daß damals der noch junge, 1877 gegründete Mathematische Verein der Studenten beider Hochschulen Münchens, zu dessen Vorsitzenden ich noch während meiner Studentenzeit fünf Semester lang gewählt wurde, eine Anzahl außerordentlich begabter Mathematiker in seinen Reihen zählte, die fast alle, von FELIX KLEIN angezogen, nach München ihre Studien verlegt hatten. Die meisten dieser Gründer des Vereins, zu denen ich jedoch nicht gehörte, sind später auf Lehrstühle der deutschen Hochschulen berufen worden. Ich darf an Namen erinnern wie MAX PLANCK[6], A. HURWITZ[7], F. [H.] BURKHARDT[8], WALT[H]ER V.DYCK[9], LUDWIG SCHLEIERMACHER[10], HERMANN WIENER[11],

---

[1] Zum Beispiel JDMV 37(1928) XLV u. XXXIII
[2] [Heinhold 1984], 181
[3] JDMV 46(1936) 3.Berichtigungsblatt zum Mitgl.-Verz. 1935
[4] Georg Kerschensteiner: * 1854, † 1932; Math. u. Pädagoge, 1883 Prom. (bei Bauer) U München; GymnLehrer Schweinfurth, 1893/95 Ludwigsgymnasium ([Guggenberger], 130) und 1895-1919 Stadtschulrat u. OStRat München, 1918 Prof.h.c. U München.
[5] [Bruch], 139
[6] Max Carl Ludwig Ernst Planck: * 1858 Kiel, † 1947 Göttingen; 1874/78 Stud. München u. Berlin, 1879 Prom. U München, 1880 Hab. U München, 1885/89 ao.Prof. Kiel, 1889/92 Berlin, 1892/1926 o.Prof. Phys. U Berlin, 1926 emer., 1930 Präs. KWGes. Berlin.
[7] Adolf Hurwitz: * 1859 Hildesheim, † 1919 Zürich; 1877/82 Stud. München, Leipzig u. Berlin, 1881 Prom. Leipzig, 1882 Hab. PD Göttingen, 1884/92 etatm. ao.Prof. U Königsberg i.Pr., 1892 o.Prof. Eidg. Polytechnicum (später umbenannt in "ETH") Zürich.
[8] Heinrich Friedrich Karl Ludwig Burkhardt: * 1861 Schweinfurt, † 1914 Neuwittelsbach b.München; 1879/84 u. 1887/79 Stud. TH u.U München, Berlin u. Göttingen, 1886 Prom. (A.Voss) U München, 1884/87 Ass. TH München, 1889 Hab. PD U Göttingen, 1896 o.Prof. U Zürich, 1908 o.Prof. TH München.
[9] Siehe 5.2.3
[10] Ludwig Andreas August Wilhelm Schleiermacher: * 1855 Darmstadt, † 1927; 1873/80 Stud. Darmstadt, Leipzig, München, Erlangen u. Berlin, 1878 Prom. Erlangen, 1884/90 Studienlehrer Nürnberg, 1890/99 ao.Prof. u. 1899 o.Prof. Forsthorstschule Aschaffenburg, 1910 i.R., 1911 Hab. PD u. 1921/27 o.HonProf. TH Darmstadt.
[11] Hermann Ludwig Gustav Wiener (Sohn des Geometers Christian Wiener, 1826-1896): * 1857 Karlsruhe, † 1939; 1876/82 Stud. Karlsruhe, München u. Leipzig, 1881 Prom. München, 1882/83 Lehramtsprakt. Gymn. Karlsruhe, 1882/84 Ass. TH, 1885 Hab. PD Halle, 1894 o.Prof. TH Darmstadt, 1927 emer.

## 5.4 Fachliche Zusammenschlüsse

FRIEDRICH DINGELDEY[1], V. BRAUNMÜHL[2], DOEHLEMANN[3], RUNGE[4], den KRONECKER-Schüler GIERSTER[5] usw. Viele von ihnen haben sich später als Mathematiker und Physiker einen außerordentlichen Namen gemacht. Alle aber haben ein starkes wissenschaftliches Leben in den Verein hineingetragen."

Es liegt nahe, daß es durch den Münchner Mathematischen Verein auch zu Bekanntschaften kam. H. WIENER, DINGELDEY und SCHLEIERMACHER wirkten später gemeinsam in Darmstadt. BURKHARDT und HURWITZ waren beide nach ihrer Göttinger Habilitation in Zürich tätig. BURKHARDT kehrte nach München zurück und blieb hier am Vereinsort, wie auch V.DYCK, V.BRAUNMÜHL, DOEHLEMANN und KERSCHENSTEINER selbst. Neben diesem vor allem von Studenten getragenen Verein konstituierte sich 1911 ein "Bayerischer Mathematikerverein" von Lehrern und Hochschullehrern unter dem Vorsitz von DOEHLEMANN, über den in Abschnitt 6.6 berichtet wird.

### 5.4.2 Mathematisch-naturwissenschaftliche Sektion

Im Laufe des 19. Jahrhunderts fächerte sich die Philosophische Fakultät als weitaus größte Fakultät vor allem durch die Entwicklung der Naturwissenschaften immer weiter auf. Zeitlich vor der Physik wurde die Chemie - und damit auch die gesamten Naturwissenschaften - zu einem Anziehungspunkt an der Universität. Seit 1852 lehrte JUSTUS V. LIEBIG (1803-1873) hier. 1860 wurde er Präsident der Akademie. Während im Durchschnitt der Jahre 1851 bis 1856 noch 23,4 Prozent aller Studenten an deutschen Uni-

---

[1] Fridolin Gustav Theodor Karl Wilhelm *Friedrich* Dingeldey: * 1859 Darmstadt, † 1939 Darmstadt; 1877/82 Stud. Gießen, Leipzig u. München, 1885 Prom. (A.Brill, F.Klein) Leipzig, 1886/87 Hilfslehrer Gymn. Darmstadt, 1889 Hab. PD TH Darmstadt, 1887/88 Lehrer u. 1889/92 Dir. höh.Bürgersch. Groß-Gerau b.Darmstadt, 1892 LA u. 1894 o.Prof. TH Darmstadt, 1932 emer.

[2] Johann *Anton* Edler von Braunmühl, * 1853 Tiflis, † 1908 München; 1873/77 Stud. U u. TH München, 1878 Prom. U München, 1884 Hab. u. 1884/88 PD TH München, 1877/88 Ass., Reallehrer, 1885 Studienlehrer, 1888 ao.Prof., 1892 o.Prof. TH München.

[3] s. 6.6

[4] Carl David Tolmé Runge: * 1856 Bremen, † 1927 Göttingen; 1876/80 Stud. München u. Berlin, 1880 Prom. Berlin, 1883 Hab. PD Berlin, 1886/1904 o.Prof. TH Hannover, 1904/24 o.Prof. Angew.Math. U Göttingen, 1924 emer.

[5] Joseph Gierster: * 1854 Haibach i.Bayern, † 1893; 1873/77 Stud. U u. TH München, 1881 Prom. U München, StExamen, 1879 Lehramtsverweser, 1880/88 Reallehrer Bamberg, 1888/93 Luitpold- u. Wilhelms-Gymn. München.

## 5. Die Konstituierung von Forschung und Seminar

versitäten die Philosophische Fakultät besuchten, waren es 1876 bis 1881 beachtliche 41,5 Prozent[1]. Mit der Abschaffung des Bienniums 1847 verlor die Fakultät endgültig ihre propädeutische Funktion und damit die Philosophie ihre fundierende Stellung im Bildungsangebot. So führte die Verselbständigung der Naturwissenschaften, für die ein eigener Prüfungsgang eingerichtet wurde, 1865 zur Teilung der Philosophischen Fakultät in zwei Sektionen - in eine philosophisch-historische und eine mathematisch-naturwissenschaftliche Sektion[2] unter zunächst einem Dekan, der jährlich wechselte, und gemeinsamen Sitzungen. 1866/67 und 1870/71 war zum Beispiel SEIDEL zugleich Dekan. Ab 1873 gab es zwei Dekane[3]. Die Spezialisierung der Wissenschaften und ihrer Methoden begann, "das idealistische Bildungsideal der 'universitas litterarum' zu überwuchern, an die Stelle des Gelehrten trat immer mehr der Fachmann"[4].

Zu welcher Sektion die Mathematik gehören sollte, war nicht immer kanonisch. Von ihren Anwendungen her stand sie den Naturwissenschaften, von ihrer Ausbildungsfunktion her den Geisteswissenschaften nahe. Als 1863 in Tübingen neben der Philosophischen Fakultät die erste Naturwissenschaftliche Fakultät in Deutschland eingerichtet wurde, hielten viele eine Vertretung der Mathematik in beiden Fakultäten für sinnvoll. 1864 wollte man sich von ministerieller Seite aus in München dem anschließen. Nicht nur SEIDEL lehnte damals eine Abtrennung der naturwissenschaftlichen Fächer ab, auch der Dekan der Philosophischen Fakultät SPENGEL sprach sich dagegen aus, denn Mathematik sei ihrem Wesen nach "ächt philosophisch"[5]. So kam es nur zur Einrichtung zweier Sektionen und die Aufteilung in zwei Fakultäten unterblieb vorerst.

Immer wieder waren es nicht nur in München *Mathematiker*, die bei einer geforderten Teilung der Philosophischen Fakultät für deren Einheit plädierten - wie z.B. Felix KLEIN, HEINRICH BEHNKE[6] oder auch JAKOB

---

[1] Vgl. auch Fritz König in [Beckert], 45.
[2] Beschlossen auf der Sitzung der Phil. Fak. v. 21.12.1864, Teiln. u.a.: Seidel, Hierl, v.Liebig; UAM.
[3] [Selle], 359 f.
[4] [LMU Roeg.;Langenb.], 75 f.
[5] UAM: O I 44, Gutachten Seidels vom 6.3.1864.
[6] Heinrich Behnke: * 1898 Horn b.Hamburg, † 1979 Münster; 1918/22 Stud. Hamburg, Göttingen, Heidelberg, 1922 Prom. (E.Hecke) Hamburg, 1923 LA Hamburg, 1924 Hab. PD Hamburg, 1927/67 o.Prof. Münster i.W., 1951 Sem. f. Did. d. Math. Münster gegründet, HonProf. d. PH Westfalen Lippe, 1967 emer.; ihm war die Pflege des Zusammenhangs zwischen Universität u. Schule ein besonderes Anliegen ([Forster], 431).

## 5.5 Die Spezialisierung der Lehrstühle

LÜROTH[1]. Daher erfolgte die Trennung der Fakultät durchwegs erst in den 20er und 30er Jahren des 20. Jahrhunderts[2]; in München nach der Einrichtung mehrerer naturwissenschaftlicher Laboratorien, Institute und Seminare im Jahr 1937. Aus heutiger Sicht ist die Trennung von Naturwissenschaften und Geisteswissenschaften als eine unglückliche Trennung anzusehen, durch die die Mathematik in besonderem Maße gelitten hat[3].

### 5.5 Die Spezialisierung der Lehrstühle

*5.5.1 Der Geometer und Algebraiker Conrad Gustav Bauer*

Während STAHL neben den mathematischen noch durchwegs physikalische Vorlesungen hielt und sein Nachfolger HIERL zumindest noch Arbeiten über Vermessungskunde, Meteorologie und physikalische Geographie veröffentlicht hat[4], wurde - nach der Gründung der Technischen Universität - mit der Übernahme dieses Lehrstuhls durch GUSTAV BAUER[5] die Trennung in mathematische und physikalische Lehrstühle endgültig vollzogen. Vollzogen war damit auch der Übergang der Universität von einer weitgehend reinen Lehranstalt zu einer Institution, die in ausgewogener Weise Lehre und Forschung nicht nur ermöglicht, sondern auch repräsentiert. 1838 umfaßte die Vorlesungstätigkeit HIERLs immerhin noch 28 Wochenstunden, wobei zusätzlich drei weitere Stunden für "Situationszeichnen" vorgesehen waren[6]. In einem Gesuch von 1856 nennt er die Hörerzahlen seiner sechs, insgesamt 23

---

[1] Jakob Lüroth: * 1844 Mannheim, † 1910 München; 1862/66 Stud. Bonn, Heidelberg, Berlin u. Gießen, 1865 Prom. u. 1867 Hab. Doz. Heidelberg, 1868/80 o.Prof. TH Karlsruhe, 1880/83 TH München, 1883 U Freiburg i.Br., zuletzt München.
[2] [Schubring 1989], 267 f.
[3] Siehe [Radbruch], 10. Zur gegenwärtigen diesbezüglichen Diskussion sei generell auf die bemerkenswerte Schrift "Mathematik in den Geisteswissenschaften" [Radbruch] verwiesen.
[4] [Uebele], 219
[5] (Conrad) Gustav Bauer: * 1820 Augsburg; † 1906 München; 1857 Hab., 1865 ao.Prof., 1869 o.Prof., 1901 em.; ab 1871 Akademiemitglied; Nachruf und Schriftenverzeichnis in [Voss 1907]; [Poggendorff], 3,4,5; BHStA: MK 7736 - PA Bauer verbrannt.
[6] [Boehm;Spörl], 1, 143

## 5. Die Konstituierung von Forschung und Seminar

Wochenstunden umfassenden Vorlesungen über Mathematik und Vermessungskunde[1]: Es sind zwischen 2 und 19 Studenten.

SEIDEL und BAUER prägten den mathematischen Universitätsbetrieb in München über ein halbes Jahrhundert lang und schufen so das Fundament, auf dem das 20. Jahrhundert aufbauen konnte. Beide hatten einen ähnlichen Studiengang, der sie zu den mathematischen Zentren ihrer Zeit führte. 1839 hatte BAUER das philosophische Jahr in Erlangen, wo VON STAUDT[2] wirkte, begonnen.

Damals boten sich, wie BAUERs Nachfolger AUREL VOSS in einem Nachruf schreibt[3],

"dem angehenden Mathematiker an den bayerischen Universitäten nur geringe Aussichten, höhere, wirklich wissenschaftliche Studien mit Erfolg treiben zu können. Die mathematischen Wissenschaften wurden damals hauptsächlich nur in dem Umfange gefordert und gelehrt, wie ihn das Bedürfnis der Gymnasien und der wenigen Gewerbeschulen und polytechnischen Institute der damaligen Zeit verlangte."

Nach einem Semester in Wien hat BAUER - wie SEIDEL - ebenfalls bei DIRICHLET in Berlin studiert, wobei er sich besonders mit partiellen Differentialgleichungen, Integralrechnung und Zahlentheorie beschäftigte. Dort hörte er auch Vorlesungen bei MARTIN OHM (Arithmetik und Algebra), bei F. MINDING (Geschichte der Mathematik) und POGGENDORFF (Geschichte der neueren Physik). 1841 absolvierte er in München "ein theoretisches Examen für Mathematik"[4] und lehrte am Augsburger Gymnasium St. Anna. 1842 promovierte BAUER über Wärmelehre in Erlangen und setzte anschließend seine Studien in Paris fort. Trotz des Aufschwungs der Mathematik in Deutschland[5] wurde Paris "noch immer als das Zentrum der mathematisch-physikalischen Wissenschaften"[6] angesehen. In Paris wirkten damals J. LIOUVILLE, J.V. PONCELET, CH. STURM, M. CHASLES, F. LACROIX und G.

---

[1] UAM: E II 465; Näheres siehe [Uebele], 209

[2] Karl Georg Christian von Staudt: * 1798 Rothenburg o.d.Tauber, † 1867 Erlangen; Stud. Göttingen (Schüler von C.F.Gauß), 1822 Prom. Erlangen, StExamen München, Prof. Gymn. Würzburg, 1827 Gymn. Nürnberg, 1835 U Erlangen; s.a. [ADB].

[3] [Voss 1907], 56

[4] [Voss 1907], 58. Es ist anzunehmen, daß man sich hier bereits an dem Fachstudienplan von 1836 (siehe 4.6) orientiert hat.

[5] Unter Gauß, Dirichlet, Jacobi, Möbius, Plücker und Steiner.

[6] [Voss 1907], 59; [Gericke;Uebele], 390

## 5.5 Die Spezialisierung der Lehrstühle

LAMÉ. Angeregt durch DIRICHLET und LIOUVILLE beschäftigte sich BAUER - im Zusammenhang mit Problemen der Wärmeleitung - mit Potentialtheorie und Kugelfunktionen[1]. Seine Habilitationsschrift "Von den Integralen gewisser Differentialgleichungen, welche in der Theorie der Anziehung vorkommen"[2] wird als eine der frühesten Monographien über Kugelfunktionen betrachtet. Über seine Probevorlesung heißt es im Habilitationsprotokoll[3] vom 4.8.1857:

> "Der Herr Doctor wurde aufgefordert seinen Vortrag über (...) 'Die Bedeutung der Differential- und Integralrechnung' [zu halten] (...) und genügte darin in ausgezeichnetem Grade. In der Disputation entwikkelte er ebenfalls ausgezeichnete Kenntnissse und große Gewandtheit in [der] Vertheidigung seiner Sätze (...)
>
> Prof. V. KOBELL. d. Z. Dekan."

Außer über die genannten Gebiete las BAUER später sowohl über Geometrie als auch über Algebra[4]. Vier Jahre nachdem HIERL emeritiert wurde, stellte SEIDEL am 20.5.1869 einen ausführlichen Antrag[5] zur Neubesetzung des zweiten Lehrstuhls. Dabei setzt er sich besonders für die Ernennung BAUERs ein. SEIDEL macht in seinem Antrag zunächst klar, warum die Besetzung der zweiten Professur unabdingbar ist und vergleicht die damals recht bescheidene Situation an der Münchner Universität nicht nur mit Berlin, sondern auch mit Göttingen, Leipzig und Würzburg. Unter BAUERs Veröffentlichungen weist SEIDEL besonders auf die Arbeiten zur Theorie der Kugelfunktionen, "über die Gamma-Functionen und über Bernoulli'sche Zahlen und einiges Verwandte" hin. Wenige Wochen später wurde BAUER bei einem Jahresgehalt von 1200 Gulden zum Ordinarius ernannt[6].

Neben der gängigen analytischen Geometrie pflegte BAUER vor allem die sich nun verbreitende synthetische Geometrie, wie sie etwa von PLÜCKER, MÖBIUS, STEINER, CAYLEY und HESSE vorbereitet und entwickelt worden war. Aus der erstmals im WS 1867/68 angebotenen Vorlesung "Einzelne

---

[1] Dissertation, Habilitationsschrift; [Voss 1907], 65 ff.
[2] München 1857
[3] UAM: E II 414 - Gustav Bauer
[4] [Gericke;Uebele], 397
[5] Seidel an die Phil. Fakultät, UAM: Sen 208/20,1. Siehe Anhang 10.3.
[6] Ernennung zum 1.7.1869; UAM: Sen 208/20,2. Siehe auch Schreiben des KM v.27.6.1869; UAM: E II 414 - Gustav Bauer.

## 5. Die Konstituierung von Forschung und Seminar

Teile der neueren Geometrie"[1] wurde bald ein beliebter[2], regelmäßiger zweisemestriger Kurs über projektive Geometrie. Sowohl durch die Herausgabe des Briefwechsels zwischen GAUß und SCHUMACHER als auch durch die Veröffentlichungen von HELMHOLTZ, BELTRAMI und HOÜEL wurde man in den 1860er Jahren auf die nichteuklidische Geometrie aufmerksam[3]. Man erkannte die Allgemeingültigkeit der projektiven ("neueren") Geometrie, die um 1867 dann auch in die Universitätsvorlesungen aufgenommen wurde[4]. In seinen geometrischen Publikationen gelang es BAUER, eine entscheidendere Frage zu den Reziprozitätsverhältnissen der Pascalschen Konfiguration zu klären und einiges zu den Untersuchungen der Flächen dritter und höherer Ordnung beizutragen[5].

Seine erstmals als Privatdozent im SS 1858 angebotene Vorlesung handelt von der "Theorie der algebraischen Gleichungen nebst Auflösung der numerischen Gleichungen, wöchentlich fünfmal"[6]. Es ist naheliegend, daß BAUER schon hier auf dem Wege war, "das gegenwärtig wichtigste Hilfsmittel in der Theorie der Gleichungen, die Substitutionentheorie, von CAUCHY und GALOIS gegründet"[7], anzuwenden. GALOIS' Theorie war 1846 durch LIOUVILLE veröffentlicht[8] und 1849 durch SERRET in seinem Lehrbuch "Cours d'algèbre supérieure" einem breiteren Kreis von Fachgelehrten bekannt geworden[9]. Dieses Lehrbuch[10] hat BAUER in seinen seit dem WS 1859/60 regelmäßig gehaltenen Algebra-Vorlesungen, die 1903 von DOEHLEMANN im Auftrag des "Mathematischen Vereins zu München" herausgegeben wurden[11], benutzt. BAUERs Vorlesungswerk ist jedoch wesentlich kürzer und offensichtlich mit großer Unterrichtserfahrung auf die Bedürfnisse der Studenten zugeschnitten. In klarer und konkreter Weise führt es bis zum damaligen Stand der Forschung[12]. In der 1928 von BIEBERBACH überarbeiteten vierten Auflage wurde das Werk durch eine Darstellung der Permu-

---

[1] Im SS 1868: "Ausgewählte Teile der neueren Geometrie".
[2] [Hofmann 1954], 18
[3] vgl. auch [Toepell 1986], 5 f.
[4] vgl. [Gericke 1955], 63
[5] [Voss 1907], 70 ff.
[6] [Vorl.-Verz.]
[7] Aus Bauers Erinnerungen ([Bauer], 12).
[8] [Klein 1926], 1, 89; [Wußing], 397
[9] Vgl. dazu auch [Klein 1926], 1, 338.
[10] deutsche Übersetzung: 1868
[11] [Bauer 1903]
[12] [Gericke;Uebele], 398

## 5.5 Die Spezialisierung der Lehrstühle

tationsgruppen und der Galois-Theorie von PERRON, dessen "Algebra" 1927 erschienen war, ergänzt und schließlich 1930 durch die "Moderne Algebra" von VAN DER WAERDEN abgelöst.

So ist BAUER als der Begründer der algebraischen Schule in München anzusehen. Mindestens drei Jahrzehnte lang - von 1870 bis 1900 - lernte man an der Münchner Universität höhere Algebra aus BAUERs Vorlesungen, und fast ebenso lang danach hat sein Buch weitergewirkt[1]. Auch über Kugelfunktionen und Kettenbrüche arbeitete BAUER. Auf ihn geht z.B. die in der Quantenmechanik verbreitete Entwicklung einer Funktion nach Partialwellen zurück[2]. Noch 1952 stützte PERRON den Beweis eines "merkwürdigen" Satzes des Inders SRINIVASA RAMANUJAN auf einen Kettenbruchsatz BAUERs[3].

Zudem setzte sich BAUER im Zuge der Expansion des Schulwesens besonders für die Lehramtskandidaten ein[4]. Wie VOSS im erwähnten Nachruf schreibt, trug der beliebte Lehrer ungemein lebhaft und originell vor, wobei er die Ausbildung der Lehramtskandidaten "nicht nur auf die Überlieferung der abstrakten Wissenschaften beschränkte"[5]. Neben der Arbeit in den Prüfungskommissionen[6] war er an der Entwicklung von Mathematiklehrplänen für Gymnasien beteiligt[7]. Dabei kam ihm seine zwischen Promotion (Erlangen 1842) und Habilitation (München 1857) liegende Tätigkeit als Lehrer zugute. "Es war für ihn von entscheidender Bedeutung, daß er in der für die meisten Mathematiker fruchtbarsten Lebenszeit von wissenschaftlichem Kontakt völlig abgeschlossen war. Vielleicht hat er gerade in dieser Zeit seine pädagogischen Fähigkeiten und menschlichen Eigenschaften entwickelt, die für sein Wirken als akademischer Lehrer bestimmend waren"[8].

### 5.5.2 Seidels "Pro memoria" (1874)

Die Erweiterung der Prüfungsanforderungen für das Staatsexamen ließen 1874 eine Ergänzung des angebotenen Seminar-Unterrichts wünschenswert

---

[1] [Gericke;Uebele], 399
[2] Für diesen Hinweis danke ich Herrn Prof. Dr. Kalf.
[3] Oskar Perron: "Über eine Formel von Ramanujan". Sitzungs-Ber. Bayer. Akad. Wiss. Math.-Nat. Kl. 1952.
[4] [Lorey 1916], 203
[5] s.a. [Lorey 1916], 203
[6] [Voss 1907], 63
[7] [Säckl], 111; [Wieleitner 1910]
[8] [Gericke;Uebele], 397

## 5. Die Konstituierung von Forschung und Seminar

erscheinen. So haben SEIDEL und JOLLY am 28.2.1874 den Senat darum gebeten, BAUER als dritten Vorstand in das mathematisch-physikalische Seminar zu berufen und die Prämiengelder um 50 fl. auf 125 fl. zu erhöhen[1]. Diese Eingabe hat SEIDEL ausführlich begründet. In einer beigefügten vierseitigen Ausarbeitung ("Pro memoria")[2] geht er auf die Hauptaufgabe des damaligen mathematischen Lehrbetriebs ein. Dabei beschreibt er die Funktion des Seminars im Zusammenhang mit der bestehenden Prüfungsordnung und gibt eine Reihe von Gründen an - unter anderem die verschiedenen Spezialgebiete -, warum die Aufnahme BAUERs in den Vorstand so wünschenswert wäre. Zusätzlich charakterisiert dabei SEIDEL, wie die Vorlesungsverzeichnisse bestätigen, die sich in dieser Zeit allmählich abzeichnenden Aufgabenbereiche der beiden Lehrstühle:

*"Pro memoria.*

Die neue Ordnung der mathematischen Lehramtsprüfung für die kgl. Mittelschulen, wie sie in der Hauptsache bereits bei dem jüngst abgehaltenen Concurse[3] in Anwendung kam, und fortan zu noch strengerer Geltung gelangen wird, muß nothwendig ihre Wirkung auf den Studiengang der Candidaten der Mathematik ausüben, und kann deshalb auch für die Einrichtung des Lehrganges und der Uebungen im mathematisch-physikalischen Seminare der Münchener Universität nicht unberücksichtigt bleiben. (...)

Die Candidaten haben sicherlich das Recht zu erwarten, daß die verschiedenen Fächer, welche jetzt durch die Examinationsordnung als vorzugsweise ihres Studiums würdig und für sie wichtig gekennzeichnet sind, auch in den Unterrichtsplan und die Uebungen des Seminars aufgenommen werden. Unter diesen Fächern aber befinden sich neben der Analysis des Endlichen, der Reihen- und Functionen-Lehre, sowie der Differential- und Integral-Rechnung mit ihren Anwendungen (Fächern, welche an der Universität durch die Vorlesungen des Unterzeichneten vertreten werden) die höhere Algebra, die analytische Geometrie mit Inbegriff ihrer neuen / Hilfsmittel, und die neue synthetische Geometrie, welche Disciplinen an unserer Universität Professor G. BAUER lehrt. (...)"

---

[1] UAM: Sen 209/14. Schon vorher war Bauer im Seminar tätig gewesen.
[2] Die bisher unveröffentlichte Ausarbeitung ist im Anhang 10.4 abgedruckt.
[3] Staatsexamen

## 5.5 Die Spezialisierung der Lehrstühle

Die Eingabe wurde bewilligt[1] - ab dem Sommersemester 1874 wird auch BAUER unter den Veranstaltern des mathematisch-physikalischen Seminars genannt[2]. Neben der erwähnten endgültigen Aufteilung in mathematische und physikalische Lehrstühle zeichnete sich bereits jetzt eine Zuordnung der Vorlesungsgebiete auf bestimmte Professoren innerhalb der Mathematik ab, nachdem früher manche Vorlesung von drei, gelegentlich sogar vier Dozenten gleichzeitig gehalten wurde[3]. Während sich BAUER der Geometrie, der Algebra und den Kugelfunktionen widmete, las SEIDEL vor allem über Analysis, Wahrscheinlichkeits- und Fehlerrechnung. Im Zuge dieser Spezialisierung wurde nun auch über neueste Forschungsergebnisse vorgetragen. Damit hatte die Lehre den Anschluß an die Forschung gefunden.

---

[1] UAM: Sen 209; Minist. Entschl. vom 13.3.1874.
[2] [Vorl.-Verz.]
[3] [Gericke;Uebele], 397

# 6. Die Ära Pringsheim - Lindemann - Voss am Übergang von empirisch-anschaulicher zu formal-deduktiver Mathematik

## 6.1 Alfred Pringsheim und Ferdinand Lindemann

Mit SEIDEL und BAUER haben sich an der Universität München sowohl die universitäre Forschung als auch die Seminarausbildung für Mathematiklehrer konstituiert. Ihre Ära ging mit dem 19. Jahrhundert zu Ende. Beim Übergang zur Mathematik des 20. Jahrhunderts, zur Ära ihrer Nachfolger LINDEMANN und VOSS bildete ALFRED PRINGSHEIM[1] das verbindende Element. PRINGSHEIM hat in München bis 1923 insgesamt 45 Jahre lang gelesen.

Bereits ab 1878 hatte er als Privatdozent, ab 1886 als Extraordinarius, vor allem die funktionentheoretischen Vorlesungen übernommen. Auf diesem Gebiet, das ihm ein besonderes Anliegen war, leistete er Hervorragendes. 1885 war er es, der mit dem genaueren Studium von Potenzreihen auf ihrem Konvergenzkreis begonnen hatte. Er gab damals eine Potenzreihe an, die für jeden Punkt, der auf dem Rand des Holomorphiebereichs liegt, konvergiert, für die aber dennoch die Summe der Koeffizientenabsolutbeträge unendlich ist[2]. Eine Reihe von Sätzen PRINGSHEIMs gehören inzwischen zum klassischen Bestand der Funktionentheorie - wie etwa der Satz, daß eine Potenzreihe mit positiven Koeffizienten im Schnittpunkt des Konvergenzkreises mit der positiven Achse eine Singularität besitzt. Bemerkenswert sind auch seine Beiträge im Zusammenhang mit GOURSATs Beweis[3] des Cauchyschen Integralsatzes[4].

---

[1] Alfred Pringsheim: * 1850 Ohlau/Schlesien, † 1941 Zürich; Stud. u. Prom. Heidelberg, 1877 Hab. München (Habilitationsvorlesung und -thesen s. [Säckl], 250 f.), 6.6.1886 Ernennung zum ao.Prof. mit 3180 M. Jahresgehalt, 1901 o.Prof. (Antrag s. Anhang 10.10), 1923 emer.; 1894 korr., 1898 o. Akademiemitglied; Wirksamkeit bis zur Emeritierung: JDMV 31(1922)37-38, Leben und Wirken: [Perron 1953]; [Pinl], III, 202-203; [Kruft], 23f.
[2] Die dadurch ausgelösten Untersuchungen hat D.Gaier in [Fischer,G.; u.a. 1990], 391 ff. zusammengefaßt.
[3] Edouard Goursat: * 1858, † 1936; 1881 Prof. Toulouse, 1885 Paris.
[4] Unter anderem gelang es Pringsheim 1901, den Integralsatz von Cauchy-Goursat in der heute üblichen, eleganten Form zu beweisen. Siehe dazu [Fischer,G.; u.a. 1990], 365.

## 6. Die Ära Pringsheim - Lindemann - Voss

Dabei vertrat er schon in den 1880er Jahren die damals in München noch ungewohnte, sich aber bald allgemein durchsetzende Forderung von KARL WEIERSTRAß, den formal-logischen Aufbau gegenüber anschaulichen Gesichtspunkten stärker zu berücksichtigen. PERRON sah in PRINGSHEIM gar den "eifrigsten und erfolgreichsten Propagandist der Funktionentheorie WEIERSTRAßscher Prägung in Deutschland"[1].

Den formalen Aufbau konsequent zu verfolgen verlangt naturgemäß eine saubere Begriffsbildung. Diese Richtung, der PRINGSHEIM die Bezeichnung "Präzisionsmathematik"[2] gab, hatte sich gegen Ende des Jahrhunderts zu einem eigenen Forschungszweig entwickelt. Der in diesem Forschungszweig geforderten Genauigkeit und Strenge vermochten zahlreiche damalige Analysis-Lehrbücher (von O. SCHLÖMILCH, R. BALTZER, R. LIPSCHITZ, A. HARNACK, O. STOLZ und L. KIEPERT), die als Vorlesungsgrundlage dienten, nicht zu genügen. Nach dem Urteil PRINGSHEIMs bildete lediglich das Werk von U. DINI[3] eine Ausnahme. Demgegenüber war für die andere Richtung RIEMANNs geometrische Intuition grundlegend.

So kam es in der 1890 gegründeten Deutschen Mathematiker-Vereinigung - 1906 war PRINGSHEIM deren Vorsitzender[4] - zu einer längeren Diskussion über die unterschiedliche Behandlung der Analysis in Forschung und Lehre, wobei sich PRINGSHEIM unter anderem aus hochschulpädagogischen Gründen besonders dafür einsetzte, auch in der Lehre von Anfang an nicht auf mathematische Präzision zu verzichten[5]. FELIX KLEIN hielt es dagegen für sinnvoller, im Lehrbetrieb mathematische Probleme auf verschiedenen Abstraktionsniveaus darzustellen. Durch allzu große Strenge, "einseitige Überspannung der logischen Form" schien ihm das Gleichgewicht gegenüber Anschauung und Intuition gestört zu sein[6].

---

[1] [Perron 1953], 2. In einem "Lebensabriß" schrieb Pringsheim 1915 selbst ([Kruft], 23): "Obschon ich niemals Schüler von Weierstrass gewesen bin, gelte ich als einer der markantesten und (sit venia verbo) erfolgreichsten Vertreter der specifisch Weierstrassischen 'elementaren' Functionen-Theorie."

[2] [Pringsheim 1898], 145

[3] Es erschien 1878. Die Übersetzung und Bearb. von J.Lüroth und A.Schepp im Jahre 1892.

[4] JDMV 17(1908)22

[5] Quellen: vor allem in den JDMV Bde. 6(1897) und 7(1898); Näheres auch in [Lorey 1916], 273.

[6] Näheres siehe auch [Säckl], 60-75, 81, 145, 196 ff.; über die Haltung von Heine und Dedekind: [Säckl], 38 ff.

## 6.1 Alfred Pringsheim und Ferdinand Lindemann

"Wenn das [die Anerkennung mathematischer Strenge] in der Folgezeit anders geworden ist, so ist das zum großen Teil PRINGSHEIMs Verdienst"; dabei "ist er immer erst dann zufrieden, wenn der Beweis eines Satzes so einfach und verständlich ist, daß der Satz selbst fast trivial erscheint",

schreibt PERRON[1]. Auslösend für die Diskussion und kennzeichnend für das Bemühen PRINGSHEIMs um exakte grundlegende Begriffe war sein in den Jahresberichten der DMV veröffentlichter Vortrag "Über den Zahl- und Grenzwertbegriff im Unterricht" [Pringsheim 1897]. Hier sieht er die Rechengesetze als ein Kriterium dafür an, welche Dinge man Zahlen nennen darf. Die hier von PRINGSHEIM diskutierte Richtung in der Entwicklung des Zahlbegriffs wurde unter anderem von HILBERT weitergeführt[2].

Noch Jahrzehnte später wirkte diese Auseinandersetzung zwischen PRINGSHEIM und KLEIN nach, wie etwa 1921 im Einführungsaufsatz von V. MISES "Über die Aufgaben und Ziele der angewandten Mathematik" zum Band 1 der *Zeitschrift für angewandte Mathematik und Mechanik*. V. MISES charakterisiert den "Unterschied in der Problemstellung von Präzisions- und Approximationsmathematik" durch folgendes Beispiel[3]:

"Nur in der Präzisionsmathematik hat die Unmöglichkeit der 'Quadratur des Zirkels' einen Sinn, in der Approximations-Mathematik ist sie durch die Kenntnis der Zahl $\pi$ (und verschiedener Näherungskonstruktionen für diese) längst erledigt".

PRINGSHEIM stand nicht nur durch von ihm eingereichte Arbeiten, sondern auch durch seine Gutachtertätigkeit für die Mathematischen Annalen in Korrespondenz mit KLEIN. Die elf von PRINGSHEIM an KLEIN gerichteten erhaltenen Briefe sprechen für sich[4]. Sie geben etwa Aufschluß über die "Affaire Worpitzky"[5], beispielhaft über PRINGSHEIMs Arbeitsgebiete und über seine Arbeitsweise: Er bezeichnet sich als einen "sehr langsamen Arbeiter", der "noch dazu sehr von Stimmungen abhängig"[6] ist. Im letzten Brief vom 3.5.1902 kommt er auf die zurückliegende Auseinandersetzung mit KLEIN über die "Präzisionsmathematik" zu sprechen und bemerkt dazu ver-

---

[1] [Perron 1953], 2 f.
[2] Siehe dazu etwa [Gericke 1966], 55f.
[3] [Mises], 3
[4] Siehe Anhang 10.9.2.
[5] UBG: Cod.Ms.F.Klein 11, Brief Nr.374 v.1.7.1883
[6] UBG: Cod.Ms.F.Klein 11, Brief Nr.380 v.16.7.1893

## 6. Die Ära Pringsheim - Lindemann - Voss

söhnlich, "daß irgendwelche Gegensätze principieller Natur zwischen unseren beiderseitigen Auffassungen nicht bestehen"[1].

Im gleichen Jahr wie PRINGSHEIM in München (1877) hatte sich FERDINAND LINDEMANN[2] in Würzburg habilitiert[3]. Dabei wurde seiner Bitte entsprochen, wie er schreibt[4],

"in Hinsicht auf die viele selbständige Arbeit, die in meiner Herausgabe der 'Vorlesungen über Geometrie' enthalten ist, die Einreichung einer besonderen Habilitationsschrift mir zu erlassen."

Zur Namensgebung: Wie SEIDEL und DYCK, so war auch LINDEMANN später durch die Verleihung des Verdienstordens der Bayerischen Krone geadelt worden[5]. Nachdem er bei KLEIN in Erlangen über "die Mechanik in der nicht-euklidischen Geometrie"[6] promoviert hatte, war er seinem Lehrer nach München gefolgt. Doch in München hatte man das Habilitationsgesuch des KLEIN-Schülers abgelehnt, da SEIDEL die Methoden von KLEIN und RIEMANN[7] nicht schätzte[8]. SEIDEL mag nicht geahnt haben, daß LINDEMANN später einmal (1893) - ebenfalls aus Königsberg kommend - sein Nachfolger werden würde. LINDEMANN war sogleich nach seiner Habilitation noch 1877 einem Ruf nach Freiburg gefolgt. Über diesen Verlust hinaus[9] beklagte PRYM, die bayerischen Mathematikstudenten würden nach dem ersten Prüfungsabschnitt, d.h. nach dem vierten Semester, alle nach München abwandern, "wo zwei Anstalten mit sechs Professoren der Mathematik ihnen alle erforderlichen Vorlesungen bieten"[10].

---

[1] Brief Cod.F.Klein 22 F, Bl.126 v. 3.5.1902
[2] Ferdinand Lindemann: * 1852 Hannover; † 1939 München; 1877 Hab. Würzburg u. ao.Prof. Freiburg, 1880 o.Prof.ebd., 1883 o.Prof. Königsberg, 1893 München, 1895 o.Akad.-Mitglied, 1904/05 Rektor der U München, 1923 em.; Leben und Wirken: [Lindemann 1971]; [Fritsch]; [Faber 1959], 31 f.
[3] [Lindemann 1971], 73 f.; Probevorlesung und Thesen: s. [Säckl], 259
[4] [Lindemann 1971], 73
[5] [Faber 1959], 3
[6] [Lindemann 1971], 45. Genauer Titel: "Über unendlich kleine Bewegungen und über Kraftsysteme bei allgemeiner projectivischer Maßbestimmung". In: Math. Ann. 7(1874)56-144.
[7] Bernhard Riemann: * 1826, † 1866; 1859 Mitgl. d. bayer. Akad.
[8] [Fritsch], 170 f.
[9] [Lindemann 1971], 75
[10] Archiv des Rektorats und Senats der Universität Würzburg 1640 (Math.Seminar); zitiert nach [Säckl], 90.

## 6.2 Ausweitung des Vorlesungsangebots

BAUER las damals - im Jahr der Habilitation von PRINGSHEIM - im Sommersemester 1877 dreistündig über "Invarianten" und jeweils vierstündig im WS 1877/78 neben "Höherer Algebra" auch "Synthetische Geometrie". Gerade in dieser Zeit, rund 30 Jahre nachdem Seidel mit Vorlesungen begonnen hatte, wurde das Vorlesungsangebot in der nach dem Berliner und Königsberger Vorbild zu erwartenden Weise ausgeweitet: PRINGSHEIM, der unter der Ära von WEIERSTRAß in Berlin studiert hatte[1], las unmittelbar im Anschluß an seine Ernennung zum Privatdozenten in den folgenden vier Semestern über Differentialgleichungen, Fourierreihen, "neuere Algebra" und in einem jeweils zweisemestrigen Kurs über elliptische Funktionen und über Funktionentheorie[2]. Dabei war er - wie Felix KLEIN - "ein glänzender Lehrer"[3]. Später kamen Zahlentheorie (ab 1879/80) und unendliche Reihen (ab 1883/84) hinzu. All diese Vorlesungen hatten Anfang des 20. Jahrhunderts bereits einen festen Platz im Ausbildungsprogramm der Mathematiklehrer[4]. Eine Reihe grundlegender Sätze, die heute zum klassischen Bestand der komplexen Analysis gehören[5], gehen auf PRINGSHEIM zurück. Besonders trat er durch seine zusammenfassenden Beiträge in der *Enzyklopädie der mathematischen Wissenschaften* hervor. Wie J.E. HOFMANN bemerkt, wurden diese Beiträge

"zum Modell einer Darstellungsform, die sich nicht in abliegende Einzelheiten verliert und doch alle wesentlichen und fruchtbringenden einschlägigen Leitgedanken ihrer Entwicklungsperiode enthält"[6].

Wie SEIDEL, so arbeitete auch PRINGSHEIM auf dem Gebiet der bereits von EULER untersuchten Kettenbrüche[7]. Unendliche Kettenbrüche werden

---

[1] [Biermann], 109; F.Klein bezeichnete ihn als "Weierstraßianer" ([Säckl], 197).
[2] [Vorl.-Verz.]
[3] [Bulirsch], 33. In einer Festschrift zu seinem 60.Geburtstag 1910 dankten ihm frühere Hörer "für Stunden reicher Belehrung und hohen Genusses."
[4] [Säckl], 88
[5] Etwa über Konvergenzkriterien von Potenzreihen.
[6] [Hofmann 1954], 24. In dem bereits erwähnten "Lebensabriß" schrieb Pringsheim 1915 selbst darüber ([Kruft], 23): "Meine in den zuerst ausgegebenen Heften der 'Encyclopaedie' enthaltenen grundlegenden Artikel 'Irrationalzahlen und Convergenz unendlicher Prozesse' und 'Grundlagen der allgemeinen Functionenlehre' haben durch eine geschickte Mischung von historischer und systematischer Darstellungsweise vielfach vorbildlich gewirkt und, wie mir Eingeweihte (z.B. Dyck) versichern, nicht unwesentlich zum Erfolge des jungen Unternehmens beigetragen."

## 6. Die Ära Pringsheim - Lindemann - Voss

heute benutzt, um Funktionswerte auf elektronischen Rechenautomaten schnell und effektiv berechnen zu können[1]. Ab 1916 erschienen seine "Vorlesungen über Zahlen und Funktionenlehre"[2]. Außerdem beschäftigte sich PRINGSHEIM mit den Taylorschen und Dirichletschen Reihen[3]. In einer Laudatio anläßlich der Ernennung PRINGSHEIMs zum außerordentlichen Akademiemitglied (1894) heißt es über seine entsprechende Arbeiten, sie "haben so sehr die Anerkennung gefunden, daß derselbe jetzt als bester Kenner dieses Gebietes, der Theorie der Reihen gilt"[4].

Bemerkenswert ist auch, mit welcher Selbstverständlichkeit die Studenten die reichhaltigen Vorlesungsangebote beider Hochschulen zu nutzen wußten. So berichtet etwa KERSCHENSTEINER[5]:

"Inzwischen hatten sich die wirtschaftlichen Verhältnisse meiner Eltern wesentlich gebessert. So konnte ich ungehindert meinen Hochschulstudien nachgehen, wobei ich das außerordentliche Glück hatte, FELIX KLEIN, ALEXANDER BRILL und LÜROTH an der Technischen Hochschule, SEIDEL und BAUER an der Universität zu meinen Lehrern zu haben. KLEIN nahm mich in meinem dritten Studienjahre in sein mathematisches Oberseminar auf, bei BAUER promovierte ich über 'Die Singularitäten der rationalen Kurven vierter Ordnung', eine Aufgabe, die mir mein hochverehrter und heute noch glücklicherweise in hohem Alter lebender Lehrer, ALEXANDER VON BRILL[6], gestellt hatte."

Die Zahl der Mathematikstudenten erreichte um das Jahr 1880 ein lokales Maximum. Wie etwa das Vorlesungsangebot[7] des Wintersemesters 1880/81 zeigt, pflegten SEIDEL, BAUER und PRINGSHEIM insbesondere Themen der reinen Mathematik.

---

[7] Siehe etwa [Poggendorff], 5, 1006; [Perron 1953], 2.
[1] Ein Beispiel hierzu ist etwa in [Bulirsch], 30 zu finden.
[2] Leipzig 1916-1932
[3] Z.B. Reihen mit den Summanden $1/(n^s)$, wobei s komplex ist.
[4] Laudatio von Lindemann; nach [Bulirsch], 33.
[5] [Bruch], 138
[6] Brill († 1935) war damals (1926) 84jährig.
[7] [Vorl.-Verz.]

## 6.2 Ausweitung des Vorlesungsangebots

| |
|---|
| 1880/81:         V. *Philosophische Fakultät.* <br><br> SEIDEL     Einleitung in die Analysis des Unendlichen (4) [WStd.] <br>             Über Methoden und Ziele astronom. Forschungen (3) <br>             Analytische Übungen, verbunden durch Vorträge, im <br>             mathematisch-physikalischen Seminar (2) <br> BAUER     Analytische Geometrie der Ebene (4) <br>             Anwendung der Differentialrechnung auf Geometrie (4) <br>             Mathematisches Seminar <br> PRINGSHEIM Funktionen-Theorie (5) <br>             Unendliche Reihen und verwandte Theorien (3) <br> PLANCK[1]   Über analytische Mechanik (4) <br>             Übungen in der Mechanik (1) |

Die angewandte bzw. praktische Mathematik wurde eher als Sache der neuen Technischen Hochschule angesehen. Hierin dokumentiert sich eine innerhalb der Hochschulmathematiker im 19. Jahrhundert verbreitete Haltung. In seiner Untersuchung der Kontroverse von reiner und angewandter Mathematik, zu der die tiefgreifende Entwicklung der reinen Mathematik in der zweiten Hälfte des 19. Jahrhunderts geführt hatte, hat M. KLINE[2] charakteristische diesbezügliche Beiträge von FOURIER, JACOBI, KRONECKER, KLEIN und HILBERT zusammengestellt.

---

[1] Der 22jährige Privatdozent Planck hatte sich gerade 1880 habilitiert und bot hier seine erste Vorlesung an. Näheres zu Max Planck siehe 7.1.
[2] in [Kline], 1036 ff.

## 6. Die Ära Pringsheim - Lindemann - Voss

### 6.3 Das Berufungsbemühen um Klein und seine Auswirkung auf die mathematische Schule in Göttingen

Als Beispiel für ein Berufungsverfahren um die Jahrhundertwende rekonstruieren wir die Neubesetzung des Lehrstuhls von SEIDEL an Hand der Akten des Universitätsarchivs München und der Niedersächsischen Staats- und Universitätsbibliothek Göttingen. SEIDEL hatte am 30.5.1892 gebeten, emeritiert zu werden. Am 31.10.1892 hat ihn das Ministerium auch

"auf Ansuchen von der Funktion eines Vorstandes des mathematisch-physikalischen Seminars der K. Universität München unter Anerkennung seiner langjährigen, treuen und ersprießlichen Dienstleistung"[1] enthoben.

Am 15.6.1892 beschloß die aus SEIDEL, BAUER und dem Astronomen SEELIGER[2] bestehende Berufungskommission, FELIX KLEIN als Nachfolger vorzuschlagen. In dem entsprechenden Gesuch des Dekans R. HERTWIG an den Senat vom 16.6.1892 werden zunächst KLEINs Verdienste auf dem Gebiet der Geometrie gewürdigt. Dann heißt es[3]:

"Seine Hauptthätigkeit jedoch concentrirte sich auf das Gebiet, zu dessen besonderer Vertretung er an unserer Hochschule berufen sein würde: die höhere Analysis mit specieller Berücksichtigung der Functionstheorie und die höhere Algebra. (...) Die wissenschaftliche Stellung KLEINs kann man dahin präcisiren, daß er zur Zeit, nachdem Prof. KRONECKER in Berlin gestorben [gest.1891] und Professor WEIERSTRAß in Berlin wegen hohen Alter's zurückgetreten ist [Ostern 1892], *unter den Mathematikern Deutschlands unbedingt den ersten Platz einnimmt*[4]; er steht voran sowohl durch die seltene Genialität, mit welcher er alle Theile der Wissenschaft beherrscht, als auch durch die erfinderische Kraft, mit welcher er die einzelnen Theile zu verbinden weiss. Mit Rücksicht auf diese exceptionelle Stellung KLEIN's glaubte die Facultät auf weitere Vorschläge verzichten zu sollen, um

---

[1] IGN MPhSem: Schreiben des Senats an das math.-phys. Seminar vom 7.11.1892.
[2] Hugo Hans Ritter v.Seeliger: * 1849 Biala/Galizien, † 1924 München; 1872 Prom. Leipzig, 1873 Obs. Bonn, 1874 Lt. Venusexped. Aucklandinseln, 1877 Hab. PD Bonn, 1878 Leipzig, 1873/78 Obs. Bonn, 1881/82 Dir. Sternwarte Gotha, 1882 o.Prof. d.Astron. u. Dir. d.Sternwarte U München.
[3] UAM: Sen 208/20 (siehe Anhang 10.7).
[4] Hervorhebung durch Hertwig!

## 6.3 Das Berufungsbemühen um Felix Klein

hierdurch zum Ausdruck zu bringen, welch große Bedeutung für die gedeihliche Entwicklung des mathematischen Unterrichts sie der Berufung des hervorragenden Mannes beimisst. Sie erlaubt sich zugleich an den academischen Senat die Bitte zu richten: derselbe möge beim hohen k. Staatsministerium befürworten, daß bei dieser Berufung weder in persönlicher noch in sachlicher Beziehung - bessere Ausstattung des mathematisch-physikalischen Seminars, Errichtung einer Assistentenstelle an demselben[1] - irgend welche Opfer gescheut werden, damit auf diese Weise die durch Errichtung eines Lehrstuhles für mathematische Physik[2] so schön begonnene vorzügliche Gestaltung des mathematischen Unterrichts einen würdigen Abschluß finde."

Mit der Befürwortung des Senats[3] ging das Gesuch am 18.6.1892 an das K. Bayerische Staatsministerium des Innern für Kirchen- und Schulangelegenheiten. KLEIN wurde berufen. Doch noch ehe er das Berufungsschreiben des Bayerischen Staatsministers des Innern für Kirchen- und Schulangelegenheiten v. MÜLLER vom 12.7.1892 erhielt, hatte der Rektor der Universität v. BAEYER[4] am 8.Juli KLEIN aufgesucht und mit ihm erste Vorgespräche geführt. KLEIN hat am darauffolgenden Tag dem Vertreter im preußischen Kultusministerium, dem späteren Ministerialdirektor ALTHOFF darüber berichtet und deutlich zu verstehen gegeben, daß er sich, "wenn erst der Ruf einmal da ist, gern rasch entscheidet."[5]

ALTHOFF, dem "der Schreckschuß stark in die Glieder gefahren ist", möchte KLEIN nicht verlieren. Er antwortet postwendend am 11.Juli und "bittet um die Befehle" KLEINs. Am gleichen Tag schreibt auch v. BAEYER an KLEIN, berichtet über sein Gespräch mit dem Minister und ist sichtlich bemüht, KLEIN ein besonders verlockendes Angebot zu unterbreiten: Der Minister habe etwa versprochen,

"alles zu erfüllen, was Sie wünschen. Ihnen eine Stellung einzuräumen, wodurch Sie von maßgebendem Einfluß für die Gestaltung des mathematischen Unterrichtes in ganz Bayern sein würden."

---

[1] Wurde 1906 eingerichtet, siehe 6.6.
[2] Besetzung durch Boltzmann; heute: theoretische Physik; siehe 7.1.
[3] Ausführlicher Text siehe Anhang 10.7.
[4] Adolf v. Baeyer: * 1835 Berlin, † 1917 Starnberg; Chemiker, 1858 Prom. u. 1860 Hab. Berlin, 1872 U Straßburg, 1875 o.Prof. (Nachf.v.Liebig) U München.
[5] UBG: Cod.Ms.F.Klein 1 C 2, Bl.46-54: Brief Klein an Althoff vom 9.7.1892 und weitere Dokumente siehe Anhang 10.7.

## 6. Die Ära Pringsheim - Lindemann - Voss

Offenbar hatte sich KLEIN sowohl im persönlichen Vorgespräch gegenüber V. BAEYER als auch gegenüber ALTHOFF keinesfalls abgeneigt gezeigt, einem Ruf an die Münchner Universität zu folgen[1]. Es ist auch aufgrund von KLEINs Ablehnungsschreiben vom 15.7.1892 anzunehmen, daß hier für ihn keinesfalls nur taktische Gründe maßgebend waren. Schon in seinem bisherigen Lebensweg erwies sich KLEIN als aufgeschlossen gegenüber neuen Wirkungskreisen[2].

Wie dem kurze Zeit später eintreffenden Berufungsschreiben zu entnehmen ist, wurde KLEIN nicht nur eine der bestdotierten Professuren der Münchner Universität angeboten, sondern auch - gemäß dem Antrag der Fakultät - die Einrichtung einer zugehörigen Assistentenstelle, die für LINDEMANN erst 1906 geschaffen wurde. Bemerkenswert ist die damit zusammenhängende persönliche Haltung des Ministers[3]:

"Ich habe aber die bestimmte Absicht, der Mathematik dahier eine Stätte zu gründen, welche des ersten Mathematikers der Jetztzeit würdig ist, und ich gebe mich der bestimmten Hoffnung hin, daß es Ihnen im Verein mit Ihren Kollegen Boltzmann, Seeliger und den Anderen in Bälde gelingen wird, dahier einen Wirkungskreis zu schaffen, der an Umfang und Bedeutung Ihrem jetzigen nicht nachstehen dürfte."

Dieser hochdotierte und durchaus ehrenvolle Münchner Ruf übte auf die weitere Entwicklung KLEINs erheblichen Einfluß aus. Bereits am 14.7.1892 wurde zwischen ALTHOFF, der nach Göttingen gereist war, und KLEIN

"die Frage wegen Neugestaltung der Gesellschaft der Wissenschaften, worauf Hr. Klein den größten Wert legt, (...) in einer längeren Konferenz in die Wege geleitet."

Noch im gleichen Jahr 1892 gründete KLEIN zusammen mit HEINRICH WEBER die *Göttinger Mathematische Gesellschaft*[4]. ROBERT FRICKE schreibt in der Festschrift zu KLEINs siebzigstem Geburtstag[5]:

---

[1] "(...) einer Übersiedelung nach München nicht grundsätzlich abgeneigt" heißt es im Berufungsschreiben.
[2] Seine Lebensstationen: Bonn, Göttingen, Berlin, Paris, Göttingen, Erlangen, TH München, Leipzig, Göttingen.
[3] Berufungsschreiben vom 12.7.1892, siehe Anhang 10.7.
[4] [Tobies 1981], 60
[5] [Fricke], 278

## 6.3 Das Berufungsbemühen um Felix Klein

"Eine Wendung aber trat mit dem Jahre 1892 ein; etwa seit diesem Jahr datiert die große Entwicklung, welche die Göttinger Universität unter KLEINs Führung (...) gefunden hat."

Zur Abwendung des Rufes kam es am 15.Juli darüber hinaus zwischen ALTHOFF und KLEIN zu überaus großzügigen Vereinbarungen[1], die neben Gehaltserhöhungen für KLEIN und seine Assistenten etwa auch zu einer erheblich verbesserten Ausstattung des Göttinger Mathematischen Instituts, der Universitätsbibliothek und des mathematisch-physikalischen Lesezimmers führten. KLEIN und ALTHOFF unterstützten sich von nun an gegenseitig in ihrem Bestreben, Göttingen zu einem Zentrum der Mathematik zu machen. Die entscheidende Wende, die sich hier in der Entwicklung Göttingens ab 1892 vollzogen hat, macht deutlich, mit welch weittragendem Anteil München zum eindrucksvollen Aufschwung der Göttinger Mathematik an der Wende zum 20. Jahrhundert beigetragen hat. Der Ruf machte Geschichte.

Noch am gleichen Tag, nachdem der Keim dazu gelegt war, verfaßte KLEIN ein ausführliches Ablehnungsschreiben an den Minister V. MÜLLER[2]. Er bemerkt dazu:

"In der That hat der Gedanke, an den Ort meiner früheren Wirksamkeit zurückzukehren und im Kreise meiner Freunde und Schüler die alten Bestrebungen in neuer Form wieder aufnehmen zu können, für meine Empfindung etwas besonders Verlockendes."

KLEIN nennt an entscheidenden Gründen einerseits die Ruhe einer kleinen Universität. Sie

"ermöglicht eine grössere Vertiefung in die uns beschäftigenden Probleme sowie den engren Zusammenschluss mit gleichstrebenden Collegen auch anderer Fächer."

Unsicher, war ihm zudem, ob seine Gesundheit "den Anforderungen einer ausgedehnten hauptstädtischen Wirksamkeit gewachsen sein dürfte."

Andererseits verweist Klein auf die entgegenkommenden Bestrebungen der preußischen Regierung, "insbesondere uns in Göttingen die in dieser Richtung liegenden Vorzüge zu bewahren." Ein erster Schritt war 1892 die

---
[1] Siehe Anhang 10.7.
[2] Siehe Anhang 10.7.

Reorganisation der Göttinger Gesellschaft der Wissenschaften. KLEIN schließt mit der Versicherung, daß er

> "die Entwicklung der Mathematik in Bayern auch von hieraus [Göttingen] wie bisher so in Zukunft mit grösstem Interesse verfolgen werde."

Aus den ebenfalls noch am 15.7.1892 verfaßten Briefen an BAEYER und ALTHOFF[1] geht zudem hervor, daß die preußische Regierung "viel weiter gegangen ist", als KLEIN ursprünglich vermutet hatte.

### 6.4 Die Berufung von Lindemann

Einem erneuten Berufungsantrag des Dekans[2] an den Senat vom 19.7.1892 ist zu entnehmen: "(...) Wie nun die Section durch briefliche Mittheilungen KLEIN's erfahren hat, hat derselbe leider den an ihn ergangenen Ruf definitiv abgelehnt." Hinter dem Berufungsgutachten und dem damit verbundenen Bemühen um KLEIN steht ein gewisses Bedauern SEIDELs, das erwähnte Habilitationsgesuch des Klein-Schülers LINDEMANN (1877) damals abgelehnt zu haben (6.1). Einstimmig wurde nun LINDEMANN vorgeschlagen. Dazu heißt es in dem Schreiben des Dekans:

> "Obwohl erst im 40ten Jahre stehend, hat LINDEMANN schon eine erstaunliche Reihe von Arbeiten veröffentlicht und sich durch dieselben einen hervorragenden Platz unter den deutschen Mathematikern gesichert. Allerdings ist er in weiteren Kreisen zunächst als Geometer bekannt durch sein großes Werk: 'Vorlesungen über Geometrie von CLEBSCH'. (...)[3]
>
> Diese Vorlesungen treten aus dem gewöhnlichen Rahmen eines Lehrbuches der analytischen Geometrie heraus, indem sie auch die Anwendung der Theorie der algebraischen Formen, sowie der Abel'schen Transcendenten auf die Theorie der Curven enthalten. Hieraus geht schon hervor, daß LINDEMANN keineswegs nur Geometer ist; er ist in der That ebenso bedeutend als Analytiker, wie aus den anderen zahl-

---

[1] Siehe Anhang 10.7.
[2] UAM: Sen 208/21, siehe 10.7.
[3] U.a. wird aus dem Vorwort von Klein zitiert.

## 6.4 Die Berufung von Lindemann

reichen Arbeiten ersichtlich ist, die sich größtentheils auf dem Gebiet der Analysis bewegen."

Hier werden nun unter vier weiteren Arbeiten auch der Transzendenzbeweis von $\pi$ und die Arbeit genannt, die außerdem für LINDEMANNs Berufung nach Königsberg maßgebend war - die "Entwicklung der Funktionen einer komplexen Variabeln nach Laméschen Funktionen und nach Zugeordneten der Kugelfunktionen"[1]. Diese Arbeit war aus den Freiburger Gesprächen mit THOMAE[2] und dem dadurch veranlaßten Studium von HEINEs "Theorie der Kugelfunctionen" hervorgegangen[3].

Der Berufungsantrag der Fakultät wurde am 20.7.1892 wiederum mit der befürwortenden Stellungnahme des Universitätssenats an das Ministerium weitergeleitet. Bemerkenswert ist hieran eine Mitteilung, nach der KLEIN - als Ersatz für sich selbst - offenbar LINDEMANN definitiv empfohlen hat[4]:

"Der Vorgeschlagene, dessen Persönlichkeit und Leistungen im Fak.-Berichte eingehend gewürdigt sind, ist geboren am 12.April 1852 zu Schwerin und soll von Prof. KLEIN als die für die hier zu besetzende Professur geeignete Kraft bezeichnet worden sein."

Doch es erging, entgegen "der Dringlichkeit des Gegenstandes"[5] zunächst keine Berufung, worüber KLEIN - nachdem sich bei ihm alles so schnell abgespielt hatte - erstaunt war. Am 8.9.1892 schreibt er über sein Verhältnis zu LINDEMANN an HILBERT[6]:

"Das Thörichste ist, dass Lindemann mein Verhalten in der hiesigen Berufungsangelegenheit übelgenommen hat, trotzdem ich alles gethan habe um ihm den Weg anderweitig frei zu machen. Ich kann kaum mehr an ihn schreiben. Ist denn von München aus noch Nichts an ihn gekommen?"

---

[1] Math. Annalen 19(1881)
[2] Johannes Thomae: * 1840 Laucha a.d.Unstrut, † 1921 Jena; 1861/65 Stud. Halle, Berlin u. Göttingen, 1864 Prom. Göttingen, 1866 Hab. PD Göttingen, 1867 Umhab. PD Halle, 1872/74 ao.Prof. Halle, 1874/79 o.Prof. Freiburg, 1879 o.Prof. U Jena, 1914 emer.
[3] [Lindemann 1971], 108
[4] UAM: Sen 208/22
[5] UAM: Sen 208/21, Fakultät am 19.7.1892, siehe 10.7.
[6] [Hilbert 1985], 82

## 6. Die Ära Pringsheim - Lindemann - Voss

Mit "der hiesigen Berufungsangelegenheit" bezieht sich KLEIN auf den ersten Göttinger Mathematiklehrstuhl, auf dem von 1875 bis 1892 HERMANN AMANDUS SCHWARZ gewirkt hatte.

Um das in der Folgezeit ab 1892 deutlich abgekühlte Verhältnis zwischen KLEIN und LINDEMANN besser zu verstehen, gehen wir auf die Entwicklung in diesem Jahr 1892 näher ein. Unterstützt von dem Physiker EDUARD RIECKE[1] war KLEIN 1886 trotz eines Separatvotums von SCHWARZ und des theoretischen Astronomen ERNST SCHERING[2] auf den (zweiten) Lehrstuhl berufen worden und konnte sich daher erst, nachdem SCHWARZ im Januar 1892 zum Nachfolger von WEIERSTRAß berufen wurde, in Göttingen voll entfalten.

In einer Einladung an LINDEMANN sprach KLEIN bereits 1890 das schwierige Verhältnis zu seinen Kollegen offen an[3]:

"Sie werden (...) ruhig bei uns wohnen. Und das um so mehr, als meine Beziehungen zu meinen mathematischen Kollegen auf Schwierigkeiten geraten sind und niemand Sie also, so lange Sie es nicht selbst wollen, hier aufsuchen wird. (...)"

In einem weiteren Brief berichtet KLEIN am 27.2.1892 erleichtert[4]:

"Gestern und vorgestern ist ALTHOFF hier gewesen und hat die Berliner Angelegenheit zu einem Abschlusse gebracht, der mir persönlich hochwillkommen ist (nur dass ich gewünscht hätte, Sie wären bei der Sache beteiligt): er hat nämlich, nachdem er schon vorher an FROBENIUS 'geschrieben'[5], nun noch SCHWARZ berufen, der schon zum 1. April übersiedelt! So habe ich hier endlich freie Luft und kann meine Wirksamkeit frei nach eigenem Ermessen gestalten. (...)"

---

[1] Eduard C.V. Riecke: * 1845 Stuttgart, † 1915 Göttingen; 1866/70 Stud. U Tübingen u. Göttingen; 1871 Prom. u. 1871/76 Ass. v.Wilh.Weber, 1871 PD, 1873 ao.Prof., 1881 o.Prof. u. Dir. Phys.Inst. U Göttingen

[2] Ernst Chr.J. Schering: * 1833 Sandbergen b.Lüneburg, † 1897 Göttingen; 1852 Stud., 1857 Prom., 1858 Hab. PD, 1860 ao.Prof. u. 1868 o.Prof. (Nachf.v. Gauß als Vertreter der Astronomie), Dir. Gauß'sches Erdmagn.Observ., alles U Göttingen.

[3] Brief von Klein an Lindemann vom 9.8.1890 (Nachlaß Volk)

[4] Klein an Lindemann vom 27.2.1892, Nachlaß Lindemann, siehe 10.9.12.

[5] Althoff hatte Frobenius als Nachfolger Kroneckers zum 16.3.92 berufen ([Biermann], 345). Georg Frobenius: * 1849 Berlin, † 1917 Berlin; 1867/70 Stud. Göttingen u. Berlin, 1870 Prom. Berlin, 1871 Lehrer Sophienrealsch. Berlin, 1874 ao.Prof. U Berlin, 1875/92 o.Prof. Polytechn. Zürich, 1892 o.Prof. U Berlin, 1916 emer. (Nachfolger war Carathéodory).

## 6.4 Die Berufung von Lindemann

Wie er in dem Brief weiter deutlich macht, stellte sich für KLEIN, dem HURWITZ oder HILBERT am geeignetsten erschienen, das Problem der Nachfolge - aber ohne in dem Brief die Situation seines Freundes LINDEMANNs auch nur erwähnen. KLEIN bat LINDEMANN - wie es scheint, völlig unbefangen - um Stellungnahme. LINDEMANN, der sich nicht berücksichtigt sah, war über KLEINs Vorgehen enttäuscht. KLEIN rechtfertigt sich ausführlich[1] am 7.3.1892:

"Ihr letzter Brief hat mich in ernstliche Verlegenheit gesetzt. Sie dürfen sicher sein, dass ich überall, wo ich es für richtig halte, für Sie mit der grössten Wärme eintrete. (...) Ich muß Jemanden haben, der mich nach Seite der *Strenge* ergänzt. Ich halte also an HURWITZ und HILBERT fest, denen ich noch SCHOTTKY[2] hinzufüge. (...)

Ich will aber endlich auch darauf hinweisen, dass je mehr ich mich hier consolidire, für Sie andere Chancen frei werden (München etc.)[!], bei denen wir sonst vielleicht in Concurrenz getreten wären."

Im nächsten Brief vom 15.3.1892 bestätigt KLEIN nochmals ausdrücklich[3],

"dass wir Ihre Berufung *nur* deshalb nicht in Aussicht nehmen, weil zwischen Ihrer und meiner wissenschaftlichen Persönlichkeit zu viel Ähnlichkeit bestehen dürfte."

Als Nachfolger von SCHWARZ wurde dann am 8.4.1892 HEINRICH WEBER nach Göttingen berufen. LINDEMANN stand zwar nicht auf der Vorschlagsliste von KLEIN, aber auf der von SCHERING und SCHWARZ[4].

Auf KLEINs erwähnten Brief vom 8.September antwortete HILBERT am 14.9.1892 ausgleichend[5]:

"Wenn Herr Professor LINDEMANN wirklich etwas Uebel genommen hat - wovon ich nichts weiss - so würde mich nichts mehr freuen, als wenn das wieder ins Gerade käme: LINDEMANN ist doch ein so angenehmer Charakter und eine so überaus sympathische Persönlichkeit."

---

[1] Klein an Lindemann (7.3.1892), siehe 10.9.12.
[2] Friedrich Schottky: *1851, †1935; 1875 Prom. Berlin, 1878 Hab. PD Breslau, 1882 o.Prof. Eidgen.Polytechn. Zürich, 1892 U Marburg, 1902 o.Prof. U Berlin, 1922 emer.; s.a. 6.9.
[3] Klein an Lindemann vom 15.3.1892 (Nachlaß Lindemann), siehe 10.9.12.
[4] Vgl. auch [Hilbert 1985], 78.
[5] [Hilbert 1985, 83]

## 6. Die Ära Pringsheim - Lindemann - Voss

"Ins Gerade" kam die Sache nicht so schnell. Wenn auch LINDEMANN die Begegnung mit KLEIN als "wissenschaftlich ja stets angenehm und anregend" schätzte, so war er doch noch Jahre später "persönlich (...) ganz mit KLEIN auseinander"[1]. Nur einige wenige der über 60 erhaltenen Briefe von LINDEMANN an KLEIN stammen aus der Zeit nach 1895. Erst nach dem Weltkrieg kam es wieder zu einer Annäherung.

Daß LINDEMANN zunächst noch nicht nach München berufen wurde, mag mit der zwischenzeitlichen Lage der Staatsfinanzen zusammenhängen. Hinzu kam Ende 1892 der Wunsch der Universität nach einer weiteren Ersatzprofessur - für Forstwissenschaften. Selbst ein Gehalt, das deutlich unter dem noch KLEIN angebotenen lag, konnte für die zu besetzende Mathematikprofessur Anfang 1893 nicht mehr zur Verfügung gestellt werden. Wie das Ministerium am 9.1.1893 schreibt[2], wurde

> "für die Mathematikprofessur eine Lehrkraft in Vorschlag gebracht ist, welche voraussichtlich nur bei Angebot eines sehr bedeutenden Gehaltes gewonnen werden könnte. Diese Schwierigkeit würde wesentlich gemindert, wenn das Augenmerk auf eine andere geeignete Lehrkraft gerichtet würde (...)"

Aus finanziellen Erwägungen wurde daher vom Ministerium noch ersatzweise DYCK vorgeschlagen und Fakultät und Senat um ihre Stellungnahmen gebeten[3].

Der Wunsch, LINDEMANN zu gewinnen, war jedoch ungebrochen. Am 18.1.1893 hat die zweite Sektion der Philosophischen Fakultät

> "einstimmig beschlossen, ihren ursprünglichen Vorschlag, daß Herr Professor LINDEMANN berufen werde, unverändert aufrecht zu erhalten."

Dem Sitzungsprotokoll[4] liegt eine Stellungnahme BAUERs bei, für den sich die Frage stellte, ob man einen Wissenschaftler oder einen Ausbilder der Gymnasiallehrer berufen sollte. Offenbar schloß sich das für ihn eher gegen-

---

[1] UBG: Brief vom 1.1.1895 an Hilbert; Cod.Ms.D.Hilbert 231/9. In seinen Lebenserinnerungen erwähnt Lindemann allerdings nichts davon [Lindemann 1971].
[2] UAM: Sen 208/23: Bayer. Staatsministerium des Innern für Kirchen- und Schulang. an den Senat der Univ.München vom 9.1.1893. Nr.10972, siehe Anhang 10.7.
[3] Ein Vorgehen, das auch in Berlin durchaus nicht ungewöhnlich war; [Biermann].
[4] UAM: O C I 19

## 6.4 Die Berufung von Lindemann

seitig aus. Gleichzeitig stellt sich hier die Frage nach den didaktischen Kompetenzen eines Hochschullehrers.

Am Tag darauf bekräftigte der Dekan J. RANKE in einem Schreiben[1] an den Senat nochmals den Vorschlag vom 19.7.1892, da

> "Herr LINDEMANN durch seine wissenschaftliche Bedeutung eine entschieden herausragende Stellung einnimmt. Im Hinblick darauf hat die Sektion beschlossen, noch einmal an höchster Stelle die Bitte vorzutragen, Alles aufwenden zu wollen, um Herrn LINDEMANN für unsere Universität zu gewinnen.
>
> Sollte dies nicht möglich sein, so sieht die Sektion in Herrn Professor WALTHER DYCK, dessen Name neben A. VOSS, A. BRILL u.a. schon bei der ersten Berathung zum ob. Betreff mit genannt worden ist, auch eine geeignete Kraft für die betreffende Stelle und hat die Überzeugung, daß nach Herrn LINDEMANN kaum jemand zu finden wäre, welcher Herrn DYCK für die betreffende Stelle entschieden vorzuziehen sei."

Nur für den Fall, daß die Berufung LINDEMANNs unmöglich sein sollte, würde man auch in DYCK eine geeignete Kraft für die zu besetzende Stelle sehen. Im Vergleich zum Dekan sprach sich der Senat noch entschiedener gegen DYCK aus[2]:

> "Im Interesse der Sache aber erachtete er es, falls die Mittel für die Berufung der vorgeschlagenen Lehrkraft zur Zeit nicht zu beschaffen sein sollten, für wünschenswerter, die Stelle bis zur Gewinnung der erforderlichen Geldmittel unbesetzt zu lassen, als sie wegen einer relativ geringen Ersparnis in Geld mit einer minder guten Kraft zu besetzen." Drei Tage später legen BAUER, LOMMEL und BOLTZMANN eine weitere Stellungnahme vor, in der letzterer schreibt[3]: "Nach meiner Überzeugung (...) ist Lindemann die geeignete Persönlichkeit für die Besetzung der Mathematikprofessur." Und LOMMEL sogar: "(...) ist Lindemann zur Besetzung unserer Mathematikprofessur die weitaus geeignetste Persönlichkeit."

LINDEMANN wurde schließlich einige Monate später berufen und ab 1.8.1893 zum ordentlichen Professor der Mathematik mit einem Jahresgehalt

---

[1] UAM: Sen 208/22, siehe 10.7.
[2] UAM: Sen 208/23, Brief des Senats an das Ministerium vom 21.1.1893.
[3] Boltzmann am 24.1.1893; BHStA 17841.

## 6. Die Ära Pringsheim - Lindemann - Voss

von 9000 Mark ernannt[1]. Er selbst, der von der Empfehlung durch KLEIN möglicherweise tatsächlich nichts erfahren hatte, sieht ganz andere Gründe als für seine Berufung nach München entscheidend an[2]:

"München, 28/9 94. In Eile.
Lieber Freund.
Ich schulde Ihnen noch immer meinen Dank für Ihre Glückwünsche zu meiner Berufung hierher. Dieselbe ist schliesslich durch einen blossen Zufall zu Stande gekommen, dadurch nämlich, dass meine Frau zufällig Gelegenheit fand einer hoch stehenden bayerischen Persönlichkeit gegenüber zu aeussern, dass wir gern nach München gehen würden, und dass dieser Herr dem Minister,/ der ihm das selbst erzählte, davon eingehende Mitteilung machte. Sonst wäre die Sache wohl noch nicht erledigt. (...)"

### 6.5 Initiativen, Vorlesungen und Werk Lindemanns

Als LINDEMANN damals im Spätsommer 1893 aus Königsberg nach München kam, erschien ihm - wie er in seinen aufschlußreichen Lebenserinnerungen beklagt - "die Mathematik an der Münchener Universität vollständig vernachlässigt". Er schreibt dazu[3]:

"Mein Vorgänger SEIDEL hatte wegen eines Augenleidens jahrelang nicht lesen können. Zu seiner Vertretung war der Privatdozent PRINGSHEIM zum ausserordentlichen Professor ernannt. Der mir von früher bekannte BAUER hielt noch seine Vorlesungen über Algebra und Geometrie. Es waren ausserdem zwei Privatdozenten vorhanden: BRUNN und DOEHLEMANN. Seit der Berufung KLEINs an die Technische Hochschule in München lag der Schwerpunkt des mathematischen Unterrichts bei dieser Hochschule, an der hervorragende Leute wie BRILL, LÜROTH und DYCK eine lebhafte Tätigkeit entfaltet hatten. Die ganze höhere Mathematik wurde dort in zwei Jahreskursen[4] durchgenommen und das genügte für das bayerische Lehramtskandidaten-Examen. Letzteres konnte nach vierjährigem Studium ab-

---

[1] UAM: Sen 208/24, Ernennung vom 29.5.1893.
[2] UBG: Brief von Lindemann an Klein vom 28.9.1894 (Cod.Ms.F.Klein 10, Nr.841).
[3] [Lindemann 1971], 108 f.
[4] Vgl. 5.2.3

## 6.5 Initiativen, Vorlesungen und Werk Lindemanns

gelegt werden und bestand hauptsächlich in Klausurarbeiten, denen gegenüber die mündliche Prüfung nicht in Betracht kam. Aufgaben aus der Elementarmathematik und der darstellenden Geometrie wurde eine unverhältnismäßig hohe Bedeutung beigelegt. In den Klausurarbeiten wurde nicht mehr verlangt, als was ein Student in Norddeutschland in zwei oder drei Semestern gelernt haben musste. Die Studenten hörten deshalb ungern an der Universität. Die Vorlesungen waren von 5 oder 6 Leuten besucht, meist Norddeutschen. BAUER meinte, man könnte die Konkurrenz mit der Technischen Hochschule nur erfolgreich aufnehmen, wenn man den dort üblichen zweijährigen Kurs nicht auch an der Universität einführte. Dazu konnte ich mich aber nicht entschließen. Bei der Wichtigkeit der darstellenden Geometrie für das Examen schien mir vor allem nötig zu sein, dass sie auch an der Universität gelesen werde. (...) Ich forderte BRUNN auf, die Vorlesungen über darstellende Geometrie zu übernehmen. Er hatte aber keine Lust dazu. Bei DOEHLEMANN hatte ich besseren Erfolg, und bekanntlich hat dieser sich der Aufgabe mit ausserordentlichem Eifer angenommen, so dass er später als Professor der darstellenden Geometrie und als BURMESTERs Nachfolger[1] an die Technische Hochschule berufen wurde."

Hatte LINDEMANN hier die Zeichen der Zeit erkannt? Während in Berlin noch 1902 die darstellende Geometrie als "Sache der technischen Hochschulen" angesehen wurde, beklagte man dort schließlich 1918 die "Vernachlässigung der praktischen Mathematik und der für die Raumanschauung unentbehrlichen darstellenden Geometrie" als "größten Mißstand im mathematischen Unterricht"[2]. Anders in Göttingen: Dort war schon im Jahr der dortigen Reformen[3] - 1892 - ein entsprechender Lehrauftrag, den SCHOENFLIES übernommen hatte, eingerichtet worden[4].

Anläßlich seiner Berufung hatte LINDEMANN am 29.5.1893 in Königsberg, also noch vor seinem Amtsantritt am 1.8.1893, in einem achtseitigen Brief an den Verwaltungsausschuß der Münchner Universität um die "Einrichtung eines Zimmers für das mathematische Seminar" gebeten[5]. Während

---
[1] 1912; in [Ströhlein], 221 allerdings als Nachfolger von Burkhardt genannt.
[2] [Biermann], 186 f.
[3] s. 6.4
[4] [Klein 1907], 170
[5] UAM: Sen 209/18, siehe Anhang 10.8.

## 6. Die Ära Pringsheim - Lindemann - Voss

mathematisch-naturwissenschaftliche Hörsäle an Universitäten seit langem üblich waren, ist mit der Einrichtung eines Zimmers die Existenz des Seminars auch räumlich offenkundig geworden. Der Antrag LINDEMANNs steht am Beginn einer Entwicklung, die über einige Zwischenstufen schließlich 1972 zur Errichtung eines großzügigen Gebäudes für das Mathematische Institut geführt hat.

Wie LINDEMANN angibt, seien in diesem Raum "nicht nur Bücher, sondern auch andere Lehrmittel (geometrische Modelle etc.) aufzustellen". Da "die Beleuchtung durch Gas wegen der Nähe der Bibliothek ausgeschlossen erscheint", bat LINDEMANN um "eine Beleuchtung durch electrische Accumulatoren". In diesem eigenen Seminarraum plant er auch "eine mathematische Societät abzuhalten, in welcher die neueren Erscheinungen der mathematischen Literatur besprochen werden", woran "z.B. hier in Königsberg auch jüngere Docenten und Gymnasiallehrer Theil genommen haben"[1]. Der Raum wurde ihm dann auch bewilligt. Einen Einblick in die nach LINDEMANNs Antrag entstandenen Fragen und Probleme vermittelt der an ihn gerichtete Brief BAUERs vom 25.6.1893, der im Nachlaß LINDEMANNs erhalten ist[2].

Ende September 1893 zog LINDEMANN nach München um. In einem ersten Brief an HILBERT vom 17.10.1893 heißt es[3]: "Hier sind wir jetzt so ziemlich eingerichtet, und ich hoffe nun bald etwas arbeiten zu können." LINDEMANN hatte sich in jenen Jahren mit den konformen Abbildungen beliebiger Flächenstücke beschäftigt[4], woraus 1894 zwei Arbeiten in den "Schriften der physikalisch-ökonomischen Gesellschaft zu Königsberg i.Pr." und in den Sitzungsberichten der Bayerischen Akademie der Wissenschaften hervorgegangen sind. Nach drei weiteren diesbezüglichen Arbeiten in den Jahren 1895 und 1896 hat er sich erst wieder ab 1918 diesen Fragen zugewandt, wobei er dann verstärkt eine differentialgeometrische Richtung eingeschlagen hat[5]. Insbesondere handelt der Brief jedoch von LINDEMANNs

---

[1] Da die Zeit für ein derartiges regelmäßiges Kolloquium in den ersten Jahren noch nicht reif war, beließ es Lindemann zunächst beim "Seminar".
[2] Siehe Anhang 10.9.9.
[3] UBG: Cod.Ms.D.Hilbert 231/4
[4] Im Brief vom 22.8.1892 berichtet er Hilbert darüber, UBG: Cod.Ms.D.Hilbert 231/3.
[5] Allerdings waren seine diesbezüglichen Arbeiten, wie auch sein Bemühen um den Beweis des Fermatschen Satzes nicht immer fehlerfrei; siehe dazu auch Voss und H.A.Schwarz in 8.3.3.

## 6.5 Initiativen, Vorlesungen und Werk Lindemanns

Fürsorge um die Besetzung des Extraordinariats, das durch HILBERTs Ernennung zum Nachfolger LINDEMANNs frei geworden war.

Im nächsten Brief an HILBERT schreibt LINDEMANN über seine Zuhörerzahl und die Räumlichkeiten[1]:

"München 7/11 93. Georgenstraße 42/0.
Lieber College. (...) Ich habe hier in der Diff.-Rechnung 18 Zuhörer und in den höheren Gleichungen 6. Mein Seminar-Zimmer ist sehr schön eingerichtet; ich muss leider darin vorläufig auch Vorlesungen halten. Da aber im neuen physikalischen Institute ein Hörsaal für theoretische Physik eingerichtet wird, so werden wir bald mehr Platz haben."

Bei einer Gesamtzahl von 3408 im WS 1893/94 an der Universität eingeschriebener Studenten[2] bilden 18 Zuhörer einen mit heutigen Verhältnissen (rund 400 von 60000) durchaus vergleichbaren Anteil. Eine Algebra-Vorlesung mit 6 Studenten war gegenüber Königsberg geradezu ansehnlich. Dort hat HILBERT Vorlesungen in den frühen 90er Jahren vor drei, zwei oder gar einem Zuhörer gehalten, falls das Kolleg überhaupt zustande kam[3]. Allerdings bemerkt LINDEMANN nach seinem ersten Jahr in München gegenüber HILBERT[4]:

"Das Schwänzen der Vorlesungen bei den Studenten ist hier entsetzlich; es gibt nur wenige Stammhalter. Aber im Uebrigen ist das Leben hier so schön, wie man es nur wünschen mag; aber *sehr* theuer!"

1897/98 zog das Seminar in einen größeren Raum um, der in dem neu errichteten Anbau an der Adalbertstraße zur Verfügung gestellt wurde[5]. Daneben war LINDEMANN ein "ausserordentlicher Zuschuss" zu Vergrößerung der Seminarbibliothek gewährt worden.

Weiter heißt es in dem Brief vom 7.11.1893:

"Es freut mich, dass Sie die 600 M [die HILBERT zur Ernennung gewährt wurden] zur Verfügung haben. Wir haben uns für 520 M den grossen Integraphen gekauft. Die HENRICI'sche Maschine ist sehr nett.

---

[1] UBG: Cod.Ms.D.Hilbert 231/5
[2] [Selle], 350. Bis 1909 verdoppelte sich diese Zahl.
[3] Siehe z.B. [Toepell 1986], 39 und 44.
[4] UBG: Cod.Ms.D.Hilbert 231/8: Brief vom 23.7.1894.
[5] Siehe 7.2; [Lindemann 1971], 113.

## 6. Die Ära Pringsheim - Lindemann - Voss

Ihr gegenüber ist die schlecht verkäufliche und unvergleichlich genauere SOMMERFELD'sche Maschine wohl kaum beachtet!"

LINDEMANN meint hier mit der HENRICI'schen Maschine dessen harmonischen Analysator. Diese Vorrichtung bestimmt mit Hilfe mechanischer Integration zum vorliegenden Graphen einer Funktion f die Koeffizienten $a_n$, $b_n$ der Fourierschen Reihe der Funktion mit

$f(x) = a_0 + a_1 \cos x + b_1 \sin x + a_2 \cos 2x + b_2 \sin 2x + \ldots$

Das geschieht durch Auswertung der bestimmten Integrale

$$a_n = \frac{1}{\pi} \cdot \int_0^{2\pi} f(x) \cdot \cos(nx)\, dx\,;\quad b_n = \frac{1}{\pi} \cdot \int_0^{2\pi} f(x) \cdot \sin(nx)\, dx\,.$$

Der zweite, um einiges größere und stabilere Analysator wurde von SOMMERFELD und WIECHERT in der mathematischen Abteilung des physikalischen Instituts in Königsberg 1890 entwickelt. Er war einer der Glanzstücke der Ausstellung mathematischer Instrumente im September 1893 in München anläßlich der DMV-Tagung[1]. Die entsprechende Theorie des harmonischen Analysators hat LUCIAN GRABOWSKI in seiner im Jahr 1900 abgeschlossenen Münchner Dissertation untersucht[2].

Neben seinem Bemühen um geeignete Räumlichkeiten für das Seminar hat sich LINDEMANN ebenfalls sehr bald Ausbildungsfragen, wie sie etwa auch durch die Prüfungsordnung bedingt sind, zugewandt[3]. Schon am 28.5.1893 hatte sein späterer Kollege VOSS in seinem Begrüßungsschreiben[4] LINDEMANN auf dahingehende Erfordernisse aufmerksam gemacht:

"(...) Es würde mich freuen, wenn es Ihnen gelänge, Ihren Einfluß mit der Zeit dorthin geltend zu machen, daß gewisse prinzipielle Fragen, die wesentlich unsere Tätigkeit als Lehrer in Bayern berühren, in Fluß kommen. Sie dürfen dabei jederzeit auf meine Unterstützung, soweit es möglich, zählen."

---

[1] Siehe ausführliche Beschreibung und den Beitrag von Henrici im Ausstellungskatalog [Dyck 1892], 213-222 und 125-136.
[2] Siehe Anhang 11.5: Promotionen.
[3] Neben Bauer erstellte auch Lindemann Prüfungsaufgaben für die Staatsexamina (s. [Neuerer], 80f.).
[4] Brief von Voss an Lindemann vom 28.5.1893 (Nachlaß Volk); siehe Anhang 10.9.10.

## 6.5 Initiativen, Vorlesungen und Werk Lindemanns

In der Folgezeit arbeitete LINDEMANN zusammen mit BOLTZMANN, der als Ordinarius für mathematische bzw. theoretische Physik seit 1891 dem Vorstand des mathematisch-physikalischen Seminars angehörte[1], und DYCK eine neue *Lehramtsprüfungsordnung* (1895) aus, die später Grundlage der heutigen Prüfungsordnung wurde. Nach dem zweiten Studienjahr wurde eine Zwischenprüfung über Analytische Geometrie und Infinitesimalrechnung eingerichtet. Die zweite Prüfung (Hauptprüfung) sollte sich "mehr als bisher auf höhere Mathematik ausdehnen"; die "Forderungen in der darstellenden Geometrie wurden bedeutend heruntergeschraubt"; "auf die mündliche Prüfung sollte das Hauptgewicht gelegt werden"[2].

Diese auf SEIDEL und BAUER zurückgehende bayerische Prüfungsordnung, die mit Abänderungen heute noch besteht und sich im wesentlichen mit der württembergischen deckte, verlangt von jedem Kandidaten eine Prüfung in reiner und angewandter Mathematik. Zu jenen, die die Vorzüge dieser Prüfungsordnung gegenüber der preußischen schätzten, gehörte GEORG FABER[3]. 1912 wurde die Zwischenprüfung, obwohl Bedenken laut wurden, vorübergehend wieder abgeschafft[4].

Schon während seiner gemeinsamen Zeit mit KLEIN in Erlangen und München (1873-1875) hatte sich LINDEMANN mit der "Kluft zwischen Schul- und Universitätsmathematik und der Notwendigkeit von Reformen"[5] auseinandergesetzt[6]. Einige Zeit später, 1887, hatte er zusammen mit P. VOLKMANN in Königsberg eine mathematische Studienordnung entwickelt in Form von "Ratschlägen für die Studierenden der Reinen und Angewandten Mathematik". Dabei wurde von einem vier- bis fünfjährigen Studium ausgegangen. Jede der folgenden fünf Gruppen, in die die reine Mathematik einge-

---

[1] IGN MPhSem: Antrag des Seminarvorstands an den Senat vom 14.3.1891, Ernennung Boltzmanns zum Vorstandsmitglied durch Schreiben des Senats an das Seminar vom 20.3.1891; siehe auch UAM: Sen 209/17.
[2] [Lindemann 1971], 110. Bald wurde jedoch der Schwerpunkt wieder auf die schriftliche Prüfung gelegt.
[3] [Faber 1959], 26; [Lorey 1916], 376; Georg Faber: * 1877 Kaiserslautern, † 1966; 1896/1901 Stud. U München u. Göttingen, 1900 Staatsexamen, 1902 Prom. U München, 1901/02 Ass. TH München, 1902/05 Gymnasiallehrer Traunstein, 1904 neues Gymn. Würzburg, 1905 Hab. PD TH Karlsruhe, 1909 ao.Prof. Tübingen, 1910 o.Prof. TH Stuttgart, 1912 U Königsberg, 1913 Straßburg, 1916 TH München, 1946 emer.
[4] Zu den Bedenken z.B. Wieleitners siehe [Wieleitner 1910], 67; [Lorey 1916], 111.
[5] [Poincaré], 270
[6] Siehe auch "§ 3. Beziehung zwischen Schulmathematik und Universitätsmathematik" in [Lorey 1916], 263-276. Vgl. 5.3.3 und 5.3.9.

## 6. Die Ära Pringsheim - Lindemann - Voss

teilt wurde, umfaßt dabei bis zu sieben Vorlesungen: Infinitesimalrechnung, Funktionentheorie, Algebra, Zahlentheorie, Geometrie. Die angewandte Mathematik bestand aus den Gruppen Mathematische Physik und Astronomie[1]. Für die Lehramtskandidaten suchte LINDEMANN "durch besondere Vorlesungen über die Grundbegriffe der Geometrie und über EUKLID das Interesse an dem logischen Aufbau der Geometrie und an EUKLIDs Werken zu heben"[2]. In diesem Sinne hat sich LINDEMANN ebenfalls an den Münchner Ferienkursen für Gymnasiallehrer beteiligt[3].

Auch in der Universitätsverwaltung wirkte LINDEMANN aktiv mit. Er war 1904/05 - wie schon 1892 in Königsberg[4] - Rektor der Universität. Gegen welche Widerstände er sich einsetzte, mag folgendes Beispiel veranschaulichen: Nachdem er eine notwendige Erhöhung der Prämiengelder des Seminars beantragt hatte, lehnte der Landtag zunächst ab, da - wie ein Abgeordneter ausgeführt haben soll -

"die wissenschaftlichen Seminare nur zur Züchtung von Spezialforschern dienten und für den eigentlichen *Zweck der Universität*, nämlich die Ausbildung der Lehramtskandidaten, keine Bedeutung hätten"[5].

Dieser Meinung setzte LINDEMANN in seiner bekannt gewordenen Rektoratsrede von 1904 entgegen, daß viele Studenten - vor allem aus den humanistischen Gymnasien - "nicht die geringste Ahnung" davon hätten, was Mathematik eigentlich sei, was sie leisten könne und was man ihr verdanke[6].

Wie auch aus dem Berufungsverfahren hervorgeht, war LINDEMANN schon in den 90er Jahren ein weithin bekannter Mathematiker. Er hatte 1882 mit dem Beweis der Transzendenz von $\pi$ das Jahrtausende alte Problem der Quadratur des Kreises gelöst, indem er HERMITEs Methode beim Transzendenzbeweis der Eulerschen Zahl $e$ auf komplexe Integrationswege ausdehnte[7]. Einer seiner Schüler war DAVID HILBERT, der bei ihm mit einer invarian-

---
[1] [Lorey 1916], 282
[2] [Poincaré], 270 f.
[3] siehe 7.3; [Säckl], 276
[4] vgl. Anh. 10.9.12
[5] [Lindemann 1971], 111
[6] [Lindemann 1904], 7 ff. Diese Rede löste eine breite Diskussion aus; etwa auch im "Bayer. Kurier" vom 19./20.3.1905 oder in den "Münchner Neuesten Nachrichten" vom 5.4.1905.
[7] "Über die Zahl $\pi$." Math. Ann. $\underline{20}$(1882)213-225).

## 6.5 Initiativen, Vorlesungen und Werk Lindemanns

tentheoretischen Arbeit 1884 in Königsberg promoviert hatte und dort sein Nachfolger wurde.

Ab 1893 hat LINDEMANN, der von 1876 bis 1891 auf Anraten KLEINs die erwähnten "Vorlesungen über Geometrie" von ALFRED CLEBSCH herausgegeben hatte[1], die analytische Richtung PRINGSHEIMs noch verstärkt. Dies zeigt sich auch an den von 1889 bis 1909 semesterweise vorliegenden Berichten[2] über die "Thätigkeit des mathematisch-physikalischen Seminars"[3]. Zudem trat LINDEMANN durch eine Reihe neuer *Spezialvorlesungen* hervor - wie etwa:

- Substitutionen und höhere Gleichungen (ab 1893/94)[4],
- lineare Differentialgleichungen und konforme Abbildungen (ab 1894),
- Grundbegriffe (bzw. Grundlagen) der Geometrie und
- der sogenannten nichteuklidischen Geometrie (ab 1894/95),
- gewöhnliche und partielle Differentialgleichungen (ab 1895),
- Abelsche Funktionen (ab 1896/97),
- Linien- und Kugelgeometrie (ab 1897/98),
- Differentialgeometrie (ab 1898/99)[5],
- Problem der Quadratur des Kreises (ab 1898/99) und
- algebraische Formen (ab 1899).

Dazu kamen ergänzende Vorlesungen über mathematische Physik und seine Seminare, wie etwa über Dreiecksgeometrie, Flächen dritter Ordnung, geometrische Anwendungen der elliptischen Funktionen und automorphe Funktionen[6].

LINDEMANNs Wirken über die Grenzen der Universität hinaus dokumentiert sich nicht zuletzt an der Zahl seiner Schüler. Von seinen sechzig Dokto-

---

[1] Wobei insbesondere die ausführliche Darstellung der Imaginärtheorie "unter Hinzufügung eigener Untersuchungen" auf Anregungen Kleins beruhen ([Lindemann 1971], 45 und auch 49ff.).

[2] UAM: Sen 211

[3] Siehe 5.3; [Säckl], 87 f.

[4] In einem Brief an Hilbert bemerkt Lindemann dazu (18.4.1894; UBG: Cod.Ms.D.Hilbert 231/6): "Das 1.Semester war für mich sehr arbeitsvoll. Das Colleg [mit 6 Studenten, s.o.] über Substitutionen hat mir viel Mühe gekostet; ich habe aber viel dabei gelernt.- Ein stud. Loewy hat bei mir eine sehr schöne Arbeit gemacht, die im Sommer als Dissertation erscheinen soll." Loewy, der über Transformationen quadratischer Formen am 30.5.1894 promovierte, war Lindemanns erster Doktorand in München.

[5] An der TH las Voss bereits seit 1885 darüber ([Hofmann 1954], 20)

[6] [Vorl.-Verz.]

## 6. Die Ära Pringsheim - Lindemann - Voss

randen - einer von ihnen, David HILBERT (Königsberg 1884) hatte mit 69 nur wenig mehr - promovierten zwischen 1894 und 1920 allein 42 in München. Aus der Zeit ehe LINDEMANN nach München kam, sei unter anderen erwähnt: HANS V. MANGOLDT habilitierte sich als sein Schüler 1880 in Freiburg; HERMANN MINKOWSKI (1885) und ARNOLD SOMMERFELD (1891) promovierten bei ihm in Königsberg.

In München promovierten bei LINDEMANN[1]: A. LOEWY, J. GOETTLER, H. FRIED, L. MARC, J. HÖPPNER, E. LAMPART, F. STAEBLE, A.A. BJÖRNBÖ, W. SCHLINK, W. KUTTA, A. GOLLER, R. MAYR, H. WIELEITNER, O. PERRON, N. PERRY, R. ZAHLER, E. HILB, M. LAGALLY, K. PETRI, H. TEMPEL, F. THALREITER, C.R. WALLNER, F. FUCHS, K. MÜNICH, H. SCHÜBEL, F.H. CRAMER, K. WALEK, C. HORN, F. BÖHM, H. BURMESTER, H. DEGENHART, CH.H. ASHTON, L.A. HOWLAND, A. ROSENTHAL, A. LOEHRL, V. SCHEIDEL, J. SCHECKENBACH, A. RAUBER, E. LUTZ, K. STRAUSS, F. LETTENMEYER UND O. VOLK.

### 6.6 Einrichtung neuer Stellen: Assistenz und Extraordinariat; Doehlemann und der Bayerische Mathematikerverein

Im Gegensatz zu dem "Vortragskünstler"[2] PRINGSHEIM, der ein "immer gut vorbereiteter, vorzüglicher Lehrer" war[3], las LINDEMANN eher in einer dem Anfänger schwer zugänglichen Form, doch kümmerte er sich stets "großzügig und mit menschlicher Wärme um seine Kollegen und Schüler"[4]. So gelang es ihm nach längerer Auseinandersetzung[5], daß 1902 eine außerordentliche Professur für darstellende Geometrie eingerichtet wurde. Sie wurde mit dem "sehr beliebten Dozenten"[6] KARL DOEHLEMANN[7] besetzt, der

---

[1] Quelle: Dissertationenverzeichnis Nachlaß Lindemann; Themen: siehe 11.5.
[2] [Perron 1953], 5
[3] [Bruch], 288; s.a. Faber in [Lorey 1916], 375
[4] [Hofmann 1954], 21 f.
[5] [Lindemann 1971], 111 f.
[6] [Lorey 1916], 372
[7] Karl Doehlemann: * 1864 Freising b.München, † 1926 München; 1882/86 Stud. München, 1887-1891 Assistent bei Voss TH München, 1889 Prom. u. 1892 Hab. PD U München, 1902/12 etatm.ao.Prof. U München, 1912/26 o.Prof. TH München; (Habilitationsvorlesung und -thesen s. [Säckl], 254), 1911 Vorsitzender des Bayer. Mathematikervereins (s.a. [Lorey 1938], 64), 1912 o.Prof. TH München; Leben und Wirken: [Faber 1928]; s.a. [Poggendorff], 4-6

## 6.6 Einrichtung neuer Stellen und des Mathematikervereins

schon bisher nicht nur über darstellende Geometrie[1], sondern auch über weitere Gebiete der Geometrie gelesen hatte: z.B. 1892/93 über Kegelschnitte, 1893/94 über Determinanten und 1894 über analytische Geometrie.

Da "die Zahl der studierenden Mathematiker ausserordentlich zugenommen hatte"[2], wurde 1906 eine (planmäßige) Assistentenstelle eingerichtet, die in erster Linie für zukünftige Privatdozenten bestimmt war. Bis 1900 war die Universität in kurzer Zeit auf rund 4500 Studenten, bis 1911 schließlich auf 6700 Studenten und 270 Dozenten angewachsen. Inhaber dieser ersten mathematischen Assistentenstelle[3] waren folgende LINDEMANN-Schüler:
- von 1908 bis 1913 der spätere Versicherungsmathematiker FRIEDRICH BÖHM[4],
- von 1919 bis 1923 OTTO VOLK[5],
- von 1923 bis 1933 FRITZ LETTENMEYER[6] und
- ab 1936 Hermann Boerner[7].

Ein besonderes Anliegen war dem Geometer DOEHLEMANN die Lehrerbildung. Das zeigt sich auch an seiner Rolle im inzwischen nicht mehr bestehenden *Bayerischen Mathematikerverein*.

1889 hatte DOEHLEMANN bei VOSS an der Technischen Hochschule München über "Untersuchungen der Flächen, welche sich durch eindeutig

---

[1] Lindemann hatte bei ihm mit der Bitte, diese Vorlesung zu halten, "besseren Erfolg" (6.5) gehabt. So hat Doehlemann ab 1894 "mit ausserordentlichem Eifer" vierstündig über dieses Gebiet gelesen; dazu kamen dreistündige Übungen.
[2] [Lindemann 1971], 113; s.a. [Müller,K.A.], 206.
[3] Im physikalischen Kabinett war bereits 1854 eine Assistentenstelle für Jolly als Berufungszusage eingerichtet worden; [Müller,K.A.], 208.
[4] F. Böhm: * 1885, † 1965; Näheres siehe 8.2.2.
[5] O. Volk: * 1892, † 1989; Näheres siehe 8.1.3.
[6] Fritz Lettenmeyer: * 1891 Würzburg; † 1953 Hof/Saale; 1910/14 Stud. U u. TH München, 1916 Examen, Unterrichtstätigkeit, 1918 Prom. (F.Lindemann) München, Ass. TH München, 1920/21 U Göttingen, dann Königsberg (bei Knopp), 1927 Hab. U München, PD, Ass. U München, 1933 apl.ao.Prof. U München, 1937/48 o.Prof. U Kiel, 1948 emer. Hof/Saale; ([Poggendorff], 6-7; [Heinhold 1984], 183); Leben und Werk von H. Schmidt in: JDMV 61(1958)2-6.
[7] Hermann Boerner: * 1906 Leipzig, † 1982 Göttingen; 1925/31 Stud. U München, Leipzig, Göttingen u. Berlin, 1931 Prom. (L.Lichtenstein) U Leipzig, 1933/39 U München, 1934 Hilfsass., 1936 Hab., 1936 Ass. u. Doz., 1943 apl.Prof. U München, 1939/45 Reichswetterdienst, 1945/48 wiss.Mitarb. Math.Forsch.Inst. Oberwolfach, 1948/49 o.Prof.(m.d.V.b.) U Göttingen, 1949 apl.Prof. U Gießen, 1961 Wiss.R., 1964 o.Prof. Gießen, 1973 emer., zuletzt Göttingen; [Poggendorff], 7a; Leben und Werk: [Heinhold;Kerber].

## 6. Die Ära Pringsheim - Lindemann - Voss

aufeinander bezogene Strahlenbündel erzeugen lassen" promoviert und sich am 19.1.1892 an der Universität mit einer Arbeit über Cremona-Transformationen habilitiert[1]. Neben projektiver Geometrie und darstellender Geometrie, über die er später auch in Form eines Lehrauftrages an der Technischen Hochschule las, hielt DOEHLEMANN an der Universität zahlreiche *Spezialvorlesungen*; so unter anderem
- über ebene Kurven (1892),
- Quaternionen (1893),
- graphische Statik (1897),
- über das Imaginäre in der Geometrie (ab 1898),
- Kinematik (1899),
- geometrische Transformationen (1900),
- Transformationen durch reziproke Radien (1902/03),
- Raumkurven dritter und vierter Ordnung (1904/05),
- Liniengeometrie (ab 1906/07) und
- (an der TH) geometrische Konstruktionen (ab 1915)[2].

Von den daraus hervorgegangenen Publikationen fanden zwei Werke besondere Verbreitung: "Projektive Geometrie"[3] und "Geometrische Transformationen"[4]. Das erstgenannte Büchlein löste den ersten Band der "Geometrie der Lage" von REYE ab, nach dem etwa noch FABER gearbeitet hatte[5]. Ab 1904 hat sich DOEHLEMANN vor allem mit der Perspektive und den Beziehungen zwischen Mathematik und Kunstgeschichte beschäftigt. Das Schriftenverzeichnis[6] nennt rund 15 diesbezügliche Arbeiten.

Anfang des Jahrhunderts gab es über 300 angestellte Mathematiker in Bayern. Dem 1891 gegründeten *Verein zur Förderung des mathematischen und naturwissenschaftlichen Unterrichts* (MNU) gehörten in dieser Zeit rund 140 Mitglieder - Mathematiker und Naturwissenschaftler - an. 1903 wurde für sie durch den Mathematiklehrer HANS HEß in Nürnberg die "Sektion Bayern des Fördervereins" gegründet[7]. Die 60 in München lebenden

---

[1] [Säckl], 254
[2] [Vorl.-Verz.]; [Hofmann 1954], 22
[3] Sammlung Göschen. Leipzig [1]1898 - [5]1922/24
[4] Sammlung Schubert. Leipzig/Berlin 1902/1908
[5] [Lorey 1916], 375
[6] Von Faber zusammengestellt in: [Faber 1928], 211-212. Das Schriftenverzeichnis ist allerdings nicht ganz vollständig. Einige Arbeiten, die Faber nicht nennt, handeln von Linearperspektive, umgekehrter Perspektive, von prähistorischer Kunst und von Dürer.
[7] [Lorey 1938], 141

## 6.6 Einrichtung neuer Stellen und des Mathematikervereins

Mitglieder haben sich 1907 unter dem Vorsitz von DOEHLEMANN zu einer *Münchener Mathematiker-Vereinigung* zusammengeschlossen. Zu deren Aufgaben zählten die Organisation wissenschaftlicher Vorträge und die Ausarbeitung von Reformplänen, die dem Ministerium vorgelegt wurden und dort "zum Teil auch Berücksichtigung fanden"[1]. 1911 wurde auch die Leitung der "Bayerischen Sektion" nach München verlegt und die Sektion in den *Bayerischen Mathematikerverein* umgewandelt.[2] DOEHLEMANN war bis zu seinem Tod (1926) erster Vorsitzender[3], langjähriger Schriftführer ab 1927 KURT VOGEL. An Diskussionen über den Mathematikunterricht Ende der 20er Jahre nahmen u.a. auch TIETZE und PERRON teil. Nicht immer kam es zu gemeinsamen Zielrichtungen. TIETZE sah als Unterrichtsziel "die Schulung des Denkens" an. "Erwünscht sei eine klare Vorstellung über das Unendliche und das Imaginäre." PERRON hingegen

"lehnte die Infinitesimalrechnung an den Gymnasien ab und forderte für den mathematischen Betrieb an den Oberrealschulen nicht so viel Strenge (...) unter Hinweis auf die genauere Darstellung an der Hochschule"[4].

In der Reihe der Vorträge, die der Verein beispielsweise von 1927 bis 1929 veranstaltete, sprachen unter anderem OTTO HAUPT über den Fundamentalsatz der Algebra, TIETZE über den Vierfarbensatz und verwandte topologische Probleme, DINGLER über die innere Struktur des physikalischen Experiments und WIELEITNER über Dürer als Mathematiker[5].

Heute dient das 1981 neu gegründete, aber dennoch in dieser Tradition stehende Münchner Kolloquium für Mathematiklehrer an Gymnasien im besonderen dazu, die Zusammenarbeit zwischen Schule und Hochschule zu fördern. Es wird vom Lehrstuhl für Didaktik der Mathematik aus organisiert und sowohl vom *Bayerischen Philologen-Verband* als auch vom Verein *MNU* unterstützt.

---

[1] [Wieleitner 1910], 8; zur Beziehung Universität - Schule siehe 7.3 und 7.4.
[2] [Lorey 1938], 141.
[3] [Vogel 1936], 195 u. 203
[4] [Vogel 1936], 197
[5] [Vogel 1936]

## 6. Die Ära Pringsheim - Lindemann - Voss

### 6.7 Berufungsbemühungen um Hilbert und Voss

Wir sind den Berufungsbemühungen um KLEIN und LINDEMANN nachgegangen. Wie sieht es nun mit der Neubesetzung des zweiten Ordinariats aus, mit der Nachfolge von Gustav BAUER? Welche Kandidaten kamen hier in die engere Wahl? Als BAUER in seinem 81.Lebensjahr 1901 emeritiert wurde[1], hat LINDEMANN in einem umfangreichen Berufungsantrag an den Senat - den Gepflogenheiten entsprechend - drei bemerkenswerte Nachfolger vorgeschlagen[2]. Unter anderem heißt es dort:

> "Herr Professor BAUER hat hauptsächlich über analytische und synthetische Geometrie und Algebra regelmässig Vorlesungen gehalten, daneben auch über andere Disciplinen der Mathematik je nach Bedarf gelesen. Für die Ersatzprofessur werden daher in erster Linie solche Gelehrte in Betracht zu ziehen sein, die sich auf dem Gebiete der Geometrie und Algebra einen Namen gemacht haben[3]. Als solche nennen wir
>
> - Herrn Professor ALEXANDER V. BRILL in Tübingen
>
> - Herrn Professor AUREL VOSS in Würzburg
>
> - Herrn Professor DAVID HILBERT in Göttingen.
>
> Wollte man von den genannten Principien abweichen, so könnten auch andere Mathematiker, z.B. HEINRICH WEBER (...) und WALTHER DYCK (...) genannt werden.[4] (...) Aus ähnlichen Gründen hat die Facultät davon abgesehen, Herrn Professor PRINGSHEIM für die Ersatz-Professur in Vorschlag zu bringen."[5]

Nun werden die bisherigen Leistungen der drei vorgeschlagenen Kandidaten gewürdigt. Zu VOSS heißt es:

> "AUREL VOSS wurde am 7. Dezember 1845 in Altona geboren, studirte 1864-68 in Göttingen und Heidelberg, ward 1869 Gymnasiallehrer

---

[1] Er lehrte noch bis 1905; Seminarbericht v. 9.8.1905 in UAM: Sen 209/26; s.a. Schreiben zur endgültigen Entpflichtung vom 5.11.1905; UAM: E II-414-Gustav Bauer.
[2] 25.6.1900; UAM: Sen 208/26; Handschrift Lindemanns, jedoch vom derzeitigen Dekan Hertwig unterschrieben; siehe Anhang 10.11.
[3] Noch heute hat der Lehrstuhl seinen Schwerpunkt auf dem Gebiet der Algebra.
[4] Deren funktionentheoretische Schwerpunkte seien aber bereits durch Lindemann und Pringsheim vertreten.
[5] Für Pringsheim wurde 1901 ein neues Ordinariat eingerichtet (s.u.).

## 6.7 Berufungsbemühungen um Hilbert und Voss

in Lingen, promovirte 1869 in Göttingen, habilitirte sich dort 1873 als Privatdozent, ward 1875 an das Polytechnikum in Darmstadt, 1879 nach Dresden und 1885 nach München an die technische Hochschule berufen, von wo er 1891 einem Rufe nach Würzburg folgte.

Wie BRILL ist auch VOSS aus der CLEBSCH'schen Schule hervorgegangen. Zuerst fesselte ihn die damals (1872) in ihren Anfängen stehende PLÜCKER'sche Liniengeometrie, wobei er sich an KLEIN's Arbeiten anschloss. Später hat er sich mannigfachen anderen Gebieten der Geometrie erfolgreich zugewandt, insbesondere der Theorie der Curven auf krummen Flächen und der gegenseitigen Beziehung solcher Flächen auf einander. Er ist einer der wenigen in Deutschland lebenden Mathematiker, welche sich dieses letztere Gebiet als Arbeitsfeld ausersehen haben, und würde eben deshalb für unsere Facultät als Mitglied derselben eine willkommene Ergänzung bieten. Durch die Untersuchung der geometrischen Transformationen wurde VOSS zur Theorie der bilinearen Formen und damit zu wesentlich algebraischen Arbeiten geführt. Die wissenschaftlichen Abhandlungen von VOSS haben ihren Werth nicht so sehr durch das Umfassende ihrer Resultate, als durch die ihnen eigenthümliche Feinheit und Eleganz der Durchführung."

Schon 1895, als es um die Nachfolge HILBERTs in Königsberg ging, hatte LINDEMANN nach MINKOWSKI, der ihm als "natürlichster" Nachfolger erschien, sogleich VOSS vorgeschlagen. Einem Brief LINDEMANNs an HILBERT vom 1.1.1895 ist zu entnehmen[1]:

"(...) Möglich erscheint es immer, dass er [ALTHOFF] sich am Judenthum stösst; (...) Wenn Gefahr da ist, dass MINKOWSKI Extraordinarius bleibt, so scheint mir HÖLDER allerdings keine passende Ergänzung. Das geometrisch-algebraische Gebiet, dass dem MINKOWSKI doch immer fern liegt, kommt dann in Königsberg wieder ganz zu kurz. Ich würde viel lieber an A. VOSS oder SCHUR denken. Die Geometrie ist doch gerade für Lehrer ausserordentlich wichtig!"[2]

---

[1] UBG: Cod.Ms.D.Hilbert 231/9
[2] Im Brief vom 13.1.1895 hat Lindemann ergänzend auch noch Dyck vorgeschlagen, der "sicher gern das Polytechnikum verlassen und an eine Universität gehen würde!, sogar *sehr* gern. Sie finden in ihm eine liebenswürdige Persönlichkeit und einen guten Docenten" (UBG: Cod.Ms.D.Hilbert 231/10).

## 6. Die Ära Pringsheim - Lindemann - Voss

Von HILBERTs Leistungen hebt LINDEMANN in seinem Berufungsantrag folgende Beiträge hervor:
- unter den algebraischen Arbeiten den Basissatz ("Beweis für die Endlichkeit der Formensysteme bei algebraischen Formen mit beliebig vielen Veränderlichen"),
- unter den zahlentheoretischen Arbeiten den ("durch Benutzung von zahlentheoretischen Schlußweisen") wesentlich vereinfachten Transzendenzbeweis von $e$ ("und damit indirekt denjenigen für die Transzendenz der Zahl $\pi$"),
- unter den geometrischen Arbeiten diejenige über die Grundlagen der Geometrie ("ist durch Klarheit und Originalität ausgezeichnet").

Weiter schreibt LINDEMANN:

"Es ist nicht zu viel gesagt, wenn man HILBERT[1] als den bedeutendsten unter den jüngeren Mathematikern Deutschland's bezeichnet; und mit Recht wird man auch für die Zukunft vieles von ihm erwarten dürfen.

*Als Lehrer*[2] werden die drei genannten Gelehrten gleichmässig gerühmt; durch ihre bisherige Thätigkeit hatte jeder von ihnen Gelegenheit, Vorlesungen aus den verschiedensten Gebieten zu halten; und es ist nicht daran zu zweifeln, dass jeder wohl geeignet ist, die jetzt entstehende Lücke auszufüllen. Während v. BRILL und VOSS schon in vorgerücktem Alter stehen, befindet sich HILBERT wohl noch nicht auf dem Höhepunkt seiner Entwicklung. Entsprechend den Erwartungen, die man nach seinen Leistungen und nach seinem Alter hegen darf, wäre er daher unserer Facultät am meisten willkommen."

Das Berufungsverfahren wurde jedoch wiederum aus finanziellen Gründen vorerst nicht weiter verfolgt. Der Grund war ein naheliegender: Von seinem Berufungsantrag äußerlich unabhängig hatte LINDEMANN am gleichen Tag (25.6.1900) ein zweites Gesuch eingereicht, in dem er die Ernen-

---

[1] David Hilbert: * 1862 Königsberg, † 1943 Göttingen; 1880/84 Stud. Königsberg, Heidelberg, Leipzig u. Paris, 1884 Prom. (F.Lindemann) Königsberg, 1886 Hab. PD Königsberg, 1892 ao.Prof. u. 1893 o.Prof. Königsberg, 1895 o.Prof. u. Dir. Math.-Phys.Sem. u. Math.Inst. U Göttingen, 1930 emer.
[2] Von Lindemann hervorgehoben.

## 6.7 Berufungsbemühungen um Hilbert und Voss

nung PRINGSHEIMs zum ordentlichen Professor beantragt[1]. In diesem Gesuch wird rhetorisch geschickt ausgearbeitet - um die Einrichtung eines dritten Ordinariats zu begründen - welchen Wert man auf die Vielfalt der an einer Universität vertretenen mathematischen Gebiete legt und warum deshalb nicht PRINGSHEIM auf die freie Stelle zu berufen wäre. Andererseits würde ihm aufgrund seiner Leistungen zweifellos eine ordentliche Professur zustehen.

Dieser zweite Antrag war erfolgreich und führte nach rund einem halben Jahr, am 28.1.1901, zur Einrichtung eines dritten mathematischen Lehrstuhls. Mit der Ernennung PRINGSHEIMs zum Ordinarius besaß München tatsächlich bereits ein Jahr vor Göttingen drei mathematische Ordinariate[2]. Göttingen war dann ab 1902 "rein stellenmäßig die bestdotierte Universität auf dem Gebiete der Mathematik in ganz Deutschland"[3].

Zur Bewilligung[4] der mit PRINGSHEIMs Ernennung verbundenen Gehaltserhöhung[5] kam es allerdings erst 1912. Mit einem ministeriellen Schreiben vom 18.6.1902 wurden nach zwei Jahren erneute Berufungsbemühungen um die Nachfolge von BAUER eingeleitet[6]:

"Da die budgetmäßige Bereitstellung der Mittel zu einer Ersatzprofessur für Mathematik in sicherer Aussicht steht, wird geeigneten Personalvorschlägen entgegengesehen."

Postwendend wurde das Schreiben vom Senat an die Fakultät weitergeleitet. Am 5.7.1902 reichte der Dekan JOHANNES RANKE den umfangreichen zweiten Berufungsantrag[7] ein. Dabei wurde ohnehin darauf verzichtet, die allgemein für diesen Lehrstuhl maßgebenden Gesichtspunkte noch einmal anzuführen. Entscheidender sind die personenbezogenen Gesichtspunkte. RANKE merkt dabei unter anderem an, BRILL "hat jetzt das 60. Lebensjahr

---

[1] Dieser Antrag liegt nicht in den Senatsakten (wo auch kein Hinweis auf einen zweiten Antrag vermerkt ist), sondern in der Personalakte Pringsheims, UAM: E II-N, PA Pringsheim; abgedruckt im Anhang 10.10.
[2] Vgl. [Fraenkel], 79.
[3] s.a. [Neuenschwander], 23
[4] UAM: Sen 208/30
[5] Im Schreiben vom 15.11.1912 wurde er zum o.Prof. mit 6500 M. Jahresgehalt ernannt; UAM: PA A.Pringsheim.
[6] UAM: Sen 208/26, Schreiben des Bayer. Staatsmin. des Innern für Kirchen- und Schulang. an den Senat der Universität vom 18.6.1902.
[7] UAM: Sen 208/26. Im Anhang 10.13 ohne die Schriftenverzeichnisse (10 Seiten) von F.Schur, Voss und Stäckel wiedergegeben.

## 6. Die Ära Pringsheim - Lindemann - Voss

überschritten" und HILBERT habe einen Ruf nach Berlin abgelehnt. Er ergänzt:

" (...) so erscheint es doch zweifelhaft, ob es möglich sein wird, ihn jetzt noch für München zu gewinnen. Die Fakultät hält natürlich auch jetzt seine Berufung für die glücklichste Lösung der vorliegenden Frage.

Abgesehen hiervon bringt sie in erster Linie nochmals Herrn Professor VOSS in Würzburg in Vorschlag, in zweiter Linie Herrn Professor SCHUR in Karlsruhe und an dritter Stelle Herrn Professor STÄCKEL in Kiel. Die Auswahl dieser Namen wurde durch den Wunsch bedingt, daß an unserer Universität in der Mathematik auch solche Disziplinen hervorragend vertreten seien, die den beiden hier thätigen Kollegen LINDEMANN und PRINGSHEIM ferner liegen, nämlich aus der Geometrie die sogenannte allgemeine Flächentheorie, wie sie sich im Anschluß an GAUSS entwickelt hat und wie sie neuerdings besonders in Frankreich in Blüte steht, und die erst in jüngster Zeit neu erstandene, durch SOPHUS LIE geschaffene Theorie der Transformationsgruppen mit ihren zahlreichen Anwendungen. (...)

VOSS ist vor allen Dingen Geometer; anfänglich in der algebraischen Richtung von PLÜCKER, HESSE und HILBERT thätig, hat er sich später demjenigen Gebiete der Geometrie zugewandt, das in München zur Zeit keinen speziellen Vertreter hat, und ist darin jetzt eine anerkannte Autorität."

Neben der Würdigung der Arbeiten von FRIEDRICH SCHUR[1] und PAUL STÄCKEL[2], dessen Vielseitigkeit besonders hervorgehoben wird, wird der Antrag durch die drei Schriftenverzeichnisse ergänzt.

---

[1] Friedrich Schur: * 1856, † 1932; 1875/79 Stud. Breslau u. Berlin, 1879 Prom. (E.E.Kummer) Berlin, 1881 Hab. (F.Klein) PD Leipzig, 1885/88 nichtetatm. ao.Prof. Leipzig, 1888/92 o.Prof. U Dorpat, 1892/97 f.darst.Geom. TH Aachen, 1897/1909 TH Karlsruhe, 1909/18 U Straßburg, 1919/24 o.Prof. U Breslau, 1924 emer.

[2] Paul Stäckel: * 1862, † 1919; 1880/84 Stud. u. 1885 Prom. Berlin, Lehrer Wilhelmsgymn. Berlin, 1891 Hab. PD Halle, 1895/97 ao.Prof. U Königsberg i.Pr., 1897/99 U Kiel, 1899/1905 o.Prof. Kiel, 1905 TH Hannover, 1908 TH Karlsruhe, 1913/19 o.Prof. U Heidelberg.

## 6.8 Aurel Voß

1903 kam es schließlich zur Berufung von AUREL VOSS[1]. VOSS hatte sein Studium 1864/68 am Polytechnikum in Hannover und an den Universitäten in Göttingen und Heidelberg mit der Lehramtsprüfung abgeschlossen. 1869 promovierte er in Göttingen mit der Arbeit "Über die Anzahl der reellen und imaginären Wurzeln höherer Gleichungen" und war anschließend drei Jahre als Gymnasiallehrer in Linden bei Hannover tätig. Nach einer Vorbereitungszeit bei dem vier Jahre jüngeren soeben zum Ordinarius ernannten FELIX KLEIN in Erlangen habilitierte sich VOSS 1873 in Göttingen mit einer Arbeit über Liniengeometrie[2]. 1875 wurde VOSS Ordinarius an der TH Darmstadt, 1879 an der TH Dresden und 1885 an der TH München[3]. Ein Jahr später ernannte man ihn zum Mitglied der Bayerischen Akademie der Wissenschaften. 1891 folgte er einem Ruf nach Würzburg[4] und wirkte ab 1903 in der Nachfolge von BAUER[5] bis zu seiner Emeritierung 1923 - mit 78 Jahren - an der Münchner Universität. Er verließ Würzburg als 57jähriger, obwohl er sich - wie er am 27.12.1902 an KLEIN schreibt - eigentlich "hätte bescheiden sollen, in den hiesigen [Würzburger] Verhältnissen zu bleiben"[6].

Schon an der Technischen Hochschule München hatte VOSS vielseitige Vorlesungen angeboten. An Spezialvorlesungen sind dabei zu nennen:
- "Allgemeine Theorie der Kurven und Flächen 2.Ordnung" (ab 1885)[7],
- "Einleitung in die Theorie der algebraischen Formen" (1886)[8],

---

[1] Ernennungsurkunde v. 10.12.1902, UAM: Prof.Akt, Fasc.No. Voß. Jahresgehalt: 7580 Mark, lt. KM an Senat v.20.12.1902, UAM: Sen 208/27. BHStA: MK 9337 - PA Voss verbrannt. Aurel Edmund Voss: * 1845 Altona, † 1931 München; Leben und Werk: [Reich 1985], diese Arbeit enthält auch ein gegenüber [Poggendorff] verbessertes Schriftenverzeichnis und ein Verzeichnis seiner Vorlesungen. Eine Ergänzung, die in diesem Schriftenverzeichnis fehlt ([Reich 1985], 685), stellt noch folgende frühe Arbeit von Aurel Voss dar: "Ueber lineare Complexgebilde." Schulprogramm Osnabrück 1872.
[2] Diese Vorbereitungszeit hatte Voss ursprünglich bei Alfred Clebsch in Göttingen geplant ([Reich 1985], 676), doch starb Clebsch an Diphterie mit 39 Jahren am 7.11.1872.
[3] Nach [Scharlau], 220 dort Nachfolger von Alexander v.Brill, nach [Reich 1985], 676 dagegen von Jakob Lüroth.
[4] "(...) ein wichtiger Schritt in der Entwicklung der Mathematik an der Universität Würzburg." Näheres siehe [Vollrath].
[5] Ernennung am 24.2.1903 (UAM: Sen 209/22).
[6] UBG: Cod.Ms.F.Klein 12, Brief 186 A; siehe 10.9.3.
[7] Erst ab 1908 von ihm "Differentialgeometrie" genannt.

235

## 6. Die Ära Pringsheim - Lindemann - Voss

- "Theorie der analytischen Funktionen" (1888/89)[1],
- Zahlentheorie (1888) und
- analytische Mechanik (ab 1885/86).

An der Universität knüpfte er nun an BAUER an. In seinen von Klarheit, Eleganz und Strenge geprägten Vorlesungen[2] widmete er sich vorwiegend der analytischen und höheren Geometrie, den gewöhnlichen und partiellen Differentialgleichungen und der analytischen Mechanik. In späteren Jahren bekennt er gegenüber KLEIN:

> "Nur in meiner Lehrtätigkeit fühlte ich mich wirklich glücklich, weil ich sah, daß es mir gegeben war, meinen Zuhörern Verständnis und Interesse zu vermitteln. Und so habe ich auch auf das mehr Zeit verwandt wie vielleicht mancher andere, (...)"[3].

VOSS verfaßte zahlreiche Arbeiten zur nichteuklidischen Geometrie, in der Differentialgeometrie zur Kurven- und Flächentheorie. Sein Enzyklopädieartikel über "Die Prinzipien der rationellen Mechanik" (1901), in dem auf die "Relativität von Raum und Zeit" hindeutet, mutet wie eine gedankliche Vorstufe der 1905 von EINSTEIN dargelegten speziellen Relativitätstheorie an[4]. Ein weiterer Enzyklopädieartikel handelt von Differential- und Integralrechnung, ein dritter von der "Abbildung und Abwicklung zweier Flächen auf einander". Zusammen mit den Beiträgen von PRINGSHEIM[5], von TIETZE zur Beziehung zwischen den verschiedenen Zweigen der Topologie[6] und von SOMMERFELD über "Randwertaufgaben in der Theorie der partiellen Differentialgleichungen" und weiteren Beiträgen im physikalisch orientierten Bereich ergibt sich ein nicht unbedeutender Anteil der Universität München an dieser über vier Jahrzehnte hinweg entstandenen 24bändigen *Enzyklopädie der mathematischen Wissenschaften*. Ihr Zustandekommen ist im wesentlichen FELIX KLEIN[7] und der Planung v. DYCKs[8] zu verdanken, der eine Reihe Münchner Kollegen dafür gewinnen konnte.

---

[8] Später "Invariantentheorie" genannt.
[1] d.h. komplexe Analysis
[2] [Hofmann 1954], 20
[3] Brief Nr.186 B vom 12.12.1915 (siehe 10.9.3).
[4] Siehe auch [Reich 1985], 681f.
[5] siehe 6.1
[6] siehe 8.1.7
[7] [Faber 1959], 41
[8] [Hofmann 1954], 23

## 6.8 Aurel Voss

Darüberhinaus beschäftigte sich VOSS mit mathematischer Erkenntnistheorie und den Beziehungen zwischen Mathematik und Kultur. Seine Akademiefestrede "Über das Wesen der Mathematik" (1908) fand besondere Anerkennung. Sie ist in ausgearbeiteter Form als Buch bei Teubner in drei Auflagen erschienen[1]. Nach einem 20seitigen historischen Rückblick enthält das Werk eine Übersicht über die damaligen Gebiete der reinen und anschaulichen Mathematik, wobei auch die neue axiomatische Richtung berücksichtigt wird. Das Werk führt so[2] zur

"allgemeinsten Auffassung vom Wesen der Mathematik: Mathematik ist die Gesamtheit aller rein logischen Schlüsse, die vermöge der durch axiomatische Festsetzungen über die Verknüpfung gewisser Symbole, den Zahlzeichen - dieselben im weitesten Sinne genommen - aus diesen sogenannten 'impliziten Definitionen' gezogen werden können, insofern kann man sie auch *symbolische Logik* nennen."

In seinen anschließenden Vorschlägen zur Reform des mathematischen Unterrichts, etwa um "die richtige Mitte zwischen Anschauung und Abstraktion einzuhalten", wird die enge Verbindung von VOSS zu seinem Freund FELIX KLEIN deutlich[3]. Weitere entsprechende Beiträge von VOSS enthält der von F. KLEIN herausgegebene Band "Die mathematischen Wissenschaften" der Reihe *Die Kultur der Gegenwart*[4]. VOSS war verwundert darüber, mit welchem Desinteresse seine Beiträge aufgenommen wurden. Am 25.12.1917 schreibt er an KLEIN[5]:

"(...) Mit großem Interesse habe ich in die umfangreiche Schrift von LOREY [Lorey 1916] hineingelesen; sie ist sehr gut gelungen und es steckt eine immense Arbeit darin, die gerade nicht so vergeblich aufgewandt ist wie mein Aufsatz in der Kultur der Gegenwart, der mit einem so eisigen Schweigen aufgenommen ist, wie ich es doch nicht für möglich gehalten hätte. Ich bin überzeugt, daß jeder, dem ich ihn zugeschickt habe, ihn einfach in den Papierkorb geworfen hat. (...)"

Eine wohl doch recht pessimistische Einschätzung! Diese und weitere erkenntnistheoretische Arbeiten von VOSS sind heute keineswegs vergessen.

---

[1] [Voss 1908]
[2] Unter Berufung auf Hilbert ([Voss 1908], 2.Aufl., 106).
[3] [Voss 1908], 2.Aufl., 114 ff.
[4] [Voss 1914] und [Voss 1914a]
[5] UBG: Cod.Ms.F.Klein 12, Nr.186 E

## 6. Die Ära Pringsheim - Lindemann - Voss

Es sei etwa auf das 1986 erschienene Buch von PAUL[1] verwiesen, in dem VOSS' Beitrag zum Wesen der Mathematik und ihrer Gebiete mehrfach gewürdigt wird.

Nicht nur in Forschung und Lehre, auch an der Selbstverwaltung der Universität beteiligte sich VOSS aktiv. 1908/09 war er Dekan der Philosophischen Fakultät II.Sektion und in den Jahren 1905/07 Senatsmitglied. 1898/99 übernahm VOSS in Nachfolge von FELIX KLEIN den Vorsitz der Deutschen Mathematiker-Vereinigung[2]. Zum Nachfolger von VOSS wurde Ende 1899 HILBERT gewählt, der im Sommer gerade durch seine Festschriftsarbeit "Grundlagen der Geometrie"[3] besonders hervorgetreten war. VOSS hat zwar nicht an den Feierlichkeiten teilgenommen, doch hat ihm HILBERT ein Exemplar der Festschrift zugeschickt, wofür sich VOSS besonders bedankt und dazu bemerkt[4]:

"Ihre Untersuchungen über die Grundlagen der Geometrie haben mich ausserordentlich interessiert, nicht allein wegen der Resultate, sondern vor allem/ auch wegen der Methode, die Eleganz mit äusserster Einfachheit und Sicherheit verbindet."

Die Glückwünsche von VOSS an HILBERT zur Übernahme des DMV-Vorsitzes kennzeichnen das Einvernehmen zwischen VOSS und HILBERT[5]:

"Ich freue mich, daß Sie gegenwärtig den Vorsitz der D. Math. Vereinigung übernommen [haben], da ich überzeugt bin, daß die Interessen/ welche Sie vertreten und zum Ausdruck bringen werden, genau diejenigen sind, welche sich im Anschluß an die bisherige Entwicklung als dauernd für das Gedeihen der Vereinigung förderlich erweisen, (...)"

Da der Nachlaß von VOSS durch Kriegseinwirkung vernichtet wurde, fehlen zwar die Briefe von HILBERT und KLEIN an VOSS, doch sind von der Klein-Korrespondenz 132 der von VOSS verfaßten Briefe erhalten. Davon stammt die Hälfte aus seiner Darmstädter und Dresdner Zeit (1878-1885),

---

[1] [Paul; Ruzavin], 17, 57 und 148
[2] JDMV 17(1908)22
[3] David Hilbert: Grundlagen der Geometrie. Emil Wiechert: Grundlagen der Elektrodynamik. Festschrift zur Feier der Enthüllung des Gauß-Weber-Denkmals in Göttingen. Hrsg. v. Fest-Comitee. Leipzig Teubner 1899. Zur Entstehung siehe [Toepell 1986].
[4] UBG: Cod.Ms.D.Hilbert 418, Nr.1: Brief von Voss an Hilbert vom 19.7.1899 (siehe 10.9.8).
[5] Cod.Ms.D.Hilbert 418, Nr.2: Brief von Voss an Hilbert vom 3.1.1900 (siehe 10.9.8).

42 aus seiner Zeit an der TH München (1885-1891), 14 aus der Würzburger Zeit und 10 verfaßte VOSS in der Zeit seines Wirkens an der Ludwig-Maximilians-Universität (ab 1903).

## 6.9 Beziehungen zur Göttinger Schule

SEIDEL und BAUER hatten, nach ihrem Studium in Berlin, in der zweiten Hälfte des 19. Jahrhunderts keine engere Verbindung mehr mit dieser Schule, die auch noch nach DIRICHLET, JACOBI und STEINER (1830-1855) unter KUMMER, WEIERSTRAß und KRONECKER (1855-1892) das mathematische Zentrum in Deutschland bildete[1]. Um so eher waren gegen Jahrhundertende Verbindungen zur Göttinger Schule entstanden, die unter KLEIN und HILBERT (1886-1930) die Führungsrolle in der Mathematik von Berlin übernommen hatte. Wesentlich hatte schließlich 1902 die Berufung des "weltfremden und mit geringer Lehrbefähigung" ausgestatteten FRIEDRICH SCHOTTKY "dazu beigetragen, Berlin weiter hinter Göttingen zurücktreten zu lassen"[2].

Von einer denkbaren Korrespondenz zwischen SEIDEL und KLEIN sind in dem überaus umfangreichen Klein-Nachlaß, aber auch im Seidel-Nachlaß keine Briefe nachgewiesen. Es mögen hierfür bei SEIDEL sowohl gesundheitliche als auch die in 6.1 genannten Gründe in Frage kommen.

Dagegen sind jeweils zwei Dankschreiben von BAUER an KLEIN und HILBERT erhalten[3]. Im zweiten Dankschreiben an HILBERT für die Arbeit "Über die Theorie der algebraischen Formen"[4] ergänzt BAUER: "Ich bewundere Ihre Kunst der Sache immer neue Gesichtspunkte abzugewinnen." Tatsächlich enthält diese Arbeit in Theorem I den bekannten Hilbertschen Basissatz. In HILBERTs Formulierung:

"Ist irgend eine nicht abbrechende Reihe von Formen der n Veränderlichen $x_1, x_2, ..., x_n$ vorgelegt, etwa $F_1, F_2, F_3, ...$, so gibt es stets eine

---

[1] Seidel und Bauer kommen zum Beispiel in der ausführlichen Darstellung von [Biermann] nicht vor.
[2] [Biermann], 171
[3] An Klein: 6.3.1886, 21.11.1900 (UB Göttingen: Cod.Ms.F.Klein 8, Nr.64-65); siehe 10.9.1. An Hilbert: 2.10.1889, 30.10.1891 (UB Göttingen: Cod.Ms.D.Hilbert 14); siehe 10.9.4.
[4] Math.Ann. 36(1890)473-534. = D.Hilbert: Ges.Abh. Bd.2, S.199-257.

## 6. Die Ära Pringsheim - Lindemann - Voss

Zahl m von der Art, daß eine jede Form jener Reihe sich in die Gestalt $F = A_1 F_1 + A_2 F_2 + ... + A_m F_m$

bringen läßt, wo $A_1$, $A_2$, ..., $A_m$ geeignete Formen der nämlichen n Veränderlichen sind."

Die Arbeit "Zur Theorie der algebraischen Gebilde I", die Hilbert 1889 BAUER zugesandt hatte, enthält bereits eine noch nicht formalisierte Vorstufe dieses Theorems[1]. Diese für die Theorie der Polynomringe grundlegenden Zusammenhänge fanden jedoch erst Jahrzehnte später Eingang in die Algebravorlesungen. BAUER hat sie in seinem einführenden Lehrbuch "Vorlesungen über Algebra"[2] natürlich noch nicht berücksichtigt.

Neben den bereits erwähnten Briefen PRINGSHEIMs an KLEIN geben die überaus freundschaftlich-vertraulich gehaltenen Briefe von VOSS an KLEIN aus seiner Münchner Zeit an der Universität Aufschluß über seine persönliche Arbeits- und Lebenssituation[3]. In seinem letzten Brief an KLEIN vom 27.6.1923 bekennt VOSS, nachdem er über Probleme bei den Neubesetzungen berichtet hat:

"Aber Dir, dem Einzigen, dem ich mich wohl vertraulich äussern zu dürfen glaube, kann ich meine Erfahrungen nicht ganz verschweigen."

In wiederholten Lebensrückblicken wird deutlich, wieviel VOSS seinem Freund KLEIN zu verdanken hat. So schreibt VOSS am 12.12.1915:

"Mein Lebenslauf ist ja äusserlich in seltner Weise vom Glück begünstigt verlaufen (...) Immer hat mich dabei das Bewusstsein beglückt, daß ich das alles *Dir* zu verdanken habe. Hättest Du nicht 1872 den armen in der Irre tappenden[4] auf richtigere Bahn zu leiten gewusst, so wäre ich niemals einen Schritt weiter gekommen."

Die Briefe aus den Jahren 1915 bis 1923 kennzeichnen die nicht immer einfache Lage in der Kriegs- und Nachkriegszeit auch an der Universität München. Am 27.12.1916 schreibt VOSS[5]:

---

[1] Siehe [Hilbert 1889], 178. Zu Hilberts ein Jahr später publiziertem Beweis des Basissatzes siehe [Fischer,G.; u.a. 1990], 537 ff.
[2] [Bauer 1903]
[3] Zu den Briefen im einzelnen: siehe Anhang 10.9.2 und 10.9.3.
[4] Durch die erwähnte Aufnahme zur Habilitationsvorbereitung in Erlangen.
[5] Brief an Klein Nr.186 C (ähnlich am 25.12.1917; siehe Anhang 10.9.3).

## 6.9 Beziehungen zur Göttinger Schule

"Die Verhältnisse an der Universität sind übrigens kläglich. Die allgemeinen Vorlesungen (Geschichte, Philosophie, Jurisprudenz) scheinen noch leidlich gut besucht. Aber in spezielleren Fächern sind es um so weniger, hier sind es fast nur Damen, die die Hörsäle füllen. Eine nähere Schilderung unterlasse ich, weil sie für mich selbst zu beschämend ausfallen würde."

Dagegen erfreute sich die Universität in der Nachkriegszeit um so größeren Zuspruchs - die Gesamtzahl der Studenten war mit knapp 10000 gegenüber der Vorkriegszeit etwa um ein Drittel gestiegen. 1921 berichtet VOSS[1]:

"Die Universität ist stark besucht, das Personalverzeichnis zählte im November 9565 Studenten auf. Was soll aber aus dieser Überzahl "geistiger Arbeiter", die wir zur Zeit weniger gebrauchen, werden? Und alle haben nur den Wunsch, möglichst bald im Examen zu bestehen, das sie in den Stand setzt, in den/ scheinbaren Hafen des Beamtentums mit seinen imaginären Gehaltsaussichten (so lange als die Papierpresse noch arbeitet)[2] einzulaufen. Trotzdem muß ich sagen, daß die Leute fleissig sind, dieses nächste Ziel zu erreichen; ich habe kaum jemals aufmerksamere Zuhörer gehabt als in diesem Winter, wo ich mich von meinen Asthmabeschwerden etwas freier fühlte."

Die verhältnismäßig großen Studentenzahlen brachten einerseits eine Neubelebung der Universität mit sich, insbesondere auch eine Ausweitung des mathematischen Personal- und Vorlesungsangebots[3]. Andererseits führten die dadurch bedingten vermehrten Studienabschlüsse - was VOSS richtig vorausgesehen hatte - um 1930 zu einem Überhang auf dem Lehrerarbeitsmarkt.

---

[1] Brief an Klein Nr.186 H vom 28.3.1921.
[2] Die Inflation erreichte 1923 ihren Höhepunkt.
[3] Siehe 7.4.4 und 8.1.

# 7. Neue Aufgaben- und Forschungsbereiche der Mathematik in den ersten Jahrzehnten des 20. Jahrhunderts

## 7.1 Theoretische Physik als spezielles Anwendungsgebiet der Mathematik

Nicht nur im Bereich der Mathematik war es um die Jahrhundertwende an der Universität zu einer Erweiterung gekommen. Auch die Physik trug zum Ansehen der Philosophischen Fakultät bei. Die Entfaltungsmöglichkeiten des physikalischen Fachbereichs waren schließlich auch durch die Ausgliederung technischer Vorlesungen seit Gründung der Technischen Hochschule (1868) verbessert worden.

Zu den herausragenden Schülern der Universität gehört MAX PLANCK[1], der hier 1879 promovierte. Die Mathematikvorlesungen von SEIDEL und insbesondere BAUER werden als für seine Berufswahl mitbestimmend angesehen. In einem Brief berichtet PLANCK:

"Ich hätte ebensogut Philologe oder Historiker werden können. Was mich zur exakten Naturwissenschaft geleitet hat, war ein mehr äußerlicher Umstand, nämlich ein mathematisches Kolleg, das ich an der Universität hörte und das mich innerlich befriedigte und anregte (von dem Professor der Mathematik Dr. Gustav BAUER). Daß ich nicht zur reinen Mathematik, sondern zur Physik überging, lag an meinem tiefen Interesse für Fragen der Weltanschauung, die natürlich nicht auf rein mathematischer Grundlage gelöst werden können"[2].

1880 habilitiert sich PLANCK[3] und lehrte an der Ludwig-Maximilians-Universität als Privatdozent bis er 1885 eine außerordentliche Professur in Kiel annahm[4]. Im Studienjahr 1888/89 verzeichnete die Philosophische Fakultät 44 Promotionen, während es zwei Jahrzehnte vorher noch jährlich rund sieben waren. Ebensoviel Promotionen waren es 1888 und 1889 allein im Bereich der reinen und angewandten Mathematik (einschließlich Astro-

---

[1] Max Planck: * 1858, † 1947; siehe 5.4.1; 1911 Akademiemitglied; Leben und Werk siehe [Hermann 1973].
[2] [Hermann 1973], 11; siehe auch [Faber 1959], 19.
[3] Zu Promotion und Habilitation von Planck s.a. 11.5 und 11.4.
[4] [Hermann 1973], 14-19

## 7. Die ersten Jahrzehnte des 20. Jahrhunderts

nomie). Insgesamt wurden an der Universität München von 1850 bis 1892 auf diesem Gebiet 37 Promotionen und fünf Habilitationen abgelegt[1].

Ab den 1890er Jahren entwickelte sich die Universität schließlich zum "wissenschaftlichen Großbetrieb"[2]. Dazu gehören Institute und Kliniken, die - aufgrund fehlender Räumlichkeiten auf dem Stammgelände - über die Stadt verstreut werden mußten. Dazu gehören aber auch namhafte Gelehrte und eine wachsende Zahl von Assistenten. An der Spitze standen dabei die juristischen und medizinischen Studiengänge. Bis zum Jahr 1900 stieg die Studentenzahl sprunghaft auf rund 4500 an. Die Wissenschaftspolitik MAXIMILIANS II., LUDWIGS II. und schließlich des beliebten Prinzregenten LUITPOLD hatte die Universität auf ihrem Weg zu internationalem Ansehen unterstützt[3].

Ab 1889 wird mit LUDWIG BOLTZMANN[4], WILHELM RÖNTGEN[5], ARNOLD SOMMERFELD[6], WILHELM WIEN[7] und dem Sommerfeld-Schüler WERNER

---

[1] Siehe das von der Deutschen Mathematiker-Vereinigung herausgegebene Verzeichnis [DMV], 29-31. Nach Jahrgängen angeordnete Übersichten sind hingegen in [Beckert], 49 ff. zu finden.

[2] [Bruch], 13

[3] S.a. [Bruch], 13.

[4] Ludwig Boltzmann: * 1844, † 1906; 1868 Hab. U Wien "für mathematische Physik"; 1869 Prof. Graz, 1873 Prof. "für Mathematik" Wien, 1876 Prof. "für Physik" Graz, 1890 o.Prof. "für theoretische Physik" U München, Vorstandsmitglied des mathematisch-physikalischen Seminars, 1891 o.Mitgl. Bayer.Akad.d.Wiss., 1894 Prof. "für theoretische Physik" U Wien, 1896 erfolgloser Rückkehrversuch nach München, 1900 Prof. Leipzig, 1902 Prof. Wien, 1906 Suizid; s.a. [Höflechner], 152-155.

[5] Wilhelm Conrad Röntgen: * 1845 Remscheid-Lennep, † 1923 München; Stud. Eidgen. Polytechn. Zürich, 1868 Dipl. MaschBauIng., 1869 Prom., Ass. (bei August Kundt) U Würzburg, 1874 PD U Straßburg, 1875 Prof. Württ. Landwirtsch. Akad.Hohenheim, 1876 U Straßburg, 1879 U Gießen, 1900 bis 1920 o.Prof. U München, 28.5.1900 Vorstand des math.-phys. Seminars (UAM: Sen 209/21), erster Nobelpreis für Physik (1901).

[6] Arnold Johannes Wilhelm Sommerfeld: * 1868 Königsberg, † 1951 München; 1886/91 Stud. u. 1891 Prom. (F.Lindemann) Königsberg, 1895 Hab. PD Göttingen, 1897 o.Prof. Math. Bergakademie Clausthal, 1900 o.Prof. Mech. TH Aachen, 1906/38 o.Prof. Theor.Physik U München, 1938 emer., bis 1940 auch Lt. Inst.Theor.Phys. U München. Die Neubesetzung der Professur für Theoretische Physik hatte sich von 1894 bis 1906 hingezogen; [Brandmüller;Oittner-Torkar]. S.a. [Eckert 1984]; [Krafft], 316-318.

[7] Wilhelm Wien: * 1864 Gaffken bei Fischhausen/Ostpreußen, † 1928 München; Stud. Göttingen, Berlin, Heidelberg, Prom. (H.Helmholtz), 1890/96 Ass. (v.Helmholtz) Phys.-Techn. Reichsanstalt Berlin, 1892 Hab. PD U Berlin, 1896 ao.Prof. TH Aachen, 1899 o.Prof. Gießen, 1900 Würzburg, 1920 (Nachfolger von Röntgen, Exp.-Physik) U

## 7.1 Theoretische Physik als angewandte Mathematik

HEISENBERG[1] die Ludwig-Maximilians-Universität im 20. Jahrhundert zu einem Zentrum physikalischer Forschungen. 1928 waren fast ein Drittel aller Ordinarien der theoretischen Physik im deutschsprachigen Raum Schüler SOMMERFELDS[2]. Neben HEISENBERG erhielten noch drei weitere seiner Schüler den Nobelpreis: PETER DEBYE, WOLFGANG PAULI und HANS BETHE[3].

Mit BOLTZMANN wurde 1890 an der Münchner Universität der erste Lehrstuhl für theoretische Physik begründet. Die Trennung von theoretischer und experimenteller Physik war schon 1865 von JOLLY vorgeschlagen worden. Der Berufungsantrag (1889) wurde von EUGEN LOMMEL, dem damaligen Experimentalphysiker in München, und BAUER unterzeichnet. Sie argumentierten: "Es ist bekannt, daß BOLTZMANN gegenwärtig als der hervorragendste deutsche Vertreter dieses Faches gilt."[4] BOLTZMANN war gern nach München gekommen, da er auf seiner vorangegangenen Grazer Professur (1869-1873 und ab 1876) "für allgemeine und experimentelle Physik" sich nur beschränkt seiner von ihm bevorzugten theoretischen Physik widmen konnte.

Im Zuge der Ausgestaltung von theoretischer und experimenteller Physik wurde am 3.11.1894 durch LOMMEL "Das Neue Physikalische Institut der Universität München" feierlich eröffnet[5].

---

München, Nobelpreis 1911. Trat hervor durch das heute sog. Wiensche Verschiebungsgesetz (1893/94) und das Wiensche Strahlungsgesetz (veröff. 1896); [Hermann 1971], 408-413.

[1] Werner Heisenberg: * 1901 Würzburg, † 1976 München; 1920 Stud. U München, 1923 Prom. (A.Sommerfeld) München, 1924 Hab. (M.Born) Göttingen, 1924/24 Kopenhagen, 1927 o.Prof. (Theoret.Physik) Leipzig, 1941-1970 o.Prof. u. Dir. Kaiser-Wilhelm-Inst. für Physik u. Astrophysik (ab 1946 Max-Planck-Inst.) Berlin, 1946 Göttingen, 1958 München, Nobelpreis 1932. Trat durch seine Beiträge zur Matrizenmechanik, Quantentheorie, durch die nach ihm benannte Unschärferelation und die "Heisenbergsche Weltformel" besonders hervor; [Hermann 1971], 143ff.; [Krafft], 162.

[2] [Eckert 1984], 113

[3] Nobelpreisträger der Universität München: siehe [Schütze]; zur besonderen diesbezüglichen Rolle der Mathematik siehe C.-O. Selenius: "Warum gibt es für Mathematik keinen Nobelpreis?" In: [Mathemata], 613-624.

[4] [Höflechner], 70-75. Zur Einrichtung dieses Lehrstuhls für Theoretische Physik und zum Berufungsverfahren s.a. [Jungnickel], 2, 149-158 (Chapt. 21).

[5] [Brandmüller;Oittner-Torkar]

# 7. Die ersten Jahrzehnte des 20. Jahrhunderts

SOMMERFELD[1] hatte 1891 bei LINDEMANN in Königsberg über "Die willkürlichen Funktionen in der mathematischen Physik"[2] promoviert. Zu LINDEMANNs 70.Geburtstag schreibt er dazu in seinem Glückwunschbrief[3]:

"(...) Indem ich mir die Zeit vor 30 Jahren in's Gedächtnis zurückrufe - damals präsentierte ich Ihnen meine Doctorarbeit und meine misratene Thermometerstudie - begrüsse ich Sie als meinen verehrten Lehrer, der mich in die Mathematik eingeführt und mit persönlichem Wohlwollen gefördert hat."

1894 wurde SOMMERFELD Assistent von FELIX KLEIN. Dort in Göttingen habilitierte er sich 1896 "mit einer Arbeit 'Mathematische Theorie der Diffraktion' als Privatdozent der Mathematik"[4]. Durch HILBERT bzw. WIECHERT angeregt, galt sein Interesse in Königsberg zunächst der reinen bzw. angewandten Mathematik[5]. Später wandte er sich der Atomphysik[6] zu. FELIX KLEIN, der sich um eine Überbrückung der gegen Ende des 19. Jahrhunderts entstandenen Kluft zwischen Mathematik und Technik bemühte, war von dieser Hinwendung zur Physik "wenig erbaut"[7]. Doch SOMMERFELD ging der Mathematik nicht verloren. Die im sechsten Band seiner "Vorlesungen über theoretische Physik" (1945) entwickelten partiellen Differentialgleichungen standen für ihn ganz "unter dem Einfluß der Göttinger Tradition RIEMANN-DIRICHLET-KLEIN". Im Vorwort schreibt er[8]:

"Es handelt sich hier nicht eigentlich um mathematische Physik, sondern sozusagen um 'physikalische Mathematik'."

Seine Berufung 1906 nach München "als indirekter Nachfolger BOLTZMANNs"[9] - seit 1894 war die 1890 für Boltzmann geschaffene Stelle unbesetzt geblieben[10] - hatte RÖNTGEN veranlaßt. SOMMERFELD wurde sogleich vom Ministerium "auch die Funktion eines Vorstandes des mathematisch-physikalischen Seminars der kgl. Universität München übertragen"[11].

---

[1] Leben und Werk: s. [Eckert 1984], [Eckert 1993].
[2] Fouriersche Reihen
[3] Brief von Sommerfeld an Lindemann vom 8.4.1922 (Nachlaß Volk)
[4] [Sommerfeld 1968], 4, 675.
[5] [Eckert 1984], 15
[6] Elektronentheorie, Röntgenstrahlung, Feinstruktur, Atombau.
[7] [Hermann 1972], 435 f.
[8] [Sommerfeld 1945], V; vgl. [Eckert 1984], 105
[9] Sommerfeld in [Bruch], 179
[10] [Eckert 1984], 30
[11] IGN MPhSem: Schreiben des Innenministeriums an den Senat vom 19.9.1906.

## 7.1 Theoretische Physik als angewandte Mathematik

Bis zur Fertigstellung des Erweiterungsbaues der Universität an der Amalienstraße (1910) war SOMMERFELDs Lehrstuhl noch in der "Alten Akademie" in der Neuhauser Straße untergebracht[1]. Neben der Bayerischen Akademie der Wissenschaften befand sich dort auch die "Mathematisch-physikalische Staatssammlung", deren Konservator BOLTZMANN (von 1890 bis 1894) für ein gutes Inventarverzeichnis gesorgt hatte. Es war OSKAR VON MILLER (15 Jahre) später nützlich, als er "die wertvolle Sammlung in einer Blitzaktion seinem neuen Museum einverleibte"[2].

EWALD charakterisiert die Mathematisch-physikalische Staatssammlung als "ein Kabinett verstaubten Gerümpels, dessen Existenzberechtigung darin bestand, daß damit seit Alters her die Posten eines Konservators und eines Mechanikers im Haushaltsplan des Staates geführt wurden"[3]. Das Zitat zeigt, wie gelegentlich über diese nicht nur wissenschaftlich, sondern seit dem 19. Jahrhundert auch historisch wertvollen Schätze gedacht wurde[4]. Diese Akademiesammlung wurde 1905 vom neu gegründeten Deutschen Museum übernommen[5]. SOMMERFELD setzte (als Vorstand) die Umwandlung des Kabinetts in ein *Institut für theoretische Physik* durch[6] - dem Grundstock seiner von Anfang an geplanten "Schule"[7], die zum "Mekka" der theoretischen Physiker wurde. Der spätere Physiker EWALD, der sich zunächst in seinem Mathematikstudium seine "Kreise der reinen Mathematik PRINGS-HEIMscher Prägung" nicht stören lassen wollte, war von SOMMERFELDs Vortrags- und Arbeitsstil begeistert - von "dieser wunderbaren Harmonie von anschaulichem mathematischen Denken und physikalischem Geschehen"[8]. HEISENBERG fühlte sich durch SOMMERFELDs Vorlesungen über Spektrallinien mit deren

"geheimnisvollen ganzzahligen Beziehungen ... an die hymnischen Äußerungen zur Harmonie der Sphären erinnert"[9].

HERMANN charakterisiert das damalige Dreigestirn der theoretischen Physik mit den Worten:

---

[1] [Eckert 1984], 34
[2] Otto Mayr (Generaldirektor des Deutschen Museums) 1985 in [Höflechner], 7.
[3] Paul Ewald in: [Bruch], 293
[4] Siehe die Dokumentation der Instrumente aus der Werkstatt Branders in [Brachner].
[5] [Brachner], 34; s.a. 7.2.
[6] Umbenennung am 24.11.1909; UAM: Sen 209/31.
[7] [Bruch], 179; s.a. [Eckert 1984]
[8] Ewald in: [Bruch], 294
[9] Heisenberg in: [Bruch], 330

# 7. Die ersten Jahrzehnte des 20. Jahrhunderts

"EINSTEIN war das Genie, PLANCK die Autorität und SOMMERFELD der Lehrer"[1].

Dazu kam, daß sich - mit den Worten HEISENBERGS[2] -

"die Wissenschaft in München vor allem durch eine menschliche Unmittelbarkeit und Lebendigkeit auszeichnete, die auf dem Nährboden einer sehr konservativen, im Katholizismus der heimischen Bevölkerung wurzelnden Geistigkeit erstaunlich gut gedeihen konnte. Die Sinnenfreude der bayerischen Barockkirchen hatte sozusagen ihr weltliches Gegenstück in der Freudigkeit, man kann fast sagen Heiterkeit der wissenschaftlichen Arbeit an den Hochschulen."

Dies galt auch für den Bereich der Mathematik, wie etwa den Äußerungen von HEINHOLD[3] zu entnehmen ist. Einen weiteren Grund für die konstruktive wissenschaftliche Tätigkeit in München nannte SOMMERFELD, nachdem er 1927 den Ruf, die Nachfolge PLANCKs in Berlin anzutreten, abgelehnt hatte[4]: "Es ist mir zweifelhaft, ob in dem großen und unruhigen Berlin der Kontakt mit den Studierenden ebenso innig zu halten sein würde wie in München."

## 7.2 Mathematisch-physikalische Sammlung

### *7.2.1 Entwicklung der Sammlung seit dem 17. Jahrhundert*

Schon 1912 war von den zahlreichen Apparaten der mathematisch-physikalischen Sammlung aus der Ingolstädter Zeit der Universität "nahezu nichts mehr erhalten"[5]. Was SCHAFF an Hinweisen in den Akten, Protokollen und Inventarlisten fand, hat er in einer kurzen "Geschichte des Armariums" zusammengefaßt[6]. Da es in den ersten beiden Jahrhunderten seit Gründung der Universität noch keinerlei Experimentalphysik gab, diente die schon sehr früh entstandene Sammlung von einzelnen Apparaten und Instrumenten, zu

---

[1] [Hermann 1972], 441; ebenso in [Hermann 1973], 56
[2] Im Jahre 1958 in [Bruch], 329.
[3] [Heinhold 1984]
[4] Sommerfeld in: [Eckert 1984], 38
[5] [Schaff], V
[6] [Schaff], 194-220

## 7.2 Mathematisch-physikalische Sammlung

der etwa Sonnenuhren und Armillarsphären gehörten, den Mathematikern und Astronomen.

Seit APIAN ist von einer größeren Sammlung die Rede, die auch dessen Europakarte enthielt. Ab 1610 kamen durch SCHEINER und CYSAT Fernrohre, Linsen, sogar eine dafür nützliche Glasschleifmaschine und "Reißlehren und instrumenta mathematica"[1] hinzu. Daß darunter auch Zirkel, Meßketten, vielleicht auch stereometrische Modelle waren, läßt sich nur vermuten. In den Fakultätsstatuten ist wiederholt von den mathematischen Instrumenten die Rede[2]. Sie wurden angesehenen Besuchern der Universität mit einem gewissen Stolz vorgeführt[3]. Schenkungen und Neuankäufe - etwa der Sammlungen von ANDREAS ARZET und FERDINAND ORBAN[4] - erweiterten dann den Bestand im 18. Jahrhundert erheblich. Unter anderem kamen ein Erd- und ein Himmelsglobus hinzu.

1767 wurden für die Instrumente der von RHOMBERG neu errichteten Sternwarte einige Tausend Gulden aufgewendet. Die "mathematische Sammlung" wurde in einem eigenen sicheren Raum - dem "armarium mathematicum" - untergebracht, der dem Mathematikordinarius unterstellt war. Zeitweise wurde dort auch der Kirchenschatz der Katharinenkapelle untergebracht[5].

Erst mit Einführung der *Experimentalphysik* im Jahre 1748 erwachte das Bedürfnis nach physikalischen Demonstrationsapparaten. Ein Inventarverzeichnis von 1781 nennt unter den Instrumenten der "specula uranica", der Sammlung astronomischer Beobachtungsinstrumente, neben einer Vielzahl von Fernrohren, Sonnenuhren, Planetenuhren, Vermessungsinstrumenten und meteorologischen Beobachtungsgeräten auch einen Storchenschnabel, einen Ellipsenzirkel, eine chinesische astronomische Karte und magnetische Meßinstrumente. Weitere optische Instrumente - unter anderem Prismen,

---

[1] Genannt werden etwa ein Sextant, zwei Quadranten und ein Jakobsstab.
[2] 1673 wird von der Reparatur der mathematischen Instrumente berichtet. Die hölzerne Armillarsphäre wurde durch eine aus Metall ersetzt ([Stötter], 93).
[3] Ähnlich den Raritätenkabinetten an den Fürstenhöfen der Renaissance, die vielfach ebenfalls Grundlagen der späteren naturwissenschaftlichen Sammlungen bildeten.
[4] 1675 bzw. 1733; s. [Stötter], 93 bzw. [Jesuiten], 206 (mit weiterführenden Literaturangaben) und [Jahrbuch], 33. Der Entwurf des Deckenfreskos zu dem noch heute bestehenden von Orban gestifteten und nach ihm benannten Ingolstädter Saal sah besonders die Verherrlichung der Mathematik und der von ihr abhängigen Wissenschaften vor([Jesuiten], 208).
[5] [Schaff], 207

## 7. Die ersten Jahrzehnte des 20. Jahrhunderts

Mikroskope, Hohlspiegel - werden im Verzeichnis des über 100 Nummern umfassenden "Armarium physicum" aufgeführt, in dem die Geräte zur Mechanik, Hydromechanik, Optik, Akustik, Wärmelehre und Elektrostatik gesammelt wurden. Der der Mathematik dienende Teil der Sammlung enthielt darüber hinaus neben einer Reihe von Zeicheninstrumenten einige Polyedermodelle, Nepersche Rechenstäbe, Logarithmentafeln und in Ingolstadt erschienene Sinustabellen.

Ende des 18. Jahrhunderts war die Sammlung nach 300 Jahren in bestem Zustand, doch wenige Jahrzehnte nach Verlegung der Universität waren davon "nur mehr Bruchstücke" vorhanden. Das Interesse für die historische Entwicklung "hat nicht gleichen Schritt mit der experimentellen Forschung gehalten"[1]. Vieles wurde als Altmetall verkauft. Reste davon kamen in die erwähnte mathematisch-physikalische Staatssammlung der Akademie, die konservatorische Aufgaben zu erfüllen und daher weitaus weniger gelitten hatte. 2100 Stücke dieser Akademiesammlung[2], bestehend aus heute wertvollsten historischen Instrumenten, wurden 1905 von dem von OSKAR VON MILLER (1903) gegründeten *Deutschen Museum* übernommen[3], dessen Zweck darin besteht,

"die historische Entwicklung der naturwissenschaftlichen Forschung, der Technik und der Industrie in ihrer Wechselwirkung darzustellen und ihre wichtigsten Stufen durch hervorragende und typische Meisterwerke zu veranschaulichen"[4].

WALTHER V. DYCK und OSKAR V. MILLER waren ehemalige Schulkameraden am Realgymnasium[5].

Als 1873 die Raumprobleme der Universität und ihrer vor allem im 19. Jahrhundert erheblich erweiterten naturwissenschaftlichen Institute diskutiert wurden, wurde auch vorgeschlagen, die naturwissenschaftlichen Sammlungen im Hauptgebäude unterzubringen. Als Grund nannte man unter anderem:

"Das monumentale Universitätsgebäude mit seinem prächtigen Treppenhause liegt an einer der schönsten und doch wenig geräuschvollen Straßen Münchens"[6].

---

[1] [Schaff], 219
[2] Nach Seidels Inventarliste. Näheres zur Akademiesammlung siehe [Koch,E.].
[3] [Brachner], 34
[4] v. Dyck in JDMV 14(1905)535
[5] JDMV 45(1935)92
[6] [Universität], Beil. 53 (Nr.IV)

## 7.2 Mathematisch-physikalische Sammlung

Schon damals wurden die weiten Abstände zwischen den einzelnen Instituten als unzweckmäßig angesehen. Als vorbildlich betrachtete man dagegen die Verhältnisse an der Universität Leipzig - der in den 1870er Jahren meistbesuchten Universität Deutschlands, an der seit 1830 "eine Vielzahl attraktiver Universitätsbauten entstanden" waren[1]. So kam es einige Jahrzehnte später auch in München zu den Erweiterungsbauten an der Adalbertstraße und Amalienstraße[2].

### 7.2.2 Sammlung mathematischer Modelle

Neben der mathematisch-physikalischen Sammlung der Universität und der Akademie war eine neue Sammlung mathematischer Modelle an der Technischen Hochschule München aufgebaut worden. FELIX KLEIN hatte in den Jahren 1875 bis 1880 für deren Einrichtung gesorgt. An dem Ausbau waren BRILL, der "die Leitung einer Werkstätte zur Herstellung mathematischer Modelle" übernommen hatte[3], und FINSTERWALDER[4] maßgebend beteiligt[5]. Diese Einrichtung mag auch BAUER an der Universität angeregt haben, eine entsprechende Sammlung von Modellen einzurichten - zu deren Konstruktion er seine Schüler anleitete[6]. LINDEMANN berichtet, nachdem er die Gründung eines neuen Extraordinariats für DOEHLEMANN (1902) erreicht hatte, in seinem Manuskript darüber[7]:

"Die Gründung dieser Professur gab mir Veranlassung, eine Erhöhung für das Seminar aus dem Realexigenz-Fonds durchzusetzen. Und so konnte DOEHLEMANN mit Recht von mir immer Beiträge fordern zur Anlage einer Sammlung berühmter Gemälde, in denen er mit roten Linien die Fehler der Perspektive eingezeichnet hatte und die er für seine Vorlesungen benutzte. Ausserdem verstand er es, seine Schüler zur Herstellung ausserordentlich zahlreicher Pappmodelle der verschiedenen Polyeder heranzuziehen, die jetzt in den Seminarräumen

---

[1] [Beckert], 49 f. Siehe auch: Leipziger Universitätsbauten. Hrsg.v. Heinz Füßler. Bibliograph. Inst. Leipzig 1961.
[2] Bau an der Amalienstraße: 1908 unter dem Architekten G.Bestelmeyer; an der Adalbertstraße: 1897/98 ([LMU Boehm;Spörl], 315 ff.).
[3] [Lorey 1916], 152
[4] Finsterwalder: * 1862, † 1951; 1891 o.Prof. TH, Nachf. v. A.Voss
[5] [Faber 1959], 34 f.; s.a. [Heinhold 1984], 188
[6] [Voss 1907], 62
[7] [Lindemann 1971], 112 f.

## 7. Die ersten Jahrzehnte des 20. Jahrhunderts

einen ganzen Schrank füllen. Zwei andere Schränke sind mit anderen geometrischen Modellen angefüllt, die ich zum grossen Teil schon vorfand, da BAUER sie allmählich aus Mitteln des sogenannten HOFFMANN'schen Legates angeschafft hatte. Dieses Legat ist damals als Stiftung eines früheren Kollegen HOF[F]MANN so verwendet worden, dass die Zinsen zur Hälfte der juristischen Fakultät zur Verfügung stehen, zur anderen Hälfte unter die beiden Sektionen der Philosophischen Fakultät geteilt werden. Durch die Inflation ist leider auch hier der Ertrag sehr zurückgegangen. In den neunziger Jahren wurden die Gelder bewilligt, um die Universität an der Adalbertstrasse durch einen Anbau zu vergrößern. In diesem gelang es mir, einen grösseren Raum für das Mathematische Seminar zu sichern, in den wir dann umziehen konnten[1]. Bei dem Erweiterungsbau der Universität an der Amalienstrasse[2] wurden endlich für das Seminar vorläufig genügend Räume bewilligt, ein Zeichensaal für darstellende Geometrie, Seminarübungen und kleinere Vorlesungen und ein Bibliotheksraum, beide an den Wänden mit Schränken ausgestattet und mit Galerien für weitere Schränke, und zwischen beiden Räumen ein Vorstandszimmer."

1909 wurde eine "Reinigung und Reparatur der Modelle" vorgenommen. "Einige Modelle mußten durch neue Abgüsse ersetzt werden", denn

"die Glasschränke, in denen bisher die Gipsmodelle des mathematischen Seminars aufbewahrt wurden, waren so wenig staubdicht, dass diese Modelle sich im Laufe von etwa 20 Jahren [!] mit einer starken Schmutzkruste überzogen hatten"[3].

Anläßlich seiner Berufung an die Technische Hochschule hat DOEHLEMANN[4] seine Modellsammlung dem "Mathematischen Seminar" übergeben:

"Betreff: *Schenkung einer Sammlung von Modellen für den mathematischen Unterricht.*

Der Unterzeichnete hat während seiner Tätigkeit an der Universität durch die Studierenden eine ziemliche Anzahl von mathematischen Modellen herstellen lassen. Dieselben bestehen in Kartonmodellen

---

[1] Siehe dazu auch im Anhang 10.9.6: Brief Lindemanns an Hilbert vom 7.4.1897 (UBG: Cod.Ms.D.Hilbert 231/11).
[2] Fertigstellung 1910
[3] Zuschußantrag von Lindemann, 24.7.1909; UAM: Sen 209/30.
[4] In seinem Schreiben vom 27.Juli 1912 an den Rektor; UAM: Sen 209/35.

## 7.2 Mathematisch-physikalische Sammlung

von Polyedern, in Fadenmodellen, in Blechmodellen, in Pappkegeln mit darauf ausgeführten Zeichnungen und in Zeichnungen. Die Modelle sind der Mehrzahl nach in den auf der Westwand des mathematischen Seminars stehenden Kästen untergebracht, einige Modelle befinden sich unter den übrigen, die Zeichnungen in dem Schranke unter den Photographien. Der Unterzeichnete spricht nun bei seinem Weggange von der Universität den Wunsch aus, dass diese Modell-Sammlung in den Besitz des Mathematischen Seminars der Universität München übergeht."

Eine nicht nur die Münchner Sammlungen umfassende Dokumentation damaliger mathematischer Modelle enthält der von WALTHER DYCK im Auftrag der Deutschen Mathematiker-Vereinigung herausgegebene "Katalog mathematischer und mathematisch-physikalischer Modelle, Apparate und Instrumente"[1]. Zugleich diente er als Ausstellungskatalog der im September 1893 während der Jahrestagung der Deutschen Mathematiker-Vereinigung in den Räumen der Technischen Hochschule eingerichteten diesbezüglichen Ausstellung einer Vielzahl von staatlichen und privaten Sammlungen[2].

Wie etwa einem Brief KLEINS an LINDEMANN zu entnehmen ist, hatten beide eine derartige Ausstellung schon bereits rund zwei Jahrzehnte früher einmal geplant[3]:

"Es ist doch eine grosse Sache, dass wir nun im Herbst in Nürnberg [eine] reiche Modellsammlung mit Unterstützung der bayerischen Regierung ausstellen werden, und dass so endlich sich Alles in voller Wesenhaftigkeit gestaltet, was wir 1873 verfrüht geplant hatten!"

Neben geometrischen Modellen, Rechenmaschinen und Integraphen wurden auch der erste Kreiselkompaß vorgeführt sowie neue Apparate MAXWELLs und BOLTZMANNs zur Veranschaulichung von Analogien zwischen elektrischen und mechanischen Vorgängen[4]. Vier der fünf Demonstrationsgeräte, die BOLTZMANN mit detaillierten Beschreibungen zur Verfügung gestellt hatte, kamen aus dem Physikalischen Institut der Grazer Universität[5].

---

[1] [Dyck 1892]
[2] Die für 1892 vorgesehene Versammlung mit Ausstellung war wegen einer Cholera-Epidemie auf 1893 verschoben worden.
[3] Brief vom 27.2.1892, Nachlaß Lindemann, siehe 10.9.12.
[4] [Dyck 1920], 17
[5] [Dyck 1892]

## 7. Die ersten Jahrzehnte des 20. Jahrhunderts

Zweck dieser Ausstellung, aber auch der Sammlungen selbst, war es unter anderem, das Bild der Hochschulmathematik in der Öffentlichkeit zu korrigieren. LEXIS schreibt 1893 dazu[1]:

> "Die Sammlungen mathematischer Modelle und Zeichencurse sind bestimmt, wenigstens einen Theil der Vorwürfe, die man gegen die große Abstractheit der Universitätsmathematik erhoben hat, zu entkräften."[2]

Als für das Jahr 1908 zur 750-Jahr-Feier der Stadt München eine Ausstellung geplant wurde, hatte sich auch das mathematisch-physikalische Seminar zur Mitarbeit bereit erklärt - etwa durch mathematische Instrumente bzw. Modelle und physikalische Geräte bzw. Experimente. Leider kam es nicht zu einer Beteiligung der Universität an dieser Ausstellung, wie dem Schreiben des Senats vom 21.7.1907 an das mathematisch-physikalische Seminar zu entnehmen ist[3]:

> "Betreff: Ausstellung München 1908.
>
> Für die Ausstellung München 1908 sind seitens der Universitäts-Institute nur zwei Anmeldungen eingelaufen, nämlich vom Mineralogischen Institute und vom mathematisch-physikalischen Seminare. Der Gedanke einer Beteiligung der Universität an der Ausstellung muss sohin wegen Mangels einer genügenden Beteiligung als gescheitert angesehen werden.
>
> Der Akademische Senat:     BIRKMEYER.     Dr. EINHAUSER."

Von den Modellsammlungen beider Münchner Hochschulen sind noch heute umfangreiche Bestände erhalten. Dies gilt auch für die bekannte Göttinger Modellsammlung[4]. Eine Reihe der aus Gips vor allem in den 1880er und 1890er Jahren hergestellten Modelle sind in dem vom GERD FISCHER herausgegebenen Band "Mathematische Modelle" [Fischer,G. 1986] photographisch dargestellt und kommentiert worden.

Neben dem Wunsch nach Veranschaulichung komplexer Strukturen, entwickelte sich mit DAVID HILBERTs "Grundlagen der Geometrie" [Hilbert 1899] die Geometrie selbst in einer grundlegend neuen Richtung. Charakte-

---

[1] [Lexis], 2, 14
[2] Weitere Modellsammlungen werden in [Lorey 1916], 324-327 beschrieben.
[3] IGN MPhSem
[4] siehe auch [Neuenschwander], 20 f.

ristisch ist dafür der Übergang von der anschaulichen zur formalen Darstellung. Während man das geometrische Gebäude vorher auf empirische Tatsachen gestützt hatte, hat es HILBERT nun als rein formal-deduktives System aufgebaut.

## 7.3 Ferienkurse für Mathematiklehrer

1892 waren an der Göttinger Universität durch KLEIN Fortbildungs-Ferienkurse für Mathematik- und Physiklehrer eingerichtet worden[1]. Sie wurden zunächst in zweijährigem Rhythmus abgehalten. Die Grundgedanken des genannten, für das deduktiv-axiomatische Denken des 20. Jahrhunderts richtungsweisenden Buches "Grundlagen der Geometrie"[2] hat HILBERT erstmals in einem dieser Ferienkurse - Ostern 1898 - dargestellt[3].

Neben weiteren Hochschulen richteten 1898 auch die bayerischen Universitäten derartige Ferienkurse ein, die es hier in anderen Fächern bereits seit 1890 gab. Diese vom Ministerium unterstützten jährlich stattfindenden Kurse waren regelmäßig mit einer Ausstellung von Lehrmitteln für den Mathematik- und Physikunterricht verbunden[4]. Sie dauerten jeweils sechs Tage und wechselten zwischen München, Würzburg und Erlangen. Im Vordergrund stand das Bemühen, einen Zusammenhang zwischen Universitätsmathematik und Schulmathematik herzustellen - auch um dem Lehrer den Anschluß an die höhere Mathematik weiterhin zu ermöglichen.[5]

Der Gymnasiallehrer des 19. Jahrhunderts war noch Fachgelehrter, was sich an einer Vielzahl von Schulprogrammen zeigt. Für den Mathematiker waren Gymnasien und Lyzeen gegenüber den Hochschulen beruflich noch nahezu gleichberechtigte Einrichtungen. Doch geht das zu Beginn des 20. Jahrhunderts zunehmend verloren. Die Schulmathematik begann sich von

---

[1] [Fricke], 279. Auch bei den Verhandlungen anläßlich seiner Berufung an die Universität München hat Klein den Wunsch, dort Ferienkurse einzurichten, besonders hervorgehoben. Siehe dazu die Briefe von Baeyer (11.7.1892) und Minister Müller (12.7.1892) an Klein in 10.7.
[2] Göttingen 1899
[3] Thema: "Über den Begriff des Unendlichen"; zum Inhalt siehe [Toepell 1986], 115-142
[4] [Säckl], 151
[5] Über die bayerischen Ferienkurse berichten Wieleitner in [Wieleitner 1910], 81 ff. und Säckl in [Säckl], 149-159; einen allgemeinen Überblick über die deutschen Ferienkurse gibt Lorey in [Lorey 1916], 296-300.

## 7. Die ersten Jahrzehnte des 20. Jahrhunderts

der Universitätsmathematik weitgehend zu trennen. Zudem wurde das Lehrdeputat der Gymnasiallehrer nach dem ersten Weltkrieg von vorher maximal 18 auf über 22 Wochenstunden erhöht.

Welche mathematischen Themen waren es nun, die in den Ferienkursen in Bayern behandelt wurden? Hier die diesbezüglichen Themen der Dozenten der Münchner Universität:

- LINDEMANN: EUKLID und seine Werke (1905). Über die Geschichte unserer Zahlzeichen (1910).
- VOSS: Über Vektoranalysis (1905). Zusammenhang der Mathematik mit der allgemeinen Kultur (1914).
- PRINGSHEIM: Grundlagen der Zahlen- und Funktionenlehre (1905).
- DOEHLEMANN: Stereometrisches Zeichnen - Kant und die modernen geometrischen Theorien (1905). Theorie der geometrischen Konstruktionen (1910).
- HARTOGS: Gruppentheoretische Grundbegriffe in ihrer Anwendung auf algebraische Gleichungen (1910).
- ROSENTHAL: Die Punktmengenlehre und ihre Beziehungen zu den Grundlagen der Geometrie (1914).
- DINGLER: Die historische Entwicklung der modernen Axiomatik und ihre Bedeutung in der Mathematik (1914).[1]

Die Themen verdeutlichen das Bestreben, den Lehrern verständliche und nützliche Anregungen zu vermitteln. Auch die sogenannte *Meraner Reform*[2] - an der FELIX KLEIN wesentlich beteiligt war - sollte der Verbesserung des Mathematikunterrichts an den Schulen dienen: Unter anderem wurden hierbei die Einführung der Elemente der Differentialrechnung, die Behandlung der Kegelschnitte, eine freiere Gestaltung des Oberstufenunterrichts und eine stärkere Betonung der Anwendungen, geschichtlicher Entwicklungen und fächerübergreifender Beziehungen beschlossen[3].

Dabei wurden die damaligen Reformen des höheren Schulwesens nicht nur als Sache der Gymnasiallehrer betrachtet. Auch an den Hochschulen fühlte man sich dafür mitverantwortlich. Zu der bereits erwähnten hoch-

---

[1] Siehe auch JDMV 14(1905)405 f.; vollständige Zusammenstellung der mathematischen Themen in Bayern von 1892 bis 1914 in [Säckl], 275-280.
[2] Auf der Naturforscherversammlung 1905 in Meran.
[3] [Schuberth], 18 und 16; s.a. Abdruck: "Der Meraner Lehrplan für Mathematik" in [Klein 1907], 208-212.

## 7.3 Ferienkurse für Mathematiklehrer

schulinternen Diskussion über Fragen der Lehre[1] kamen nun vermehrt öffentliche Stellungnahmen der Hochschulmathematiker über das allgemeine Bildungswesen hinzu. Vielfach dokumentierte sich das in den zahlreichen Abhandlungen der 1908 auf dem Internationalen Mathematikerkongreß in Rom gegründeten *Internationalen Mathematischen Unterrichtskommission* (IMUK). Auch durch die Ferienkurse waren sich Universität und höhere Schule näher gerückt. PRINGSHEIM beklagte in seinem 1904 publizierten Akademievortrag "Über Wert und angeblichen Unwert der Mathematik"[2] den mangelhaften schulischen Mathematikunterricht. Der Verein Deutscher Ingenieure forderte von den Schulen, die Fähigkeit zur Anschauung, das Verständnis für Größenverhältnisse und das Verständnis für den Zusammenhang von Ursache und Wirkung mehr zu unterstützen[3]. Und LINDEMANN hob hervor[4]:

"In keiner Disziplin hängt der Erfolg der Schule mehr von der Persönlichkeit des Lehrers ab, als in der Mathematik."

Im Ferienkurs 1909 an der Universität Erlangen gab HILB einen "Überblick über die Bestrebungen, welche bezwecken, eine innigere Verbindung zwischen Hochschulmathematik und Mittelschulmathematik herbeizuführen". An dafür geeigneter Literatur führte er an: WEBER-WELLSTEIN, Enzyklopädie der Elementarmathematik; KLEIN, Elementarmathematik vom höheren Standpunkte aus; HILBERT, Grundlagen der Geometrie[5].

Es gab auch Kritik an den Ferienkursen - sie seien zu kurz und es bestünde keine Zeit die aufgenommenen Keime weiter zu pflegen. Daher wurde vorgeschlagen, auch für Mathematiklehrer einen halbjährigen Bildungsurlaub einzurichten, wie er etwa in Bayern Neuphilologen offen stand[6]. Zwar wurde der Bildungsurlaub nicht eingerichtet, doch trägt dem Fortbildungsbedarf heute die Akademie für Lehrerfortbildung in Dillingen Rechnung. Untergebracht ist sie dort in den Gebäuden der früheren Philosophisch-Theologischen Hochschule, dem späteren Priesterseminar.

---

[1] Man denke an die Auseinandersetzung von Felix Klein und Pringsheim über die Rolle der Anschauung; s. 6.1.
[2] [Pringsheim 1904]
[3] [Säckl], 245
[4] [Lindemann 1898], 17
[5] [Weber;Wellstein], [Klein 1908], [Hilbert 1899]; s. [Säckl], 277 f.
[6] [Säckl], 158

## 7. Die ersten Jahrzehnte des 20. Jahrhunderts

In den Themen der Ferienkurse, die vielfach verkürzte Vorlesungen darstellten, spiegelt sich zugleich eine gegenüber dem 19. Jahrhundert bemerkenswerte Vielseitigkeit des damaligen Vorlesungsangebots. Daher ergänzen wir diesen Abschnitt durch einen Blick auf das damalige Vorlesungsangebot, zum Beispiel im Wintersemester 1910/11:

| *1910/11:* | | Wochenstunden |
|---|---|---|
| LINDEMANN | Theorie der Funktionen einer komplexen Veränderlichen | (4) |
| | Analytische Geometrie der Ebene | (4) |
| | Einleitung in die Theorie der Transformationsgruppen | (2) |
| | Mathematisches Seminar | (2) |
| VOSS | Algebra | (4) |
| | Theorie der Differentialgleichungen | (4) |
| | Mathematisches Seminar | (2) |
| PRINGSHEIM | Differentialrechnung | (5) |
| | Bestimmte Integrale und Fourier'sche Reihen | (4) |
| BRUNN | Neueste Entwicklungen der Analysis situs | (2) |
| DOEHLEMANN | Darstellende Geometrie I | (5) |
| | Übungen zur darstellenden Geometrie | (3) |
| | Liniengeometrie in synthetisch-analytischer Behandlung | (4) |
| | Das Imaginäre in der Geometrie | (1) |
| HARTOGS | Theorie d. Raumkurven u. krummen Flächen | (4) |

## 7.4 Didaktik, Elementarmathematik, Vorlesungsbetrieb

### 7.4.1 Zur Konstituierung der Mathematikdidaktik - Hugo Dingler

Die Universität des 20. Jahrhunderts ist im Bereich der Mathematik vielfach bemüht, die Studenten recht zügig an neueste Forschungsergebnisse heranzuführen. Fast zwangsläufig hat sich mittlerweile eine gewisse Kluft gebildet zwischen dem Unterricht an der Universität und dem an der Schule, der andere Schwerpunkte und Ziele zu berücksichtigen hat[1]. Ein künftiger Lehrer hat ja nicht nur das Wissen zu erlernen, das ihm die Universität als Ergebnis der Forschung vermittelt, sondern er muß - gleichsam in einem zweiten Arbeitsgang - ebenfalls lernen, wie er dieses Wissen für seinen Schulunterricht umsetzt, es dafür verwertet. Dazu dienen ihm spezielle Vorlesungen, Übungen und Seminare über Methodik und Didaktik.

In der Methodik geht es dabei vor allem um die Art und Weise der Darbietung der Schulmathematik, in der Fachdidaktik eher um die Auswahl und sachgemäße Anordnung derjenigen Gebiete der Mathematik, die für die Schule in Frage kommen, um einer wünschenswerten Entwicklung der Schüler möglichst gerecht zu werden. Die erwähnten Vorlesungen von FELIX KLEIN "Elementarmathematik vom höheren Standpunkte aus" [Klein 1908] wurden hierfür lange Zeit als Vorbild angesehen. Dieses methodisch-didaktische Studium soll zwar der späteren praktischen Ausbildung nicht vorgreifen, doch hat sich im Hinblick auf die Kontinuität zwischen Hochschule und Schule eine diesbezügliche Vorbereitung der Lehrer auf ihren künftigen Beruf schon seit langem als sinnvoll erwiesen. Die Ludwig-Maximilians-Universität war hierin zeitweise in Deutschland führend.

Bereits 1904 machte PRINGSHEIM in dem genannten Akademievortrag auf Unzulänglichkeiten der universitären Lehrerbildung eindringlich aufmerksam[2]:

"Nachdrücklich möchte ich jedoch hervorheben, dass nach meinem Dafürhalten die Ausbildung der Lehrer gerade in Bezug auf denjeni-

---

[1] Siehe auch 5.3.9. Um dieser Kluft zu begegnen hatte Heinrich Behnke 1951 im Zuge von Rufabwendungsverhandlungen das Seminar für Didaktik der Mathematik in Münster gegründet - das erste in Deutschland; [Schubring], 187.

[2] [Pringsheim 1904], 28. Hervorhebungen von Pringsheim. Zur Bedeutung für die Entwicklung der Mathematikdidaktik siehe auch [Steiner], XXIX.

## 7. Die ersten Jahrzehnte des 20. Jahrhunderts

gen Punkt, der mir der wichtigste scheint, nicht bloss *viel*, sondern geradzu *alles* zu wünschen übrig lässt. Lehren ist eine schwere *Kunst*, und das Lehren der mathematischen Anfangsgründe der schwersten eine. Nun wird man ja niemals darauf rechnen dürfen, durch Unterweisung *Künstler* zu erziehen. Aber das *Können*, welches die Grundlage jeder Kunst bildet, wird doch wohl am besten durch *Unterweisung* erworben. (...) In dieser Richtung bietet aber das Universitätsstudium dem zukünftigen Lehrer der Mathematik nicht die geringste Handhabe, was um so schwerer ins Gewicht fällt, als in keinem anderen Lehrfache die Divergenz zwischen dem Inhalte der meisten Universitäts-Vorlesungen und den Lehrgegenständen der Schule eine so vollständige ist, wie gerade in der Mathematik. Ich möchte diese Bemerkung nicht etwa in *dem* Sinne verstanden wissen, dass ich die mit jenen Universitäts-Vorlesungen bezweckte *höhere* wissenschaftliche Ausbildung der Lehrer für überflüssig halte: ganz im Gegenteil! Aber ebenso notwendig, ja noch notwendiger wäre doch eine systematische Ausbildung in der Kunst, Elementar-Mathematik zu lehren."

Anschließend macht sich PRINGSHEIM sogar für die Einrichtung entsprechender mathematikdidaktischer Lehrstühle stark[1]:

"Was uns in Wahrheit not täte, das sind Universitäts-Vorlesungen und Seminar-Übungen aus dem Gebiete der *mathematischen Pädagogik*, welche sich auf alle einzelnen in den Mittelschulen zu lehrenden Disziplinen zu erstrecken hätten. Inwieweit die jetzigen Vertreter der Universitäts-Mathematik für einen derartigen Zuwachs an Tätigkeit etwa noch Zeit, Neigung und - worauf es offenbar ganz wesentlich ankommt - auch praktische Schulerfahrung besitzen, entzieht sich meiner Beurteilung. Aber, ohne etwa von mir auf andere schliessen zu wollen, aller Wahrscheinlichkeit nach würde die Durchführung jenes Planes die Errichtung besonderer Lehrstühle für *mathematische Pädagogik* erfordern. Damit greift dann freilich diese ganze Erörterung in jenes Gebiet hinüber, in welchem bekanntlich die Gemütlichkeit aufhört: sie dürfte daher in unserer, für höhere Kulturzwecke so äußerst geldknappen Zeit zunächst wenig Aussicht haben, aus dem Stadium mathematischer Idealisierung heraustretend, reale Gestalt zu gewinnen."

---

[1] [Pringsheim 1904], 29

## 7.4 Didaktik, Elementarmathematik, Vorlesungsbetrieb

PRINGSHEIM Forderung fand dennoch Zustimmung. Mit der geplanten Einrichtung eines mathematikdidaktischen Lehrstuhls galt es, auch die Möglichkeit einer entsprechenden Habilitation zu schaffen. So kam es noch vor dem ersten Weltkrieg zu einer diesbezüglichen Qualifizierung. Doch wurde tatsächlich erst nach weiteren sechzig Jahren, nach einer infolge von zwei Weltkriegen notwendig gewordenen bildungspolitischen Konsolidierungsphase, 1972 ein erster mathematikdidaktischer Lehrstuhl an der Universität München eingerichtet. Bemerkenswert ist, daß die Didaktik der Mathematik nicht nur an sich, sondern auch durch ihre Verbindung mit der Mathematikgeschichte an dieser Universität einen besonderen Stellenwert einnimmt.

In diesem Rahmen ist HUGO DINGLER[1] zu nennen. Er hat unter anderem (1902/03) in Göttingen bei KLEIN und HILBERT Mathematik und bei EDMUND HUSSERL Philosophie studiert - eine vor allem für sein wissenschaftstheoretisches Interesse entscheidende Station. Nach sechs Semestern bestand er im Oktober 1904 in München das Staatsexamen in Mathematik und Physik[2] und promovierte drei Jahre später mit einer Schrift über infinitesimale Flächendeformationen.

1912 hat sich HUGO DINGLER, nachdem er im privaten und staatlichen Schuldienst Unterrichtserfahrungen gesammelt hatte, für "Methodik, Unterricht und Geschichte der mathematischen Wissenschaften" habilitiert[3]. Es handelt sich offenbar um die erste Habilitation in Deutschland, die diese Gebiete verbindet. Sie entsprach zugleich DINGLERs Interessen und Fähigkeiten. Erst kurz vorher, 1911, war es mit Rudolf SCHIMMACK[4] in Göttingen

---

[1] Hugo Dingler: * 1881 München, † 1954 München; 1901/04 Stud. Erlangen, München u. Göttingen , 1905 LAmtskand. Aschaffenburg, 1907/12 Ass. TH München, 1907 Prom. (A.Voss), 1908 staatl. Schuldienst, 1912 Hab. PD f.Methodik, Unterr. u. Gesch.d.Math. U München, 1914 Militärdienst, 1919 Schuldienst, 1920 ao.Prof. U München, 1932/34 o.Prof. TH Darmstadt/Päd.Inst. Mainz, 1934 pensioniert wg. Institutsschließung (Einsparungsgründe; [Wolters], 262), im Ruhestand in München, 1934 Vortragsreise durch Schweden, 1936 Lehrerlaubnis U München, 1936 Verbot d.Lehrtätigkeit, 1938 bis 1945 Lehrauftrag für Geschichte der Naturwissenschaften und Naturphilosophie U München, 1945 emer., gemäß "eig. Mitt." in [Poggendorff], 5-7; s.a. [Wolters], 259ff.
[2] Anschließend war er kurze Zeit im privaten Landerziehungsheim Haubinda in Thüringen tätig.
[3] Habilitationsgesuch des Senats an KM v. 8.8.1912; BHStA: MK 43514. Siehe auch [Säckl], 83 und 77 f.
[4] Rudolf Schimmack: * 1881 Münster, † 1912; 1899/1905 Stud. Freiburg, München, Berlin u. Göttingen, 1903/07 Ass. Math. Inst. Göttingen, 1905 LAmtskand., 1908

## 7. Die ersten Jahrzehnte des 20. Jahrhunderts

zur ersten Habilitation allein für Didaktik der mathematischen Wissenschaften gekommen[1]. In seiner Habilitationsschrift arbeitete DINGLER "Über wohlgeordnete Mengen und zerstreute Mengen im allgemeinen". Das Thema der Probevorlesung war: "Die gegenwärtige Bewegung zur Reform des mathematischen Unterrichts"[2]. Außerdem hielt er Vorlesungen über Differentialgeometrie und Logik[3]. Wie LOREY schreibt[4], vertrat DINGLER 1916

> "als derzeit einziger Dozent an einer deutschen Universität, die Didaktik der mathematischen Wissenschaften"[5].

So kündigte DINGLER etwa im Wintersemester 1913/14 "Elementarmathematik vom höheren Standpunkt"[6] und eine zweistündige "Einführung in die Geschichte der Mathematik vom Altertum bis jetzt" an.

Sein 1914 gehaltener Ferienkurs über "Die historische Entwicklung der modernen Axiomatik und ihre Bedeutung in der Mathematik" mag ihn angeregt haben zu dem damit in engem Zusammenhang stehenden "Mathematisch-philosophischen Kolloquium (neuere Literatur zu den Grundlagen der Arithmetik)", mit dem er im WS 1914/15 begonnen hatte. DINGLER mußte wegen eines Kriegseinsatzes dieses Kolloquium abbrechen. Wie er an HILBERT am 2.1.1915 schreibt, hatte er "zuletzt gerade Ihren [Hilberts] Heidelberger Vortrag[7] behandelt, der das erste Beispiel eines direkten Beweises der Widerspruchslosigkeit einer Axiomengruppe darstellt. Die Hörer hatten schon Vorträge bis Ende des Semesters übernommen, - so ist die Arbeit umsonst gewesen."[8]

Auch eine Einladung HILBERTs, 1915 in der Göttinger Mathematischen Gesellschaft über seine Arbeiten vorzutragen, mußte DINGLER verschieben. Noch Jahre später beschäftigte sich DINGLER mit den axiomatischen Grund-

---

Prom. Göttingen, 1907 Hilfslehrer u. 1908 OLehrer Gymn. Göttingen, 1911 Hab. Did.d. Math. Göttingen, 1912 PD Göttingen.

[1] [Lorey 1916], 271. Siehe auch [Steiner], XXIX.
[2] [Säckl], 258
[3] [Vorl.-Verz.]
[4] [Lorey 1916], 372
[5] Schimmack war bereits am 2.12.1912 mit 31 Jahren verstorben.
[6] dreistündig, dazu einstündig Übungen
[7] Über die Grundlagen der Logik und Arithmetik [Hilbert 1905].
[8] UBG: Cod.Ms.D.Hilbert 74 (Dingler an Hilbert) Nr.1 (Anhang 10.9.5).

## 7.4 Didaktik, Elementarmathematik, Vorlesungsbetrieb

lagen der Mathematik und orientierte sich dabei an HILBERT[1]. Erwähnt sei noch das Bemühen DINGLERs, 1908/09 zusammen mit ERNST ZERMELO (1871-1953) und GERHARD HESSENBERG (1874-1925) eine neue "Vierteljahresschrift für die Grundlagen der gesamten Mathematik" zu gründen (1908/09). Das Projekt kam jedoch nicht zustande[2].

DINGLER hielt auch Vorlesungen über Philosophie- und Wissenschaftsgeschichte. Von seinen zahlreichen diesbezüglichen Werken[3] erregte vor allem "Der Zusammenbruch der Wissenschaft"[4] besonderes Aufsehen. Manche von DINGLERs Lehren sind insbesondere unter wissenschaftshistorischen Gesichtspunkten in den letzten Jahren wieder lebhafter diskutiert worden[5] - auch in der *Hugo-Dingler-Gesellschaft*.

Daneben trat er auf mathematischem Gebiet durch seine Arbeiten zur Mengenlehre und zu den Grundlagen der Geometrie hervor. In seinem Werk "Geschichte und Wesen des Experiments"[6] beschreibt er unter anderem den Aufbau einer technisch brauchbaren Geometrie, in der die Ebenen mit Hilfe des Dreiplattenverfahrens erzeugt werden[7]. Schon in seiner Dissertation 1907 hatte sich DINGLER mit geometrischen Fragen beschäftigt - unter dem Thema "Beiträge zur Kenntnis der infinitesimalen Deformation einer Fläche." VOSS schreibt in seinem Gutachten[8]:

"Die Arbeit liefert, wie das aus der vorstehenden Inhaltsangabe hervorgeht, in der That mannigfache Beiträge zur Theorie der inf. [infinitesimalen] Deformationen, in denen namentlich die Untersuchungen der beiden Krümmungsgrößen K und H mit Erfolg durchgeführt ist."

---

[1] Siehe UBG: Cod.Ms.D.Hilbert 74, Nr.2: Brief von Dingler an Hilbert vom 12.12.1923 (Anhang: 10.9.5).
[2] [Peckhaus], 105f.
[3] Nachdrucke und Vertrieb für die Hugo-Dingler-Gesellschaft bei G. Olms/Hildesheim; Hrsg. Albert Menne
[4] München 1926 u. 1931
[5] Zu seinem Verhältnis zu Ernst Mach - vor dem Hintergrund der Entwicklung der Relativitätstheorie - siehe z.B. [Wolters], 256-273 (§ 35) und 412ff.
[6] München 1928 u. 1952
[7] s.a. [Becker], 209-213
[8] Promotion Hugo Dingler, Votum informativum vom 24.22.1907, UAM: O C I 33p-Hugo Dingler.

# 7. Die ersten Jahrzehnte des 20. Jahrhunderts

*7.4.2 Pädagogik als Universitätsdisziplin, Antrag Lindemanns zur Elementarmathematik*

Unmittelbar bevor an der Universität die Fachdidaktik institutionalisiert wurde, war hier ein eigenständig wissenschaftliches Gebiet neu eingerichtet worden: die *Pädagogik*. Innerhalb der ersten Sektion der Philosophischen Fakultät. Während die philologisch-historischen Fächer seit langem zum Bestand dieser Sektion gehörten, kam der pädagogischen Ausbildung der Lehramtskandidaten an den Universitäten bis Ende des 19. Jahrhunderts nur ein minimaler Stellenwert zu. Die als unzureichend angesehene praktische Ausbildung der Lehramtskandidaten hatte bereits Ende der 1860er Jahre zu einer Diskussion über die Errichtung pädagogischer Universitätsseminare geführt[1].

Mit der Gründung der pädagogischen Seminare an Gymnasien 1893 (siehe 5.3.3) wurde zusätzlich an der Münchner Universität eine theoretischpädagogische Ausbildungskomponente eingerichtet: Pädagogik wurde im gleichen Jahr als Universitätsdisziplin institutionalisiert. Und zwar zunächst durch Umbenennung des dem Schwerpunkt des Gymnasiums nahestehenden Lehrstuhls für klassische Philologie in einen "Lehrstuhl für klassische Philologie und Pädagogik" - anläßlich seiner Neubesetzung 1893 durch IWAN VON MÜLLER. Als 1906 sein Nachfolger ALBERT REHM berufen wurde, protestierte die Sektion II, d.h. die naturwissenschaftliche Sektion der Philosophischen Fakultät dagegen, bei der Besetzung des der Sektion I zustehenden Lehrstuhls nicht gehört worden zu sein. Nach Ablehnung ihres Antrags um Gehör bei künftigen Berufungsfragen, bemühte sich die Sektion II um Einrichtung eines selbständigen pädagogischen Lehrstuhls im naturwissenschaftlichen Bereich. Vor allem deren Dekan FERDINAND LINDEMANN setzte sich für die Gleichrangigkeit der pädagogischen Ausbildung in beiden Sektionen ein[2]. 1908 wurde erneut vorgeschlagen, analog dem Lehrstuhl für Klassische Philologie und Pädagogik eine *Professur für Didaktik des Mathematikunterrichts* einzurichten - dem allerdings damals noch nicht entsprochen wurde[3]. Erst ab 1912 war mit DINGLERs Habilitation die Didaktik der Mathematik durch einen Privatdozenten an der Universität vertreten. 1914 wurde schließlich ein eigenständiger pädagogischer Lehrstuhl einge-

---

[1] [Neuerer], 179. Zur Vorgeschichte der pädagogischen Ausbildung siehe etwa [Neuerer], Kap.V.
[2] [Schumak], 303 ff.
[3] [Schumak], 310 f.

## 7.4 Didaktik, Elementarmathematik, Vorlesungsbetrieb

richtet und mit FRIEDRICH WILHELM FOERSTER besetzt[1]. Er gab der Reformpädagogik in Deutschland entscheidende Anstöße[2]. 1919 wurde der Stadtschulrat und Mathematiklehrer GEORG KERSCHENSTEINER zum Honorarprofessor ernannt. Er wird als Begründer der Schulpädagogik angesehen und hat zusammen mit ALOYS FISCHER "München zu einem Zentrum der pädagogischen Praxis und Theorie gemacht, das zahlreiche Pädagogen des Auslands anzog"[3]. FISCHER war Nachfolger FOERSTERs (ab 1920) und trat unter anderem besonders für die Akademisierung der Lehrerbildung ein[4].

Mit der Habilitation von DINGLER wurde die *Mathematikdidaktik*[5] zunehmend als eigenständiges Fachgebiet anerkannt. Die Aufgeschlossenheit gegenüber didaktischen Fragen ließ auch die Notwendigkeit *elementarmathematischer Vorlesungen* deutlicher erkennen. In diesen Vorlesungen sollten "die erkenntnistheoretischen Grundlagen der mathematischen Denkweise" genauer diskutiert werden. LINDEMANN beantragte am 14. Mai 1919 dazu die Einrichtung eines ständigen Lehrauftrags[6]:

"In Ergänzung der in der letzten Fakultätssitzung gemachten mündlichen Ausführungen, gebe ich nachstehend eine Begründung für den Antrag, es mögen im Budget vom Staate Mittel bewilligt (1500 M jährlich) werden, um einen Lehrauftrag für Elementarmathematik an einen Privatdozenten verleihen zu können.

Das Bedürfnis ist schon dadurch anerkannt, dass früher ein solcher Lehrauftrag dem damaligen Privatdozenten Dr. HARTOGS erteilt war[7]. Nach dessen Ernennung zum Professor für darstellende Geometrie fiel dieser Lehrauftrag vorläufig aus.

Es ist in der Tat notwendig, dass die Studierenden der Mathematik an der Universität Gelegenheit haben, ihre Kenntnisse in der Elementarmathematik, auf die ja auch bei der Staatsprüfung grosses Gewicht gelegt wird, zu repetieren, zu erweitern und vor allen Dingen zu *ver-*

---

[1] [Schumak], 323 ff.
[2] [Schumak], 329
[3] [Schumak], 331
[4] [Schumak], 334
[5] Ausgehend von der Universität München - wenn man berücksichtigt, daß Dingler 1916 als einziger Dozent in Deutschland dieses Fach vertrat.
[6] UAM: Sen 208/56,4
[7] So las zum Beispiel im SS 1907 Hartogs 3stündig über "Elementare Geometrie der Ebene und des Raumes".

## 7. Die ersten Jahrzehnte des 20. Jahrhunderts

*tiefen*. In letzterer Beziehung hat gerade die neuere Entwicklung der Wissenschaft immer mehr dahin gedrängt, die erkenntnistheoretischen Grundlagen der mathematischen Denkweise genauer zu erforschen und so die einfachsten Axiome und Lehrsätze der Elementarmathematik in das richtige Licht zu stellen; und das sind Forschungsrichtungen, die jedem künftigen Lehrer geläufig sein sollten."

Der Antrag wurde dann auf Beschluß der Fakultät vom Dekan, dem Geographen ERICH V. DRYGALSKI[1] "mit dringender Befürwortung" an den Rektor weitergeleitet, der die Mittel im Haushaltsentwurf anforderte, "da ein *dauerndes* Bedürfnis nach Vertiefung des Unterrichts in Elementarmathematik nachgewiesen ist".

### 7.4.3 Organisationsplan von 40 Mathematikvorlesungen (1919)

Im Herbst 1919 wurde dem Dekanat der Fakultät ein Antrag zur Stellensituation vorgelegt[2]. Diesem Antrag der mathematischen Nichtordinarien fügten die drei Ordinarien eine Stellungnahme bei. Hier zeigt sich besonders deutlich:
- welche Probleme in jener Zeit, neben dem Wunsch nach einer elementarmathematischen Vorlesung, diskutiert wurden und
- über welche Forschungsgebiete damals auch neu gelehrt werden sollte.

Zu den Nichtordinarien gehörten 1919 BÖHM, DINGLER, ROSENTHAL und HARTOGS. Deren Antrag enthält zudem eine entsprechende Vorlesungsübersicht, die angibt, in welchem Rhythmus man die Vorlesungen in jener Zeit zu halten beabsichtigte.

Von Interesse sind hierbei besonders die Spezialvorlesungen, die die damaligen Fortschritte und Schwerpunkte der Mathematik charakterisieren. Die Themen sind vergleichbar mit den in Göttingen (1913) üblichen[3], wobei es einen bemerkenswerten Unterschied gibt: In München werden[4] auch die Geschichte und die Didaktik der Mathematik als eigenständige Vorlesungen genannt. Wie die Vorlesungsthemen zeigen, gehörte zur Didaktik bis in die 1940er Jahre hinein ebenfalls die Philosophie der Mathematik. Anders in

---
[1] Erich v. Drygalski: * 1865 Königsberg; † 1949 München
[2] Schreiben v. 28.11.1919; UAM: Sen 208/33, "Beilage 1"
[3] [Lorey 1916], 290
[4] Vermutlich auf Veranlassung Dinglers.

## 7.4 Didaktik, Elementarmathematik, Vorlesungsbetrieb

Göttingen. Dort hatte sich auch nach einem Aufruf KLEINs nicht viel geändert. 1907 sagte KLEIN deutlich, was er vermißt[1]:

"Vom Ziel freilich sind wir auch hinsichtlich der Mathematik in Göttingen noch entfernt. Ich vermisse da besonders zwei Dinge: einmal die Vertretung der Beziehungen zwischen *Mathematik und Philosophie* und auf der andern Seite die Pflege der *Geschichte der Mathematik*, die ja anderswo (...) längst Berücksichtigung gefunden hat. Denn die Mathematik an sich hat ja überhaupt ihre guten Beziehungen zu den allgemein philosophischen, und ebenso auch zu den philologisch-historischen Fächern."

Der Vergleich mit Göttingen liegt noch aus einem anderen Grund nahe: Bezüglich der Stellenzahl verweisen die Verfasser des Antrags sowohl auf Göttingen, als auch auf Berlin. Nach Berlin war Göttingen zum Zentrum der Mathematiker geworden[2]. Der Antrag zur Stellensituation ("Beilage 1") hat folgenden Wortlaut[3]:

"Der beiliegende *Plan von Vorlesungen und Übungen*, welche für einen sachgemässen Lehrbetrieb und eine zeitgemässe Ausgestaltung und Förderung des wissenschaftlichen Unterrichts in den mathematischen Disziplinen an der hiesigen Universität notwendig sind, erfordert die Arbeitskraft von mindestens *8 vollbeschäftigten Lehrkräften*, wobei angenommen wird, daß jede Lehrkraft wöchentlich 8 - 10 Vorlesungsstunden und die dazugehörigen Übungen abhält.

Es mag darauf hingewiesen werden, daß an manchen *anderen* grossen *Universitäten* der mathematische *Lehrbetrieb* bereits wesentlich *weiter ausgebaut* ist als an unserer Universität. So besitzt Berlin 4 Ordinariate (darunter eine soeben neu geschaffene Stelle) und zwei etatsmässige Extraordinariate; Göttingen 4 Ordinariate und ein Extra-Ordinariat für Versicherungsmathematik, von Lehraufträgen ganz abgesehen[4].

---

[1] [Klein 1907], 176; Hervorhebungen von Klein.
[2] [Biermann], 155
[3] Hervorhebungen wie im Original
[4] Die Universität München besaß damals seit 1901 drei Ordinariate und ein Extraordinariat (vgl. 6.7).

## 7. Die ersten Jahrzehnte des 20. Jahrhunderts

Der in der beiliegenden Aufstellung niedergelegte Lehrplan geht hauptsächlich in den folgenden sechs Punkten über das bisher bei uns Gebotene hinaus:

1.) Es ist schon bisher von der Fakultät das dringende Bedürfnis anerkannt worden, daß für die Studierenden, welche ihr Studium im *Sommersemester* beginnen, einführende Vorlesungen gehalten werden müssen. Diesem Bedürfnis konnte bisher nur dadurch bis zu einem gewissen Grade entsprochen werden, daß *die Privatdozenten ohne eine Entschädigung* einen Teil der in Betracht kommenden Vorlesungen und Übungen übernahmen.

Es ist notwendig, daß in jedem Sommersemester mindestens Vorlesungen über *Differenzialrechnung* und *analytische Geometrie der Ebene* und im Wintersemester Vorlesungen über *Integralrechnung* mit den entsprechenden Übungen abgehalten werden.

2.) Es ist notwendig, daß allen Studierenden der Mathematik Gelegenheit gegeben wird, *Elementarmathematik* zu hören. Diese Vorlesung ist zu denken einerseits als Übergangsvorlesung von der Mittelschule zu[r] Hochschule - selbstverständlich vom höheren Standpunkt aus - andererseits soll sie der Fortbildung der Lehramtskandidaten vom didaktischen und historischen Gesichtspunkt aus Rechnung tragen.

Als weitere Übergangsvorlesung ist insbesondere für die Bedürfnisse der Studenten erfahrungsgemäß *algebraische Analysis* dringend erforderlich.

3.) Es ist unbedingt notwendig, daß, wie in Göttingen und an vielen anderen Hochschulen, auch hier die mathematische Theorie des Versicherungswesens (Lebens-, Invaliden- und Hinterbliebenenversicherung), sowie die mathematische Statistik (Biometrika und Kollektivmaßlehre) sowohl in Hinsicht auf die *praktischen* Bedürfnisse der staatswirtschaftlichen Fakultät (Diplomexamen für Versicherungsverständige, administrative und mathematische Abteilung) als auch in Hinsicht auf ihre *wissenschaftliche* Fortbildung in ausgedehnterem Maße gepflegt wird.

4.) Die weitere Entwicklung und Vertiefung der mathematischen Wissenschaft haben einzelne Forschungsgebiete, welche bisher kaum berücksichtigt wurden, in den Vordergrund des wissenschaftlichen In-

## 7.4 Didaktik, Elementarmathematik, Vorlesungsbetrieb

teresses gerückt, so daß sich daraus die Notwendigkeit ergibt, auch an unserer Universität *Vorlesungen über diese neuen Gebiete* abzuhalten. Hier kommen insbesondere in Betracht:

a) *Mengenlehre*, insbesondere Punktmengenlehre mit Anwendungen auf Geometrie und Analysis.

b) Moderne Theorie der *Funktionen reeller Veränderlichen*.

c) Analysis situs[1] und *Affingeometrie*.

d) Theorie der *Integralgleichungen* einschliesslich Randwertaufgaben und allgemeine Reihenentwicklung. (Wichtig auch für die Bedürfnisse der Physiker, Astronomen und Geophysiker.)

5.) Die Fortschritte der *theoretischen Physik* in den letzen Jahren (insbesondere allgemeine *Relativitätstheorie*) haben, da [sie] sich vielfach anderer mathematischer Hilfsmittel als bisher bedienen, das Bedürfnis nach entsprechenden mathematischen Vorlesungen hervorgerufen:

a) *Vektorrechnung* mit Berücksichtigung des mehrdimensionalen Raumes

b) Theorie der *Mannigfaltigkeiten konstanter Krümmung* (mehrdimensionale nicht-euklidische Geometrie)

c) *Differenzialinvarianten* und kontinuierliche Gruppen (mehrdimensional)

d) *Integralgleichungen* (siehe 4 d)

6.) Die von den Studenten dringend gewünschte und durch Senatsbeschluß warm befürwortete *Vermehrung* und Ausgestaltung *der Übungen* bringt eine weitere Ausdehnung des Lehrbetriebs mit sich."

Beigeheftet war dem Antrag die folgende "Übersicht über die mathematischen Vorlesungen". Sie kennzeichnet die vorgesehenen mathematischen Schwerpunkte in der Zeit des Aufbruchs und der Neugestaltung nach dem ersten Weltkrieg an der Universität München (1919):

---

[1] Geometrie der Lage, später Topologie

## 7. Die ersten Jahrzehnte des 20. Jahrhunderts

### "Übersicht über die mathematischen Vorlesungen. [1919]

| Nr. | Benennung | Turnus |
|---|---|---|
| 1 | Algebraische Analysis | jedes Jahr |
| 2 | Elementar-Mathematik I II | alle 2 Jahre |
| 3 | Algebra I II | alle 2 Jahre |
| 4 | Determinanten | alle 3 Jahre |
| 5 | Zahlentheorie I II | alle 3 Jahre |
| 6 | Differential- und Integralrechnung | jedes Semester |
| 7 | Analytische Geometrie der Ebene | jedes Semester |
| 8 | Analytische Geometrie des Raumes | jedes Jahr |
| 9 | Mengenlehre I II | alle 2 Jahre |
| 10 | Substitutionentheorie | alle 3 Jahre |
| 11 | Invariantentheorie | alle 3 Jahre |
| 12 | Versicherungsmathematik I II | jedes Jahr |
| 13 | Mathematische Statistik und Kollektivmasslehre | alle 2 Jahre |
| 14 | Wahrscheinlichkeits- u. Ausgleichsrechnung | alle 2 Jahre |
| 15 | Funktionen reeller Variabeln | alle 3 Jahre |
| 16 | Trigonometrische Reihen und bestimmte Integrale | alle 2 Jahre |
| 17 | Funktionentheorie complexer Variabeln I II | jedes Jahr |
| 18 | Gewöhnliche Differentialgleichungen | alle 2 Jahre |
| 19 | partielle Differentialgleichungen | alle 2 Jahre |
| 20 | Integralgleichungen und Randwertaufgaben | alle 3 Jahre |
| 21 | Variationsrechnung | alle 3 Jahre |
| 22 | lineare Differentialgleichungen und conforme Abbildung | alle 3 Jahre |
| 23 | Potentialtheorie und Kugelfunktionen | alle 4 Jahre |
| 24 | Elliptische Funktionen | alle 2 Jahre |
| 25 | Abelsche Funktionen | alle 4 Jahre |
| 26 | Automorphe Funktionen | alle 4 Jahre |
| 27 | Darstellende Geometrie I II | jedes Jahr |
| 28 | Synthetische Geometrie I II | alle 2 Jahre |

## 7.4 Didaktik, Elementarmathematik, Vorlesungsbetrieb

| | | |
|---|---|---|
| 29 | Liniengeometrie | alle 3 Jahre |
| 30 | Algebraische Curven | alle 3 Jahre |
| 31 | Differentialgeometrie I II | alle 2 Jahre |
| 32 | Differentialinvarianten und continuierliche Gruppen | alle 3 Jahre |
| 33 | Vectoranalysis | alle 2 Jahre |
| 34 | Grundlagen der Geometrie und Axiomatik | alle 2 Jahre |
| 35 | Nichteuklidische Geometrie (auch mehrdimens.) | alle 4 Jahre |
| 36 | Affine Geometrie und Analysis situs | alle 4 Jahre |
| 37 | Geschichte der Mathematik | alle 3 Jahre |
| 38 | Didaktik der Mathematik | alle 3 Jahre |
| 39 | Analytische Mechanik | alle 2 Jahre |
| 40 | Elemente der höheren Mathematik für Forstleute | alle 2 Jahre." |

*7.4.4 Stellungnahme der Ordinarien; Auswirkungen*

In ihrer Stellungnahme weisen LINDEMANN, VOSS und PRINGSHEIM zunächst darauf hin, daß eine Zweiteilung des Vorlesungsbeginns überflüssig wird, wenn "die Abgangszeit[1] für ganz Deutschland einheitlich auf Ostern bzw. Herbst festgesetzt werden wird"[2]. Dann heißt es zu

"2.) Die Bewilligung eines *Lehrauftrages für Elementarmathematik* ist von der Fakultät schon in den Anträgen zum Budget für 1920/21 beantragt worden. Eine besondere Professur dafür zu errichten scheint uns nicht geboten.

3.) Dem Bedürfnisse ist vorläufig durch einen Lehrauftrag für Versicherungsmathematik abgeholfen. Mit der Zeit wird sich daraus wohl eine a.o. Professur entwickeln. Wenn aber jetzt eine solche errichtet werden sollte, so würde die Fakultät überlegen müssen, ob sie den

---

[1] nach dem Abitur
[2] Dem wurde Mitte der 1960er Jahre durch zwei Kurzschuljahre in Norddeutschland, um einen einheitlichen Herbstbeginn zu ermöglichen, Rechnung getragen.

## 7. Die ersten Jahrzehnte des 20. Jahrhunderts

Privatdozenten, der jetzt den Lehrauftrag für Versicherungsmathematik hat, auch für die Professur vorschlagen soll; jedenfalls wird die Fakultät abwarten müssen, ob derselbe sich literarisch mehr als bisher betätigt.

4.) und 5.). Es würde ganz verfehlt sein, für jeden neu auftretenden Zweig der Mathematik, der gerade einige Jahre Mode ist, sofort einen Lehrauftrag zu erteilen oder eine Professur zu gründen. Solche Zweige (wie Mengenlehre, Integralgleichungen, Relativitätstheorie) werden mit der Zeit, wenn sie ein dauerndes Heimatrecht in der Wissenschaft gefunden haben, allmählich in andere Vorlesungen hineingearbeitet; wie das auch tatsächlich jetzt schon zum Teil geschehen ist und an ihrer Stelle treten wieder neue Probleme auf, die für einige Jahre das Interesse der Forscher fesseln.

Es war ein Vorzug der Privatdozenten, sich in ihren Vorlesungen gerade solchen Zeitströmungen unbehindert und im Zusammenhange mit ihren eigenen Forschungen frei widmen zu können.

Immerhin kann es aber mit der Zeit nötig werden, für einige Zweige (z. B. Mengenlehre und neuere Theorie der reellen Funktionen) eine a.o. Professur zu schaffen.

6.) Das Abhalten von Übungen ist eine zweischneidige Sache. Das richtige wäre, daß der Student an der Hand von Büchern selbst zu Hause arbeitet. Dadurch lernt er mehr als durch "Übungen". Wenn die Ordinarien Übungen halten und ausserdem ein Extraordinarius und ein Privatdozent (wie jetzt mit Lehrauftrag) so ist das mehr als genug! Wo soll der Student die Zeit hernehmen, alle diese Übungen mitzumachen, zu denen auch das physikalische Praktikum und die Übungen in der theoretischen Physik kommen?

Schon jetzt ist die tatsächliche Beteiligung an den Übungen eine ausserordentlich geringe und steht nicht in Verhältnissen zu den Erwartungen, die man irriger Weise an eine Ausdehnung der Übungen knüpft.

Die Universität ist keine Drillanstalt; anders die Technische Hochschule, die es mit vielen Studenten zu tun hat, denen mathematische Kenntnisse nur als Übel erscheinen.

7.) Der aufgestellte Lehrplan gibt teils weniger, teils mehr als jetzt geboten wird. *Es ist nach unserer Ansicht verfehlt einen solchen fe-*

## 7.4 Didaktik, Elementarmathematik, Vorlesungsbetrieb

*sten Plan zu befolgen.* Fest liegen nur die grundlegenden Vorlesungen; die höheren haben sich nach dem jeweils wechselnden Bedürfnisse zu richten. (...) z.B. ist es ein Widerspruch in sich, alle vier Jahre nichteuklidische Geometrie und alle zwei Jahre Grundlagen der Geometrie zu lesen, während doch die eine Vorlesung mit der anderen aufs engste zusammenhängt und man beide am besten vereinigt.

8.) Alle diese Erwägungen sollen nicht dagegen sprechen, daß es mit der Zeit wünschenswert wäre, eine neue Professur für Mathematik in München zu beantragen, aber zunächst ist das Bedürfnis nicht dringend, und die Fakultät muß vor allem auf die endliche Befriedigung älterer und dringenderer Bedürfnisse Wert legen."

Neben dem bestehenden Extraordinariat von HARTOGS wurden bald nach diesen Anträgen (1920) zwei weitere außerplanmäßige eingerichtet bzw. neu besetzt:

- für DINGLER eine spezielle außerordentliche Professur "für Methodik, Unterricht und Geschichte der mathematischen Wissenschaften, mit Lehrauftrag für Elementarmathematik"[1] und

- für ARTHUR ROSENTHAL[2] eine nicht näher spezifizierte außerordentliche mathematische Professur. ROSENTHAL pflegte in seinen Vorlesungen besonders geometrische Themen wie etwa Differentialgeometrie (1920/21) oder geometrische Konstruktionen (1921/22). 1921/23 hat man ihm einen gesonderten Lehrauftrag[3] "für Mengenlehre (mit Anwendungen) und sonstigen Grundfragen der Analyse" erteilt. Seine sorgfältigen Veröffentlichungen beziehen sich vor allem auf Geometrie und Analysis. Unter anderem gelang ihm eine Vereinfachung des Hilbertschen Axiomensystems. Einen Namen erwarb sich ROSENTHAL besonders durch die Bearbeitung und Herausgabe des Enzyklopädiebandes "Neuere Untersuchungen über Funktionen reeller Veränderlichen"[4]. ROSENTHAL wurde zum 1.10.1922 "seinem Ansuchen ent-

---

[1] Formulierung nach Vorlesungsverzeichnis [Vorl.-Verz.].
[2] Arthur Rosenthal: * 1887 Fürth b. Nürnberg, † 1959; 1905 Studium in München u. Göttingen, 1909 Prom. (Lindemann) u. 1912 Hab. U München [Habilitationsvorlesung und -thesen: s. [Säckl], 257 f.], 1920 ao. Prof. U München, 1923 Heidelberg, 1930 o. Prof. Heidelberg, 1935 "entpflichtet", ab 1940 USA, 1957 emer. ([Poggendorff], 5-7); Leben und Werk (v. O. Haupt) in: JDMV 63(1960)89-96
[3] UAM: Sen 208/34; [Vorl.-Verz.]
[4] Bd.II C 9. Leipzig 1924

## 7. Die ersten Jahrzehnte des 20. Jahrhunderts

sprechend aus dem bayerischen Hochschuldienst entlassen."[1] und folgte einem Ruf nach Heidelberg. Daraufhin hat der Versicherungsmathematiker BÖHM diese außerordentliche Professor übernommen[2]. 1927 wurde schließlich ein viertes Ordinariat eingerichtet und mit HARTOGS besetzt[3].

### 7.4.5 Lehrauftrag Elementarmathematik: Dingler, Bochner, Popp, Vogel

Entsprechend den eingereichten Anträgen[4] hat DINGLER ab dem Sommersemester 1920 neben der Didaktik auch die Elementarmathematik vertreten. 1924 mußte dieser eigenständige Lehrauftrag zwar neu begründet werden, doch wurde er dann auch weiterhin von DINGLER übernommen. In der Begründung heißt es[5]:

> "Der Lehrauftrag für Elementarmathematik (Dingler) ist ein unbedingtes Erfordernis. Mit Recht legt die Prüfungsordnung besonderen Wert auf die Elementarmathematik als das Gebiet, das der Lehrer auf der Mittelschule in erster Linie braucht. Aber es geht nicht an, dass die künftigen Mittelschullehrer sich ihre Kenntnisse in Elementarmathematik lediglich auf der Schule selbst holen. Da muss vielmehr die Universität selbst aktiv eingreifen und das ihrige dazu beitragen, die tiefe Kluft zu überbrücken, die zwischen Hochschul- und Mittelschulmathematik aufgerissen scheint. Es genügt nicht, dass die Mittelschullehrer auf der Universität die sogenannte "höhere" Mathematik lernen und die elementare vernachlässigen. Vielmehr hat die Kenntnis der höheren für sie mit den Zweck, die elementare von einer höheren Warte aus zu begreifen; denn einen erfolgreichen Unterricht kann nur der erteilen, der über den Stoff hinausgewachsen ist u. den Zusammenhang mit der wissenschaftlichen Forschung erkennt.
>
> Daher ist es nötig, erstens, dass die Elementarmathematik selbst in verbreiteterem Rahmen auf der Universität gelehrt wird, zweitens, dass auch die Brücke geschlagen u. die Verbindung zwischen niederer u. höherer Mathematik hergestellt wird. Durch die normalen Vorlesungen wird aber das erste Bedürfnis gar nicht, das zweite nur teil-

---

[1] BHStA: KM an Senat vom 10.8.1922, MK 11313.
[2] siehe 8.2.2
[3] siehe 8.1.2
[4] Vgl. 7.4.4: Stellungnahme, Abs. 2.
[5] UAM: Sen 208

## 7.4 Didaktik, Elementarmathematik, Vorlesungsbetrieb

weise befriedigt, u. zur Ausfüllung dieser Lücken ist eben der DINGLER'sche Lehrauftrag unbedingt notwendig.

gez. PERRON. CARATHÉODORY.

[späterer Zusatz:] nicht genehmigt ME. [Minist. Erlaß] 30.IX.1924/34771- Akt 588/2.

wiedergenehmigt ME. 6.4.1926/V 12808, Akt: 588/2."

Erst nach dem Wechsel DINGLERs nach Darmstadt stand 1932 eine Neuvergabe des Lehrauftrags an. In einem Schreiben des Dekans WIELAND an das Rektorat vom 13. Juni 1932 heißt es[1]:

"Betreff: Lehrauftrag für Privatdozent Dr. SALOMON BOCHNER.

Durch die Wegberufung des Herrn Professor Dr. DINGLER nach Darmstadt ist der Lehrauftrag für Elementarmathematik erledigt. Es ist aber im Interesse der Ausbildung der Lehramtskandidaten unbedingt notwendig, dass ein solcher Lehrauftrag weiterhin bestehen bleibt. Wie dringend das Bedürfnis ist, ergibt sich schon daraus, dass sich vor dem Bekanntwerden von Prof. DINGLERs Weggang schon zahlreiche Hörer in seine Inskriptionsliste eingetragen hatten, und jetzt kommen dauernd Anfragen und Wünsche auf Abhaltung einer Vorlesung über Elementarmathematik.

Da in der Prüfungsordnung ausdrücklich Elementarmathematik verlangt wird, ist die Vorlesung in der Tat notwendig; doch glaubt die Fakultät in Würdigung der Finanzlage immerhin eine Verringerung der Stundenzahl vornehmen zu können. Sie stellt daher den Antrag, Herrn Dr. SALOMON BOCHNER einen Lehrauftrag für Elementarmathematik, 3stündig jedes Wintersemester, zu erteilen."

Im Studienjahr 1932/33 hat man dann auch SALOMON BOCHNER[2] diesen Lehrauftrag erteilt. Er war 1926 als Assistent nach München gekommen und wirkte hier nach seiner Habilitation 1927 bis zu seiner Emigration 1933.

---

[1] UAM: Sen 208
[2] Salomon Bochner: * 1899 Podgorze bei Krakau, † 1982 Houston/Texas; 1918/21 Stud. U Berlin, 1921 Prom. (E.Schmidt) U Berlin, 1926 Ass. U München, 1927 Hab., 1930/33 LA Analyt.Geom. U München; 1933 Assoc. Princeton, 1934 Ass.Prof., 1939 Assoc.Prof., 1946/68 o.Prof. Princeton U; 1952 Nat.Sc.Found. u. Air Res. and Devel.Comm., 1968 emer., Rice U Houston/Texas.

## 7. Die ersten Jahrzehnte des 20. Jahrhunderts

Unter anderem hielt er auch Übungen für die Anfängervorlesungen[1]. BOCHNER hatte bereits seit 1930 einen Lehrauftrag für analytische Geometrie übernommen. Dazu kam nun im WS 1932/33 die zweistündige elementarmathematische Vorlesung "Einführung in die Mengenlehre". 1932 waren gerade seine "Vorlesungen über Fouriersche Integrale" als Buch erschienen[2], die als Vorläufer der Distributionstheorie angesehen werden können. Wie seine gesammelten Abhandlungen [Bochner] zeigen, bildeten die zahlreichen Arbeiten aus seiner schöpferischen Münchner Phase (u.a. zu fastperiodischen Funktionen) eine wesentliche Grundlage für die ihm später zuteil gewordene breite fachliche Anerkennung.

Auch BOCHNER war dem Wechsel der politischen Verhältnisse ausgesetzt. Nach seiner Habilitation 1927 gab es, da er nicht Reichsangehöriger war, Schwierigkeiten mit der Ernennung zum Privatdozenten. Dazu richtete die Fakultät am 29.7.1927 ein Schreiben an den Senat[3]:

> "Seine Habilitationsschrift: "Konvergenzsätze für Fourierreihen grenzperiodischer Funktionen" wurde auf Grund des Gutachtens der zuständigen Fachvertreter von der Fakultät angenommen.
>
> Das am 8.ds.Mts. stattgehabte Kolloquium war sehr zufriedenstellend.
>
> (...) Der Vortrag [die Probevorlesung] wurde als Hervorragend bezeichnet. Diesen sowohl als auch seine Habilitationsschrift und die von ihm aufgestellten Thesen hat er in der öffentlichen Disputation sehr gewandt und erfolgreich verteidigt."

Aufgrund seiner wissenschaftlichen Leistungen stellte die Fakultät nun den Antrag, BOCHNER als Privatdozenten aufzunehmen, obwohl er Ausländer war, "früher Österreicher, ist durch Friedensvertrag Pole geworden". Diesen Vorschlag hat der Senat jedoch nur unter der Voraussetzung befürwortet[4], "daß Bochner Reichsangehöriger wird". Die damit verbundenen Schwierigkeiten führten dazu, daß BOCHNER zwar von der Fakultät als Privatdozent geführt wurde, er aber seine Vorlesungen offiziell als Lehrbeauftragter hielt.

---

[1] [Heinhold 1984], 179
[2] 1959 bzw. 1962 auch in englischer bzw. russischer Sprache.
[3] BHStA: MK 11313
[4] BHStA: MK 11313

## 7.4 Didaktik, Elementarmathematik, Vorlesungsbetrieb

1933 wurde BOCHNER eine weitere akademische Tätigkeit in München unmöglich gemacht[1]. Er emigrierte und wirkte 25 Jahre in Princeton/New Jersey, wobei von ihm in dieser Zeit unter anderem Vorlesungsausarbeitungen über Fourieranalyse, kommutative Algebra, Funktionentheorie und Wahrscheinlichkeitstheorie erschienen. Seine Beiträge zur Differentialgeometrie, Funktionentheorie und Wahrscheinlichkeitsrechnung werden auch heute noch gewürdigt[2].

Der elementarmathematische Lehrauftrag wurde im WS 1933/34, nachdem der Rektor zunächst GEORG AUMANN[3] vorgeschlagen hatte, KARL POPP (1895 - 1961) übertragen. Im ministeriellen Schreiben vom 27.10.1933 heißt es: "Es erschien angezeigt, den Lehrauftrag einem bereits in längerer praktischer Tätigkeit bewährten Fachmann zu übertragen." POPP war Lehrer am Lyzeum der Armen Schulschwestern am Anger[4], später Studienprofessor am Ludwigsgymnasium. Wie mehrere erhaltene Dokumente zeigen, hat die nationalsozialistische Verwaltung der 30er Jahre bis in die Entscheidung über die Person des Lehrbeauftragten und in die Schwerpunkte dieser Vorlesungen hineingewirkt. Obwohl sich die mathematischen Ordinarien gegen POPP als Lehrbeauftragten aussprachen, wurde sein Lehrauftrag nicht nur verlängert, sondern sogar auf zwei dreistündige Vorlesungen, über Elementarmathematik und über Methodik und Didaktik, erweitert.

Im Sommer 1939 wurde ihm der Lehrauftrag entzogen und

"dem Dozenten KURT VOGEL[5] ein dreistündiger Lehrauftrag über Elementarmathematik, Methodik und Didaktik des Mathematikunterrichts sowie ein dreistündiger Lehrauftrag über die Geschichte der Mathematik erteilt."[6] 1938 bis 1945 hatte DINGLER zugleich einen Lehrauftrag für Geschichte der Naturwissenschaften und Naturphilosophie.

1947/48 hatte man den Lehrauftrag für Didaktik und Methodik der Mathematik dem Studienrat Dr.phil. EMIL SCHLEIER (zweistündig)[7] übertragen.

---

[1] [Pinl], 3, 200
[2] Siehe [Fischer,G.; u.a. 1990].
[3] siehe 9.2
[4] 1925 StAss., 1935 StRat; siehe Bayer. Philologenjahrbuch 5.Jg. München 1930, S.59 bzw. München 1937, S.91.
[5] siehe 9.3.2
[6] UAM: Sen 208/44
[7] In den Jahren 1950-1952/53 sogar vierstündig; [Vorl.-Verz.].

## 7. Die ersten Jahrzehnte des 20. Jahrhunderts

VOGEL gab ab 1949 weiterhin dreistündig Geschichte der Mathematik. Über "Elementarmathematik vom höheren Standpunkt" wurde nun nur noch selten gelesen. Zuletzt bot noch in den Sommersemestern 1957 und 1959 KARL SEEBACH[1] eine derartige Vorlesung an. Die Vorlesung entfiel, nachdem die Verpflichtung sie zu hören[2] in der Lehrerprüfungsordnung gestrichen worden war.

---

[1] siehe 9.2

[2] In der Staatsexamensprüfung für das höhere Lehramt war bis dahin eine mündliche Prüfung in "Elementarmathematik vom höheren Standpunkt" (20 Minuten) vorgeschrieben; s. Prüfungsordnung für das Lehramt an den Höheren Schulen in Bayern. So.-Druck d.KMBl Nr.6 v. 20.3.1951, § 56 Mathematik, S.99. Sie entspricht etwa der heutigen Prüfung in Fachdidaktik.

# 8. Die Ära Perron - Carathéodory - Tietze

## 8.1 Erweiterungen und Neubesetzungen in den 1920er Jahren

### 8.1.1 Eduard v. Weber

1901 war an der Ludwig-Maximilians-Universität der dritte mathematische Lehrstuhl eingerichtet und PRINGSHEIM darauf berufen worden. Ein Jahr später wurde für DOEHLEMANN ein etatmäßiges Extraordinariat neu geschaffen. Aber erst die zwanziger Jahre brachten die für die erste Hälfte des 20. Jahrhunderts maßgebenden Erweiterungen und Neubesetzungen.

In der Zwischenzeit gab es wenig Änderungen: Das durch den Wechsel PRINGSHEIMS freigewordene Extraordinariat übernahm 1903 für vier Jahre EDUARD V. WEBER[1]. WEBER hat sich um die partiellen Differentialgleichungen im Zusammenhang mit den Pfaff'schen Formen verdient gemacht[2]. Sein Enzyklopädie-Artikel und sein Lehrbuch "Vorlesungen über das Pfaff'sche Problem und die Theorie der partiellen Differentialgleichungen 1. Ordnung"[3] fanden besondere Anerkennung[4]. Als Beispiel eines tatsächlichen Studienverlaufs seien die mathematischen Vorlesungen genannt, die v. WEBER in den acht Semestern seines Studiums von 1888/89 bis 1892 belegt hatte[5]:

- BAUER: Algebra (1.Semester), Kurven- und Flächentheorie (1.), Determinanten (2.), analytische Geometrie (3.), Übungen in der analytischen Geometrie (4.), Mathematisch-Physikalisches Seminar (4.,5.), ebene Kurven (5.), Mathematisches Seminar (6., 7., 8.), Algebra II (6.);

---

[1] Eduard Ritter von Weber: * 1870 München, † 1934 Würzburg; 1888/94 Stud. München, Göttingen u. Paris, 1893 Prom. München, 1895 Hab. PD U München, 1903 nichtetatm. ao.Prof. U München, 1907 etatm. ao.Prof. Würzburg, 1909 o.Prof. Würzburg als Nachfolger von Prym ([Poggendorff], 4-6; [Reindl], 79.

[2] In Ausarbeitung seiner Habilitationsschrift über "Die singulären Lösungen der partiellen Differentialgleichungen mit drei Variablen." Siehe auch Habilitationsthesen in [Säckl], 254 f.

[3] Leipzig 1900

[4] [Volk 1982], 248

[5] In Klammern ist jeweils das Semester angegeben, in dem die Vorlesung belegt wurde; [Säckl], 270.

## 8. Die Ära Perron - Carathéodory - Tietze

- PRINGSHEIM: Fourier'sche Reihen (4.), Kapitel aus der Integralrechnung (6.), Analytische Funktionen (7.);
- DOEHLEMANN: Einleitung in die Theorie der Reihen (8.Semester).

### 8.1.2 Friedrich Hartogs

Die außerordentliche Professur von WEBER übernahm 1910 der Funktionentheoretiker FRIEDRICH HARTOGS[1]. HARTOGS hatte 1903 bei PRINGSHEIM mit der Dissertation "Beiträge zur elementaren Theorie der Potenzreihen und der eindeutigen analytischen Funktionen zweier Veränderlicher"[2] mit Auszeichnung promoviert. PRINGSHEIM würdigt in seinem ausführlichen Gutachten[3], daß HARTOGS die gestellte Aufgabe[4]

"mit außerordentlicher Gründlichkeit und Vielseitigkeit in der Fragestellung, hervorragendem Geschick und Scharfsinn in der Deduction und demgemäß auch mit anerkennenswerthem Erfolge durchgeführt [hat]. (...) Da die ganze Arbeit nach Umfang und Inhalt das durchschnittliche Dissertations-Niveau mir merklich zu überragen scheint und auch in weiteren Kreisen Beachtung und Beifall finden dürfte, so sehe ich mich veranlaßt, die Zulassung des Verfassers zum Examen rigorosum auf's wärmste zu befürworten."

Das ebenso wichtige wie schwierige Gebiet der komplexen Analysis mehrerer Veränderlicher hatte bis dahin "nur langsame Fortschritte gemacht". Das hat sich in den Jahren 1903/06 geändert und dabei ist "besonders F. Hartogs zu nennen", wie STÄCKEL in seiner anerkennenden Rezension zu HARTOGS' Arbeiten schreibt[5].

1905 habilitierte sich HARTOGS mit einer Schrift "Zur Theorie der analytischen Funktionen mehrerer unabhängiger Veränderlicher, insbesondere

---

[1] Friedrich Hartogs: * 1874 Brüssel; † 1943 München; Stud. Hannover, TH/U Berlin, U München, 1903 Prom. (A.Pringsheim), 1905 Hab. PD U München, 1910 Titel u. Rang eines ao.Prof., 1913 etatmäßiger ao.Prof. für Math. mit LA für darst. Geom., 1927 o. Prof.; [Poggendorff], 5 u. 6; Nachruf [Pinl], III, 201 f.; s.a. [Gottwald].
[2] Teubner Leipzig 1904
[3] Im Gegensatz zu den philosophischen Dissertationen war es damals bei mathematischen Arbeiten üblich, daß nur ein Gutachten erstellt wurde.
[4] Promotion Hartogs, Votum informativum vom 1.7.1903, UAM: O C I 29 p - Fritz Hartogs, siehe Anhang 10.14.
[5] Jahrbuch Fortschr.d.Math. 36(1905)483-486.

## 8.1 Neubesetzungen in den 1920er Jahren

über die Darstellung derselben durch Reihen, welche nach Potenzen einer Veränderlichen fortschreiten"[1].

Diese Arbeit enthält den später mit dem Namen HARTOGS verbundenen Satz (*Hartogsscher Hauptsatz*)[2]. Eine äquivalente Form ist unter dem Namen *Hartogsscher Kontinuitätssatz* bekannt. Ein Spezialfall davon ist der *Hartogssche Kugelsatz*: "Jede auf einer Kugelschale holomorphe Funktion läßt sich ins Innere fortsetzen."[3] In der *Hartogs-Figur*, die das einfachste Beispiel eines Gebietes darstellt, das kein Holomorphiegebiet ist[4], und in den *Hartogs-Körpern* (Konvergenzbereiche bestimmter Reihen) lebt sein Name ebenfalls weiter. Grundlegend für die komplexe Analysis mehrerer Veränderlicher wurde der nichttriviale tiefliegende Satz von Hartogs, daß eine Funktion mehrerer Veränderlicher bereits dann holomorph ist, wenn sie in jeder Variablen partiell holomorph ist (Stetigkeit muß dabei nicht vorausgesetzt werden)[5].

Aus der Habilitationsschrift ging 1906 sein bemerkenswerter, jedoch anfangs noch wenig beachteter zusammenfassender Bericht hervor: "Über neuere Untersuchungen auf dem Gebiete der analytischen Funktionen mehrerer Veränderlicher"[6].

Als DOEHLEMANN 1912 an die Technische Hochschule berufen wurde, übernahm HARTOGS dessen etatmäßiges Extraordinariat mit dem Lehrauftrag für darstellende Geometrie[7], die er (jeweils zweisemestrig) abwechselnd mit synthetischer Geometrie las[8]. Am 2.7.1922 wurde der Schwerpunkt dieser außerordentlichen Professur neu definiert[9]: "Mathematik mit der Verpflichtung zur Abhaltung von Vorlesungen über darstellende Geometrie".

---

[1] [Hartogs]; Habilitationsvorl. und -thesen s. [Säckl], 255f.
[2] Ursprüngliche Form: [Hartogs], 2. Eine modernere, heute als Äquivalenzaussage verwendete Form findet sich etwa in [Hille;Phillips], 108. In diesem Buch werden Sätze, die in ihrer klassischen Form auf Hartogs zurückgehen, durch Max Zorn verallgemeinert; [Hille;Phillips], 760 ff.(Chap. XXVI). Für ihre Anmerkungen zu Hartogs danke ich Otto Forster und Martin Schottenloher.
[3] Siehe auch [Kaup], 24, 35 u. 237.
[4] S.a. [Kaup], 34 f.
[5] S.a. [Kaup], 3
[6] JDMV 16(1907)223-240
[7] Ernennung 1.10.1913, UAM: E II - N - Hartogs; vgl. auch [Lorey 1916], 372.
[8] 1916 war Hartogs zudem aushilfsweise als Lehrer an der Gisela-Kreisrealschule mit 16 Wochenstunden tätig.
[9] UAM: Sen 208/35; [Vorl.-Verz.]

## 8. Die Ära Perron - Carathéodory - Tietze

Das Forschungsgebiet von HARTOGS war jedoch weiterhin die komplexe Analysis. Hier waren seine grundlegenden Arbeiten
"bahnbrechend für den Anfang einer Entwicklung der Theorie der analytischen Funktionen mehrerer komplexer Veränderlicher"[1].

Er gilt als einer der Gründungsväter dieses Gebietes, das im 20. Jahrhundert gerade in Deutschland eine überaus fruchtbare Weiterentwicklung erfahren hat.

Einen bemerkenswerten Beitrag enthält auch seine 1928 zusammen mit ROSENTHAL publizierte Arbeit "Über Folgen analytischer Funktionen"[2]. Er geht hier der Frage nach, welchen geometrischen Bedingungen die Stellen gleichmäßiger und ungleichmäßiger Konvergenz in einer in einem Gebiet konvergenten Folge holomorpher Funktionen genügen müssen. Es wird dabei, falls nur punktweise Konvergenz dieser Funktionen vorausgesetzt wird, auf die kompliziertere Struktur der einfach zusammenhängenden Menge von Teilgebieten, innerhalb derer gleichmäßige Konvergenz vorliegt, eingegangen.

Am 17.Januar 1927 wurde von den drei bisherigen Lehrstuhlinhabern die Beförderung von HARTOGS zum ordentlichen Professor beantragt. Die Eingabe charakterisiert neben dessen Forschungstätigkeit auch dessen Lehrtätigkeit[3]:

"(...) Er hat in erster Linie Vorlesungen über darstellende und synthetische Geometrie gehalten, dehnte aber in neuerer Zeit seine Lehrtätigkeit auch auf eine Reihe weiterer mathematischer Disziplinen aus und so bilden seine Vorlesungen einen integrierten Bestandteil des gesamten mathematischen Unterrichts an unserer Universität.

Die wissenschaftliche Produktion von Professor HARTOGS erscheint zwar für den Fernerstehenden verhältnismäßig gering, aber jede seiner Arbeiten ist ausserordentlich tiefschürfend und enthält die Lösung einer wichtigen Frage. Er hat für die Theorie der analytischen Funktionen zweier Variablen die Grundlagen geschaffen. Diese Arbeiten sind anfangs ziemlich unbeachtet geblieben; aber seit einigen Jahren hat man im In- und Ausland angefangen, diesen Fragen erhöhtes Interesse

---

[1] [Pinl], III, 201; [Heinhold 1984], 180
[2] Math.Ann. 100(1928)212-263; in Ergänzung der leicht zu vermissenden Literaturangabe in [Fischer,G.;u.a. 1990], 372.
[3] UAM: E II - N - Hartogs.

## 8.1 Neubesetzungen in den 1920er Jahren

zuzuwenden, und da hat es sich gezeigt, dass HARTOGS überall den Boden aufs beste bereitet hatte und teilweise sogar vor vielen Jahren bereits bessere Methoden hatte als man später versuchte.
PERRON, C. CARATHÉODORY, TIETZE."

Auffallend ist nun, daß die sieben Mathematiker der Akademie[1] am 5.Februar 1927, also fast zu gleicher Zeit, anläßlich der Neubesetzung von drei ordentlichen Mitgliedschaften ihrer Klasse ebenfalls HARTOGS vorgeschlagen haben. Hier werden nun nicht nur seine Forschungsergebnisse, sondern auch seine neuen Beweismethoden in der komplexen Analysis mehrerer Veränderlichen speziell gewürdigt[2]. Obwohl der Vorschlag allein von sieben Mitgliedern eingereicht wurde, erbrachte die Wahl jedoch nicht die erforderliche Dreiviertelmehrheit der Wahlberechtigten und führte zur Ablehnung. Naheliegenderweise waren hier nichtfachliche Gründe maßgebend. HARTOGS war jüdischer Herkunft. Dem Protokoll zu der Sitzung vom Samstag, den 5.2.1927 - unter Vorsitz von Herrn v. DYCK - ist zu entnehmen[3]:

"(...) a) Über die Wahl zu ordentlichen Mitgliedern: 1. (...)
2. Prof. Dr. Hartogs 12 weiße gegen 12 schwarze Kugeln.
Professor Hartogs ist abgelehnt."

Unmittelbar anschließend heißt es: "Herr Voss, durch Krankheit entschuldigt, verläßt die Sitzung." Auf der gleichen Sitzung wurde EINSTEIN mit drei Gegenstimmen relativ knapp zum korrespondierenden Mitglied gewählt[4]:

"b) Es erfolgt sodann die Wahl zu korrespondierenden Mitgliedern. (...)
6. Prof. Einstein (Berlin) 20 weiße, 3 schwarze Kugeln."

Daß HARTOGS nicht Akademiemitglied war, erklärt FABER[5], ohne die definitive Ablehnung zu erwähnen, recht feinsinnig mit den Worten:

---

[1] Das waren damals Carathéodory, v.Dyck, Faber, Finsterwalder, Perron, Pringsheim und Voss. Tietze wurde erst am 9.2.1929 zum ordentlichen Mitglied gewählt. Archiv BAdW: IV 110-139 Mitgliederwahlakten 1900-1929.
[2] Wahlvorschlag Friedrich Hartogs (1927): Archiv BAdW Act IV, 26 - Wahlvorschläge von Nichtgewählten - Nr.1; im Anhang 10.15 vollständig.
[3] Archiv BAdW: IV 110-139 Mitgliederwahlakten 1900-1929, hier: 5.2.1927.
[4] Bei fünf Gegenstimmen wäre auch er abgelehnt worden, da zwei Mitglieder als Nichtwähler eingestuft wurden (24-5-2=17) und bei 24 Wahlberechtigten 18 weiße Kugeln erforderlich sind.
[5] [Faber 1959], 5

## 8. Die Ära Perron - Carathéodory - Tietze

"Beschlüsse von Körperschaften pflegen mit nicht sachverständiger Mehrheit gefaßt zu werden".

Rund einen Monat später, am 8.3.1927, wurde dann allerdings HARTOGS zum beantragten Ordinarius ernannt[1]. Am 26.10.1933 hat die "Studentenschaft der Universität München" ein "Ersuchen auf Entfernung von HARTOGS aus dem Lehrkörper der LMU" eingereicht. Dem Rektorat ist zwar gelungen, zu dem Zeitpunkt dieses Ersuchen noch abzuwehren[2], dennoch wurde HARTOGS zwei Jahre später, am 22.10.1935, zwangsweise beurlaubt[3]. Schließlich wurden die zunehmend demütigenden Zwangsmaßnahmen für ihn unerträglich. Er nahm sich am 18.8.1943 das Leben.

Nach einer Vakanz von drei Jahren wurde am 1.11.1939 der Lehrstuhl, zunächst zur Vertretung, dem ao.Prof. ROBERT SCHMIDT[4] übertragen. HARTOGS gehörte besonders in den 20er Jahren zu den tragenden und erfahrensten Persönlichkeiten des mathematischen Lebens an der Universität. Er gewährleistete - ähnlich wie sein Lehrer PRINGSHEIM (8.1) um die Jahrhundertwende - als Bindeglied eine gewisse Kontinuität bei den kurz aufeinanderfolgenden Neubesetzungen aller drei Lehrstühle in den Jahren 1923/24.

### *8.1.3 Otto Volk*

Die drei Ordinarien waren noch alle im gleichen Dienstzimmer[5] untergebracht, was für die Mathematik damals nicht ungewöhnlich war. Während in Deutschland viele naturwissenschaftliche Fachgebiete Ende des 19. Jahrhunderts bereits eigene Neubauten[6] und neben etwa zwei Professorenstellen vier oder fünf Assistentenstellen besaßen,

"bemühte sich die Mathematik noch um eine offizielle Besoldung für einen Bücherwart und um Schränke und Regale für die Handbibliothek. Zumeist zusammen mit den Geisteswissenschaften unterge-

---

[1] UAM: E II-N - Friedrich Hartogs
[2] Der Rückseite ist zu entnehmen: "Reichsminister Rudolf Hess und Kultusminister H.Schemm sind dafür, daß Professor Hartogs bleiben kann. Damit ist der Fall Hartogs erledigt. München, 22.Dezember 1933. Universitäts-Rektorat: Escherich."
[3] Schreiben des KM vom 22.10.1935: "(...) daß Sie von heute ab beurlaubt sind." UAM: E II-N - Friedrich Hartogs
[4] Siehe 8.3.3.
[5] Im Hauptgebäude der Universität auf der Seite der Amalienstraße.
[6] So bezog um 1893 das Physikalische Institut der Universität München einen Neubau.

## 8.1 Neubesetzungen in den 1920er Jahren

bracht, erhielt die Mathematik nur allmählich ein bis zwei Arbeitsräume zugesprochen"[1].

Im Vergleich dazu war der mathematische Fachbereich in München nicht nur räumlich durchaus gut ausgestattet[2], sondern auch ab 1920 mit sechs Professoren - und einem Assistenten - in seinem Lehrbetrieb. Damit war der Boden bereitet, so daß es unter der Ära PERRON - CARATHÉODORY - TIETZE in den 20er und 30er Jahren zu einer Blütezeit der Mathematik in München kam.

Jener eine Assistent war von 1919 bis 1923 OTTO VOLK[3]. Nachdem er 1918 an der TH München bei HEINRICH LIEBMANN[4] zum Dr.-Ing. promoviert worden war und er etwa eineinhalb Jahre am Gymnasium in Schwäbisch Gmünd unterrichtet hatte, wurde ihm diese Assistentenstelle angeboten. Der Übungsaufwand war erheblich, denn der Assistent hatte für alle drei Ordinarien die Übungen zu betreuen[5]. Da damals mit dem Dr.-Ing. eine Habilitation an der Universität nicht möglich war, promovierte VOLK im Januar 1920 noch ein zweites Mal, jetzt zum Dr.phil. mit einer Arbeit über die "Entwicklung der Funktionen einer komplexen Variablen nach den Funktionen des elliptischen Zylinders." LINDEMANN, der die Dissertation betreute, schreibt dazu in seinem Gutachten[6]:

---

[1] [Schubring 1989], 269; zum geistes- bzw. naturwissenschaftlichen Bezug der Mathematik siehe 5.4.2.
[2] Nach Lindemanns Bemühungen (s. 6.5); vgl. [Heinhold 1984], 183 und die Lagepläne in zahlreichen Vorlesungsverzeichnissen jener Zeit.
[3] Otto Theodor Volk: * 1892 Neuhausen/Fildern (Kr.Esslingen a.N.), † 1989 Würzburg; 1910/17 Stud. U Tübingen, U u. TH München, 1917 Staatsexamen, Gymn.Lehrer Schwäb. Gmünd, 1918 Prom. Dr.-Ing. (H.Liebmann) TH München, 1919 Ass. U München, 1920 Prom. Dr.phil. (F.v.Lindemann) U München, 1922 Hab. PD U München, 1923 o.Prof. U Kaunas/Litauen, 1930 ao.Prof. u. 1932 o.Prof. U Würzburg, 1936 f.Math.u.Astron., Vorst. Math.Sem. u. Astron.Inst. m.Sternwarte, 1959 emer.; Lebensübersicht: [Reich 1987]. Leben und Werk, Schriften- und Doktorandenverzeichnis: [Barthel;Vollrath].
[4] Heinrich Liebmann: * 1874 Straßburg, † 1939 Solln b.München; 1892/96 Stud. Leipzig u. Jena, 1895 Prom. Jena, 1897/98 Ass. a.d. math. Modellsammlung d.U Göttingen, 1899 Hab. PD U Leipzig, 1904 Ass., 1905/10 nichtetatm.ao.Prof. U Leipzig, 1910/20 etatm. ao.Prof. u. pers.Ord. TH München, 1920/35 o.Prof. Heidelberg, 1935 vorz. emer., 1936 München.
[5] Aufgrund der großen Studentenzahlen nach dem Krieg gab es Wochen, in denen bis zu 800 Übungsarbeiten zu korrigieren waren ([Reich 1987], 80).
[6] UAM: O C I 46p - Otto Volk.

## 8. Die Ära Perron - Carathéodory - Tietze

"Die Arbeit ist hervorragend flüssig, und die Resultate bezeichnen einen wesentlichen Fortschritt in diesen Fragestellungen."

Zwei Jahre später habilitierte sich VOLK mit einer Schrift

"Über die Entwicklung von Funktionen einer komplexen Veränderlichen nach Funktionen, die einer linearen Differentialgleichung zweiter Ordnung mit einem Parameter genügen, mit besonderer Anwendung auf die Hermiteschen und Laguerreschen Funktionen."

Nach der Probevorlesung am 4.März erfolgte am 9.4.1922 die Ernennung zum Privatdozenten[1]. Bereits ab Oktober 1923 wurde VOLK beurlaubt[2] "an die neugegründete litauische Universität Kaunas (...) zum Zwecke der Übernahme eines Lehrstuhles für Mathematik (...) für die Dauer von zwei Jahren." Während dieser Beurlaubung, die wiederholt zweijährig verlängert wurde, war er nicht nur in Kaunas als ordentlicher Professor tätig, sondern hielt auch - durch die Vermittlung von LINDEMANN - in Königsberg Zyklusvorlesungen[3].

Die Verbindung zu München hielt VOLK, auch nachdem er 1930 nach Würzburg berufen worden war, aufrecht. Der ihm von seinem väterlichen Freund VOSS überlassene Nachlaß wurde ein Opfer des Bombenangriffs (16.3.1945) auf Würzburg. Hingegen konnte der wissenschaftliche Nachlaß von LINDEMANN, der 1939 von den Erben dem Mathematischen Institut in München übereignet wurde[4], von VOLK bewahrt werden. Zu VOLKs Arbeitsgebieten gehören neben Mathematik und Astronomie[5] schon seit seiner Dozentenzeit auch die Geschichte dieser Fächer. Insbesondere hat er sich hier mit EULER, aber auch mit der Institutsgeschichte von Königsberg und Würzburg beschäftigt. Die Fakultät für Mathematik und Informatik der Universität Würzburg ehrte VOLK, indem sie 1990 seine Gesammelten Abhandlungen herausbrachte[6].

---

[1] BHStA: Minist. an Senat vom 9.4.1922, MK 11313.
[2] BHStA: MK 11313, Schreiben vom 10.10.1923.
[3] [Reich 1987], 81
[4] Perron hat den Nachlaß Lindemanns für das mathematische Seminar in Empfang genommen. Siehe Dankschreiben vom 10.4.1939. Schon am 24.1.1933 hatte sich das Deutsche Museum (Zumbusch) um den wissenschaftlichen Nachlaß Lindemanns bemüht; UA Personalakten.
[5] Wie Volk schreibt, wurde Astronomie von Mathematikern oft als Nebenfach gewählt; [Volk 1982], 249.
[6] Der Herausgeber Hans-Joachim Vollrath hat 1995 in Ergänzung dazu eine Sammlung von Volks litauischen Aufsätzen in deutscher Übersetzung ediert: [Volk 1995].

## 8.1.4 Berufungsvorgänge 1922/24

Das Studienjahr 1922/23 war am mathematischen Seminar das Jahr der Emeritierungen. Nach der Emeritierung von PRINGSHEIM im Herbst 1922 wurden im Abstand von wenigen Monaten auch VOSS[1] und LINDEMANN[2] von der Verpflichtung zu lesen entbunden. Pringsheim stand bei seiner Emeritierung im 73., Voss im 78. und Lindemann im 72.Lebensjahr[3]. So kam es innerhalb kurzer Zeit - wenn auch keinesfalls gleichzeitig - zur Neubesetzung der drei Lehrstühle, wobei verschiedene Probleme auftraten. Aus einem am 22.9.1922 verfaßten Brief von VOSS an KLEIN geht hervor, welche Schwierigkeiten sich bei der Neubesetzung der Stelle PRINGSHEIMS ergeben haben. VOSS schreibt dort[4]:

"Daß wir PERRON[5] an Stelle von P. [Pringsheim] berufen haben, der hoffentlich auch kommen wird, stand LINDEMANN, P [Pringsheim], und mir ganz unabhängig von einander, von vorne herein fest. Allerdings erhob sich gegen diesen Vorschlag, der sicher nicht zum Schaden von München ausfallen wird, von anderer Seite starke Opposition."

VOSS schreibt nichts Näheres zu der "anderen Seite". Dem Sitzungsprotokoll der Fakultät II.Sektion vom 31.5.1922, auf dem die Vorschlagsliste festgelegt wurde, ist zu entnehmen[6]: PRINGSHEIM, VOSS und LINDEMANN schlugen vor, an die erste Stelle PERRON und an die zweite Stelle HERGLOTZ zu setzen. Jedoch stimmten SEELIGER, SOMMERFELD und WIEN mit dem umgekehrten Votum (1.Herglotz, 2.Perron) dagegen. Nach einer Empfehlung des Dekans wurde schließlich der Vorschlag der Mathematiker angenommen. PERRON kam auf Platz eins - auch um die von PRINGSHEIM "geschaffene Schule abstrakter Funktionentheorie nicht zu zerstören"[7].

Ähnliche Probleme traten im Frühjahr 1923 bei der nächsten geplanten Neubesetzung (Nachfolge VOSS) auf. Die Mathematiker wollten bei diesem

---

[1] Am 1.4.1923; UAM: E II- Aurel Voss.
[2] Am 21.6.1923; UAM: Sen 208/36.
[3] Pringsheim, der das Gesuch zuerst eingereicht hatte, hatte immerhin 90 Semester an der Universität München gelehrt.
[4] UBG: Cod.Ms.F.Klein 12, Nr.186 G: Brief Voss an Klein; Siehe 10.9.3.
[5] Siehe 8.1.5.
[6] UAM: O C N-1d; Sitzungsprotokoll Phil.Fak.II.Sekt. vom 31.5.1922: "II.(nur für die Ordinarien)", Abs.3.
[7] S.u.: Berufungsantrag Nachfolge Voss

## 8. Die Ära Perron - Carathéodory - Tietze

zweiten Lehrstuhl wieder das Fachgebiet Geometrie - Algebra berücksichtigt haben. Dem stand die Vorstellung von WIEN entgegen. Dem Sitzungsprotokoll der Phil.Fak. II.Skt. vom 31.1.1923 ist zu entnehmen[1]:

"II. (nur für die Herren Ordinarien): 2. Nachfolge von Geh. Rat Voss. Der Dekan berichtete über den Stand der Frage.

Herr WIEN vertritt den Standpunkt, dass zunächst die prinzipielle Frage zur Diskussion stehe, ob, wie es die Mathematiker der Berufungskommission verlangen, die Vertretung eines math. Spezialgebietes berufen werden solle, oder eine Persönlichkeit, die gerade als die geeignetste erschien, ganz abgesehen von dem spez. Forschungsgebiet.

Nach Ansicht des Herrn Voss überschreitet die Entscheidung der vorliegenden Frage im momentanen Stadium die Kompetenz der Fakultät und deshalb beantragt er die Zurückleitung der ganzen Angelegenheit an die Kommission. Nach längerer Aussprache wird dieser Antrag angenommen."

Nach weiteren Beratungen - und auch Auseinandersetzungen - in der Berufungskommission[2] legten am 20.2.1923 LINDEMANN, PRINGSHEIM, VOSS und PERRON der Fakultät einen mit 16 Seiten[3] ungewöhnlich umfangreichen Berufungsantrag für die Nachfolge VOSS vor[4]. Nachdem im ersten Teil des Antrags die Wichtigkeit der Geometrie allgemein dargestellt wurde, wird im nächsten Teil deutlich gesagt:

"Wir wünschen einen Mann, der geometrisch denkt. (...) Anders lag es bei der Berufung des Nachfolgers von PRINGSHEIM; damals kam es darauf an, die von ihm geschaffene Schule abstrakter Funktionentheorie nicht zu zerstören; damals handelte es sich um einen speziellen Funktionentheoretiker. Daraus folgt aber, daß die damals gemachten Vorschläge, nachdem nun eine Berufung erfolgt ist, jetzt nicht mehr in Betracht kommen. Wer damals an zweiter Stelle genannt war, scheidet jetzt aus; wir brauchen nicht zwei Vertreter der Funktionentheorie, sondern jemanden, der den jetzt berufenen Professor PERRON in wünschenswerter Weise ergänzt. Eher als einen der theoretischen Physik nahestehenden Mathematiker könnte man an ei-

---

[1] UAM: O C-N 1d
[2] Davon sind nach Mitteilung des UA keine Protokolle überliefert.
[3] Und drei umfangreichen Schriftenverzeichnissen.
[4] UAM: Personalakte Lindemann

## 8.1 Neubesetzungen in den 1920er Jahren

nen Vertreter der Zahlentheorie denken, denn diese Disziplin ist in München bisher nicht durch einen selbständigen Forscher vertreten, und dann käme LANDAU (Göttingen) in Betracht. Aber die Geometrie (in obigem Sinne) ist doch unendlich viel wichtiger; Göttingen mit vier Ordinarien kann den Luxus eines besonderen Zahlentheoretikers vertragen, München nicht."

Es wird nun ausgeführt, wie wenig HERGLOTZ, der - wie schon 1922 - von den Physikern vorgeschlagen wurde, für München vor diesem Hintergrund geeignet wäre. Und weiter heißt es:

"HILBERT (...) hatte geäußert: Lassen Sie uns doch zusammen stehen, daß die reine Mathematik nicht von der jetzt so beliebten angewandten Mathematik zurück gedrängt wird. (...)

Jedenfalls lehnen die unterzeichneten Mathematiker es ab, sich von auswärts, insbesondere von Berlin, über ihre Pflichten belehren zu lassen. An der Berliner Universität gibt es in der Tat seit KUMMER's Tode (1893) keinen 'Geometer' in unserem Sinne."

In einem weiteren Hauptteil des Antrags wird noch auf ein anderes Argument eingegangen: die Rolle der Ausbildung. Gerade an einer so großen Universität wie München müsse die *Lehre* neben der Forschung einen angemessenen Stellenwert einnehmen. Man könne daher nicht einseitig nur ein Forschungsgebiet pflegen:

"IV. *Der mathematische Unterricht an der Münchner Universität.*

(...) Es handelt sich nicht nur darum, junge Mathematiker zu eigener Forschung heranzubilden, sondern auch künftige Gymnasiallehrer möglichst allseitig in das Wesen der von ihm [ihnen] später zu lehrenden Wissenschaft einzuführen. (...)

Hier in München war den Mathematikern eine solche Fülle der verschiedensten Vorlesungen in regelmässiger Abwechslung geboten, wie wohl kaum an einer anderen Universität; das zeigt die folgende Übersicht: (...)"

Entsprechend dem in 7.4.3 wiedergegebenen Organisationsplan werden nun 35 verschiedene Vorlesungsangebote der letzten Jahre mit den Namen der betreffenden Dozenten genannt, wie etwa:

"1. Differentialrechnungen: LINDEMANN, VOSS, PRINGSHEIM
5. Synthetische Geometrie: HARTOGS

## 8. Die Ära Perron - Carathéodory - Tietze

8. Partielle Differentialgleichungen: VOSS, LINDEMANN
9. Algebra I: VOSS, PRINGSHEIM
15. Höhere algebraische Kurven: VOSS, LINDEMANN
33. Quadratur des Kreises: Theorie und Geschichte: LINDEMANN."

Auch wird darauf hingewiesen, wie stark die Zahl der Mathematikstudenten in den letzten Jahrzehnten angewachsen ist - von 46 im SS 1894 über 162 im WS 1899/1900 auf "350 (darunter 211 Nichtbayern)" im Wintersemester 1910/11. Schließlich wird eine Liste von drei Nachfolgekandidaten vorgeschlagen und begutachtet: "1. GEORG SCHEFFERS[1], 2. HEINRICH LIEBMANN, 3. GERHARD KOWALEWSKI[2]."

Auf der am darauffolgenden Tag (21.2.1923) einberufenen Fakultätssitzung kommt es zur Ablehnung dieses Antrags. In einem Brief an KLEIN spricht VOSS bei dieser Ablehnung von "äußerster Hartnäckigkeit(...) einer Brutalität, mit einer jeden Anstand verletzenden Unversöhnlichkeit"[3]. Besonders verletzt fühlte sich LINDEMANN, der unmittelbar darauf - am 23.2.1923 - sein Rücktrittsgesuch mit der Begründung einreichte[4]:

"(...) Die phil.Fak. II.Sektion hat durch den in der Sitzung vom 21.d.M. gefassten Beschluß den vier Vertretern der Mathematik (und insbesondere mir) die Fähigkeit abgesprochen, sachgemässe Vorschläge für die Wiederbesetzung einer erledigten Professur der Mathematik zu machen."

Nachdem er anschließend die Entbindung von der Verpflichtung Vorlesungen zu halten beantragt hat, endet das Gesuch mit der Bemerkung:

"Nach meiner Beseitigung hat die Fakultät dann freie Hand, an der Zerstörung dessen zu arbeiten, was ich hier in 30jähriger Tätigkeit

---

[1] Georg Scheffers: * 1866 Altendorf b.Holzminden/Braunschweig, † 1945 Berlin; 1884/88 Stud., 1890 Prom. (S.Lie), 1891 Hab. PD Leipzig; 1890 Hilfslehrer Realgymn. Leipzig; 1896 ao.Prof., 1897 etatm.ao.Prof., 1899 o.HonProf. u. 1900 o.Prof. TH Darmstadt; 1907/35 o.Prof. darst.Geom. TH Berlin, 1935 emer.
[2] Gerhard Kowalewski: * 1876 Alt-Järshagen/Pommern, † 1950 Gräfelfing b.München; 1893/98 Stud. Königsberg, Greifswald u. Leipzig, 1898 Prom. Leipzig, 1899 Hab. PD Leipzig, 1901 ao.Prof. (1902 etatm.) U Greifswald, 1904 U Bonn, 1909 o.Prof. Dt.TH Prag, 1912 Dt.U Prag, 1920/39 TH Dresden, 1935/37 Rektor Dresden, 1939/45 o.Prof. Dt.U Prag, 1946 LA Phil.-Theol. HS Regensburg u. TH München.
[3] UBG: Cod.Ms.F.Klein 12, Nr.186 J: Brief Voss an Klein vom 27.6.1923; vollständiger Brief siehe Anhang 10.9.3.
[4] Rücktrittsgesuch Lindemanns an das Dekanat vom 23.2.1923, UAM: E II-N - F.Lindemann.

## 8.1 Neubesetzungen in den 1920er Jahren

(zusammen mit den Kollegen Bauer, Pringsheim und Voss) zu schaffen bemüht war.
Prof. Dr. F. LINDEMANN."

Am 28.5.1923 reichte LINDEMANN ein neues, versöhnlicher formuliertes Gesuch ein, woraufhin der Dekan am 5.6.1923 in einem vierseitigen Brief gegenüber LINDEMANN ausführlich begründet, warum der Ruf an HERGLOTZ ergehen sollte[1]. Am 21.6.1923 wurde, wie erwähnt, dem Rücktrittsgesuch entsprochen. Wenige Tage später rechtfertigte LINDEMANN in einem Schreiben an den Minister seinen Rücktritt nochmals ausführlich. Unter anderem heißt es da[2]:

"(...) denn ich habe nicht die Absicht, mir meinen Lebensabend dadurch verbittern zu lassen, daß ich mit den Herren Wien und Sommerfeld dienstlich zusammengekettet bin. (...) Was kann auch herauskommen, wenn Anthropologen, Chemiker, Geographen, Botaniker, Zoologen etc. über Mathematik per majora entscheiden, ohne das geringste von der Sache zu verstehen?"

Am 19.7.1923 setzte sich LINDEMANN nochmals deutlich für den damals an der TH Dresden tätigen Ordinarius KOWALEWSKI ein, der an dritter Stelle stand[3]. LINDEMANN hatte, als der jüngste der drei Ordinarien, offenbar ursprünglich an eine längere Dienstzeit gedacht. So war nun auch sein Lehrstuhl neu zu besetzen, was allerdings kurzfristiger gelang als die bereits seit längerem in Gang gesetzte Voss-Nachfolge. Dem Sitzungsprotokoll der Fakultät vom 21.11.1923 ist zu entnehmen[4]:

"Wiederbesetzung der Lehrstühle der Herren VOSS und LINDEMANN.

Nach dem Bericht des Dekans über die seit der letzten Fakultätssitzung unternommenen Schritte gibt Herr PERRON die Vorschläge der Kommission bekannt und erläutert sie. Herrn VOSS wird für die Teilnahme an den Kommissionssitzungen besonders gedankt. Die Vorschläge werden einstimmig angenommen."

---

[1] Unter anderem heißt es da: "(...) nicht zu fortgeschrittenes Alter, allgemein anerkanntes wissenschaftliches Ansehen, eine vielseitig bewährte Kraft von großer Anpassungsfähigkeit" und daß Herglotz eine "große Vorliebe für München" habe; BHStA: MK 17814. Tatsächlich wurde später jedoch Tietze berufen.
[2] BHStA: MK 17841
[3] Lindemann an KM; BHStA: MK 17841.
[4] UAM: O C-N 1d

## 8. Die Ära Perron - Carathéodory - Tietze

Als einziger der geladenen Professoren der Fakultät fehlte WIEN; anwesend von den Mathematikern und Physikern waren PRINGSHEIM, PERRON, VOSS, SOMMERFELD und SEELIGER[1]. 1924 wurde CARATHÉODORY als Nachfolger von LINDEMANN berufen. Schließlich hat man ein Jahr später am 5.11.1924 auch die Nachfolge von VOSS einstimmig beschlossen. Im Sitzungsprotokoll der Fakultät heißt es[2]:

"3. Wiederbesetzung der Professur für Mathematik.

Herr PERRON verliest den im Verein mit Herrn CARATHÉODORY verfaßten Bericht, der einstimmig angenommen wird."

TIETZE wurde berufen und zum 1.4.1925 ernannt. Nach den Berufungsvorgängen wenden wir uns nun den Berufenen zu, die die Ära zwischen den Weltkriegen prägten.

*8.1.5 Oskar Perron*

Auf den Lehrstuhl PRINGSHEIMs folgte noch vor seiner Emeritierung dessen Schüler OSKAR PERRON[3]. PERRON, 1880 in Frankenthal/Pfalz geboren, hatte von 1898 bis 1906 an den Universitäten München, Berlin, Tübingen und Göttingen studiert. Mit der Dissertation "Über die Drehung eines starren Körpers um seinen Schwerpunkt bei Wirkung äußerer Kräfte" promovierte er 1902 bei LINDEMANN in München, der in seinem Gutachten zusammenfassend urteilt[4]:

"Die Arbeit des Verfassers verdient volle Anerkennung und sie genügt sicher allen zu stellenden Anforderungen, kann sogar als eine sehr gute bezeichnet werden."

---

[1] Wien hatte den Sommerfeld-Schüler Heisenberg 1923 im Rigorosum zunächst durchfallen lasse. Doch nicht nur daher rührte eine Kontroverse zwischen Wien und Sommerfeld. S.a. [Hermann 1976], 23f.).

[2] UAM: O C-N 1d

[3] Ernennung am 12.10.1922 zum 1.10.1922 durch Schreiben des KM an den Senat; BHStA: MK 55040. Oskar Perron: * 1880 Frankenthal/Pfalz, † 1975 München; 1898/1906 Stud. U München, U Berlin, U Tübingen u. U Göttingen, 1902 Prom. (F. Lindemann) und StExamen München, 1906 Hab. PD U München, 1910 ao.Prof. Tübingen, 1914 o.Prof. Heidelberg, 1922 o.Prof. (Nachf.v. A. Pringsheim) U München, 1951 emer.; [Poggendorff], 5-7a; Leben und Werk: [Heinhold 1980].

[4] Promotion von Oskar Perron: Votum informativum vom 3.3.1902, UAM: O C I 28 p - Oskar Perron, siehe Anhang 10.12.

## 8.1 Neubesetzungen in den 1920er Jahren

Ein halbes Jahr später hat PERRON die Arbeit als Zulassungsarbeit zum Staatsexamen eingereicht und LINDEMANN begutachtet ähnlich[1]:

"(...) Die ganze Arbeit zeugt nicht nur vom Fleiß, sondern auch von dem Wissen des Verfassers."

Im Jahr seiner Promotion 1902 legte PERRON anschließend das Staatsexamen für das höhere Lehramt in Mathematik und Physik ab. Vier Jahre später habilitierte er sich ebenfalls in München mit seiner Habilitationsschrift über "Grundlagen für eine Theorie des Jacobischen Kettenbruchalgorithmus"[2]. Sein Habilitationsvortrag "Was sind und was sollen die Irrationalzahlen?", eine DEDEKINDs Schrift "Was sind und was sollen die Zahlen?" (1887) entlehnte Formulierung, hat PERRON in den Jahresberichten der DMV Bd.16 (1907) publiziert. Sowohl die Habilitationsschrift als auch sein Habilitationsvortrag wurden für seine weitere Entwicklung bestimmend.

Wie einem Brief PERRONs an HILBERT zu entnehmen ist, wurde die Habilitationsschrift neben dem Druck als Monographie zusätzlich für die Mathematischen Annalen[3] von HILBERT aufgenommen und dieser kam sogar PERRONs "Wünschen bezüglich Beschleunigung des Druckes entgegen"[4]. Nachdem PERRON in dieser Schrift darauf aufmerksam gemacht hatte, "daß der Jacobi'sche Kettenbruch-Algorithmus sich als Specialfall der Theorie linearer Substitutionen erweist" untersucht er in einer kurze Zeit später ebenfalls an HILBERT eingereichten Arbeit[5] "*allgemeine* lineare Substitutionen nach ähnlichen Methoden".

PERRON hatte in den Math. Ann. 64(1907) die Konvergenz des Jacobischen Kettenbruchalgorithmus bewiesen. Nachdem HILBERT in seiner bekannten Rede zum Tode MINKOWSKIs[6] bemerkt hatte, diese Konvergenz sei "bis heute noch nicht festgestellt", wandte sich PERRON zur Klärung schrift-

---

[1] BHStA: MK 55040 - PA Perron, Gutachten v. 16.9.1902.
[2] Teubner Leipzig 1906. Hab.-thesen siehe [Säckl], 256 f.
[3] Bd.64(1907)
[4] UBG: Cod.Ms.D.Hilbert 301, Nr.1: Brief von Oskar Perron an David Hilbert vom 4.7.1906 (siehe 10.9.7).
[5] UBG: Cod.Ms.D.Hilbert 301, Nr.2: Brief von Oskar Perron an David Hilbert vom 25.7.1906 (siehe 10.9.7).
[6] David Hilbert: Hermann Minkowski. Göttinger Nachrichten, Geschäftliche Mitteilungen, 1909, S.72-101.

## 8. Die Ära Perron - Carathéodory - Tietze

lich an HILBERT[1]. Im Nachdruck[2] hat HILBERT diese Bemerkung, allerdings ohne PERRON zu nennen, gestrichen.

Nach einer vierjährigen Zeit als Privatdozent wurde PERRON als außerordentlicher Professor nach Tübingen berufen und 1914 in Heidelberg zum Ordinarius ernannt. 1917 wurde er Mitglied der Heidelberger Akademie, 1924 der Bayerischen Akademie der Wissenschaften, 1928 der Göttinger Gesellschaft der Wissenschaften und ebenfalls der Leopoldina in Halle. 1927 war PERRON Dekan der Philosophischen Fakultät II.Sektion, in dem Jahr, in dem für HARTOGS das vierte Ordinariat eingerichtet wurde. Nach seiner Emeritierung 1951 hielt PERRON noch über eine Reihe von Jahren hin Vorlesungen und starb am 22.2.1975 in hohem Alter.

Bereits 1923 bei seiner Berufung nach München war PERRON durch sein Standardwerk "Lehre von den Kettenbrüchen" [Perron 1913] bekannt. Es war aus seinen stets sorgfältig vorbereiteten, systematisch und klar formulierten Vorlesungen an der Universität München (WS 1909/10) hervorgegangen und das erste zusammenhängende, in sich abgeschlossene Lehrbuch auf diesem Gebiet. Schon in frühen Jahren hatte er "sehr wichtige"[3] Sätze für die numerische Mathematik aufgestellt, wie etwa die Sätze von Perron-Frobenius über charakteristische Zahlen von Matrizen[4] oder Sätze über das qualitative Verhalten von Lösungen von Differentialgleichungen. Sein Name ist ebenfalls erhalten im "Denjoy-Perron-Integral" und in der "Perronschen Methode" zur Lösung des Dirichletschen Randwertproblems.

Als PERRON sein noch klassisch konzipiertes zweibändiges Werk über "Algebra"[5] schrieb, entwickelte sich gerade die durch VAN DER WAERDENs Buch verbreitete und von diesem (bis zur 4.Aufl. 1955) so genannte "Moderne Algebra"[6], in der die Idealtheorie Berücksichtigung fand. Auch wenn VAN DER WAERDENs Werk für über vierzig Jahre das einflußreichste Lehrbuch in der deutschsprachigen mathematischen Fachwelt war[7], so blieb dennoch PERRONs "Algebra" nicht bedeutungslos. Es bot "Generationen von Mathematikstudenten" eine solide Einführung und wurde wiederholt nach-

---

[1] UBG: Cod.Ms.D.Hilbert 301, Nr.3: Brief von Oskar Perron an David Hilbert vom 1.6.1909 (siehe 10.9.7).
[2] D.Hilbert: Gesammelte Abhandlungen. Bd.3. Berlin 1935. S.339-364; insbes. S.349.
[3] Lothar Collatz in [Fischer,G.;u.a. 1990], 285.
[4] Siehe [Perron 1907].
[5] Berlin: Göschen 1927
[6] Berlin 1930
[7] [Behnke], 238

## 8.1 Neubesetzungen in den 1920er Jahren

gedruckt. BAUER hatte an der Universität auf die Galois-Theorie aufmerksam gemacht, auch HARTOGS hatte (etwa im SS 1908) darüber gelesen, durch PERRON wurde sie nun aber in München zu einem allgemein üblichen Gebiet in Forschung und Lehre[1].

In PERRONs Buch "Irrationalzahlen", das "lange Jahre die einzige zusammenfassende Darstellung dieses Gebietes"[2] war, findet man eine besonders kurze Beweisführung[3] der Transzendenz von $e$ und $\pi$. PERRONs letztes Lehrbuch über Nichteuklidische Elementargeometrie der Ebene, 1962 bei Teubner erschienen, ging ebenfalls aus einer Vorlesung hervor und wurde "eigentlich für die Schule, das heißt für die Lehrer und die es werden wollen, die Studierenden"[4] geschrieben. Es versucht, ein für den interessierten Lehrer ausgewogenes Verhältnis von Anschauung und axiomatischem Aufbau zu finden. In seinen über 200 Zeitschriftenbeiträgen[5] beschäftigt sich PERRON hauptsächlich mit gewöhnlichen und partiellen Differentialgleichungen, unendlichen Reihen, Kettenbrüchen, diophantischen Approximationen und nichteuklidischer Geometrie.

### 8.1.6 Constantin Carathéodory

CONSTANTIN CARATHÉODORY[6] wurde, wie erwähnt, 1924 Nachfolger von LINDEMANN[7]. CARATHÉODORY, der sowohl deutscher als auch griechischer Staatsbürger war, galt als ungewöhnlich umfassend gebildet[8]. Als der "glänzende Mathematiker"[9] in Göttingen 1913 Nachfolger von FELIX KLEIN wurde, gab es damals "in Deutschland kaum einen anderen Mathematiker,

---

[1] s.a. [Faber 1959], 38
[2] [Heinhold 1980], 129
[3] Berlin: Göschen 1923; 4.Aufl. 1960, S. 190 ff.
[4] Aus dem Vorwort. Die Vorlesung hatte er erst nach seiner Emeritierung gehalten.
[5] [Heinhold 1980]
[6] Constantin Carathéodory: * 1873 Berlin, † 1950 München; 1905 Hab. PD Göttingen, 1908 Umhab. PD Bonn, 1909 o.Prof. TH Hannover, 1910 TH Breslau, 1913 Göttingen, 1918 U Berlin, 1920 Gründungsrektor U Smyrna (Izmir), 1922 U. TH Athen, 1924 U München, 1938 emer.; 1918 Akademiemitglied; autobiogr. Notizen: Ges.Math.Schr. Bd.5(1957)387-408; Nachrufe von (O.Perron) [Perron 1952]; (von Behnke) JDMV 75(1974)151-165; weitere siehe JDMV 82(1980)183 u. [Fischer,G.;u.a. 1990], 419.
[7] Nicht von "Luckmann" ([Fischer,G.;u.a. 1990], 362).
[8] [Perron 1952], 39 ff.
[9] [Biermann], 185

## 8. Die Ära Perron - Carathéodory - Tietze

der auf Grund umfassenden Überblicks über die gesamte reine und angewandte Mathematik berufen gewesen wäre, KLEIN zu ersetzen"[1].

CARATHÉODORY hatte nach Ingenieurarbeiten in Ägypten ab 1900 in seiner Geburtsstadt Berlin und später in Göttingen studiert, 1904 mit einer aufsehenerregenden Arbeit "Über die Theorie der diskontinuierlichen Lösungen in der Variationsrechung"[2] promoviert und sich 1905 bei KLEIN und HILBERT in Göttingen habilitiert. 1909 wurde er Ordinarius in Hannover und wechselte nun immer wieder einmal die Hochschule, ehe er schließlich nach München kam.

CARATHÉODORY war Herausgeber der Mathematischen Annalen und Mitglied zahlreicher wissenschaftlicher Gesellschaften und Akademien. Gerade in den ersten Jahren seiner Münchner Zeit war er häufiger Ehrengast an der 1919 gegründeten Hamburger Universität. Wie BEHNKE schreibt[3], diskutierte er gerade damals ein neues Thema, daß bald weites Interesse an zahlreichen Universitäten fand: die Funktionentheorie mehrerer komplexer Veränderlicher.

Neben der reellen[4] und komplexen Analysis[5] gehört die Variationsrechnung zu dem Hauptarbeitsgebiet von CARATHÉODORY. Im Gegensatz zu HILBERT, dessen Lebensabschnitte man geradezu nach seinen Arbeitsschwerpunkten einteilen könnte, hat CARATHÉODORY fast alle seiner Gebiete gleichzeitig gepflegt, wodurch sie in enger Wechselwirkung zueinander stehen. Dabei machte er etwa in einer Monographie besonders auf die Verbindung der Variationsrechnung mit der Theorie der partiellen Differentialgleichungen aufmerksam[6]. Zudem arbeitete er auch auf dem Gebiet der Mechanik, der Thermodynamik[7], der geometrischen Optik und der Differentialgeometrie.

---

[1] [Faber 1959], 37
[2] Entstehung nach Notizen des Autors: "Berlin, Café Josty, 22.1.1904, Göttingen, Brüssel."
[3] [Behnke], 238
[4] Maßtheorie, Algebraisierung des Integralbegriffs.
[5] Konvergenzradien von Potenzreihen, Picard'sches Problem, Schwarzsches Lemma, "Landauscher Radius", konforme Abbildungen, analytische Funktionen mehrerer Variablen.
[6] 1935; [Perron 1952], 43-46 und Erhard Schmidt: Nachruf in Carath.Ges.Math.Schr. Bd.5(1957)413ff.
[7] Auf die er die axiomatische Methode übertragen hat.

## 8.1 Neubesetzungen in den 1920er Jahren

Im Berliner Berufungsantrag[1] wird speziell darauf hingewiesen, daß "alle seine analytischen Arbeiten vom Geiste der Geometrie durchdrungen seien. Jedes Problem faßt er geometrisch an und benutzt seine außergewöhnliche Raumanschauung als gewaltiges Hilfsmittel". Auch für Geschichte der Mathematik "hat er sich lebhaft interessiert", wie PERRON schreibt[2]. CARATHÉODORY war unter den forschenden Mathematikern der Ludwig-Maximilians-Universität zweifellos eine herausragende, weithin anerkannte Persönlichkeit[3]. Auf dem Internationalen Mathematiker-Kongreß 1932 in Zürich hielt er nach dem Eröffnungsvortrag des Gastgebers R. FUETER den ersten der "Großen Vorträge"[4].

Bei CARATHÉODORY hat sich 1934/35 BOERNER[5] mit der Schrift "Über die Extremalen und geodätischen Felder in der Variationsrechnung der mehrfachen Integrale" habilitiert. 1936 übernahm BOERNER die Assistentenstelle LETTENMEYERs und hielt im WS 1936/37 "gleich zwei große Vorlesungen"[6], eine davon über "Grundlagen der Geometrie" in Vertretung von CARATHÉODORY, der sich vorübergehend in den USA aufhielt. In seiner Münchner Zeit beschäftigte sich BOERNER vorwiegend mit Fragen der Variationsrechnung, später wandte er sich erfolgreich der Darstellungstheorie von Gruppen und deren Anwendung in der Physik zu[7].

### 8.1.7 Der Geometer und Topologe Heinrich Tietze

1925 folgte HEINRICH TIETZE[8] in Erlangen einem Ruf nach München. TIETZE war am Aufstieg der Topologie, die man Anfang des 20. Jahrhunderts vielfach noch "Analysis situs" nannte, maßgebend beteiligt[9].

---

[1] [Biermann], 331
[2] [Perron 1952], 42
[3] In der DMV-Festschrift 1990 gehört er nach Hilbert zu den am häufigsten gewürdigten Mathematikern des 20. Jahrhunderts.
[4] [Frei;Stammbach], 6.
[5] Kurzbiographie siehe 6.6.
[6] [Heinhold;Kerber], 110
[7] [Heinhold;Kerber], 111 f.; dort auch Schriftenverzeichnis
[8] Heinrich Tietze: * 1880 Schleinz/Niederösterreich, † 1964 München; 1904 Prom. Wien, 1908 Hab. Wien, 1910 ao. Prof. u. 1913 o. Prof. TH Brünn, 1919 Erlangen, 1925 U München, Akademiemitglied, 1930/31 Dekan, 1950 em.; Nachruf: [Perron 1964]; Werkverzeichnis: [Seebach]
[9] [Perron 1964], 182

## 8. Die Ära Perron - Carathéodory - Tietze

Ein Vorgänger von TIETZE war hierin HERMANN BRUNN[1], der bereits im Wintersemester 1891/92 "Topologie (Analysis situs)" ankündigte[2]. BRUNNs Untersuchungen zur Topologie sind den Beziehungen zu V. DYCK zu verdanken[3]. In den Jahren 1892 - 1897 erschienen an entsprechenden Arbeiten: "Topologische Betrachtungen", "Über Verkettung", "Über scheinbare Doppelpunkte von Raumkurven", "Über verknotete Kurven". In seiner bei BAUER angefertigten Dissertation "Über Ovale und Eiflächen" (1887) bewies BRUNN unter anderem eine wesentliche Eigenschaft der Schnittflächen konvexer Körper, die - wie MINKOWSKI nachgewiesen hat - eng mit der Isoperimetrie der Kugel[4] zusammenhängt. Damit lag ein tragfähiger Entwurf für die Theorie konvexer Körper vor[5]. Außer über die erwähnte darstellende Geometrie las BRUNN, dem auch die Kunst ein Anliegen war, über synthetische Geometrie. Neben seinem Sondergebiet "Gestaltenlehre"[6] bot er unter anderem auch Vorlesungen über Krümmungstheorie, Eigebilde und Übungen im Anschluß an die Lektüre mathematischer Klassiker (1898/99) an, jedoch kamen seine Spezialvorlesungen "selten zustande"[7].

So ist, wenn von TIETZE als demjenigen gesprochen wird, der in München die Topologie in Forschung und Lehre eingeführt hat, sein Vorgänger BRUNN nicht zu vergessen. 1930 verfaßte TIETZE gemeinsam mit LEOPOLD VIETORIS (* 1891) den entsprechenden Enzyklopädie-Artikel zur Topologie[8], der in erster Linie einer Klärung der damals noch recht uneinheitlichen Begriffe diente. Zu den von ihm bewiesenen grundlegenden topologischen Sätzen gehört etwa der Satz, daß auf jeder nicht orientierbaren (also einseitigen) Fläche wenigstens sechs Nachbargebiete angegeben werden können, d.h. sechs Gebiete, von denen jedes mit jedem der fünf anderen eine gemeinsame Grenzlinie hat. Weitere von TIETZE begründete Ergebnisse bewe-

---

[1] Hermann Karl Brunn: * 1862 Rom, † 1939 München; 1880/85 Stud. München u. Berlin, 1887 Prom. u. 1889 Hab. PD U München, 1894/96 Ass., 1896/1920 Bibliothekar und 1920/34 Bibliotheksdirektor TH München, 1905/33 auch HonProf. U München; Leben und Werk: JDMV 50(1940)163-166 (v. W.Blaschke); [NDB] 2(1954)680; [Poggendorff], 4-7a; Habilitationsvorlesung und -thesen: [Säckl], 253
[2] auch 1895/96
[3] Blaschke in JDMV 50(1940)165; s.a. JDMV 45(1935)91, 95
[4] Auch bei gegebenem Inhalt kleinste Oberfläche zu besitzen.
[5] H.Brunn wird insbesondere durch P.M.Gruber in seiner "Geschichte der Konvexgeometrie und der Geometrie der Zahlen" ([Fischer,G.;u.a. 1990], 431f.) gewürdigt.
[6] Vgl. [Lorey 1916], 372
[7] [Hofmann 1954], 22
[8] "Beziehungen zwischen den verschiedenen Zweigen der Topologie". Bd. III AB 13, S. 141-237. Leipzig 1930

## 8.1 Neubesetzungen in den 1920er Jahren

gen sich ebenfalls im Umfeld des zu den bekanntesten Aussagen der algebraischen Topologie gehörenden Satzes - des Vierfarbensatzes[1]. Außerdem untersuchte er die Theorie der Verknotung und Verkettung von Schnüren, woraus 1942 ein einführendes Lehrbuch hervorging[2]. In den heutigen Topologievorlesungen lebt sein Name in dem "Satz von Tietze-Urysohn" weiter.

Doch TIETZE war nicht nur Topologe. Auf dem Gebiet der geometrischen Konstruktionen mit Zirkel und Lineal machte er auf die Notwendigkeit des Unterscheidungsvermögens des Zeichners (bei der Berücksichtigung von Anordnungsbeziehungen) nachdrücklich aufmerksam. Andernfalls kann nur ein wesentlich engerer Bereich von Elementen konstruiert werden. Er gab genaue notwendige und hinreichende Bedingungen zur Erweiterung der verbliebenen Konstruktionsmöglichkeiten an, falls man auf dieses Unterscheidungsvermögen verzichtet. Unter Hinweis auf einen "Kreisquadrierer" macht er auf den Unterschied zwischen praktischer und theoretischer Genauigkeit aufmerksam. Schon daher "sollten die künftigen Lehrer an den mittleren Schulen mit dem, was die Wissenschaft zu sagen hat, ausreichend bekannt geworden sein, um in Städten, wo sie die höchste Instanz ihrer Wissenschaft darstellen, nicht selbst zu versagen"[3].

In den 20er Jahren ging TIETZE auch Fragen des später "Biomathematik" genannten Gebietes nach. Durch sein verbreitetes zweibändiges Werk "Gelöste und ungelöste mathematische Probleme aus alter und neuer Zeit" [Tietze 1949], das er CARATHÉODORY und PERRON widmete, verstand er es, anspruchsvollere mathematische Probleme einem breiten Publikum zugänglich zu machen. Das bekannte Werk wurde mehrfach neu aufgelegt. Die Herausgabe von CARATHÉODORYs Gesammelten Mathematischen Schriften - 163 an der Zahl - in fünf Bänden [Carathéodory] durch die Bayerische Akademie der Wissenschaften ist ebenfalls TIETZEs Bemühungen zu verdanken[4].

---

[1] Zur historischen Einordnung dieses Satzes siehe [Fritsch;Fritsch].
[2] [Seebach], 186
[3] "Zur Analyse der Lineal- und Zirkelkonstruktionen I." Sitzungsber. math.-nat.Abt. BAdW 1944, S.215.
[4] [Faber 1959], 38. An gesammelten Werken von Mathematikern der Münchner Universität liegen zudem noch die "Selected Mathematical Papers" von Salomon Bochner [Bochner] und die "Kleineren Schriften zur Geschichte der Mathematik" von Kurt Vogel [Vogel 1988] vor. Eine entsprechende Perron-Ausgabe ist in Vorbereitung.

## 8. Die Ära Perron - Carathéodory - Tietze

Als einziger der drei Ordinarien hatte damals PERRON einen Assistenten - Fritz LETTENMEYER[1], doch genügte diese Stelle, wie es 1926 heißt, "als einzige allerdings den heutigen Anforderungen auch nicht mehr"[2]. LETTENMEYER arbeitete, angeregt durch VOSS, zunächst über aus der Differentialgeometrie hervorgehende partielle Differentialgleichungen und wandte sich dann der Zahlentheorie zu. Später untersuchte er in der komplexen Analysis besonders Potenzreihen und deren Beziehung zu den Differentialgleichungen und der Elementarteilertheorie[3]. Nach seinem Staatsexamen 1916 hatte er drei Jahre am Gymnasium in Hof unterrichtet. In seinen Vorlesungen besaß er "viel Gespür für das dem Anfänger Zumutbare", so daß man "großen Gewinn" aus seinen Vorlesungen zog, schreibt einer seiner Studenten[4].

Das Mathematische *Seminar* wurde von den drei Ordinarien geleitet. Die Seminarbibliothek umfaßte 1926 etwa 1500 Bände, der Bibliotheksetat 1500 Mark jährlich. Der Unterrichtsbetrieb des Seminars war "in der Weise organisiert, daß die Mitglieder freie Vorträge über ein zusammenhängendes Thema halten"[5].

1927 wurde für HARTOGS das erwähnte vierte Ordinariat eingerichtet, um das schon 1919 LINDEMANN, VOSS und PRINGSHEIM gebeten hatten. Damit war nun auch ein spürbarer Aufschwung verbunden. So etwa verdreifachte sich die Zahl der abgeschlossenen mathematischen Promotionen im folgenden Jahrzehnt[6].

### 8.2 Versicherungsmathematik

*8.2.1 Entstehung des versicherungsmathematischen Seminars*

Nach der Diskussion der Erweiterungen und Neubesetzungen in den 1920er Jahren verdient ein weiteres mathematisches Gebiet an der Universi-

---

[1] Von 1923 bis 1933; [Heinhold 1984], 183 u. [Heinhold 1980], 127; Näheres s. 6.6.
[2] [Müller,K.A.], 206
[3] JDMV 61(1958)3ff.
[4] [Heinhold 1984], 179
[5] WS 1925/26: Fragen zur Variationsrechnung; SS 1926: Approximation von Irrationalzahlen durch rationale Zahlen; [Müller,K.A.], 206
[6] 1918-1928: ca.8; 1929-1939: ca.28 Promotionen; siehe 11.5.

## 8.2 Versicherungsmathematik

tät München, gesondert betrachtet zu werden - das der Versicherungsmathematik. München hat sich in den letzten Jahrzehnten des 20. Jahrhunderts zur Hauptstadt der Versicherungsunternehmen in Deutschland entwickelt. Nach London und New York stellt es die drittgrößte Versicherungsmetropole der Erde dar. Die Initiative zur Einführung versicherungsmathematischer Vorlesungen war, wie so manches, bereits Anfang des Jahrhunderts von LINDEMANN ausgegangen. Er schreibt dazu im Rückblick[1]:

"Öfter hörte ich von den Studenten, daß sie nach Göttingen gehen müßten, um Vorlesungen über Versicherungsmathematik zu hören. Deshalb entschloß ich mich, alle zwei Jahre eine zweistündige Vorlesung hierüber zu halten. Auf Anregung des Unterstaatssekretärs V. MAYR (Professor für Nationalökonomie)[2] wurde dann mit Genehmigung des Ministeriums eine Diplomprüfung für Versicherungssachverständige eingeführt. Dem damaligen[3] Assistenten Dr. BÖHM, der mir bei den schriftlichen Prüfungen half, konnte ich dann auch die Vorlesungen überlassen und jetzt hat er einen offiziellen Lehrauftrag dafür."

Nachdem sich Ende des 18. Jahrhunderts bereits SCHLÖGL mit Renten- und Versicherungsrechnungen beschäftigt hatte[4], hielt LINDEMANN im Wintersemester 1896/97 erste spezielle versicherungsmathematische Vorlesungen unter dem Thema: "Die mathematischen Grundlagen des Versicherungswesens". Dies wiederholte er in vierjährigem Rhythmus. So bot LINDEMANN im WS 1900/01, im WS 1904/05 und im WS 1908/09 die Vorlesung "Über die mathematischen Grundlagen des Versicherungswesens"[5] an.

Bei den genannten Prüfungen dürfte es sich um die ersten Münchener Diplomprüfungen im Bereich der Mathematik gehandelt haben[6]. An der Einrichtung des "Versicherungsseminars" 1895 in Göttingen mit einem entsprechenden einjährigen Kurs[7] waren FELIX KLEIN und der Hannoveraner Ordinarius und Weierstraß-Schüler LUDWIG KIEPERT (1846-1934), der zugleich Vorsitzender des Preußischen Beamtenversicherungsvereins war, maßge-

---

[1] [Lindemann 1971], 113
[2] Georg v. Mayr: * 1841, † 1925
[3] Böhm war von 1908 bis 1913 Assistent.
[4] siehe 3.5.3
[5] [Vorl.-Verz.]; stets zweistündig.
[6] Zur Einführung des mathematischen Diplomstudiengangs siehe 8.3.4.
[7] Ab 1901 mit eigenem Extraordinariat ([Klein 1907], 166).

## 8. Die Ära Perron - Carathéodory - Tietze

bend beteiligt[1]. Bald darauf entstand auch an der Technischen Hochschule Wien ein ähnliches Seminar. KIEPERT hatte 1894 auf der Tagung der Mathematiker-Vereinigung in Wien durch seinen Vortrag "Ueber die mathematische Ausbildung von Versicherungstechnikern"[2] auf die mathematischen Grundlagen des Versicherungswesens aufmerksam gemacht und auch dadurch zu deren Anerkennung beigetragen. Näheres zur Entstehung der Versicherungsmathematik und ihrer damaligen Theorie beschreibt GEORG BOHLMANN in der Ausarbeitung seines Ferienkurses (1900) "Über Versicherungsmathematik"[3]. Als Berufsziel bot die Versicherungsmathematik zudem einen willkommenen Ausgleich gegenüber der in jener Zeit schlechten Anstellungsmöglichkeit für Lehrer.

### 8.2.2 Der Versicherungsmathematiker Friedrich Böhm

In München wurde nun 1911 entsprechend dem Göttinger Versicherungsseminar das "Seminar für Statistik und Versicherungswissenschaft" begründet und dem Privatdozenten FRIEDRICH BÖHM[4], der sich in dieser Fachrichtung gerade habilitiert hatte, übertragen. Seitdem stellen die in den folgenden Jahrzehnten von BÖHM gehaltenen versicherungsmathematischen Vorlesungen - am 10.7.1914 wurde ihm dafür ein eigener Lehrauftrag erteilt[5] - einen festen Bestandteil des Lehrangebots dar. Beispiele aus seinen Vorlesungsthemen: "Elemente der Versicherungsrechnung", "Übungen zur Versicherungsmathematik" (1911/12); "Einführung in die Probleme der Lebensversicherung (für Nationalökonomen und Mathematiker)" (ab 1913/14). Außerdem las er über Integralgleichungen und Statistik. Ab 1914/15 hielt er zusammen mit den Staatswirtschaftlern GEORG V. MAYR und FRIEDRICH ZAHN[6] versicherungswissenschaftliche Übungen an der dortigen Fakultät; ab 1923 selbständig. BÖHMs Vorlesungen sollen von den Fachstudenten sehr geschätzt worden sein[7].

---

[1] [Tobies 1981], 68
[2] JDMV 4(1894/95)116-121
[3] In [Klein;Riecke], 114-145.
[4] Friedrich Böhm: * 1885 Harburg i.B.; † 1965 München; 1911 Hab., ab 3.2.1920 dem Titel nach (ab 1923 gehaltsmäßig) bis 1961 apl.ao.Prof. München; ([Poggendorff], 7a). Habilitationsvorlesung und -thesen: s. [Säckl], 257.
[5] UAM: Sen 209/38
[6] Friedrich Zahn: * 1869, † 1946; Honorarprof. f. Statistik und Sozialpolitik; am statistischen Landesamt, zuletzt als Direktor, tätig.
[7] [Hofmann 1954], 22

## 8.2 Versicherungsmathematik

Eine Vorstufe dieses Angebots stellten die, wie beschrieben, im 19. Jahrhundert üblichen Vorlesungen über Wahrscheinlichkeitsrechnung bzw. Wahrscheinlichkeitstheorie dar, die von SPÄTH, DESBERGER und SEIDEL gehalten worden waren. Gegen Jahrhundertende, in den 1890er Jahren, haben besonders die beiden Astronomiedozenten BAUSCHINGER[1] und ANDING über Wahrscheinlichkeitsrechnung mit Anwendungen gelesen. Einen Namen erwarb sich BÖHM auch durch seine beiden Lehrbücher über Versicherungsmathematik [Böhm 1925a/b].

Um die für Betrieb und Ausstattung des neuen statistischen Seminars erforderlichen Mittel kümmerte sich ebenfalls LINDEMANN. In einem Antrag an die Fakultät vom 1.5.1911, die ihn am 3. Mai befürwortend weiterreichte, heißt es diesbezüglich[2]:

"Betr.: Etat der mathematischen Abteilung des math.-physik. Seminars.

In Folge der systematischen Regelung des versicherungswissenschaftlichen Unterrichts wurde dem statistischen Seminar ein einmaliger Zuschuß von 3000 M aus dem Collegiengeldfonds und eine Erhöhung des jährlichen Etats um 1500 M aus dem Fonds für Realexigenz bewilligt, um die vollständige Litteratur-Berücksichtigung zu ermöglichen.

Auch das mathematische Seminar wird genötigt sein, im Interesse der mathematischen Ausbildung der Candidaten, die Litteratur für Wahrscheinlichkeits-Rechnung und Versicherungs-Wissenschaft mehr zu berücksichtigen. Es wird deshalb um Bewilligung eines einmaligen Zuschusses von 600 M und Erhöhung des jährlichen Etats um 200 M hiermit gebeten.

Prof. Dr. F. LINDEMANN"

Der Antrag wurde am 23.5.1911 vom Kultusministerium bewilligt. Rund ein halbes Jahrhundert lang prägte BÖHM die versicherungsmathematischen Aktivitäten an der Ludwig-Maximilians-Universität. 1920/23 erfolgte die Ernennung zum

"nichtplanmäßigen außerordentlichen Professor für Mathematik, bei der mathematischen Abteilung des mathematisch-physikalischen Se-

---
[1] Siehe 5.3.5.
[2] UAM: Sen 209/33

## 8. Die Ära Perron - Carathéodory - Tietze

minars mit Abhaltung von Kursen und Vorlesungen zur mathematischen Ausbildung der Studierenden der Versicherungswissenschaften beauftragt und mit dem Lehrauftrag für versicherungswissenschaftliche Übungen im Seminar für Statistik und Versicherungswissenschaft"[1].

Nicht nur erfolgreiche Dissertationen und Habilitationen spiegeln die Institutstätigkeit wider, auch Ablehnungen waren gelegentlich auszusprechen. Einer der seltenen Fälle war das Habilitationsgesuch von FRANZ SCHRÜFER, das er im November 1921 einreichte[2]. SCHRÜFER bat um eine Habilitation für Versicherungsmathematik mit einer Arbeit über "Technische Studien zur Versicherung minderwertiger Leben." Dazu nahmen LINDEMANN und VOSS Stellung. LINDEMANN schreibt:

"Mir ist es bedenklich, eine Habilitation für das Spezialfach 'Versicherungsmathematik' zuzulassen; dann könnte sich ja auch jemand allein für 'Mechanik' habilitieren.

Die Dissertation gehört mehr in die staatswirtschaftliche Fakultät.

16.11.1921. LINDEMANN."

Ähnlich argumentierte VOSS:

"Ich kann dieses Hab.Gesuch nicht befürworten. Die Versicherungsmath. ist nur ein ganz kleines Nebenfach in unserer Sektion, dessen Schwerpunkt fast ganz in die Staatswiss. Fak. fällt, und für uns besteht kein Bedürfnis, dasselbe noch zu erweitern."

PRINGSHEIM schloß sich beiden Stellungnahmen an und BÖHM blieb weiterhin für längere Zeit der einzige Versicherungsmathematiker. Erst in späteren Jahren wurde er unter anderem von LETTENMEYER und RIEBESELL unterstützt. Ersterer hatte zeitweise einen Lehrauftrag übernommen, über numerischen Methoden der angewandten Mathematik für Versicherungsmathematiker zu lesen[3]. PAUL RIEBESELL[4], Präsident der Hamburger Feuerkas-

---

[1] [Vorl.-Verz.] zum WS 1923/24
[2] UAM: O C I 48 - Phil. Fak.
[3] UAM: Sen 208/55
[4] Paul Riebesell: * 1883 Hamburg, † 1950 Hamburg; ab 1945 Honorarprof. Hamburg; s.a. [Poggendorff], 5-7a; JDMV 54, 3; Lorey in: Blätter der Deutschen Gesellschaft für Vers.-Math. 1

## 8.3 Veränderungen in der Zeit des Nationalsozialismus

se und bis 1934 Lehrbeauftragter für Versicherungsmathematik und Wahrscheinlichkeitstheorie in Hamburg[1], wurde 1938 an der Universität München zum Honorarprofessor für Versicherungsmathematik ernannt. Das hier noch heute bestehende, weithin bekannte versicherungsmathematische Kolloquium wurde von dem Honorarprofessor ROBERT BRÜCKNER[2] eingerichtet. BRÜCKNERs besonderes Anliegen war, die versicherungsmathematischen Vorlesungen praxisnah zu gestalten. Sie werden heute von einem größeren Kreis von Lehrbeauftragten gehalten.

## 8.3 Veränderungen in der Zeit des Nationalsozialismus

### 8.3.1. Naturwissenschaftliche Fakultät

Nicht nur in München stieg in den 20er und 30er Jahren die Bedeutung der Mathematik und der Naturwissenschaften erheblich an. An vielen Universitäten hatten diese Fachbereiche noch bis zum ersten Weltkrieg keinen "auch nur angenähert gleichberechtigten Platz"[3] neben den klassischen Kulturwissenschaften eingenommen. Eine Folge dieses Bedeutungsanstiegs nach 1918 war die verstärkte Bildung eigenständiger naturwissenschaftlicher Fakultäten, deren erste ja bereits 1863 in Tübingen gegründet worden war[4].

Die zwei Jahre später (1865) in München vorgenommene Aufteilung der Philosophischen Fakultät in zwei Sektionen erlaubte lange Zeit, die aus der Sicht zahlreicher Mathematiker wünschenswerte Einheit dieser Fakultät aufrecht zu erhalten. Schließlich war jedoch inzwischen die zweite, die mathematisch-naturwissenschaftliche Sektion derart angewachsen, daß es 1937 auch an der Ludwig-Maximilians-Universität zur Bildung einer selbständigen Naturwissenschaftlichen Fakultät kam.

Dabei bildete die Mathematik, die inzwischen mehr und mehr als eine Naturwissenschaft angesehen wurde, stets das erste Fachgebiet dieser Fakul-

---

[1] [Scharlau], 146
[2] Robert Brückner: * 1907 Leipzig, † 1986 München; 1957 Prom. Köln, 1964 Lehrauftrag für Versicherungsmathematik U München, 1969 Honorarprof., Nachruf s. [Koch,G.].
[3] [Säckl], 224
[4] Siehe 5.4.2.

## 8. Die Ära Perron - Carathéodory - Tietze

tät. Das mag unter anderem an der früheren Bezeichnung "mathematisch-naturwissenschaftliche Sektion" liegen, denn bereits seit der 1912/13 in den Vorlesungsverzeichnissen eingeführten Gliederung der zweiten Sektion in Fachgebiete wird die Mathematik stets an erster Stelle genannt. Durch den Verzicht auf die - durch die Umwidmung der Sektion in eine Fakultät eigentlich naheliegende - Bezeichnung "Mathematisch-Naturwissenschaftliche Fakultät" wird zudem deutlich, in welchem Maße die Mathematik inzwischen zum Bereich der Naturwissenschaften gehörte.

Auch die Zahl der Mathematikstudenten war in den 20er Jahren erheblich angewachsen. 1930 hatte sie in Deutschland mit über 6000 ihr Maximum vor der Jahrhundertmitte erreicht. Davon hatten sich etwa 98% für das Lehramtsstudium entschieden. Der Rest strebte einen Beruf in der Wirtschaft, in der Verwaltung oder an der Hochschule an[1]. Eine Änderung brachte erst die Einführung des Mathematik-Diplomstudiengangs[2].

Dem entsprach ein recht umfangreiches Vorlesungsprogramm, das von den Mathematikern im Wintersemester 1930/31 angeboten wurde[3]:

---

1930/31          VII. *Philosophische Fakultät.*

II. Sektion.     Vorlesungen:                                          Wochenstunden
*1. Mathematik.*

PERRON           Ausgewählte Fragen der Elementargeometrie              3
                 Theorie und Anwendungen der elliptischen
                 Funktionen                                              4
                 Mathematisches Seminar, gemeinsam mit
                 Carathéodory, Tietze und Hartogs                        2
CARATHÉODORY Mechanik                                                    4
                 Funktionentheorie II                                    4
                 Übungen in der Mechanik                                 2
                 Mathematisches Seminar, gemeinsam mit Perron,
                 Tietze u. Hartogs                                       2

---

[1] [Schubring 1989], 270
[2] Siehe 8.3.4.
[3] [Vorl.-Verz.]

## 8.3 Veränderungen in der Zeit des Nationalsozialismus

| | | |
|---|---|---|
| TIETZE | Differential- und Integralrechnung II | 4 |
| | Übungen zur Differential- und Integralrechnung | 2 |
| | Mathematisches Proseminar | 1 |
| | Mathematisches Seminar, gemeinsam mit Perron, Carathéodory u. Hartogs | 2 |
| HARTOGS | Synthetische Geometrie II (mit Übungen) | 5 |
| | Mathematisches Seminar, gemeinsam mit Perron, Carathéodory u. Tietze | 2 |
| BRUNN | Isoperimetrische Probleme | 2 |
| DINGLER | Einführung in die höhere Mathematik unter besonderer Berücksichtigung des Forstfachs | 5 |
| | Einführung in die Psychologie für Pädagogen | 2 |
| | Philosophisches Kolloquium | 2 |
| BÖHM | Wahrscheinlichkeitsrechnung | 4 |
| | Seminar für Statistik und Versicherungswissenschaft: Versicherungswissenschaftliche Übungen | 2 |
| LETTENMEYER | Unendliche Reihen (mit Übungen) | 4 |
| | Zahlentheorie (algebraische Zahlen) | 3 |
| WIELEITNER | Fortentwicklung der analytischen Geometrie in der Descartes'schen Schule I. Teil | 1 |
| BOCHNER | Analytische Geometrie II | 4 |
| | Übungen zur analytischen Geometrie | 1 |

Durch die restriktive Bildungspolitik der Nationalsozialisten, durch Sparmaßnahmen der Weimarer Republik und durch die Halbierung der Geburtenziffern in den Jahrgängen des ersten Weltkriegs ging die Zahl der Studenten in den 30er Jahren erheblich zurück[1].

*8.3.2 Einflüsse des Nationalsozialismus*

Über die Mathematik an der Münchner Universität in der bewegten Zeit des Nationalsozialismus liegen bisher noch kaum nähere Untersuchungen bzw. Dokumentationen vor. Einen lebendigen Eindruck, vor allem der Vorgänge an der Technischen Hochschule, vermitteln jedoch die "Erinnerungen

---

[1] [Schubring 1989], 272

## 8. Die Ära Perron - Carathéodory - Tietze

an eine Epoche Mathematik in München (1930-1960)" von JOSEF HEIN-HOLD[1].

Als charakteristisch dafür sei auf das gemeinsame *Münchner Mathematische Kolloquium*, das sogenannte "Kränzchen" hingewiesen - ein monatlicher Vortrag mit anschließendem Abendessen. Es war unter FELIX KLEIN in den 1870er Jahren gegründet worden[2] und war Ausdruck des guten Kontakts zwischen den Mathematikern der Universität und der Technischen Hochschule. Neben den Professoren, Dozenten und Assistenten nahmen daran Anfang der 1930er Jahre auch die Emeriti HEINRICH LIEBMANN und PRINGSHEIM teil[3]. Letzterer war die "Seele" dieses Kränzchens. 1933 begann für ihn als "Nichtarier" eine Leidenszeit, "die er mit bewundernswertem Elan durchkämpft hat"[4].

Der Funktionentheoretiker PRINGSHEIM war auch ein an Musik interessierter[5] Kunstmäzen, ein begabter Pianist und als Sammler von Majolika und Bildern bekannt[6]. Seine Tochter KATJA, die später THOMAS MANN heiratete, war 1901 die erste Abiturientin am 1559 gegründeten Münchner Wilhelmsgymnasium - allerdings noch als Privatstudierende[7]. Da PRINGSHEIM den auch für Emeriti vorgeschriebenen Eid auf HITLER verweigerte[8], wurde er zwangspensioniert, mußte sich von seiner wertvollen Majolikasammlung und seiner Bibliothek trennen und sein Haus in der Arcisstraße zwangsweise an die "Partei" zum Niederreißen verkaufen[9]. Nachdem PRINGSHEIM am 18.8.1939 ein Gesuch eingereicht hatte, seinen Wohnsitz nach Zürich verlegen zu dürfen, wurde PERRON um Stellungnahme gebeten[10]:

---

[1] [Heinhold 1984]
[2] Siehe [Lorey], 151. Eingerichtet wurde es vermutlich nach dem Vorbild des von Clebsch, Schell und Chr. Wiener in Karlsruhe gegründeten Mathematischen Kränzchens ([Lorey], 219).
[3] [Heinhold 1984], 195
[4] Perron in [Perron 1953], 5 f.
[5] Er hatte etwa auch mit Richard Wagner korrespondiert ([Pinl], III, 202).
[6] [Bruch], 211
[7] [Wilhelmsgymnasium], 15
[8] Pringsheim sollte, bereits im 85.Lebensjahr stehend, persönlich zur Professorenvereidigung erscheinen. Er sagte am 8.11.1934 dem Kultusministerium schriftlich ab und wurde daraufhin - unter Kürzung seines Gehaltes auf 75% - in den Ruhestand versetzt; BHStA: MK 44150 - PA Pringsheim.
[9] [Perron 1953], 6
[10] Stellungnahme Perrons vom 16.9.1939; BHStA: MK 44150.

## 8.3 Veränderungen in der Zeit des Nationalsozialismus

"PRINGSHEIM gehört zu den führenden Mathematikern; er wird allgemein als der "Altmeister der Funktionentheorie" bezeichnet. PRINGSHEIM hat sich nie um etwas anderes gekümmert, las um Mathematik und in seinen Mussestunden um Kunst. Bis vor wenigen Jahren war er noch produktiv tätig. Und wenn heute, da er im 90. Lebensjahr steht, seine Schaffenskraft erloschen ist, so ist gewiß nicht zu befürchten, dass er im Ausland etwa der deutschfeindlichen Agitation sich zur Verfügung stellen würde. Mit 89 Jahren sehnt man sich ja wohl nur nach Ruhe, und ich glaube, dass es auch im neutralen Ausland den besten Eindruck machen würde, wenn man dem alten um die Wissenschaft so hochverdienten Mann die Ruhe in der Schweiz gönnen würde.

München, den 16.September 1939.
PERRON."

PRINGSHEIM durfte auswandern und zog noch im Herbst nach Zürich. Was das Mathematische Kolloquium angeht, so hatte man schon einige Zeit vorher verlangt, daß PRINGSHEIM, LIEBMANN und HARTOGS nicht mehr am Kolloquium teilnehmen sollten. Daraufhin ließ FABER[1], für den eine Fortsetzung ohne diese Kollegen nicht in Frage kam, das Kolloquium einschlafen[2]. Das nach dem Krieg wieder eingerichtete gemeinsame "Münchner Mathematische Kolloquium" dokumentiert heute noch die Verbundenheit der Mathematiker beider Münchner Hochschulen.

Abgesehen von den Kriegsjahren konnte sich das mathematische Seminar im Vergleich zu anderen Fachrichtungen den politischen Einflüssen in der Zeit des Nationalsozialismus zwar nicht völlig, aber doch weitgehend entziehen. Dies erscheint vor allem deshalb bemerkenswert, da "nationalsozialistische Studenten und Professoren an der Münchner Universität besonders stark vertreten waren"[3]. Unter den - zusammen mit der Technischen Hochschule - zehn Münchner Mathematikprofessoren, die in dieser Zeit Akademiemitglieder waren, befanden sich jedoch keine Parteianhänger[4]. Auch die übrigen Dozenten lehnten bis auf einen den Nationalsozialismus ab[5]. Im Bereich der mathematisch-naturwissenschaftlichen Klasse der Aka-

---

[1] Siehe 6.5.
[2] [Heinhold 1984], 195
[3] [Eckert 1984], 134
[4] Genaueres in: [Faber 1959], 44
[5] [Heinhold 1984], 195

## 8. Die Ära Perron - Carathéodory - Tietze

demie war es insbesondere TIETZE, der sich gegen eine Beeinflussung durch die Nationalsozialisten wehrte. Im Bericht eines Gaudozentenbundführers von 1940 wird TIETZE unter anderem als "(...) ein absolut unbelehrbarer Reaktionär, für den auch heute noch der Nationalsozialismus auf den Hochschulen indiskutabel ist," diffamiert.[1]

Neben TIETZE waren auch Lehrer wie PERRON durch ihr aufrechtes, gegen ideologische Einseitigkeiten gerichtetes Auftreten den Mathematikstudenten Halt und Vorbild im Geschehen dieser Zeit[2]. Eingehendere wissenschaftshistorische Untersuchungen zur NS-Zeit charakterisieren PERRON, der in den Jahren 1933/34 Vorsitzender der DMV war, als eine Persönlichkeit, "die mit den Nazis gewiß nicht sympathisierte"[3]. Wie eine neuere Arbeit über die DMV-Geschichte dieser Zeit zeigt, war PERRON erfolgreich bemüht, die Vereinigung vom politischen Engagement für den Nationalsozialismus weitgehend freizuhalten[4].

### 8.3.3 "Entpflichtungen" und Neubesetzungen

Die mathematische Fachschaft wurde an der Universität München zwar keineswegs so zu Personaländerungen ("Säuberungen") gezwungen wie das in Göttingen der Fall war, wo die Mathematik kurzfristig fast verwaist war[5]. Dennoch gab es durchgreifende Maßnahmen.

Bereits erwähnt wurde BOCHNER[6], der 1933 aufgrund seiner jüdischen Herkunft seine Tätigkeit an der Münchner Universität aufgeben mußte und emigrierte. Ebenso wurde ROSENTHAL[7], der vorher in München tätig war, in Heidelberg 1935 "entpflichtet" und ging in die USA. Ein einschneidendes Schicksal war HARTOGS[8] beschieden. Nach seiner Entlassung in Jahre 1935

---

[1] Siehe [Stoermer], 100-103.
[2] [Heinhold 1980], 124; [Heinhold 1984], 186
[3] [Mehrtens], 86
[4] Siehe die auf Archivarbeiten beruhende Darstellung von Schappacher/Kneser: Fachverband - Institut - Staat. Streiflichter auf das Verhältnis von Mathematik zu Gesellschaft und Politik in Deutschland seit 1890 unter besonderer Berücksichtigung der Zeit des Nationalsozialismus. In: [Fischer;Hirzebruch;Scharlau;Törnig],1-82. Hier: 59-64.
[5] Siehe etwa [Scharlau], 118-128.
[6] Siehe 7.4.5.
[7] 7.4.4
[8] Siehe 8.1.2.

## 8.3 Veränderungen in der Zeit des Nationalsozialismus

nahm er sich 1943 unter den zunehmend demütigenden Zwangsmaßnahmen das Leben.

SOMMERFELD erreichte 1935 das Pensionsalter. Schon in den 20er Jahren war es zwischen ihm und Anhängern der Nationalsozialisten zu Auseinandersetzungen gekommen[1]. So gab es auch um seine Nachfolge nachhaltige Konfrontationen[2]. Obwohl SOMMERFELD kein Jude war, wurde er fälschlicherweise als solcher vielfach angegriffen und diffamiert. Schließlich konnte er seinen Wunschkandidaten WERNER HEISENBERG gegenüber dem nationalsozialistischen Dozentenbund[3], als dessen Hochburg die Universität München galt[4], nicht durchsetzen. Zum 1.12.1939 wurde als Vertreter der "Deutschen Physik" der Aerodynamiker WILHELM MÜLLER[5], der bald darauf auch Dekan wurde, als Sommerfeld-Nachfolger berufen[6]. SOMMERFELD zog sich zurück - auch von seinem Institut, das kurze Zeit später in "Institut für Theoretische Physik und Angewandte Mechanik" umbenannt wurde[7]. Nach der Amtsenthebung MÜLLERs wurde der Lehrstuhl für Theoretische Physik 1947 dem "Sommerfeld-Enkel" FRITZ BOPP (1909-1987) übertragen.

1938 wurde CARATHÉODORY[8] emeritiert. Seine Stelle wurde erst 1944 wieder besetzt[9] - mit EBERHARD HOPF[10], der durch seine beachtlichen Bei-

---

[1] [Eckert 1984], 134
[2] [Eckert 1984], 150-162
[3] 1934 gegründet
[4] [Eckert 1984], 135
[5] Wilhelm Carl Gottlieb Müller: * 1880 Hamburg, † 1968; Stud. Straßburg, Göttingen, Heidelberg u. Leipzig, 1921 PD u. 1928 ao.Prof. TH Hannover, 1928 o.Prof. Dt.TH Prag, 1934/39 o.Prof. Mechanik TH Aachen, 1939 o.Prof. Phys. U München, 1945 amtsenth. ([Eckert 1984], 163), 1954 emer.
[6] "Ein Skandalon ersten Ranges"([Brandmüller;Oittner-Torkar], 6).
[7] Am 18.6.1941 - "(...) um der Besetzung des Lehrstuhls mit einem Professor der technischen Mechanik einen halbwegs legalen Anschein zu verleihen"([Eckert 1984], 162). Die Jahre des Nationalsozialismus im Leben von Sommerfeld wurden in [Eckert 1984], 129-163 näher dokumentiert.
[8] Siehe 8.1.6.
[9] Den politischen Intrigen im Rahmen des Bemühens um eine Neubesetzung wird in [Litten 1994] nachgegangen.
[10] Eberhard Hopf: * 1902 Salzburg, † 1983 Bloomington/Indiana USA; 1920/24 Stud. U Berlin u. Tübingen; 1926 Prom. (E.Schmidt, I.Schur) Berlin, 1927 Ass. Astron.Rechenninst., 1929 Hab. PD Math.u.Astr. U Berlin, 1930 Astron.Obs. Harvard U Cambridge/Mass., 1932 Ass.Prof. MIT, 1936 o. Prof. U Leipzig, 1942 Luftfahrt-Forschungsanstalt Ainring b. Freilassing, 1944/48 o.Prof. U München, 1947 Visit.Prof. Courant Inst. New York U, 1949 o.Prof. u. 1962 Res.Prof. Indiana U Bloomington USA, 1972 em., 1947 ord. u. ab 1948 korr. Mitglied BAdW; zu Leben u. Werk s.

## 8. Die Ära Perron - Carathéodory - Tietze

träge auf dem Gebiet der Ergodentheorie, der topologischen Dynamik, der partiellen Differentialgleichungen, der Variationsrechnung und physikalischer Anwendungen bekannt geworden war. In München hielt er, dem Bedürfnis der Zeit entsprechend, vor allem die grundlegenden Vorlesungen zur Differential- und Integralrechnung.

Am 6.3.1939 starb LINDEMANN, der seit seiner Emeritierung 1923 noch lange Jahre an der Universität mitgewirkt hatte. Ausdruck der Wertschätzung seiner Kollegen (und der Universitätsverwaltung) ist eine in ihrem Auftrag angefertigte Portraitplastik LINDEMANNs. Sie wurde am 12. April 1922 anläßlich seines 70.Geburtstages "in der Eingangshalle, an der das mathematische Seminar liegt"[1] aufgestellt und ist heute im Foyer gegenüber dem Dekanat der Mathematischen Fakultät zu sehen[2]. VOSS schrieb am 22.9.1922 dazu in einem Brief an KLEIN[3]:

"Im Mai und April haben hier in Ehrung von LINDEMANN verschiedene Feiern stattgefunden. Seine vortrefflich ausgeführte erzene Büste, geziert mit einem goldenen $\pi$ ist auf dem Korridor vor dem math. Seminar aufgestellt worden, als ein Zeichen der Wertschätzung,/ die sich L. durch seine früheren Arbeiten und seine ausserordentlich wichtige und fruchtbare Tätigkeit im Verwaltungsrat der Universität erworben hat. Diese letztere aufopferungsvolle Tätigkeit mag allerdings schwer mit der Sammlung zur mathem. Abstraction vereinbar sein. Nur so scheint es erklärlich, daß seine Behandlung des Biegungsproblems ganz fehlerhaft ist, und es ist fast unbegreiflich, daß L. das immer noch nicht einsehen will, ja sogar versucht, in neuen Veröffentlichungen weitere Ausführungen dazu zu geben. Als wir uns zum letzten Mal in Göttingen trafen, sprachst Du schon mit tiefer Anteilnahme von dem tragischen Geschick, dem L. verfallen zu sein scheint."

---

Manfred Denker JDMV 92(1990)47-57; Kurzbiogr. in: Notices AMS 28(1981), Issue 212, Nr. 6; von Heinz Bauer in: Jahrb.BAdW 1984, 254-256

[1] Brief des derzeitigen Rektors v.Drygalski an Lindemann vom 10.4.1922 (Nachlaß Volk). Siehe dazu auch das Glückwunschschreiben von Voss an Lindemann (Nachlaß Volk 8.4.1922) im Anhang 10.9.10; Lindemanns Dankschreiben an das Dekanat vom 23.4.1922; Kosten: 10000,- M. (UAM: Personalakte).

[2] Photo in [LMU Boehm;Spörl], 323. Auch das Mathematische Forschungsinstitut Oberwolfach besitzt eine Plastik Lindemanns.

[3] UBG: Cod.Ms.F.Klein, Brief Voss an Klein Nr.186 G (siehe 10.9.3).

## 8.3 Veränderungen in der Zeit des Nationalsozialismus

Bereits 1902 hatte HERMANN A. SCHWARZ[1] auf einer Berliner Berufungskommissionssitzung LINDEMANN "Mangel an Selbstkritik, verschiedene verunglückte Beweise" vorgeworfen[2]. Dennoch sind LINDEMANNs Verdienste ohne Zweifel bemerkenswert. Dazu sei abschließend auf den "Jubiläumsbrief" von TIETZE hingewiesen, in dem er LINDEMANN sowohl zu seinem 80.Geburtstag (12.4.1932) gratuliert als auch "das fünfzigjährige Jubiläum jener wunderbaren Gipfelleistung", den Beweis der Transzendenz von $\pi$, würdigt[3].

Ebenfalls 1939 wurde ROBERT SCHMIDT[4] als nichtbeamteter außerordentlicher Professor "mit der Vertretung des Lehrstuhls für Mathematik (Geometrie) beauftragt"[5]. Das war das 1902 für darstellende Geometrie eingerichtete Extraordinariat[6], das 1927 für HARTOGS in einen Lehrstuhl umgewandelt wurde. Darstellende Geometrie bot SCHMIDT unter anderem etwa auch im Sommersemester 1947 an, später jährlich im Sommersemester bis 1964. 1940 wurden an der Universität Trimester eingeführt. Nur noch PERRON, CARATHÉODORY, TIETZE und BÖHM boten Vorlesungen an[7]. Da SCHMIDT selbst vertreten werden mußte, beauftragte[8] am 12.2.1941 der Rektor den früher am geodätischen Institut Potsdam wirkenden Professor für angewandte Mathematik FRIEDRICH VON DALWIGK[9] die Vorlesungen zu halten. Wegen Erkrankung konnte auch dieser nicht antreten und so übernahm der Privatdozent der Technischen Universität MAX STECK[10] diese Vertretung und von 1942 bis 1944 einen speziellen Lehrauftrag für Geometrie. 1945 trat STECK, der vor allem auf dem Gebiet der Mathematikge-

---

[1] Schwarz, Hermann Amandus: * 1843, † 1921; 1866 Hab. PD U Berlin, zugl. höh.Schuldienst, 1867 ao.Prof. Halle, 1869 o. Prof. Eidg. Polytechn. Zürich, 1875 o.Prof. Göttingen, 1892/1917 (Nachf.v.Weierstraß) U Berlin, 1917 emer.
[2] [Biermann], 168. Siehe dort S.306 auch die Bemerkung von Weierstraß (1892).
[3] Brief von Tietze an Lindemann vom 11.4.1932 (Nachlaß Volk); siehe Anhang 10.9.11.
[4] Robert Schmidt: * 1898 Gremsmühlen, † 1964; 1925 Hab. Königsberg i.Pr., dann PD, 1925 Kiel, 1930 dort ao.Prof., 1939 München, 1948-1964 o.Prof. (ao.Prof. u. pers.Ord.) U München (nicht "TH" wie in [Scharlau], 186).
[5] [Vorl.-Verz.] vom WS 1939/40
[6] Siehe Doehlemann, 6.6.
[7] [Vorl.-Verz.]
[8] UAM: Sen 208/45
[9] Friedrich von Dalwigk: * 1864, † 1943; 1897 Hab. Marburg; [Scharlau], 214
[10] Max Steck: * 1907 Basel, † 1971; 1935-39 Ass. TH München, 1938 Hab., vertritt 1941 Robert Schmidt, 1952 Akad. für angewandte Technik Nürnberg, 1957 Akad. für Bautechnik München; [Poggendorff], 7a, 504.

## 8. Die Ära Perron - Carathéodory - Tietze

schichte[1] arbeitete, durch die deutsche Herausgabe des Euklidkommentars von PROKLOS (5. Jh.) hervor. Ab 1946 war sein knapp 400seitiger Studienführer über die "Grundgebiete der Mathematik"[2] den vielen neuen Mathematikstudenten eine Orientierungshilfe. STECK gab noch zu Lebzeiten HILBERTs eine Untersuchung über dessen Briefwechsel mit FREGE heraus[3], die bis zur Herausgabe des umfassenderen wissenschaftlichen Briefwechsels von FREGE 1976 maßgebend war. In seiner Monographie über "Das Hauptproblem der Mathematik"[4], die vor dem Hintergrund ihrer Entstehungszeit zu sehen ist, verfolgt STECK den Übergang von anschaulicher zu formaler Mathematik und sucht zugleich eine Verbindung mit philosophischen Grundlagen herzustellen. Auf STECKs Vorarbeiten beruht auch die von Menso FOLKERTS 1981 herausgegebene Bibliographie der Euklidausgaben[5].

1942 habilitierte sich an der Universität EDUARD MAY[6]. Er war anschließend bis 1944/45 Privatdozent für Geschichte und Methodik der Naturwissenschaften und ab 1951 als außerordentlicher Professor der Philosophie an der Freien Universität Berlin tätig. So kündigte er beispielsweise für das Wintersemester 1944/45 folgende zweistündige Vorlesung an[7]: "Das Erkenntnisproblem - unter besonderer Berücksichtigung der Philosophie und der Geschichte der Naturwissenschaft".

### 8.3.4 Diplom-Studiengang

Die Zeit von 1800 bis 1945 umfaßt die klassische Periode der Geschichte der mathematische Institute in Deutschland[8]. Charakteristisch ist für diese Periode die Entwicklung der Mathematik zu einer eigenständigen akademischen Disziplin[9]. Bisher war deren grundlegende Aufgabe die Lehrerbildung. Es war allgemein üblich, das Mathematikstudium mit dem Staatsexamen abzuschließen, ohne das das gymnasiale Lehramt nicht zugänglich war. Die

---

[1] Unter anderem über Lambert.
[2] Heidelberg 1946
[3] Sitzungsber. d. Heidelberger Akad. 1941
[4] Berlin 1942, 2.Aufl. 1943
[5] [Folkerts 1981]
[6] Eduard May: * 1905 Mainz, † 1956 Berlin-Kladow; Schüler von H.Dingler; [Poggendorff], 7a; s.a. [Wolters], 398.
[7] [Vorl.-Verz.]
[8] Zum Begriff "Institut" siehe 9.1.
[9] Schubring spricht von "Autonomisierung"; siehe [Schubring 1989], 264.

## 8.3 Veränderungen in der Zeit des Nationalsozialismus

Promotion als Studienabschluß bildete die Ausnahme[1]. Erst nach 1945 setzten sich die Diplom-Studiengänge an den deutschen Universitäten durch. Deren Schwerpunkt lag anfangs, entsprechend den Bedürfnissen von Verwaltung, Wirtschaft und Industrie, eher im Bereich der angewandten Mathematik[2]. Später war durchaus auch ein Diplom-Abschluß in reiner Mathematik keine Seltenheit. Die Zahl der das Diplom anstrebenden Studenten ist gegenüber den Lehramtsstudenten in den folgenden Jahrzehnten zu einer vergleichbaren Größenordnung angewachsen. Noch 1954 bemerkte J.E. HOFMANN[3]:

"Der Hauptstamm der Münchner Mathematikstudierenden will später ins Lehramt an den höheren Schulen gehen."

Wie aus der Darstellung in 8.2.1 hervorgeht, übernahm die Universität München auch bei der Einführung der Diplomprüfungen eine führende Rolle in Deutschland: Aufgrund der von LINDEMANN gehaltenen versicherungsmathematischen Vorlesungen wurde schon vor 1913 eine Diplomprüfung für Versicherungssachverständige eingerichtet[4] und damit der Weg geschaffen zu einem speziellen Abschluß für angewandte Mathematiker. Erst nach 1918 spricht man über die Einrichtung von eigenständigen Mathematikdiplomen[5].

Die Verbreitung ging dann von den technischen Hochschulen aus. Der Grund: In den 1920er Jahren wurde die Mathematik auch an den technischen Hochschulen zunehmend selbständig[6]. Doch waren dort die Mathematikstudenten noch fast ausschließlich am Lehrberuf orientiert. Nach SCHUBRING[7]

"scheint das Diplom erstmals zu Beginn der 1920er Jahre in Danzig (damals Freie Stadt) für die Fächer der Allgemeinen Abteilung eingerichtet worden zu sein. Es ist aus den vorliegenden Darstellungen nicht deutlich, wann der Diplom-Abschluß für Mathematiker an weiteren Technischen Hochschulen eingeführt wurde. Mit der Diplomprüfungsordnung von 1942 wurde auch für die Universitäten dieser Studiengang eingeführt und damit neue Entwicklungsprofile eingeleitet".

---

[1] [Säckl], 83
[2] Dort besonders in der Versicherungsmathematik.
[3] [Hofmann 1954], 25
[4] [Lindemann 1971], 113
[5] [Säckl], 83
[6] [Schubring 1989], 275
[7] [Schubring 1989], 276

## 8. Die Ära Perron - Carathéodory - Tietze

Die Entwicklung der Diplomprüfungsordnung hängt mit der 1937 neu strukturierten Lehrerbildung und mit der 1940 entstandenen ersten reichseinheitlichen Lehrerprüfungsordnung zusammen[1]. In einer Fußnote heißt es ergänzend: "Über die Geschichte der Einführung des Diplomgrades für Mathematik und Naturwissenschaften 1942 liegen noch keine Publikationen vor." Hierfür wäre der bereits sehr frühen Einführung in München noch besonders nachzugehen. Auch erst Anfang der 1940er Jahre wurde dann der Titel des *Diplommathematikers* geschaffen[2] und am 22.6.1943 in einem Runderlaß[3] die "Diplomprüfung für Studierende der Physik und Mathematik" eingeführt. Bereits ein Jahr vorher war bezüglich der Studiengänge durch eine Neuordnung Entsprechendes vorbereitet worden[4].

---

[1] Näheres in [Schubring 1989], 276
[2] Siehe auch [Heinhold 1984], 183
[3] In: Deutsche Wissenschaft, Erziehung und Volksbildung. Jg.9 (1943)218 f.
[4] Runderlaß vom 7.8.1942. In: Deutsche Wissenschaft, Erziehung und Volksbildung. Jg.8 (1942)319.

# 9. Entwicklung und Ausbau ab 1945

## 9.1 Mathematisches Institut

Nach Kriegsende stand das Sommersemester 1945 und das Wintersemester 1945/46 im Zeichen von Aufräumarbeiten und der Behebung der gröbsten Mängel des schwer beschädigten Universitätsgebäudes. In dieser Zeit fand kein Vorlesungsbetrieb statt. Der Wiederaufbau zog sich länger hin. Erst nach zwölf Jahren war die Restaurierung des Gebäudes an der Ludwigstraße und des Lichthofes abgeschlossen[1].

Nach 1945 ist nun an der Universität auch vom "Mathematischen Institut" die Rede. Wie kam es zu dieser Bezeichnung und was verstand man damals darunter?

1892 war in München neben dem eher theoretisch orientierten mathematisch-physikalischen Seminar[2] auch eine Institution gegründet worden, die für die Pflege der experimentellen Physik vorgesehen ist - das "Physikalische Institut". Bald darauf konnte es seinen eigenen Neubau beziehen. Vorher gab es lediglich das "physikalische Kabinett", das im wesentlichen aus der Sammlung von Demonstrations-Instrumenten für Lehrveranstaltungen und einem Hörsaal mit Laboratorium bestand[3]. Zu dessen Vorständen gehörten Anfang des 19. Jahrhunderts STAHL, SIBER und Georg Simon OHM[4]. Dieses Universitätskabinett, das aus dem früheren "Armarium physicum" hervorgegangen war, wurde naturgemäß laufend ergänzt und erneuert. Es hatte keine konservatorischen Aufgaben zu erfüllen, wie etwa das Kabinett der Akademie[5]. Bereits seit der Mitte des 19. Jahrhunderts wurden an den Universitäten in Deutschland physikalische Sammlungen zu Instituten umgewandelt. Dies gilt auch für die anderen experimentell-beobachtenden Fächer[6]. Dabei umfassen und organisieren diese Institute, ebenso wie das

---

[1] [Bruch], 292
[2] Siehe 5.3.
[3] Vier Räume im Nordflügel der Universität.
[4] [Müller,K.A.], 207 f.
[5] Siehe 7.2.1.
[6] [Schubring 1989], 269

## 9. Entwicklung und Ausbau ab 1945

1909 von SOMMERFELD gegründete Institut für theoretische Physik[1], sämtliche Lehr- und Forschungsaktivitäten des Faches.

Anders in der Mathematik. Hier wurde zwar die Bezeichnung "Institut" von den naturwissenschaftlichen Fächern übernommen, jedoch hatte der Begriff nicht überall die gleiche Bedeutung. Als das erste "Mathematische Institut" gilt dasjenige, das KLEIN und BRILL Ende der 1870er Jahre an der Technischen Hochschule München geschaffen haben[2]. Es umfaßte den gesamten mathematischen Lehrbetrieb[3], einschließlich der Räumlichkeiten und der Bibliothek, und kennzeichnet die heute übliche Form eines mathematischen Instituts.

Die überwiegende Zahl der mathematischen Institute ist jedoch aus den früheren mathematischen *Seminaren* hervorgegangen, wie etwa 1886 in Leipzig[4], 1908 in Jena oder 1929 in Göttingen[5], dessen für die damalige Zeit besonders großzügiges und beeindruckendes Institutsgebäude durch Zuschüsse der Rockefeller-Stiftung finanziert wurde[6]. Diese ersten Einrichtungen von Instituten waren meist mit einer fachlichen, personellen und räumlichen Ausweitung verbunden.

Wie war es generell zu diesen Erweiterungen gekommen? Man mag dabei neben der schlichten Zunahme der Studentenzahlen Anfang des 20. Jahrhunderts an folgende Ursachen denken: Schon bald in den Jahrzehnten nach Gründung der Seminare wurde deren Besuch als Prüfungsvoraussetzung verlangt, wodurch die Teilnehmerzahlen deutlich anstiegen. Bis 1920 waren schließlich an den Universitäten generell auch Proseminare und Anfängerübungen verbreitet. Darüberhinaus führte die fachliche Differenzierung innerhalb der Mathematik und der Examensprüfungen zu einer Ausweitung der personellen und sachlichen Ausstattung. Auch die 1898 eingeführte Prüfungsordnung zur "Lehrbefähigung für angewandte Mathematik" erforderte zusätzliche Mittel, wie etwa den Ausbau der darstellenden Geometrie, der Modellsammlungen, der Praktika für graphische Übungen und entsprechender Räumlichkeiten[7].

---

[1] Zu diesem Institut und zum Physikalischen Institut siehe 7.1.
[2] [Dyck 1920], 17; s.a. 5.2.3.
[3] Dozenten und Assistenten
[4] Ebenfalls auf Initiative Kleins hin.
[5] Siehe auch [Lorey 1916], 334.
[6] [Schubring 1989], 271
[7] [Schubring 1989], 270 f.

## 9.1 Mathematisches Institut

Obwohl es in der Zwischenzeit zu erheblichen Ausweitungen gekommen war, behielten an einer Reihe von Universitäten die mathematischen Einrichtungen weiterhin die Bezeichnung *Mathematisches Seminar* bei. An der Universität München wurde damit sogar weiterhin, wie seit 1856 vorgesehen, speziell nur der eigentliche Seminarbetrieb gekennzeichnet. Mitglieder des der Lehrerausbildung dienenden Seminars[1] waren daher nur die dazu ernannten Ordinarien - eventuell mit dem ihnen zugeordneten Assistenten. Es spricht nichts dagegen, daß dies auch über LINDEMANNs Bestätigung von 1918 hinaus[2], insbesondere nach der 1923 vorgenommenen Aufteilung in ein mathematisches und ein physikalisches Seminar, in München weiterhin gültig war. So gehörten etwa[3] im Sommersemester 1939 dem Mathematischen Seminar PERRON, TIETZE und als "planmäßiger Assistent" BOERNER an; im Sommersemester 1944 gar nur PERRON und TIETZE. Ebenso bestand noch das *Physikalische Seminar*, dessen Vorstände damals GERLACH[4] und SOMMERFELD waren, als unabhängige Einrichtung der Naturwissenschaftlichen Fakultät neben dem Physikalischen Institut und dem Institut für theoretische Physik.

Schließlich regte die Deutsche Mathematiker-Vereinigung 1942/43 eine generelle Vereinheitlichung der "lediglich geschichtlich bedingten"[5] Unterscheidung in "Seminar" und "Institut" an. Dabei hat man sich von der auch in München getroffenen durchaus sachlich nachvollziehbaren Unterscheidung im Zuge einer reichsweiten Vereinheitlichung ganz und gar gelöst. Es ist nicht ausgeschlossen, daß diese sachliche Unterscheidung schon zu diesem Zeitpunkt (1942) in Vergessenheit geraten war.

Unmittelbar nach dieser Anregung durch die damalige DMV haben zum Beispiel die Universitäten Greifswald und Münster ihr mathematisches Seminar, das - im Gegensatz zu München - den *gesamten* Lehrbetrieb umfaßte, in "Mathematisches Institut" umbenannt[6]. Ausschlaggebend war dabei für

---

[1] Zweck gemäß § 1.; s. 5.3.2.
[2] Siehe 5.3.8.
[3] nach [Vorl.-Verz.]
[4] Walther Gerlach: * 1889 Biebrich b. Wiesbaden; † 1979 München; 1916 Hab. Tübingen, 1920 ao. Prof. Frankfurt a.M., 1925 o. Prof. Tübingen, 1929-1945 und 1948-1979 o.Prof. U München, 1930 Akademiemitgl., 1948-1951 Rektor, 1957 emer.; s.a. [Gerlach].
[5] [Schubring 1989], 271. Seminare dienten - auch in anderen Fächern - der Lehrerbildung.
[6] [Schubring 1989], 271

## 9. Entwicklung und Ausbau ab 1945

das Reichswissenschaftsministerium, daß einem Institut neben "einer gewissen organisatorischen Selbständigkeit" "mehrere wissenschaftliche Assistenten" und "eine selbständige Fachbibliothek nicht bescheidenen Umfangs" zu Verfügung stehen müssen[1]. Nach Kriegsende kam es schließlich auch an der Münchner Universität zu dieser Umbenennung[2]. Erstmals heißt es im Vorlesungsverzeichnis vom Wintersemester 1948/49 unter den wissenschaftlichen Anstalten der Naturwissenschaftlichen Fakultät nicht mehr "Mathematisches Seminar"[3], sondern "Mathematisches Institut". Dessen Mitglieder waren gegenüber dem WS 1944/45 jedoch die gleichen geblieben: PERRON, TIETZE und EBERHARD HOPF[4]. Das Physikalische Seminar war gänzlich aufgelöst worden - ein Institut bestand ja bereits.

Daß nun manche Mathematiker dem Institut angehörten und andere nicht, bedeutete gegenüber der Vorkriegszeit nichts grundlegend Neues, da das Seminar lediglich umbenannt wurde. Folgende Mathematiker kündigten zwar Vorlesungen an, waren jedoch nicht Mitglieder des Mathematischen Seminars bzw. Instituts:

- *WS 1944/45* R. SCHMIDT (o.Prof.), RIEBESELL (HonProf.), BÖHM (ao.Prof.), MAY (PD), DINGLER (o.Prof. i.R.);
- *WS 1948/49* R. SCHMIDT (o.Prof.), KÖNIG (o.Prof.), BÖHM (ao.Prof.), BOERNER (apl.Prof.), SCHLEIER (StR Luitpold-Oberrealschule), AUMANN (ao.Prof.).

Umgekehrt gehörten zu den Mitgliedern des Mathematischen Instituts:

- *SS 1949* PERRON, TIETZE und als (promovierte) wissenschaftliche Assistenten BOERNER[5] und Leonhard WEIGAND;
- *WS 1949/50* PERRON, TIETZE, Ass.: WEIGAND;
- *SS 1950* PERRON, TIETZE, Ass.: WEIGAND, NICOLAUS STULOFF;
- *WS 1950/51* PERRON, Ass.: WEIGAND, STULOFF; (Tietze em.)
- *SS 1951* PERRON, KÖNIG, AUMANN, Ass.: WEIGAND, STULOFF;
- *WS 1951/52* KÖNIG, AUMANN, Ass.: WEIGAND, STULOFF; (Perron em.)
- *WS 1952/53* KÖNIG, AUMANN, MAAK, Ass.: STULOFF, HELMUT RÖHRL;

---

[1] [Schubring 1985], 186
[2] Im Rahmen des ehemaligen "Seminars für Geschichte der Naturwissenschaften und der Mathematik" trat bereits 1938 vorübergehend die Bezeichnung "Institut" auf; s. 9.3.2.
[3] Wie etwa noch im WS 1944/45.
[4] Hopf wird 1948 mit dem Zusatz "beurlaubt" genannt, da eine Rückkehr vom Courant-Institut wohl nicht ausgeschlossen war; siehe 8.3.3.
[5] Obwohl er inzwischen seit 1943 apl. ao. Prof. war; s. 6.6.

- *SS 1954* KÖNIG, AUMANN, MAAK, Ass.: STULOFF, PETER ROQUETTE, ELMAR THOMA;
- *SS 1955* AUMANN, MAAK, STEIN, Ass.: RÖHRL (seit 23.10.53 PD), ROQUETTE, THOMA.

Allmählich weitete sich das Mathematische Institut aus. Noch im SS 1949 wurde kein Seminar gehalten und KÖNIG (kein Institutsmitglied) bot lediglich "Seminarübungen über konforme Abbildung" an. Während dann im darauffolgenden Semester ein Seminar von PERRON/TIETZE angeboten wurde, wurde schließlich das Seminar im SS 1950 von PERRON/TIETZE gemeinsam mit den Nichtinstitutsmitgliedern KÖNIG und SCHMIDT veranstaltet. Aber noch 1954 waren abgesehen von den Emeriti und Lehrbeauftragten noch lange nicht alle hauptamtlichen Mathematiker der Naturwissenschaftlichen Fakultät auch Institutsmitglieder, insbesondere auch nicht der vierte Ordinarius R. SCHMIDT[1]. Erst in den 60er Jahren wurde es für Mathematiker der Fakultät durchwegs üblich, auch Mitglied des Mathematischen Instituts zu sein.

Man möchte fragen: Welche weiteren Institute wurden im Bereich der Mathematik in München eingerichtet? Neben dem Mathematischen Institut gehören heute der Mathematischen Fakultät das 1963 gegründete "Institut für Geschichte der Naturwissenschaften"[2] und das 1974 geschaffene "Institut für Informatik"[3] an. An der Technischen Hochschule richtete 1957 HEINHOLD ein "Institut für Angewandte Mathematik" ein. Kurz vorher hatte LÖBELL die "Sammlung für Geometrie" in ein "Institut für Geometrie" umgewandelt[4].

## 9.2 Konsolidierung in der Nachkriegszeit

Ähnlich wie in den 1920er Jahren so sind auch die ersten Jahre der Nachkriegszeit gekennzeichnet durch planmäßige Neubesetzungen der inzwischen vier Lehrstühle. das führte auch zu weiteren Assistentenstellen. TIETZE und PERRON wurden 1950 bzw. 1951 emeritiert. Beide hielten jedoch noch weiterhin eine Reihe von Vorlesungen und blieben wissenschaft-

---
[1] Nachfolger von Hartogs, der ebenfalls nicht Seminarmitglied gewesen war.
[2] [Folkerts 1988]
[3] [Informatik]
[4] [Heinhold 1984], 205

## 9. Entwicklung und Ausbau ab 1945

lich aktiv. Ebenfalls 1950 starb 77jährig CARATHÉODORY[1], der noch bis 1944 Vorlesungen gehalten hatte[2] und dessen Aufgaben im gleichen Jahr von EBERHARD HOPF übernommen worden waren.

Ab 1946 lehrte RUDOLF STEUERWALD[3] als Honorarprofessor Mathematik. Er hatte zudem den Lehrauftrag übernommen, Mathematik für Forstleute zu lesen. Nach seiner Dissertation über die Theorie der Enneper-Flächen, die er mit Hilfe elliptischer Funktionen im Komplexen untersuchte, wandte sich STEUERWALD der Zahlentheorie und periodischen Kettenbrüchen zu. Er wirkte bei der Herausgabe von CARATHÉODORYs gesammelten mathematischen Schriften mit und gab dessen posthum erschienenes Werk "Maß und Integral und ihre Algebraisierung" zusammen mit ROSENTHAL und PAUL FINSLER[4] heraus.

Nachdem EBERHARD HOPF nach New York gegangen war, wurde dessen Lehrstuhl ab 1947/48 ROBERT KÖNIG[5] zunächst in kommissarischer Vertretung übertragen. KÖNIG, der bei HILBERT promoviert und sich in Leipzig habilitiert hatte, arbeitete auf dem Gebiet der algebraischen Funktionenkörper, verfaßte ein Lehrbuch über elliptische Funktionen und wurde besonders durch sein Werk "Mathematische Grundlagen der höheren Geodäsie und Kartographie" (1951) bekannt[6].

Ab dem Sommersemester 1949 übernahm KARL SEEBACH[7], damals Privatdozent an der Technischen Hochschule und zugleich Studienrat, einen

---

[1] 1938 emeritiert.
[2] [Heinhold 1984], 205
[3] Rudolf Steuerwald: * 1887 München, † 1960 Alzing/Chiemgau; ab 1906 Studium U München, Heidelberg, Freiburg, 1910 Staatsexamen, Schuldienst in Konstantinopel, Kairo, Budapest und München; 1935 Prom., 1937 pens., 1946 Hon.Prof. U München; Nachruf (von Perron) in: Jahreschronik der Universität München 1961/62: [Chronik], 28-30
[4] Paul Finsler: * 1894 Heilbronn a.N., † 1970, 1912/18 Stud. Stuttgart u. Göttingen, 1919 Prom. (bei C.Carathéodory) Göttingen; 1921 Ass. U Köln, 1922 Hab. PD u. 1925 LA U Köln; 1927/44 ao.Prof. u. 1945 o.Prof. U Zürich.
[5] Robert Johann Maria König: * 1885 Linz/Oberösterr., † 1979 München; 1903/07 Stud. Wien u. Göttingen, 1907 Prom. (D.Hilbert) Göttingen, 1911 Hab. Leipzig, dann PD, 1914 ao. Prof. Tübingen, 1922 o.Prof. Münster, 1927-1945 o.Prof. u. Institutsdirektor U Jena, 1947 komm. Vertr. einer o.Professur (von Carathéodory/E.Hopf) U München, 1953 Akad.-Mitgl., 1954 emer.
[6] Siehe auch [Beckert], 79.
[7] Karl Seebach: * 1912 München; 1942 Hab. TH München, 1942/45 Dt. Forschungsanstalt f.Segelflug (DFS) Ainring, 1948/67 Schuldienst an Münchner Gymnasien, 1956 apl. Prof. TH München, 1960 Umhab., apl.Prof. U München, 1967 ao.Prof. PH Mün-

## 9.2 Konsolidierung in der Nachkriegszeit

Lehrauftrag "für Funktionentheorie", WS 1949/50 "für analytische Geometrie", ab 1950 "für Mathematik". Im Studienjahr 1954/55 hielt er auch die Anfängervorlesungen in Differential- und Integralrechnung ($M\,I\,A$) und ($M\,II\,A$). 1950 wurde TIETZE emeritiert. Auf seinen Lehrstuhl wurde GEORG AUMANN[1] berufen, der bereits in den 30er Jahren an der Universität z.B. über Mengenlehre gelesen hatte.

Hier, nach diesen personellen Veränderungen, eine Zusammenstellung der im Wintersemester 1950/51 angebotenen mathematischen Vorlesungen:

---

1950/51     *VII. Naturwissenschaftliche Fakultät*

| Mathematik: | | Wochenstunden |
|---|---|---|
| Perron | Reelle Funktionen und Integralbegriff | 2 |
| Perron | Zahlentheorie | 4 |
| Perron, Tietze, König: | Mathematisches Seminar | 2 |
| Seebach | Differentialgleichungen (mit Übungen) | 5 |
| König | Differential- und Integralrechnung I | 4 |
| König | Übungen zur Differential- und Integralrechnung | 1 |
| R. Schmidt | Differentialgeometrie | 4 |
| R. Schmidt | Funktionentheorie I | 4 |
| R. Schmidt | Übungen zur Funktionentheorie | 2 |
| R. Schmidt | Mathematisches Praktikum | 2 |
| Steuerwald | Variationsrechnung | 4 |
| Vogel | Geschichte der abendländischen Mathematik vom 15. bis 17. Jahrhundert | 1 |

---

chen, 1969 o.Prof. für Didaktik der Mathematik PH München, 1972 o.Prof. U München, 1980 emer.

[1] Georg Aumann: * 1906 München, † 1980; 1925 Stud. U München, 1929 Staatsexamen u. höh.Lehramt, 1931 Prom. u. 1933 Hab. U München, danach PD TH u. U München, 1932/36 Ass TH München, dazw. 1934/35 Rockefeller Fellow Princeton N.J., 1936/46 ao.Prof. Frankfurt a.Main, 1948 StRat München, 1948/49 LA "für Grundlagen der Mathematik" U München, LA Phil.-Theolog. HS Regensburg, 1949 Prof. U Lamore/Pak., 1949 o.Prof. U Würzburg, 1950/60 o.Prof. U München, 1958 Akad.-Mitgl., 1960/61 U of Idaho USA, 1961 o.Prof. TH München, 1966/67 U Calif. Los Angeles. Nachruf von Elmar Thoma in [Giering], 34-36.

## 9. Entwicklung und Ausbau ab 1945

| | | |
|---|---|---|
| Vogel | Übungen zur Vorlesung | 2 |
| Schleier | Didaktik und Methodik des mathematischen Unterrichts III. Teil: Oberstufe | 2 |
| Schleier | Methodik des physikalischen Unterrichts unter besonderer Berücksichtigung der heute gegebenen Verhältnisse. II. Teil: der Unterricht der Oberstufe | 2 |
| Böhm | Mathematische Statistik (Anwendung der Wahrscheinlichkeitsrechnung) mit Übungen | 4 |
| Böhm | Seminar für Versicherungswissenschaft: "Aktuelle versicherungsmathematische Probleme" (14tägig) | 2 |

Schon 1950 war die Ludwig-Maximilians-Universität mit rund 11000 Studenten und 630 Dozenten die größte Universität Deutschlands[1]. Bis in die 60er Jahre hat sich deren Zahl verdoppelt. Nach der Studentenstatistik waren es jeweils in den Wintersemestern 1947/48: 10386, 1950/51: 11221, 1960/61: 19902 und 1971/72: 26730 Studenten[2]. Die Übernahme der Pädagogischen Hochschule in den 70er Jahren brachte einen zusätzlichen Anstieg.

Die Nachfolge von PERRON trat 1951 der Funktionentheoretiker ERNST-ADOLPH WILHELM MAAK[3] an, der besonders durch sein Werk über fastperiodische Funktionen[4] hervortrat. Zunächst war HEINRICH BEHNKE berufen worden[5], der jedoch die Berufung abgelehnt hatte[6]. Eine Reihe von Vorlesungen wurden in der Nachkriegszeit von Lehrbeauftragten übernommen. Auch die Assistenten übernahmen gelegentlich einzelne Lehraufträge, so etwa im Wintersemester 1953/54 die damaligen Assistenten HELMUT RÖHRL[7]

---

[1] Walter Butry (Hrsg.): München von A bis Z. München 1958. S.XXVI.
[2] [LMU Boehm;Spörl], 371
[3] Ernst-Adolph Wilhelm Maak: * 1912 Hamburg; † 1992 Göttingen; 1935 Prom. U Hamburg, 1938 Hab. Hamburg, 1938 Ass. u. LA Heidelberg, 1940 PD Hamburg, 1952 o.Prof. U München, 1958 o.Prof. Göttingen; 1958 korrespond. Akad.-Mitgl., ([Scharlau], 148 u. 167).
[4] Berlin: Springer Grundlehren 1950
[5] JDMV 55(1952)21
[6] JDMV 55(1952)52
[7] Helmut Röhrl: * 1927 Straubing; 1945/49 Studium U München, 1951 Ass., 1953 Hab., dann PD, 1958 Ass. Prof. Minnesota, 1964 Prof. San Diego.

## 9.3 Geschichte der Mathematik

und PETER ROQUETTE[1]. Ebenfalls 1954 habilitierte sich NIKOLAUS STULOFF[2], der sich später der Geschichte der Mathematik als Forschungsgebiet zugewandt hat. Das führt zu der Frage: Welche Bedeutung und welchen Stellenwert hat die Geschichte der Mathematik an der Universität München?

## 9.3 Geschichte der Mathematik

### 9.3.1 Stellenwert und Vorlesungen von 1860 bis 1928

Das Spezialgebiet "Geschichte der Mathematik" hat in München Tradition. Wie in Abschnitt 4.8 erwähnt, bot bereits 1860/61 GEORG RECHT eine sechsstündige (!) Vorlesung über "Geschichte und Literatur der Mathematik" an[3].

An der Technischen Hochschule hielt seit 1893/94 ANTON VON BRAUNMÜHL Vorlesungen zur Mathematikgeschichte und richtete ein mathematikgeschichtliches Seminar ein, aus dem bemerkenswerte Arbeiten hervorgingen. So bearbeitete zum Beispiel KARL R. WALLNER die Preisaufgabe der TH München von 1902 über die Vorgeschichte der Infinitesimalrechnung im 17. Jahrhundert: "Die Wandlungen des Indivisibilienbegriffs von Cavalieri bis Wallis"[4]. Diese Arbeit hat FRIEDRICH K.F. THIERSCH in seinem Nachruf zu WALLNER besonders gewürdigt[5]. Nachdem WALLNER 1905 bei LINDEMANN promoviert hatte, verfaßte er als 26jähriger für den vierten Band der "Geschichte der Mathematik" von MORITZ CANTOR den Abschnitt über "Totale und partielle Differentialgleichungen, Differenzen- und Summenrechnung, Variationsrechnung"[6].

---

[1] Peter Roquette: * 1927 Königsberg i.Pr.; 1951 Prom. Hamburg, 1952 Ass. U München, 1954 Hab., PD Princeton, 1956 Hamburg, 1959 ao.Prof. Saarbrücken, 1959 o.Prof. Tübingen, 1967 Heidelberg.
[2] Nikolaus Stuloff: * 1914 Moskau; 1947 Prom. Göttingen, 1948 Ass. U München, 1955 PD, 1957 Umhab. Mainz, 1960 apl. Prof. Mainz, 1969 Abt.Vorst. u. Prof.
[3] Siehe auch [Uebele], 32.
[4] Bibliotheca mathematica, 1902
[5] JDMV 45(1935)114
[6] 1908; [Cantor]

## 9. Entwicklung und Ausbau ab 1945

Bekannt wurde VON BRAUNMÜHL durch sein lange Zeit maßgebendes zweibändiges Werk "Vorlesungen über Geschichte der Trigonometrie"[1]. In den Ferienkursen für Mathematiklehrer[2] hielt zum Beispiel VON BRAUNMÜHL 1902 "Vorträge zur Geschichte der Mathematik"[3]. Im entsprechenden Rahmen widmete sich 1911 VON DYCK der "Entwicklungsgeschichte der mathematischen, geodätischen und astronomischen Instrumente", mit Demonstrationen in den Sammlungen des Deutschen Museums und BURKHARDTs Ferienkurs hatte das Thema "Literatur zur Geschichte der Mathematik"[4].

Zu erwähnen ist hier ebenfalls SIEGMUND GÜNTHER[5]. Er hatte sich schon während seiner Zeit als Gymnasiallehrer einen Namen auf dem Gebiet der Geschichte der Mathematik erworben. Auch wenn er in seinen zusammenfassenden Darstellungen vielleicht nicht immer mit der nötigen Sorgfalt vorgegangen ist[6], so ist doch etwa die 1887 in Berlin erschienene "Geschichte des mathematischen Unterrichts im deutschen Mittelalter"[7] noch heute das Standardwerk auf diesem Gebiet. Noch 1969 wurde es unverändert nachgedruckt. Verbreitung fand auch sein 1908 in der Sammlung Schubert erschienenes Werk "Geschichte der Mathematik"[8].

Auch LINDEMANN erkannte den Wert und Aufgabe der Mathematikgeschichte. Seine Rede[9] über "Lehren und Lernen in der Mathematik" (1904) beim Antritt seines Rektorats an der Universität München fand besonders wegen ihrer Kritik am damaligen Mathematikunterricht "erhebliche Beachtung und heftigen Widerspruch"[10]. LINDEMANN war das "geschichtliche Sehen" ein besonderes Anliegen. Daher stellte er an den gymnasialen Mathematikunterricht die fordernde Frage:

"Wir lernen zwar heute ein Stück antiker Geometrie, aber ohne uns dessen bewußt zu werden; wir lernen auch ein Stück etwas moderne-

---

[1] Leipzig 1900/1903; [Hofmann 1954], 20
[2] Siehe 7.3.
[3] [Säckl], 276
[4] [Säckl], 278
[5] Siegmund Günther: * 1848, † 1923; Staatsexamen, Hab. 1872 Erlangen, 1874 TH München, 1876 höh. Schuldienst, 1886 o.Prof. f. Geographie TH München (Figala in: [Folkerts 1988], 76; [Hofmann 1954], 24).
[6] Wie Hofmann in [Hofmann 1954], 24 bemerkt.
[7] Reihe: Monumenta Germaniae Paedagogica III
[8] Vgl. Figala in: [Folkerts 1988], 76; [Romstöck 1886], 2, 66f.
[9] [Lindemann 1904]
[10] [Säckl], 200

## 9.3 Geschichte der Mathematik

rer Trigonometrie und Algebra, aber wo bleibt der Zusammenhang mit der Vergangenheit, wo der Ausblick auf die großartige Entwicklung unserer heutigen wissenschaftlichen Mathematik, wo die Beziehung zu jenen anderen Kulturelementen, die an der Schule so sorgsam Pflege finden?"[1].

Hier war LINDEMANN seiner Zeit weit voraus. Der Ruf nach *fächerübergreifenden* Unterrichtsgestaltungen und entsprechenden Lehrplankonzepten ist erst in der zweiten Hälfte der 1980er Jahre aktuell geworden und zeigt erst gegenwärtig entsprechende Breitenwirkung. Dabei hob LINDEMANN in seiner Rede besonders hervor:

"Die Mathematik ist stets ein großer Faktor im Kulturleben der Menschheit gewesen; als solcher ist sie dem Schüler in historischem Zusammenhange vorzuführen"[2].

Dem standen die Schulen Anfang des Jahrhunderts, aber auch noch in den letzten Jahrzehnten eher fern. Fast noch eindringlicher hat 1908 dazu sein Doktorvater FELIX KLEIN die Lehramtskandidaten aufgefordert[3]:

"(...) wenn Sie vor allen Dingen nicht die historische Entwicklung kennen, so verlieren Sie allen Boden unter Ihren Füßen; Sie ziehen sich dann entweder auf den Boden der modernsten reinen Mathematik zurück und werden an der Schule nicht verstanden, oder aber Sie unterliegen dem Ansturm, geben das auf, was Sie auf der Hochschule gelernt haben, und fallen auch in Ihrem Unterricht der überlieferten Routine anheim."

LINDEMANNs Forderung, die historische Entwicklung im Schullehrplan zu berücksichtigen, wurde[4]

"in gewissem Sinne dadurch entsprochen, daß die neue Prüfungsordnung für Lehramtskandidaten in Bayern gewisse historische Kenntnisse fordert".

LINDEMANN, für den das eine grundlegende Frage der Lehrerbildung ist, bezieht sich dabei auf das 1910 erschienene Buch von WIELEITNER: Der mathematische Unterricht an den höheren Lehranstalten in Bayern[5].

---

[1] [Lindemann 1904], 13; s.a. [Säckl], 201
[2] [Lindemann 1904], 10
[3] [Klein 1908]: Elementarmathematik vom höheren Standpunkte aus. Bd. 1. 4.Aufl. 1968, S. 255
[4] Lindemann in [Poincaré], 271.

## 9. Entwicklung und Ausbau ab 1945

Auch DOEHLEMANN hat sich - Anfang des 20. Jahrhunderts - mit historischen Fragestellungen beschäftigt[1]. In den Ferienkursen für Lehrer[2] haben um 1910 LINDEMANN und DINGLER über geschichtliche Themen vorgetragen. 1912 fand dieses Spezialgebiet formale Anerkennung bei der Habilitation von DINGLER für Methodik, Unterricht und Geschichte der mathematischen Wissenschaften[3]. Zu seinen ersten Vorlesungen gehörte im WS 1913/14 die zweistündige "Einführung in die Geschichte der Mathematik vom Altertum bis jetzt", spätere Vorlesungen handeln auch von Philosophie- und Physikgeschichte.

1920 wurde für DINGLER schließlich eine spezielle außerordentliche Professur "für Methodik, Unterricht und Geschichte der mathematischen Wissenschaften" geschaffen[4], nachdem schon vorher gefordert wurde, auch Vorlesungen in Geschichte der Mathematik regelmäßig abzuhalten[5]. Im Sommersemester 1921 las DINGLER "Zur historischen Entwicklung der Infinitesimalrechnung". Als er 1938 den in 7.4.1 erwähnten Lehrauftrag für Geschichte der Naturwissenschaften übernahm[6], las zudem auch bereits KURT VOGEL über dieses Gebiet. Obwohl FELIX KLEIN schon 1907 die Pflege der Geschichte der Mathematik in Göttingen vermißt hat[7], war es dort nicht zu diesbezüglich weiteren Bemühungen und Einrichtungen gekommen. So übernahm München bald die führende Rolle auf diesem neuen Teilgebiet gegenüber den auf anderen mathematischen Gebieten durchwegs vorbildlichen Universitäten Göttingen und Berlin.

Die Aufgeschlossenheit von PRINGSHEIM gegenüber der Geschichte der Mathematik zeigt sich besonders an seinen 1928 bis 1933 in den Sitzungsberichten der Bayerischen Akademie der Wissenschaften erschienenen "Kritisch-historischen Bemerkungen". Beim Verfolgen der Geschichte bestimmter mathematischer Probleme ging er "stets auf die letzten Quellen zurück"[8]. Etwa die deutsche Herausgabe von DANIEL BERNOULLIS "Versuch

---

[5] [Wieleitner 1910]

[1] Siehe 6.6.
[2] Siehe 7.3.
[3] siehe 7.4.1
[4] siehe 7.4.4
[5] siehe 7.4.3
[6] Zuletzt bot er im WS 1944/45 eine mathematikhistorische Vorlesung an.
[7] siehe 7.4.3
[8] Perron über Pringsheim in: [Perron 1953], 3.

## 9.3 Geschichte der Mathematik

einer neuen Theorie der Wertbestimmung von Glücksfällen"[1] dokumentiert PRINGSHEIMs Interesse an gut zugänglichen Quellen[2].

Der hervorragende Stellenwert, den die Geschichte der Mathematik in München gegenüber anderen Universitätsstädten einnahm, führte nun bald zum weiteren Ausbau.

### 9.3.2 Heinrich Wieleitner, Kurt Vogel

Mit der Habilitation (1928) von HEINRICH WIELEITNER[3] für "Geschichte der Mathematik" kam diesem Fach erstmals, sogar in Deutschland, eine besondere Eigenständigkeit und Anerkennung zu. Hiermit hatte sich dieses Gebiet von der bisherigen Bindung an die Methodik und Didaktik, wie noch aus der Habilitation DINGLERs ersichtlich, gelöst. Damit beginnt auch die eingehende Beschreibung der Vorgeschichte des Instituts für Geschichte der Naturwissenschaften von MENSO FOLKERTS und IVO SCHNEIDER in der Festschrift der diesbezüglichen Münchner Forschungsinstitute[4].

Zwar war WIELEITNER aufgrund einer schweren Krankheit nur eine kurze Zeit als Honorarprofessor für Geschichte der Mathematik an der Münchner Universität beschieden, dennoch ist sein Wirken eng verbunden mit der Entstehung der mathematikhistorischen Schule in München. Erst als 54jähriger ergab sich für ihn die Möglichkeit zur Habilitation, zu der ihm SOMMERFELD geraten hatte. Es war die erste Habilitation in Deutschland speziell für Geschichte der Mathematik. Seine bisherigen wissenschaftlichen Veröffentlichungen galten als Ersatz für eine Habilitationsschrift[5]. WIELEITNER war damals (seit 1926) Oberstudiendirektor am 1918 gegründeten Neuen Realgymnasium München, dem heutigen Albert-Einstein-Gymnasium. Als Dozent für Geschichte der Mathematik hielt er daneben

---

[1] Leipzig 1896
[2] s.a. Auszug in [Schneider 1988], S. 484
[3] Heinrich Wieleitner: * 1874 Wasserburg a.Inn, † 1931 München; 1893/98 Stud., 1896/97 Staatsexamen und 1901 Prom. U München (bei Lindemann), 1898 StAss. u. 1900 Gymnasiallehrer Speyer, 1909 GymnProf. Pirmasens, 1915 Rektor Realsch. Speyer, 1920 Konrektor Realgymn. Augsburg, 1926 OStDir. Neues Realgymn. (heute: Albert-Einstein-Gymnasium) München, 1928 Hab. PD Gesch.d.Math. U München, 1930 Honorarprof. für Geschichte der Mathematik; Nachrufe: [Vogel 1988], 183-187; [Tropfke 1932]; ausführlicher von J.E.Hofmann mit Schriftenverzeichnis in [Hofmann 1933]; s.a. [Poggendorff], 5-6.
[4] [Folkerts 1988], 39 ff.
[5] [Hofmann 1933], 211

## 9. Entwicklung und Ausbau ab 1945

folgende Vorlesungen: SS 1928 "Erfindung und Entwicklung der analytischen Geometrie", WS 1928/29 - WS 1929/30 "Geschichte der Mathematik im Altertum" (drei Teile), SS 1930 "Kepler als Mathematiker", WS 1930/31 "Entwicklung der analytischen Geometrie nach Descartes"[1].

Von 1900 bis 1908 hatte er zunächst, auf seine Dissertation aufbauend, auf dem Gebiet der algebraischen Kurven gearbeitet. Viele seiner mathematikhistorischen Publikationen sind auch heute noch nicht überholt[2]. Sein Anliegen war es hier im besonderen, die Entwicklungsgeschichte der Leitgedanken der neueren Mathematik des 17./18. Jahrhunderts herauszuarbeiten. TROPFKE sah in WIELEITNER gar den "Mentor der mathematischhistorischen Forschung"[3]. Wie HOFMANN bemerkt, war WIELEITNER "auf dem besten Wege, eine Münchner historisch-mathematische Schule ins Leben zu rufen"[4]. 1929 brachte er den hervorragenden Handschriftenkenner KURT VOGEL zur Promotion[5], der WIELEITNERs Werk fortsetzte. PERRON, der historisch nicht uninteressiert war, übernahm hier, wie auch bei der ebenfalls mathematikhistorischen Dissertation von JOSEF WEINBERG (1935) die Aufgaben des Zweitgutachters.

1933 habilitierte sich KURT VOGEL[6] mit einer Schrift über die griechische Logistik (praktisches Rechnen). VOGEL, der wie WIELEITNER im Hauptberuf am Gymnasium Mathematik und Physik lehrte, war bis 1954 zugleich aktiv im Schuldienst tätig. Auch aus dieser Erfahrung heraus bemühte er sich besonders darum, die Geschichte der Mathematik den Lehramtsstudenten nahezubringen[7]. Als Vogel mit 97 Jahren 1985 starb, hinterließ er eine Fülle mathematikhistorischer Arbeiten, die ein weites Spektrum umfassen - von

---

[1] Wegen Erkrankung abgebrochen.
[2] [Folkerts 1988], 39
[3] [Tropfke 1932], 98
[4] [Hofmann 1933], 212
[5] Über die 2:n-Tabelle der Ägypter; Gutachter: Perron, Wieleitner. Siehe 11.5.
[6] Kurt Vogel: * 1888 Altdorf b. Nürnberg, † 1985 München; 1907/11 Stud. Erlangen u. Göttingen, 1911 Wiss.Staatsexamen, 1913/20 Offizier, 1920/54 höh.Schuldienst, 1920 StAss., 1922 StRat München, 1929 Prom. (O.Perron, H.Wieleitner) München, 1933 Hab. PD für Geschichte der Mathematik, 1933 StProf., 1940 apl.Prof. f.Gesch.d.Math. m.LA U München, HonProf. Inst.f.Gesch.d.Naturwiss. U München. Vorlesungen und Seminare (mit kurzen Unterbrechungen) ab WS 1933/34 bis SS 1972 (Verzeichnis: [Vogel 1988], XXXV-XL); zum LA Elementarmathematik: s.a. 7.4.5.; [Poggendorff], 7a, eigene Mitt.; ergänzender autobiograph. Bericht: [Vogel 1988], 562-570; [Folkerts 1988], 39 ff.
[7] [Folkerts 1988], 41

## 9.3 Geschichte der Mathematik

der vorgriechischen Mathematik der Ägypter und Babylonier über die der Griechen, Byzantiner, Chinesen und das abendländische Mittelalter bis in die frühe Neuzeit[1]. Hervorzuheben sind besonders seine zahlreichen Quelleneditionen mittelalterlicher Handschriften.

VOGEL war die treibende Kraft bei der Einrichtung eines Instituts für Geschichte der Naturwissenschaften an der Münchner Universität. Bereits 1936 wies er in einem Schreiben an den damaligen Rektor auf die Wichtigkeit hin, ein derartiges Institut, wie es schon in anderen europäischen Ländern existiere, auch in Deutschland einzurichten. Dafür sei gerade München besonders geeignet[2].

Dieses Ersuchen steht am Beginn einer fortlaufenden Entwicklung bis hin zu einem eigenen Lehrstuhl für Geschichte der Naturwissenschaften[3], dessen Inhaber zugleich Vorstand des 1963 gegründeten Instituts für Geschichte der Naturwissenschaften ist. Unterstützt wurde diese Entwicklung nicht zuletzt durch das Geschichtsbewußtsein der Stadt München und durch die hier angesiedelten Bibliotheken und Museen[4].

Bald nach dem Antrag VOGELs wurde[5] ein "Seminar für Geschichte der Naturwissenschaften und der Mathematik der Universität München" geschaffen. Ihm wurde der Raum 212 des Hauptgebäudes zugewiesen. Hier fanden die Seminarübungen statt und hier war auch die damals im wesentlichen aus der gestifteten Bibliothek WIELEITNERs bestehende Institutsbibliothek untergebracht. Neben den Vorlesungen VOGELs haben als Lehrbeauftragte DINGLER[6] und Anfang der 40er Jahre STECK und MAY[7] ebenfalls über Geschichte der Naturwissenschaften bzw. der Mathematik gelesen.

Dieses von VOGEL so genannte *Institut* wurde spätestens nach dem Krieg nicht mehr offiziell geführt. Nach einem erneuten Antrag VOGELs, ein Institut für Geschichte der Mathematik zu schaffen, wurde 1953 innerhalb

---

[1] Schriftenverzeichnis in [Vogel 1988], XIV - XXXI
[2] [Folkerts 1988], 39 f.
[3] Mit mathematikhistorischem Schwerpunkt. Je einen weiteren Lehrstuhl für dieses Gebiet gibt es in Hamburg und Leipzig (Stand: 1992).
[4] Die 1558 gegründete Bayerische Staatsbibliothek beherbergt heute rund 5 Millionen Bände, daneben eine bedeutende Handschriftensammlung; 0,7 Mio. Bände aus Naturwissenschaft und Technik besitzt die Präsenzbibliothek des Deutschen Museums und 1,7 Mio. Bände umfassen die Bestände der Technischen Universität.
[5] Unter Vogels Leitung. Zur Bezeichnung "Institut" siehe 9.1.
[6] ab 1938; siehe 7.4.1.
[7] Siehe 8.3.3.

## 9. Entwicklung und Ausbau ab 1945

des Mathematischen Instituts die "Abteilung für Geschichte der Mathematik, Leiter: Prof. Dr. Kurt VOGEL" eingerichtet.

### 9.3.3 Institut für Geschichte der Naturwissenschaften

Daraus hat sich 1963 zusammen mit dem ehemaligen "Seminar für Geschichte der Naturwissenschaften" des Chemikers WILHELM PRANDTL (1878-1956) das "Institut für Geschichte der Naturwissenschaften" entwickelt[1]. Im gleichen Jahr wurde HELMUTH GERICKE[2], der schon vorher mathematikhistorische Gastvorlesungen in München gehalten hatte[3], auf den neu geschaffenen *Lehrstuhl für Geschichte der Naturwissenschaften* berufen.

Gleichzeitig wurde eine Assistentenstelle eingerichtet und mit IVO SCHNEIDER[4] besetzt. Nach deren Umwandlung in eine unbefristete Stelle (1974) wurde erst mit der Neubesetzung des Lehrstuhls (1981) wieder eine Assistentenstelle geschaffen.

GERICKE begann seine mathematikhistorische Lehrtätigkeit in München im Sommersemester 1964 mit einer Vorlesung über die "Geschichtliche Entwicklung mathematischer Grundbegriffe (Zahl und Grenzwert)" (mit Übungen). Durch ihn hatte die Mathematikgeschichte an der Universität weitere Schwerpunkte hinzugewonnen. Dazu gehören etwa auch Arbeiten auf dem Gebiet der Grundlagen der Mathematik und des 19. Jahrhunderts. Neben mehreren Quelleneditionen bilden die Hauptwerke von GERICKE besonders die Schriften "Zur Geschichte der Mathematik an der Universität Freiburg i.Br."[5], die "Geschichte des Zahlbegriffs"[6], den zusammen mit VOGEL und KARIN REICH[7] neu bearbeiteten Band "Arithmetik und Algebra"[8]

---

[1] Siehe dazu auch [Folkerts 1988], 40.
[2] Helmuth Gericke: * 1909 Aachen; 1926 Studium in Marburg, Göttingen (u.a. bei Hilbert) und Greifswald, 1931 Staatsexamen, 1932 Promotion, 1934 Ass. Freiburg i.Br., 1941 Hab. (Differentialgeometrie), 1952 apl. Prof., 1963 ao. Prof. U München u. pers. Ord., 1970 o. Prof., 1977 emer.; Werdegang mit Schriftenverzeichnis bis 1985: [Mathemata], 1-6; s.a. "Die Entwicklung des Instituts von 1963 bis 1980" in: [Folkerts 1988], 43-50.
[3] Beispielsweise im SS 1960, im WS 1960/61 und im SS 1962.
[4] Ivo Schneider: * 1938; Diplom, 1968 Prom., 1972 Hab. PD, 1978 apl. Prof., 1980 C2-Prof. stets U München, 1995 o.Prof. U der Bundeswehr Neubiberg.
[5] [Gericke 1955]
[6] B.I. Mannheim 1970
[7] Karin Reich: * 1941 München, 1960/66 Stud. München und Zürich, 1966 Dipl. U München, 1967/72 Ass. Deutsches Museum München, 1973 Prom. U München,

## 9.3 Geschichte der Mathematik

von JOHANNES TROPFKES "Geschichte der Elementarmathematik" und die Standardlehrbücher "Mathematik in Antike und Orient" sowie "Mathematik im Abendland"[1].

Im gleichen Jahr 1963 wurden das "Forschungsinstitut des Deutschen Museums" und das "Institut für Geschichte der exakten Naturwissenschaften und der Technik" der Technischen Hochschule München[2] eingerichtet[3]. Nach dem Karl-Sudhoff-Institut in Leipzig, dem während des zweiten Weltkriegs gegründeten Institut für Geschichte der Naturwissenschaften in Frankfurt und dem 1960 eingerichteten entsprechenden Institut in Hamburg[4] bilden die Münchner Institute die nächstältesten Institutionen dieser Art in Deutschland.

1964 ist das Institut für Geschichte der Naturwissenschaften vom sogenannten *Dreierinstitut*[5] in der Schellingstraße, wo es in zwei Räumen untergebracht war, in das Gebäude des Deutschen Museums umgezogen[6]. Das führte zu einer auch für die Studenten nicht immer glücklichen räumlichen Trennung der ehemaligen *Abteilung für Geschichte der Mathematik* vom Mathematischen Institut. 1971 bot sich die Möglichkeit, für das Institut für Geschichte der Naturwissenschaften "zwölf Raumeinheiten in dem damals vor der Fertigstellung befindlichen Bau des Mathematischen Instituts in der Theresienstraße zu erhalten"[7]. Doch man blieb auf der Museumsinsel, einerseits um "nicht die Zusammenarbeit der drei wissenschaftshistorischen Institute, die im Deutschen Museum untergebracht waren, zu gefährden"[8] und andererseits um in der Nähe der naturwissenschaftlich-technisch orientierten Museumsbibliothek zu sein, auf die man sich wegen der damals noch bescheiden ausgestatteten Institutsbibliothek angewiesen fühlte. Noch heute ist das Institut dort in neun Räumen untergebracht.

---

1973/80 Wiss.Mitarb. DFG-Projekt U München, 1980 Hab. U München, 1980 Prof. f.Gesch.d.Nat.u.Technik an d. FH f.Bibliothekswesen U Stuttgart, 1994 o.Prof. U Hamburg.
[8] [Tropfke 1980]

[1] [Gericke 1984] und [Gericke 1990]
[2] Seit 1985: Institut für Geschichte der Technik der Technischen Universität München.
[3] [Folkerts 1988]
[4] Dort hatte sich Adolf Meyer-Abbich 1925 als erster in Deutschland für Philosophie und Geschichte der Naturwissenschaften habilitiert ([Hünemörder], 8).
[5] Für Mathematik, Experimentalphysik II und Theoretische Physik.
[6] [Folkerts 1988], 45
[7] [Folkerts 1988], 31
[8] [Folkerts 1988], 45

## 9. Entwicklung und Ausbau ab 1945

Nach der Emeritierung von GERICKE (1977) wurde 1980 der Lehrstuhl und die Institutsleitung von MENSO FOLKERTS[1] übernommen. Mit ihm wurde, ähnlich wie unter VOGEL, die Erforschung der mittelalterlichen Naturwissenschaften, insbesondere der Mathematik, wieder zu einem Schwerpunkt der Institutsarbeit.

### 9.4 Ausbau von 1955 bis 1977

#### 9.4.1 Neubesetzungen traditioneller Lehrstühle

Während noch 1954 die Münchner Universität lediglich über vier mathematische Lehrstühle verfügte, gehörten 23 Jahre später bereits 13 Ordinarien zur Mathematischen Fakultät. Entsprechend stieg die Zahl der weiteren Professoren, der Privatdozenten und Assistenten; von nur zwei (außerplanmäßigen) außerordentlichen Professoren (BÖHM, VOGEL), zwei Privatdozenten (RÖHRL, SEEBACH) und drei Assistenten (ROQUETTE, STULOFF, THOMA) im Jahr 1954 auf immerhin 14 außerordentliche Professoren[2], 5 Privatdozenten und rund 24 Assistenten im Jahr 1977/78. Ursache waren sowohl die absolut steigenden Bevölkerungs- bzw. Studentenzahlen als auch der durch die Bildungsreformen der Nachkriegsjahrzehnte relativ wachsende Anteil der Studenten an der Gesamtbevölkerung. Darüberhinaus sind in Deutschland nicht nur die Studentenzahlen der Philosophischen Fakultäten im Verhältnis zu den übrigen Fakultäten von etwa 15% um das Jahr 1820 auf rund 40% um 1930 gestiegen[3], sondern es hat sich diese Zunahme in den daraufhin neu gegründeten Naturwissenschaftlichen Fakultäten nach 1945 auch noch fortgesetzt. Das führte in München schließlich am 1. März 1971 zu deren weiterer Aufteilung in fünf eigenständige naturwissenschaftliche Fakultäten[4]: in die

- Fakultät für Mathematik mit 11 Lehrstühlen, davon einer für Geschichte der Naturwissenschaften und einer für Informatik; je ein weiterer wurde 1973 und 1977 eingerichtet;

---

[1] Menso Folkerts: * 1943 Eschwege; 1967 Prom. Göttingen, 1968 Staatsexamen, 1973 Hab. TU Berlin, 1976 Prof. U Oldenburg, 1980 o.Prof. U München.
[2] C 3 -, C 2 - bzw. außerplanmäßige Professoren.
[3] [Schubring 1989], 272
[4] Bei damals insgesamt 14 Fakultäten.

## 9.4 Ausbau von 1955 bis 1977

- Fakultät für Physik (19 Lehrstühle, darunter auch für Meteorologie, Astronomie und Medizinische Optik);
- Fakultät für Chemie und Pharmazie (14 Lehrstühle);
- Fakultät für Biologie (9 Lehrstühle);
- Fakultät für Geowissenschaften (8 Lehrstühle)[1].

Ehe auf den Ausbau der Lehrstühle - der sich vor allem in den 60er Jahren vollzog - eingegangen wird, sei kurz auf die Arbeitsrichtungen des Mathematischen Instituts hingewiesen, wie sie sich zu Beginn der Ausbauzeit darstellten. In der ab 1958/59 wieder erschienenen Jahreschronik der Universität[2] heißt es dazu:

"Im Rahmen des Instituts wurden Untersuchungen über verschiedene Gegenstände der reinen und angewandten Mathematik - den Arbeitsrichtungen der Mitglieder des Instituts entsprechend - durchgeführt. Im Besonderen wurden Fragen aus folgenden Gebieten behandelt: Reelle und komplexe Analysis, Darstellungstheorie, Differentialgeometrie, Differentialgleichungen, algebraische Geometrie, approximative Nomographie, mathematische Statistik, Topologie, algebraische und analytische Zahlentheorie. Die Ergebnisse werden in Fachzeitschriften veröffentlicht."

1959/60 wurden an weiteren Arbeitsgebieten die Elementargeometrie und die Mathematikgeschichte genannt. Daneben nennt das Institut eine Reihe auswärtiger Redner, die zu Gastvorträgen eingeladen worden waren[3]. Es bestanden bereits damals vielfältige Beziehungen des Münchner Instituts zu anderen Mathematikern - etwa auch in den USA, in Großbritannien und Griechenland.

Die Zunahme der ordentlichen Professuren legt nahe, sie chronologisch nach ihrer Entstehung anzuordnen. Besonders auf dem Gebiet der seit Gründung der Technischen Hochschule an der Universität etwas vernachlässigten *angewandten Mathematik* wurden neue Ordinariate geschaffen[4]. Dazu kam der Aufbau eines Instituts für *Informatik*. Obwohl ein Lehrstuhlprinzip, wie es in der Sektion Physik besteht, am Mathematischen Institut nicht mehr üblich ist, wird im folgenden, um Zuordnungen etwas zu erleichtern, weiterhin der Begriff des Lehrstuhls benutzt.

---

[1] [Gericke 1972], 347
[2] [Chronik 1958/59], 150
[3] Unter anderem F.Hirzebruch, D.Puppe, O.Haupt.
[4] Fünfter, sechster, siebenter und neunter Lehrstuhl.

## 9. Entwicklung und Ausbau ab 1945

Lehrstuhl 1: Der erste Lehrstuhl der Linie SEIDEL - LINDEMANN - CARATHÉODORY - HOPF besitzt seit langem einen funktionentheoretischen Schwerpunkt. Auf diesen Lehrstuhl, den bis 1954 kommissarisch KÖNIG vertreten hatte, wurde am 1.1.1955 KARL STEIN[1] berufen. Wie den Jahresberichten zu entnehmen ist[2], hatte in dieser Zeit B.L. VAN DER WAERDEN einen Ruf an die Universität München abgelehnt. STEIN, der zu den bedeutendsten Schülern BEHNKEs gehört[3], las in seinem ersten Semester in München (SS 1955) vierstündig "Synthetische projektive Geometrie mit Übungen" und dreistündig über "Ausgewählte Kapitel aus der Höhern Funktionentheorie". Daneben bot er ein, seit Anfang der 50er Jahre nun schon übliches zweistündiges Seminar an. STEIN, der sich bereits damals auf dem Gebiet der komplexen Analysis einen Namen erworben hatte, wirkte auf diesem Lehrstuhl allein bis zu seiner Emeritierung rund 27 Jahre und gehört damit neben PERRON und LINDEMANN zu den Ordinarien, die das mathematische Leben an der Münchner Universität (bis heute) im 20. Jahrhundert am längsten gestalteten. 1982 trat OTTO FORSTER[4] seine Nachfolge an.

Lehrstuhl 2: Der Schwerpunkt des zweiten Lehrstuhls der Linie BAUER - VOSS - TIETZE - AUMANN ist eher ein algebraischer, wobei vielfach auch geometrische und topologische Fragestellungen berücksichtigt wurden. Nachdem AUMANN[5] an die TH München berufen worden war, übernahm im Herbst 1962 MAX KOECHER[6] dieses Ordinariat. Ihm folgte 1973 BODO PAREIGIS[7].

---

[1] Karl Stein: * 1913 Hamm; 1936 Wiss.Staatsexamen, 1937 Prom., 1940 Hab. U Münster, 1948 apl. Prof. Münster, 1955 o.Prof. U München, 1962 Akad.-Mitgl., 1966 Vorsitzender der DMV, 1981 emer.; siehe R.Remmert: Karl Stein, Träger der ersten Cantor-Medaille. JDMV 93(1991)1-5.

[2] JDMV 57(1955)60

[3] [Forster], 430

[4] Otto Forster: * 1937 München; 1960 Dipl., Staatsexamen, 1961 Prom., 1965 Hab. (alles U München), 1965 Erlangen, 1966 Princeton, 1967 Göttingen, 1968 o.Prof. Regensburg, 1975 Münster, 1982 U München, 1984 Akad.-Mitgl.; Hauptarbeitsgebiet: komplexe Analysis mehrerer Veränderlicher, algebraische Geometrie.

[5] Siehe 9.2.

[6] Max Koecher: * 1924 Weimar, † 1990 Münster; 1951 Staatsexamen, 1951 Prom. Göttingen, 1952 Ass. Münster, 1956 Hab. PD Münster, 1960 apl.Prof. Münster, 1962 o.Prof. U München, 1970 o.Prof. Münster, 1971 korr. Akad.-Mitgl.

[7] Bodo Pareigis: * 1937 Hannover; 1961 Dipl. Heidelberg, 1963 Prom. Heidelberg, 1963 Ass. U München, 1967 Hab. u. 1968 Wiss. Rat, 1973 o.Prof. U München f. Math.

## 9.4 Ausbau von 1955 bis 1977

Lehrstuhl 3: Den dritten erst 1901 für PRINGSHEIM geschaffenen Lehrstuhl übernahm nach PERRON und MAAK[1] im Jahr 1959 für vier Jahre MARTIN KNESER[2], ehe ab Herbst 1963 hier FRIEDRICH KASCH[3] für rund ein Vierteljahrhundert neue Schwerpunkte setzte und vor allem zusammen mit KOECHER und PAREIGIS den Namen der gegenwärtigen algebraischen Schule in München begründete. Von 1970 bis 1972 war KASCH Konrektor der mit 167 Instituten, Seminaren und Kliniken größten Universität Deutschlands (1971/72). Damit war nach dem Rektorat LINDEMANNs wieder ein Mathematiker in dem obersten akademischen Organ der Universität tätig. In seinem Bericht "Zur Situation der Forschung an der Universität München" plädierte KASCH für eine ausgewogene Synthese zwischen dem Lehrstuhlprinzip und der korporationsrechtlichen Gleichstellung aller Hochschullehrer. Unter dem Druck großer Studentenzahlen sollte auch nicht die Bedeutung der Forschung vergessen werden[4]. Wie die beiden folgenden Jahrzehnte zeigten, hat sich die weitere Entwicklung durchwegs an diesen Zielen orientiert.

Lehrstuhl 4: Der 1927 aus dem Extraordinariat für darstellende Geometrie hervorgegangene vierte Lehrstuhl von HARTOGS wurde noch als ROBERT SCHMIDT ihn 1939 - zunächst als Vertreter - übernahm, als "Lehrstuhl für Mathematik (Geometrie)" bezeichnet[5]. SCHMIDT las auch noch über darstellende Geometrie - eine Vorlesung, die inzwischen seit Mitte der 1960er Jahre von dem Lehrbeauftragten Studiendirektor REINHOLD FEDERLE (* 1929) abgehalten wird. Nach dem Tode SCHMIDTs übernahm 1965 WALTER ROELCKE[6] den Lehrstuhl. Er war, wie STEIN und KOECHER, ebenfalls aus Münster an die Isar gekommen[7]. ROELCKE gab dem Ordinariat einen neuen Arbeitsschwerpunkt - die mengentheoretische Topologie. Die Topologie war

---

[1] Siehe 9.2.
[2] Martin Kneser: * 1928 Greifswald; 1950 Dipl., Prom. U Berlin, 1951 Ass. Münster, 1952 Ass. u. 1953 Hab. Heidelberg, 1958 ao.Prof. Saarbrücken, 1959 o.Prof. U München, 1963 o.Prof. Göttingen.
[3] Friedrich Kasch: * 1921 Bonn; 1950 Prom. Münster, 1956 Hab. Mainz, 1956 PD Heidelberg, 1961/65 Gastprof. USA, 1963 o.Prof. U München; 1987 emer.
[4] [Kasch]
[5] Siehe 8.3.3.
[6] Walter Roelcke: * 1928 Görlitz; 1952 Dipl. u. 1954 Prom. Heidelberg, 1955/57 Ass. Princeton USA, 1957 Ass. u. 1960 Hab. PD Münster, 1965 o.Prof. U München f. Math., 1994 emer.
[7] Siehe auch [Forster].

## 9. Entwicklung und Ausbau ab 1945

im 19. Jahrhundert aus der "Geometrie der Lage", der sogenannten "Analysis situs", hervorgegangen.

### 9.4.2 Einrichtung neuer Lehrstühle

Lehrstuhl 5: Als sich BÖHM mit 70 Jahren 1955 nach 44jähriger Vorlesungstätigkeit[1] von seiner außerordentlichen Professur zurückzog, wandelte man sie in eine ordentliche Professur um und berief am 28.3.1955 HANS RICHTER[2] nach München. Er gehörte von Anfang an als "Leiter der Abteilung für mathematische Statistik und Wirtschaftsmathematik" dem Mathematischen Institut an. RICHTER bemühte sich speziell um die Förderung des Ansehens der damals noch jungen Mathematischen Stochastik, deren Brückenfunktion zwischen Theorie und Praxis ihm ein besonderes Anliegen war. Einen Namen erwarb er sich vor allem durch sein Springer-Lehrbuch über "Wahrscheinlichkeitstheorie" (1956). Er bemühte sich erfolgreich um finanzielle Unterstützungen für den Bau des *Dreierinstituts*, bei dem besonders die Bayerische Rückversicherungs AG außerordentliches Entgegenkommen zeigte[3]. In den 70er Jahren widmete sich RICHTER vor allem den erkenntnistheoretischen Grundlagen und der historischen Entwicklung seines Fachs[4]. Da inzwischen die versicherungsmathematischen Vorlesungen vielfach von Lehrbeauftragten übernommen wurden, hat man 1978 für den Nachfolger PETER GÄNßLER[5] den Lehrstuhl für Versicherungsmathematik in einen für Angewandte Mathematik (Statistik) umgewidmet.

Lehrstuhl 6: Der sechste mathematische Lehrstuhl wurde 1962 für ERHARD HEINZ[6] eingerichtet. Erstmals an der Universität wurde hier nun die angewandte Mathematik als Arbeitsschwerpunkt eines Lehrstuhls festgelegt.

---

[1] siehe 8.2.2
[2] Hans Richter: * 1912 Leipzig, † 1978; 1936 Prom. Leipzig (bei B.L. van der Waerden), 1940 Hab. Leipzig, 1950 Hon.Prof. Freiburg i.Br., 1955 o.Prof. U München, 1965 Akad.-Mitgl., 1975 emer.; Nachruf m. Schriftenverz. von Bierlein/Mammitzsch: [Bierlein]
[3] [Chronik 1961/62], 86
[4] [Bierlein], 95 u. 103 f.
[5] Peter Gänßler: * 1937 Oehringen; 1962 Dipl. u. 1966 Prom. Heidelberg, 1967 Ass. u. 1971 Hab. Köln, 1972 o.Prof. Bochum, 1976/77 Princeton, seit 1978 o.Prof. U München, 1981/82 U Washington/Seattle.
[6] Erhard Heinz: * 1924 Bautzen/Sa.; 1949 Staatsexamen, 1951 Prom. (Störungstheorie) u. 1954 Hab. (Flächentheorie) Göttingen, 1956 Prof. Stanford, 1962 o.Prof. f. Angew. Math. U München, 1966 Göttingen.

## 9.4 Ausbau von 1955 bis 1977

Nachdem E. HEINZ schon vier Jahre später einem Ruf nach Göttingen folgte, übernahm 1968 KONRAD JÖRGENS[1] die Nachfolge. JÖRGENS hatte ursprünglich mit einem Maschinenbaustudium begonnen. Bei seiner Tätigkeit (1954-1958) in der astrophysikalischen Abteilung[2] des Max-Planck-Instituts für Physik in Göttingen, aus der seine Habilitationsschrift über nichtlineare Wellengleichungen der Mathematischen Physik hervorging, wurde er unter anderem von WERNER HEISENBERG[3] und ARNULF SCHLÜTER[4] angeregt. Seit Anfang der 60er Jahre arbeitete JÖRGENS vor allem auf dem Gebiet der Operatorentheorie. In seiner Münchner Zeit ging hieraus neben einigen "Lecture Notes" sein Buch "Lineare Integraloperatoren"[5] hervor, in dem die Integraloperatoren klassifiziert und für wichtige Typen die Spektraltheorien untersucht werden. Den damaligen Studienanfängern in München ist JÖRGENS durch seine Skripten zu den Analysisvorlesungen vertraut geworden. Aufgrund einer unheilbaren Krankheit starb JÖRGENS bereits mit 47 Jahren. Seine Nachfolge trat 1976 JÜRGEN BATT[6] an, dessen fachlicher Schwerpunkt auf dem Gebiet der Funktionalanalysis und der Partiellen Differentialgleichungen liegt, wie sie insbesondere in der Astrophysik und Plasmaphysik auftreten.

Lehrstuhl 7: Im Herbst 1965 wurde der siebente Lehrstuhl geschaffen. Auf diesen Lehrstuhl "für Angewandte Mathematik (Numerische Analysis)" wurde GÜNTHER HÄMMERLIN[7] berufen, der als der Vater der Numerischen Mathematik in München angesehen wird - nicht nur wegen seiner gleichnamigen, wiederholt aufgelegten Lehrbücher.

---

[1] Konrad Jörgens: * 1926 Krefeld, † 1974 München; 1954 Prom. Göttingen, 1959 Hab. Heidelberg, 1961 ao.Prof., 1964 pers. Ord., 1966 o.Prof. Heidelberg, 1968 o.Prof. U München für Angewandte Mathematik; Nachruf: [Koethe].
[2] Leitung: Ludwig Biermann
[3] siehe 7.1
[4] Arnulf Schlüter: * 1922 Berlin; 1958 Hab. Göttingen, 1958 Honorarprof. München, 1959 o.Prof. f. theoret. Physik München, 1970 Akad.-Mitgl.
[5] Stuttgart 1970
[6] Jürgen Batt: * 1933 Gumbinnen/Ostpr.; 1959 Staatsexamen u. 1962 Prom. TH Aachen, 1962/64 Wiss.Mitarb. Jülich, 1964 Ass. Heidelberg, 1967/68 Vis.Ass.Prof. u. 1970/71 Assoc.Prof. Kent State U Ohio USA, 1968 Ass. u. 1969 Hab. U München, 1971 Wiss.Rat u.Prof., 1974 apl.Prof., 1976 o.Prof. U München.
[7] Günther Hämmerlin: * 1928 Karlsruhe; 1952 Dipl., Staatsexamen u. 1954 Prom. Freiburg, 1956 StAss., 1956 Ass. TH Karlsruhe, 1957 U Freiburg, 1961 Hab. Freiburg, 1965 o.Prof. U München für Angewandte Mathematik, 1996 emer.

## 9. Entwicklung und Ausbau ab 1945

Lehrstuhl 8: Im darauffolgenden Jahr richtete die Naturwissenschaftliche Fakultät einen Lehrstuhl "für Mathematische Logik" ein, auf den KURT SCHÜTTE[1] berufen wurde. SCHÜTTE, der vorher Ordinarius für Logik und Wissenschaftslehre in Kiel war, war 1960 durch sein Hauptwerk "Beweistheorie"[2] hervorgetreten. Zu dem Programm HILBERTs, die formale Struktur der klassischen Mathematik sicherzustellen, lagen inzwischen eine Reihe von Untersuchungen vor. Diese hat SCHÜTTE in seinem Buch zu einer einheitlichen Systematik verbunden, wobei der Schwerpunkt auf den Widerspruchsfreiheitsbeweisen liegt. SCHÜTTE war (und ist es heute noch) auch auf anderen Gebieten der Mathematik, etwa der elementaren Geometrie, tätig. 1978 übernahm sein Nachfolger HELMUT SCHWICHTENBERG[3] die Professur.

SCHÜTTE war zugleich Leiter der in den 60er Jahren innerhalb des Mathematischen Instituts eingerichteten "Abteilung für Mathematische Logik". Ebenfalls in den 60er Jahren wurde eine "Abteilung für Angewandte Mathematik" eingerichtet, deren Leiter die Inhaber des sechsten, siebenten und neunten Lehrstuhls waren. Beide Abteilungen wurden zusammen mit der oben genannten (dem fünften Lehrstuhl zugeordneten) "Abteilung für mathematische Statistik und Wirtschaftsmathematik" im Zuge der Verwaltungsreform Anfang der 70er Jahre aufgelöst.

Lehrstuhl 9: Der 1967 eingerichtete neunte mathematische Lehrstuhl war zugleich der dritte spezielle Lehrstuhl für angewandte Mathematik. Für dieses Ordinariat konnte ERNST WIENHOLTZ[4] gewonnen werden. Zu seinen Arbeitsschwerpunkten gehören das Gebiet der Funktionalanalysis als auch die Theorie der partiellen Differentialgleichungen. Die Theorie der partiellen Differentialgleichungen kann bereits auf eine längere Tradition in München zurückblicken: Erinnert sei an Namen wie E. HOPF, VOSS, CARATHÉODORY, PERRON, LETTENMEYER, E. VON WEBER, SOMMERFELD und WALLNER. Mit

---

[1] Kurt Schütte: * 1909 Salzwedel; 1933 Prom. Göttingen (bei D. Hilbert), 1935 Staatsexamen, 1951 Hab. Marburg, 1958 apl. Prof. Marburg, ab 1959 Princeton, Zürich, Pennsylv., 1963 o.Prof. Kiel, 1966 o.Prof. U München für Mathematische Logik, 1973 Akad.-Mitglied, 1977 emer.; zu Leben und Werk siehe: [Seiffert], 277 f.
[2] Berlin: Springer
[3] Helmut Schwichtenberg: * 1942 Sagan/Schlesien; 1968 Prom. Münster, 1968 Ass. u. 1974 Hab. PD Münster, 1971/72 Stanford USA, 1974 Wiss.Rat u. Prof. U Heidelberg, 1978 o.Prof. U München, 1986 Akad.-Mitglied.
[4] Ernst Wienholtz: * 1931; 1957 Prom. Göttingen, 1962 Hab. PD TU Berlin, Wiss.Rat u.Prof., 1967 o.Prof. für Angewandte Mathematik III U München.

diesem Lehrstuhl waren innerhalb von drei Jahren (1965-1967) drei neue mathematische Ordinariate geschaffen worden.

Lehrstuhl 10: Am zehnten mathematischen Lehrstuhl, der 1973 eingerichtet wurde und auf den HANS G. KELLERER[1] berufen wurde, wird schwerpunktmäßig auf dem Gebiet der Wahrscheinlichkeitstheorie gearbeitet.

### 9.4.3 Lehrstuhl für Didaktik der Mathematik

Lehrstuhl 11: Wie in den Abschnitten über das mathematisch-physikalische Seminar (5.3), die Ferienkurse (7.3) und die Entwicklung didaktischer und elementarmathematischer Komponenten (7.4) deutlich wird, haben die Ausbildung von Mathematiklehrern und die damit verbundene Mathematikdidaktik an der Universität München Tradition - vielleicht mehr als an manch anderer großen Universität. Damit mag zusammenhängen: Noch heute kommt dem Hauptfach Mathematik an Bayerns Gymnasien ein durchaus anspruchsvoller Stellenwert zu[2]. Der Mathematikhistoriker J. E. HOFMANN bemerkt 1954 dazu:

"Seit mehr als drei Generationen bemühen sich die Inhaber der mathematischen Lehrstühle an den bayerischen Hochschulen um eine Vertiefung des mathematischen Wissens an der höheren Schule. Ihr Wortführer um die Jahrhundertwende war LINDEMANN. Er hat in seiner auch heute noch beherzigenswerten Rektoratsrede von 1904 die Forderung aufgestellt, daß den jungen Menschen schon in der höheren Schule eine ihrer Altersstufe und Aufnahmefähigkeit angemessene Vorstellung vom Wesen der mathematischen Ideenausbildung vermittelt werde"[3].

Obwohl die Gymnasiallehrer an der Universität und nicht an der Pädagogischen Hochschule München-Pasing ausgebildet wurden, wurden in den 1950er und 60er Jahren nur selten mathematikdidaktische Veranstaltungen angeboten. Derartige schulbezogene Veranstaltungen waren in der damaligen Lehrerprüfungsordnung nicht vorgesehen. Eine der wenigen Ausnahmen

---

[1] Hans G. Kellerer: * 1934 Essen; 1958 Dipl. u. 1960 Prom. U München, 1961/62 U Calif. Berkeley, 1963 Hab. U München, 1965 o.Prof. Bochum, 1973 o.Prof. U München.
[2] Dies zeigt sich beispielsweise an den in Bayern verbreiteten Mathematik-Schulbüchern, an den zentral gestellten Abituraufgaben und beim durch Umzug hervorgerufenen Wechsel (aus und) in andere Bundesländer.
[3] [Hofmann 1954], 25

## 9. Entwicklung und Ausbau ab 1945

war hier eine im WS 1959/60 von SEEBACH eingerichtete "Arbeitsgemeinschaft über Fragen der Didaktik des mathematischen Unterrichts". Zum regelmäßigen Angebot gehören didaktische Veranstaltungen erst wieder ab 1970. Meist wurden sie in Form von Lehraufträgen von schulerfahrenen Pädagogen gehalten; so etwa im WS 1970/71 von FRIEDRICH BARTH: "Didaktik des mathematischen Unterrichts - Arithmetik und Algebra". Später haben auch HERBERT ZEITLER, JOHANNES KRATZ, der Autor, MANFRED HOFFMANN, PETER GMEINDL und PETER C. MÜLLER derartige Lehraufträge übernommen.

1977 wurde die Pädagogische Hochschule aus München-Pasing, die bereits seit 1972 als gesonderter Fachbereich 21 geführt wurde, durch Aufteilung dieses Fachbereichs in die Ludwig-Maximilians-Universität integriert. Damit wurde der "Lehrstuhl für Didaktik der Mathematik" des Ordinarius KARL SEEBACH[1] als elfter mathematischer Lehrstuhl zu einem für die Lehrerbildung maßgebenden Element des Mathematischen Instituts. Nach SEEBACHs Emeritierung übernahm RUDOLF FRITSCH[2] den Lehrstuhl, der nun durch die Bezeichnung "Lehrstuhl für Mathematik, vornehmlich Didaktik der Mathematik" neu definiert wurde. Die Pflege der Zusammenhangs von Universität und Schule gehört neben der Lehrerausbildung zu den vornehmsten Aufgaben der Didaktiker an den mathematischen Instituten. Schon KLEIN und BEHNKE war diese Zusammenarbeit ein persönliches Anliegen[3]. Um sie auch in München besonders zu fördern, richtete FRITSCH 1981 ein mathematisches Kolloquium für Gymnasiallehrer ein, das - auch im Vergleich mit anderen Universitätsstädten - ungewöhnlich großen und beständigen Zuspruch findet.

### 9.5 Mathematische Fakultät

In den 60er Jahren ging aus der angewandten Mathematik die Informatik als selbständiges Teilgebiet hervor. Daher wurde 1970 neben den elf ma-

---

[1] Siehe 9.2.
[2] Rudolf Fritsch: * 1939 Johannisburg/Ostpreußen; 1963 Wiss.Staatsexamen U München, 1964/67 Wiss.Hilfskraft u.Ass U Saarbrücken, 1967/69 Höh.Schuldienst, 1968 Prom. und Päd.Staatsexamen Saarbrücken, 1969 Akad.Rat z.A. u. 1973 Hab. Konstanz, Wiss.Rat u. Prof. Konstanz, 1981 o.Prof. U München für Math., vornehmlich Didaktik der Mathematik.
[3] s.a. [Forster], 431

## 9.5 Mathematische Fakultät

thematischen Lehrstühlen (9.4) und dem Lehrstuhl für Geschichte der Naturwissenschaften (9.3) ein eigener Lehrstuhl für Informatik geschaffen. GERHARD SEEGMÜLLER, der darauf berufen wurde, war - wie bei dieser Stelle vorgesehen - zugleich Vorsitzender im Direktorium des der Bayerischen Akademie der Wissenschaften zugeordneten Leibniz-Rechen-Zentrums. Die rasante Ausweitung der Informatik führte 1974 zur Gründung des Instituts für Informatik, dessen Vorstand ebenfalls SEEGMÜLLER war. 1989 übernahm HEINZ-GERD HEGERING dessen Aufgaben. Im Zuge der Ausweitung der Informatik zum Hauptfachstudium, die 1991 zur Berufung von HANS-PETER KRIEGEL und 1992 von MARTIN WIRSING führte, werden zur Zeit noch weitere Ordinariate in diesem Institut eingerichtet[1]. In Ergänzung der eher ingenieurmäßigen Ausrichtung der Informatik an der Technischen Universität München wird an der LMU schwerpunktmäßig eine Ausrichtung auf die Anwendungen in den geistes- und sozialwissenschaftlichen Fächern angestrebt[2].

Damit umfaßt die 1971 gegründete Mathematische Fakultät schließlich drei Institute: das Mathematische Institut, das Institut für Geschichte der Naturwissenschaften und das Institut für Informatik. Bald nach der Fakultätsgründung bezogen das Dekanat der Mathematischen Fakultät und das Mathematische Institut im Herbst 1972 das neu errichtete Gebäude in der Theresienstraße 39. Auf die Gründe, weshalb das zweite Institut hier nicht einzog, wurde bereits in 9.3.3 hingewiesen. Im eigens um 1960 für die mathematisch-physikalischen Institute erbauten "Dreierinstitut"[3] hatten sich die Raumverhältnisse sowohl für die expandierende mathematische als auch für die physikalische Fachrichtung schon nach kurzer Zeit als nicht mehr ausreichend erwiesen[4].

Der Vorlesungsplan des ersten Semesters im neuen Gebäude vermittelt einen Überblick über die inzwischen erreichte Vielfalt des 74 Veranstaltungen umfassenden Lehrangebots der Mathematischen Fakultät[5]:

---

[1] Bis 1996 wurden weiterhin Francois Bry und Peter Clote berufen.
[2] Näheres zu Lehre und Forschung des Instituts für Informatik siehe die Informationsschrift [Informatik].
[3] In der Schellingstraße; s.a. [LMU Boehm;Spörl], 373.
[4] Siehe Eröffnungsrede des Staatsministers Prof. Dr. Maunz am 16.7.1962 in: [Chronik] (1961/62), 82.
[5] [Vorl.-Verz.], WS 1972/73

## 9. Entwicklung und Ausbau ab 1945

WS 1972/73:     *X. Fakultät für Mathematik*

1. Mathematik:                                                          Wochenstunden

| | | |
|---|---|---|
| Wiegmann | Mathematik I A (Differential- und Integralrechnung) mit Übungen | 4+2 |
| Roelcke | Mathematik I B (Lineare Algebra) mit Übungen | 4+2 |
| Rieger | Funktionentheorie | 4+2 |
| Stein | Algebra | 4+2 |
| Prieß | Mathematik III für Physiker | 4+2 |
| Seebach | Mathematik für Naturwissenschaftler I | 4+2 |
| Maier | Einführung in den Gebrauch von Rechenanlagen mit Maschinenpraktikum | 3 |
| Barth | Geometrie und lineare Algebra in der Kollegstufe | 2 |
| Mammitzsch | Einführung in die elementare Wahrscheinlichkeitsrechnung und elementare Testtheorie | 4+2 |
| Schütte | Rekursive Funktionen | 4+2 |
| Gericke | Klassische Differentialgeometrie | 4+2 |
| Helwig | Topologie II | 4+2 |
| Wienholtz | Funktionalanalysis | 4+2 |
| Hämmerlin | Numerische Mathematik | 4+1 |
| Federle | Darstellende Geometrie II | 2 |
| Richter | Wahrscheinlichkeitsfelder | 4+2 |
| Kasch | Ausgewählte Fragen aus der Theorie der Moduln | 4+2 |
| Diller | Modelltheorie | 4 |
| Hoffmann | Optimierungstheorie | 4+1 |
| Batt | Vektormaße | 4+2 |
| Wolffhardt | Lokale analytische Geometrie | 2 |
| Pareigis | Moduln über Hopf-Algebren | 4 |
| Königsberger | Kompakte Kählermannigfaltigkeiten | 4 |
| Brückner | Sachversicherungsmathematik | 2 |
| Härlen | Lebensversicherungsmathematik I | 2 |
| Neuburger | Einführung in die Markov'schen Prozesse und ihre Anwendung in der Versicherungsmathematik II | 2 |

## 9.5 Mathematische Fakultät

Dazu kamen drei mathematische Proseminare, davon eines über Didaktik der Infinitesimalrechnung, elf mathematische Seminare, ein versicherungsmathematisches Seminar, sechs mathematische Oberseminare, je eine Arbeitsgemeinschaft über komplexe Analysis und über den Wahrscheinlichkeitsbegriff und schließlich das mathematische Kolloquium. Der Lehrstuhl für Informatik bot zwei[1], das Institut für Geschichte der Naturwissenschaften weitere fünf Veranstaltungen[2] und das "Kolloquium über Fragen der Geschichte der exakten Wissenschaften" an.

Gegenüber dem Wintersemester 1950/51 mit 17 Veranstaltungen[3] hat sich deren Zahl bis zu diesem Wintersemester 1972/73 mehr als vervierfacht. Bis zum Sommersemester 1992 hat sich diese Zahl der Veranstaltungen in der Mathematischen Fakultät nochmals mehr als verdoppelt. Dabei erweiterte sich der Personalstand von 9 Dozenten (einschließlich der Lehrbeauftragten) im WS 1950/51 über 34 im WS 1972/73, 53 im WS 1979/80 auf über 80 Dozenten im Jahr 1992.

Nach der Ausweitung des Mathematischen Instituts von 1955 bis 1977 um sieben neue Lehrstühle führte in den 80er Jahren die bildungspolitische Entwicklung nicht nur zu einem Bremsen des weiteren Ausbaus, sondern es wurden sogar freiwerdende Stellen gestrichen. Die offensichtliche Zunahme der Dozenten im letzten Jahrzehnt beruht also nicht auf einer Vermehrung der Dauerstellen, sondern auf der (ungefähren) Verdoppelung der Zahl der Privatdozenten und der Lehrbeauftragten.

Außer den genannten Ordinarien gehörten nach "500 Jahren Mathematik" (Stand: SS 1992) folgende Hochschullehrer der Fakultät an:

- die *Professoren*
WILFRIED BUCHHOLZ, HANS-DIETER DONDER, PAULINE VAN DEN DRIESSCHE (GAST), DETLEF DÜRR, VOLKER EBERHARDT, HANS-OTTO GEORGII, DAVID K. HARRISON (GAST), BRIGITTE HOPPE, HUBERT KALF, GÜNTHER KRAUS, FRED KRÖGER, ULRICH OPPEL, HORST OSSWALD, WINFRIED PETRI (EMER.), SIBYLLA PRIEß, WALTER RICHERT, ALBERT SACHS, FELIX SCHMEIDLER (GAST), HANS-JÜRGEN SCHNEIDER, IVO SCHNEIDER, MARTIN SCHOTTENLOHER, HANS WERNER SCHUSTER,

---

[1] Vorlesung: Seegmüller, "Systemprogrammierung II"; Seminar: Seegmüller/Eickel über "Semantik der Programmiersprachen".
[2] Darunter zur Mathematikgeschichte: Petri, "Arabische Algebra (mit Texten)".
[3] Siehe 9.2.

## 9. Entwicklung und Ausbau ab 1945

HEINRICH STEINLEIN, HANS-OTTO WALTHER, KLAUS WOLFFHARDT, WOLFGANG ZIMMERMANN, HELMUT ZÖSCHINGER;

- die *Privatdozenten*
WOLFGANG ADAMSKI, HELMUT FRIEDRICH, CORNELIUS GREITHER, RUDOLF HAGGENMÜLLER, GÜNTHER HAUGER, RAINER HEMPEL, ANDREAS HINZ, CAMILLA HORST, PETER IMKELLER, MANFRED KÖNIG, HELMUT PFISTER, HELMUT PRUSCHA, EUGEN SCHÄFER, RAINER SCHULZ, JÜRGEN TEICHMANN, JOACHIM WEHLER, GERHARD WINKLER;

- die hauptamtlichen *Lehrpersonen der Studienratslaufbahn*
ISOLDE KINSKI, GISELA STUDENY und

- die *Lehrbeauftragten*
STEPHAN BRAUN, RAINER V. CHOSSY, REINHOLD FEDERLE, MANFRED HOFFMANN, ENNO JÖRN, M. KAUFMANN, VOLKER KESSLER, GÜNTER KOCH, JOHANNES KRATZ, RICHARD LORCH, EDGAR NEUBURGER, HERIBERT M. NOBIS, ULF ROLAND SCHMERL, LOTHAR SCHMITZ, DIETWALD SCHUSTER, ANDREAS SCHWALD, CHRISTOPH SOBOTTA, JÜRGEN STRAUß, KARL-JOSEF THÜRLINGS, HELMUT JOACHIM WERNER.

Betrachtet man die einzelnen Institute und berücksichtigt auch den Mittelbau und die Sekretärinnen, so hatte das *Mathematische Institut* im Sommersemester 1992 insgesamt 99, das *Institut für Geschichte der Naturwissenschaften* 6 und das (im Aufbau befindliche) *Institut für Informatik* 23 Mitarbeiter. Zusammen mit den 20 Lehrbeauftragten ergibt sich eine Gesamtzahl von 148 Mitarbeitern an der Mathematischen Fakultät.

Vor allem die erhebliche Zunahme der Studentenzahlen machte die Ausweitung des Lehrbetriebs notwendig. Von rund 11.000 (1950) über 20.000 (1961) stieg die Zahl der Studierenden Mitte der 80er Jahre auf über 60.000 an. Im Wintersemester 1991/92 waren 63 500 Studierende an der Ludwig-Maximilians-Universität immatrikuliert. Mit etwa 2600 Dozenten in 20 Fakultäten hat sich die Münchner Ludwig-Maximilians-Universität - neben der Freien Universität Berlin die größte Universität der Bundesrepublik Deutschland - zum wissenschaftlichen Großbetrieb entwickelt.

Wesentlicher Bestandteil der Fakultät sind die *Institutsbibliotheken*. Die Bibliothek des Mathematischen Instituts[1] umfaßt zur Zeit rund 40.000 Bände

---

[1] Zur Gründung der Instituts- bzw. damals sogenannten Seminarbibliothek im Jahre 1886 siehe 5.3.4.

## 9.5 Mathematische Fakultät

- mit etwa einem Kilometer belegter Stellfläche. Zusammen mit ca. 250 laufenden Fachzeitschriften nimmt der Bestand zur Zeit um jährlich rund 1000 Bände zu. Etwa zwei Drittel des Jahresetats von über 200.000 DM werden allein für die Fachzeitschriften aufgebracht[1]. Der Bibliothek des Instituts für Geschichte der Naturwissenschaften stehen neben über 10.000 Bänden[2] rund 4.500 Mikrofilme mathematisch-naturwissenschaftlicher Handschriften und seltener alter Drucke zur Verfügung. In den letzten Jahren konnte die Bibliothek durch die Stiftung der beiden umfangreichen Privatbibliotheken von K. VOGEL und J.E. HOFMANN erweitert werden. Die Bibliothek des Instituts für Informatik befindet sich naturgemäß noch in der Aufbauphase. Sie umfaßt zusammen mit den Beständen des Leibniz-Rechen-Zentrums etwa 4000 Bände bei einem jährlichen Zuwachs von rund 400 Bänden (über 50 lfd. Zeitschriften)[3].

Im Hinblick auf die Expansion der Wissenschaften im allgemeinen wollen wir abschließend an ihre Grundlagen, zu denen auch die Mathematik gehört, erinnern:

"Wir alle wissen, wie sehr die Inhalte unserer kulturellen Existenz auseinanderzufallen drohen, wie die großen Erfolge moderner Wissenschaft und Technik aller Richtungen mit einer Spezialisierung bis zum Äußersten erkauft werden müssen. Mitten in dem Auseinanderstreben aber vollzieht sich eine starke Besinnung auf die Grundlagen der Wissenschaft, vor allem ihrer Forschungsmethoden. Im Bereich der Naturwissenschaftlichen Fakultät haben hieran die Mathematik und die Physik, insbesondere die Theoretische Physik, einen wesentlichen Anteil."

Dies zu erwähnen, war 1962 bei der Eröffnung des *Dreierinstituts* ein Anliegen des Geologen RICHARD DEHM, dem damaligen Prodekan der Naturwissenschaftlichen Fakultät[4]. Bei der Besinnung auf die Grundlagen der Wissenschaften sollte die integrierende, übergreifende Aufgabe der Mathe-

---

[1] Da die Abbestellung von Zeitschriften einen besonders gravierenden Eingriff in die Benutzbarkeit einer Bibliothek darstellt, haben sich Etatkürzungen der letzten Jahre besonders auf Buchreihen, Lehrbücher und andere Monographien ausgewirkt.
[2] Quelle: Strukturplan der Fakultät für Mathematik, Juli 1992. Jährlicher Zuwachs ca. 500 Bände; 65 laufende Zeitschriften.
[3] Quelle: Universitätsbeschreibung
[4] [Chronik 1961/62], 85

## 9. Entwicklung und Ausbau ab 1945

matik nicht übersehen werden. Auch hieran wird in München in verschiedenen Richtungen gearbeitet[1].

Ein besonderes Anliegen der *Deutschen Mathematiker-Vereinigung* ist es, die Fülle mathematischer Einzelergebnisse einer breiteren Bevölkerungsschicht verständlich zu machen. Dies wird vielleicht noch mehr als in der Vergangenheit zu den Aufgaben der Zukunft gehören. Ein weiterer Schritt in dieser Richtung ist die - auch unter Mitwirkung Münchner Mathematiker entstandene - zum einhundertjährigen Bestehen der Deutschen Mathematiker-Vereinigung erschienene Festschrift "Ein Jahrhundert Mathematik 1890-1990"[2] mit zusammenfassenden Darstellungen einzelner mathematischer Gebiete und ihres historischen Werdegangs im 19. und 20. Jahrhundert.

Die Produktivität der Mathematiker in Lehre und Forschung hat vor allem im vergangenen Vierteljahrhundert in beeindruckender Weise zugenommen[3]. Sie könnte die Bedeutung der vorangegangenen Entwicklung, falls man sie an dem Umfang der Publikationen messen sollte, als nahezu vernachlässigbar erscheinen lassen. Doch würde man mit einer derart einseitigen Quantifizierung dem, was PRINGSHEIM, VOSS und TIETZE unter dem "Wesen der Mathematik" verstanden haben[4], wohl kaum gerecht werden. Die historische Dimension der Geistes- und Naturwissenschaft Mathematik macht uns deutlich, wie sehr wir auch in dieser Wissenschaft im Strom der Geschichte stehen. Der Wert des Erreichten mißt sich nicht allein am künftig Machbaren, sondern auch an den beachtlichen Beiträgen früherer Generationen.

---

[1] Erinnert sei dabei an die Verbindungen zu anderen Wissenschaften - wie etwa zur Physik, zur Wirtschaft (Statistik, Versicherungswissenschaften), zur Technik, zur Informatik in den Sozial- und Geisteswissenschaften, zur Logik im Bereich der Philosophie, zur Pädagogik und nicht zuletzt zur Geschichte.
[2] [Fischer;Hirzebruch;Scharlau;Törnig]
[3] Eine grobe Orientierung vermittelt der zunehmende Umfang des "Zentralblattes für Mathematik und ihre Grenzgebiete" und des seit 1969 gesondert erscheinenden "Zentralblattes für Didaktik der Mathematik".
[4] [Pringsheim 1904], [Voss 1908], [Tietze 1949].

# 10. Dokumente

## 10.1 Studienschema für die Candidaten der Mathematik und Physik von 1856

UAM: Sen 209/42. (5.3.2; 5.3.8)

| | |
|---|---|
| 1. Semester: | - Reine Mathematik, <br> - Experimentalphysik, <br> - Chemie |
| 2. Semester: | - Algebra, <br> - Ebene und sphärische Trigonometrie, <br> - Physik der Erde |
| 3. Semester: | - Analysis und Differential-Rechnung, <br> - Elementar-Mechanik, <br> - Populäre Astronomie |
| 4. Semester: | - Analytische Geometrie, <br> - Mineralogie, <br> - Zoologie, <br> - Chemisches Praktikum |
| 5. Semester: | - Integral-Rechnung, <br> - Sphärische Astronomie, <br> - Botanik |
| 6. Semester: | - Integral-Rechnung, <br> - Analytische Mechanik, <br> - Physikalisches Practicum |
| 7. und 8. Semester: | - Mathematisch-physikalisches Seminar |

## 10.2 Statuten für das mathematisch-physikalische Seminar an der königl. Universität München (1856)

UAM: Sen 209/43 und IGN: "Math.-phys. Seminar". (5.3.2; 5.3.8)

§. 1.
Der Zweck des Seminars ist die Ausbildung von Lehrern für Mathematik und Physik an höheren Lehr-Anstalten.

§. 2.
Der Unterricht wird honorarfrei ertheilt und umfaßt Mathematik und Physik. Es werden schriftlich und mündlich zu lösende Aufgaben und Probleme vorgelegt; es werden ferner theoretische Erörterungen solcher Themata gegeben, welche in

## 10. Dokumente

den öffentlichen Vorlesungen nicht oder nur beiläufig berührt werden, und endlich wird zu Referaten über ältere und neuere Literatur in Mathematik und Physik Veranlassung und Anleitung gegeben.

§. 3.

Das Seminar besteht aus einer mathematischen und aus einer physikalischen Abtheilung, deren Vorsteher von dem König ernannt werden.

§. 4.

Für Mathematik sind wöchentlich zwei Stunden bestimmt. Das Referat über Literatur, zu welchem der Vorsteher das Material auswählt, ist monatlich ein Mal.

§. 5.

Für die Arbeiten der physikalischen Abtheilung sind im Ganzen wöchentlich vier Stunden bestimmt, zwei zu theoretischen Arbeiten, und zwei zur Anleitung im Gebrauch physikalischer Instrumente. Das Referat über Literatur ist wie in der mathematischen Abtheilung monatlich ein Mal.

§. 6.

Mitglied des Seminars kann jeder immatrikulirte Student werden, welcher wenigstens zwei Jahre an einer Hochschule studirte, oder auf einer höheren technischen Lehranstalt die nöthige Vorbildung gewonnen hat.

§. 7.

Die Mitglieder sind verpflichtet, an allen Stunden beider Abtheilungen Theil zu nehmen. Die Anmeldungen erfolgen bei Jedem der Vorsteher. Den Vorstehern steht es frei, zu ihren Vorlesungen im Seminar, Zuhörer als Hospitanten zuzulassen.

§. 8.

Über die schriftlichen Arbeiten wird ein Verzeichnis mit beigefügten Noten geführt, welches am Schlusse des Semesters als Basis zu einer gemeinsamen Berathung der Vorsteher dient.

§. 9.

Für die besten Arbeiten sind Prämien ausgesetzt. Im Ganzen sind hiefür halbjährig 75 fl. bestimmt. Es kann dieses Summe als *eine* Prämie, oder als zwei Prämien, à 50 fl. und à 25 fl. oder als drei Prämien, jede zu 25 fl. vergeben werden.

§. 10.

Die Anträge hiezu werden von den Vorstehern in einem Berichte, welchen der Senat der Universität dem kgl. Staats-Ministerium des Innern für Kirchen- und Schul-Angelegenheiten am Schlusse jeden Semesters vorzulegen hat, gemacht. Der Bericht ist von beiden Vorstehern zu unterzeichnen.

§. 11.

Die Vorlesungen im Seminar werden in jedem Halbjahre neben den sonstigen Vorlesungen im Vorlesungskatalog angekündigt.

## 10.3 Antrag um Beförderung Bauers zum Ordinarius (1869)

UAM: Sen 208/20,1. (5.5.1)

*SEIDEL an die Philosophische Fakultät:*

"München, den 20.Mai 1869.
*Antrag wegen Wiederbesetzung der zweiten ordentlichen Professur der Mathematik.*

Der gehorsamst Unterzeichnete stellt an die hohe Facultät den doppelten Antrag, dieselbe wolle auf dem vorgezeichneten Wege bei der höchsten Stelle in Antrag bringen, daß

1. die seit der Quiescirung des ordentlichen Professors HIERL[1] vacante zweite ordentliche Professur der Mathematik wieder besetzt, und

2. dieselbe dem dermaligen außerordentlichen Professor, Dr. GUSTAV BAUER, verliehen werde.

Zur Begründung dieses zweifachen Antrages erlaubt sich der Unterzeichnete Folgendes geltend zu machen:

ad 1) Die Mathematik hat dermalen, und zum großen Theil gerade durch die Arbeiten der letzten Decennien, einen Umfang erhalten, in welchem sie von einem einzelnen Mann nie umfaßt worden ist, noch umfaßt werden kann. Um auf ihre großen neuen Erweiterungen aufmerksam/ zu machen, brauche ich nur zu nennen die Gebiete der reellen und der complexen Zahlentheorie, welche aus kleinen Anfängen zu großen Disciplinen angewachsen sind, - die neue Geometrie, sowohl die analytische als die synthetische, mit ihren zahlreichen und weit ins Einzelne ausgebildeten Hilfsmitteln, - die Lehre von den algebraischen Substitutionen mit der Determinanten-Theorie, - die Theorie der complexen Functionen, sowie die elliptischen, ultraelliptischen und Abel'schen Transcendenten, - und unter den angewandten Zweigen die Ausbildung der Theorie der Wärme und der Anziehung, - die neuen Erweiterungen der Dioptrik, und die der Wahrscheinlichkeitsrechnung angehörige Theorie der Combination der Beobachtungen. Wo seit einem Menschenalter so Vieles und so weit auseinander Liegendes zu dem großen Bestande neu hinzugekommen ist und täglich anwächst, ist es für jeden einzelnen Lehrer jetzt absolut nothwendig, seine eingehenderen Studien, sowie seine Arbeiten, auf einen Theil des Ganzen einzuschränken, von dem Anderen aber nur eine allgemeine Notiz von dem was vorgeht zu nehmen. Daß im Gebiete der Mathematik, die doch vor Allem ein gründliches Erforschen erfordert, eine solche allgemeine Kenntnisnahme ihn nicht berechtigen kann, sich für einen berufenen Vertreter des ganzen Faches zu halten, bedarf keines Beweises. Man hat

---
[1] Hierl war 1865 mit 74 Jahren emeritiert worden.

## 10. Dokumente

darum schon seit längerer Zeit/ an allen Universitäten, an welchen Mathematik nicht bloß als allgemeines Bildungsmittel für Studierende der Philosophie, sondern ihres eigenen Inhaltes und ihrer Verwerthung für die exacte Naturwissenschaft halber gelesen wird, sich genöthigt gesehen, mehrere sich gegenseitig ergänzende Lehrkräfte aufzustellen: eine Forderung, die auch dann unabweisbar ist, wenn man, wie nothwendig, sich bescheidet, darauf verzichten zu müssen, daß *alle* Theile an den einzelnen größeren Universitäten gleichzeitig vertreten seyen. Um nur von solchen Hochschulen zu reden, deren gegenwärtiger Personalstand dem Unterzeichneten ohne besondere Erkundigung bekannt ist, so zählt z.B. Göttingen dermalen vier ordentliche Professoren der Mathematik (ULRICH[1], STERN[2], CLEBSCH, SCHERING); Berlin, welches sich der günstigen Lage erfreut, an KRONECKER[3] und BORCHARDT[4] zwei ausgezeichnete thätige Kräfte zu besitzen, die für die Universität wirken, ohne die verpflichtende Stellung an ihr zu suchen, zählt als Ordinarien OHM, KUMMER und WEIERSTRAß; Leipzig SCHEIBNER[5] und NEUMANN[6], u.s.w., daß Würzburg zwei ordentliche und einen außerordentlichen Professor der Mathematik besitzt, mag, als auf besonderen Verhältnissen beruhend, weniger gewichtig erscheinen; hervorzuheben aber ist noch, daß man am hiesigen Polytechnikum, um nur den für künftige Ingenieure obligaten Curs von Vorlesungen jährlich ganz bieten zu können, drei ordentliche Professoren der Mathematik aufzustellen sich genöthigt hielt/ (HESSE, BISCHOFF, KLINGENFELD[7]), während auf der Universität entzogene und für jene Anstalt genommene Professor von LEUPOLD als "mathematische Physik" Vorlesungen zu halten hat, die ihrem Character nach ganz spezifisch mathematisch sind. - Endlich haben an unserer Universität selbst zwei ordentliche Professoren des Faches bereits bestanden von der Verleihung eines solchen an den Unterzeichneten im Jahre 1855 an bis zu der 1865 erfolgten Quiescierung des Professors HIERL. Daß

---

[1] Georg K.J. Ulrich: * 1798, † 1879, 1817 Hab. PD, 1821 apl. ao.Prof. und 1831/79 o.Prof. U Göttingen.

[2] Moritz Abraham Stern: * 1807 Frankfurt a.M., † 1894 Zürich; 1826 Stud. U Heidelberg u. Göttingen, 1829 Prom. Göttingen, 1829 Hab. PD Göttingen, 1848 ao.Prof. u. 1859 o.Prof. U Göttingen, 1883 emer., 1887 Eidg.Polytechn. Zürich.

[3] Leopold Kronecker: * 1823 Liegnitz, † 1891 Berlin; 1841/45 Stud. Berlin, Breslau u. Bonn, 1845 Prom. (P.G.L. Dirichlet) Berlin, dann Privatmann, 1861 lesendes Akad.-Mitgl. U Berlin, 1883 o.Prof. U Berlin.

[4] Carl Wilhelm Borchardt: * 1817 Berlin, † 1880 Rüdersdorf b.Berlin; 1837 Stud. U Berlin, 1839 Königsberg, 1843 Prom., 1846/47 Paris, 1848 PD U Berlin, 1855 lesendes Akad.Mitglied.

[5] Wilhelm Scheibner: * 1826 Gotha, † 1908 Leipzig; 1844/48 Stud. Bonn u. Berlin, 1848 Prom. Halle, 1848/53 Sternwarte Gotha, 1853 Hab. PD Leipzig, 1856/68 ao.Prof., 1868 o.Prof. U Leipzig, 1908 emer.

[6] Carl Gottfried Neumann: * 1832 Königsberg, † 1925 Leipzig; 1850/55 Stud., 1855 L.Prüf. u. 1856 Prom. Königsberg, 1858 Hab. PD Halle, 1863 ao.Prof. Halle, 1864 o.Prof. U Basel, 1865 Tübingen, 1868/1910 U Leipzig, 1911 emer.

[7] Johann Nicolaus Bischoff (1827-1893); Friedrich August Klingenfeld (1817-1880): siehe 5.2.3

## 10.3 Antrag um Beförderung von Bauer (1869)

die dauernde Einziehung der einen dieser Stellen eine dem fortschreitenden Gange der Wissenschaft direct zuwiderlaufende Maßregel seyn würde, bedarf keiner weiteren Erörterung mehr. Wenn nach der Erledigung derselben von dem Unterzeichneten nicht sofort der Antrag auf Wiederbesetzung gestellt worden ist, so lag der Grund daran lediglich in der notorischen kläglichen Geldnoth der ersten wissenschaftlichen Anstalt des Landes, bei welcher man froh seyn müßte, daß damals wenigstens der seit mehreren Jahren von der Facultät gestellte Antrag auf Beförderung des Privatdozenten Dr. G. BAUER zum außerordentlichen Professor seine Erfüllung fand.

Es wird nach dem Vorstehenden nicht nöthig seyn, noch besonders hervorzuheben, daß die Ueber[be]setzung gewisser Lehrfächer mit Professoren, die man zwei Facultäten unserer Universität zum Vorwurf zu machen pflegt, für das in Rede stehende Fach nicht besteht, - daß dieses vielmehr, zum Theil gerade in Folge der zu großen/ Inanspruchnahme unserer Mittel für ganz andere Leistungen, zu kurz gekommen ist.

ad 2) Indem ich zugleich beantrage, die wieder zu besetzende ordentliche Professur dem derzeitigen ausserordentlichen Professor, Dr. GUSTAV BAUER zu verleihen, so beziehe ich mich zunächst auf die erfolgreiche Lehrthätigkeit, welche derselbe als Privatdozent vom Herbste 1857 bis Sommer 1865, dann als aussordentlicher Professor von da an bis heute an unserer Hochschule geübt hat. Die von ihm gehaltenen Vorlesungen bilden eine nothwendige Ergänzung des mathematischen Curses an der hiesigen Universität; sie werden von allen Candidaten des Faches, unter anderem denjenigen des künftigen Lehramtes, gehört, und bieten denselben die gründliche Belehrung, welche nur ein wissenschaftlich selbstthätiger Docent gewähren kann; es ist nicht mehr als billig, daß Dr. BAUER, der seit geraumer Zeit einen nicht leer zu lassenden Platz ausfüllt, auch die ihm in dieser Eigenschaft gebührende äußere Stellung erhalte. Der Unterzeichnete glaubt auch, daß gerade die Richtung BAUER's und seine eigene einander, insoweit als dies bei nur zwei Lehrern stattfinden kann, möglichst gut ergänzen, - großentheils natürlich in Folge der zwischen ihnen beiden seit geraumer Zeit gegenseitig getroffenen Accomodation.- Die früheren Arbeiten BAUER's hatten vornehmlich Bezug auf gewisse Theorien, welche ursprünglich durch/ physikalische Probleme hervorgerufen sind; seine hieher gehörigen Sätze zur Theorie der Kugelfunctionen bilden einen Bestandtheil von anerkanntem Werthe in dieser Doctrin. Als der Analysis angehörig erwähne ich ferner seine Arbeiten über die Gamma-Functionen und über Bernoulli'sche Zahlen und einiges Verwandte. Von seinen jüngsten erst im Laufe des letzten Jahres in Crelle-Borchardt's Journale erschienenen Aufsätze behandelt der Eine mit Glück eine Aufgabe, deren Schwierigkeiten algebraischer Natur sind, der andere ebenso eine geometrische zur Lehre von den Kegelschnitten. Eben den Gebieten, welche durch diese Arbeiten vertreten sind, gehören auch BAUER's Vorlesungen hauptsächlich an; außerdem hat er früher über analytische Mechanik vorgetragen (die bis dahin nur im mathematischen Seminar theilweise hatte gelehrt werden können), bis er diesen Gegenstand aus Gefälligkeit an den jetzt von der Universität wieder abgegange-

10. Dokumente

nen Dr. von BEZOLD abtrat.- Durch alles dies hat sich BAUER als Gelehrter wie als Docent einen überall vollgeachteten Namen erworben, und ich erachte es als ebensosehr dem Interesse der Universität wie der Gerechtigkeit gegen ein verdientes Mitglied ihrer Corporation entsprechend, daß bei der Wiederbesetzung der zweiten ordentlichen Professur der Mathematik keine andere Person als diejenige des Dr. BAUER in's Auge gefaßt werde.

Hiedurch glaube ich meinen Antrag in seiner doppelten/ Richtung genügsam begründet zu haben; und ich empfehle denselben der Hohen Philosophischen Facultät, und eventuell der vorgeordneten academischen Stelle zu möglichst warmer Vertretung.

Euer Hohen Philosophischen Facultät
ergebenster
Dr. LUDWIG SEIDEL,
ordentl.Professor."

**10.4 Antrag Seidels "Pro memoria" zum Seminarausbau (1874)**

UAM: Sen 209/14. (5.5.2)

*Seidel an den Senat am 28.2.1874:*

"*Pro memoria.*

Die neue Ordnung der mathematischen Lehramtsprüfung für die kgl. Mittelschulen, wie sie in der Hauptsache bereits bei dem jüngst abgehaltenen Concurse [Staatsexamen] in Anwendung kam, und fortan zu noch strengerer Geltung gelangen wird, muß nothwendig ihre Wirkung auf den Studiengang der Candidaten der Mathematik ausüben, und kann deshalb auch für die Einrichtung des Lehrganges und der Uebungen im mathematisch-physikalischen Seminare der Münchener Universität nicht unberücksichtigt bleiben. Diese neue Ordnung unterscheidet sich von der bisher in Kraft gestandenen vornehmlich dadurch, daß sie unter den Disciplinen der höheren Mathematik, welche seither unter einem Gesamttitel mehr angedeutet als bezeichnet waren, einige ganz speciell als Examinations-Gegenstände heraushebt, und damit diese vor allen dem Candidaten als für ihn wichtig bezeichnet. Man konnte, ehe diese Bestimmung / von Höchster Stelle angenommen war, vielleicht verschiedener Meinung über die Räthlichkeit der in ihr enthaltenen Detail-Anweisungen für die Richtung des Studiums der höheren Mathematik sein; nachdem sie aber in Folge der Vota der Majorität der damals consultirten Fachmänner in Kraft gesetzt worden ist, so müssen ihre Consequenzen gezogen werden.

Die Candidaten haben sicherlich das Recht zu erwarten, daß die verschiedenen Fächer, welche jetzt durch die Examinationsordnung als vorzugsweise ihres

## 10.4 Seidels "Pro memoria" zum Seminarausbau (1874)

Studiums würdig und für sie wichtig gekennzeichnet sind, auch in den Unterrichtsplan und die Uebungen des Seminars aufgenommen werden. Unter diesen Fächern aber befinden sich neben der Analysis des Endlichen, der Reihen- und Functionen-Lehre, sowie der Differential- und Integral-Rechnung mit ihren Anwendungen (Fächern, welche an der Universität durch die Vorlesungen des Unterzeichneten vertreten werden) die höhere Algebra, die analytische Geometrie mit Inbegriff ihrer neuen / Hilfsmittel, und die neue synthetische Geometrie, welche Disciplinen an unserer Universität Professor G. BAUER lehrt. Daß die Vorträge und Uebungen im Seminare mit den eigentlichen Vorlesungen, zu deren Ergänzung und practischer Belebung sie dienen, in genaue Wechselbeziehung zu setzen sind, ist eine so einleuchtende Sache, daß sie keiner weiteren Erörterung bedarf. Es ergibt sich daher, wenn die Uebung im Seminare auch in Zukunft als eine möglichst fruchtbare Vorschule für die Candidaten der Mathematik sich darstellen soll, geradezu die Nothwendigkeit, Professor BAUER fortan zur Mitbeteiligung an der Leitung des Seminares, in der Eigenschaft eines dritten Vorstandes, heranzuziehen, und das vorliegende Pro memoria hat den Zweck, dem hierauf gerichteten Antrage der beiden seitherigen Vorstände zur Begründung zu dienen.

Es möchte hierbei sich empfehlen, die Sache künftig in der Weise anzuordnen, daß für Mathematik überhaupt fortan drei Stunden pro Woche zu Vorträgen und Uebungen / verwendet würden. Eine größere Zahl, etwa von vier Stunden, möchte, da auch noch die zwei Stunden für Physik hinzukommen und auch die analytische Mechanik fortan erhöhte Geltung erhält, die Candidaten allzusehr in Anspruch nehmen, da dieselben durch wissenschaftliche Arbeiten für alle diese Stunden sich vorzubereiten und practisch auszubilden haben, zu welchem Zwekke ihnen auch schon bisher hin und wieder etwas mehr Muße gelassen werden mußte. Es könnte dann für künftig als Regel gelten, daß von den beiden Professoren der Mathematik nach Semestern wechselnd der Eine zwei, der Andre eine Stunde wöchentlich zu seiner Verfügung hält; in der Ausführung jedoch könnte sich bei dem genauen und freundschaftlichen Verkehr, der zwischen beiden besteht, die Sache wohl noch fruchtbarer so gestalten, daß je nach der Natur der von Beiden im Seminar gerade abgehandelten Themata, und je nach dem Umfang der Aufgaben, zu welchen dieselben Anlaß geben, auch innerhalb eines Semesters nach beiderseitigem Uebereinkommen von den festzuhaltenden drei Stunden bald der eine bald der andre Lehrer die mehreren für seine Unterweisung in Anspruch nähme.

Es wäre vorauszusetzen, daß in Bezug auf die Vergütung für seine Thätigkeit im Seminare, sowie in Bezug auf das Vorschlagsrecht der zu prämierenden Candidaten, auf die Mitbenützung der Bibliothek des Seminares, der neuaufzustellende dritte Vorstand in ganz gleiche Rechte mit seinen beiden Collegen eintreten würde.

München, den 28.Februar 1874.     Professor SEIDEL."

## 10. Dokumente

### 10.5 Quellentexte zum Seminarbetrieb

IGN: MPhSem (Ergänzungen in UAM: Sen 211). (5.3.4; 5.3.6; 5.3.7)

#### *10.5.1. Bibliothek*

23.6.1886 **Verwaltungsausschuß** an das Seminar: [Gesuch um Aufteilung der Bibliotheksbestände, die dem Seminar und die dem physikalischen Kabinett zuzuweisen sind]

"An den Vorstand des mathematisch-physikalischen Seminars zu Händen des Herrn Professor Dr. von Seidel. Hier.

Betreff: *Die Bibliothek des Seminars.*

Bei Gelegenheit der Extradition des Inventars des physikalischen Kabinetts hat es sich als wünschenswert herausgestellt, eine Revision der Bibliothek des mathematisch-physikalischen Seminars vorzunehmen und eine Ausscheidung der diesem Seminar und der dem physikalischen Kabinett gehörenden und zuzuweisenden Bücher zu bewirken. Wir erlauben uns, den geehrten Vorstand, welchem auch der Vorstand des physikalischen Kabinetts angehört, um Vornahme dieser Revision und Mitteilung des Ergebnisses sowie Stellung der für die zukünftige Ordnung geeignet scheinenden Anträge zu ersuchen.

Der derzeitige Rektor: Dr. H. Brunn."

15.11.1886 Bericht von BAUER zur *Gründung der Seminarbibliothek* (4 S.):

"An den Verwaltungs-Ausschuß der k. Ludwig-Maximilians-Universität.

Betreff: *Die Bibliothek des mathematisch-physikalischen Seminars.*

Durch Schreiben vom 23.Juni d.J. hat der hohe Verwaltungsausschuß die Vorstände des math.-physik. Seminars aufgefordert 'eine Revision der Bibliothek des Seminars vorzunehmen und eine Ausscheidung der diesem Seminar und der dem physikalischen Kabinett gehörenden und zuzuweisenden Bücher zu bewirken.' Diese Revision ist nun im Laufe dieses Monats vorgenommen worden, und da die drei Vorstände des Seminars übereingekommen sind, die geschäftliche Leitung des Seminars abwechslungsweise zu übernehmen und diese Aufgabe in diesem Studienjahre dem Unterzeichneten zufiel, so beehrt sich derselbe hierüber folgendes zu berichten.

Die dem Seminar und die dem physikalischen Institut gehörenden Bücher waren bisher zusammen in den Schränken des physikalischen Kabinetts / aufgestellt. Da weder die einen noch die andern mit Stempeln versehen sind, noch ein anderes Unterscheidungsmerkmal tragen, auch Rechnungen aus früheren Jahren sind nicht vorhanden, so war bei den meisten Büchern nicht zu entscheiden, welchem

## 10.5 Quellentexte zum Seminarbetrieb

der beiden Institute sie angehören resp. ob sie aus den Mitteln des Seminars oder des physikalischen Instituts angeschafft wurden. Es mußte daher bei den meisten Werken nach Zweckmäßigkeitsgründen ein Übereinkommen getroffen werden, welchem der beiden Institute sie künftig verbleiben sollen. Nach diesem Übereinkommen sollen künftig hier dem math.-physikalischen Seminar angehören:

a) Comptes Rendus de l'Academie des Sciences Paris - welche bisher auf Kosten des Seminars fortgeführt wurden und daher unzweifelhaft zum Inventar desselben gehören.
b) Die nur defekt vorhandenen und nicht fortgeführten Zeitschriften
Annales de Chémie et de Physique.
Repertorium der physikalischen Technik.
c) Die ebenfalls nur als Bruchstücke vorhandenen und nicht fortgesetzten Journale, fast ausschließend mathematischen Inhalts:/
Grunert's Archiv der Mathematik [1841 gegr.].
Crelle's Journal für reine und angewandte Mathematik [1826 gegr.].
Liouville's Journal, Paris [= Journal de mathématiques pures et appliquées, 1836 gegr.].
Astronomische Nachrichten.

Hingegen sollen dem physikalischen Institut verbleiben:

a) Die Annalen der Physik und Chemie sammt Beiblättern, und
die Sitzungsberichte der Berliner Akademie;
beide seit meiner Reise vor Jahren auf Kosten des physikalischen Instituts fortgeführt.
b) Die nur defekt vorhandenen und nicht fortgeführten Zeitschriften
Dingler's polytechnisches Journal [1820 gegr.].
Petermann's geographische Mittheilungen.
c) Die sämmtlichen noch vorhandenen Einzelwerke (nicht Journale). Dieselben sind ausschließlich physikalischen Inhalts und zum täglichen Gebrauch im Institute bestimmt.

Was nun die künftige Aufstellung dieser Werke betrifft, so sollen nicht nur, wie sich von selbst versteht, die dem physikalischen Institut verbleibenden Werke, sondern auch die dem math.-physikalischen Seminar angehörenden unter a) und b) verzeichneten Journale an ihrem bisherigen Ort im physikalischen Kabinett aufgestellt bleiben, hingegen besteht die Absicht, die dem Seminar verbleibenden unter c) angeführten mathematischen Journale / der leichteren Benützung wegen, einstweilen in den Kästen der, dem Seminar eingereihten, Modellsammlung des Unterzeichneten unterzubringen, bis mit der Neuorganisation des physikalischen Instituts auch über das Schicksal des math.-phys. Seminars entschieden sein wird.

Hochachtungsvollst und ganz ergeben
Prof. Dr. GUST. BAUER
München d. 15.Nov. 1886."

## 10. Dokumente

**23.11.86 Verwaltungsausschuß** an das Seminar: Aufforderung zur Inventarisierung der Bibliothek (5.12.86 beantwortet)

"Betreff: *Die Bibliothek des Seminars.*

Mit dem Übereinkommen, welches zufolge Berichts vom 15.d.M. der geehrte Vorstand des mathematisch-physikalischen Seminars mit dem Konservator des physikalischen Instituts in Betreff der dem Seminar einerseits und dem Institut andererseits zuzuweisenden Bücher und deren Aufstellung geschlossen hat, sind wir einverstanden. Es wird nunmehr erforderlich sein, die dem Seminar überwiesenen Bücher samt den sonst in der Bibliothek desselben etwa bereits vorhandenen zu katalogisieren, und die einzelnen Bücher mit einem das Eigentum des Seminars kennzeichnenden Vermerk zu versehen. Wir stellen anheim, zu diesem Zweck aus den Mitteln des Seminars einen nur mäßige Kosten beanspruchenden Stempelungsapparat anzuschaffen. Der geehrte Vorstand wird des / Weiteren dafür Sorge tragen, daß der die Grundlage der Seminarbibliothek bildende Katalog nach Maßgabe der jährlichen Neuanschaffungen ergänzt und fortgeführt werde.

Hochachtungsvollst

der derzeitige Rektor:

Dr. RADLKOFER"

### *10.5.2. Tätigkeitsberichte des Seminars (1891 - 1908)*

"Die Vorstandschaft des math.-physikal. Seminars an den K. akad. Senat der K. L.M.-Universität.

Betreff: *Bericht über die Thätigkeit des Seminars im Wintersem. 90/91;* Prämienvertheilung.

München, 14.März 1891.

Im Wintersemester 1890/91 war Herr Prof. Dr. von Seidel durch Gesundheitsrücksichten verhindert, Seminarübungen abzuhalten. In der mathematischen Abtheilung, welche 9 Mitglieder umfaßte, trug Herr Prof. Dr. G. Bauer die Theorie der Regelflächen vor, mit daran geknüpften Aufgaben. In der physikalischen Abtheilung (...) behandelte der Unterzeichnete [Lommel] Interferenzerscheinungen isotroper und heterotroper durchsichtiger Platten (...)."

"München, 29.7.1891. (...)

Im Sommersemester 1891 war Herr Geheimrath Prof. Dr. Ritter von Seidel durch Gesundheitsrücksichten an der Abhaltung von Seminarübungen verhindert; Herr Hofrath Prof. Dr. Boltzmann, erst im Laufe dieses Semesters zum Vorstand ernannt, wird seine Thätigkeit am Seminar erst im nächsten Semester beginnen. In der mathematischen Abtheilung trug Herr Prof. Dr. G. Bauer unter Betheili-

## 10.5 Quellentexte zum Seminarbetrieb

gung von 9 Mitgliedern die Theorie der Strahlensysteme und Strahlencomplexe vor, mit daran sich knüpfenden Aufgaben und algebraischen Übungen. (...)"

"21.3.1892. (...)
In der mathematischen Abtheilung des Seminars handelte Herr Geheimrath Prof. von Seidel über Differenzenrechnung (Anzahl der Theilnehmer: 1); während der Unterzeichnete Probleme der synthetischen Geometrie vornahm unter Betheiligung von 9 Mitgliedern. (...)

Prof. Dr. Gust. Bauer.
z.Z. geschäftsführender Vorstand" [UAM: Sen 211].

"29.7.1892.
Im Sommersemester 1892 wurden von dem Herrn Prof. Dr. Lommel, Herrn Hofrath Prof. Dr. Boltzmann und dem Unterzeichneten [Bauer] Seminarien abgehalten. (...) Der Unterzeichnete hielt Vorträge und Uebungen über 'conforme Abbildung" (Princip der Kartenprojektion)'. An jeder dieser drei Abtheilungen des math.-phys. Seminars betheiligten sich 6 Studierende. (...) Bei diesen Prämien-Anträgen ist jedoch zu bemerken, daß Herr Carl Fischer [siehe 5.3.3] aus Nürnberg, der sich in dem vom Unterzeichneten gehaltenen Seminar durch Talent und besonderen Fleiß hervorgethan, nicht an der Universität, sondern an der techn. Hochschule inscribirt ist. Sollten dafür principielle Bedenken der Verleihung einer Prämie an denselben entgegenstehen, so beantragt die Vorstandschaft, es möchten die zugedachten M.60 ebenfalls der Realexigenz des Seminars zugutekommen. (...)"

[Die Prämie für Fischer wurde, wie die anderen Prämien, vom Ministerium im Schreiben vom 3.8.1892 genehmigt.]

"15.3.1893.
Im Wintersemester 1892/93 waren an den Seminarübungen bei Herrn Prof. Dr. Bauer 11, bei Herrn Geheimr. Prof. Dr. Boltzmann 6 und bei dem Unterzeichneten [Lommel] ebenfalls 6 Studirende betheiligt. Herr Prof. Dr. Bauer behandelte 'Aufgaben über Curven auf Flächen", Herr Geheimr. Prof. Dr. Boltzmann trug vor die 'Theorie der Luftschwingungen mit endlicher Amplitude', der Unterzeichnete 'Theorie der Bessel'schen Functionen mit besonderer Rücksicht auf ihre Anwendung in der Theorie der Beugung des Lichts'. (...)"

"28.7.1893.
Im Sommersemester 1893 behandelte Herr Prof. Dr. G. Bauer 'Flächen dritter Ordnung, mit Demonstrationen an Modellen', unter Betheiligung von 6 Studierenden, Herr Geheimr. Prof. Dr. Boltzmann: 'Riemanns Differentialgleichung für

## 10. Dokumente

Luftschwingungen in Röhren; Abhandlungen von Voigt und Kirchhoff zur Theorie des leuchtenden Punktes' bei 13 Theilnehmern, der Unterzeichnete [Lommel]: 'Zusammengesetzte Schwingungen; elliptische Polarisation; isochromatische Fläche', bei 8 Teilnehmern. (...)"

24.4.1894: Schreiben des Seminars an den Senat in 5.3.3 wiedergegeben.

"28.7.1894.
Im Sommersemester 1894 waren bei Herrn Prof. Dr. Bauer 6, bei Herrn Geheimrath Prof. Dr. Boltzmann im Unterseminar 11, im Oberseminar 7, bei Herrn Prof. Lindemann 10, bei dem Unterzeichneten [Lommel] 10 Studierende an den Seminarübungen beteiligt. Herr Prof. Dr. Bauer behandelte im Oberseminar: Übungen aus der Functionentheorie, hauptsächlich Berechnung von Integralen; im Unterseminar: Übungen aus der analytischen Geometrie; Herr Geheimrath Boltzmann im Unterseminar: Übungsaufgaben aus der Gastheorie; im Oberseminar: Aufgaben aus der Hydromechanik, besonders die Theorie der freien Flüssigkeitsstrahlen betreffend; Herr Prof. Lindemann: Theorie der Minimalflächen, mit Aufgaben; der Unterzeichnete endlich leitete Vorträge der Teilnehmer über Themata aus der Experimentalphysik, mit Übungen im Experimentieren.

In allen Abteilungen des Seminars fand rege und ausdauernde Beteiligung an den Übungen statt, und wurden gute Bearbeitungen der gestellten Aufgaben geliefert. Wir vermögen jedoch keine der vorliegenden Leistungen als hervorragend im Sinne der Ministerialentschließung vom 9.d.M. Nr.2423 [siehe 5.3.3] zu bezeichnen, und haben daher beschlossen, von dem Vorschlag einer Prämienverteilung in diesem Semester abzusehen (...)"

"20.3.1895.
Im Wintersemester 1894/95 waren an den Seminarübungen bei Herrn Prof. Bauer 11, bei Herrn Prof. Lindemann im Unterseminar 13, im Oberseminar 2, bei dem Unterzeichneten [Lommel] 7 Studierende beteiligt. Herr Prof. Bauer behandelte die Plücker'sche Liniengeometrie, mit Aufgaben, Herr Prof. Lindemann im Unterseminar Aufgaben aus den Anwendungen der Diff.- u. Integralrechnung, im Oberseminar die Theorie der automorphen Functionen nach Poincaré, der Unterzeichnete die Theorie der Zurückwerfung und Brechung.

Nach gemeinsamer Beratung der Vorstände wurde beschlossen, für folgende Teilnehmer Prämien zu beantragen, und zwar für

| | |
|---|---|
| Wieleitner, Heinrich, aus Neunstetten | M.60 |
| Fick, Emil, aus Nürnberg | M.50 |
| Landau, Edmund, aus Berlin | M.40 |

## 10.5 Quellentexte zum Seminarbetrieb

Wieleitner war an den Seminarübungen sowohl bei Herrn Prof. Bauer als auch bei Herrn Prof. Lindemann beteiligt und löste fast sämtliche Aufgaben erschöpfend; Fick arbeitete zwar nur bei Herrn Prof. Bauer, löste aber die einen schwierigen Gegenstand betreffenden Aufgaben sehr befriedigend; Landau war [als 17jähriger] nur an dem Unterseminar des Herrn Prof. Lindemann, jedoch mit großem Eifer und Erfolg beteiligt.

Wir richten hiemit an den k. akad. Senat die ergebenste Bitte, obige Anträge an höchster Stelle geneigtest befürworten zu wollen.

Verehrungsvollst
die Vorstandschaft des math.-phys. Seminars
Prof. Dr. v. Lommel."


"27.7.1895.
Im Sommersemester 1895 hielt Herr Prof. Bauer im Unterseminar bei 21 Teilnehmern Algebraische Übungen, und behandelte im Oberseminar bei 7 Teilnehmern die Potentialtheorie mit Übungen; Herr Prof. Lindemann trug im Unterseminar bei 8 Teilnehmern über Differentialgleichungen (mit Aufgaben) vor, im Oberseminar bei 2 Teilnehmern über Abelsche Funktionen. Der Unterzeichnete [Lommel] leitete, bei 14 Teilnehmern, Vorträge der Mitglieder über Themata aus verschiedenen Gebieten der Physik, mit daran sich schließender Diskussion.
Nach gemeinsamer Beratung der Vorstände wurde beschlossen, für folgende Teilnehmer Prämien zu beantragen, und zwar für
Stark, Johann, aus Schickenhof        M.75
Landau, Edmund, aus Berlin            M.50
Hartmann, Ludwig, aus München         M.40.
(...) [keine Charakteristik der Teilnehmer]."


"16.3.1896.
Im Wintersemester 1895/96 hielt Herr Prof. Bauer im Unterseminar bei 55 [!] Teilnehmern Übungen aus der analytischen Geometrie, und behandelte im Oberseminar bei 11 Teilnehmern Familien von Flächen nach Monge. Herr Prof. Lindemann stellte im Unterseminar bei 7 Teilnehmern Aufgaben über Integration auf complexem Wege, und hielt im Oberseminar bei 5 Teilnehmern Vorträge über Lamé'sche Funktionen, Kugelgeometrie und conforme Abbildung. Der Unterzeichnete [Lommel] trug vor über Theorie der Wärmeleitung nach Fourier, mit entsprechenden Aufgaben, bei 13 Teilnehmern. (...)"


"30.7.1896.
Im Sommersemester 1896 hielt Herr Prof. G. Bauer im Unterseminar Übungen aus der analytischen Geometrie, insbesondere über Collineation, bei 36 Teilnehmern, und behandelte im Oberseminar vor 9 Teilnehmern die windschiefen

## 10. Dokumente

Flächen, insbesondere dritter und vierter Ordnung. Herr Prof. Lindemann trug vor in der I. Abteilung bei 6 Teilnehmern über die Anwendung der elliptischen Funktionen, in der II. Abteilung bei 4 Teilnehmern über Abbildung der Flächen zweiter und dritter Ordnung auf die Ebene. (...)"

"18.3.1897.
Im Wintersemester leitete Herr Prof. Gustav Bauer Übungen aus der Curven- u. Flächentheorie bei 31 Teilnehmern, Herr Prof. Lindemann behandelte Anwendungen der Differential- und Integralrechnung bei 21 Teilnehmern, (...)"

"29.7.1897.
Im Sommersemester 1896 behandelte Herr Prof. Dr. G. Bauer bei 32 Teilnehmern die rationale Transformation in der Ebene und im Raum, Herr Prof. Dr. Lindemann im Oberseminar bei 8 Teilnehmern Anwendungen der Fourierschen Reihen und der Besselschen Funktionen, im Unterseminar Aufgaben aus der analytischen Geometrie der Kegelschnitte bei 20 Teilnehmern, der Unterzeichnete [Lommel] die theoretische Photometrie mit Aufgaben bei 16 Teilnehmern. (...)"

"11.3.1898.
Im Wintersemester 1897/98 behandelte Herr Prof. Gustav Bauer im Oberseminar die Fourierschen Reihen bei 20 Teilnehmern, und leitete im Unterseminar Übungen aus der analytischen Geometrie der Ebene bei 50 Teilnehmern, Herr Prof. Lindemann behandelte Aufgaben aus der analytischen Geometrie des Raumes und über Transformation der Flächen zweiten Grades bei 16 Teilnehmern, (...)"

"29.7.1898.
Im Sommersemester 1898 hielt Herr Prof. Dr. Gust. Bauer a) Übungen zur analytischen Geometrie und trug vor b) über Kugelfunktionen bei 30 Teilnehmern; Herr Prof. Dr. Lindemann behandelte Aufgaben aus der analytischen Mechanik bei 25 Teilnehmern, der Unterzeichnete [Lommel] die Theorie der Fraunhoferschen Beugungserscheinungen, mit Aufgaben, bei 22 Teilnehmern. (...)"

"9.3.1899.
Im Wintersemester 1898/99 hielt Herr Prof. Gustav Bauer Übungen a) aus der Algebra bei 50 Teilnehmern, b) über Liniengeometrie bei 15 Teilnehmern. Herr Prof. Lindemann hatte Anwendungen aus der Differential- und Integralrechnung angekündigt. Da die jüngeren Kandidaten, für welche das Thema berechnet war, wohl infolge eines Mißverständnisses, sich nicht beteiligten, die anwesen-

## 10.5 Quellentexte zum Seminarbetrieb

den älteren Kandidaten aber keine schriftlichen Arbeiten einlieferten, so wurden die Seminarübungen bald eingestellt. Der Unterzeichnete [Lommel] trug vor bei 26 Teilnehmern über die Fresnel'schen Beugungserscheinungen. Da das schwierige Thema Stoff zu schriftlichen Aufgaben für Studierende nicht darbietet, wurden mündliche Aufgaben zur Theorie der Besselschen Funktionen in den Vortrag eingeflochten. (...)"

"29.7.1899.
Im Sommersemester 1899 leitete Herr Prof. Dr. L. Graetz die physikalische Abteilung des Seminars an Stelle des verstorbenen Vorstands Herrn Professor von Lommel. Die Theilnehmer des Seminars, an Zahl 16, hatten über Themata, von Herrn Graetz gegeben, Vorträge, durch Experimente erläutert, zu halten. In der mathematischen Abteilung des Seminars stellte Professor Lindemann Aufgaben aus der Theorie der complexen Variablen (Anzahl der Theilnehmer 28); der Unterzeichnete [Bauer] hielt im Unterseminar algebraische Übungen vor einer sehr großen Anzahl von Theilnehmern, wovon jedoch nur 12 schriftliche Bearbeitungen von Aufgaben lieferten; im Oberseminar behandelte der Unterzeichnete den Zusammenhang der Plückerschen Liniengeometrie mit der Kugelgeometrie nach Lie (Anzahl der Theilnehmer 12). (...)"

"12.3.1900. [Kurzprotokoll, Schrift Lindemanns]
Anwesend: Prof. Bauer, Grätz, Lindemann. (...)
II. Mathematische Abteilung,
1) Professor Bauer, 26 Teilnehmer
Vorträge der Candidaten und Erläuterungen über Flächen-Familien nach Monge's Applications d'analyse.
2) Professor Lindemann, 14 Teilnehmer
a) Aufgaben und Vorträge über die Anwendungen der elliptischen Functionen auf Mechanik und Geometrie.
b) Ausserdem für Geübtere Vorträge von Prof. Lindemann über die Theorie der automorphen Functionen nach Poincaré und Schottky. (...)"

"28.7.1900.
Bericht an den Senat über die Seminartätigkeit im Sommersemester 1900.
H. Geh.R. Röntgen noch nicht in der Lage ein Seminar halten zu können.
Math. Abth. H. Lindemann hielt Vorträge über die Auflösung algebr. Gln. durch transzendente F[un]ktionen, keine Aufgaben gestellt.
Bauer hielt Übungen aus der Mechanik.
Zu Prämien empfohlen
Perron, Oskar, aus Frankenthal         M.60
Goller, Adam, aus Hof                  M.60.
(...)                                  [gez.] G. Bauer"

## 10. Dokumente

"26.3.1901.
Im verflossenen Wintersemester hielt in der mathem. Abth. des Seminars Herr Professor Lindemann Übungen ab über die Differential- und Integralrechnung anschließend an seine Vorlesungen. Theilnehmer 28 - 30. Unterzeichneter [Bauer] hielt Vorträge mit Übungen über rationale quadrat. Transform. in der Ebene u. im Raume, Theorie der reciproken Radien, stereographische Projektion und Anwendung auf "Cycloiden". Theilnehmer 30. (...)"

"27.7.1901.
In diesem ablaufenden Sommersemester war die Betheiligung an den Seminarien etwas weniger lebhaft als im Wintersem.

In der physik. Abth. wurden unter der Leitung von H. Geheimrath Röntgen von den Candidaten über versch. Themata Vorträge mit Experim. abgehalten. Anzahl der Theilnehmer 14.

In der mathem. Abt. nahm H. Prof. Lindemann Aufgaben aus der analyt. Geom. der Regelflächen vor (15 Theilnehmer); der Unterzeichnete [Bauer] behandelte "windschiefe Regelflächen" insbesondere zum 3ten und 4ten Grad. Anzahl d. Theilnehmer 14. (...) "

"26.7.1902.
[Verfasser: Lindemann]
Im Winter-Semester 1901/02 hatte Herr Geheimrath Bauer

a) Übungen aus der analytischen Geometrie der Ebene, mit ca. 30 Theilnehmern,

b) Erläuterungen über Weierstrass' Abhandlung: Gleichzeitige Transformation zweier bilinearer Formen auf Normalformen, [Am 12.5.1902 hatte Bauer die Akten des mathematischen Seminars Lindemann übergeben. Die von Bauer in seinem diesbezüglichen Brief an Lindemann für dessen Tätigkeitsbericht an dieser Stelle genannten "Weierstraßschen Elementartheiler", hat Lindemann weggelassen.] 6 Theilnehmer.

Herr Professor Lindemann: liess Aufgaben aus der analytischen Geometrie des Raumes behandeln.

Herr Geheimrath Röntgen liess verschiedene Themata in Vorträgen behandeln (...)

Am Schluss des Wintersemesters musste Herr Geh.-Rath Röntgen dienstlich verreisen, so dass die betr. Berathung erst im Sommer stattfinden konnte. Inzwischen hatte Herr Geh.-Rath Bauer, der bisher die Leitung der Gutachten des Seminars besorgte, diese Thätigkeit aufgegeben; dadurch wurde der Bericht so ver-

## 10.5 Quellentexte zum Seminarbetrieb

zögert, dass es angemessen erschien, ihn mit demjenigen über das Sommer-Semester zu vereinigen.

Im Sommer 1902 liess Herr Prof. Lindemann Aufgaben aus der analytischen Mechanik behandeln; Herr Geh.-Rath Röntgen vereinigte die Übungen des Seminars mit dem physikalischen Praktikum. (...)"

"*Winter 1902/03.*
Bauer: [Übungen zur] Theorie der Kettenbrüche. [ca. 20 Teilnehmer]
Lindemann: [Aufgaben aus der] Variations-Rechnung. [ca. 29 Teilnehmer; Ergänz. nach UAM: Sen 211] (...)
*Sommer.*
Bauer: Übungen zur Algebra.
Lindemann: Complexe Integration.
Voss: Hydrodynamik. (...)"

"[28.7.1904] Math. Seminar. *W. 1903/04.*
1) Voss: Übungen zu der Theorie der Differentialgleichungen mit besonderer Berücksichtigung der Lie'schen Untersuchungen. Prämie: A.Loehrl (...)
2) Lindemann: Übungen über Anwendungen der elliptischen Funktionen. Prämien: Fuchs, Thalreiter (...)
3) Bauer: Flächen 3.Ordnung mit Demonstration an Modellen. Keine Prämien.
4) Röntgen: Verschiedene Themata.
*Sommer 1904.*
1) Bauer: Windschiefe Flächen.
2) Lindemann: Anwendung der Abel'schen Funktionen zur Auflösung von Gleichungen.
3) Voss: Übungen betr. die Dynamik starrer Körper.
4) Röntgen: keine Übungen. Prämien: Fuchs (...)"

"9.8.1905. Im Winter-Semester 1904/05.
Am Schlusse des Winter-Semesters 1904/05 konnte Herr Geh.R. Röntgen an der Schluss-Sitzung des Seminar-Vorstandes nicht mehr teil nehmen; deshalb kann der Bericht über das Winter-Semester erst jetzt zusammen mit demjenigen des Sommer-Semesters vorgelegt werden.

1) *Winter-Semester 1904/05.*

Herr Geh.R. Bauer sah sich durch Gesundheitsrücksichten genöthigt, die beabsichtigten Seminar-Übungen aufzugeben.

## 10. Dokumente

Herr Prof. Lindemann hatte wegen der Belastung durch die Rektorats-Geschäfte den Beginn der Seminar-Übungen anfänglich hinausgeschoben, musste dieselben aber schliesslich aus gleichem Grunde ganz fallen lassen. Doch wurden die schon seit einer Reihe von Jahren zur Besprechung von wissenschaftlichen Arbeiten der älteren Studierenden angesetzten und in der Wohnung von Prof. Lindemann abgehaltenen Stunden um so mehr von den Studenten besucht.

Herr Geh.Rath Röntgen hielt ein physikalisches Colloquium ab, in dem (bei etwa 20 Theilnehmern) neben anderem neuere physikalische Arbeiten referirt wurden.

Herr Prof. Voss liess in Übungen und Vorträgen besondere Probleme aus den Differentialgleichungen behandeln.

2) *Sommer-Semester 1905.*

Herr Geh.Rath Bauer gab im Seminar einen Überblick über die Flächen 4ter Ordnung nach ihren Doppellinien und Doppelpunkten, verbunden mit Demonstrationen an Modellen.

Herr Professor Lindemann behandelte in zusammenhängenden Vorträgen die neueren (besonders in Gymnasialprogrammen gern behandelten) Theorien über merkwürdige Punkte des Dreiecks, und zwar in ihren Beziehungen zu allgemeineren mathematischen Problemen.

Herr Geh.R. Röntgen hat kein physikalisches Colloquium abgehalten, da die in Betracht kommenden älteren Studenten zu sehr durch wissenschaftliche Laboratoriumsarbeiten in Anspruch genommen waren.

Herr Prof. Voss hat aus Gesundheitsrücksichten für dieses Semester die Abhaltung der Seminar-Übungen aufgegeben.

Zur Vertheilung von Prämien liegt in diesem Jahre keine Veranlassung vor. Es wird deshalb beantragt, die ganze verfügbare Summe von 429 M. (und zwar zu gleichen Theilen für das physikalische und das math. Seminar) für den Realetat des Seminars verwenden zu dürfen.

Die Vorstandschaft des
mathematisch-physikalischen Seminars
i.A. Lindemann" (zugl. UAM: Sen 209/26)

"1.8.1906.
Voss: W.S. Partielle Gleichungen 2.Ordn.
S.S. Übungen in Differentialgleichungen.
Lindemann: W.S. Linien- und Kugel-Geometrie.
S.S. [Analytische] Mechanik mit Aufgaben. (...)"

## 10.5 Quellentexte zum Seminarbetrieb

"1.12.1907.

Infolge eines Versehens des Unterzeichneten wurde der Bericht nicht rechtzeitig erstattet, da am Ende des Sommers das Blatt mit den nöthigen Angaben der Herren Collegen verlegt worden war.

Herr Professor Lindemann hat im Winter 1906/07 Übungen aus der Theorie der Differenzengleichungen veranstaltet und im Sommer 1907 Vorträge über specielle Gebiete aus der Theorie der Minimalflächen gehalten.

Herr Geheimrat Röntgen hat im abgelaufenen Jahre kein Seminar abgehalten.

Herr Professor Voss hat im Winter behandelt: die Existenztheorie der Lösungen gewöhnlicher Differentialgleichungen und im Sommer die entsprechende Theorie für partielle Differentialgleichungen.

[Auf dem erwähnten zunächst verlegten Blatt vom Juli 1907 hatte Voss etwas genauer angegeben:

"W.S. Existenzbeweise der Lösungen von Systemen gewöhnlicher Differentialgleichungen, funktionentheoretische Behandlung derselben nach Fuchs.

S.S. Existenzbeweise der Lösungen von Systemen partieller Differentialgleichungen, Lösungen gewöhnlicher Differentialgleichungssysteme in der Nähe singulärer Punkte."]

Herr Professor Sommerfeld hielt im Winter Übungen zur Maxwell'schen Theorie der Elektrodynamik und der Elektronentheorie, im Sommer Übungen zur Elektrodynamik [Schreibfehler; tatsächlich: Thermodynamik, nach Sommerfelds eigenen Angaben auf dem verlegten Blatt].

"Mchn. 23.7.08.
Math. physikalisches Seminar.

Circular an die Herren Geheimrat Röntgen, Professor Voss, Professor Sommerfeld.

Für den Bericht an das Ministerium bitte ich, hierunter anzugeben, welche Gegenstände im Winter 1907/08 und Sommer 1908 im Seminar behandelt wurden.

Wenn keine Preise beantragt werden, würde die betr. Summe wieder zu gleichen Theilen unter die beiden Abtheilungen des Seminars für Bibliothekszwecke zu vertheilen sein.

F. Lindemann.

1) Lindemann: Winter 1907/08: Anwendungen der elliptischen Funktionen auf Probleme der Geometrie und Mechanik (schriftliche Arbeiten).

Sommer 1908: Vorträge über Auflösung höherer Gleichungen durch Abel'sche Functionen.

## 10. Dokumente

2) Röntgen: In dem Sinne des Berichtes wurden gar keine Gegenstände behandelt. Ich habe deshalb auch keine Preise zu beantragen.

3) Sommerfeld: Winter 1907/8: Probleme der Thermodynamik im Anschluß an Gibbs, Guldberg-Waage, Nernst.

Sommer 1908: Übungsaufgaben zur Hydrodynamik.

Preise werden nicht beantragt.

4) Voss: Wintersemester 1907/08: Übungen in der analytischen Mechanik im Anschluß an die Vorlesung Mechanik Teil I.

Sommersemester 1908: Fortsetzung der Übungen im Anschluß an Mechanik Teil II: Mechanik der Systeme, Anwendung der Hamilton'schen Theorie auf einzelne Beispiele.

Verteilung an Preisen beantrage ich nicht."

### 10.6 Prämien

IGN: MPhSem. (5.3.5)

Im mathematisch-physikalischen Seminar ergingen von 1882 bis 1904 Preise an die folgenden genannten 76 Seminarteilnehmer. Dabei wird in Klammern, soweit aus den Tätigkeitsberichten und Inskriptionslisten ersichtlich, auf die einzelnen Nichtmathematiker hingewiesen. Anschließend sind die Jahre der Preisverleihung und die Namen der betreuenden Dozenten angegeben.

Otto Clauß (1882),
Julius Bauschinger (1882),
Max Zistl (1882, 1885, Narr),
Karl Hetz (1883),
Max Mack (1883, 1884),
Johannes Hall (1883),
Karl Geiger (1883),
Bartolomä Wimmer (1883),
Otto Hoffmann (1883),
Franz Scheuermeyer (1883),
Privatdozent Dr. Friedrich Narr (Physiker, 1883, 1884, 1885, drei außerordentliche Remunerationen),
Arnulf Schönwerth (1884),
Ludwig Groß (1884),
Hermann Brunn (1884),
Ludwig Edlinger (1884),
Max Siegfried (1884),
Friedrich Bilz (1884, 1885, 1886, 1887, 1891, Bauer, v. Seidel,

## 10.6 Prämien

Lommel, Narr),
Karl Doehlemann (1885, 1886, Bauer, v. Seidel, Narr),
Karl Schleicher (1885, Bauer),
Gottlob Lipps (1885, Bauer, v. Seidel),
Johannes Oeltjen (1885, Bauer, Narr),
Heinrich Krehbiel (1885, 1886, v. Seidel, Narr),
Ernst Anding (1886, 1887, Bauer, Lommel, v. Seidel),
Georg Diem (1887, 1888, 1889, Bauer, Lommel, Narr),
Alexander Schmid (1887, 1888, 1889, Bauer, Lommel, Narr, v. Seidel),
Richard Schorr (cand.astr., 1887, 1888, 1889, Bauer, v. Seidel, Lommel, Narr),
Bernhard G. Weingärtner (1887, 1889, Bauer, Lommel, Narr, v. Seidel),
Friedrich Höhn (1888, Bauer, v. Seidel, Lommel, Narr),
Johannes Harting (cand.astr., 1888, 1889, Bauer, v. Seidel, Lommel, Narr),
Otto Steinert (1888, Bauer, v. Seidel),
Adalbert Bock (1888),
Rudolf Steinheil (1888, Bauer, Lommel, Narr, v. Seidel),
Rudolf E. Dorn (1889, 1890, 1891, 1892, 1893, Bauer, Boltzmann, Lommel, Narr, v. Seidel),
Karl Brater (1889, 1890, Bauer, v. Seidel),
Karl Heinrich Diesbach (1889, Bauer),
Alfred Franke (cand.phys., 1889, 1890, 1891, 1892, 1893, Boltzmann, Lommel, Narr),
Friedrich Zimmer (1890, Bauer, Lommel),
Alois Daunderer (1890, 1891, Bauer, Lommel),
Friedrich Jörges (1891, Bauer, Boltzmann, Lommel),
Ignaz Schütz (1892, 1893, Boltzmann, Lommel),
Eduard von Weber (1892, Bauer),
Karl Fischer (1892, Bauer),
Alfred Loewy (1893, 1894, Bauer, Lommel, Boltzmann),
Hans Reihs (1893, Boltzmann),
Ludwig Auer (1894),
Leonhard Fleischmann (1894),
Anton Killermann (1894, Bauer, Boltzmann),
Wilhelm Kutta (1894),
Heinrich Wieleitner (1895),
Emil Fick (1895),
Edmund Landau (1895),
Johann Stark (stud.rer.nat., 1895, 1896, 1897),
Ludwig Hartmann (1895),
Hans Tempel (1896, 1897, 1898),
Sophus Marxsen (1896),
Karl Stoeckl (1897, 1898),

## 10. Dokumente

Michael Krönauer (1897, 1898, 1899),
Adolf Bestelmeyer (Bruder des Universitäts-Architekten
German Bestelmeyer; 1898, 1902),
Adalbert Eckerlein (1898, 1899, 1900),
Christian Kurz (1898),
Robert Mayr (1898),
Oskar Perron (1899, 1900, 1901, 1902),
Heinrich Walz (1899),
August Schmauß (1899),
Adam Goller (1899, 1900),
Max Lagally (1901, 1902, 1903),
Karl Petri (1901, 1902),
Siegfried Valentiner (1901),
Ernst Schnorr von Carolsfeld (stud.phys., 1901),
Karl Fehrle (1901),
Peter Koch (stud.phys., 1901),
Emil Hilb (1903),
Ernst Wagner (stud.phys., 1903),
Franz Fuchs (stud.phys., 1904),
August Loehrl (1904),
Franz Thalreiter (1904).

### 10.7 Berufungsverfahren betr. Felix Klein und Ferdinand Lindemann an die Universität München 1892

*10.7.1 Antrag zur Berufung von Felix Klein*

UAM: Sen 208/20. (6.3; 6.4)

"München, den 16.Juni 1892.

Das Dekanat der philosophischen Fakultät, Sect.II an den academischen Senat.

Betreff: *Errichtung und Besetzung einer Ersatzprofessur der Mathematik.*

Nachdem Herr Geheimrath v. SEIDEL in den circulirenden Vorlesungscatalog für das Wintersemester 1892/93 keine Vorlesungen eingetragen hatte, erklärte derselbe in der Sectionssitzung vom 30.Mai, daß er von dem Recht, welches jedem Professor nach Beendigung des 70.Lebensjahres zustehe, keine Vorlesungen zu halten, Gebrauch zu machen gedenke.

Durch die Erklärung sah sich die philosophische Fakultät Section II *unvorhergesehener Weise* vor die Nothwendigkeit gestellt, auf Errichtung einer Ersatzprofessur der Mathematik bedacht zu sein. In der Erwägung, daß es sich um eine Stelle von ganz hervorragender Bedeutung nicht nur für den mathematischen,

## 10.7 Berufungsverfahren Klein - Lindemann (1892/93)

sondern auch für den gesammten naturwissenschaftlichen Unterricht han-/dele, deren Besetzung daher keinen Aufschub dulde, entschloß sich die Section, mit dem Antrag auf Errichtung einer Ersatzprofessur zugleich auch die nöthigen Personalvorschläge zu verbinden, um so die Besetzung der Stelle vom 1.October d.J. ab möglich zu machen. Zur Vorberathung des Gegenstandes wurde eine Commission bestehend aus den Herren Geheimrath V. SEIDEL, Prof. BAUER und Prof. SEELIGER gewählt. In ihrer Sitzung vom 15.Juni hat dann die Section auf Grund der in dem Commissionsbericht enthaltenen Informationen und gestützt auf das einmüthige Urtheil der der Commission nicht angehörenden Vertreter der der Mathematik nahestehenden Disciplinen beschlossen, für die in Rede stehende Ersatzprofessur *Herrn Professor Felix Klein in Göttingen* in Vorschlag zu bringen.

Herr FELIX KLEIN, geb. den 25.April 1849 in Düsseldorf, ist ein Schüler des ausgezeichneten Mathematikers Klebsch[1] in Göttingen. Nachdem er sich in Göttingen habilitirt hatte, folgte er schon 1872 im Alter von 23 Jahren einem Rufe als ordentlicher Professor der Mathematik an die Universität Erlangen. Im Frühjahr 1875 siedelte er in gleicher Eigenschaft an die technische Hochschule in München/ über, von wo er 1880 an die Universität Leipzig berufen wurde. In Göttingen ist er seit dem Frühjahr 1886 thätig.

Seine ganz aussergewöhnlich Frucht bringende, wissenschaftliche Thätigkeit hat sich fast auf alle Zweige der Mathematik erstreckt. Aus dem Gebiete der Geometrie behandelte er unter Anderem die Nicht-Euklidische Geometrie und die Kummer'schen Functionen; auch verwerthete er die geometrischen Anschauungen zu functionstheoretischen Forschungen. Seine Hauptthätigkeit jedoch concentrirte sich auf das Gebiet, zu dessen besonderer Vertretung er an unserer Hochschule berufen sein würde: die höhere Analysis mit specieller Berücksichtigung der Functionstheorie und die höhere Algebra. Seine Untersuchungen auf diesem Gebiet sind zum Theil in seinem Werk "Vorlesungen über das Ikosaeder" niedergelegt, zum Theil in zahlreichen Abhandlungen, welche in den von ihm herausgegebenen mathematischen Annalen veröffentlicht wurden. (Theorie der elliptischen Functionen, $\Theta$-Functionen, Lamé'sche Functionen, Auflösung der Gleichungen 5., 6., 7., 8., 27.Grades.).

Neben seinen wissenschaftlichen Forschungen hat KLEIN eine glänzende Lehrthätigkeit entfaltet, von welcher die zahlreichen von ihm angeregten und inspirirten werthvollen Arbeiten seiner Schüler, die theils in Zeitschriften, theils als selbständige Bücher erschienen sind, beredtes Zeugniß ablegen./

Die wissenschaftliche Stellung KLEINs kann man dahin präcisiren, daß er zur Zeit, nachdem Prof. KRONECKER in Berlin gestorben [1891] und Professor WEIERSTRAß in Berlin wegen hohen Alter's zurückgetreten ist, *unter den Mathematikern Deutschlands unbedingt den ersten Platz einnimmt*[2]; er steht voran sowohl durch die seltene Genialität, mit welcher er alle Theile der Wissenschaft

---

[1] Clebsch, † 1872.
[2] Von Hertwig hervorgehoben!

## 10. Dokumente

beherrscht, als auch durch die erfinderische Kraft, mit welcher er die einzelnen Theile zu verbinden weiss. Mit Rücksicht auf diese exceptionelle Stellung KLEIN's glaubte die Facultät auf weitere Vorschläge verzichten zu sollen, um hierdurch zum Ausdruck zu bringen, welch große Bedeutung für die gedeihliche Entwicklung des mathematischen Unterrichts sie der Berufung des hervorragenden Mannes beimisst. Sie erlaubt sich zugleich an den academischen Senat die Bitte zu richten: derselbe möge beim hohen k. Staatsministerium befürworten, daß bei dieser Berufung weder in persönlicher noch in sachlicher Beziehung - bessere Ausstattung des mathematisch-physikalischen Seminars, Errichtung einer Assistentenstelle an demselben[1] - irgend welche Opfer gescheut werden, damit auf diese Weise die durch Errichtung eines Lehrstuhles für mathematische Physik[2] so schön begonnene vorzügliche Gestaltung des mathematischen Unterrichts einen würdigen Abschluß finde
Ehrerbietigst
R. HERTWIG
d. Z. Decan."

### 10.7.2 Befürwortung des Berufungsantrags durch den Senat, Entwurf

UAM: Sen 208/20

"München, den 18.Juni 1892.
Senat an das k. Staatsm.
Ersatzprofessur für Math.
Mit Beil.

./. In der beiliegenden Vorstellung vom 16.d.M. führt die phil. Fak. II.Sekt. aus, daß der ordentliche Professor der Mathematik, k. Geh. Rat Dr. PHILIPP LUDWIG RITTER VON SEIDEL - geboren am 24.Oct. 1821 - , nachdem er das 70.Lebensjahr vollendet habe, keine Vorlesungen mehr abzuhalten gedenke, so daß die Gewinnung eines weiteren Vertreters der Mathematik zur Notwendigkeit geworden sei.

Für die zu besetzende Professur wird von der Sektion unter Hinweis auf die Wichtigkeit derselben nicht nur für den mathematischen, sondern auch für den gesammten naturwissenschaftlichen Unterricht der ordentliche Professor der Mathematik an der Univ. Göttingen Dr. FELIX KLEIN, dessen Lebensgang, Leistungen und Bedeutung im Fak.sberichte ausführlich dargelegt sind, vorgeschlagen.

Mit diesem Personalvorschlage verbindet die Sektion die Bitte, beim königlichen Staatsministerium zu befürworten, "daß bei dieser Berufung weder in persönlicher noch sachlicher Beziehung - bessere Ausstattung des mathematisch-

---

[1] Diese Assistentenstelle wurde 1906 eingerichtet, siehe 6.6.
[2] 1890 für L.Boltzmann, siehe 7.1.

## 10.7 Berufungsverfahren Klein - Lindemann (1892/93)

physikalischen Seminars, Errichtung einer Assistentenstelle an demselben - irgend welche Opfer gescheut werden, damit auf diese Weise die durch Errichtung eines Lehrstuhls für mathematische Physik so schön begonnene vorzügliche Gestaltung des mathematischen Unterrichts/ einen würdigen Abschluß finde."

Der akad. Senat hat beschlossen, dem Antrag der phil. Fak. II.Sekt. bei der höchsten Stelle ehrf.[?] zu befürworten.

Ehrerbietigst"

### 10.7.3 Verhandlungskorrespondenz

UBG: Cod.Ms.F.Klein 1 C 2, Bl.46-54 (incl. Briefentwürfe v. Klein)

KLEIN an ALTHOFF:

"An Althoff. [Samstag] 9.Juli 92.
Hochgeehrter Hr. Geh. Oberregierungsrat!
Gestern ist Geh.Rath V. BAEYER [Rektor der Universität München] aus München bei mir gewesen und hat mit mir die Münchner Verhältnisse ausführlich besprochen. Es ist dies noch keine officielle Berufung, doch steht zu erwarten, dass letztere Mitte nächster Woche eintrifft. Ich möchte Ihnen schon heute von dieser Sachlage Kenntnis geben, da ich mich, wenn erst der Ruf einmal da ist, gern rasch entscheide. Sollten Sie wünschen, dass ich vorher nach Berlin komme, so würde ich auch dieses am liebsten gleich jetzt thun. Beispielsweise könnte ich bei telegraphischer Antwort Ihrerseits morgen Nachmittag reisen, um Montag früh zu der von Ihnen angegebenen Zeit bei Ihnen vorzusprechen (Abstiegsquartier im Centralhôtel).

Hochachtungsvoll und ganz ergebenst
Prof. Dr. F. KLEIN."

ALTHOFF an KLEIN:

"Blankenburg, 11.7.92.
Heidelberger Weg 3.
Hochgeehrter Herr Professor!
Eben erhalte ich Ihr werthes Schreiben vom 9.d.M. Der Schreckschuß ist mir stark in die Glieder gefahren. Sobald der Ruf angekommen ist, werde ich auf telegraphische Nachricht von Ihnen sofort nach Göttingen kommen. Vielleicht kann ich auch schon vorher dorthin kommen, wenn Ihnen das lieber ist. Ich bitte also um Ihre Befehle.

In vorzüglicher Hochachtung
Ihr
ganz ergebenster ALTHOFF."

## 10. Dokumente

BAEYER an KLEIN:
"München, 11.Juli 1892.
Arcisstr.1.
Verehrtester Herr College
Mein erster Gang war zum Minister. Er nahm meinen Bericht mit großem Wohlwollen auf und versprach, wenn es irgend möglich wäre, alles zu erfüllen, was Sie wünschen. Ich entnahm seinen Äußerungen sogar, daß er im Sinne hat Ihnen eine Stellung einzuräumen, wodurch Sie von maßgebendem Einfluß für die Gestaltung des mathematischen Unterrichtes in ganz Bayern sein würden./ Ich kann natürlich seinem Brief, der heut oder morgen hier abgehen und daher Mittwoch oder spätestens Donnerstag in Ihren Händen sein wird, nicht vorgreifen, aber das möchte ich Ihnen doch gleich sagen: der Minister war ganz begeistert von Ihren Bestrebungen das Niveau der mathematischen Bildung der Gymnasiallehrer zu heben, und äußerte, "darin will ich ihn nicht nur unterstützen, sondern darin würde ich die Erfüllung meines innigsten Wunsches sehen."

Alles was für den Seminarunterricht, Ferienkurse u.s.w./ geschehen kann, wird daher eingerichtet werden, und Sie werden für diese Seite Ihrer Thätigkeit einen um so fruchtbareren Boden finden, als der Minister grade die Ihnen eigenthümliche universale Tendenz im Seminarunterricht als die einzig richtige anerkennt.

Wenn Sie daher zu uns kommen wollen, so würden Sie in der Lage sein ohne jede Beschränkung Ihre gemeinnützigen Pläne ausführen zu können und nicht nur an der Universität sondern im ganzen Lande einen maßgebenden Einfluß zu üben. Rechnen Sie hinzu, mit welcher ungetheilten/ Freude Sie als anerkannter Meister von allen dem Fache nahestehenden Collegen empfangen werden würden, so finden Sie hierin vielleicht einen Ersatz für das, was Ihnen Göttingen bietet.

In der Hoffnung, daß Ihre Entscheidung im günstigen Sinne für uns ausfällt, bitte ich mich Ihrer Frau Gemahlin aufs angelegen[t]lichste[?] zu empfehlen und meinen freundlichsten Gruß entgegenzunehmen.
Ihr ergebener
Ad. BAEYER."

*10.7.4 Berufungsschreiben zur Berufung von Felix Klein*

Minister MÜLLER an KLEIN:

"München, den 12.Juli 1892.
Seiner
des ordentlichen Universitätsprofessors
Herrn Dr. Felix Klein
Hochwohlgeboren
in Göttingen.

## 10.7 Berufungsverfahren Klein - Lindemann (1892/93)

Hochwohlgeborener,
Hochgeehrtester Herr Professor!
Durch den Rücktritt des Geheimen Rates Dr. VON SEIDEL ist eine ordentliche Professur der Mathematik an der Universität München in Erledigung gekommen. Die Wiederbesetzung derselben soll, wenn irgend möglich, schon bis zum nächsten Wintersemester, also vom 1.Oktober l.Jrs. [laufenden Jahres] an erfolgen. Die Universität hat an erster und alleiniger Stelle Euer Hochwohlgeboren für diese Professur in Vorschlag gebracht und ich würde es auf das Lebhafteste begrüßen, wenn der Wunsch der Universität, der auch mein Wunsch ist, erfüllt werden könnte. Da ich aus den Mitteilungen des Herrn Geheimen Rates Dr. von BAEYER, der auf meine Veranlassung hin die Gefälligkeit hatte, sich mit Ihnen in persönliches Benehmen zu setzen, entnehmen zu dürfen glaube, daß Euer Hochwohlgeboren einer Übersiedelung nach München nicht grundsätzlich abgeneigt sind, so erlaube ich mir die ergebenste Anfrage zu stellen, ob Euer Hochwohlgeboren unter nachstehenden Bedingungen bereit sein würden,/ der Berufung Folge zu leisten.

Das mit der Stelle verknüpfte pragmatische Gehalt würde auf 12000 M. festgesetzt und damit die Professur den bestdotierten an hiesiger Universität eingereiht werden. Die Übernahme Ihres Assistenten mit einem Funktionsgehalte von 1500 M. und die entsprechende Ausstattung des mathematischen Seminars würde einer Schwierigkeit nicht beggnen. In letzterer Hinsicht würde, soweit die Universitäts- und die Hof- und Staatsbibliothek nicht Aushilfe leisten können, ein einmaliger größerer Zuschuß für die erste Einrichtung und ein dem Göttinger Etat angeglichener Jahresetat zur Verfügung gestellt werden. Ihr Dienstalter innerhalb der Fakultät würde sich nach Ihrer ersten Anstellung als ordentlicher Universitätsprofessor richten. Umzugskosten und Anstellungsgebühren würden aus der Universitätskasse ersetzt werden. Die Ernennung würde vom 1.Oktober l.Jhs. an, nach Wunsch auch von einem früheren Zeitpunkte an, erfolgen, jedenfalls aber der erforderliche Urlaub zur Ordnung Ihrer Verhältnisse gewährt werden. Ihren sonstigen Wünschen würde ich nach Thunlichkeit Rechnung zu tragen suchen, speziell die Einrichtung von Ferienkursen für Gymnasiallehrer würde meine ganze Unterstützung finden.

Hochgeehrtester Herr Professor! Ich kann mir wohl denken, daß Sie sich von Ihrem dermaligen Wirkungskreise nur sehr ungern trennen; ich habe aber/ die bestimmte Absicht, der Mathematik dahier eine Stätte zu gründen, welche des ersten Mathematikers der Jetztzeit würdig ist, und ich gebe mich der bestimmten Hoffnung hin, daß es Ihnen im Verein mit Ihren Kollegen BOLTZMANN, SEELIGER und den Anderen in Bälde gelingen wird, dahier einen Wirkungskreis zu schaffen, der an Umfang und Bedeutung Ihrem jetzigen nicht nachstehen dürfte. Meinerseits soll es an der geeigneten Mitwirkung nicht fehlen. Insbesondere würde ich auch Wert darauf legen, wenn Euer Hochwohlgeboren der Ausbildung unserer Mathematiklehrer an den Gymnasien Ihre gefällige Aufmerksamkeit zuwenden und damit unser Gymnasialwesen fördern wollten. Zur Zeit ist zwar eine Stelle im Obersten Schulrate nicht erledigt; ich möchte mir aber vorbe-

## 10. Dokumente

halten, bei einer in nicht ferner Zeit zu erwartenden Vakatur [Vakanz] Euer Hochwohlgeboren als Mitglied dieses Kollegiums Allerhöchsten Ortes in Antrag zu bringen.

Ich glaube damit die wesentlichsten Punkte berührt zu haben, bin aber zu weiteren Aufklärungen mit Vergnügen bereit.

Erfreuen Sie mich nun mit einer baldigen zusagenden Antwort und genehmigen Sie zugleich den Ausdruck der ausgezeichnetsten Hochachtung, mit welcher ich die Ehre habe zu sein

Euer Hochwohlgeboren
ergebenster
Dr. v. MÜLLER."

*10.7.5 Vereinbarung zwischen Althoff und Klein zur Abwendung der Berufung nach München:*

"Göttingen, 15.Juli 1892.

Herr Professor Dr. FELIX KLEIN wird den an ihn ergangenen Ruf nach München (vgl. die beiden anliegenden Schreiben) ablehnen, wogegen demselben folgendes zugeführt wird, nachdem die Frage wegen Neugestaltung der Gesellschaft der Wissenschaften, worauf Hr. KLEIN den größten Wert legt, bereits gestern in einer längeren Konferenz in die Wege geleitet ist.

1. Es wird mit allem Nachdrucke und größter Entschiedenheit dahin gewirkt werden, daß Hr. Klein vom 1.Okt. d.J. ab eine Gehaltserhöhung von 2000 (zweitausend) Mark erhält. So lange dies nicht erreicht ist, wird Hr. KLEIN eine jährliche Remuneration von gleichem Betrage bekommen.

2. Für das Lesezimmer des mathematisch-physikalischen Seminars wird in diesem und im nächsten Rechnungsjahr ein Zuschuß von im ganzen 3000 M. (je 1500 oder jetzt 1000 und 1893/94 2000 M.) gewährt werden.

3. Die Universitätsbibliothek wird 6000 M./ in etwa 10 Jahresraten (die erste in diesem Rechnungsjahre) bekommen, um damit Lücken in den mathematischen (incl. Physik u. Astronomie) Beständen nach den Anträgen des Hrn. KLEIN auszufüllen.

4. Die Remuneration für die Assistenten an der Sammlung mathemat. Instrumente und Modelle wird vom 1.April 1893 ab auf 1200 M. erhöht werden. Geschieht dies in Form eines Dozentenstipendiums, so wird dies Hrn. KLEIN ganz erwünscht sein.

5. Es wird darauf Bedacht genommen werden, daß möglichst bald ein etatmäßiges Extraordinariat für Mathematik in Göttingen zur Verfügung gestellt wird, wogegen das SCHERING'sche Ordinariat künftig wegfallen oder in anderer

## 10.7 Berufungsverfahren Klein - Lindemann (1892/93)

Weise verwendet werden kann z.b. durch Umwandlung in ein Extraordinariat für Geophysik.

6. Die Frage wegen Änderung der allgemeinen Anziennetät[1] in Göttingen (z.B. WEBER[2] und WELLHAUSEN stehen jetzt unten.) wird in Erwägung gezogen werden.

Gelesen und einverstanden
gez. ALTHOFF                    gez. F.KLEIN
gez. VON MEIER"

### 10.7.6 Ablehnung des Rufes durch Felix Klein

KLEIN an V. MÜLLER (Bayerische Staatsminister des Innern):
"Excellenz Dr. v. Müller. 15.Juli 92.
Ew. Excellenz
haben mir durch die ehrenvolle Berufung an die Universität München eine Auszeichnung erwiesen, deren Werth ich vollauf zu schätzen weiß, um so mehr als ich ja in Bayern nicht fremd bin, sondern Erinnerungen und Beziehungen dorthin in mannigfacher Form besitze. In der That hat der Gedanke, an den Ort meiner früheren Wirksamkeit zurückzukehren und im Kreise meiner Freunde und Schüler die alten Bestrebungen [gestrichen: in erweiterter] in neuer[?] Form wieder aufnehmen zu können, für meine / Empfindung etwas besonders Verlockendes. Trotzdem habe ich mich soeben in persönlicher Unterhandlung mit Hrn. Geh.Rath ALTHOFF für das Bleiben in G.[Göttingen] entschieden. Man kann ja den Prospekt, den die kleinen Universitäten für die Zukunft besitzen mögen, verschieden beurteilen. Ich habe immer gern an der Ansicht festgehalten, dass derselbe doch nicht hoffnungslos ist und das uns innerhalb des deutschen Wissenschaftslebens eine bestimmte Mission verbleibt. Die Ruhe, in der wir leben, ermöglicht eine grössere Vertiefung in die uns beschäftigenden Probleme sowie den engren Zusammenschluss mit gleichstrebenden Collegen auch anderer Fächer. Die preussische Regierung scheint ernstlich bestrebt, insbesondere uns in Göttingen die in dieser Richtung liegenden Vorzüge zu bewahren. Der äussere Zweck dafür ist die Reorganisation unserer Gesellschaft der W. [Wissenschaften], welche, lange geplant, auf mein Andringen eben gestern in entscheidender Form in die Wege geleitet worden ist. Bei allem Interesse, welches ich einer mehr unmittelbaren practischen Betätigung entgegenbringe, erfasse ich im meinem Falle um so lieber alle diese hier vorliegenden Momente; als ich nicht weiß, ob meine Gesundheit den Anforderungen einer ausgedehnten hauptstädtischen Wirksamkeit gewachsen sein dürfte. [Gestrichen: Ew. Excellenz wollen es

---

[1] Anciennität; Beförderung nach Dienstalter
[2] Heinrich Weber (1842-1913), der von 1892 bis 1895 als Mathematikordinarius in Göttingen wirkte, war Vorgänger von Hilbert.

## 10. Dokumente

gestatten, dass ich in dieser ausführlichen Weise meine Ablehnung begründe.]
Ich bitte wegen dieser längeren Auseinandersetzung um Entschuldigung. In der That fühle ich mich Ew. Excellenz, wie insbesondere auch Hr. v. BAEYER und meinen anderen Collegen, die so lebhaft bei dieser Gelegenheit für mich eingetreten sind, zu besonderem Danke verpflichtet/ und glaube dieser Empfindung eben am besten dadurch gerecht werden zu können, dass ich etwas ausführlicher schreibe. Eben liegt die Einladung zur Nürnberger N.[Naturforscher-] Versammlung auf meinem Tische. Ich werde derselben jetzt um so mehr nachkommen und warte[?] sehr darauf, sei es dort sei es dennoch in München Ew. Excellenz meine persönliche Aufwartung machen zu können. Indem ich Sie bitte, die Versicherung entgegen nehmen zu wollen, dass ich die Entwicklung der Mathematik in Bayern auch von hieraus wie bisher so in Zukunft mit grösstem Interesse verfolgen werden, zeichne ich

Ew. Excellenz ganz ergebenster
Prof. Dr. F. Klein."

KLEIN an BAEYER:

"An Baeyer. 15.Juli 92.
Verehrter Hr. College!
Nun habe ich soeben die Münchner Propositionen doch abgelehnt und gerade darüber einen längeren Brief an den Hrn. Minister geschrieben. [Gestrichen: Es ist nicht nur das besondere Entgegenkommen der preussischen Regierung gewesen, welches mich dazu bestimmt hat (trotzdem dieselbe viel weiter gegangen ist, als ich vermuthen konnte), sondern ganz besonders die Erwägung, (...)] Mich bestimmt dazu ja einmal die allgemeine Erwägung, dass ich schliesslich doch wohl mehr besitze, wenn ich hier ruhig meinen Arbeiten/ lebe (...) [unleserlich] Ihnen wie Allen den Collegen, die in dieser Sache so lebhaft für mich eingetreten sind, bin ich auch hierfür zu besonderem[?] Danke verpflichtet. Ich hoffe sehr, dass die wissenschaftliche Verbindung zwischen Ihnen und mir nun nicht abgeschnitten ist, sondern sich in Zukunft wenn auch in minder directer Form noch weiter entwickelt. Ich nehme an, zunächst (wie ich auch dem Hr. M. schrieb) auf der Nürnberger Versammlng. Empfangen Sie einstweilen mit dem nochmaligen Ausdrucke meines persönlichen Dankes die besten Grüsse

Ihres ergebenen
F. Klein."

KLEIN an ALTHOFF:

"An Althoff. 15.7.1892.

Den heutigen Tag will ich nicht zu Ende gehen lassen ohne Ihnen noch meinen besonderen Dank für alles Entgegenkommen auszusprechen, welches Sie mir bei den soo beendeten Verhandlungen erwiesen haben. Ich möchte insbesondere

## 10.7 Berufungsverfahren Klein - Lindemann (1892/93)

anerkennen, dass Sie mich innerlich vollständig verstanden haben, - viel mehr als dies BAEYER zunächst gethan hat, der mehr von sich aus construirte. Für das Maass der Zugeständnisse aber muß ich, wie ich heute früh schon andeutete, alle Verantwortung ausschliesslich Ihnen zuschieben. Ich werde so weiter zu arbeiten suchen, wie ich es bisher, unter ungünstigeren äusseren Verhältnissen gethan habe, - was das für Werthe für die Universität und die allgemeineren von Ihnen vertretenen Interessen haben wird, wage ich garnicht zu ermessen und möchte auch dem Massstab, die in Ihren Zugeständnissen liegt, nicht verpflichtet sein.

Mit der Bitte mich Ihrer verehrten Frau Gemahlin zu empfehlen
Hochachtungsvoll und ergebenst (...)"

ALTHOFF an KLEIN:
"Blankenburg, 19.Juli 1892.
Hochgeehrter Herr Professor!
Für Ihre freundlichen Zeilen vom 15.d.M. bin ich Ihnen außerordentlich verbunden. Ich bitte Sie versichert zu sein, daß mich unsere gesammten Verhandlungen, sowohl die hiesigen wie die in Göttingen, mit lebhafter Befriedigung erfüllt haben und das ich hocherfreut bin, Sie auch fernerhin den unseren nennen zu können. In Bezug auf Sie aber habe ich nur den Wunsch, daß Sie immer derselbe bleiben mögen. - Meine Frau erwidert Ihre/ Grüße beglückt[?] und wir beide bitten, uns Ihrer verehrten Frau Gemahlin angelegentlichst zu empfehlen.

In herzlicher Verehrung
Ihr
ganz ergebener Althoff."

### *10.7.7 Fakultätsantrag zur Berufung von Ferdinand Lindemann*

UAM: Sen 208/21

"München, den 19.Juli 1892.
Das Dekanat der philosophischen Fakultät, Sect.II
an den academischen Senat.
Betreff: *Vorschläge zur Besetzung der Ersatzprofessur der Mathematik.*

Durch Decanatsbericht vom 16.Juni 1892 hat die philosophische Facultät Section II an den academischen Senat die Bitte gerichtet, derselbe möge an höchster Stelle die Errichtung einer Ersatzprofessur der Mathematik befürworten und für dieselbe Herrn Prof. F.KLEIN in Göttingen vorschlagen. Wie nun die Section durch briefliche Mittheilungen KLEIN's erfahren hat, hat derselbe leider den an ihn ergangenen Ruf definitiv abgelehnt. Bei dem großen Werth, den die Section auf die baldigste Besetzung der so wichtigen Professur legt, ist dieselbe

## 10. Dokumente

heute sofort in erneute Berathung der Angelegenheit eingetreten und beehrt sich auf Grund derselben und auf Grund eines *einstimmig* gefaßten Beschlusses

HERRN PROF. FERD. LINDEMANN

in Königsberg i.Pr. in Vorschlag zu bringen und an den aca-/demischen Senat die Bitte zu richten, er möge den Vorschlag an höchster Stelle befürworten.

Herr FERD. LINDEMANN, geb. zu Schwerin im Jahre 1852, ist ein Schüler KLEIN's und folgte demselben, als er an die hiesige technische Hochschule berufen wurde, von Erlangen nach München. Auf Empfehlung seines Lehrers erhielt er im Jahre 1876/77 das bayerische Reisestipendium aus dem allgemeinen Staatsfonds verliehen und wurde so in die Lage versetzt, Paris und London zu besuchen. Von der Reise zurückgekehrt habilitierte er sich in Würzburg, wurde jedoch schon nach einem halben Jahr (im Jahre 1878) nach Freiburg und bald darauf nach Königsberg i.Pr. als ordentlicher Professor der Mathematik berufen (1883).

Obwohl erst im 40ten Lebensjahre stehend, hat LINDEMANN schon eine erstaunliche Reihe von Arbeiten veröffentlicht und sich durch dieselben einen hervorragenden Platz unter den deutschen Mathematikern gesichert. Allerdings ist er in weiteren Kreisen zunächst als Geometer bekannt durch sein großes Werk: "Vorlesungen über Geometrie von CLEBSCH", von welchem die Geometrie der Ebene in zwei Abtheilungen schon in den 70er Jahren, die erste Abtheilung der Geometrie des Raumes im Jahre 1891 erschienen ist [Clebsch]. Das Werk ist nicht eine einfache Herausgabe der Vorlesungen von CLEBSCH, sondern/ eine Zusammenfassung und Ergänzung aller geometrischen Arbeiten von CLEBSCH zu einem einheitlichen Werk. F.KLEIN, der 1876 den 1ten Theil mit einem Vorwort einführte, sagt über dasselbe: "Man wird es LINDEMANN hohen Dank wissen, daß er diese umfangreiche und schwierige Aufgabe mit ebenso viel Hingebung als Verständnis in Angriff genommen hat. Es ist dadurch, zumal in den späteren Partien, *sein eigen* geworden; verschiedene Abschnitte mussten von ihm auf Grund der Originalarbeit überhaupt erst entworfen werden, aber der Name CLEBSCH durfte voranstehen, weil die ganze Umgrenzung des Stoffes immer seinen Vorlesungen conform bemessen wurde."

Diese Vorlesungen treten aus dem gewöhnlichen Rahmen eines Lehrbuchs der analytischen Geometrie heraus, indem sie auch die Anwendung der Theorie der algebraischen Formen, sowie der Abel'schen Transcendenten auf die Theorie der Curven enthalten. Hieraus geht schon hervor, daß LINDEMANN keineswegs nur Geometer ist; er ist in der That ebenso bedeutend als Analytiker, wie aus den anderen zahlreichen Arbeiten ersichtlich ist, die sich größtentheils auf dem Gebiet der Analysis bewegen. Wir führen hier nur einige derselben an:

1. *Zwei Briefe an Hurwitz* über Anwendung der Abel'schen Integrale auf die Geometrie der Curven (Crelle's Jour. 88).

## 10.7 Berufungsverfahren Klein - Lindemann (1892/93)

2. *Entwicklung einer Function nach Lamé'schen Functionen* (Math. Annal. 19.)/
3. Über die Zahl π; von WEIERSTRAß der Berliner Academie vorgelegt. Diese Arbeit hat besonders lebhaftes Aufsehen erregt, weil in ihr nachgewiesen wurde, daß die Zahl π nicht Wurzel irgend einer algebraischen Gleichung mit rationalen Coefficienten sein könne, wodurch die Frage nach der Quadratur des Kreises mittelst Cirkels und Lineals endgültig zum Abschluß gebracht wurde.
4. *Untersuchungen über den Riemann-Koch'schen Satz.* Acad. Antrittsschrift 1879. (Verallgemeinerung des Jacobi'schen Umkehrproblems der Abel'schen Integrale).
5. *Von der Auflösung der algebraischen Gleichungen durch transcendente Functionen.* Göttinger Nachr. 1884 u. 1892.

Auch auf dem Gebiet der mathematischen Physik hat sich LINDEMANN bekannt gemacht, hauptsächlich durch seine Schrift über "Molecularphysik" 1888. Als Lehrer genießt er einen ausgezeichneten Ruf sowohl wegen der aussergewöhnlichen Klarheit seines Vortrags, als auch wegen des grossen Interesses, welches er im Seminar an den Arbeiten der Studenten nimmt.

Die Section ist leider nicht in der Lage, dem Vorschlag LINDEMANN's weitere Vorschläge hinzuzufügen. Bei der Berathung stellte es sich heraus, daß, während in der Werthschätzung LINDEMANN's allseitige Übereinstimmung herrschte, bei der Beurtheilung etwaiger weiterer Candidaten eine Klärung der Ansichten in der Sections-Sitzung nicht zu erzielen war. Dazu hätte es eingehender Vorberathungen in einer Commission bedurft. Bei der Dringlichkeit des Gegenstandes und mit Rücksicht auf die Nähe des Semesterschlusses, hat daher die Section sich entschlossen, sich auf die Nennung eines Candidaten zu beschränken.

Ehrerbietigst
R. Hertwig, d. Z. Decan."

UAM: Sen 208/23:

"München, den 9.Januar 1893. Nr.10972
*K. bayerisches Staatsministerium des Innern für Kirchen- und Schulangelegenheiten.*
An den Senat der k. Universität München.
Betreff: *Wiederbesetzung zweier ordentlicher Professuren an der k. Universität München.*
Dem k. Staatsministerium des Innern für Kirchen- und Schulangelegenheiten liegen zur Zeit Anträge des Senates der k. Universität München auf Besetzung zweier ordentlicher Professuren für Mathematik beziehungsweise für forstliche Produktionslehre vor. (...)

Die beiden neuzubesetzenden ordentlichen Professuren sind Ersatzprofessuren, zu deren Dotierung nach Lage der Verhältnisse die budgetmäßige Reserve

## 10. Dokumente

für dringliche Ersatzprofessuren an den drei Landesuniversitäten in Anspruch zu nehmen sein wird. Die von der genannten Reserve noch vorhandenen Mittel reichen aber zu entsprechender Ausstattung der Professuren nicht aus und es hätte daher, wenn beide Professuren, wie beantragt, besetzt werden sollen, für den Fehlbetrag die k. Universität aufzukommen.

Da es immerhin zweifelhaft erscheint, ob die k. Universität dermalen in der Lage ist, eine solche Last *dauernd* zu übernehmen, werde der k. Verwaltungsausschuß zu eingehender Würdigung der Finanzlage der k. Universität und baldthunlichster Berichterstattung veranlaßt./ An den Senat der k. Universität aber ergeht im Interesse der Sachbeschleunigung schon jetzt der Auftrag, zu erwägen und unter Vorlegung der Gründe zu berichten, welche der beiden Ersatzprofessuren als die dringlichere zu erachten ist und demgemäß, wenn die Mittel für sofortige Besetzung beider Professuren nicht bereitgestellt werden können, in erster Linie sich zur Besetzung eignen würde.

Die gleichzeitige Besetzung beider Professuren wird übrigens auch dadurch erschwert, daß von dem Senate der k. Universität mit Bericht vom 20.Juli v.Jrs. für die Mathematikprofessur eine Lehrkraft in Vorschlag gebracht ist, welche voraussichtlich nur bei Angebot eines sehr bedeutenden Gehaltes gewonnen werden könnte. Diese Schwierigkeit würde wesentlich gemindert, wenn das Augenmerk auf eine andere geeignete Lehrkraft gerichtet würde, als welche dem k. Staatsministerium des Innern für Kirchen- und Schulangelegenheiten von verschiedenen Seiten der ordentliche Professor an der hiesigen technischen Hochschule Dr. WALTHER DYCK bezeichnet wird.

Der Senat der k. Universität wird daher im Benehmen mit der philosophischen Fakultät II.Sektion auch diesen Punkt näher in Erwägung ziehen und anher berichten, ob gegen die vorbezeichnete Persönlichkeit Bedenken bestehen.

Dr. v. Müller."


UAM: Sen 208/22:

"München, den 19.Januar 1893.
Das Dekanat der philosophischen Fakultät, Sect.II
an den academischen Senat.
Betreff: *Wiederbesetzung zweier ordentlicher Professuren an der k. Universität München.*

Auf das Schreiben vom 13.1.[lfd.] Mts. beehrt sich die philosophische Facultät Sect.II dem akademischen Senate ehrerbietigst zu berichten, daß in der Sitzung vom 18.1.Mts. die vollzählig versammelte Sektion, bezugnehmend auf die in Abschrift und Auszug mitgetheilte höchste Nachricht vom 9.1.Mts. in obigem Betreff, einstimmig beschlossen hat, ihren ursprünglichen Vorschlag, daß Herr Professor LINDEMANN berufen werde, unverändert aufrecht zu erhalten. Die Sektion hält in Übereinstimmung mit ihrem früheren Votum vom 19.Juli 1892 an der

## 10.7 Berufungsverfahren Klein - Lindemann (1892/93)

Überzeugung fest, daß unter der Zahl tüchtiger Männer, welche noch für die zu besetzende Professur in Frage kommen können, Herr LINDEMANN/ durch seine wissenschaftliche Bedeutung eine entschieden herausragende Stellung einnimmt. Im Hinblick darauf hat die Sektion beschlossen, noch einmal an höchster Stelle die Bitte vorzutragen, Alles aufwenden zu wollen, um Herrn LINDEMANN für unsere Universität zu gewinnen.

Sollte das nicht möglich sein, so sieht die Sektion in Herrn Professor Dr. WALTHER DYCK, dessen Name neben A. VOSS, A. BRILL u.a. schon bei der ersten Berathung zum gen.[?] Betreff mit genannt worden ist, auch eine geeignete Kraft für die betreffende Stelle und hat die Überzeugung, daß nach Herrn LINDEMANN kaum jemand zu finden wäre, welcher Herrn DYCK für die betreffende Stelle entschieden vorzuziehen sei.

Ehrerbietigst
J. RANKE d. Z. Dekan."

*10.7.8 Senatsantrag zur Berufung von Ferdinand Lindemann:*

UAM: Sen 208/23

"München, den 21.Januar 1893.
Senat an das k. Staats-Ministerium
*Wiederbesetzung zweier ordentlicher Professuren an der k. Univ. München.*

Zur k. Entschl. vom 9.d.M. Nr.10972. Mit 1 Beil.

Mit höchster Entschließung vom 9.d.M. bezüg. neben. Betreffs ist unter Hinweisung darauf, daß für die Ausstattung der beiden an der hiesigen Univ. zu besetzenden Professuren - für forstliche Produktionslehre und für Mathematik - die von der budgetmäßigen Reserve für Ersatzprofessuren noch vorhandenen Mittel nicht ausreichen, der akad. Senat beauftragt worden, sofern nicht die Univ. in der Lage sein sollte, die weiter nötigen Mittel aufzubringen, zu erwägen und zu berichten, welche von diesen beiden Lehrstellen in erster Linie zu besetzen sein würde. (...)

Der Senat mußte demnach, so wünschenswert ihm auch die alsbaldige Gewinnung der von ihm vorgeschlagenen Kräfte für beide Lehrstühle erscheint, an die Frage herantreten, welche der beiden Professuren nötigenfalls zuerst der Besetzung bedürfe, und gelangte zu der Überzeugung, daß als die dringlicher der Wiederbesetzung bedürftige Professur dann/ die forstliche Produktionslehre sich erweise. Die Erwägungen, welche das Kollegium zu diesem Beschlusse geführt haben, sind folgende: (...)

Mathematik dagegen, so wichtig auch diese Disziplin ist, wird z.Z. immer noch durch einen Ordinarius und einen Extraordinarius, denen zwei Privatdozen-

## 10. Dokumente

ten[1] zur Seite stehen, vertreten. Überdies besteht hinsichtlich der mathematischen Fächer für die Studierenden der Univ. zur Not die Möglichkeit, Vorlesungen an der technischen Hochschule zu besuchen, was bei den forstwissenschaftlichen Fächern nicht der Fall ist.

Das Bedürfnis, welches in Bezug auf die Vertretung der mathematischen Disziplinen an unserer Univ. seit geraumer Zeit so lebhaft/ empfunden wird, ist das Bedürfnis einer hervorragenden Kraft auf diesem Gebiete.

Als solche muss in erster Linie Prof. KLEIN in Göttingen benannt werden, den zu gewinnen leider trotz des denkenswertesten Entgegenkommens seitens der k. Staatsregierung nicht gelang. Nach KLEIN wurde als derjenige Mann, welcher die hier bestehende Lücke am besten auszufüllen geeignet wäre, Prof. LINDEMANN in Königsberg bezeichnet; wir haben deshalb unterm 20.Juli v.J. auf Grund einstimmigen Vorschlages der phil. Fak. II.Sekt. die ehrf. Bitte gestellt, die Berufung desselben gnädigst zu ermöglichen.

In der k. Entschl. vom 9.d.M. ist nun ausgesprochen, daß Lindemann voraussichtlich nur bei Angebot eines sehr bedeutenden Gehaltes gewonnen werden könnte, und beigefügt worden, daß diese Schwierigkeit wesentlich vermindert werden dürfte, "wenn das Augenmerk auf eine andere geeignete Lehrkraft gerichtet würde, als welche dem königl. StaatsM.d.I. für KiSchA. von verschiedenen Seiten der ordentliche Professor an der hiesigen technischen Hochschule Dr. WALTHER DYCK bezeichnet wird."

Es hat deshalb die II.Sekt. der phil. Fak. laut Berichtes vom 19.d.M. in ihrer Sitzung vom 18.d. [desselben] erneut Beratung gepflogen, jedoch auf Grund derselben einstimmig beschlossen, "ihren ursprünglichen Vorschlag, daß Herr Professor LINDEMANN berufen werde, unverändert aufrecht zu erhalten." "Die Sektion hält in Übereinstimmung mit ihrem früheren Votum vom 19.Juli 1892 an der Überzeugung fest, daß unter der Zahl tüchtiger Männer, welche noch für die zu besetzende Professur in Frage kommen können, Herr LINDEMANN/ durch seine wissenschaftliche Bedeutung eine entschieden herausragende Stellung einnimmt. Im Hinblick darauf hat die Sektion beschlossen, noch einmal an höchster Stelle die Bitte vorzutragen, Alles aufwenden zu wollen, um Herrn LINDEMANN für unsere Universität zu gewinnen."

Bei Beratung der Angelegenheit in der heutigen Sitzung des akad. Senats wurde von sämtlichen Mitgliedern desselben aus der II.Sektion der phil. Fak. übereinstimmend hervorgehoben, daß als beste Kraft nach KLEIN, mit weitem Abstande vor allen Folgenden, LINDEMANN erklärt werden müsse. Er sei als hervorragender Gelehrter allgemein anerkannt, besitze eine vorzügliche Lehrgabe und habe bereits in seinem bisherigen Wirkungskreise in Heranbildung von Schülern die besten Erfolge erzielt. Die Kluft zwischen ihm und denjenigen, wel-

---

[1] Neben Bauer und Pringsheim die Privatdozenten Brunn und Doehlemann.

## 10.7 Berufungsverfahren Klein - Lindemann (1892/93)

che nach ihm in Betracht kommen könnten, sei nach dem Urteile des zuständigen Fachvertreters eine ganz bedeutende.

Der akademische Senat war deshalb einhellig der Überzeugung, daß LINDEMANN eine Persönlichkeit sei, wie sie die hies. Univ. bedürfe, und beschloß einstimmig, auch seinerseits wiederholt zu bitten, es möge gnädigst ermöglicht werden, diese Kraft für unsere Univ. zu gewinnen. Der Senat glaubte diese ehrf. Bitte umsomehr wiederholen zu sollen, als in der Sitzung darauf hingewiesen wurde, daß der Unterschied in Bezug auf die Höhe/ des zu gewährenden Gehaltes zwischen LINDEMANN und Prof. DYCK sich durchaus nicht als so bedeutend herausstellen dürfte, wie nach der k. Entschl. vom 9.d.M. befürchtet zu werden scheint.

Was den in dieser Entschl. genannten Herrn Prof. DYCK von der k. technischen Hochschule dafür anbelangt, so hat sich, nachdem diesbezügliche höchste Weisung ergangen ist, die II.Sekt. der ph.Fak. über denselben ebenfalls geäußert. Ihre Äußerung geht allerdings lediglich dahin, daß sie, für den Fall, daß die Berufung LINDEMANNs unmöglich sein sollte, auch in DYCK, dessen Name schon bei ihrer ersten Beratung neben anderen genannt worden sei, eine geeignete Kraft für die zu besetzende Stelle sehen würde.

In der heutigen Senatssitzung sprachen sich nun drei Mitglieder des Kollegiums dafür aus, daß sie auch dieser eventuellen Äußerung der Sektion beitreten zu sollen glauben; allein alle übrigen Mitglieder waren der Anschauung, daß sich der Senat nur dem zunächst gestellten Antrage der Sektion auf Berufung des Prof. LINDEMANN anschließen könne. LINDEMANN ist von der II.Sekt. der phil. Fak. als die für die hiesigen Verhältnisse wünschenswerte Kraft bezeichnet; über Prof. DYCK's Persönlichkeit und Leistungen hat sich die Sektion nicht weiter ausgesprochen; nach der Erklärung der Angehörigen der II.Sektion der phil. Fak. würde, wenn LINDEMANN nicht zu gewinnen sein sollte, eine Anzahl anderer Fachvertreter in Betracht zu kommen haben, unter welchen eventuell/ doch wohl erst nähere Umschau zu halten sein würde.

Der Senat hat deshalb, mit Ausnahme - wie erwähnt - von drei Mitgliedern, beschlossen, an die Höchste Stelle die ehrf. Bitte zu richten, es möge, falls LINDEMANN's Berufung sich als unmöglich erweisen sollte, den akademischen Behörden gnädigst weitere Gelegenheit zur Unterbreitung von Personalvorschlägen gegeben werden.

Bei der Bedeutung des in Frage stehenden Rufes an sich und für den gesamten naturwissenschaftlichen Unterricht, der ja wie bekannt[?] nicht bloss den Studierenden der Naturwissenschaften allein, sondern, namentlich heutzutage, auch den Angehörigen der übrigen Fakultäten zugute kommen soll, erachtet es der akad. Senat als die zur Vertretung der Gesamtinteressen der Corporation berufene Behörde als seine ernsteste Pflicht, soviel in ihr liegt beizutragen, daß für ein so wichtiges Fach nach Thunlichkeit die beste Lehrkraft gewonnen werde. Dem Senate muß an der möglichst guten Besetzung der dermalen erledigten Pro-

## 10. Dokumente

fessur für Mathematik um so mehr gelegen sein, als der zur Zeit vorhandene einzige Ordinarius [Bauer] dieses Faches selbst bereits das 72.Lebensjahr vollendet hat.

Der akad. Senat verkennt die Schwierigkeit der augenblicklichen finanziellen Lage, welcher die höchste Entschl. vom 9.d.M. Rechnung trägt, durchaus nicht. Im Interesse der Sache aber erachtete er es, falls die Mittel für die/ Berufung der vorgeschlagenen Lehrkraft zur Zeit nicht zu beschaffen sein sollten, für wünschenswerter, die Stelle bis zur Gewinnung der erforderlichen Geldmittel unbesetzt zu lassen, als sie wegen einer relativ geringen Ersparnis in Geld mit einer minder guten Kraft zu besetzen.

Das gnädige Wohlwollen und die thatkräftige Obsorge, welche die Königliche Staatsregierung unserer Univ. in so hohem Maße angedeihen läßt, und wenn sich gerade in jüngster Zeit die naturwissenschaftlichen Disziplinen ganz besonders zu erfreuen hatten, bestärkt in uns die Hoffnung, daß das von uns ehrerbietigst Vorgetragene huldvolle Würdigung und die von uns ehrfurchtsvollst gestellt Bitte gnädigste Gewährung finden werde.

Ehrerb. ergeb. "

### 10.8 Antrag Lindemanns betr. Seminarraum (1893)

UAM: Sen 209/18. (6.5)

"An den Königlichen Verwaltungsausschuss der Ludwig-Maximilians-Universität in München.

Königsberg, 29.5.1893.

Betreffend die *Einrichtung eines Zimmers für das mathematische Seminar.*

Dem Königlichen Verwaltungsausschusse beehre ich mich hiermit die ergebenste Bitte zu unterbreiten:

Wohlderselbe wolle genehmigen, daß dem mathematischen Seminar an der K.L.M.-Universität ein besonderes Zimmer eingeräumt werde, und wolle gleichzeitig für die zweckentsprechende Ausstattung eines solchen Zimmers Sorge tragen, damit dasselbe womöglich schon im Winter benutzt werden kann.

Dass es nothwendig ist, für die Seminare eigene Zimmer verfügbar zu machen, dürfte allgemein anerkannt sein, insbesondere auch an der Münchener Hochschule, wo schon mehrere Seminare in zweck-/entsprechender Weise untergebracht sind. Für das mathematische Seminar, in dessen Zimmer nicht nur Bücher, sondern auch andere Lehrmittel (geometrische Modelle etc.) aufzustellen sind, wäre wünschenswert, dass dasselbe unmittelbar mit einem für mathemati-

## 10.8 Antrag Lindemanns betr. Seminarraum (1893)

sche Vorlesungen besonders eingerichteten Auditorium verbunden wäre. Da es nicht zu vermeiden ist, dass Vorlesungen, welche für jüngere und ältere Semester bestimmt sind, gleichzeitig gehalten werden, sind mindestens zwei solcher Auditorien nothwendig. Wie ich höre, ist Aussicht vorhanden, dass dies wünschenswerthe Ziel in einigen Jahren erreicht werde.

Um bis dahin dem dringenden Bedürfnisse abzuhelfen, würde irgend ein verfügbares Zimmer genügen./ In Folge meiner Berufung an die Universität München habe ich kürzlich bei meiner Anwesenheit in München mich nach einem passenden Raum im Universitätsgebäude umgesehen und hatte mich dabei der Unterstützung Seiner Magnifizenz des derzeitigen Rectors [v. Baeyer] zu erfreuen. Der Herr Oberbibliothekar der Universitätsbibliothek erklärte sich bereit, ein im zweiten Stockwerke gegenüber dem Lesezimmer der Studirenden gelegenes und zur Zeit für Bibliotheks-Zwecke benutztes Zimmer für die nächsten Jahre dem mathematischen Seminar zur Verfügung zu stellen. Sollte der Königliche Verwaltungs-Ausschuss hierzu seine Zustimmung geben, so würde der Anfang für eine gedeihliche Fortentwicklung des Seminars gemacht sein./

Was die Ausstattung des fraglichen Zimmers betrifft, so dürfte folgendes genügend und nothwendig sein

1) allgemeine Reparaturen des Innern,
2) Transport der jetzt im mathematischen Hörsaale untergebrachten Schränke mit Büchern und Modellen in das neue Zimmer,
3) Aufstellung von Tischen und (etwa zunächst 12) Stühlen in der Längsaxe des Zimmers,
4) Aufstellung einer Wandtafel, wobei eine kleinere, auf dreibeinigem Gestelle ruhende Tafel genügen würde,
5) Ermöglichung einer Beleuchtung in den Abendstunden,
6) Anschaffung neuer Schränke, um bei der Aussicht genommenen Vergrösserung der Bibliothek die neuen Werke aufstellen zu können.

Zu 5) gestatte ich mir zu bemerken,/ dass die Beleuchtung durch Gas wegen der Nähe der Bibliothek ausgeschlossen erscheint, dass aber nach vorläufig eingezogenen Erkundungen eine Beleuchtung durch electrische Accumulatoren wohl möglich sein dürfte. Für die gewöhnlichen Seminarübungen liesse es sich vielleicht ermöglichen, ausschliesslich die Vormittags-Stunden zu benutzen. Gleichwohl ist eine Beleuchtung in den Abendstunden höchst wünschenswerth; denn erstens müssen Modelle und Abbildungen und andere Lehrmittel für die Vorlesungen stets zugänglich sein; zweitens gedenke ich einmal wöchentlich in dem Zimmer eine mathematische Societät abzuhalten, in welcher die neueren Erscheinungen der mathematischen Litteratur besprochen werden; hierbei aber ist die unmittelbare Benutzbarkeit der wichtigsten Zeitschriften nothwendig; und für diese Be-/sprechungen, an denen z.B. hier in Königsberg auch jüngere Dozenten und Gymnasiallehrer Theil genommen haben, sind erfahrungsmässig die Abendstunden (6-8 Uhr) am passensten.

## 10. Dokumente

Zu 2) und 6) hebe ich hervor, dass meine Vorschläge im Einverständnisse mit Herrn Professor Dr. GUSTAV BAUER und nach Rücksprache mit demselben gemacht werden. Sein besonderer Wunsch ist es, dass die neu anzuschaffenden Bücher *in geschlossenen Schränken, nicht auf offenen Regalen* aufgestellt werden. Letztere würden allenfalls vorläufig genügen, wenn die Beschaffung von ersteren Schwierigkeiten bereiten sollten. Die erwähnte Vergrösserung der Bibliothek ist dadurch bedingt, dass der Herr Minister mir bei meiner Berufung einen ausserordentlichen Zu-/schuss zur Auffüllung der vorhandenen Lücken in Aussicht stellte. Sobald die Höhe derselben endgültig festgestellt ist, sollen die Bücher möglichst schnell beschafft und aufgestellt werden, auch hat sich der Herr Oberbibliothekar der Universitätsbibliothek in liebenswürdigster Weise erbeten, alles weitere nach Besprechung bzw. sonstiger Vereinbarung mit mir zu besorgen.

In Rücksicht hierauf richte ich an den Königlichen Verwaltungs-Ausschuss noch die weitere Bitte, dem Herrn Oberbibliothekar der Universitätsbibliothek geneigtest eine Mittheilung zukommen zu lassen, sobald die in Aussicht genommene Summe endgültig bewilligt sein wird./

Indem ich mich zu weiteren Auskünften jederzeit bereit erkläre, gebe ich mich der Hoffnung hin, dass der Königliche Verwaltungsausschuss in der Lage sein werde, in der von mir gewünschten und für die Entwicklung des mathematischen Studiums förderlichen Richtung die nöthigen Anordnungen zu treffen.

Hochachtungsvollst
des Königlichen Verwaltungs-Ausschusses
ergebenster
F. Lindemann."

## 10.9 Korrespondenzen

**10.9 Korrespondenzen - insbesondere mit Klein, Hilbert und Lindemann**

*10.9.1. Bauer an Klein:*

UBG: Cod.Ms.F.Klein 8, Nr.64 - 65. (6.9)

Nr.64:
"München, d. 16.3.1886.
Indem ich Ihnen meinen besten Dank sage für die freundliche Zusendung Ihrer letzten Arbeit über die Kummersche Fläche[1], sende ich Ihnen zugleich meinen herzlichen Gruß zum Einzug in Göttingen[2].
Hochachtungsvollst
Ihr ganz ergebener
Prof. Dr. Gust. Bauer."

Nr.65:
"München, den 21.11.1900.
Hochgeehrter Freund.
Ich sage Ihnen herzlichen Dank für das freundliche Telegramm, das Sie mir zu meinem 80.Geburtstage schickten. Der Tag wird mir unvergeßlich sein wegen der vielen Freundlichkeiten, die ich von Seiten der Collegen, früherer und jetziger Schüler erfuhr. Es freut mich sehr, daß in dem prachtvollen Album, das mir die hiesige Mathematische Gesellschaft verehrte, auch Ihr Bildnis vertreten ist.

Wollen Sie auch Ihrer Frau Gemahlin meinen Dank und den Ausdruck meiner Verehrung übermitteln.

In freundschaftlicher Hochachtung
Ihr ergebenster
Gust. Bauer"

*10.9.2. Pringsheim an Klein:*

UBG: Cod. Ms. F.Klein 11. (6.1)

Nr.373 [Über Weierstraß.]:

"München, 19.12.82.
Sehr geehrter Herr Professor - Sie erinnern sich vielleicht noch, daß wir bei Gelegenheit meiner neulichen Anwesenheit in Leipzig davon sprachen, wie auf-

---

[1] F. Klein: "Über Konfigurationen, welche der Kummerschen Fläche zugleich eingeschrieben und umgeschrieben sind." Math.Annalen 27(1885).
[2] Klein war zum Sommersemester 1886 nach Göttingen berufen worden. Der Berliner Ministerialdirektor Althoff hatte schon damals die Absicht, "Göttingen zu einem mathematisch-naturwissenschaftlichen Zentrum auszubauen" ([Tobies 1981], 56).

## 10. Dokumente

fallend es ist, daß man auf einander äußerst einfache und an sich gar nicht unwichtige Dinge immer erst viel später käme, als man glauben sollte: als ein Beispiel hierfür wurde u.a. jene Reihe erwähnt, welche WEIERSTRAß im vorigen Jahre - auf Grund einer brieflichen Mittheilung von J. TANNERY - in den Berliner Monatsberichten[1] publicirt hat. Wir hatten indessen wenigstens mit diesem Beispiele - Unrecht: es ist mir inzwischen klar geworden, daß die Tannery'sche Reihe ganz und gar nicht neu ist, sondern im wesentlichen bereits in einem Aufsatz aus dem Jahre 1869 von unserem SEIDEL[2] enthalten/ ist. Hätte W.[Weierstraß] diesen Aufsatz gekannt oder wenigstens im Gedächtnisse gehabt - er würde sich viel unnöthige und schwer verdauliche Arbeit gespart haben! Denn, wie Sie sehen werden, enthält jene einfache Reihe eigentlich das Gesamtresulthat jenes ganzen W.'schen Aufsatzes. Da es, wie ich glaube, nicht ganz ohne Interesse ist, dies festzustellen, so habe ich das nöthige hierüber nebst einigen weiteren sich daran knüpfenden Bemerkungen in dem beifolgenden kleinen Aufsatze zusammengestellt und möchte Sie nun ersuchen, denselben, falls er Ihnen geeignet erscheint, durch die Math. Annalen publiciren zu wollen[3].

Indem ich Ihnen vergnügte Feiertage und ein gutes Neujahr wünsche - mit bestem Gruße
Ihr
Alfred Pringsheim."

Nr.374 [Über Worpitzky; insges. 20 Seiten.]:

Feldafing, 1.Juli 1883.
Lieber Herr Professor! Haben Sie schönsten Dank für Ihre Sendung, wenn ich leider auch sagen muß, daß dieselbe ein arges Danaer-Geschenk enthält. Dieser WORPITZKY[4] fängt nachgeradezu an, mir ein bisschen fürchterlich zu werden: ich finde ihn nämlich ebenso wenig legal in seinem Vorgehen, wie unklar und nichtssagend in seinen Ausführungen, und beides zusammen macht eine Polemik mit ihm höchst unerquicklich. Herr W. hat, wie er Ihnen ja auch mittheilt, vor einiger Zeit bereits einmal an mich geschrieben: er glaubte in seinem damaligen Briefe

---

[1] Karl Weierstraß: Mitteilungen zur Functionenlehre. Berliner Monatsberichte 1881, S.228-230.
[2] Journal für die reine und angew. Math. 73(1869)297.
[3] Dem hat Klein entsprochen. Der Beitrag "Ueber gewisse Reihen, welche in getrennten Convergenzgebieten verschiedene, willkürlich vorgeschriebene Functionen darstellen" erschien 1883 in den Mathematischen Annalen [Pringsheim 1883]. Pringsheim weist hier darauf hin, daß das Tannery'sche Beispiel nur eine kleine Veränderung eines Ergebnisses von Seidel darstellt.
[4] Julius Worpitzky: * 1835 Karlsburg i.Pommern, † 1895 Berlin; 1855 Stud. U Greifswald u. Berlin, Privatlehrer, 1860/62 Livland, 1862 L.Prüf. u. Prom. Greifswald, 1862/63 Seminar v.Schellbach, 1863 Lehrer Friedrichs-Gymn. Berlin, 1867 Prom. Jena, 1868 Friedrich-Werdersches Gymn., Prof. und ab 1872 k.Kriegsakademie Berlin.

## 10.9 Korrespondenzen

meine Angriffe völlig entkräftet zu haben und ersuchte demgemäß um eine "Berichtigung" in den Annalen. Nun beruht aber seine vermeintliche Rechtfertigung in der Hauptsache auf einem vollständigen *Mißverstehen meines Angriffes*: ich habe mir trotzdem die undankbare Mühe gegeben, alle seine Einwürfe in einem höchst verbindlichen und ausführlichen Briefe, der mich eine Menge Zeit gekostet, der Reihe nach zu *widerlegen*. Natürlich konnte ich darnach nur zu dem Schlusse kommen, daß ich zu einer "Berichtigung" in Wahrheit/ keinerlei Veranlassung zu haben glaubte: um nun Herrn W. nicht mit ganz leeren Händen abziehen zu lassen, schloß ich meine - sieben ganze Briefseiten lange - Deduction *aus purer Courtoisie* mit einer versöhnlichen Wendung des Inhalts: es thue mir leid, sein p.p. Buch an einer Stelle angegriffen zu haben, wo zu einer entsprechenden Würdigung desselben keine Gelegenheit vorhanden gewesen wäre; *ich hoffe aber, diesen Fehler bei einer späteren Gelegenheit einmal einigermaßen ausgleichen zu können, und ersuche ihn um gef. Rückäußerung, ob er mit meinen Ausführungen einverstanden wäre.*

Eine solche Rückäußerung ist indessen nicht erfolgt, vielmehr hat sich Herr W. nun ohne weiteres an Sie gewendet: und zwar giebt er hierbei von der ganz zwischen uns gepflogenen Correspondenz eine Darstellung, die ich nicht anders als perfid nennen kann. Denn von meinem ganzen Briefe erwähnt er nichts, als jene eine *Höflichkeits-Phrase*, die - aus ihrem ganzen Zusammenhange herausgerissen - wie das Eingeständnis eines großen Unrechts erscheinen muß,/ verschweigt aber vollständig die Existenz meiner ausführlichen sachlichen Widerlegung, und verschweigt ferner (was noch schlimmer ist!) den ganzen oben von mir *unterstrichenen* [durch Kursivdruck hervorgehobenen] Schluß-Passus, mit dem ich der ganzen Angelegenheit, trotzdem ich mich sachlich völlig als Sieger fühlte, einen versöhnlichen Abschluß zu geben versuchte, und der Herrn W. *unter allen Umständen* verpflichtet hätte, sich mit geeigneter Würdigung meiner sachlichen Argumente vor allem nochmals an *mich* zu wenden.

Ich kann hiernach zunächst nur bedauern, daß ich - in der Meinung, mit einem loyalen Gegner zu tun zu haben - überhaupt ein derartiges Zugeständnis gemacht habe, und Sie werden es andererseits begreiflich finden, daß nach dem Vorgefallenen von irgend welchen weiteren Conceptionen meinerseits nicht mehr die Rede sein kann. Vielmehr muß ich es vollständig Ihnen überlassen, inwieweit Sie der W.'schen Replik Raum geben wollen, während mir wohl für den Augenblick nichts anderes übrig bleibt, als mich wieder einmal an das langweilige und unfruchtbare Geschäft einer Kritik/ des W.'schen Elaborates zu machen. Daß Sie, der Sie zur Lecture dieser beiderseitigen Auslassungen verdammt sind, mir kaum minder leid thun, als ich mir selbst, wird Sie wenig trösten: jedenfalls aber dürfen Sie mir das eine zu Gute halten, daß nicht ich, sondern Herr W. diese langweilige Geschichte vor Ihr Forum gezerrt hat.

Ich hatte in meinem Aufsatze (Ann. Bd.XXI) an Herrn W.'s Darstellung des fragl.[?] Punktes zuerstes gezeigt: 1.) Eine Beweislücke. 2.) Einen falschen Schluß bei einem Convergenzbeweise.

## 10. Dokumente

Die Beweislücke ist folgende. Herr W. beweist das Multiplicationsgesetz $W = U \cdot V$ für zwei Reihen von denen *mindestens eine unbedingt* convergent. (...)

[S.20:] Der "SCHIMPF"[1], den Sie mir angethan, werde ich Ihnen so bald als möglich mit meiner Kritik zurückgeben: doch werden wohl darüber noch ca. 14 Tage vergehen - in der Woche komme ich nämlich kaum dazu, da mir meine Vorlesungen auch Arbeit machen, die eben verflossenen freien Tage habe ich zur Abfassung vorstehender Billetdoux benützt, nächsten Sonntag aber gedenke ich in Bayreuth dem Parsifal zu fröhnen, so daß ich vor Sonntag in 8 Tagen wohl kaum die nöthige Zeit dazu finden werde (...)

Wir haben seit dem 1.Juni in Feldafing ein Sommerquartier bezogen - d.h. meine Frau und Kinder wohnen ganz draußen - und ich, soweit es die Vorlesungen gestatten. Sie haben vielleicht die Güte, wenn Sie mir in der Affaire WORPITZKY Antwort zukommen lassen, dieselbe nach Feldafing zu adressieren. Von meiner Frau soll ich Ihnen Grüße und die besten Wünsche für den Erfolg Ihrer Erholungscur übermitteln, welchen letzteren mich anschließend ich verbleibe

Ihr ergebenster
Alfred Pringsheim."

Nr.375:

"München, 6.12.83.

Lieber Herr Professor - beifolgend sende ich Ihnen die beiden KÖNIG'schen[2] Aufsätze mit dem Bemerken zurück, daß nach meiner Ansicht irgend ein wesentliches Bedenken gegen deren Publication in den Annalen *nicht* vorliegt.

Der erste Aufsatz "Über eine Eigenschaft der Potenzgeraden"[3] enthält einen ganz hübschen Gedanken (...)

Der Aufsatz über die Taylor'sche Reihe[4] enthält, wie der Verfasser selbst zugiebt, für Functionen complexer Variablen nichts wesentlich neues. *Neu* (und übrigens auch richtig) ist also nur die besondere *Form*, welche K. den aus der Theorie der Functionen *complexer* Variablen geschöpften Resultaten giebt, und welche gestatten diese Resultate ohne weiteres auch auf solche Functionen anzuwenden, welche nur für reelle Variable definirt sind. (...)

Von hier giebt es kaum etwas neues zu melden: ich weiß nicht einmal, ob man am Polytechnikum nun endlich einen Ersatz für LÜROTH gefunden hat. BRILL nannte vor etwa 14 Tagen, als ich ihn zum letzten/ Male sprach, VOSS als neuesten Candidaten, nur ist aber nicht bekannt, ob die Unterhandlungen zu ei-

---

[1] E. Schimpf: OLehrer am Gymn., Bochum. Aufsatz nicht erschienen.
[2] Julius König (1849-1913), 1874/95 o.Prof. TH Budapest.
[3] Daraufhin publiziert: Math.Ann. 23(1884)447-450.
[4] Ueber die Bedingungen der Gültigkeit der Taylor'schen Reihe. Math.Ann. 23(1884) 450-452.

## 10.9 Korrespondenzen

nem Resulthate geführt haben.[1] Mir speziell hat LÜROTH's Abgang sehr leid gethan, da er, abgesehen von anderen angenehmen Eigenschaften, der einzige war, dem man auch "in mathematices" näher stand. Aus diesem Grunde habe ich auch sehr bedauert, daß es mit HARNACK[2] nichts geworden ist - denn jetzt sehe ich es kommen, daß man schließlich doch noch wieder einen Geometer herholt. O diese Geometer! - - Daß es Ihnen wieder etwas besser geht, hat mich herzlich gefreut: nun halten Sie aber auch darauf, daß Sie die Errungenschaften des Sommers nicht gleich wieder zusetzen! Mit diesem frommen Wunsche grüßt Sie bestens Ihr
Alfred Pringsheim."

Nr.377:

"München, 12.November 1887.
Verehrtester Herr Ober-College! Zu meinem lebhaften Bedauern ersehe ich aus Ihrer soeben eingetroffenen Karte, daß Sie sich wegen des Verbleibs der ISENKRAHE'schen Abhandlung[3] Sorge gemacht. Der Grund der verzögerten Rücksendung liegt indessen lediglich darin, daß ich erst seit dem 1.Nov. wieder in München bin und wie dies nach längerer Abwesenheit zu gehen pflegt, so vielerlei zu thun hatte, daß ich beim besten Willen nicht Zeit fand, mir die betreffende Arbeit ordentlich durchzusehen. Im Laufe der nächsten oder längstens übernächsten Woche hoffe ich indessen bestimmt, dies zu thun und werde dann die Rücksendung sofort bewerkstelligen. Mit der Bitte, die unfreiwillige Verzögerung freundlichst entschuldigen zu wollen grüßt Sie Ihr Alfred Pringsheim."

Nr.378:

"München, 6 Sophienstr. 27.11.87.
Verehrtester Herr Ober-College! Heute endlich komme ich dazu, Ihnen die Arbeit des Herrn ISENKRAHE zurückzusenden. Ich habe dieselbe genau gelesen und die bezügliche Literatur, soweit ich dieselbe habe, damit verglichen. Danach möchte ich nun das folgende Urteil abgeben: ich glaube, daß die vom Verfasser

---

[1] Tatsächlich wurde 1884 Dyck Nachfolger von Lüroth, 1885 dann Voss Nachfolger von Brill.
[2] Axel Harnack, der von 1877 bis 1888 ord.Prof. an der TH Dresden war, starb wenige Jahre später (1888) bereits mit 36 Jahren.
[3] Caspar Isenkrahe (*1844, Lehrer Kaiser-Wilhelms-Gymnasium Trier): "Ueber die Anwendung iterirter Functionen zur Darstellung der Wurzeln algebraischer und transzendenter Gleichungen" (Bonn, Sept. 1887). Math.Ann. 31(1888)309-317. Darauf aufbauend (siehe die Anmn. in Brief Nr.378) erschien später seine Monographie zu Anwendungen von Iterationsverfahren: "Das Verfahren der Funktionswiederholung, seine geometrische Veranschaulichung und algebraische Anwendung". Teubner Leipzig 1897. Weitere Werke: "Das Räthsel der Schwerkraft", Vieweg 1879. "Über die Fernkraft und das durch Paul du Bois-Reymond aufgestellte dritte Ignorabimus", Teubner 1889. Hierauf bezieht sich die Diss. (München 1891) von Adalbert Bock, s. 11.5.

## 10. Dokumente

mitgetheilten Sätze, welche er aber *sämmtlich ohne Beweis* giebt, im allgemeinen richtig und in dieser Form noch nicht bekannt sind. Auf der anderen Seite sehe ich aber nicht recht ein, warum derselbe diese fehlenden Beweise, die ja doch eigentlich die Hauptsache sind, nicht hinzufügt, sich vielmehr begnügt, die Richtigkeit seiner Sätze *sehr* ausführlich an bereits bekannten *Beispielen* darzuthun und dafür dem Leser überläßt, sich die Beweise selbst zu suchen,/ während doch das umgekehrte Verfahren bei weitem mehr am Platze wäre. Jedenfalls trägt die Arbeit (die übrigens ganz gut und klar geschrieben ist) in dieser Form eigentlich nur den Charakter einer "vorläufigen Mittheilung" und würde sich daher nach meiner unmaßgeblichen Meinung weit eher zur Publication in den Sitzungs-Berichten einer Akademie oder dergl., als für die Math. Annalen eignen. - - -

Ich habe eine ganze Anzahl angefangener bzw. in der Hauptsache fertiger Arbeiten liegen und komme nicht dazu, dieselben recht abzuschließen - in diesem Semester wohl schon gar nicht, da mir meine 3 Vorlesungen ziemlich viel Arbeit machen. Ich lese u.a. zum ersten Male Functionen-Theorie nach WEIERSTRAß und finde, daß es doch eigentlich entsetzlich schwer ist, diese zum Theil unglaublich spitzfindigen Dinge so vorzutragen, daß der Student versteht, worum es sich eigentlich handelt. Daher habe ich dann auch die Entdeckung gemacht, daß die Herren PINCHERLE[1] und BIERMANN[2] vieles, was sie mitgetheilt haben, offenbar selber nicht verstanden haben, denn es steht genug Unsinn in ihren Arbeiten,/ für den ich WEIERSTRAß doch schwerlich verantwortlich machen möchte. Im übrigen ist das BIERMANN'sche Buch[3] immerhin eine ganz nützliche und dankenswerthe Erscheinung.-

Und nun entschuldigen Sie nochmals, daß ich Sie mit der Rücksendung der ISENKRAHE'schen Arbeit so lange warten ließ und seien Sie bestens gegrüßt von Ihrem stets ergebenen
Alfred Pringsheim."

Nr.379:
"München, 9.11.90.
Verehrter Herr College! Soviel ich bei einer - allerdings einigermaßen flüchtigen - Durchsicht des N.'schen Aufsatzes beurtheilen kann, scheint Hr. N. mit seinem Einwurfe gegen den fraglichen F.'schen Satz Recht zu haben. Ich glaube daher, daß Sie die Publication (nach Vornahme etlicher stylistischer Milderungen und Correcturen) wohl nicht gut werden ablehnen können[4].
Mit bestem Gruße Ihr A.P."

---

[1] Salvatore Pincherle (1853-1936), 1880-1928 U Bologna.
[2] Otto Biermann (1858-1909), 1883 Hab. U Prag, 1891 Prof. TH Brünn.
[3] O.Biermann: Theorie der analytischen Funktionen. Leipzig: Teubner 1887.
[4] P.A. Nekrassoff: Ueber den Fuchs'schen Grenzkreis. Math.Ann. 38(1891)82-90. Siehe dazu ergänzend die Arbeiten von Lazarus Fuchs im Journal f.Math. 106(1890) u. 108(1891).

## 10.9 Korrespondenzen

Nr.380:

"München, 16.7.93.
Sehr verehrter Herr College! Ich weiß, daß ich ein Scheusal bin. Aber das liegt nur daran, daß es mir geradezu physische Schmerzen bereitet, auch nur den kleinsten Brief zu schreiben. In Gedanken habe ich Ihren Brief vom vorigen Monat schon mindestens einmal beantwortet und zwar etwa folgendermaßen: Ich möchte Ihrem Wunsche sehr gern entsprechen und habe auch zu diesem Zwecke zwei kleine Aufsätze angefangen - einen erweiterten Extract meiner Convergenz-Theorie und einen kleinen Artikel mit graphischer Darstellung einer Function, für welche die Taylor'sche Reihe *convergirt*, ohne mit der Function selbst übereinzustimmen. Nun habe ich aber in den letzten Wochen so entsetzlich viel Fremden-Besuch gehabt, daß/ ich neben meiner zwei Vorlesungen kaum etwas arbeiten konnte, zumal die große Hitze hierzu nicht gerade förderlich erschien. Immerhin *hoffe* ich bis zu dem von Ihnen angegebenen Termin (1.August) etwas fertig zu bringen, will es Ihnen aber nicht ganz definitiv versprechen, da ich ein sehr langsamer Arbeiter bin und noch dazu sehr von Stimmungen abhängig bin. In jedem Fall erhalten Sie vor Ihrer Abreise[1] noch einen Bericht von mir.- Und nun nehmen Sie mir meine Nachlässigkeit bzw. Schreibfaulheit nicht übel, und seien Sie bestens gegrüßt von Ihrem

ergebensten
Alfred Pringsheim."

Nr.381:

"München, 2.8.93.
Verehrtester Herr College! Beifolgend erhalten Sie das versprochene Manuskript - hoffentlich noch vor Thores-Zuschluß. (...) Das Referat über Convergenz-Theorie habe ich nicht/ mehr zu Ende gebracht - sollten Sie noch darauf reflectiren und eine Möglichkeit bestehen, Ihnen dasselbe noch nachzusenden, so schreiben Sie mir vielleicht ein Wort darüber, wie, wo, wann etc. und zwar nach *Berchtesgaden, Meierhaus Fürstenstein*: sowie ich die schwer auf mir lastende Sendung an Sie expedirt habe, reise ich dahin ab.- Sehr lebhaft bedaure ich, daß wir Sie bei der im September hier tagenden Mathematiker-Versammlung vermissen sollen. Aber da Sie nun doch, um mit jenem Berliner Commerzienrath zu reden, kein Vogel sind, um an zwei Stellen zugleich sein zu können, so müssen wir uns wohl darein finden. Und nun wünsche ich/ Ihnen noch eine ganz besonders glückliche Reise, Genüsse jeglicher Art, endlose Triumpfe jeder endlichen Ordnung und bin mit den besten Grüßen

Ihr sehr ergebener
Alfred Pringsheim."

---

[1] Zur ersten Vortragsreise in die USA.

## 10. Dokumente

Cod.Ms.F.Klein 22 F, Bl.126:
"München, Arcisstr.12. 3/5.02.
Sehr verehrter Herr College! Erst vor einer Woche von einer italienischen Ferienreise zurückgekehrt, fand ich Ihre liebenswürdige Sendung und komme erst heute dazu, Ihnen meinen verbindlichsten Dank dafür auszusprechen. Mit besonderem Vergnügen habe ich aus Ihrer Vorlesung ersehen, daß irgendwelche Gegensätze principieller Natur zwischen unseren beiderseitigen Auffassungen nicht bestehen: ich meine, daß man ohne eine gründliche Praecisirung des Zahlbegriffs eben nicht Mathematik treiben kann, und daß auch nun wirklich brauchbare "Approximations-Mathematik" schließlich nur auf Grundlage der "Praecisions-Mathematik" gewonnen werden kann.
Mit besten Grüßen
Ihr
Alfred Pringsheim."

### 10.9.3. Voss an Klein:

Cod.Ms.F.Klein 12, Nr.66-186. (6.8; 6.9; 8.1.4; 8.3.3)

Nr.186 A:

"Würzburg, d. 27.XII.1902
Lieber Freund,
Ich muß Dir heute mittheilen, daß ich gestern vom Senat in München das Decret erhalten habe, demnach ich zum 1.April dorthin übersiedeln soll. Daß ich mich schliesslich entschieden habe, meinen Ruf noch anzunehmen, obwohl ich eigentlich mich hätte bescheiden sollen, in den hiesigen Verhältnissen zu bleiben, wirst Du vielleicht begreifen.

Als ich hierher kam, fand ich ja geradezu traurige Verhältnisse vor. Daß mich dieselben nicht ganz niedergedrückt haben, verdanke ich der Freundlichkeit, mit der man/ mich hier allerseits aufnahm. Auch haben sich ja die Verhältnisse allmählich, wenn auch langsam gebessert, und zum Theil darf ich das wohl meiner eigenen Arbeit zuschreiben. Allerdings werden ja wohl manche der Meinung sein, daß diese neue Wendung, die ja manches ungewöhnliche hat[1], nicht ohne mein Zuthun erfolgt sei. Dir, meinem ältesten Freunde, kann ich es wohl mittheilen, was Du ohnehin[?] ja auch ohne dies als selbstverständlich ansehen wirst, daß ich seit den mehr als zwei Jahren, wo sich die Frage stellt[?], mit niemandem/ der Betheiligten darüber gesprochen habe. Ich selbst würde nie den Muth gehabt haben, etwas zu befördern, - vorausgesetzt, daß dies überhaupt in meiner Macht gelegen hätte - was mich jetzt, wo die Entscheidung gefallen ist, fast mit mehr Sorge erfüllt, als ich Dir sagen kann. Hoffen wir das Beste an der

---
[1] Voss war 57jährig.

## 10.9 Korrespondenzen

Zukunft! Möge Dir dieselbe im Beruf wie im Hause stets das Glück erhalten und weiter fördern, das Dich bisher auf allen Deinen Wegen begleitet hat.
Mit den herzlichsten Grüßen und Empfehlungen an Deine verehrte Frau
Dein A. Voss"

UBG: Cod.Ms.F.Klein 7 M, Bl.8-9:

Nr.9 (Postkarte):
"München, 30.III.14.
Lieber Freund. Herzlichen Dank für Deine erfreuliche Nachricht. Wenn es wirklich gelungen ist, das Heft noch im letzten Momente zum Abschluss zu bringen, so verdanke ich das ganz allein Deiner unermüdlichen Sorgfalt. Es ist ja leider wahr, dass das Ms. noch viele, sehr viele Mängel enthielt, die bei einer nochmaligen Abfassung im December 1913 wohl zum Teil sich hätten beseitigen lassen. Aber dann hätte sich die Drucklegung bis zum Anfang April nicht mehr bewerkstelligen lassen. Ich bin in hohem Grade erfreut, nun endlich mit dieser Sache abschliessen zu können, die mich noch immer im Traum mit quälenden Vorstellungen beschäftigt. Eigentlich müsste man nun ein grösseres Werk über diese Sache abfassen, um alles was nur kurz angedeutet ist, eingehender zu behandeln. Aber dazu fehlt mir die Arbeitskraft. Ganz besonders freue ich mich darüber, daß Du wieder Dich im (...) [unleserlich] umgeben fühlst. Nimm meine herzlichsten Glückwünsche dazu! - Erfolg von der Sache verspreche ich mir nicht, am allerwenigsten bei unseren Fachgenossen; aber das grosse freundschaftliche Interesse, das Du an der Sache genommen hast, gibt mir die Hoffnung, daß der Aufsatz für die K.d.G.[1] doch nicht sehr unwert sein mag. - Morgen früh geht es nun endlich für gute 14/ Tage auf die Reise; unterwegs müssen natürlich die Vorbereitungen auf die Vorlesungen im Sommersemester getroffen werden. Hoffentlich wendet sich das Wetter endlich zum besseren!
Mit herzlichen Grüssen
Dein A. Voss."

Nr.8 (Postkarte):
"Riva, 17.IV.14.
Lieber Freund. Herzlichen Dank für Deine willkommene Nachricht von heute morgen. So ist denn wirklich vermöge Deiner und Teubners Bemühung das Ziel erreicht, das für andere kaum möglich gewesen wäre zu erreichen. Wir sind seit Montag abend in Riva; hier fühlt man sich nach der tropischen Hitze der Riviera allerdings fast an die Nordsee versetzt; ein Gutteil davon kommt allerdings auf Rechnung des Wetterumschlags, durch den alle höheren Berge aufs neue mit Schnee bedeckt sind. Gestern nachmittag trafen wir beim Spaziergang nach Torbole SOMMERFELD und Frau, die sich dort in grösster Einsamkeit niedergelassen

---

[1] Kultur der Gegenwart; [Voss 1914] und anschließend [Voss 1914a].

## 10. Dokumente

haben; heute wird dort auch SCHÖNFLIES[1] erwartet. Aber auch in Maderno fehlte das mathematische Element nicht (z.B. A. WASMUTH aus Graz); noch stärker war es in Fasano und Gardone[2] vertreten. Ende der Woche hoffe ich in München wieder zu sein, und werde dann von DYCK das nähere erfahren. Mit den herzlichsten Grüßen, namentlich auch von meiner Frau

Dein A. Voss"

Nr.186 B:
"München 12.XII.15.
Lieber Freund,
Du hast mir durch Deinen Glückwunsch[3] eine große Freude bereitet. Ich habe es immer als ein grosses, freilich unverdientes Glück empfunden, daß Du mir Deine unwandelbare Freundschaft seit dem Jahre 1868 so treu bewahrt hast[4], und es hat mich besonders glücklich gemacht, daß wir uns gerade in den letzten Jahren in so manchen allgemeinen Gesichtspunkten zusammenfanden. Mein Lebenslauf ist ja äusserlich in seltner Weise vom Glück begünstigt verlaufen, mancher wird mich um eigentlich nicht verdienter Erfolge beneidet haben.

Immer hat mich dabei das Bewusstsein beglückt, daß ich das alles *Dir* zu verdanken habe. Hättest Du nicht 1872 den armen in der Irre tappenden auf richtigere Bahn zu leiten gewusst, so wäre ich niemals einen Schritt weiter gekommen. Auch später hast Du mich stets in der gütigsten Weise gefördert: ich selbst habe dabei immer aufs lebhafteste den Unterschied zwischen Wollen und Vollbringen/ gefühlt. Nur in meiner Lehrtätigkeit fühlte ich mich wirklich glücklich, weil ich sah, daß es mir gegeben war, meinen Zuhörern Verständnis und Interesse zu vermitteln. Und so habe ich auch auf das mehr Zeit verwandt wie vielleicht mancher andere, so auch noch in diesen Sommerferien, wo ich meine Vorlesung über Diff.Rech. in Rücksicht auf Poussin de la VALLÉE's[5] grossen Cours ganz neu wieder ausarbeitete.

Es ist aber nichts daraus geworden, nicht wegen mangelnder Zuhörer-Anzahl; seit Mitte August befiel mich eine immer schwerer auftretende Bronchitis, die alle meine Kräfte aufzuzehren drohte. Ich habe schon oft geglaubt, meine letzte Stunde sei gekommen, und auch sitzt[?] wohl die Besserung noch in der Ferne, ebenso wie das Ende des schrecklichen Krieges.

Ich habe, seit Monaten das Haus nicht mehr verlassend, daher gewünscht, den 7.Dez. ganz in der Stille zu verleben. Aber trotzdem haben mich viele durch gütige/ Anerkennung und liebenswürdige Wünsche erfreut, so daß ich nicht genug dafür danken kann.

---

[1] Schoenflies, Arthur Moritz, * 1853, † 1928; 1914/22 o.Prof. U Frankfurt a.M.
[2] Am Westufer des Gardasees gelegen.
[3] Voss hatte am 7.12.1915 seinen 70.Geburtstag.
[4] Voss und Klein lernten sich 1868/69 während eines gemeinsamen Studienaufenthalts bei Alfred Clebsch in Göttingen näher kennen.
[5] Poussin de la Vallée: * 1866, † 1962

## 10.9 Korrespondenzen

Meine Frau und ich gedenken in der Stille des schweren Verlustes, welchen Dein glückliches Familienleben durch den Krieg erfahren hat, und ich versuchte[?] schon vor Jahresfrist Dir und Deiner verehrten Frau meine Teilnahme auszusprechen.
Endlich bitte ich Dich noch der Göttinger Mathematischen Gesellschaft den herzlichsten Dank auszusprechen, zu welchem sich verpflichtet fühlt
Dein alter A. Voss."

Nr.186 C:
"München, 27.XII 16.
Lieber Freund
Mehr als ein Jahr ist vergangen, seitdem wir von einander gehört haben, und ich habe seitdem oft auch gefragt, wie es Dir gehen mag. Nur die umfangreichen Bände über den mathematischen Unterricht zeigen mir, daß Du noch immer den Mittelpunkt bildest, für diese große Reihe von Bestrebungen, die zu immer größerer Ausdehnung gelangen und gerade jetzt, wo unser Volk auf die möglichst praktische Ausnutzung aller geistigen und materiellen Hilfsmittel angewiesen ist, doppelt wichtig erscheinen.

Hoffentlich ist es Dir leidlich ergangen. Ich habe ein recht schweres Jahr gehabt. Nach einem schrecklichen Winter (...)[1]

Die Verhältnisse an der Universität sind übrigens kläglich. Die allgemeinen Vorlesungen (Geschichte, Philosophie, Jurisprudenz) scheinen noch leidlich gut besucht. Aber in spezielleren Fächern sind es um so weniger, hier sind es fast nur Damen, die die Hörsäle füllen. Eine nähere Schilderung unterlasse ich, weil sie für mich selbst zu beschämend ausfallen würde. Und die Organisation des allgemeinen Hilfscorps[?] wird wohl noch die letzten männlichen Elemente herausziehen, die bis jetzt noch zu den Türen der Alma mater eingegangen sind. (...)[2] "

Nr.186 D:
"München, 13.V.17.
L.Fr. Herzlichen Dank für Deinen Brief. (...)[3] Möchtest [Mögest] Du bald wieder eine Besserung konstatieren können; ich hoffe auch auf die wärmere Jahreszeit. Da es mir des morgens leidlicher geht, habe ich meine Vorlesung wieder aufgenommen[4]; Freude ist aber nicht viel dabei. Mit den herzlichsten Grüßen u. Empfehlungen
   Dein A. Voss"

---

[1] Berichtet von seinem Gesundheitszustand.
[2] Restlicher Brief handelt von der Kriegszeit und dem Wunsch nach Frieden.
[3] Voss beschreibt, wie er durch die einseitige Ernährung geschwächt ist.
[4] Voss hat im WS 1817/18 jeweils vierstündig "Einleitung in die Theorie der gewöhnlichen Differentialgleichungen" und "Analytische Geometrie der Ebene" angekündigt.

## 10. Dokumente

Nr.186 E:
"München, 25.12.17.
Lieber Freund.
Es ist nun fast ein Jahr her, daß wir direkt voneinander gehört haben. Doch habe ich zu meiner Freude durch H. MOHRMANN[1] erfahren, daß es Dir verhältnismäßig gut gegangen ist, und wünsche, daß es nun so bleiben möge. Ich konnte ja auch im vorigen [Jahr] meine Vorlesung noch bis zum 6.März führen, dann aber trat ein Rückfall in meinen Beschwerden ein. Die nächsten 9 Monate waren entsetzlich; nur wenige Stunden war Vormittags mein Zustand noch erträglich, Tag und Nacht hatte ich kaum Ruhe. Doch habe ich, da ich keine Vorlesung halten konnte - bei den wenigen Zuhörern ist auch kein Bedürfnis dazu - für mich zu arbeiten gesucht, um eine gewisse Ablenkung zu haben, und war im November gerade damit beschäftigt abzuschliessen. Da kam ein anderer Auftrag: Nekrolog auf DARBOUX, den ich nun in der letzten Zeit abzufassen suchte[2]. (...)

An der Universität sind die Verhältnisse noch recht dürftig. Nur allgemeine Vorlesungen sind verhältnismäßig besser besucht, wozu die Damen ein starkes Kontingent leisten. Wegen der Kohlennot hat das Semester schon am 1.Oct., statt am 1.Nov. begonnen. (Ich habe allerdings, da es mir damals noch sehr schlecht ging, erst am 8. einen Versuch dazu gemacht.) Dann sollten die Weihnachtsferien vom 22.XII. - 2.I. dauern, und Anfang Februar geschlossen werden. Gestern aber teilt das Rektorat mit, daß es sich wegen Kohlenmangels empföhle, erst am 8.I. wieder zu beginnen. (...)[3]

Mit großem Interesse habe ich in die umfangreiche Schrift von LOREY[4] hineingelesen; sie ist sehr gut gelungen und es steckt eine immense Arbeit darin, die gerade nicht so vergeblich aufgewandt ist wie mein Aufsatz in der Kultur der Gegenwart, der mit einem so eisigen Schweigen aufgenommen ist, wie ich es doch nicht für möglich gehalten hätte. Ich bin überzeugt, daß jeder dem ich ihn zugeschickt habe, ihn einfach in den Papierkorb geworfen hat.

Doch ich will nicht mit dieser missmutigen Bemerkung schliessen, sondern Dir und Deinem ganzen Hause nach alter Sitte meine herzlichsten Wünsche zum neuen Jahr aussprechen zugleich auch im Namen meiner Frau, deren freundliche Fürsorge mich während der beiden[?] 2 1/2 letzten Jahre aufrecht erhalten hat. Lass auch wieder ein paar Zeilen von Dir und Deinem Ergehen hören, Du würdest dadurch sehr erfreuen
Deinen alten A. Voss."

---

[1] Hans Mohrmann (1881-1941) hatte 1907 an der U München promoviert und war 1917/19 ord.Prof. an der TH Karlsruhe.
[2] Erschien im Jahrbuch der Bayer. Akad.d.Wiss. 1917, S.26-53. Auch in: JDMV 27(1918) 196-217.
[3] Die nächsten Abschnitte handeln von Heizschwierigkeiten im eigenen Haushalt und der Hoffnung auf Frieden.
[4] [Lorey 1916]

## 10.9 Korrespondenzen

Nr.186 F:

Dienstag, d. 18.III. 1919

Lieber Freund

Herzlichen Dank für die freundliche Erinnerung, die Du an meine vor 50 Jahren erfolgte Promotion[1] bewahrt hast und für Deine Glückwünsche zum 17.März 1919. Mit dankerfülltem Herzen in der Tat sehe ich auf die Zeit seit 1869 zurück, in der ich wenigstens die grosse Entwicklung miterleben konnte, welche unsere Wissenschaft gewonnen hat, und in der wir zugleich von der Grösse unseres Vaterlandes erfüllt sein durften. Sie war so eine glorreiche Zeit, die nun allerdings zu einem Teil in das schreckliche Gegenteil durch die Verblendung unseres Volkes sich verwandelt hat. Wer möchte nicht wünschen vor dem Abscheiden aus diesem Leben wenigstens/ noch einen Hoffnungsstrahl auf eine glücklichere Zeit zu sehen, nach der man jetzt vergeblich ausblickt.

Aber man darf ja den Mut nicht verlieren, denn das hiesse sich selbst aufgeben wollen!

Mit den treuesten Grüssen und den besten Empfehlungen an Deine verehrte Frau - Dein dankbar ergebener

A. Voss."

Nr.186 H:

"München 28.III.21

Lieber Freund

Vor wenigen Tagen erhielt ich den ersten Band Deiner Werke[2] durch die Verlagshandlung von S [Springer] zugesandt. Es war eine grosse freudige Überraschung für mich, und ich finde kaum die Worte, Dir dafür auf das herzlichste zu danken. Wie sehr erinnert mich der Inhalt an die Erlanger Zeit vor fast 50 Jahren[3], wo Du in der glücklichsten, glänzenden Produktivität standest, die sich damals bald, mit dem Übergang nach München und Leipzig zu Deinen großartigen Schöpfungen noch viel weiter entwickelte. Ich bin ja immer nur mühsam nachgehetzt[?], und empfinde jetzt nur noch die Beschwerden des Alters, die Dir wenigstens, was Deine Arbeitsfähigkeit anbetrifft, bis jetzt gänzlich fern geblieben sind./ Mit grossem Bedauern habe ich durch MOHRMANN (der Einzige der mich ab und zu mit Nachrichten aus der mathematischen Welt versieht) [erfahren], daß Du immer noch unter einem Muskelschwäche zu leiden hast, die Dir das Ausgehen sehr erschwert. Ich wünsche herzlichst Besserung Deiner Zustände, gegen die es wohl nur *ein* Mittel gibt: kräftige Ernährung! (...)[4]

---

[1] Tag des Rigorosums: 17.3.1869
[2] Felix Klein: Gesammelte mathematische Abhandlungen. Berlin 1921.
[3] 1872/73 bereitete Voss bei Klein in Erlangen seine Habilitation vor.
[4] Voss berichtet von zwei erlittenen Straßenunfällen.

## 10. Dokumente

Die Universität ist stark besucht, das Personalverzeichnis zählte im November 9565 Studenten auf. Was soll aber aus dieser Überzahl "geistiger Arbeiter", die wir zur Zeit weniger gebrauchen, werden? Und alle haben nur den Wunsch, möglichst bald im Examen zu bestehen, das sie in den Stand setzt, in den/ scheinbaren Hafen des Beamtentums mit seinen imaginären Gehaltsaussichten (so lange als die Papierpresse noch arbeitet) einzulaufen. Trotzdem muß ich sagen, daß die Leute fleissig sind, dieses nächste Ziel zu erreichen; ich habe kaum jemals aufmerksamere Zuhörer gehabt als in diesem Winter, wo ich mich von meinen Asthmabeschwerden etwas freier fühlte.

Von KIEPERT[1] erhalte ich soeben die neue Auflage seines Grundrisses der Differential- und Integral-Rechnung. Statt der bisherigen 2 Bände sind es, wie es scheint, 4 geworden. Ich hätte im Gegenteil gewünscht, daß durch geeignete Beschränkung die früheren beiden schon recht umfangreich gewordenen zwei Bände auf ein etwas geringeres Maß zurückgeführt wären; aber man begrüßt ja mal, daß der Verfasser, der seit mehr als 40 Jahren an der Ausarbeitung des Druckes tätig gewesen ist, immer mehr neuen Stoff hinzuzufügen wünscht. (...)"

Nr.186 G:

"München, 22.IX.22

Lieber Freund

ich habe Dir wiederum zu danken für ein ausserordentliches Geschenk, den zweiten Band Deiner gesammelten mathematischen Abhandlungen aus den math. Annalen, den Göttingern etc. Ich spreche Dir zu dieser schönen Vereinigung von Arbeiten, die in ihren Hauptzügen Deine ganz grossartige mathematische Tätigkeit von 1868 an in einer ununterbrochenen, stetig sich glänzender und weiter entwickelnden Reihe hervortreten lassen, meine herzlichsten Glückwünsche aus, insbesondere auch dazu, dass es trotz der entsetzlichen Lage unserer Zeit möglich gewesen ist, dieses Werk schon so bald fertig erscheinen zu lassen.

Es ist ja geradezu wunderbar, daß Dir trotz mancher körperlicher Behinderung noch so ganz und voll die Kraft geblieben ist Deine eigenen Arbeiten so völlig gegenwärtig zu haben. Ich kann das leider von mir nicht sagen, *si parva licet componere magnis*[2]. Die traurigen Jahre der nicht weichenden Krankheit seit 1915 haben mich so reducirt, daß ich nicht einmal mehr die Fähigkeit besitze, Arbeiten die/ ich in den ersten Kriegsjahren, als meine Frau noch lebte, bis auf die letzte Niederschrift fertiggestellt hatte, zu Ende zu bringen. Meine ganze Tätigkeit in den letzten beiden Semestern ist durch die Vorlesungen absorbiert wor-

---

[1] Ludwig Kiepert: * 1846, † 1934; 1870 Prom. (K.Weierstraß) U Berlin, 1871 PD, 1872/77 etatm. ao.Prof. Freiburg, 1877/79 o.Prof. Darmstadt, 1879/1921 o.Prof. TH Hannover, ab 1893 auch math. Dir. des Preuß. Beamtenvereins, 1921 emer. Hannover.

[2] "Wenn es erlaubt ist, Kleines mit Großem zu vergleichen." Ein Satz des Herodot in der Fassung Vergils (Georgica 4,176).

## 10.9 Korrespondenzen

den. Unter diesem Eindruck wollte ich schon Ostern meinen Rücktritt vom Lehramt beantragen. Leider ist mir PRINGSHEIM darin zuvor gekommen. So muß ich noch diesen Winter aushalten, wenn ich ihn noch erlebe, denn meine Kräfte sind völlig am Ende. Daß wir PERRON an Stelle von P. [Pringsheim] berufen haben, der hoffentlich auch kommen wird, stand LINDEMANN, P [Pringsheim], und mir ganz unabhängig von einander, von vorne herein fest. Allerdings erhob sich gegen diesen Vorschlag, der sicher nicht zum Schaden von München ausfallen wird, von anderer Seite starke Opposition; für mich der Wunsch, was meinen Nachfolger betrifft, nichts mit den darauf bezüglichen Vorschlägen zu tun zu haben.

Im Mai und April haben hier in Ehrung von LINDEMANN verschiedene Feiern stattgefunden. Seine vortrefflich ausgeführte erzene Büste, geziert mit einem goldenen $\pi$ ist auf dem Korridor vor dem math. Seminar aufgestellt worden, als ein Zeichen der Wertschätzung,/ die sich L. durch seine früheren Arbeiten und seine ausserordentlich wichtige und fruchtbare Tätigkeit im Verwaltungsrat der Universität erworben hat. Diese letztere aufopferungsvolle Tätigkeit mag allerdings schwer mit der Sammlung zur mathem. Abstraction vereinbar sein. Nur so scheint es erklärlich, daß seine Behandlung des Biegungsproblems ganz fehlerhaft ist, und es ist fast unbegreiflich, daß L. das immer noch nicht einsehen will, ja sogar versucht, in neuen Veröffentlichungen weitere Ausführungen dazu zu geben. Als wir uns zum letzten Mal in Göttingen trafen, sprachst Du schon mit tiefer Anteilnahme von dem tragischen Geschick, dem L verfallen zu sein scheint.

Ich sende Dir gleichzeitig die 3.Auflage meiner kleinen Schrift über das Wesen der Math.[1]. Daß ich es nicht a limite abgelehnt habe, dieses kleine Buch, das seinen Zweck wohl reichlich erfüllt hat, noch einmal herausgeben zu lassen, obgleich auf eine sachgemäße Durcharbeitung wegen der Druckkosten zu verzichten war, wird vielleicht mancher nicht verstehen. So wage ich denn/ auch kaum, Dir diese "anastatische" Reproduktion, in die sich nur wenige besonders nötige Zusätze umfangreicherer Art aufnehmen liessen, anzubieten, und bitte Dich um Verzeihung, wenn Du das ganze nicht billigen kannst.

Was am schwersten auf mir lastet, ist die Einsamkeit, nachdem ich meine Frau verloren habe. (...)"

Nr.186 J:

"München, 27.Juni 23

Lieber Freund

Ich sende Dir meine herzlichsten Glückwünsche zur Vollendung des dritten Bandes Deiner Schriften, den ich vor kurzem durch Springer erhielt. Wie soll ich Dir für diese neue grosse und wertvolle Gabe danken? Ich habe seit 1868, wo wir

---

[1] [Voss 1908]

## 10. Dokumente

uns in Göttingen kennen lernten, beständig viel unter Zeichen Deiner nun im Alter, wo wir beide von Krankheit gebeugt sind, ganz unverändert gebliebenen Freundschaft unverdienterweise erfahren dürfen, als ich mit Worten ausdrücken kann.

Im letzten Vierteljahr habe ich den grössten Gegensatz zu solch gütiger Gesinnung erlebt und bin dadurch aufs schmerzlichste getroffen. Schon bei der Berufung eines Nachfolgers für PRINGSHEIM (Oktober 1922) waren von einer Seite die Vorschläge, welche Lind., Pring., u. ich gemacht hatten, mit äusserster Hartnäckigkeit bekämpft [worden]. Dasselbe Schauspiel wiederholte sich, wie ich schon voraussah, im April 1923, wo es sich bei meinem endlich erfolgten Rücktritt, den ich schon vor einem Jahr beim Ministerium beantragt hatte, wieder um eine Berufung handelte. Diesmal wurde mit einer Brutalität, mit einer jeden Anstand verletzenden Unversöhnlichkeit dasselbe Verfahren wiederholt; ich kann es mit dem Verfahren der Franzosen im Ruhrgebiet vergleichen, wo Gewalt vor Recht geht. Durch eine geradezu empörende Handlungsweise hat man, ohne unsere Vorschläge überhaupt anzuhören, die Entscheidung sofort der Gesamt-Fakultät übertragen/ und sich ihrer Stimmen von vornherein versichert. Wie das möglich gewesen ist, wissen L, P, Perron und ich überhaupt nicht. Aber ich fühle mich durch diese Tatsache, mit der eine Mehrzahl von Männern, mit denen ich bisher in freundschaftlichem auf gegenseitigem Vertrauen beruhenden Verkehr gestanden habe, plötzlich alles dies ignoriert hat, tief getroffen. Schon vor einem Jahre habe ich erklärt, daß ich mit der Berufung nichts zu tun haben wolle, denn es sei Sache der bleibenden Fachvertreter, nach ihrer Überzeugung diejenigen Vorschläge zu machen, durch welche ein möglichst günstiger Zustand der gesamten math. Wissenschaft erreicht werde. Ich habe dann auch kaum an den Aprilberatungen teilgenommen.

Es wäre nun fast angezeigt, dieses bisher in akadem. Kreisen unerhörte Verfahren der Öffentlichkeit bekannt zu machen. Ich habe keine Lust dazu, meine Person noch weiterer Missachtung auszusetzen. Aber Dir, dem Einzigen, dem ich mich wohl vertraulich äussern zu dürfen glaube, kann ich meine Erfahrungen nicht ganz verschweigen.

Verzeihe den unerfreulichen Eindruck dieser Mitteilungen. Möchtest Du bei zufriedenstellender Gesundheit, soweit das den Umständen nach gehen will, nur freudiges erleben, im häuslichen Leben, wie in Deiner öffentlichen arbeitsamen Tätigkeit.

Mit herzlichen Grüßen

Dein A. Voss"

## 10.9 Korrespondenzen

*10.9.4. Bauer an Hilbert:*

Cod.Ms.D.Hilbert 14. (6.9)

Nr.1 (PK):
"München, d. 2.Okt. 1889.
Von der Reise zurückgekehrt finde ich die 2. und 3.Note "Zur Theorie der algebraischen Gebilde"[1], eine Fortsetzung Ihrer höchst wertvollen Untersuchungen, die Sie in der 1.Note gegeben, und sage Ihnen hiermit meinen verbindlichsten Dank für die freundliche Zusendung.
Ihr ergebenster
Prof. Dr. Gust. Bauer."

Nr.2 (PK):
"München, d. 30.Okt. 1891.
Besten Dank für die Zusendung Ihrer Arbeit über "die Theorie der algebraischen Invarianten."[2] Ich bewundere Ihre Kunst der Sache immer neue Gesichtspunkte abzugewinnen.
Mit freundlichen Grüßen
Prof. Dr. Gust. Bauer."

*10.9.5. Dingler an Hilbert:*

Cod.Ms.D.Hilbert 74. (7.4.1)

Nr.1:
"München, 2.I.15.
Hochverehrter Herr Geheimrat!
Besten Dank für Ihre gütigen Zeilen und schöne Sendung. Erst heute kann ich leider meinen Dank sagen für Ihre freundlichen Worte, da ich vor einigen Tagen telegraphisch aus meinem Ferienaufenthalt nach Augsburg zur Dienstleistung beim Landsturmersatzbataillon einberufen wurde und nur gestern einen kurzen Urlaub zur Ordnung meiner hiesigen Verhältnisse nach München bekam./ (Ins Feld werde ich voraussichtlich nicht mehr gesandt werden). So muss ich denn zu meinem Bedauern auch meine letzte Vorlesung, Colloquium über neuere Litteratur zu den Grundlagen der Arithmetik, aufgeben, wo ich zuletzt gerade Ihren

---

[1] D.Hilbert: Zur Theorie der algebraischen Gebilde I - III. Göttinger Nachrichten 1888/89 = Ges.Abh. Bd.2, S.176-198.

[2] So heißt nur das fünfte Kapitel dieser Arbeit. Tatsächlicher Titel: "Über die Theorie der algebraischen Formen." Math.Ann. 36(1890)473-534. = Ges.Abh. Bd.2, S.199-257.

## 10. Dokumente

Heidelberger Vortrag[1] behandelt hatte, der das erste Beispiel eines direkten Beweises der Widerspruchslosigkeit einer Axiomengruppe darstellt. Die Hörer hatten schon Vorträge bis Ende des Semesters übernommen, - so ist die Arbeit umsonst gewesen. Ihrer freundlichen Aufforderung an einem Dienstag in der math. Gesellschaft über meine Untersuchungen zu referieren werde ich bei günstigeren persönlichen Umständen (meine Einbe-/rufung hält mich zunächst in Augsburg fest) sehr gerne Folge leisten. Wie gerne hätte ich jenen Diskussionen über das Russellsche Werk zugehört, von denen Sie in Ihrem Briefe sprechen!

Mit den besten Wünschen zum Jahreswechsel, insbesondere mit dem Wunsche, dass dieser schreckliche Krieg bald sein Ende erreichen möge und die Wunden, die er der Wissenschaft in so reichem Maasse geschlagen, bald wieder heilen möchten zeichne ich
mit ausgezeichneter Hochachtung
ganz ergebenst
Dr. H. Dingler."

Nr.2:
"München, 12.XII.23.
Neustätterstr.1/0 r.
Hochverehrter Herr Geheimrat!
Für beifolgende Abhandlung, die sich mit Problemen aus Ihrem grundlegenden Hamburger Vortrag[2] beschäftigt, deren Resultate ich schon einige Zeit in meinem Besitz und zur vorläufigen Sicherung derselben anderweitig deponiert hatte, und die nun druckfertig ist, möchte ich um event. frdl. Aufnahme in die Mathem. Annalen bitten.
Ich zeichne mit dem Ausdruck meiner ausgezeichneten Hochachtung als
Ihr Ihnen sehr ergebener
Hugo Dingler."

*10.9.6. Lindemann an Hilbert:*

Cod.Ms.D.Hilbert 231/11. (7.2.2)

"München, 7.4.97. Georgenstr. 42(0.
Lieber Freund und College,
Haben Sie endlich meinen herzlichsten Dank für Ihre Zeilen zu Neujahr und Ihre Nachrichten. Nach Königsberg einmal im Sommer zu gehen und an der Ostsee zu bleiben ist auch unser sehnlichster Wunsch; derselbe ist nur mit Familie

---

[1] David Hilbert: "Über die Grundlagen der Logik und Arithmetik" [Hilbert 1905]. Nachdruck in: Grundlagen der Geometrie. Leipzig 7.Aufl. 1930. Anhang VII (nicht mehr in späteren Auflagen).

[2] David Hilbert: "Neubegründung der Mathematik. Erste Mitteilung." Abhandlungen aus dem Math. Seminar der Hamburger Universität Bd.1(1922) S.157-177.

## 10.9 Korrespondenzen

schwer zu realisieren! HÖLDERs Berufung dorthin hatte mich auch sehr gefreut; leider ist er ja nun durch Krankheit an erfolgreicher Thätigkeit behindert.

Nach Hunderten zählen unsere Zuhörer hier doch noch nicht[1]. Ich habe als höchste Zahl einmal einige 40 im/ Colleg gehabt; es war Differential-Rechnung. Die Studenten stehen hier auf tieferem Standpunkte als in Königsberg; norddeutsche kommen in den ersten Semestern ziemlich viele; später aber, wenn man etwas mit ihnen anfangen könnte, gehen sie aus Examens-Gründen in ihre Heimath zurück. Das ist hier nicht sehr erfreulich. Zur Zeit sind hier 110 Mathematiker, darunter 90 Bayern immatriculirt.

Sonst ist das Leben hier ja ganz nett, aber sehr theuer, und dadurch werden die pekuniären Vortheile meiner hiesigen Stellung mehr als aufgewogen. An die Universität wird jetzt ein neuer Flügel angebaut. Darin werde ich dann/ ein schönes Lokal für das Seminar bekommen; leider wird dasselbe zugleich als Zeichensaal für darstellende Geometrie eingerichtet werden müssen.

Ein Colloquium einzurichten habe ich vergeblich versucht; die Zahl der älteren Studenten ist zu gering! und mit den Docenten ist nicht viel anzufangen. Ich musste eben immer selbst vortragen; dann nenne ich das aber lieber "Seminar".

Die Akademie gibt einem angenehme Möglichkeiten, schnell etwa drucken zu lassen. Dass ich davon Gebrauch mache, sehen Sie an beiliegenden Arbeiten[2]. Diejenigen über conforme Abbildung habe ich inzwischen soweit gefördert, dass ich/ die Halbebenen auf ein Polygon abbilden kann, das durch beliebige Kegelschnitte begrenzt wird. Ich werde das ich drei Arbeiten sukzessive darlegen und hoffe das erste Drittel im Juni zum Druck bringen zu können.[3]

/Seit einem halben Jahr stecke ich tief in einer historischen Arbeit über die Geschichte der Zahlzeichen und Polyeder, deren letzten Correcturbogen ich soeben zurücksende[4]. Zur Fortsetzung derselben werde ich wahrscheinlich eine Reise durch italienische Museen machen müssen.

Mit herzlichem Grusse von Haus zu Haus

Ihr ergebenster F.Lindemann."

---

[1] Hilbert hatte diesbezüglich in seinem letzten Brief bemerkt: "Göttingen d.29.12.1896 (...) Sowohl in Funktionentheorie, wie in Algebra habe ich dieses Semester über 20 Hörer, von denen noch bis kurz vor Weihnachten 18 anwesend waren. Im Seminar haben wir sogar gegen 30 Mitglieder. Mit Ihrer Zuhörerzahl, die nach Hunderten rechnet, können wir uns freilich nicht messen" (Nachlaß Volk).
[2] Bisher in den Bänden 24-26 (1894-1897) der Sitzungsberichte der Bayer.Akad.d.Wiss., math.-phys. Klasse.
[3] Die angesprochene Verallgemeinerung der 1895 publizierten Arbeit über "Die Abbildung der Halbebene auf ein Polygon, das von Bögen konfokaler Kegelschnitte begrenzt wird" erschien allerdings erst 1918 in den Abhandlungen der Akademie: "Die konforme Abbildung der Halbebene auf ein von beliebigen Parabeln begrenztes Polygon". Darüber hat Lindemann bis 1939 weiterhin gearbeitet.
[4] Zur Geschichte der Polyeder und der Zahlzeichen [Lindemann 1896/97].

## 10. Dokumente

*10.9.7. Perron an Hilbert:*

Cod.Ms.D.Hilbert 301, Nr.1-3. (8.1.5)

Nr.1:
"München, 4.Juli 1906. Barerstraße 76.I.
Sehr geehrter Herr Professor!
Nachdem ich alle Klippen der Habilitation nunmehr glücklich umschifft habe, drängt es mich, Ihnen meinen Dank auszudrücken dafür, daß Sie meine Arbeit aufnahmen und meinen Wünschen bezüglich Beschleunigung des Druckes entgegengekommen sind[1]. Es wäre mir in der Tat sehr unangenehm gewesen, wenn sich meine Habilitation bis ins nächste Semester verzögert hätte.

Ich habe wieder etwas Material für eine kleinere Arbeit liegen, die mit meiner Habilitationsschrift einige Berührungspunkte hat. Es handelt sich um einige neue Sätze aus der Theorie der linearen Substitutionen (Systeme) und deren charakteristischer Gleichung. Leider fand ich noch nicht die Zeit, die Sache zu Papier zu bringen, doch hoffe ich, daß ich in diesem Monat noch damit zu Streich kommen werde, und es wäre mir dann lieb, wenn die Arbeit wieder in den Annalen unterkommen könnte.

Meine Habilitationsschrift sandte ich Ihnen schon vor ein paar Tagen; Sie werden dieselbe ja wohl empfangen haben.
Mit besten Grüßen Ihr ergebenster Dr. Oskar Perron."

Nr.2:
"München, 25.Juli 1906.
Konradstraße 7.I.
Sehr geehrter Herr Professor!
Anbei sende ich Ihnen das vor ein paar Wochen angekündigte Manuskript, dessen Aufnahme in die Annalen[2] mir lieb wäre, weil die Arbeit viele Berührungspunkte mit meiner Habilitationsschrift hat. In dieser habe ich schon darauf aufmerksam gemacht, daß der Jacobi'sche Kettenbruch-Algorithmus sich als Specialfall der Theorie linearer Substitutionen erweist, und nun behandle ich hier *allgemeine* lineare Substitutionen nach ähnlichen Methoden. Leider hat sich die Fertigstellung der Arbeit etwas länger durch private Abhaltungen verzögert, als ich ursprünglich glaubte.
Mit besten Grüßen
Ihr ergebenster
Dr. Oskar Perron."

---

[1] Oskar Perron: Grundlagen für eine Theorie des Jacobischen Kettenbruchalgorithmus. Math. Ann. 64(1907)1-76.
[2] Zur Theorie der Matrices. Math.Ann. 64(1907)248ff.

## 10.9 Korrespondenzen

Nr.3:
"München, 1.Juni 1909.
Sehr geehrter Herr Geheimrat!
Indem ich Ihnen für die Übersendung Ihrer schönen dem Andenken MINKOWSKIs gewidmeten Rede meinen besten Dank ausspreche, möchte ich nicht versäumen, ein kleines Versehen richtig zu stellen, das ich darin gefunden habe. Es heißt auf Seite 13, daß für den Jacobischen Kettenbruchalgorithmus bis heute die *Konvergenz* noch nicht festgestellt sei. Diese Frage glaube ich aber in meiner Arbeit Math.Annal.64 vollständig erledigt zu haben, indem ich folgendes bewies (Satz II & III der Arbeit):

"Wenn auf zwei (oder auch n) Größen $\alpha$, $\beta$ der von JACOBI angegebene Algorithmus angewandt wird,/ so konvergieren erstens die "Näherungsbrüche" gegen bestimmte endliche Grenzen, zweitens sind diese Grenzwerte keine anderen als die Ausgangszahlen $\alpha$, $\beta$." Dadurch ist, glaube ich, die Frage erledigt. Allerdings ist, wie ich weiter bewiesen habe, die Konvergenz eine verhältnismäßig langsame und jedenfalls viel schlechter als man in Analogie mit den Kettenbrüchen erwarten sollte.

Wie ich bei dieser Gelegenheit gleich erwähnen möchte, ist es mir neuerdings gelungen, meine damaligen Resultate noch in einigen Punkten zu vervollständigen (Über eine Verallgemeinerung des STOLZschen Satzes. Münch. Dez.1908), indem ich zeigen konnte, daß für *zwei* Größen $\alpha$, $\beta$ die Näherungsformel gilt:

$|\alpha - A_\mu:C_\mu| < K:C_\mu$ ,   $|\beta - B_\mu:C_\mu| < K:C_\mu$   (K von $\mu$ unabhängig)

die aber für mehr Größen auch schon verloren geht./

Hieraus konnte ich weiter schließen, daß die kubische Gleichung, auf welche eine periodische Entwicklung führt, stets irreduzibel sein muß, so daß $\alpha$, $\beta$ wirklich einem *kubischen* Körper angehören. Daß das analoge für mehr als zwei Größen nicht mehr gilt, habe ich schon früher bewiesen.

Durch diese neueren Ergebnisse hoffe ich, bei zwei Größen dem Problem der Periodicität doch wieder einen Schritt näher gerückt zu sein, während bei mehr als zwei mir der Satz äußerst zweifelhaft erscheint.

Ich wäre Ihnen nun sehr dankbar um freundliche Mitteilung, ob Ihnen mein Beweis des Konvergenzsatzes entgangen war oder ob Sie vielleicht/ einen Fehler darin gefunden haben, der die Sache umstößt. Dies wäre mir natürlich sehr schmerzlich, umsomehr als ich diesen Satz immer als das eigentliche Fundament für alle weiteren Untersuchungen auf diesem Gebiet ansah.

Mit den besten Grüßen
Ihr ergebenster
Oskar Perron."

## 10. Dokumente

*10.9.8. Voss an Hilbert:*

Cod.Ms.D.Hilbert 418, Nr.1-2. (6.8)

Nr.1:

"Würzburg, d. 19.VII.99.

Hochverehrter Herr College,

Gestatten Sie mir, Ihnen und dem verehrten Festcomité der Gauss- und Weberfeier meinen ergebensten Dank auszusprechen für die Zusendung der Festschrift[1], die in so ausgezeichneter Gestalt diesen Festact begleitete! Ihre Untersuchungen über die Grundlagen der Geometrie haben mich ausserordentlich interessiert, nicht allein wegen der Resultate, sondern vor allem/ auch wegen der Methode, die Eleganz mit äusserster Einfachheit und Sicherheit verbindet.

Ich bitte Sie, meinen ergebenen Dank auch dem Festcomité aussprechen zu wollen und zeichne mit herzlichen Grüßen
Ihr ergebenster
A. Voss"

Nr.2:

"Würzburg, 3.1.1900.

Hochgeehrter Herr College,

Empfangen Sie meinen herzlichen Dank für Ihre freundlichen Glückwünsche, die ich in derselben Gesinnung erwidere, sowie für die Worte, mit denen Sie meinen Austritt aus dem Vorstande begleiten. Ich freue mich, daß Sie gegenwärtig den Vorsitz der D. Math. Vereinigung übernommen [haben], da ich überzeugt bin, daß die Interessen/ welche Sie vertreten und zum Ausdruck bringen werden, genau diejenigen sind, welche sich im Anschluß an die bisherige Entwicklung als dauernd für das Gedeihen der Vereinigung förderlich erweisen, und wünsche Ihnen eine glückliche und erfolgreiche Wirksamkeit in diesen Jahren.

Mit den besten Grüßen
Ihr ergebenster
A.Voss"

*10.9.9. Bauer an Lindemann:*

Nachlaß Lindemann (NL). (6.5)

"München, d. 25.Juni 1893.
Hochgeehrter Herr College!

---

[1] David Hilbert: Grundlagen der Geometrie. Emil Wiechert: Grundlagen der Elektrodynamik. Festschrift zur Feier der Enthüllung des Gauß-Weber-Denkmals in Göttingen. Hrsg. v. Fest-Comitee. Leipzig Teubner 1899. Zur Entstehung siehe [Toepell 1986].

## 10.9 Korrespondenzen

Besten Dank für Ihren Brief und die beigelegten Pläne[1]. Was den Hörsaal betrifft im Erdgeschoß, aus welchem nun unser Seminarzimmer und Auditorium gemacht werden soll, so bestand derselbe schon früher aus zwei Sälen (No.4, No.5) und es wurde erst vor wenigen Jahren die Zwischenwand herausgenommen, um dem Mangel an großen Sälen für die juristischen Colloquien einigermaßen abzuhelfen. Jetzt erweist sich auch dieser Hörsaal zu klein und es wird nun die kleine Aula mit einem dahinter liegenden Saal zu einem riesigen Auditorium eingerichtet werden; dagegen soll der untere/ Hörsaal wieder in die zwei Hörsäle 4 u. 5 abgetheilt werden. Diesem Umstand haben wir es zu verdanken, daß wir wenigstens ein eigenes Zimmer für das Seminar erhalten (No.4). Aber Sie geben sich zu großen Hoffnungen hin, wenn Sie glauben, daß der andere Theil (No.5) ganz den mathematischen Vorlesungen reservirt bleibe; derselbe wird vielmehr ein allgemeines Auditorium werden, in welchem neben mathematischen auch juristische und andere Collegien gehalten werden. Die mathematischen Collegien werden sich also künftig auf diesen Hörsaal, auf No.6, wo jetzt die Modellsammlung steht und allenfalls auf das Seminarzimmer vertheilen. Ihr Vorschlag, noch eine Wand durch No.5 zu ziehen, um einen kleinen Zeichensaal zu gewinnen, ist nach dem eben gesagten unausführbar. Indessen hat es mich/ sehr gefreut zu ersehen, daß wir in Bezug auf die Nothwendigkeit, daß darstellende Geometrie an der Universität vorgetragen werde, vollkommen einer Meinung sind. Ich habe deshalb auch Dr. BRUNN schon als er sich habilitirte, gerathen sich auf darstellende Geometrie zu werfen. Er hat es auch gethan, vielleicht nicht mit der nöthigen Energie; aber allerdings stand ihm immer das große Hindernis entgegen, daß für die durchaus nothwendig mit den Vorträgen verbundenen Übungen ein passend eingerichteter Raum nicht zu erhalten war. Ich will nun versuchen, ob vielleicht das Zimmer im 2ten Stock zwischen Bibliothek und Kupferstichkabinett, welches zuerst für das mathematische Seminar in Aussicht genommen war, für diesen Zweck zu erhalten ist; gebe mich aber keiner großen Hoffnung hin./

Die von Ihnen projektirte Einrichtung des Seminar-Zimmers gefällt mir ganz gut; nur fürchte ich, daß bei Vorträgen mit Benützung der Tafel die hufeisenförmige Stellung der Tische sich für die Studierenden wohl unpraktisch erweisen möchte. Indessen die Stellung der Tische ist das wenigste. Ich sprach kürzlich mit Rektor BAEYER darüber; er sagte mir, daß Sie auch eine große Schiefertafel gewünscht hätten und meinte, man könne wohl mit der Einrichtung warten bis zu Ihrer Hieherkunft, Ende September. Es wird auch in der That nichts anderes gethan, da in der Vacanz erst die Wand gemauert, der Ofen gesetzt werden muß. Vielleicht läßt sich noch ein Kasten im Voraus fertigen. Hier fällt mir bei, daß auch das Seminarzimmer uns nicht ganz allein verbleibt, sondern daß wir wenigstens provisorisch auch Herrn Collegen STUMPF darin aufnehmen müssen./ So wird derselbe doch immer so dehnbar sein, daß wir uns arrangiren können wie wir wollen, zumal mir bei meiner Ernennung zum o.Professor gar keine Vor-

---

[1] siehe 10.8

schrift über die zu lesenden Fächer gemacht wurde. In dieser Beziehung also besteht keine Schwierigkeit und werden wir uns leicht verständigen.

Ich hege die besten Hoffnungen, daß Ihre Verhandlungen mit dem hiesigen Ministerium glatt und günstig verlaufen, und würde es mir zur großen Freude gereichen Sie hier für immer begrüßen zu können. Auch meine Frau würde es sehr freuen Ihre Frau Gemahlin wieder zu sehen. Wollen Sie derselben meine und meiner Frau Empfehlungen zu übermitteln.

Es wird gewiß günstig sein, wenn Sie mündlich mit Herrn VON MÜLLER verhandeln. Sollte Ihre Hieherkunft gerade in den [die] Pfingsttage fallen, so möchte ich Sie bitten, mich vorher von Ihrer Ankunft zu benachrichtigen, da ich sonst, wenn das Wetter günstig, an diesen Tagen gerade abwesend sein könnte.
Mit bestem Gruße
Ihr ergebenster
Gust. Bauer."

*10.9.10. Voss an Lindemann*

Nachlaß Lindemann (NL). (6.5; 8.3.3)

"München, 28.5.93.
Verehrter Herr College.

Aus den Zeitungen erfahre ich soeben, daß die Angelegenheit, die Sie wahrscheinlich sehr lange in Spannung gehalten hat, endlich zum glücklichen Abschluß gelangt ist, und Sie den Ruf nach München angenommen haben. Ich spreche Ihnen dazu meine herzlichsten Glückwünsche aus. München ist Ihnen ja von früher her bekannt, und wie die Verhältnisse jetzt dort liegen, wird man Sie dort mit offenen Armen aufnehmen. Es würde mich freuen, wenn es Ihnen gelänge, Ihren Einfluß mit der Zeit dorthin geltend zu machen, daß gewisse prinzipielle Fragen, die wesentlich unsere Tätigkeit als Lehrer in Bayern berühren, in Fluß kommen. Sie dürfen dabei jederzeit auf meine Unterstützung, soweit es möglich, zählen. Vorderhand wird freilich eine abwartende Stellung einzunehmen sein, denn die Überraschungen sind hier zu Lande noch weniger beliebt als anderswo, wie Ihnen ja bekannt sein wird.

Ich zweifle nicht, daß Sie bereits im Herbst in München eintreffen und daß mir bereits bei der Mathematikerversammlung Gelegenheit geboten sein wird, Sie persönlich zu begrüßen.

Mit bestem Gruß
Ihr ergebenster
A. Voss."

## 10.9 Korrespondenzen

"München, 8.4.22.
Hochverehrter Herr Kollege
Es sind jetzt fast 50 Jahre her, seitdem wir uns zuerst in Göttingen 1872 bei dem Tode von CLEBSCH begegnet sind. Seitdem hat es zu meinen schönsten Erlebnissen gehört, Zeuge der reichen wissenschaftlichen Erfolge gewesen zu sein, die Ihre große Begabung und ihre unermüdliche Arbeit errungen haben. Ganz besonders aber gedenke ich bei Ihrem 70jährigen Geburtstage auch der Zeit meines Alters, in der ich noch das Glück hatte, an Ihrer Seite an der Universität München tätig sein zu können, mich Ihres Rates, Ihrer Unterstützung, Ihrer unwandelbaren Freundschaft erfreuend. Gestatten Sie mir, Ihnen zu dem heutigen Tage, an dem so viele Ihrer verehrungsvoll und dankbar gedenken, der auch für Ihre verehrte Frau Gemahlin ein ganz besonderer Freudentag ist, meine herzlichsten Glückwünsche auszusprechen. Es sind aber nicht allein Ihre Schüler, die dankbar der zahlreichen von Ihnen empfangenen Anregungen gedenken, auch unsere Universität hat dem Danke für Ihre ausgezeichnete Verwaltung einen so schönen Ausdruck verliehen, der noch/ in fernen Zeiten ein Denkmal Ihres Wirkens sein wird[1].

Möchten Sie trotz des ungünstigen Wetters in Gastein gute Erfolge erreichen, und völlig befriedigt hierher zurückkehren. Mit den herzlichsten Grüßen und Empfehlungen an Ihre Frau Gemahlin
Ihr dankbar ergebener
A. Voss.

P.S. Für Ihre freundliche Mitteilung über Dr. MÜNTZ[2] noch meinen besten Dank. Um denselben nicht länger in Ungewissheit zu lassen, habe ich nun doch - obgleich sich ENGEL[3] nicht an mich gewandt hat, was ich eigentlich erwarten zu sollen glaubte - von mir aus dasjenige nach Giessen mitgeteilt, was sich über das Habilitationsgesuch von M. sagen liess. - Die Frage DANNEMANN ist, wie ich gestern von SEELIGER hörte, dadurch gegenstandslos geworden, daß Herr D. vorderhand von seiner Bewerbung zurückgetreten ist."

---

[1] Zur Portraitplastik Lindemanns siehe 8.3.3.
[2] Chaim H. Müntz (auch: Mjuntz, German Maksimovic), * 1884 Lodz, 1902/09 Stud. Berlin, 1910 Prom. U Berlin (H.A. Schwarz); 1912 U München, 1922 Habilitationsgesuch; Odenwaldsch. b. Heppenheim a.d.B., 1923 Göttingen, Prof. Berlin, 1933-1937 Prof. Staats-U Leningrad; Schriftenverz. [Pinl] in JDMV 71(1969)186 f.; [Poggendorff] Bd.5,6.
[3] Friedrich Engel: * 1861 Lugau b.Chemnitz, † 1941 Gießen; 1879/83 Stud. Leipzig u. Berlin, 1883 Prom. U Leipzig, 1885 Hab. PD U Leipzig, 1889 ao.Prof., 1892 etatm., 1899 o.HonProf. U Leipzig, 1904 o.Prof. U Greifswald, 1913 Gießen, 1931 emer.

# 10. Dokumente

*10.9.11. Tietze an Lindemann*

Nachlaß Lindemann (NL). (8.3.3)

"München, den 11.4.1932.
Hochverehrter Herr Geheimer Rat!
Zu Ihrem morgigen 80.Geburtstage erlaube ich mir die wärmsten Glückwünsche auszusprechen. Unvergänglich ist der Ruhm Ihres Namens in den Annalen der Wissenschaft eingeschrieben und in dankbarer Verehrung blicken fern und nah alle Generationen der Mathematiker auf Ihr Werk. In einer Zeit, in der RIEMANN's Geist lebendig weiter wirkte, zugleich in einer Zeit hoher Blüte der Geometrie war es Ihnen vergönnt, Ihre Forschungen zu beginnen, die Sie in den verschiedensten und tiefsten Teilen unserer Wissenschaft ausführten mit einer weitumspannenden Vielseitigkeit, die auch in der Mannigfaltigkeit Ihrer Vorlesungstätigkeit in Erscheinung trat. Zu Ihrem Lebensjubiläum gesellt sich gerade in diesem Jahre das fünfzigjährige Jubiläum jener wunderbaren Gipfelleistung, mit der Sie nicht nur durch den Nachweis der Transzendenz von $\pi$ - gewissermaßen nebenbei - das jahrtausende alte Problem der Quadratur des Kreises mit Lineal und Zirkel aus der Reihe der lösbaren Aufgaben endgültig verbannten, sondern auch in Weiterführung der gleichen genialen Konzeption den viel umfassenderen Satz entwickelten, der Ihren Namen trägt und in so überraschender und weitreichender Weise über das an sich schon bewundernswerte aber viel einfachere Resultat HERMITE's hinausführt.

Vor einer Reihe von Jahren habe ich es mit Stolz empfunden, daß es mir, der einst als Hörer zu Ihren Füßen saß, vergönnt war, von derjenigen Universität aus, an der Sie promoviert haben[1], Ihnen zu Ihrem goldenen Doktorjubiläum zu gratulieren. Es ist keine Zeit der Muße gewesen, die Sie sich seither erlaubten, und mannigfache Untersuchungen, so erst kürzlich auf die ältesten Anfänge unserer Wissenschaft bezügliche interessante Forschungen, haben Sie inzwischen vorgelegt. Und wenn wir so alle hoffen dürfen, daß Ihnen noch viele Jahre in Frische und Rüstigkeit beschieden sein mögen, so verbinde ich damit, zugleich namens meiner Frau, den Wunsch, daß Ihnen und Ihrer verehrten Frau Gemahlin der morgige Festtag schön und angenehm verlaufen möge.
Mit vielen Empfehlungen
Ihr sehr ergebener
Heinrich Tietze."

*10.9.12. Klein an Lindemann*

Nachlaß Lindemann (NL). (6.4; 7.2.2)

Nr.1:

---

[1] Bei Klein 1873 in Erlangen.

## 10.9 Korrespondenzen

"Göttingen 27/2 1892. Vertraulich!
Lieber Freund!
Gestern und vorgestern ist ALTHOFF hier gewesen und hat die Berliner Angelegenheit zu einem Abschlusse gebracht, der mir persönlich hochwillkommen ist (nur dass ich gewünscht hätte, Sie wären bei der Sache beteiligt): er hat nämlich, nachdem er schon vorher an FROBENIUS "geschrieben"[1], nun noch SCHWARZ berufen, der schon zum 1. April übersiedelt! So habe ich hier endlich freie Luft und kann meine Wirksamkeit frei nach eigenem Ermessen gestalten. Wen soll ich an meine Seite berufen? Ich zweifele nicht, dass ich dem Trio FUCHS[2] + FROBENIUS + SCHWARZ gegenüber mein Bündnis mit der math. Jugend machen muß und will also der Facultät (deren Zustimmung ich natürlich nicht garantiren/ kann) HURWITZ und HILBERT vorschlagen. Schreiben Sie mir doch bitte, was Sie hierauf bezüglich mir etwa mitzutheilen haben. Und zwar sehr rasch; denn wir sollen schon binnen einer Woche unsere Vorschläge einreichen, damit auch diese Sache zum Sommersemester complet wird! Dann aber ist noch eine weitere Combination, die Sie in Königsberg betreffen kann, insofern EBERHARD katholisch ist. ALTHOFF hat da den Plan: STURM nach Breslau, KILLING nach Münster, EBERHARD nach Braunsberg zu bringen. Hierauf bezüglich möchte ich fragen: Können Sie FRICKE als Privatdozenten brauchen? Ich hatte ihm, weil ja alle anderen Plätze über[be]setzt waren, zur Habilitation in Kiel gerathen. Die hat er nun auch vorbereitet. Aber die Frequenzverhältnisse in Kiel sind so traurig, / dass er der Kieler Zukunft nur mit Sorge entgegensieht. Da wäre Königsberg ein ganz anderer Platz. FRICKE ist ein durchaus vorzüglicher Mann und ich würde ihn sofort hierherziehen, sobald BURKHARDT oder SCHÖNFLIES von hier weggehen sollte.- Und endlich noch ein Letztes. Wir müssen in diesen Zeitläufen enger zusammenstehen als je, um den zentralistischen Tendenzen die Waage zu halten. (...)
Es ist doch eine grosse Sache, dass wir nun im Herbst in Nürnberg [eine] reiche Modellsammlung mit Unterstützung der bayerischen Regierung ausstellen werden, und dass so endlich sich Alles in voller Wesenhaftigkeit gestaltet, was wir 1873 verfrüht geplant hatten!
Meinen Glückwunsch zum Rectorat. HURWITZ hat Ihnen jedenfalls erzählt, dass ich allen Ernstes daran dachte, jetzt Ostern Sie in Königsberg ausführlich zu besuchen. Bei der neuesten Wendung der Dinge ist das natürlich zweifelhaft geworden.
Herzliche Grüsse Ihr F. Klein."

---

[1] Althoff hatte Frobenius zum 16.3.92 berufen ([Biermann], 345). Georg Frobenius: * 1849 Berlin, † 1917 Berlin; 1867/70 Stud. Göttingen u. Berlin, 1870 Prom. Berlin, 1871 Lehrer Sophienrealsch. Berlin, 1874 ao.Prof. U Berlin, 1875/92 o.Prof. Polytechn. Zürich, 1892 o.Prof. U Berlin, 1916 emer.

[2] Lazarus Fuchs: * 1833 Moschin b.Posen, † 1902 Berlin; Stud. und 1858 Prom. Berlin, 1860/67 Lehrer versch. höh. Schulen, zuletzt Friedrich-Werdersche Gewerbesch., 1867/69 Doz. Artillerie- u. Ing.-Sch., 1865 Hab. PD U Berlin, 1866/69 ao.Prof. U Berlin, 1869/74 o.Prof. Greifswald, 1874/75 o.Prof. Göttingen, 1875/84 Heidelberg, 1884/1902 U Berlin.

## 10. Dokumente

Nr.2:
"Göttingen 7/3 92.
Lieber Freund!
Ihr letzter Brief hat mich in ernstliche Verlegenheit gesetzt. Sie dürfen sicher sein, dass ich überall, wo ich es für richtig halte, für Sie mit der grössten Wärme eintrete. So darf ich im Vertrauen mittheilen, dass ich vor 2 Monaten, als ich meine Ansichten über die Berliner Situation formuliren sollte, indem ich bat, mich selbst in Götttingen zu belassen, Sie als den richtigen Mann für die Berliner Stelle an meiner Statt bezeichnete. Ich bin ebenso für Sie in Breslau eingetreten; ich habe endlich wiederholt geaeussert, dass wenn ich jetzt von hier fortberufen worden wäre, Sie allein als mein Ersatzmann in Betracht kommen würden.- Aber nun ich hier bleibe, liegt das Bedürfnis der Göttinger Universi/-tät, soweit ich dasselbe verstehe, anders. Ich muß Jemanden haben, der mich nach[?] Seite der *Strenge* ergänzt. Ich halte also an HURWITZ und HILBERT fest, denen ich noch SCHOTTKY hinzufüge.- Auf der anderen Seite verkenne ich nicht, dass in den Wünschen nach Verbesserung Ihrer Lage viel Berechtigtes liegt. Ich habe hin und her überlegt und werde die Sache so wenden, dass ich Sie zwar nicht auf meine Vorschlagsliste setze, aber in der Einleitung zu meinem Votum Ihrer in der ausführlichsten und der freund[lich]sten[?] Weise gedenke. Dem tritt dann (wie ich im engsten Vertrauen mittheilen will) voraussichtlich ein anderes Votum SCHERING-SCHWARZ entgegen, bei welchem Sie neben WEBER und - HETTNER[1] thatsächlich auf der Vorschlagsliste figuriren[2]. Ob es gerade Freundschaft für/ Sie oder WEBER ist, was die beiden Collegen zu dieser Namensliste gebracht hat, mögen Sie selbst ermessen. Jedenfalls würde es mich ausserordentlich freuen, wenn aus diesen beiden concurrirenden Voten heraus für Sie ein greifbarer Vortheil erwachsen sollte. Und schliesst sich das Ministerium dem Votum SCHWARZ-SCHERING an und Sie kommen hierher, so werde ich Sie in alter Freundschaft empfangen und wir werden uns, dess fühle ich mich sicher, persönlich auf das Beste arrangiren.- Ich will aber endlich auch darauf hinweisen, dass je mehr ich mich hier consolidire, für Sie andere Chancen frei werden (München etc.)[!], bei denen wir sonst vielleicht in Concurrenz getreten wären. Also verzweifeln Sie nicht an Ihrem weiteren Erfolg und auch nicht an meiner persön-/lichen Gesinnung, wenn ich im vorliegenden Falle nicht ganz so handele, wie Sie es für erwünscht halten mögen. Ich kann nur wiederholen, was ich meinem letzten Briefe sagte, dass ich mehr wie je das Bedürfnis dafür fühle, dass wir Zwei der übermächtigen Centralisation gegenüber gemeinsam Front machen müßen. Erhalten Sie mir bei alle dem Ihre Freundschaft und bleiben Sie bei der Mathematik! Das ist die Bitte, mit der ich schliessen möchte.

Ihr alter F. Klein (...)"

---

[1] Georg Hettner: * 1854 Jena, † 1914 Berlin; Stud. Leipzig u. Berlin, 1877 Prom. Berlin, 1879 Hab. PD Göttingen, ab 1882 ao. Prof. U Berlin, 1894/1914 auch o. Prof. TH Berlin.
[2] Siehe [Hilbert 1985], 78.

## 10.10 Antrag um Beförderung von Pringsheim (1900)

Nr.3:

Göttingen 15/3 [1892]

Lieber Freund!

Ihr neuer Brief ist mir insofern erfreulich, als ich sehe, dass Sie den Gesichtspunkt erfasst haben (aber allerdings *nicht* [Wort "nicht" gestrichen, daraufhin:] noch nicht billigen), unter dem ich handele. Ich darf heute zufügen, dass die Facultät inzwischen meinem Votum beigetreten ist. Dieselbe hat, (wie ich vertraulich mittheilen darf), Ihrer im Eingange in glänzender Weise gedacht und ausdrücklich hinzugefügt, dass wir Ihre Berufung *nur* deshalb nicht in Aussicht nehmen, weil zwischen Ihrer und meiner wissenschaftlichen Persönlichkeit zu viel Ähnlichkeit bestehen dürfte.- Hierüber hinaus aber gestatten Sie mir einige Be-/merkungen über die Schlussbetrachtungen Ihres Briefes. Ich muß dieselben ja wohl Ihrer aergerlichen Stimmung zu gute halten. Damit sich aber keine falschen Vorstellungen festsetzen, will ich doch Folgendes angeben:

1) Mit den Vorschlägen der Facultäten in Berlin und Breslau habe ich überhaupt nichts zu thun; meine Empfehlungen sind vielmehr an die massgebende Stelle gerichtet worden und zwar in dem nicht unwichtigen Augenblicke, als ich um meine Ansicht gefragt wurde.

2) Ich habe nicht gesagt, dass ich Sie anderwärts empfehlen werde (das ist mir ganz selbstverständlich), sondern dass ich in dem Maasse, als ich hier zu befriedigender Thätigkeit gelange, Ihnen rein objectiv genommen anderwärts weniger Concurrenz machen werde./

3) Dass meine Empfehlung in Leipzig, Baltimore, Worcester, Berlin wenig Erfolg gehabt haben, muß ich ja zugeben, - dass sie Ihnen geschadet haben sollten, ist doch kaum anzunehmen -, und jedenfalls können Sie, wenn Sie Alles zusammen nehmen, an meiner Gesinnung gegen Sie nicht zweifeln.

Bestens grüssend verbleibe ich
Ihr
F. Klein."

### 10.10 Antrag um Beförderung zum Ordinarius betr. Alfr. Pringsheim (1900)

UAM: PA Alfred Pringsheim. (6.1; 6.7)

Phil.Fak. II.Section an k.akademischen Senat der LMU:

"München, d. 25.Juni 1900.

Im gegenwärtigen Augenblicke, wo sich die philosophische Facultät II.Section mit der Berufung eines ordentlichen Professors für Mathematik beschäftigt, hat sie sich natürlich auch die Frage vorgelegt, ob der ausserordentliche Professor Dr. PRINGSHEIM für die zu besetzende Stelle in Betracht zu ziehen sei.

## 10. Dokumente

Die Facultät ist der Überzeugung, dass Herr Professor PRINGSHEIM nach seinen wissenschaftlichen Leistungen es unbedingt verdient, zum Ordinarius befördert zu werden. Dieser Sachlage entspricht es, dass die Akademie der Wissenschaften ihn 1894 zum ausserordentlichen und 1898 zum ordentlichen Mitgliede wählte.

Sicher wäre Herr College PRINGSHEIM schon lange als Ordinarius an eine andere Universität berufen worden, wenn es nicht allgemein bekannt wäre, dass er München nur ungern verlässt, und wenn man nicht in Rücksicht hierauf ihn bei Berufungen gewissermassen principiell ausser Acht gelassen hätte.

Für die philosophische Facultät II.Section handelt es sich gegenwärtig um die Berufung eines Mathematikers, der besonders in der Geometrie und Algebra sich wissenschaftliche Verdienste erworben hat. Das ist der Grund, weshalb sie PRINGSHEIM nicht in Vorschlag bringt; er vertritt in seinen Arbeiten ausschliesslich gewisse Gebiete der abstracten Analysis und in seinen Vorlesungen diejenigen Disciplinen, welche abwechselnd mit ihm auch von Professor LINDEMANN vorgetragen werden (besonders Differential- und Integral-Rechnung, Functionentheorie und elliptische Functionen); seine Wahl für die Ersatzprofessur würde daher eine vollständige Umgestaltung des bisherigen Vorlesungsbetriebs in der Mathematik an unserer Facultät zur Folge haben müssen.

In den letzten Jahren sind PRINGSHEIMs wissenschaftliche Leistungen so tüchtig und bedeutend gewesen (hauptsächlich durch seine endgültige Erledigung der Theorie der Taylor'schen Reihe), dass er geradezu mit als erste Autorität auf dem von ihm bearbeiteten (allerdings eng umgrenzten) Gebiete der sogenannten Praecisions-Mathematik gilt; die Facultät kann ihn trotzdem aus den angegebenen Gründen für die Ersatz-Professur nicht in Vorschlag bringen, glaubt aber einer unabweisbaren Pflicht zu genügen, wenn sie beantragt:

Es möge der akademische Senat die Beförderung des ausserordentlichen Professors Dr. PRINGSHEIM zum ordentlichen Professor oder die Verleihung von Titel und Rang eines ordentlichen Professors an ihn, in Rücksicht auf seine hervorragenden Verdienste um die mathematische Wissenschaft und um den Unterricht in der Mathematik an unserer Hochschule, bei dem königlichen Ministerium des Innern für Kirchen- und Schul-Angelegenheiten in Vorschlag bringen.

Hochachtungsvollst

ergebenst

d.zeitige Dekan

Hertwig."

10.11 Berufungsverfahren betr. David Hilbert (1900/03)

## 10.11 Berufung von D. Hilbert an die Universität München 1900/03

*Berufungsantrag 1900*

UAM: Sen 208/26. (6.7)

"München, den 25.Juni 1900.
Philosophische Fakultät II.Sektion.
An den akademischen Senat der kgl. Ludwig-Maximilians-Universität. Hier.
Betreff: Ersatz-Professur für Mathematik (mit 2 Beilagen).

In wenigen Monaten vollendet Herr College BAUER sein 80tes Lebensjahr; in Rücksicht hierauf hat derselbe der Facultät den Wunsch ausgedrückt, vom Herbste d. J. ab von der Verpflichtung Vorlesungen zu halten, dispensiert zu werden. Mit Bedauern hat die Fakultät von dem Entschlusse ihres hochverdienten Collegen Kenntnis genommen, und da sie leider zugeben muss, dass der ausgesprochene Wunsch nach so langer erfolgreicher Thätigkeit ein wohlberechtigter ist, unterbreitet sie den anliegenden Antrag des Herrn Collegen BAUER dem akademischen Senate mit dem ergebensten Ersuchen, bei dem hohen Ministerium des Innern für Kirchen- und Schulangelegenheiten das nöthige in Vorschlag bringen zu wollen.

Um in dem Lehrplan der Facultät keine Lücke entstehen zu lassen, wird die Schaffung einer entsprechenden Ersatzprofessur zur Nothwendigkeit. Deshalb ersucht die philosophische Facultät II.Section den/ akademischen Senat, die Errichtung einer solchen Professur beim königlichen Staatsministerium gleichzeitig in Anregung bringen zu wollen, und erlaubt sich, die nöthigen Vorschläge im Folgenden sofort zu formuliren.

Herr Professor BAUER hat hauptsächlich über analytische und synthetische Geometrie und Algebra regelmässig Vorlesungen gehalten, daneben auch über andere Disciplinen der Mathematik je nach Bedarf gelesen. Für die Ersatzprofessur werden daher in erster Linie solche Gelehrte in Betracht zu ziehen sein, die sich auf dem Gebiete der Geometrie und Algebra einen Namen gemacht haben. Als solche nennen wir

Herrn Professor ALEXANDER V. BRILL in Tübingen

Herrn Professor AUREL VOSS in Würzburg

Herrn Professor DAVID HILBERT in Göttingen.

Wollte man von den genannten Principen abweichen, so könnten auch andere Mathematiker, z.B. HEINRICH WEBER (geb. 1842 in Heidelberg), Professor an der Universität Strassburg (vorher in Zürich, Königsberg, Charlottenburg, Marburg und Göttingen) und WALTHER DYCK, Professor an der technischen Hochschule in München genannt werden. Professor WEBER hat zwar ein Lehrbuch der Algebra geschrieben, darin aber hauptsächlich den Zusammenhang mit der

## 10. Dokumente

Zahlentheorie berücksichtigt, für die er auch sonst wichtige Beiträge lieferte. Seinen wissenschaftlichen Ruf verdankt er vor allem seinen hervorragenden functionentheoretischen Untersuchungen, also einem Gebiete, das in unserer Facultät schon durch die Herren Professoren LINDEMANN und PRINGSHEIM vertreten ist; das weite Feld der Geometrie scheint ihm ganz fern zu liegen. Der letzte Satz würde auf Professor DYCK nicht passen, der ja aus KLEIN's geometrischer Schule hervorgegangen ist; die wissenschaftlichen Arbeiten desselben bewegen sich aber hauptsächlich auf dem Grenzgebiete zwischen Geometrie und Functionentheorie, dessen Erschliessung wir RIEMANN verdanken, und das seitdem besonders durch CLEBSCH, SCHWARZ und KLEIN angebaut wurde. Gerade für dieses Grenzgebiet besitzt unsere Hochschule schon in Herrn Professor LINDEMANN einen entsprechenden Vertreter. Auch in den Vorlesungen behandelt Professor DYCK, abgesehen von der allgemeinen Einleitung in die höhere Mathematik meist Materien, die an der Universität von den/ Herren LINDEMANN und PRINGSHEIM vorgetragen werden.

Aus ähnlichen Gründen hat die Facultät davon abgesehen, Herrn Professor PRINGSHEIM für die Ersatz-Professur in Vorschlag zu bringen, wie in einem besonderen Berichte näher ausgeführt ist, welchen sie sich gestattet, gleichzeitig dem akademischen Senate zu unterbreiten[1].

ALEXANDER VON BRILL wurde am 20.Sept. 1842 in Darmstadt geboren, studirte seit 1860 am Polytechnikum in Karlsruhe, dann an den Universitäten Giessen und Berlin, promovirte 1864 in Giessen und habilitirte sich dort als Privatdozent 1867, kam 1869 als Professor der Mathematik an die technische Hochschule in Darmstadt, 1875 in gleicher Eigenschaft nach München und 1884 an die Universität Tübingen.

Seine wissenschaftlichen Arbeiten sind meistens analytisch-geometrischen Inhalts. BRILL war der erste, dem es (1873) gelang, einen Beweis für die sogenannte Cayley'sche Correspondenzformel, die bis dahin rein empirischen Charakters war, zu erbringen; zusammen mit NOETHER[2] hat er die Sätze über/ Schnittpunktsysteme algebraischer Curven, die früher mit transzendenten Hülfsmitteln (nemlich dem Abel'schen Theoreme) abgeleitet wurden, zuerst algebraisch bewiesen und damit der Algebra und ihren Anwendungen ein neues Feld erschlossen. Aus späterer Zeit sind besonders seine Untersuchungen über Curven vierter Ordnung und über binäre algebraische Formen sechster Ordnung hervorzuheben. Ein umfassenderes, litteraturhistorisches, werthvolles Werk hat er, zusammen mit NOETHER, über "die Entwicklung der algebraischen Functionen in älterer und neuerer Zeit" ausgearbeitet.

---

[1] Pringsheim wurde aufgrund des am gleichen Tag formulierten Antrags 10.10 dennoch bereits 1901 Ordinarius.

[2] Max Noether: * 1844, † 1921; 1870 Hab. PD und 1874 ao.Prof. Heidelberg, 1875 ao.Prof. und 1888 o.Prof. Erlangen, 1919 emer.

## 10.11 Berufungsverfahren betr. David Hilbert (1900/03)

AUREL VOSS wurde am 7. Dezember 1845 in Altona geboren, studirte 1864-68 in Göttingen und Heidelberg, ward 1869 Gymnasiallehrer in Lingen, promovirte 1869 in Göttingen, habilitirte sich dort 1873 als Privatdozent, ward 1875 an das Polytechnikum in Darmstadt, 1879 nach Dresden und 1885 nach München an die technische Hochschule berufen, von wo er 1891 einem Rufe nach Würzburg folgte.

Wie BRILL ist auch VOSS aus der CLEBSCH'schen Schule hervorgegangen. Zuerst fesselte ihn die damals (1872) in ihren Anfängen stehende PLÜCKER'sche Liniengeometrie, wobei er sich an KLEIN's Arbeiten anschloss. Später hat er sich mannigfachen anderen Gebieten der Geometrie erfolgreich zugewandt, insbesondere der Theorie der Curven auf krummen Flächen und der gegenseitigen Beziehung solcher Flächen auf einander. Er ist einer der wenigen in Deutschland lebenden Mathematiker, welche sich dieses letztere Gebiet als Arbeitsfeld ausersehen haben, und würde eben deshalb für unsere Facultät als Mitglied derselben eine willkommene Ergänzung bieten. Durch die Untersuchung der geometrischen Transformationen wurde VOSS zur Theorie der bilinearen Formen und damit zu wesentlich algebraischen Arbeiten geführt. Die wissenschaftlichen Abhandlungen von VOSS haben ihren Werth nicht so sehr durch das Umfassende ihrer Resultate, als durch die ihnen eigenthümliche Feinheit und Eleganz der Durchführung.

DAVID HILBERT wurde am 23.Januar 1862 in Königsberg i.Pr. geboren, studirte von 1880 ab dort und in Heidelberg je ein Semester, dann in Königsberg, wo er 1884 promovirte, um ferner seine Studien in Leipzig, Paris und Göttingen fortzusetzen. Im Jahre 1886 habilitirte er sich in Königsberg i.Pr., ward dort 1892 (als/ Nachfolger von HURWITZ) zum ausserordentlichen, 1893 (als Nachfolger von LINDEMANN) zum ordentlichen Professor ernannt und folgte 1895 einem Rufe an die Universität Göttingen, wo er gegenwärtig thätig ist.

HILBERT's Arbeiten liegen mehr auf algebraischem als auf geometrischem Gebiete. Seine Dissertation behandelte die Frage nach den Invarianten-Eigenschaften der Kugelfunctionen. Die dabei befolgten Methoden waren ihm auch bei seinen späteren Arbeiten über algebraische Invariantentheorie nützlich. Besonders bekannt wurde er durch endgültige Erledigung eines Problems, an dem viele bis dahin vergeblich gearbeitet hatten, nemlich durch Erbringung des Beweises für die Endlichkeit der Formensysteme bei algebraischen Formen mit beliebig vielen Veränderlichen[1]. Für zwei homogene Veränderliche hatte GORDAN (1869) den betr. Beweis gegeben; aber dessen Methoden schienen für die höheren Fälle vollständig zu versagen; HILBERT's Erfolg beruht auf der Anwendung der von KRONECKER aus der Zahlentheorie in die Algebra eingeführten Methode der Congruenzen. Später hat sich HILBERT rein zahlentheoretischen Untersuchungen immer mehr zugewandt. Durch Benutzung von zahlentheoretischen Schlussweisen gelang es ihm den HERMITE'schen Beweis/ für die Transzendenz

---
[1] Dieser Satz gehört heute als "Hilbertscher Basissatz" zur Algebravorlesung.

## 10. Dokumente

der Zahl e, und damit indirect denjenigen für die Transzendenz der Zahl π, d.i. für die Unmöglichkeit der Quadratur des Kreises, wesentlich zu vereinfachen. Seine letzte grössere Arbeit ist den Grundbegriffen der Geometrie gewidmet und ist durch Klarheit und Originalität ausgezeichnet. Es ist nicht zu viel gesagt, wenn man HILBERT als den bedeutendsten unter den jüngeren Mathematikern Deutschland's bezeichnet; und mit Recht wird man auch für die Zukunft vieles von ihm erwarten dürfen.

*Als Lehrer*[1] werden die drei genannten Gelehrten gleichmässig gerühmt; durch ihre bisherige Thätigkeit hatte jeder von ihnen Gelegenheit, Vorlesungen aus den verschiedensten Gebieten zu halten; und es ist nicht daran zu zweifeln, dass jeder wohl geeignet ist, die jetzt entstehende Lücke auszufüllen. Während V. BRILL und VOSS schon in vorgerückterem Alter stehen, befindet sich HILBERT wohl noch nicht auf dem Höhepunkt seiner Entwicklung. Entsprechend den Erwartungen, die man nach seinen Leistungen und nach seinem Alter hegen darf, wäre er daher unserer Facultät am meisten willkommen.

Hochachtungsvoll
ergebenst d.zeitiger Dekan
Hertwig."

### 10.12 Promotionsgutachten von Oskar Perron 1902

UAM: O C I 28 p - Oskar Perron. (8.1.5)

Dissertation: Über die Drehung eines starren Körpers um seinen Schwerpunkt bei Wirkung äußerer Kräfte.

*Votum informativum:*

Die Arbeit des Herrn Perron behandelt ein Problem, auf das W. VOIGT in seinem Lehrbuche der Mechanik aufmerksam gemacht hat, der dasselbe aber als nicht lösbar, bez. als nicht gelöst bezeichnet. Nach einem allgemeinen Princip, auf das ich gelegentlich hingewiesen habe, kann man gewissen Problemen der Hydrodynamik solche der Mechanik gegenüberstellen; im vorliegenden Falle ist nun das Zugeordnete der Hydrodynamik von CLEBSCH, H.WEBER und KÖTTER bereits behandelt. Die Übertragung der angewandten Methode auf das Voigt'sche Problem (Drehung eines starren Körpers um seinen Schwerpunkt, falls auf ihn eine auf einem Kreise gleichförmig vertheilte Masse nach dem Newton'schen Gesetze einwirkt und der Mittelpunkt des Körpers im Schwerpunkt liegt) war daher sofort als möglich zu erkennen; die Durchführung im Einzelnen erforderte aber noch eine ansehnliche Summe von Fleiss und Nachdenken, schon deshalb

---
[1] Von Lindemann unterstrichen.

## 10.12 Promotionsgutachten Oskar Perron (1902)

weil hier die Theorie der Theta-Funktion mit zwei Veränderlichen und besonders die betr. Charakteristischen-Theorie zur Anwendung kommt.
Die Arbeit des Verfassers verdient volle Anerkennung und sie genügt sicher allen zu stellenden Anforderungen, kann sogar als eine sehr gute bezeichnet werden.
Wünschenswerth wäre gewesen, wenn der Verf. die nachwirkende[?] Bedeutung der vorhandenen vom ihm discutirten Faelle eingehender verfolgt hätte.

München 3.3.02.                          F. Lindemann.

Einverstanden: Alfred Pringsheim. Ebenso Gust. Bauer. H. Seeliger.
für Zulassung Röntgen. Baeyer. Zittel. Hertwig. Helger. Radlkofer. Goebel.

Aus dem Protokoll:
Examen rigorosum: 7.5.1902
Anwesend: Lindemann, H. Seeliger, Röntgen, Pringsheim. Der Dekan: J.Ranke.
Teilnoten: Hauptfach (Mathematik): I; Astronomie: II; Physik: II.
Gesamtresultat: I (summa cum laude).


## 10.13 Berufung von Aurel Voss an die Universität München 1903

*Berufungsantrag 1902*

UAM: Sen 208/26. (6.7)

"München, den 5.Juli 1902.
Das Dekanat der philosophischen Fakultät, Sekt. II.
[An den akademischen Senat der Universität]
Betreff: Ersatz-Professur für Mathematik (Mit 3 Beilagen).

Nachdem die II.Sektion der philosophischen Fakultät durch Erlaß vom 18.Juni d.Jhr. zu Personalvorschlägen für die mathematische Ersatzprofessur aufgefordert war, und nachdem die betreffende Frage in einer Kommission vorbereitet war, hat die Sektion in ihrer Sitzung vom 5.Juli d.J. nach eingehender Beratung beschlossen, dem akademischen Senat die nachstehend dargelegten Vorschläge zu unterbreiten, mit der Bitte, dieselben bei dem königlichen Staatsministerium zu befürworten.

Schon vor etwa 1 1/2 Jahren hatte die II.Sektion der philosophischen Fakultät/ sich mit der durch den Rücktritt des Herrn Kollegen BAUER entstehenden Lücke in ihrem Lehrkörper beschäftigt und sich erlaubt, entsprechende Personalvorschläge zu machen [10.11].

Darauf wurden die Herren Professoren BRILL in Tübingen, HILBERT in Göttingen und VOSS in Würzburg genannt. Die Sektion steht auch heute auf dem Standpunkte des damals vorgelegten Berichtes, insbesondere was die Gesichts-

## 10. Dokumente

punkte betrifft, die bei Nennung dieser Namen maßgeblich waren; sie kann daher auf diese früheren Gesichtspunkte verzichten.

Was die Personen betrifft, so hat sich allerdings die Sachlage inzwischen etwas geändert.

Herr Professor BRILL nämlich hat jetzt das 60.Lebensjahr überschritten und Herr Professor HILBERT, dessen Berufung die Sektion als besonders wünschenswert bezeichnete, hat neuerdings einen Ruf an die Universität Berlin erhalten. Wenn er demselben auch nicht gefolgt ist,/ so erscheint es doch zweifelhaft, ob es möglich sein wird, ihn jetzt noch für München zu gewinnen. Die Fakultät hält natürlich auch jetzt seine Berufung für die glücklichste Lösung der vorliegenden Frage.

Abgesehen hiervon bringt sie in erster Linie nochmals Herrn Professor VOSS in Würzburg in Vorschlag, in zweiter Linie Herrn Professor SCHUR in Karlsruhe und an dritter Stelle Herrn Professor STÄCKEL in Kiel. Die Auswahl dieser Namen wurde durch den Wunsch bedingt, daß an unserer Universität in der Mathematik auch solche Disziplinen hervorragend vertreten seien, die den beiden hier thätigen Kollegen LINDEMANN und PRINGSHEIM ferner liegen, nämlich aus der Geometrie die sogenannte allgemeine Flächentheorie, wie sie sich im Anschluß an GAUSS entwickelt hat und wie sie neuerdings besonders in Frankreich in Blüte steht, und die erst in jüngster Zeit/ neu erstandene, durch SOPHUS LIE geschaffene Theorie der Transformationsgruppen mit ihren zahlreichen Anwendungen.

Über die wissenschaftlichen Arbeiten von AUREL VOSS (geb. in Hamburg 1845, promoviert in Göttingen 1869, erst Gymnasiallehrer in Osnabrück, dann 1873 Privatdozent in Göttingen, dann an den technischen Hochschulen in Darmstadt, Dresden und München thätig und seit 10-12 Jahren ordentlicher Professor an der Universität Würzburg) ist schon in unseren früheren Berichten das Nötige mitgeteilt. VOSS ist vor allen Dingen Geometer; anfänglich in der algebraischen Richtung von PLÜCKER, HESSE und HILBERT thätig, hat er sich später demjenigen Gebiete der Geometrie zugewandt, das in München zur Zeit keinen speziellen Vertreter hat, und ist darin jetzt eine anerkannte Autorität; seine betreffenden Arbeiten sind in beiliegendem Verzeichnisse unter No.III aufgeführt. Aus dem Verzeichnis/ sieht man, daß sich VOSS auch auf anderen Gebieten vielfach bethätigt hat. Seine hervorragende Lehrbegabung ist von seiner früheren Thätigkeit an der hiesigen technischen Hochschule bekannt.

FRIEDRICH SCHUR wurde am 27.Januar 1856 in Maciejewo in Posen geboren; er studierte in Breslau (unter dem Geometer SCHRÖTER) und Berlin, promovierte hier 1878 und habilitierte sich 1881 in Leipzig, wo er zu FELIX KLEIN in nähere Beziehung trat, wurde dort 1885 zum ausserordentlichen Professor ernannt und 1888 als ordentlicher Professor nach Dorpat berufen, wo er eine vielfältige Lehrthätigkeit entfaltete. Sodann folgte er 1892 als Professor der Geometrie einem Ruf an die technische Hochschule in Aachen und siedelte von dort in gleicher Eigenschaft nach Karlsruhe über.

## 10.13 Berufungsverfahren betr. Aurel Voss (1903)

Seine mathematischen Arbeiten sind vorwiegend geometrischen Inhalts, sie berühren sich mehrfach mit denjenigen von AUREL VOSS, sowohl in dem algebraischen Teile der Flächentheorie und Liniengeometrie, als in der allgemeinen Theorie der Krümmung/ und Biegung von Flächen; insbesondere gewann er wichtige Resultate für die Theorie der Biegung mehrfach ausgedehnter Räume. Seine neuesten Arbeiten über die Grundbegriffe der Geometrie bewegen sich in gleichem Sinne wie die entsprechenden von HILBERT, und man muß anerkennen, daß sich einige Ansätze der letzteren schon früher bei SCHUR finden.

Außerdem hat sich SCHUR mit der Theorie der Lie'schen Transformationsgruppen beschäftigt und sich hier erfolgreich bemüht, die Beweise teils zu vereinfachen, teils strenger zu fassen.

PAUL STÄCKEL wurde 1862 in Berlin geboren; er promovierte 1885 in Berlin, setzte seine Studien bei KLEIN in Göttingen fort und habilitierte sich 1891 an der Universität Halle; von dort ward er 1896 als außerordentlicher Professor nach Königsberg in Pr. berufen, ging 1897 in gleicher Eigenschaft nach Kiel und wurde dort im Jahre 1900 zum Ordinarius befördert.

Seine ersten wissenschaftlichen Arbeiten betreffen Aufgaben der Mechanik; das/ Studium der Bewegung von Punkten auf einer beliebigen Fläche führte ihn bald zur allgemeinen Flächentheorie; seine Untersuchungen über Biegung höherer Mannigfaltigkeiten berühren sich mit Arbeiten von F. SCHUR. Andererseits stehen die Probleme der Mechanik in engem Zusammenhange mit der Theorie der partiellen Differentialgleichungen 1.Ordnung; das gab ihm Veranlassung sich auch mit den Lie'schen Transformationsgruppen erfolgreich zu beschäftigen und insbesondere die neuen Methoden LIE's auf die Differentialgleichungen von HAMILTON u. JACOBI anzuwenden. Auch STÄCKEL's Untersuchungen auf dem Gebiete der Funktionstheorie führten zu wertvollen Ergebnissen; insbesondere gab er Ergänzungen zu den Sätzen HILBERT's über die arithmetischen Eigenschaften von ganzen transzendenten Funktionen, die mit den Untersuchungen über algebraische und transzendente Zahlen in Zusammenhang stehen. Lebhaftes Interesse wendete er stets den historischen Fragen zu; durch seine "Theorie der Parallelenlinien von Euclid bis Gauss" (1895)/ hat er sich ein wesentliches Verdienst um die Geschichte der Mathematik erworben.

Während bei den übrigen Vorschlägen in der Fakultät Einstimmigkeit herrschte, wurde die Nennung des Herrn STÄCKEL mit 8 gegen 4 Stimmen beschlossen. Die Minorität ging davon aus, daß STÄCKEL nicht in so ausgesprochenem Sinn als Geometer zu bezeichnen ist, wie VOSS und SCHUR, und daß es wohl möglich wäre, neben ihm noch andere gleich tüchtige Gelehrte namhaft zu machen. Die Majorität hat aber diese Bedenken bei Seite gesetzt, da sich in STÄCKEL's Arbeiten eine Vielseitigkeit bekundet, die nicht leicht bei anderen zu finden sein wird, ganz besonders aber, da Prof. STÄCKEL als eine hervorragend anregende und in seiner Lehrthätigkeit erfolgreiche Persönlichkeit geschildert wird.

J.Ranke d. Z. Dekan."

# 10. Dokumente

## 10.14 Promotionsgutachten Friedrich Hartogs 1903

UAM: O C I 29 p - Fritz Hartogs. (8.1.2)

*Votum informativum*:

betr. der von Herrn Fritz HARTOGS eingereichten Dissertation: "Untersuchungen zur elementaren Theorie der Potenzreihen und der analytischen Functionen zweier Veränderlicher."

"Die eigentümlichen Schwierigkeiten, welche sich allemal einzustellen pflegen, wenn man versucht, irgendwelche allgemeineren Untersuchungen aus dem Gebiet der Functionen *einer* Veränderlichen auf mehrdimensionale Gebiete zu übertragen, sind bisher selbst bei einem relativ so einfachen Typus, wie ihn die *Potenzreihen mit 2 Veränderlichen* darbieten, noch nicht im entferntesten überwunden. Was man darüber in Abhandlungen und Lehrbüchern findet, erweist sich als recht unzureichend und bei aller Spärlichkeit der Resultate nicht einmal durchweg als stichhaltig. Herr HARTOGS hat, auf eine von mir gegebene Anregung hin, es unternommen, das eben genannte Gebiet nach den verschiedensten Richtungen zu durchforschen, und er hat, wie ich gleich vorausschicken will, diese Aufgabe mit außerordentlicher Gründlichkeit und Vielseitigkeit in der Fragestellung, hervorragendem Geschick und Scharfsinn in der Deduction und demgemäß auch mit anerkennenswerthem Erfolge durchgeführt. (…)

An die vorstehend skizzierten *reihentheoretischen* Ergebnisse schließen sich in den noch folgenden drei Abschnitten Ergänzungen und Anwendungen functionentheoretischer Natur. Zunächst wird der *Laurent'sche* Satz für analytische Functionen f(x,y) durch Ausdehnung der von mir für die Theorie der analytischen f(x) ausgebildeten Mittelwerth-Methode in *neuer* und vollkommen *elementarer* Weise begründet.

(…)

Soweit über den reichen und interessanten Inhalt der vorliegende Arbeit. Die Darstellung ist durchweg klar und anschaulich: in letzterer Beziehung sei noch besonders hervorgehoben, daß alle die zahlreichen, im Laufe der Untersuchung auftauchenden, nicht selten recht complicirten *Möglichkeiten* durch zweckmäßig gewählte *Beispiele* auf's wirksamste illustrirt werden.

Da die ganz Arbeit nach Umfang und Inhalt das durchschnittliche Dissertations-Niveau mir merklich zu überragen scheint und auch in weiteren Kreisen Beachtung und Beifall finden dürfte, so sehe ich mich veranlaßt, die Zulassung des Verfassers zum *Examen rigorosum* auf's wärmste zu befürworten.

München, den 1.Juli 1903. Alfred Pringsheim.

Vollkommen einverstanden: Lindemann, Voss, G. Bauer, H. Seeliger, J.Ranke; für Zulassung: Röntgen, Baeyer, Radlkofer, Hilger, Goebel, Groff, Hertwig."

## 10.14 Promotionsgutachten Friedrich Hartogs (1903)

Rigorosum: 23.7.1903.
Anwesend: Pringsheim/Voss/Röntgen/Baeyer.
Teilnoten: Hauptfach Mathematik Note I, Nebenfach Physik II, Chemie II. Gesamtresultat: Note I (summa cum laude).

## 10.15 Wahlvorschlag Friedrich Hartogs (1927)

Arch. BAdW: Act IV, 26 -
Wahlvorschläge von Nichtgewählten - Nr.1 (8.1.2)

"Friedrich HARTOGS ist am 20.5.1874 in Brüssel geboren, hat 1903 in München promoviert und hat sich 1905 an unserer Universität habilitiert, an der er seit 1912 als etatmässiger ao. Professor wirkt.

Hartogs ist von jenen Naturen, die sich nur dann entschliessen ihre Ergebnisse zu veröffentlichen, wen sie die feste Überzeugung haben, das sie nicht mehr verbesserungsfähig sind. Infolgedessen ist die Anzahl seiner Publikationen verhältnismässig gering. H. hat sich fast ausschliesslich mit Funktionentheorie beschäftigt, vor allem mit Funktionen von mehreren komplexen Veränderlichen, deren allgemeine Theorie er im wahren Sinne des Wortes begründet hat. Vor seinen Arbeiten waren nämlich nur ganz vereinzelte Resultate über diese natürliche Fortsetzung der Theorie der Funktionen mit einer komplexen Veränderlichen bekannt, von denen die wichtigsten mit den Namen WEIERSTRASS und POINCARÉ verknüpft sind. HARTOGS hat zuerst den Mut gefunden sich in diesen überaus schwierigen Komplex von Fragen zu vertiefen, und hat nicht nur eine Reihe von bemerkenswerten und überraschenden Resultaten erhalten, sondern - was viel mehr bedeutet - fast alle Methoden geschaffen, die in diesem Zweige der Analysis noch heute herrschend sind. Eine der schönsten und einfachsten Entdeckungen von H. ist der Satz, dass eine analytische Funktion von mehreren Veränderlichen immer dann in allen Veränderlichen regulär ist, wenn sie diese Eigenschaft für jede einzelne Veränderliche besitzt[1]. Für diesen Satz, den kein Kenner dieser Dinge hätte voraussahnen können, ist der ursprüngliche Beweis von H. immer noch der beste, obgleich namhafte Mathematiker neuerdings versucht haben ihn auf anderem Wege zu beweisen. Ferner hat H. die Singularitäten von Funktionen mehrerer Veränderlicher untersucht und u.a. das merkwürdige und fundamentale Resultat erhalten, dass diese stets eine zusammenhängende Punktmenge bilden müssen[2]./

---

[1] Eine Folgerung aus dem Hartogsschen Hauptsatz (8.1.2).
[2] Eine Art Kontinuitätssatz. Schon in seiner Dissertation hat Hartogs den Satz erweitert, daß es bei Funktionen von mehr als einer Veränderlichen keine isolierten Stellen gibt.

## 10. Dokumente

Diese wenigen Beispiele unter vielen, die man mit gleichem Recht nennen könnte, zeigen, schon zu genüge, die Bedeutung der Hartogsschen Arbeiten. Trotzdem sind diese am Anfang, abgesehen von einer gelegentlichen Benützung durch POINCARÉ, gar nicht beachtet worden, auch dann nicht als H. in späteren Publikationen viele seiner ersten Beweise bedeutend vereinfachen konnte.

Erst in den allerletzten Jahren sind fast gleichzeitig im In- und Auslande diese Fragen wieder aufgegriffen worden, und da hat sich erst gezeigt, wie schwer es ist in dieser Theorie neue Fortschritte über HARTOGS hinaus zu erzielen. So scheint es z.B., dass das seinerzeit viel bewunderte Resultat eines italienischen Mathematikers erst durch die Anwendung Hartogsscher Methoden seine endgültige Formulierung finden wird.

Wir glauben, dass ein Mann von der wissenschaftlichen Bedeutung von Hartogs in unsere Akademie gehört, und schlagen seine Wahl zum ordentlichen Mitgliede vor.

[o.D.; gez.] C. Carathéodory. v. Dyck. Faber. Finsterwalder. Perron. Pringsheim. Voss."

# 11. Mathematiker der Ludwig-Maximilians-Universität

## 11.1 Ordinarien in Ingolstadt von 1472 bis 1800

| | |
|---|---|
| 1492 - 1497 | Johann ENGEL |
| 1498 - 1503 | Johann STABIUS |
| 1503 - 1507 | Hieronymus RUED |
| 1507 - 1513 | Johann OSTERMAIR |
| 1513 - um 1519 | Johann WÜRZBURGER/FISCHER |
| 1524 - 1527 | Johann VELTMILLER |
| 1527 - 1552 | Peter APIAN |
| 1552 - 1568 | Philipp APIAN |
| 1568 - um 1585 | Johann Lonäus BOSCH |
| 1581 - 1586 | Georg PHEDER |
| 1586 - 1592 | Christoph SILBERHORN |
| 1592 - 1593 | Cornelius ADRIANSEN |
| 1593 - 1601 | Johann APPENZELLER |
| 1601 - 1610, 1616 - 1618 | Johann LANZ |
| 1610 - 1616 | Christoph SCHEINER |
| 1618 - 1622 | Johann Baptist CYSAT |
| 1622 - 1626 | Hieronymus KÖNIG |
| 1626 - 1638 | Petrus HILDEBRANDT |
| 1638 - 1640 | Jakob FIVA |
| 1646 - 1650 | Franz STORER |
| 1650 - 1651 | Marquard EHINGEN |
| 1651 - 1652 | Ludwig THANNER |
| 1652 - 1664 | Johann VOGLER |
| 1664 - 1666 | Wolfgang LEINBERGER |
| 1666 - 1672 | Adam AIGENLER |
| 1672 - 1676 | Petrus MABILLON |
| 1676 - 1680, 1688 - 1690 | Andreas WAIBL |
| 1680 - 1682 | Andreas PINTER |
| 1682 - 1684 | Joseph WEIß |
| 1684 - 1685 | Joseph ABZWANGER |
| 1685 | Max RASSLER |
| 1685 - 1687 | Joseph ADELMANN |
| 1687 | Renatus PAULINUS |

## 11. Mathematiker der Ludwig-Maximilians-Universität

| | |
|---|---|
| 1687 - 1688, 1692 - 1693 | Felix POLI |
| 1690 | Joachim REITTMAIR |
| 1690 - 1691 | Wilhelm STINGLHEIM |
| 1691 - 1692 | Friedrich REHLINGER |
| 1692 | Petrus RIEDERER |
| 1693 - 1699 | Franz SCHUCH |
| 1699 - 1700, 1703 - 1710 | Ferdinand SCHUCH |
| 1700 - 1703 | Ulrich STEEB |
| 1703 | Joseph MAYR |
| 1710 - 1712 | Johann Evangelist RING |
| 1712 - 1714 | Ignaz KOEGLER |
| 1714 - 1715 | Josef FALK |
| 1716 - 1720, 1730 - 1750 | Heinrich HISS |
| 1720 - 1726 | Nicasius GRAMMATICI |
| 1726 - 1730 | Joseph SCHREIER |
| 1750 - 1764 | Georg KRATZ |
| 1764 - 1765 | Ignaz ZANNER |
| 1765 - 1770 | Cäsar AMMAN |
| 1770 - 1781 | Johann HELFENZRIEDER |
| 1781 - 1791 | Georg Christoph Cölestin STEIGLEHNER |
| 1781 - 1791 | Vicelin SCHLÖGL, f. Physik u. Math. |
| 1791 - 1794 | Gerald BARTL, f. Physik u. Math. |
| 1791 - 1798 | Joseph Placidus HEINRICH |
| 1794 - 1800 | Gabriel KNOGLER, zweites Ordinariat |
| 1798 - 1800 | Maurus MAGOLD |

### 11.2 Ordinarien in Landshut und München von 1800 bis 1992

### *Landshut*

| *Erstes Ordinariat:* | *Zweites Ordinariat:* |
|---|---|
| Maurus MAGOLD 1800-1826 | Gabriel KNOGLER 1800-1806 |
| | Conrad D. M. STAHL 1806-1826 |

## München

| Erstes Ordinariat: | Zweites Ordinariat: | |
|---|---|---|
| Johann L. SPÄTH 1826-1842 | Conrad D. M. STAHL 1826-1833 | Thaddäus SIBER 1826-1833 (1833-1852 für Physik) |
| Ludwig Ph. SEIDEL 1855-1891 | Johann E. HIERL 1840-1865 Gustav BAUER 1869-1901 | Karl A.v. STEINHEIL 1835-1849 (für Physik und Math.) |
| | | *Drittes Ord. für Math.:* |
| Ferdinand LINDEMANN 1893-1923 | Aurel VOSS 1903-1924 | Alfred PRINGSHEIM 1901-1923 |
| Constantin CARATHÉODORY 1924-1938 | Heinrich TIETZE 1925-1950 | Oskar PERRON 1923-1951 |
| Eberhard HOPF 1944-1948 | | Wilhelm MAAK 1951-1958 |
| Robert KÖNIG 1948-1954 | Georg AUMANN 1950-1962 | Martin KNESER 1959-1963 |
| Karl STEIN 1955-1982 | Max KOECHER 1962-1970 | Friedrich KASCH 1963-1987 |
| Otto FORSTER seit 1982 | Bodo PAREIGIS seit 1973 | Anthony TROMBA 1992-(1995) |

| Viertes Ordinariat: | Fünftes Ordinariat: | Sechstes Ordinariat: |
|---|---|---|
| Friedrich HARTOGS 1927-1935 | Hans RICHTER 1955-1975 | Erhard HEINZ 1962-1968 |
| Robert SCHMIDT 1948-1964 | | Konrad JÖRGENS 1968-1974 |
| Walter ROELCKE 1965-(1994) | Peter GÄNßLER seit 1978 | Jürgen BATT seit 1976 |

## 11. Mathematiker der Ludwig-Maximilians-Universität

| Siebentes Ordinariat: | Achtes Ordinariat: | Neuntes Ordinariat: |
|---|---|---|
| Günther HÄMMERLIN 1965-(1996) | Kurt SCHÜTTE 1966-1977 | Ernst WIENHOLTZ seit 1967 |
|  | Helmut SCHWICHTENBERG seit 1978 |  |

| Zehntes Ordinariat: | Elftes Ordinariat: | |
|---|---|---|
| Hans G. KELLERER seit 1973 | Karl SEEBACH 1977 (1969 PH, seit 1972 Erz.-wiss. FB)-1980 | |
|  | Rudolf FRITSCH seit 1981 | |

| Institut für Geschichte der Naturwissenschaften: | Institut für Informatik: |
|---|---|
|  | Gerhard SEEGMÜLLER 1970-(1996) |
| Helmuth GERICKE 1963-1977 | Heinz-Gerd HEGERING seit 1989 |
| Menso FOLKERTS seit 1980 | Hans-Peter KRIEGEL seit 1991 |
|  | Martin WIRSING seit 1992 |

## 11.3 Außerordentliche Professoren

| | |
|---|---|
| 1778 - 1781 | Johann Nep. FISCHER, ao.Prof. f.reine Math. u.Astron. |
| 1827 - 1843 | Franz E. DESBERGER, bis 1830 zunächst HonProf. |
| 1833 - 1840 | Johann E. HIERL |
| 1843 - 1852 | Carl J. REINDL, ao.Prof. f.Physik u. Math. |
| 1847 - 1855 | Ludwig Ph. SEIDEL |
| 1849 - 1867 | Georg RECHT |
| 1865 - 1869 | Gustav BAUER |
| 1886 - 1901 | Alfred PRINGSHEIM |
| 1902 - 1912 | Karl DOEHLEMANN |
| 1903 - 1907 | Eduard v. WEBER |
| 1910 - 1927 | Friedrich HARTOGS |
| 1920 - 1923 | Arthur ROSENTHAL |
| 1921 - 1932 | Hugo DINGLER |
| 1923 - 1961 | Friedrich BÖHM |
| 1933 - 1937 | Fritz LETTENMEYER |
| 1939 - 1948 | Robert SCHMIDT |
| 1943 - 1949 | Hermann BOERNER |
| 1940 - 1978 | Kurt VOGEL |
| 1946 - 1960 | Rudolf STEUERWALD, HonProf. |
| 1960 - 1969 | Karl SEEBACH |
| 1963 - 1973 | Georg RIEGER |
| 1969 - 1987 | Robert BRÜCKNER, HonProf. |
| 1969 - 1976 | Hassso HÄRLEN, HonProf. |
| 1971 - 1987 | Winfried PETRI |
| 1971 - 1976 | Jürgen BATT |
| 1972 - 1974 | Klaus-Werner WIEGMANN |
| 1973 - 1976 | Christian SIMADER |
| seit 1973 | Klaus WOLFFHARDT |
| seit 1973 | Horst OSSWALD |
| seit 1975 | Ulrich OPPEL |
| seit 1974 | Sibylla PRIEß-CRAMPE |
| seit 1975 | Albert SACHS |
| seit 1975 | Hans-Jürgen SCHNEIDER |
| seit 1976 | Hans Werner SCHUSTER |
| seit 1977 | Martin SCHOTTENLOHER |
| seit 1977 | Wolfgang ZIMMERMANN |
| seit 1977 | Walter RICHERT |
| 1976 - 1979 | Gerd FISCHER |
| seit 1977 | Heinrich STEINLEIN |
| seit 1978 | Günther KRAUS |
| 1978 - (1995) | Ivo SCHNEIDER |
| 1979 | Jochen BRÜNING |

## 11. Mathematiker der Ludwig-Maximilians-Universität

| | |
|---|---|
| seit 1980 | Wilfried BUCHHOLZ |
| seit 1980 | Volker EBERHARDT |
| seit 1980 | Brigitte HOPPE |
| 1980 - 1986 | Wolfram POHLERS |
| 1980 - (1993) | Hans-Otto WALTHER |
| seit 1981 | Hans-Otto GEORGII |
| seit 1982 | Hubert KALF |
| seit 1982 | Helmut ZÖSCHINGER |
| seit 1986 | Fred KRÖGER |
| seit 1989 | Detlef DÜRR |
| seit 1989 | Hans-Dieter DONDER |

### 11.4 Habilitationen, Privatdozenten

1827 Hab. Karl Wilhelm DEMPP, danach PD für Mathematik und Baukunde bis 1846.
1829 Hab. Peter LACKERBAUER, danach PD bis 1837.
1838 Caspar Leonhard EILLES, PD für Mathematik an der Staatswirtschaftlichen Fakultät bis 1840, daneben Gymnasiallehrer München.
1842 Hab. Georg RECHT, danach PD für Mathematik und Physik, ab 1849 ao.P. München.
1843 Hab. Josef Ludwig MERZ (1817-1858), danach PD für Physik, Mathematik und Geographie bis 1847.
1846 Hab. Ludwig Philipp SEIDEL, danach PD, ab 1847 ao.Prof. München. Hab.-Schrift: Untersuchungen über die Convergenz und Divergenz der Kettenbrüche.
1850 Hab. Wilhelm Constantin WITTWER (1822-1902), danach PD für Physik und Mathematik (ab SS 1852 Vorlesungen angekündigt), ab 1861 Lyzeum Regensburg.
1857 Hab. Conrad Gustav BAUER, danach PD, ab 1865 ao.Prof. Hab.-Schrift: Von den Integralen gewisser Differentialgleichungen, welche in der Theorie der Anziehung vorkommen.
1877 Hab. Alfred PRINGSHEIM, danach PD, ab 1886 ao.Prof. Hab.-Schrift: Zur Theorie der hyperelliptischen Funktionen, insbesondere derjenigen dritter Ordnung.
1880 Hab. Max PLANCK, danach PD, ab 1885 ao.Prof. Kiel. Hab.-Schrift: Gleichgewichtszustände isotroper Körper in verschiedenen Temperaturen.
1884 Hab. Ludwig SCHEEFFER, danach PD, † 1885. Hab.-Schrift: Über einige bestimmte Integrale, betrachtet als Funktionen eines komplexen Parameters.
1886 Hab. Karl HEUN, danach PD, ab 1890 Lehrer Berlin, 1902 o.Prof. (Theor.Mechanik) TH Karlsruhe. Hab.-Schrift: Über lineare Differentialgleichungen zweiter Ordnung, deren Lösungen durch den Kettenbruchalgorithmus verknüpft sind.

## 11.4 Habilitationen, Privatdozenten

1889 Hab. Hermann BRUNN, danach PD, daneben ab 1898 Bibliothekar an der TH München, 1905 bis 1933 HonProf. U München. Hab.-Schrift: Über Curven ohne Wendepunkte.
1891 Hab. Karl DOEHLEMANN, danach PD, ab 1902 ao.prof. Hab.-Schrift: Über die festen und involutorischen Gebilde, welche eine ebene Cremona-Transformation enthalten kann.
1895 Hab. Eduard v. WEBER, danach PD, ab 1903 nichtetatmäßiger ao.prof. München. Hab.-Schrift: Die singulären Lösungen der partiellen Differentialgleichungen mit drei Variablen.
1899 Hab. Johann GOETTLER, kgl. Reallehrer und danach PD bis 1902. Hab.-Schrift: Untersuchungen über den allgemeinen Raumkonnex.
1905 Hab. Friedrich HARTOGS, danach PD, ab 1910 nichtetatm. ao.P., ab 1913 etatm. ao.Prof. Hab.-Schrift: Zur Theorie der analytischen Funktionen mehrerer unabhängiger Veränderlicher, insbesondere über die Darstellung derselben durch Reihen, welche nach Potenzen einer Veränderlichen fortschreiten.
1906 Hab. Oskar PERRON, danach PD, ab 1910 ao.Prof. Tübingen. Hab.-Schrift: Grundlagen für eine Theorie des Jacobi'schen Kettenbruchalgorithmus.
1911 Hab. Friedrich BÖHM, danach PD, ab 1920 ao.Prof. für Versicherungsmathematik München. Hab.-Schrift: Über die Transformation von homogenen bilinearen Differentialausdrücken.
1912 Hab. Hugo DINGLER für Methodik, Unterricht und Geschichte der mathematischen Wissenschaften; danach PD, ab 1921 ao.Prof. Hab.-Schrift: Über wohlgeordnete Mengen und zerstreute Mengen im allgemeinen.
1912 Hab. Artur ROSENTHAL, danach PD, ab 1920 ao.Prof. Hab.-Schrift: Über Singularitäten der reellen ebenen Kurven.
1922 Hab. Otto VOLK, danach PD, ab 1923 o.Prof. U Kaunas in Litauen. Hab.-Schrift: Über die Entwicklung von Funktionen einer komplexen Veränderlichen nach Funktionen, die einer linearen Differentialgleichung zweiter Ordnung mit einem Parameter genügen, mit besonderer Anwendung auf die Hermiteschen und Laguerreschen Funktionen.
1927 Hab. Fritz LETTENMEYER, danach PD, ab 1933 apl. ao.Prof. Hab.-Schrift: Systeme linearer Differentialgleichungen unendlich hoher Ordnung mit Polynomen beschränkten Grades als Koeffizienten.
1927 Hab. Salomon BOCHNER, ab 1930 LA für analytische Geometrie, 1933 Princeton. Hab.-Schrift: Konvergenzsätze für Fourierreihen grenzperiodischer Funktionen.
1928 Hab. Heinrich WIELEITNER für Geschichte der Mathematik, OStDir. und danach PD, ab 1930 Honorarprof., † 1931. Seine bisherigen wissenschaftlichen Veröffentlichungen galten als Ersatz für eine Habilitationsschrift.
1933 Hab. Georg AUMANN, danach PD, 1936 ao.Prof. Frankfurt a. Main.
1933 Hab. Kurt VOGEL für Geschichte der Mathematik, StRat und danach PD, ab 1940 apl.Prof. Hab.-Schrift: Beiträge zur griechischen Logistik.

1936 Hab. Hermann BOERNER, danach PD, ab 1943 apl.Prof. Hab.-Schrift [?]: Über die Extremalen und geodätischen Felder in der Variationsrechnung der mehrfachen Integrale.
1938 Paul RIEBESELL, 1938/45 Honorarprof. für Versicherungsmathematik.
1942 Hab. Eduard MAY, danach PD für Geschichte und Methodik der Naturwissenschaften bis 1945, ab 1951 ao.Prof. FU Berlin.
1953 Hab. Helmut RÖHRL, danach PD, 1958 Ass.Prof. USA. Hab.-Schrift: Abelsche Integrale auf Riemannschen Flächen endlichen Geschlechts.
1954 Hab. Peter ROQUETTE, danach PD, 1959 o.Prof. Tübingen. Hab.-Schrift: Zur arithmetischen Theorie der Abelschen Funktionenkörper. I. Algebraische Konstruktion der Abelschen Mannigfaltigkeit.
1954 Hab. Nicolaus STULOFF, danach PD, 1957 Mainz. Hab.-Schrift: Dirichlet-Entwicklung total monotoner fastperiodischer Funktionen.
1957 Hab. Elmar THOMA, danach PD, 1959 USA, 1961 Wiss.Rat Heidelberg. Hab.-Schrift: Zur Reduktionstheorie in allgemeinen Hilbert-Räumen.
1957 Hab. Konrad JACOBS, danach PD, 1959 o.Prof. Göttingen. Hab.-Schrift: Fastperiodische diskrete Markoffsche Prozesse von endlicher Dimension.
1958 Umhab. Hans Wilhelm KNOBLOCH (1957 Hab. Würzburg), 1965 o.Prof. TU Berlin.
1959 Hab. Konrad VOß, danach PD Würzburg, 1960 Ass.Prof. ETH Zürich. Hab.-Schrift: Über Weingartensche Flächen und ihre Verallgemeinerungen.
1960 Umhab. Karl SEEBACH (bisher apl.Prof. TU München).
1961 Hab. Dietrich BIERLEIN. Hab.-Schrift: Über die Fortsetzung von Wahrscheinlichkeitsfeldern.
1961 Hab. Erich MARTENSEN. Hab.-Schrift: Über eine Methode zum räumlichen Neumannschen Problem mit einer numerischen Anwendung auf torusartige Berandungen.
1962 Umhab. Georg RIEGER (1956 Hab. Gießen).
1963 Hab. Hans G. KELLERER. Hab.-Schrift: Verteilungsfunktionen mit gegebenen Marginalverteilungen.
1964 Hab. Karl-Josef RAMSPOTT. Hab.-Schrift: Über komplex-analytische Faserbündel mit homogener Faser.
1965 Hab. Hans KERNER. Hab.-Schrift: Zur Theorie der Deformationen komplexer Räume.
1965 Hab. Otto FORSTER. Hab.-Schrift: Beiträge zur algebraischen Theorie der holomorph-vollständigen komplexen Räume.
1967 Hab. Bruno BROSOWSKI. Hab.-Schrift: Nicht-lineare Tschebyscheff-Approximation.
1967 Hab. Bodo PAREIGIS. Hab.-Schrift: Kohomologie von p-Lie-Algebren.
1967 Hab. Winfried PETRI für Geschichte der Naturwissenschaften. Hab.-Schrift: Indo-tibetische Astronomie. Kosmos und Gestirne im "Rade der Zeit".
1968 Hab. Armin HERMANN für Geschichte der Naturwissenschaften. Hab.-Schrift: Frühgeschichte der Quantentheorie.

## 11.4 Habilitationen, Privatdozenten

1968 Hab. Karl-Heinz HELWIG. Hab.-Schrift: Halbeinfache reelle Jordan-Algebren.
1969 Hab. Kurt MEYBERG. Hab.-Schrift: Jordan-Tripelsysteme und die Koecher-Konstruktion von Lie-Algebren.
1969 Hab. Konrad KÖNIGSBERGER. Hab.-Schrift: Automorphiefaktoren und Cousin-Probleme auf Faserräumen.
1969 Hab. Jürgen BATT. Hab.-Schrift: Kompakte und schwach kompakte Transformationen und Integraldarstellungen.
1969 Hab. Joachim WEIDMANN. Hab.-Schrift: Carlemanoperatoren.
1969 Hab. Gerd FISCHER. Hab.-Schrift: Hilberträume holomorpher Funktionen.
1968 Hab. Justus DILLER. Hab.-Schrift: Zur Theorie rekursiver Funktionale höherer Typen.
1970 Hab. Klaus WOLFFHARDT. Hab.-Schrift: Die Grassmannschen Algebren von Ringen und von komplexen Räumen.
1970 Hab. Ulrich OBERST. Duality Theory for Grothendieck Categories and Linearly Compact Rings.
1970 Hab. Volker MAMMITZSCH. Hab.-Schrift: Bayeslösungen bei mehrstufigen Tests.
1971 Hab. Klaus-Werner WIEGMANN. Hab.-Schrift: Der Modulraum der komplexen Zwischenstrukturen mit komplexen Trägern.
1971 Hab. Karl-Heinz HOFFMANN. Hab.-Schrift: Nichtlineare Optimierung.
1972 Hab. Brigitte HOPPE für Geschichte der Naturwissenschaften. Hab.-Schrift: Umbildungen der antiken Lehren vom stofflichen Aufbau der Organismen als Vorbereitung der neuzeitlichen Stoffwechselphysiologie.
1972 Hab. Hans-Werner SCHUSTER. Hab.-Schrift: Formale Deformationstheorien.
1972 Hab. Eberhard SCHMAUDERER. Hab.-Schrift: Die Lebensmittel in der oberdeutschen Stadt vom 12. bis zum 16. Jahrhundert.
1972 Hab. Ivo SCHNEIDER für Geschichte der Naturwissenschaften. Hab.-Schrift: Die Entwicklung des Wahrscheinlichkeitsbegriffs in der Mathematik von Pascal bis Laplace.
1973 Hab. Christian SIMADER. Keine Hab.-Schrift, sondern Veröffentlichungen
1973 Hab. Horst OSSWALD. Hab.-Schrift: Intuitionistische Logik.
1974 Hab. Jürgen ELSTRODT. Hab.-Schrift: Die Resolvente zum Eigenwertproblem der automorphen Formen in der hyperbolischen Ebene Teil III.
1974 Hab. Wolfgang MÜLLER. Hab.-Schrift: Unzerlegbare Moduln über Artinschen Ringen.
1974 Hab. Hans-Jürgen SCHNEIDER. Hab.-Schrift: Endliche algebraische Gruppen.
1974 Hab. Ulrich OPPEL. Hab.-Schrift: Eine Charakterisierung Lusinscher und Suslinscher Räume und ihre Anwendung auf die Theorie der Vektormaße auf Suslinschen Räumen.

## 11. Mathematiker der Ludwig-Maximilians-Universität

1974 Hab. Albert SACHS. Hab.-Schrift: Über die Linien-Charakteristiken-Methode zur numerischen Integration freier Randwertprobleme parabolischer Differentialoperatoren.
1975 Hab. Andrei DUMA. Hab.-Schrift: Zur Theorie der kompakten Riemannschen Flächen und deren Automorphismen.
1975 Hab. Martin SCHOTTENLOHER. Hab.-Schrift: Das Leviproblem in unendlichdimensionalen Räumen mit Schauderzerlegung.
1976 Hab. Wolfgang ZIMMERMANN. Hab.-Schrift: Rein injektive direkte Summen von Moduln.
1976 Hab. Helmut ZÖSCHINGER. Hab.-Schrift: Über Torsions- und k-Elemente von Ext(C,A).
1976 Hab. Walter RICHERT. Hab.-Schrift: Über nichtlineare Eigenwertaufgaben.
1976 Hab. Günther HAUGER. Hab.-Schrift: Derivationsmoduln.
1976 Hab. Heiner STEINLEIN. Hab.-Schrift: Bursuk-Ulam-Sätze und Abbildungen mit kompakten Iterierten.
1976 Hab. Günther KRAUS. Hab.-Schrift: Beiträge zur Theorie der allgemeinen komplexen Räume.
1977 Hab. Heinrich von WEIZSÄCKER. Hab.-Schrift: Einige maßtheoretische Formen der Sätze von Krein-Milman und Choquet.
1978 Hab. Volker EBERHARDT. Hab.-Schrift: Über Komura's Graphensatz: Vollständigkeit, Permanenzeigenschaften und Beispiele.
1978 Hab. Wolfram POHLERS. Hab.-Schrift: Beweistheorie der iterierten induktiven Definitionen.
1978 Hab. Wilfried BUCHHOLZ. Hab.-Schrift: Eine Erweiterung der Schnitteliminationsmethode.
1978 Hab. Hans-Otto WALTHER. Hab.-Schrift: Über Ejektivität und periodische Lösungen bei autonomen Funktionaldifferentialgleichungen mit verteilter Verzögerung.
1978 Hab. Wolfgang MAAß. Hab.-Schrift: Contributions to $\alpha$- and $\beta$-recursion theory.
1979 Hab. Helmut PFISTER. Hab.-Schrift: Räume von stetigen Funktionen und summenstetige Abbildungen.
1979 Hab. Peter DIEROLF. Hab.-Schrift: Zwei Räume regulärer temperierter Distributionen.
1979 Hab. Tilmann WÜRFEL. Hab.-Schrift: Ein Freiheitskriterium für Pro-p-Gruppen mit einer Anwendung auf die Struktur von Brauer-Gruppen.
1980 Hab. Winfried STUTE. Hab.-Schrift: Contributions to the theory of empirical distribution functions.
1980 Hab. Karin REICH für Geschichte der Naturwissenschaften. Hab.-Schrift: Die Entwicklung des Tensorkalküls.
1981 Hab. Jürgen VOIGT. Hab.-Schrift: Functional analytic treatment of the initial boundary value problem for collisionless gases.
1981 Hab. Wolfgang ADAMSKI. Hab.-Schrift: Zur Theorie der straffen Mengenfunktionen.

## 11.4 Habilitationen, Privatdozenten

1982 Hab. Manfred KÖNIG. Hab.-Schrift: Über die Existenz zweimal hölderstetig differenzierbarer Lösungen quasilinearer elliptischer Differentialgleichungen zweiter Ordnung.
1983 Hab. Gerhard WINKLER. Hab.-Schrift: Inverse limits of simplices and applications in stochastics.
1984 Hab. Susanne DIEROLF. Hab.-Schrift: On spaces of continuous linear mappings between locally convex spaces.
1984 Hab. Eugen SCHÄFER. Hab.-Schrift: Zu Theorie und Praxis von Näherungsverfahren für Eigenwertprobleme.
1984 Hab. Rainer SCHULZ. Hab.-Schrift: Über den Erweiterungsring $Ext^*_R(M,M)$
1984 Hab. Niels SCHWARTZ. Hab.-Schrift: Real closed spaces.
1984 Hab. Volker AURICH. Hab.-Schrift: Über die Lösungen analytischer Semi-Fredholmscher Gleichungen.
1984 Hab. Joachim WEHLER. Hab.-Schrift: Beiträge zur algebraischen Geometrie auf homogenen Mannigfaltigkeiten.
1984 Hab. Helmut PRUSCHA. Hab.-Schrift: Statistical inference in multivariate point processes with parametric intensity.
1985 Hab. Gerhard JÄGER. Hab.-Schrift: Theories for admissible sets - a unifying approach to proof-theory.
1985 Hab. Ulf SCHMERL. Hab.-Schrift: Diophantische Gleichungen in Fragmenten der Arithmetik.
1985 Hab. Rudolf HAGGENMÜLLER. Hab.-Schrift: Über die Gruppe der Galoiserweiterungen von Primzahlgrad.
1985 Hab. Jürgen TEICHMANN für Geschichte der Naturwissenschaften. Hab.-Schrift: Die Farbzentrenforschung am ersten Physikalischen Institut in Göttingen unter Robert Wichard Pohl bis 1940, ihre Bedeutung im Rahmen der Ionenkristallphysik und ihre Beziehungen zur Halbleiterphysik und -technik.
1986 Hab. Ernst HORST. Hab.-Schrift: Global Solutions of the Relativistic Vlasov-Maxwell System of Plasma Physics.
1987 Hab. Peter IMKELLER. Hab.-Schrift: The structure of two-parameter martingales and their quadratic variation.
1987 Hab. Rainer HEMPEL. Hab.-Schrift: A left-indefinite generalized eigenvalue problem for Schrödinger operators
1988 Hab. Cornelius GREITHER. Hab.-Schrift: Cyclic Galois extensions and normal bases.
1988 Hab. Camilla HORST (geb. Aman). Hab.-Schrift: On Product Decompositions of Complex Spaces.
1988 Hab. Erich HÄUSLER. Hab.-Schrift: Laws of the Iterated Logarithm for Sums of Order Statistics from a Distribution with a Regularly Varying Upper Tail.
1991 Umhab. Helmut FRIEDRICH.
1991 Hab. Andreas HINZ. Hab.-Schrift: Regularity of solutions for singular Schrödinger equations.

## 11. Mathematiker der Ludwig-Maximilians-Universität

### 11.5 Promotionen

Das vorliegende Verzeichnis bildet eine Zusammenstellung aller der Mathematik zuzuordnenden Promotionen, die an der Ludwig-Maximilians-Universität bis 1.5.1992 abgeschlossen wurden. Zusätzlich wurden die Themen der vier zu diesem Zeitpunkt laufenden Verfahren angegeben. Dabei ergibt sich folgende zeitliche Verteilung dieser insgesamt 478 Dissertationen: Bis 1899: *81*; 1900 - 1949: *128*; 1950 - 1970: *79*; 1971 - 1992: *190*.

Das zeitliche Mittel liegt bei 1961; d.h. anschließend wurden in Mathematik ebenso viele Promotionsverfahren erfolgreich abgeschlossen wie insgesamt vorher. Dabei ist allerdings zu berücksichtigen, daß es erst ab 1826 üblich wurde, an Hand einer eingereichten Dissertation zu promovieren. Angegeben wurden jeweils neben dem Namen und dem Titel der Dissertation, soweit bekannt, die Namen der Betreuer und das Datum der mündlichen Prüfung.

Die Entscheidung, ob es sich um eine mathematische Dissertation handelt, wurde unter Berücksichtigung der zeitgenössischen Normen getroffen. SEIDEL und BAUER betreuten noch physikalische Dissertationen, die damals vielfach noch zur angewandten Mathematik gehörten. Gemäß dem 1893 erschienene Dissertationenverzeichnis von Schriften "aus der reinen und angewandten Mathematik"[1] gehörten die astronomischen Dissertationen ohnehin noch zur Mathematik. Bis zur Berufung von BOLTZMANN auf den ersten Lehrstuhl für theoretische Physik wurden daher auch die physikalischen Promotionen aufgenommen, anschließend nur bei Themen mit enger Verbindung zur Mathematik.

Auffallend ist die Zunahme der Promotionen ab 1872. Sie beruht darauf, daß die Technische Hochschule im 19. Jahrhundert noch kein Promotionsrecht besaß und ihren Studenten durch die Universitätsmathematiker dennoch eine Promotionsmöglichkeit eingeräumt wurde - was das Ansehen der Münchner TH zusätzlich förderte. Die Arbeiten wurden daher zu einem guten Teil von Mathematikern der TH betreut.

Ebenfalls ist bemerkenswert, daß es während des ersten Weltkriegs nur zu einer einzigen mathematischen Promotion kam - nach acht im Jahr 1913 und immerhin neun Promotionen im Jahr 1908. Dagegen wurden in den übrigen Fächern allein an der Philosophischen Fakultät von 1915-1918 rund 150 Dissertationen abgeschlossen[2]. Das hat sicher auch geschlechtsspezifische Gründe. Gerade 1913

---

[1] Siehe [DMV] im Literaturverzeichnis.
[2] [Resch;Buzás]

## 11.5 Promotionen

hatte ELSE SCHÖLL als erste Frau in Mathematik - bei PRINGSHEIM - promoviert, nachdem es im Jahre 1900 mit MARIA OGILVIE-GORDON überhaupt zur ersten Promotion einer Frau an der Universität gekommen war[1]. Nach der Neubesetzung aller drei Lehrstühle um 1924 ging die Zahlen rein mathematischer Dissertationen naturgemäß zunächst zurück, um nach etwa 5 Jahren wieder anzusteigen.

Obwohl die absolute Zahl der mathematischen Promotionen zugenommen hat, ist der Anteil der mathematischen Promotionen innerhalb der Philosophischen Fakultät in den 60 Jahren von 1875 bis 1935 erheblich zurückgegangen. Unter den 786 Promotionen der Philosophischen Fakultät zwischen dem 10.12.1925 und dem 10.7.1937 waren nur 23 mathematischer Art. In den 1880er Jahren dagegen lag dieser Anteil bei einem vielfachen Prozentsatz - allerdings mit der damals noch umfassender verstandenen "angewandten Mathematik".

Welche Quellen wurden benutzt? Das vorliegende Verzeichnis stützt sich zu einem guten Teil auf die Bibliographie [Resch;Buzás]. Die Namen der Gutachter, die hier und ohnehin fast in allen Verzeichnissen fehlen, stammen, soweit sie nicht den Publikationen entnommen wurden[2], aus den Promotionsakten. Abgesehen von der zeitlichen Eingrenzung sind dennoch nicht alle Arbeiten bei [Resch; Buzás] aufgenommen worden[3]. Um durch Vergleich größtmögliche Genauigkeit und Vollständigkeit zu gewährleisten, wurden zusätzlich folgende Quellen herangezogen:
- [DMV] Dissertationenverzeichnis 1850-1893
- [Butzer;Stark] Dissertationenverzeichnis 1961-1970
- [Marti]; [Romstöck 1886]; [Folkerts 1988]; [Toepell 1991]
- NL: Verzeichnis der bei Lindemann angefertigten Dissertationen
- Mathematische Fakultät: Dekanatsakten
- UAM: OC - N 6c "Circularbuch für Promotionen und Habilitationen
- der philosophischen Fakultät II. Sektion" (1909-1941);
- Promotionsakten der Phil.Fak. II.Skt.: O C I- ...;
- Promotionsakten der Phil.Fak. I.Skt.: O I- ..., O II- ...
  bzw. O - N prom ...;
- Personalakten.

---

[1] Ladislaus Buzàs: Frauenstudium an der Universität München. Ausstellungskatalog 1975. Nach den fünf weiteren mathematischen Frauenpromotionen von 1919 bis 1934 gab es eine immerhin 33jährige Lücke.
[2] An dieser Stelle möchte ich Karl Seebach für sein freundliches Entgegenkommen danken. Ein von ihm vor einigen Jahren angelegtes Verzeichnis, das er zur Verfügung stellte, hat zur weiteren Vervollständigung der Gutachternamen beigetragen.
[3] So fehlt dort etwa Lettenmeyer (1918).

# 11. Mathematiker der Ludwig-Maximilians-Universität

## Dissertationen-Verzeichnis

*1707:* Joseph MAYR: Controversia philosophica de substantialitate luminis.
*1759:* Matthias GABLER
*1773:* Vicelin SCHLÖGL
*1773:* Gerhoh STEIGENBERGER
*1776:* Franz Anton GABLER
*1781:* Coelestin STEIGLEHNER
*1783:* Josef UTZSCHNEIDER
*1791:* Joseph Placidus HEINRICH
*1794:* Gabriel KNOGLER
*1798:* Maurus MAGOLD

*1827:* Georg MAYER: De Archimedis speculis causticis. (6.8.1827)
*1829:* G. Franz Xaver POLLAK: Ueber den Einfluß der Gesichtsschärfe und des Augemasses auf die Operationen eines Trigonometers im Freien. (27.7.1829)
*1830:* Karl Alexander ALBERT: Consideratio phaenomenorum annulli saturni photometrica. (2.4.1830)
Friedrich TISCHLEDER: Disquisitiones analyticae de curvis spiralibus. (23.8.1830)
*1834:* Carl Joseph REINDL: Über die Identität der Elektricität und des Magnetismus. (4.8.1834)
*1839:* Anton BISCHOFF: Über die Theorie der Parallelen. (20.7.1839)
*1840:* Georg RECHT: De principiis calculi differentialis. (4.1.1840)
*1842:* Ludwig MERZ: Über die Analogie von Licht und Wärme. (29.1.1842)
*1846:* Philipp Ludwig SEIDEL: De optima forma speculorum telescopicorum. (24.1.1846)
*1848:* Hermann SCHLAGINWEIT: Über Messinstrumente mit constanten Winkeln. (20.7.1848)

*1855:* Josef Lorenz LERZER: Über die linearen Momente. (5.6.1855)
*1855:* Adolf STEINHEIL: Tafeln zur Entnehmung der Radien von Fernrohrobjectiven. (31.7.1855)
*1858:* Christoph HAMMON: Über die Leistungen Fresnels in der Wellentheorie. (4.12.1858)
August KURZ: Geschichte der Entwicklung der Undulationstheorie des Lichtes, insbesondere der Leistungen Fresnels. (4.12.1858)
*1859:* Leonhard JÖRG: Fraunhofer und seine Verdienste um die Optik. (28.7.1859)
Eduard SELLING: Über Primzahlen und die Zusammensetzung der Zahlen aus ihnen in dem rationalen und in complex-irrationellen[!] Zahlengebieten. (28.7.1859)

*1860:* Carl PHILIPP: Untersuchungen über die thermoelectrischen Ströme. (30.6.1860)
Lorenz POSCH: Geschichte und System der Breitengrad-Messungen. (13.7.1860)

## 11.5 Promotionen

Georg RECKNAGEL: Lamberts Photometrie und ihre Beziehung zum gegenwärtigen Standpunkte der Wissenschaft. (13.7.1861)
Kaspar ROTHLAUF: Ueber Vertheilung des Magnetismus in cylindrischen Stahlstäben. (13.7.1861)
*1864:* Julius BIELMEYER: De rotationis magnetismo. (7.5.1864)
Johann Christoph WALBERGER: Neues Verfahren zur Berechnung der imaginären und wenig differirenden realen Wurzeln einer algebraischen Gleichung n-ten Grades. (De resolutione aequatiorum algebraicorum.) (7.5.1864)
*1866:* Karl Ludwig BAUER: Zur Theorie dioptrischer Instrumente. (16.3.1866)
Georg KELLER: Zur Dioptrik. Entwicklung der Glieder fünfter Ordnung. (16.3.1866)
Franz Xaver UNVERDORBEN: Über das Verhalten des Magnetismus zur Wärme. (16.3.1866)
*1869:* Friedrich Gustav NARR: Beiträge zur Entwicklungsgeschichte der mechanischen Wärmetheorie. (29.7.1869)

*1872:* Christus KAKURIOTIS: Über ein neues Coordinaten-System in der analytischen Geometrie. (22.7.1872) Seidel/Bauer
Vincenz NACHREINER: Beziehungen zwischen Determinanten und Kettenbrüchen. (21.12.1872)
*1873:* Hugo KRÜSS: Vergleichung einiger Objectiv-Constructionen. (14.7.1873)
Christian VOGLER: Über Ziele und Hilfsmittel geometrischer Präcisions-Nivellements. (22.2.1873) Bauer/Seidel
Sigismund v.WROBLEWSKI: Untersuchungen über die Erregung der Electricität durch mechanische Mittel.
*1878:* Anton v.BRAUNMÜHL: Über geodätische Linien auf Rotationsflächen. (3.8.1878) Bauer/Seidel
Franz MEYER: Anwendungen der Topologie auf die Gestalten der algebraischen Curven, speziell der rationalen Curven der 4. und 5.Ordnung. (15.3.1878)
Karl ROHN: Betrachtungen über die Kummersche Fläche und ihren Zusammenhang mit den hyperelliptischen Functionen $\rho = 2$. (3.8.1878) Bauer/Seidel
*1879:* Walther DYCK: Über regulär verzweigte Riemannsche Flächen und die durch sie definierten Irrationalitäten. (30.7.1879) Bauer/Seidel
Max PLANCK: Über den Zweiten Hauptsatz der Mechanischen Wärmetheorie. (28.6.1879) Jolly/Bauer/Seidel

*1880:* Wilhelm HESS: Das Rollen einer Fläche zweiten Grades auf einer invariablen Ebene. (31.7.1880) Seidel/Bauer
Walfried MARX: Über eine Fläche vierter Ordnung mit reellem Doppelkegelschnitt und ihre Anwendung zur Lösung der Aufgabe: 3 gegebene Gerade im Raume nach einem Dreieck mit vorgeschriebenen Winkeln zu schneiden. (31.7.1880) Bauer/Seidel
*1881:* Hermann WIENER: Über Involutionen auf ebenen Curven. (5.8.1881) Seidel/Bauer

## 11. Mathematiker der Ludwig-Maximilians-Universität

*1883:* Julius BAUSCHINGER: Untersuchungen über die Bewegung des Planeten Merkur. (6.12.1883) v.Seeliger
Georg KERSCHENSTEINER: Über die Kriterien für die Singularitäten rationaler Kurven vierter Ordnung. (31.7.1883) Seidel/Bauer
*1884:* Otto DOTTERWEICH: Bestimmung der Orte gewisser Elemente, welche drei collinearen Räumen gegenüber eine ausgezeichnete Stellung einnehmen. (20.12.1884) Bauer/Seidel
Gottlieb HERTING: Über die gestaltlichen Verhältnisse der Flächen dritter Ordnung und ihrer parabolischen Kurven. (20.12.1884) Bauer/Seidel
Eduard STUDY: Über die Massbestimmung extensiver Grössen. (26.7.1884) Bauer/Seidel
*1885:* Christian ERNST: Ueber Complexe 2.Grades welche durch Flächenpaare 2.Grades erzeugt werden. (13.6.1885)
Robert SCHUMACHER: Untersuchungen über das Strahlensystem dritter Ordnung und zweiter Classe, ausgehend von den in ihm enthaltenen Regelflächen. Erzeugung mittelst linearer Complexe. (30.7.1885) Bauer
Heinrich BURKHARDT: Beziehungen zwischen der Invariantentheorie und der Theorie algebraischer Integrale und ihre Umkehrungen. (18.12.1886)
*1887:* Hermann BRUNN: Ueber Ovale und Eiflächen. (17.12.1887)
Alfons SCHMITZ: Ueber eine bemerkenswerte Raumkurve fünfter Ordnung. (4.7.1887) Bauer
Ernst SCHÖNER: Untersuchungen über das durch zwei cubisch verwandte Ebenen erzeugte Strahlensystem. (4.7.1887) Bauer
*1888:* Walther ANDING: Photometrische Untersuchungen über die Verfinsterung der Jupitertrabanten. (28.7.1888) v.Seeliger
*1889:* Ignaz BISCHOFF: Ueber das Geoid. (20.2.1889)
Karl DOEHLEMANN: Untersuchungen von Flächen, welche sich durch eindeutig aufeinander bezogene Strahlenbündel erzeugen lassen. (30.1.1889) Bauer
Karl GEIGER: Die Covarianten der binaren biquadratischen Formen, entwickelt aus den projektivischen Eigenschaften des vollständigen einer Kurve 2ter Ordnung eingeschriebenen Vierecks. Eine synthetisch-geometrische Studie. (31.5.1889) Bauer
Johannes HARTING: Untersuchungen über den Lichtwechsel des Sternes β-Persei. (11.5.1889)
Richard SCHORR: Untersuchungen über die Bewegungsverhältnisse in dem dreifachen Sternsysteme χ-Scorpii. (3.7.1889) v.Seeliger

*1890:* Karl OERTEL: Neue Beobachtung und Ausmessung des Sternhaufens 38 h Persei am Münchener grossen Refractor. (22.12.1890) v.Seeliger
*1891:* Adalbert BOCK: Die Theorie der Gravitation von Isenkrahe in ihrer Anwendung auf die Anziehung und Bewegung der Himmelskörper. (4.7.1891) v.Seeliger
Oscar HECKER: Über die Darstellung der Eigenbewegungen der Fixsterne und die Bewegung des Sonnensystems. (23.5.1891) v.Seeliger

## 11.5 Promotionen

Franz ZELZER: Zur Theorie der Feuerkugeln. (4.7.1891)
*1892:* Hans MASAL: Entwicklung der Reihen der Gyldén'schen Störungstheorie bis zu Gliedern zweiter Ordnung. (5.3.1892) v.Seeliger
*1893:* Rudolf DORN (25.7.1893; "Pflichtexemplare nicht eingeliefert", 22.4.1903; UA: OC - N 6c)
Eduard Ritter v.WEBER: Studien zur Theorie der infinitesimalen Transformation. (14.3.1893) Bauer
*1894:* Alfred LOEWY: Ueber die Transformation einer quadratischen Form in sich selbst, mit vorzüglicher Berücksichtigung der uneigentlichen, sowie ihre Anwendungen auf Linien- und Kugelgeometrie. (30.5.1894) Lindemann/Bauer
*1895:* Joseph MAYER: Ueber n-te Potenzreste und binomische Congruenzen dritten Grades. (25.5.1895) Bauer/Lindemann
*1896:* Karl SCHWARZSCHILD: Die Poincarésche Theorie des Gleichgewichts einer homogenen rotierenden Flüssigkeitsmasse. (20.7.1896) v.Seeliger
*1897:* Georg DIEM: Über Ellipsen auf einem Ellipsoid, deren Axen gegebenen einfachen Bedingungen genügen, insbesondere über congruente Ellipsen. (20.12.1897) Bauer/Lindemann
Johann GOETTLER: Conforme Abbildung eines von concentrischen, gleichseitigen Hyperbeln oder gewissen Kurven n-ter Ordnung begrenzten Flächenstückes auf den Einheitskreis. (29.4.1897) Lindemann/Bauer
*1899:* Johannes HÖPPNER: Über die Bildung der Resultante dreier Kegelschnitte. (27.7.1899) Lindemann/Bauer
Ludwig MARC: Conforme Abbildung eines von irregulären Hyperbeln n.Ordnung begrenzten Flächenstückes auf den Einheitskreis. (21.7.1899) Lindemann/Bauer
Robert MAYR: Über Körper von kinetischer Symmetrie. (14.6.1899) Lindemann/Bauer

*1900:* Lucian GRABOWSKI: Theorie des harmonischen Analysators und die Anwendung desselben auf die Algol-Periode. (13.7.1900) Seeliger/Lindemann
Wilhelm KUTTA: Beiträge zur näherungsweisen Integration totaler Differentialgleichungen. (13.7.1900) Lindemann/Bauer
Eduard LAMPART: Die geodätischen Linien auf der dreiachsigen Fläche zweiten Grades, welche sich mittels einer Transformation zweiten Grades durch elliptische Funktionen ausdrücken. (23.2.1900) Lindemann/Bauer
August WENDLER: Über die Flächen, welche dem partikulären Integral der Differentialgleichung $\partial^2 z/\partial x \partial y = 0$ entsprechen. (10.11.1900) Bauer/Lindemann
*1901:* Axel Anthon BJÖRNBÖ: Über Menelaos' Sphärik. (29.7.1901) Lindemann
Adam GOLLER: Über die Steinersche Fläche. (3.6.1901) Lindemann/Bauer
Newel PERRY: Das Problem der konformen Abbildung für eine spezielle Kurve von der Ordnung 3n. (27.7.1901) Lindemann/Bauer
Wilhelm SCHLINK: Über die Deformation von Häuten rhombischer Struktur unter Einwirkung von Umfangskräften, die in der Ebene der Haut liegen. (23.2.1901) Lindemann

## 11. Mathematiker der Ludwig-Maximilians-Universität

Franz STAEBLE: Untersuchung der Flächen, deren Krümmungs-Linien bei orthogonaler Projektion auf eine andere Fläche wieder Krümmungs-Linien werden. (23.2.1901) Lindemann/Bauer
Heinrich WIELEITNER: Über die Flächen dritter Ordnung mit Ovalpunkten. (3.6.1901) Bauer/Lindemann
*1902:* Georg FABER: Über Reihenentwicklungen analytischer Funktionen. (11.6.1902) Pringsheim/Lindemann
Oskar PERRON: Über die Drehung eines starren Körpers um seinen Schwerpunkt bei Wirkung äußerer Kräfte. (7.5.1902) Lindemann/Pringsheim
Rudolf ZAHLER: Das Abelsche Theorem für Grundkurven, die in Gerade und Kegelschnitte zerfallen. (2.7.1902) Lindemann/Bauer
*1903:* Fritz HARTOGS: Beiträge zur elementaren Theorie der Potenzreihen und der eindeutigen analytischen Funktionen zweier Veränderlichen. (23.7.1903) Pringsheim/Voss
Emil HILB: Beiträge zur Theorie der Lamé'schen Funktionen. (1.12.1903) Lindemann
Max LAGALLY: Über Flächen mit sphärischen Krümmungslinien, vom kugelgeometrischen Standpunkt aus betrachtet, und die entsprechenden Flächen des Linienraumes. (11.7.1903) Lindemann
Karl PETRI: Über die in der Theorie der ternären kubischen Formen auftretenden Konnexe. (4.7.1903) Lindemann
Josef WAGNER: Über eine besondere zwei-zweideutige Verwandtschaft. (5.3.1903) Lindemann/Bauer
*1904:* Hans TEMPEL: Die Einführung elliptischer Koordinaten bei den Spezialfällen der Komplexe zweiten Grades. (4.3.1904) Lindemann

*1905:* Emil SILBERNAGEL: Bewegung eines Punktes innerhalb einer nicht homogenen Staubmasse mit cylindrischen Flächen gleicher Dichtigkeit. (1.2.1905) v.Seeliger/Röntgen/Lindemann
Franz THALREITER: Auflösung gewisser algebraischer Eliminationsaufgaben durch Benützung der Teilungsgleichungen der p-Funktion. (7.7.1905) Lindemann
Carl Raimund WALLNER: Die Verteilung der Primzahlen nach neuen Gesichtspunkten behandelt. (27.7.1905) Lindemann
*1906:* Franz FUCHS: Beiträge zur Theorie der elektrischen Schwingungen eines leitenden Rotationsellipsoids. (17.7.1906) Lindemann
Carl HORN: Konforme Abbildung eines von gewissen Kurven begrenzten Flächenstücks auf den Einheitskreis. (26.7.1906) Lindemann
Konrad MÜNICH: Über Nicht-euklidische Cykliden. (26.7.1906) Lindemann
Hans SCHÜBEL: Aufstellung von nicht-euklidischen Minimalflächen. (13.7.1906) Lindemann/Voss
*1907:* Hans CRAMER: Über die Erniedrigung des Geschlechtes Abelscher Integrale, insbesonders elliptischer und hyperelliptischer, durch Transformation. (17.7.1907) Lindemann/Pringsheim

## 11.5 Promotionen

Hugo DINGLER: Beiträge zur Kenntnis der infinitesimalen Deformation einer Fläche. (1.5.1907) Voss/Lindemann
Hans MOHRMANN: Beiträge zur Theorie der Singularitäten der algebraischen Linien-Complexe beliebigen Grades. (17.7.1907) Voss
Paul RAFF: Zur Ästhetik der Zahl. (6.2.1907) Lipps/v.Hertling (Phil.Fak. I.Sektion)
Ernst ZAPP: Untersuchung eines speziellen Falles der Drei- und Vierkörperproblems. (19.12.1907) v.Seeliger
*1908:* Ludwig BERWALD: Krümmungseigenschaften der Brennflächen eines geradlinigen Strahlensystems und der in ihm enthaltenen Regelflächen. (18.12.1908) Voss
Friedrich BÖHM: Parabolische Metrik im hyperbolischen Raum. (23.7.1908) Lindemann
Herbert BURMESTER: Untersuchung der wahren Hellegleichen auf der Kugel nach dem Lommel-Seeliger'schen Gesetze. (23.7.1908) v.Seeliger/Lindemann
Peter DEBYE: Der Lichtdruck auf Kugeln von beliebigem Material. (23.7.1908)
Hans DEGENHART: Über einige zu zwei ternären quadratischen Formen in Beziehung stehende Konnexe. (27.7.1908) Lindemann
Leroy Albert HOWLAND: Anwendung binärer Invarianten zur Bestimmung der Wendetangenten einer Kurve dritter Ordnung. (6.7.1908) Lindemann
Anton SCHMID: Anwendung der Cauchy-Lipschitzschen Methode auf lineare partielle Differential-Gleichungen. (6.7.1908) Voss/Lindemann
Karl WALEK: Binäre kubische Transformation und Complexe. (30.1.1908) Lindemann/Voss
Franz Xaver ZRENNER: Die Doppelberührkreise der Kurven II.Odnung und die Doppelberührkugeln der Flächen II.Ordnung und ihre reelle Repräsentation. (26.11.1908) E.v.Weber/Lindemann/Voss
*1909:* Charles Hamilton ASHTON: Die Heinesche 0-Funktion und ihre Anwendungen auf die elliptischen Funktionen. (12.7.1909) Lindemann
Ludwig HOPF: Hydrodynamische Untersuchungen: Turbulenz bei einem Flusse. Über Schiffswellen. (22.7.1909)
Fritz NOETHER: Über rollende Bewegung einer Kugel auf Rotationsflächen. (5.3.1909) Voss/Lindemann
Arthur ROSENTHAL: Untersuchungen über gleichflächige Polyeder. (22.7.1909) Lindemann/Doehlemann

*1910:* August LOEHRL: Über konforme und äquilonge Transformationen im Raum. Ein Beitrag zur Geometrie der Kugeln. (25.2.1910) E.v.Weber
*1911:* Valentin Roland SCHEIDEL: Spezielle Bewegungsformen des schweren symmetrischen Kreisels. (16.6.1911) Lindemann
Edwin Raymond SMITH: Zur Theorie der Heineschen Reihe und ihrer Verallgemeinerung. (17.7.1911) Pringsheim
Ludwig WEICKMANN: Beiträge zur Theorie der Flächen mit einer Schar von Minimalgeraden. (19.12.1911) Voss

## 11. Mathematiker der Ludwig-Maximilians-Universität

*1912:* Ludwig BAUMGARTNER: Beiträge zur Theorie der ganzen Funktionen von zwei komplexen Veränderlichen. (2.12.1912) Pringsheim

Peter Paul EWALD: Dispersion und Doppelbrechung von Elektronengittern. (5.3.1912)

Ludwig PAUSCH: Über die Mittelflächen isotroper Strahlensysteme. (22.7.1912) Voss

Max v. PIDOLL: Beiträge zur Lehre von der Kongruenz unendlicher Kettenbrüche. (20.12.1912) Pringsheim

Julius SCHECKENBACH: Über Kurven vierter Ordnung mit singulären Punkten im Zusammenhang mit dem Connex erster Ordnung und zweiter Klasse. (5.3.1912) Lindemann

Aloys WENZEL: Die infinitesimale Deformation der abwickelbaren und Regelflächen. (20.12.1912) Voss

*1913:* Theodor ERB: Über die asymptotische Darstellung der Integrale linearer Differenzen-Gleichungen durch Potenzreihen. (11.7.1913) Pringsheim/Voss

Hermann HOLZBERGER: Über das Verhalten von Potenzreihen mit zwei und drei Veränderlichen an der Konvergenzgrenze. (26.5.1913) Pringsheim

Walter Wolleben KÜSTERMANN: Über Fouriersche Doppelreihen und das Poissonsche Doppelintegral. (11.7.1913) Pringsheim

Eugen LUTZ: Untersuchungen über das 10fach Brianchon'sche Sechseck und das Pascalsche Sechseck im 10fach Brianchon'schen Sechseck. (2.5.1913) Lindemann

Arthur RAUBER: Über die Lösungen der Differentialgleichungen, welche die Bewegung des dreiachsigen Kreisels um einen festen Punkt beschreiben. (18.7.1913) Lindemann/Sommerfeld

Ernst Heinrich RICHTER: Über die Hatzidakis'sche Transformation der Flächen konstanter Krümmung. (28.7.1913) Voss

Else SCHÖLL: Beiträge zur Theorie der analytischen Fortsetzung in elementarer Behandlungsweise. (18.12.1913) Pringsheim

Karl STRAUSS: Algebraischer Nachweis der Plückerschen Formeln an der allgemeinen und rationalen Kurve dritter Ordnung, ein Beitrag zur Theorie der ternären kubischen Formen $\alpha_x^3$. (4.12.1913) Lindemann/Voss

*1914:* Hans HAMBURGER: Über die Integration linearer homogener Differentialgleichungen. (8.5.1914) Pringsheim

Alfons SCHEUBLE: Beiträge zur logischen Methodenlehre. (8.3.1914)(Phil.)

Ottmar ZETTL: Redicible Oktaedergleichungen. (20.7.1914) Hartogs/Lindemann

*1918:* Fritz LETTENMEYER: Bestimmung aller Flächen und Kurven, die ein Geradenbüschel unter konstantem Winkel schneiden, nebst einer Verallgemeinerung dieser Aufgabe. (22.7.1918) Lindemann

*1919:* Friedrich BURMEISTER: Numerische Untersuchungen über einen speziellen Fall des Dreikörperproblems mit Anwendung auf die Bahnbestimmung mehrfacher Sternsysteme. (26.3.1919) Seeliger/Sommerfeld

## 11.5 Promotionen

Nicolae JONESCU: Die Logistik als Versuch einer neuen Begründung der Mathematik. (3.4.1919) Baeumker/Becher (Phil.Fak. I.Sektion)
Marcellina Gräfin v. KUENBURG: Über Abstraktionsfähigkeit und die Entstehung von Relationen beim vorschulpflichtigen Kinde. (8.7.1919)
Herbert LANG: Zur Tensorgeometrie in der allgemeinen Relativitätstheorie. (11.7.1919) Sommerfeld
Emil MEUNIER: Henri Poincarés Theorie der wissenschaftlichen Methodik. (19.8.1919)

*1920:* Wilhelm MEIERHÖFER: Über die Konvergenz von Potenzreihen auf dem Konvergenzkreise. (20.12.1920) Pringsheim
Otto VOLK: Entwicklung der Funktionen einer komplexen Variablen nach den Funktionen des elliptischen Zylinders. (31.1.1920) Lindemann/Voss
*1921:* Gustav SCHNAUDER: Über die Bewegungsverhältnisse in dem Sternsystem $\zeta$-Cancri ($\Sigma$ 1196). (8.6.1921) Seeliger/Lindemann
*1922:* Michael EGGER: Parameterdarstellung von aufeinander verbiegbaren Rotationsflächen durch elliptische Funktionen. (20.12.1922) Lindemann
Richard HESS: Über die statistische Verwertungsmöglichkeit spektroskopisch bestimmter Parallaxen. (22.11.1922)
Christian PFEUFER: Konvexe Bereichen und Laurent'sche Reihen. Ein Beitrag zur Theorie der analytischen Funktionen von mehreren komplexen Veränderlichen. (22.11.1922)
*1923:* Auguste GRUBER: Philipp Apian. Leben und Werke. (25.7.1923)
Werner HEISENBERG: Über Stabilität und Turbulenz von Flüssigkeitsströmen. (23.7.1923) Sommerfeld
*1924:* Karl Martin GRISAR: Über eine Verallgemeinerung des Tauberschen Satzes und seine Ausdehnung auf n-fache Reihen. (5.3.1924) Perron/Pringsheim
Margarete HAENDEL: Asymptotische Reihenentwicklungen für die hypergeometrische Funktion bei unbegrenztem Wachstum ihrer Parameter. (17.12.1924) Perron/Pringsheim
Walter SAMETINGER: Die Grenzen des typischen Sternsystems und die Verteilungsfunktion der absoluten Leuchtkräfte. (26.11.1924) Seeliger/Perron

*1925:* Karl POPP: Die Bedeutung der Mathematik und Astronomie für die Gegenwartskultur und ihre Entwicklung im Unterricht der höheren Schulen. (30.11.1925) (Phil.Fak. I.Sektion) Dingler/F.Fischer(Pädagoge)/Perron
*1927:* Hermann SCHMIDT: Theorie der linearen Differentialgleichungen mit Koeffizienten aus einem algebraischen Funktionenkörper. (6.7.1927) Perron
*1928:* Bruno THÜRING: Darstellung der Bewegung eines Planeten der Jupitergruppe durch eine absolute Störungstheorie. (24.7.1928) Wilkens[1]/Sommerfeld

---

[1] Alexander Wilkens: 1881 - 1968; 1904 Prom. U Göttingen, 1909 PD U Kiel, 1916 o.Prof. U Breslau, 1925 o.Prof. u. Dir.Sternwarte U München 1934 amtsenth. (Denunzierung durch Thüring u.a.), 1937 Prof. La Plata/Argentinien, s. [Litten].

## 11. Mathematiker der Ludwig-Maximilians-Universität

*1929:* Ludwig HÄUSLER: Über das asymptotische Verhalten der Taylor-Koeffizienten einer gewissen Funktionenklasse. (23.7.1929) Perron/Carathéodory

Kurt VOGEL: Die Grundlagen der ägyptischen Arithmetik in ihrem Zusammenhang mit der 2:n-Tabelle des Papyrus Rhind. (15.5.1929) Wieleitner/Perron

Hans WOLKENSTÖRFER: Probleme der Erweiterung von topologischen Abildungen ebener Punktmengen. (6.2.1929) Tietze/Carathéodory

*1930:* Wladimir SEIDEL: Über die Ränderzuordnung bei konformen Abbildungen. (26.2.1930) Carathéodory/Perron

Hans RÜGEMER: Die absoluten Störungen für die Planeten der Jupitergruppe. (22.7.1930) Wilkens/Carathéodory

*1931:* Georg AUMANN: Beiträge zur Theorie der Zerlegungsräume. (4.3.1931) Tietze/Carathéodory

Joseph MEIXNER: Die Greensche Funktion des wellenmechanischen Keplerproblems. (9.6.1931) Sommerfeld

Ernst PESCHL: Über die Krümmung von Niveaukurven bei der konformen Abbildung einfach zusammenhängender Gebiete auf das Innere eines Kreises. Eine Verallgeminerung eines Satzes von E.Study. (9.6.1931) Carathéodory/Perron

Ernst WINKLER: Über die hypergeometrische Differentialgleichung n-ter Ordnung mit zwei endlichen singulären Punkten. (25.2.1931) Perron/Tietze

*1933:* Wilhelm L. DAMKÖHLER: Über indefinite Variationsprobleme. (18.7.1933) Carathéodory/Perron

Josef HERZ: Über meromorphe transzendente Funktionen auf Riemannschen Flächen. (18.7.1933) Perron/Tietze

Hannskarl OBERSEIDER: Über das Minimum positiver Hermitescher Formen. (18.7.1933) Perron/Tietze

Josefa v. SCHWARZ: Das Delaunaysche Poblem der Variationsrechnung in kanonischen Koordinatcn. (26.7.1933) Carathéodory/Tietze

Ta LI: Über die Stabilitätsfrage bei Differentialgleichungen. (20.10.1933) Perron/Carathéodory

*1934:* Josef MALL: Grundlagen für eine Theorie der mehrdimensionalen Padéschen Tafel. (18.7.1934) Perron/Carathéodory

Tecfik OKYAY: Über die mehrfachen Kommensurabilitäten im System Planetoid-Jupiter-Saturn. (28.11.1934) Rabe/Perron

Kurt URBAN: Allgemeine Jupiterstörungen des Planetoiden 202 Chryseis. Mit besonderer Berücksichtigung der doppelten Kommensurabilität zu Jupiter und Saturn. (18.7.1934) Rabe[1]/Sommerfeld

Erna ZURL: Theorie der reduziert-regelmäßigen Kettenbrüche. (16.5.1934) Perron/Carathéodory

---

[1] Wilhelm Rabe: 1893 - 1958, 1921 Prom. U Breslau, 1928 Hab. PD (Astr.) U München, 1934 ao.Prof., 1935 o.Prof. u. Dir. Sternwarte U München, 1946 amtsenthoben; s. [Litten].

## 11.5 Promotionen

*1935:* Martin REGENSBURGER: Asymptotische Darstellung und Lage der Nullstellen spezieller ganzer Funktionen (Exponentialsummen). (13.2.1935) Bochner /Hartogs
Rudolf STEUERWALD: Über Enneper'sche Flächen und Bäcklund'sche Transformation. (29.10.1935) Carathéodory/Tietze
Josef WEINBERG: Die Algebra des Abu Kamil Soga'ben Aslam. (29.1.1935) Vogel/Perron
*1936:* Ahmet NAZIM: Über Finslersche Räume. (10.12.1936) Carathéodory /Perron
Heinrich WELKER: Allgemeine Koordinaten und Bedingungsgleichungen in der Wellenmechanik. (12.2.1936) Sommerfeld
*1937:* Herbert FORSTER: Über das Verhalten der Integralkurven einen gewöhnlichen Differentialgleichung erster Ordnung in der Umgebung eines singulären Punktes. (17.6.1937) Perron/Sommerfeld
Paul LUNZ: Kettenbrüche, deren Teilnenner dem Ring der Zahlen 1 und $\sqrt{-2}$ angehören. (28.1.1937) Perron/Schmauß
Helmut UNKELBACH: Über beschränkte Funktionen, deren Wertevorrat gewisse Lücken aufweist. (3.6.1937) Perron/Gerlach
Gottfried WEIß: Eine neue Schar periodischer Lösungen des ebenen Dreikörperproblems. (7.5.1937) Perron/Sommerfeld
*1938:* Georgi BRADISTILOV: Über periodische und asymptotische Lösungen beim n-fachen Pendel in der Ebene. (30.6.1938) Perron/Sommerfeld
Paul ETZEL: Über eine mehrdimensionale Verallgemeinerung der Gruppe des Doppelverhältnisses. (20.12.1938) Tietze/Gerlach
Hans-Karl HAMMER: Zu einer Theorie der Versuchszahlen. Über die wahrscheinlichste Anzahl von Versuchen, die zur Erreichung einer bestimmten Anzahl günstiger Ergebnisse nötig ist. (10.2.1938) Tietze/Böhm
Joseph HEINHOLD: Verallgemeinerung und Verschärfung eines Minkowskischen Satzes. (15.6.1938) Perron/Sommerfeld
Paul REISCH: Periodische Lösungen des ebenen Dreikörperproblems in der Nähe der Lagrangeschen Dreieckslösung. (1.12.1938) Perron/Sommerfeld
Karl SEEBACH: Über die Erweiterung des Definitionsbereiches differenzierbarer Funktionen. (10.11.1938) Tietze/Sommerfeld
*1939:* Karl APFELBACHER: Über Beziehungen zwischen Umgebungsräumen und Häufungsräumen. (23.2.1939) Tietze/Sommerfeld
Hasan ARAL-MEMIS: Simultane diophantische Approximationen in imaginären quadratischen Zahlkörpern. ("nach Wiederholung": 17.7.1939) Perron/Gerlach

*1940:* Süe-yung KIANG (geb. Zee): Über die Fouriersche Entwicklung der singulären Funktion bei einer Lebesgueschen Zerlegung. (19.12.1940) Carathéodory /Schmauß[Meteorologe]
*1941:* Berki YURTSEVER (auch: Jurtsever): Lösung einer partiellen Differentialgleichung durch unendliche Reihen. (1.9.1941) Perron/Rüchardt

## 11. Mathematiker der Ludwig-Maximilians-Universität

Hans WEBER: Über analytische Variationsprobleme. (10.9.1942) Carathéodory /Müller
*1943:* Paul ARMSEN: Über die Strahlenbrechung an einer einfachen Sammellinse. (4.5.1943) Carathéodory/Rabe
*1944:* Emil KEMPF: Über die Grenzen der Großzahlforschung. (28.7.1944) Riebesell/Tietze

*1947:* Karl Leonhard WEIGAND: Über die Randwerte meromorpher Funktionen einer Veränderlichen. (11.6.1947) Carathéodory/Tietze
*1949:* Helmut RÖHRL: Über Differentialsysteme, welche aus multiplikativen Klassen mit exponentiellen Singularitäten entspringen. (21.10.1949) König /Perron
Heinrich STRECKER: Die Quotientenmethode. Eine Variante der "Variatedifference" Methode. (11.5.1949) Tietze/Gerlach

*1950:* Peter SEIBERT: Über die Flächenstruktur der Lösungen gewisser Randwertprobleme. (2.11.1950) König/Perron
*1952:* Friedrich Ludwig BAUER: Gruppentheoretische Untersuchungen zur Theorie der Spinwellengleichungen. (26.1.1951) Bopp/Aumann
Karl August KEIL: Das qualitative Verhalten der Integralkurven einer gewöhnlichen Differentialgleichung erster Ordnung in der Umgebung eines singulären Punktes. (29.7.1952) Perron/König
Karlheinz KUNTZE: Erweiterung des Desarguesschen Satzes in der Ebene. (25.7.1952) König/Aumann
*1954:* Konrad JACOBS: Ein Ergodensatz für beschränkte Gruppen im Hilbertschen Raum. (5.5.1954) Maak/R.Schmidt
Wolfgang KAUNZNER: Das Rechenbuch des Johann Widmann von Eger. Seine Quellen und seine Auswirkungen. (30.7.1954) Vogel/Aumann
Herbert LIPPS: Zur Integration von Jacobischen Differentialgleichungen durch Quadraturen. (30.7.1954) R.Schmidt/König
Ivan PAASCHE: Über das Verhalten der Integrale homogener und inhomogener Summengleichungen im Unendlichen. (14.5.1954) Perron/König
Eberhard SCHIEFERDECKER: Zur Einbettung metrischer Halbgruppen und Ringe in ihre Quotientenstrukturen. (7.7.1954) Maak/R.Schmidt
Hans SONNER: Über Ordnungseigenschaften von analytischen Abbildungen zweier komplexer Veränderlichen. (20.8.1954) Aumann/R.Schmidt
Dietrich SUSCHOWK: Die Approximation von Orthogonalsystemen durch Orthogonalsysteme. (16.3.1954) R.Schmidt/Maak

*1956:* Dietrich BIERLEIN: Optimalmethoden für die Summenapproximation von Jecklins F-Methode. (13.1.1956) R.Schmidt/Aumann
Norbert BININDA: Die Lösung der Gleichungen fünften Grades mit Hilfe der Ikosaedergruppe. (27.2.1956) R.Schmidt/Stein
*1957:* Horst KEINER: Verallgemeinerte fastperiodische Funktionen auf Halbgruppen. (5.12.1957) Maak/Aumann

## 11.5 Promotionen

*1958:* Hans GÜNZLER: Hyperbolische Differentialgleichungen und Klassen fastperiodischer Funktionen. (6.2.1958) Maak/Aumann
Hans KERNER: Funktionentheoretische Eigenschaften komplexer Räume. (17.12.1958) Stein/Aumann
Christoph WITZGALL: Über Rückkehrschnitte auf Riemannschen Flächen, die zu Hauptkongruenzgruppen der Modulgruppe gehören. (31.7.1958) Maak/Aumann
*1959:* Edgar BERZ: Kegelschnitte in Desarguesschen Ebenen. (21.10.1959) R.Schmidt
Hermann DINGES: Über das Teilen von Mengen mittels meßbarer Funktionen. (29.7.1959) Aumann

*1960:* Hans G. KELLERER: Die Schnittmaß-Funktionen meßbarer Teilmengen eines Produktraumes. (30.11.1960) Richter
Konrad KÖNIGSBERGER: Thetafunktionen und multiplikative automorphe Funktionen zu vorgegebenen Divisoren in komplexen Mannigfaltigkeiten. (28.10.1960) Stein

*1961:* Helmut BEHR: Über die endliche Erzeugbarkeit verallgemeinerter Einheitsgruppen. (22.2.1961) Kneser/Richter
Rudolf E.W. BORGES: Subjektivtrennscharfe Konfidenzbereiche. (22.2.1961) Richter/Kneser
Albrecht PFISTER: Über das Koeffizientenproblem der beschränkten Funktionen von zwei Veränderlichen. (22.2.1961) Stein/Kneser
Karl REINER: Die Terminologie der ältesten mathematischen Werke in deutscher Sprache nach den Beständen der Bayerischen Staatsbibliothek. (22.2.1961) Vogel/R.Schmidt
Werner FIEGER: Über einige Verallgemeinerungen der Riemann-Stieltjes-Integrale auf Matrixfunktionen. (26.7.1961) Richter/Bopp
Otto FORSTER: Banachalgebren stetiger Funktionen auf kompakten Räumen. (26.7.1961) Stein/Bopp
Friedrich GEBHARDT: Bayeslösungen des Ausreißerproblems. (26.7.1961) Richter/Bopp
Martin ECKSTEIN: Die Hillschen Grenzkuren in einem besonderen Fall des eingeschränkten Vierkörperproblems bei verschiedenen Werten der endlichen Massen. (13.12.1961) Schütte/Wellmann

*1962:* Vasco Tomé E. OSORIO: Randeigenschaften eigentlicher holomorpher Abbildungen. (31.1.1962) Stein/Kneser

*1963:* Burghart GIESECKE: Simpliziale Zerlegungen abzählbarer komplexer Räume. (26.6.1963) Heinz/Stein
Klaus WOLFFHARDT: Existenzbedingungen für maximale holomorphe und meromorphe Abbildungen. (24.7.1963) Stein/Koecher

## 11. Mathematiker der Ludwig-Maximilians-Universität

*1964:* Bruno BROSOWSKI: Über Polynome bedingter geringster Abweichung mit einer Anwendung auf die numerische Quadratur. (19.2.1964) Martensen/Heinz
Ernst SEEBASS: Eine Verallgemeinerung des Waring-Goldbachschen Satzes. (19.2.1964) Rieger/Koecher
Walter POPP: Ablösung antiker Rezepte zur Bestimmung von Flächen- und Rauminhalten durch wissenschaftlich begründete Formeln. Erläutert an Beispielen: 1) Kreisfläche, 2) Fläche eines Kreissegmentes, 3) Pyramiden- und Kegelvolumen. (27.5.1964) Vogel/Gericke
Volker MAMMITZSCH: Maximale Untermengenkörper. (24.6.1964) Richter/Heinz
Kurt MEYBERG: Über die Spur der quadratischen Darstellung von Jordan-Algebren. (22.7.1964) Koecher/Kasch
Peter PAHL: Quasi-Frobenius-Generatoren und verallgemeinerte Dualitätsfragen. (11.11.1964) Kasch/Koecher

*1965:* Ulrich OBERST: Systeme direkt verbundener Kategorien und universelle Funktoren. (27.1.1965) Kasch/Koecher
Horst STENGER: Die Aggregation linearer Nutzenfunktionen. (27.1.1965) Bierlein/Richter
Klaus-Werner WIEGMANN: Einbettungen komplexer Räume im Sinne von Grauert in Zahlenräume. (28.7.1965) Stein/Koecher
Ottmar LOOS: Spiegelungsräume und homogene symmetrische Mannigfaltigkeiten. (22.12.1965) Koecher/Stein
Holger PETERSSON: Über eine Verallgemeinerung von Jordan-Algebren. (22.12.1965) Koecher/Kasch

*1966:* Gunther SCHMIDT: Fortsetzung holomorpher Abbildungen unter Erweiterung des Bildraumes. (23.2.1966) Stein/Heinz
Willi JÄGER: Über das Dirichletsche Außenraumproblem der Schwingungsgleichung. (27.7.1966) Heinz/Stein

*1967:* Rudolf RENTSCHLER: Die Vertauschbarkeit des Hom-Funktors mit direkten Summen. (22.2.1967) Kasch/Koecher
Manfred RICHTER: Einige Untersuchungen nichtassoziativer Algebren. (22.2.1967) Koecher/Kasch
Ute ISPHORDING: Theorie des Radikals auf verbandstheoretischer Grundlage. (31.5.1967) Kasch/Koecher
Hermann ROST: Über die Stützfunktionen der Risikobereiche von gewissen Testproblemen. (5.7.1967) Richter/Kasch
Ulrich ALTMANN: Die Fredholmsche Alternative für lineare elliptische Differentialoperatoren auf einer kompakten Riemannschen Mannigfaltigkeit. (26.7.1967) Heinz/Hämmerlin

*1968:* Knut KNORR: Über die Kohärenz von Bildgarben bei eigentlichen Abbildungen in der analytischen Geometrie. (21.2.1968) Stein/Kasch

## 11.5 Promotionen

Hans Werner SCHUSTER: Infinitesimale Erweiterungen komplexer Räume. (21.2.1968) Stein/Kasch
Ivo SCHNEIDER: Der Mathematiker Abraham de Moivre (1667-1754). (15.5.1968) Gericke/Stein
Karl-Heinz HOFFMANN: Über nichtlineare Tschebyscheff-Approximation mit Nebenbedingungen. (26.6.1968) Hämmerlin/Wienholtz
Helmut PFISTER: Algebren mit Clifford-Basis. (26.6.1968) Koecher/Kasch
Wolfgang BIBEL: Schnittelimination in einem Teilsystem der einfachen Typenlogik. (24.7.1968) Schütte/Gericke
Wolfgang KRIEGER: Über Maßklassen. (24.7.1968) Thoma/Richter
Rudolf WEGMANN: Der Wertebereich von Integralvektoren. (24.7.1968) Richter/Roelcke
Ludwig ZAGLER: Ausgeartete, alternative, quadratische Algebren. (24.7.1968) Koecher/Kasch
Horst OSSWALD: Modelltheorie in der Kripke-Semantik. (30.10.1968) Schütte/Gericke
Christian Georg SIMADER: Eine Verallgemeinerung der Gardingschen Ungleichung und eine darauf aufbauende $L_p$-Theorie des Dirichletschen Randwertproblems. (11.12.1968) Wienholtz/Hämmerlin
Klaus VITZTHUM: Affine Pseudoebenen. (11.12.1968) Schütte/Koecher

*1969:* Günther HAUGER: Präradikale in Kategorien. (22.1.1969) Kasch/Stein
Michael SCHNEIDER: Vollständige Durchschnitte in komplexen Mannigfaltigkeiten. (22.1.1969) Stein/Kasch
Hans-Jürgen SCHNEIDER: Produkte in der Homotopietheorie. (12.2.1969) Kasch/Stein
Wolfgang ZIMMERMANN: Injektive Strukturen und M-injektive Objekte. (4.6.1969) Kasch/Stein
Hans-Georg EHRBAR: Bilder und adjungierte Funktoren. (25.6.1969) Pareigis/Kasch
Karl-Heinz KRIEGL: Topologische Tensorprodukte bei lineartopologischen Moduln. (25.6.1969) Kasch/Pareigis
Wolfgang Erich MÜLLER: Darstellungstheoretische Eigenschaften der symmetrischen Gruppe. (25.6.1969) Kasch/Koecher
Heribert PEUKERT: Allgemeine Frobenius-Erweiterungen. (25.6.1969) Kasch/Pareigis
Ulrich Günther OPPEL: Das Marginalproblem für Wahrscheinlichkeitsmaße. (3.12.1969) Richter/Jörgens

*1970:* Werner CARSTENGERDES: Mehrsortige logische Systeme mit unendlich langen Formeln. (14.1.1970) Schütte/Gericke
Jürgen Heinrich ELSTRODT: Über das Eigenwertproblem der automorphen Formen in der hyperbolischen Ebene bei Fuchsschen Gruppen zweiter Art. (4.2.1970) Roelcke/Jörgens

## 11. Mathematiker der Ludwig-Maximilians-Universität

Manfred KÖNIG: Ein Stetigkeitsprinzip für lineare Abbildungen in $C^{1+a}(G)$ mit Anwendungen auf die Herleitung der a priori-Abschätzungen von Schauder. (4.2.1970) Wienholtz/Hämmerlin

Eugen SCHÄFER: Ein konvergentes Verfahren zur Berechnung einer besten Approximation aus einem nicht notwendigen Haarschen Teilraum. (22.4.1970) Hämmerlin/Wienholtz

Bernhard RÜGER: Über mehrdimensionale stabile Verteilungen. (10.6.1970) Richter/Jörgens

Dietmar HÖß: Fortsetzung holomorpher Korrespondenzen in den pseudokonkaven Rand. (8.7.1970) Stein/Koecher

Reinhard SACHER: Durch Jordan-Algebren definierte Lie-Moduln. (8.7.1970) Koecher/Kasch

Heinrich STEINLEIN: Zur Existenz von Fixpunkten bei Abbildungen mit vollstetigen Iterierten. (8.7.1970) Wienholtz/Hämmerlin

*1971:* Sandra HAYES: Okasche Paare von Garben homogener Räume. (3.2.1971) Stein/Kasch

Heinz Gerhard HEGERING: Über das Rivlin-Problem der simultanen inversen Tschebyscheff-Approximation. (7.7.1971) Hämmerlin/Jörgens

Enno JÖRN: Identitäten für kommutative Algebren mit nicht ausgearteter, assoziativer und symmetrischer Bilinearform. (3.2.1971) Hämmerlin/Koecher

Günther KRAUS: Korrespondenzen und meromorphe Abildungen. (3.2.1971) Stein/Kasch

Fred KRÖGER: Über die Konstruktion höherer arithmetischer Ordinalzahloperationen nach Saarnio. (13.7.1971) Schütte/Diller

Harm-Dieter MUSSMANN: Schwach dominierte Familien von Maßen. (3.2.1971) Mammitzsch/Jörgens

Konrad PILZWEGER: Endlichstufige Teste bei nicht notwendig endlich vielen Hypothesen. (26.7.1971) Mammitzsch/Richter

Albert SACHS: Über Differenzenapproximationen des Dirichlet-Problems nichtlinearer elliptischer Operatoren in Divergenzform. (19.5.1971) Hämmerlin /Jörgens

Heidi SCHNEIDER (geb. Cristian): Reflexivität, orthogonale Komplemente und perfekte Dualität für adjungierte Funktoren. (7.7.1971) Kasch/Pareigis

*1972:* Claus CORELL: Runge'sche Approximation durch äquivalente Funktionen auf holomorphen Familien Riemannscher Flächen. (3.2.1972) Stein/Königsberger

Andrei DUMA Der Teichmüller-Raum der Riemannschen Flächen vom Geschlecht $g \geq 2$. (24.5.1972) Stein/Kasch

Volker EBERHARDT: Durch Graphensätze definierte lokalkonvexe Räume. (30.10.1972) Roelcke/Batt

Fritz LEHMANN: Teilnehmerrechensysteme und stochastische Entscheidungsmodelle. (14.6.1972) Seegmüller/Richter

## 11.5 Promotionen

Pawel LURJE: Über topologische Vektorgruppen. (22.12.1972) Roelcke/Wienholtz
Helmut MAIER: Zur Theorie und Anwendung von Näherungsverfahren für die Lösung nichtlinearer Operatorgleichungen. (14.11.1972) Hämmerlin/Wienholtz
Walter R. RICHERT: Über Scharen nichtlinearer Operatoren. (9.2.1972) Hämmerlin/Wienholtz
Karl SCHLÖGL: Ein formales System der einfachen Typenlogik mit Extensionalität und Elimination der Schnittregel. (18.2.1972) Schütte/Diller
Martin SCHOTTENLOHER: Analytische Fortsetzung in Banachräumen. (16.2.1972) Stein/Roelcke
Manfred SOMMER: Relative Reinheit kurzer exakter Folgen von Moduln und eine Verallgemeinerung der Theorie hereditärer Ringe. (14.7.1972) Kasch/Pareigis
Helmut STIEGLER: Fortsetzung holomorpher kanteneigentlicher Korrespondenzen. (3.2.1972)
Jürgen TEICHMANN: Zur Entwicklung von Grundbegriffen der Elektrizitätslehre, insbesondere des elektrischen Stroms bis 1820. (9.2.1972) Gericke/Bopp
Hellfried UEBELE: Mathematiker und Physiker aus der ersten Zeit der Münchner Universität - Johann Leonhard Späth, Thaddäus Siber und ihre Fachkollegen. Ein Beitrag zum 500-jährigen Bestehen der Universität. (9.2.1972) Gericke/Stein
Manfred WISCHNEWSKY: Initialkategorien. (24.5.1972) Oberst/Kasch
Tilmann WÜRFEL: Über absolut reine Ringe. (14.7.1972) Kasch/Oberst
Helmut ZÖSCHINGER: Komplementierte Moduln. (19.6.1972) Kasch/Pareigis

*1973:* Klaus-Jürgen ECKARDT: Streutheorie für Dirac-Operatoren. (13.6.1973) Jörgens/Wienholtz
Michael HOLZ: Syntaktische Unabhängigkeitsbeweise mit Hilfe der Erzwingungsmethode. (21.12.1973) Schütte/Osswald
Sibylle KOCZIAN: Zerlegungseigenschaften von Gruppenringen. (23.2.1973) Kasch/Oberst
Wolfram POHLERS: Eine Grenze für die Herleitbarkeit der transfiniten Induktion in einem schwachen $\Pi_1^1$-Fragment der klassischen Analysis. (14.6.1973) Schütte/Diller
Karin REICH (geb. Bienfang): Die Geschichte der Differentialgeometrie von Gauß bis Riemann (1828-1868). (23.2.1973) Gericke/Stein
Peter SEIBT: Kohomologie von nichtassoziativen Algebren und Tripelsystemen. (5.11.1973) Helwig/Pareigis
Klaus STRÖHLE: Varianten des Satzes von Hahn-Banach mit Anwendungen. (19.12.1973) Hämmerlin/Hoffmann
Heinrich Wolfgang v. WEIZSÄCKER: Vektorverbände und meßbare Funktionen. (27.2.1973) Richter/Roelcke

*1974:* Johann BAUMEISTER: Extremaleigenschaft nichtlinearer Splines. (24.7.1974) Hämmerlin/Hoffmann

## 11. Mathematiker der Ludwig-Maximilians-Universität

Wilfried BUCHHOLZ: Rekursive Bezeichnungssysteme für Ordinalzahlen auf der Grundlage der Feferman-Aczelschen Normalfunktionen $\Theta_\alpha$ (20.2.1974) Schütte /Osswald
Susanne DIEROLF: Über Vererbbarkeitseigenschaften in topologischen Vektorräumen. (4.12.1974) Roelcke/Batt
Hans Joachim LAKEIT: Über eine Teilweise-Ordnung für Wahrscheinlichkeitsmaße und eine zugehörige Integraldarstellung. (28.11.1974) Kellerer/Roelcke
Wolfgang MAAß: Eine Funktionalinterpretation der prädikativen Analysis. (6.11.1974) Schütte/Osswald
Hans Joachim MÜLLER: Charakterisierungen rechtsartinscher Ringe. (26.2.1974) Kasch/Pareigis
Baldur SCHÜPPEL: Regularisierung singulärer nicht-elliptischer Integralgleichungen mit unstetigen Koeffizienten. (4.7.1974) Wienholtz/Hämmerlin
Hans-Günther SEIFERT: Korrespondenzen: Ihre Anwendung auf ein Gleichgewichtsproblem der Ökonomie. (25.1.1974) Mammitzsch/Richter
Hans-Otto WALTHER: Lineare partielle Differentialoperatoren mit kompakter Einbettung. (8.2.1974) Wienholtz/Simader
Michael WINKLER: Streutheorie für elliptische partielle Differentialoperatoren und eine daraus abgeleitete allgemeine Klasse von Operatoren. (3.8.1974) Weidmann/Simader
Birge ZIMMERMANN (geb. Huisgen): Endomorphismenringe von Selbstgeneratoren. (13.11.1974) Kasch/Pareigis

*1975:* Franz BAUR: Die Konstruktion E-optimaler Stopzeiten. (28.2.1975) Mammitzsch/Richter
In-Ho CHO: Projektive Moduln über Quaternionen- und Diedergruppen. (29.1.1975) Schneider/Kasch
Herbert LEINFELDER: Die Öffnungstopologie und stetige Störungen linearer Operatoren und ihrer Adjugierten. (10.6.1975) Wienholtz/Hämmerlin
Helmut PRUSCHA: Die statistische Analyse von ergodischen Ketten mit vollständigen Bindungen. (28.5.1975) Teodorescu/Kellerer
Jürgen VOIGT: Störungstheorie für kommutative m-Tupel von selbstadjungierten Operatoren. (28.2.1975) Weidmann/Wienholtz
Hellmut WEBER: Erweiterungen ausgearteter Kontrollprobleme. (25.7.1975) Hoffmann/Hämmerlin
Ulrich Freiherr v. WELCK: Stabilität von Schichtenverfahren bei linearen Evolutionsgleichungen. (12.2.1975) Hämmerlin/Sachs

*1976:* Heidemarie ALY: Vergleich der Islesschen Normalfunktionen $F^\beta$ mit den Feferman-Aczelschen Normalfunktionen $\Theta_\alpha$ (6.12.1976) Schütte/Osswald
Andreas BARTHOLOMÉ: Stark rein exakte Folgen und Moduln mit semihereditärem Endomorphismenring. (20.1.1976) Kasch/Pareigis
Peter DIEROLF: Summierbare Familien und assoziierte Orlicz-Pettis-Topologien. (12.5.1976) Batt/Roelcke

## 11.5 Promotionen

Leopold EICHNER: Proximinale Erweiterungen nichtlinearer Funktionenfamilien. (23.7.1976) Hämmerlin/Sachs
Hans SINZINGER: Zur Faktorisierung holomorpher Korrespondenzen über Abbildungen. (23.1.1976) Stein/Wolffhardt
Martin WIRSING: Das Entscheidungsproblem der Prädikatenlogik 1.Stufe mit Identität und Funktionszeichen in Herbrandformeln. (2.8.1976) Schütte /Osswald

*1977:* Volker AURICH: Kontinuitätssätze in Banachräumen. (29.7.1977) Stein /Schottenloher
Peter BAIREUTHER: Topologie im Mathematikunterricht der Kollegstufe. (28.11.1977) Kasch/Seebach
Siegfried BECKER: Eigenschaften des zeitlichen mehrdimensionalen Wienerschen Prozesses. (28.3.1977) Kellerer/Oppel
Friedrich DISCHINGER: Stark $\pi$-reguläre Ringe. (25.5.1977) Kasch/Pareigis
Elmar EDER: Bestimmung der Reichweiten allgemeiner rekursiver Definitionsprozesse für Ordinalzahlen und Ordinalzahlfunktionen. (11.10.1977) Schütte /Osswald
Heinz-Jörg HÜPER: Über ordnungsverträglich bewertete, angeordnete Körper. (13.12.1977) Prieß/Wolffhardt
Konrad LANG: Durch Faktorisierbarkeitseigenschaften definierbare Schwartz-Räume. (20.6.1977) Roelcke/Schottenloher
Rudolf MATZKA: Topologische Rieszsche Räume und ihre maßtheoretische Darstellung. (19.2.1977) Hackenbroch/Roelcke
Joseph MAURER: Zur Auflösung der Entartungen gewisser holomorpher Abbildungen. (16.6.1977) Stein/Wolffhardt
Werner POHLMANN: Untersuchungen zur intuitionistischen Typentheorie: Realisierbarkeit und Beziehung zu verwandten Theorien. (2.8.1977) Osswald /Schütte
Peter PRINZ: Schwache Topologie auf dem Raum der Bewertungen. (19.9.1977) Kellerer/Kappos
Gerhard WINKLER: Über die Integraldarstellung in konvexen nicht kompakten Mengen straffer Masse. (28.2.1977) Kellerer/Batt

*1978:* Paul-Otto DEGENS: Cluster-Analyse auf topologisch-maßtheoretischer Grundlage. (6.10.1978) Oppel/Kellerer
Camilla HORST (geb. Aman): Projektivitätskriterien und Charakterisierung von Moisezon-Räumen. (24.7.1978) Fischer/Stein
Engelbert HUBER: Historische Entwicklung von Näherungsverfahren zur Lösung algebraischer Gleichungen. (23.11.1978) Gericke/Hämmerlin
Peter JOCHUM: Optimale Kontrolle von Stefan-Problemen mit Methoden der nichtlinearen Approximationstheorie. (19.12.1978) Hämmerlin/Sachs
Thomas S. LIGON: Galois-Theorie in monoidalen Kategorien. (24.5.1978) Pareigis/Kasch

## 11. Mathematiker der Ludwig-Maximilians-Universität

Karl-Rudolf MOLL: Neue Methoden der Behandlung von Syntaxfehlern bei einfachen Präzedenzsprachen. (12.7.1978) Seegmüller/Hämmerlin
Rainer SCHULZ: Reflexive Moduln über perfekten Ringen. (28.7.1978) Kasch /Zimmermann
Niels SCHWARTZ: Verbandsgeordnete Körper. (28.11.1978) Prieß/Kasch
Gisela STUDENY: Topologiekurs in der gymnasialen Oberstufe. (20.2.1978) Kasch/Seebach

*1979:* Rudolf HAGGENMÜLLER: Über Invarianten separabler Galoiserweiterungen kommutativer Ringe. (20.7.1979) Pareigis/Schneider
Ernst HORST: Zur Existenz globaler klassischer Lösungen des Anfangswertproblems der Stellardynamik. (23.2.1979) Batt/Wienholtz
Christian HORT: Nonstandard Maße und Integrale. (8.3.1979) Osswald/Oppel
Gerhard JÄGER: Die konstruktible Hierarchie als Hilfsmittel zur beweistheoretischen Untersuchung von Teilsystemen der Mengenlehre und Analysis. (18.12.1979) Schütte/Pohlers
Wolfgang LEHNER: Über die Bedeutung gewiser Varianten des Baire'schen Kategorienbegriffs für die Funktionenräume $C_c(T)$. (26.7.1979) Roelcke/Eberhardt
Rudolf NETZSCH: Bialgebren in Endomorphismenringen. (22.3.1979) Schneider /Pareigis
Ulrich SCHWANENGEL: Minimale topologische Gruppen. (1.6.1979) Roelcke /Schuster
Mohammed SEOUD: Kombinatorische Behandlung von Kohärenzfragen in monoidalen Kategorien. (31.7.1979) Pareigis/Kasch
Werner TAFEL: Relative Beschränktheit und maximale Differentialoperatoren. (20.12.1979) Wienholtz/Brüning
Kurt ULBRICHT: Die verschiedenen Ausprägungen des Begriffs der Wahrscheinlichkeitsfunktion im neunzehnten Jahrhundert. (20.12.1979) Schneider/Oppel

*1980:* Wolfgang HIERMEYER: Schwache Kompaktheit in $L_p(\mu,X)$. (22.2.1980) Batt/Pfister
Joachim MAAS: Asymptotisches Verhalten empirischer Quantile. (18.2.1980) Gänßler/Revesz
Norbert SPANGLER: Asymptotische Behandlung von Eigenwertproblemen mit Variationsmethoden und eine Anwendung auf finite Elemente. (13.11.1980) Hämmerlin/Wienholtz

*1981:* Klaus AMBOS-SPIES: On the Structure of the Recursively Enumerable Degrees. (21.1.1981) Maaß/Schütte
Rainer HEMPEL: Eine Variationsmethode für elliptische Differentialoperatoren mit strengen Nichtlinearitäten. (1981) Wienholtz/Hämmerlin
Klaus M. HÖRNIG: A Unified Approach to Definability Problems in the Theory of Higher Type Functionals. (18.12.1981) Schwichtenberg/Pohlers
Cornel SCHUPP: Verallgemeinerungen des Borsuk-Ulamschen Koinzidenzsatzes. (1.12.1981) Steinlein/Schuster

## 11.5 Promotionen

Dietrich WERNER: Identitätsaussagen bei kanonischen Homöomorphismen auf Restklassenräume topologischer Gruppen. (17.7.1981) Roelcke/Eberhardt

*1982:* Johann BAUMANN: Eine gewebetheoretische Methode in der Theorie der holomorphen Abbildungen: Starrheit und Nichtäquivalenz von analytischen Polyedergebieten. (9.2.1982) Stein/Schottenloher
Nikolaus BRAND: Über die Stetigkeit der Inversen. (24.6.1982) Roelcke/Pfister
Erich HÄUSLER: Konvergenzraten in Invarianzprinzipien bei abhängigen Beobachtungsvariablen. (8.7.1982) Gänßler/Kellerer
Andreas HINZ: Punktweise obere Schranken für Eigenfunktionen bei Schrödingeroperatoren. (27.10.1982) Wienholtz/Voigt
Peter IMKELLER: Stochastische Analysis und Lokalzeiten für stetige Mehrparameterprozesse. (25.10.1982) Kellerer/Métivier (Paris)
Ursula KIRCH: Existenz und topologische Eigenschaften holomorpher Überlagerungskorrespondenzen zwischen Riemannschen Flächen. (1.3.1982) Stein /Wolffhardt
Helmut RICHTER: Syntaxfehlerbehandlung ohne Korrekturversuche. (16.7.1982) Seegmüller/Eickel
Ludwig WAGATHA: Absorbierende Randbedingungen für hyperbolische partielle Differentialgleichungen. (25.6.1982) Sachs/Wienholtz

*1983:* Georgios AKRIVIS: Fehlerabschätzungen bei der numerischen Integration in einer und mehreren Dimensionen. (21.2.1983) Hämmerlin/Walther
Lilian ASAM: Invariante Linearformen auf Funktionen- und Distributionenräumen über lokalkompakten Gruppen und homogenen Räumen. (28.6.1983) Roelcke /Voigt
Helmut BECK: Ein Verfahren zur numerischen Lösung eines Einphasen Stefan-Problems in zwei Raumdimensionen. (22.12.1983) Hämmerlin/Walther
Cornelius GREITHER: Zum Kürzungsproblem kommutativer Algebren. (9.2.1983) Pareigis/Kasch
Dorothea NAGEL: Siebungen topologischer Räume. (15.6.1983) Oppel/Eberhardt
Wilfried SEIDEL: Träger von Borel-Maßen. (24.10.1983) Oppel/Kellerer

*1984:* Luc BONAMI: On the Structure of Skew Group Rings. (14.3.1984) Kasch /Pareigis
Dieter ESCHENBACH: Zur numerischen Behandlung schwachsingulärer, homogener Integralgleichungen in einer und in mehreren Dimensionen. (18.4.1984) Hämmerlin/Richert
Karlheinz HAFNER: Quasioptimale Fehlerabschätzungen für das Ritz-Galerkin-Verfahren bei einer Klasse nichtlinearer Hindernisprobleme. (16.7.1984) Hämmerlin/Batt
Peter HERRMANN: Projective Properties of Modules. (14.3.1984) Kasch/Hauger
Dietmar NOßKE: Ein Verschwindungssatz für lokal-freie Garben über DFN-Räumen. (4.7.1984) Schottenloher/Schuster

## 11. Mathematiker der Ludwig-Maximilians-Universität

Markus PREISENBERGER: Periodische Lösungen neutraler Differenzen-Differentialgleichungen. (21.12.1984) Walther/Wienholtz
Karl STEGER: Sphärische finite Elemente und ihre Anwendung auf Eigenwertprobleme des Laplace-Beltrami-Operators. (3.5.1984) Hämmerlin/Kalf
Klaus SUTNER: Der Verband der β-rekursiv aufzählbaren Mengen. (5.7.1984) Maass (USA)/Pohlers
Michael TOEPELL: Über die Entstehung von David Hilberts "Grundlagen der Geometrie". (21.5.1984) Gericke/Folkerts
Axel VOGT: Über komplexe Unterstrukturen. (29.2.1984) Schuster/Forster
Andreas ZÖLLNER: Lokal-direkte Summanden. (29.10.1984) Kasch/Pareigis

*1985:* Lothar BAMBERGER: Zweidimensionale Splines auf regulären Triangulationen. (30.7.1985) Hämmerlin/Richert
Paul DEURING: Ein Anfangs-Randwertproblem zu einem Diffusionssystem mit Koppelung in den Diffusionstermen. (14.6.1985) Wienholtz/Walther
Lew GORDEEW: Proof Theoretical Analysis: Weak Systems of Functions and Classes. (26.6.1985) Schwichtenberg/Buchholz
Klaus-Peter GREIPEL: Induzierte Darstellungen punktierter Hopfalgebren. (4.2.1985) Schneider/Pareigis
Julius KRÄMER: Injektive Moduln, (Morita-)Selbstdualitäten, Zentren von Ringen. (6.3.1985) Kasch/Pareigis
Albert LENCK: Verallgemeinerungen des Satzes von Marcinkiewicz auf nichtlineare Abbildungen und des Reiterationssatzes für die reelle Interpolationsmethode. (27.6.1985) Batt/Winkler
Martin RUCKERT: Church-Rosser Theorem und Normalisierung für Termkalküle mit unendlichen Termen unter Einschluß permutativer Reduktionen. (22.7.1985) Buchholz/Schwichtenberg

*1986:* Alexander BARTMANN: Unvollständige Daten in der Computer-Tomographie. (28.7.1986) Hämmerlin/Sachs
Balbino Garcia BERNAL: Ganzzahligkeitsfragen bei der Hodge-Zerlegung auf kompakten Kähler-Mannigfaltigkeiten insbesondere auf Tori. (5.3.1986) Forster/Schuster
Peter HARTMANN: Topologisierung projektiver Ebenen durch Epimorphismen. (14.2.1986) Prieß/Fritsch
Wolfgang HENSGEN: Hardy-Räume vektorwertiger Funktionen. (26.2.1986) Batt/Schottenloher
Eduarda Garcia HERREROS: Semitriviale Erweiterungen und generalisierte Matrizenringe. (25.2.1986) Kasch/Schulz
Ernst M. KULESSA: Radontransformationen als Faltungsoperatoren auf Gruppen. (26.6.1986) Oppel/Kellerer
Martin LEISCHNER: Über die Vollständigkeit von Quotienten topologischer Gruppen. (24.7.1986) Roelcke/Pfister

## 11.5 Promotionen

Gustav LÖBEL: Rekursive Substrukturkondensation bei der Methode der finiten Elemente. (18.2.1986) Sachs/Wienholtz
Andreas SCHIEF: Topologische Eigenschaften maßwertiger Abbildungen und stochastische Anwendungen. (15.12.1986) Kellerer/Gänßler
Wilhelm SCHNEEMEIER: Beiträge zur Theorie empirischer Prozesse, indiziert nach Vapnik-Chervonenkis-Klassen. (17.11.1986) Gänßler/Kellerer

*1987:* Thomas BARTSCH: Verzweigung in Vektorraumbündeln und äquivariante Verzweigungstheorie. (9.2.1987) Steinlein/Fritsch
Pall EGGERZ: Realisierbarkeitskalküle $ML_0$ und vergleichbare Theorien im Verhältnis zur Heybing-Arithmetik. (3.2.1987) Schwichtenberg/Schmerl
Michael Andreas GREVEL: Optimale Generierung und Simulation paralleler Rechensysteme. (12.6.1987) Sachs/Richert
Konstantin JACOBY: Die zweiparametrige Waveform Relaxation und ihre Anwendung in der VLSI-Simulation. (21.7.1987) Richert/Hämmerlin
Wolfgang HONSTETTER: Beschränkte Ringe und minimale subdirekte Produkte. (3.12.1987) Kasch/Pareigis
Christian MUCKE: Zerlegungseigenschaften von stetigen und quasistetigen Moduln. (3.12.1987) Kasch/Pareigis
Eckart PRIESACK: Topologische Vektorraumstruktur analytischer Moduln und ein Flachheitskriterium. (23.2.1987) Wolffhardt/Schuster
Georg SCHLÜCHTERMANN: Der Raum der Bochner-integrierbaren Funktionen. (16.2.1987) Batt/Pfister
Wolfgang SCHNEIDER: Das Total von Moduln und Ringen. (27.4.1987) Kasch/Pareigis
Friedrich SCHMERBECK: Über diejenigen topologischen Vekträume N, für die X/N bei vollständigem topologischem Vektorraum X stets vollständig ausfällt. (12.2.1987) Roelcke/Eberhardt
Dietwald SCHUSTER: Regularisierung dreidimensionaler Radon-Probleme durch Faltung. (7.12.1987) Hämmerlin/Schäfer

*1988:* Peter DORMAYER: Differenzierbare Verzweigung periodischer Lösungen von Funktionaldifferentialgleichungen. (18.3.1988) Walther/Batt
Armin GERL: Der Briefwechsel Regiomontanus-Bianchini im Hinblick auf trigonometrisch-astronomische Rechnungen. (16.9.1988) Folkerts/Schmeidler
Michael GUTJAHR: Zur Berechnung geschlossener Ausdrücke für die Verteilung von Statistiken, die auf der empirischen Verteilungsfunktion basieren. (21.12.1988) Gänßler/Oppel
Thomas SCHLUMPRECHT: Limitierte Mengen in Banachräumen. (20.7.1988) Batt /Eberhardt
Milos SVOBODA: Ein Petrov-Galerkin-Verfahren zur Simulation der Festkörperdiffusion in der Halbleiterherstellung. (18.4.1988) Sachs/Kalf
Stefan WOLFF: Die Rolle von Reibung und Wärmeleitung in der Entwicklung der kinetischen Gastheorie. (20.9.1988) Schneider/Süßmann

## 11. Mathematiker der Ludwig-Maximilians-Universität

*1989:* Ralph BERR: Reelle algebraische Geometrie höherer Stufe. (20.1.1989) Schwartz/Prieß

Walter EIGENSTETTER: Zwei-Parameter-Prozesse auf Loebräumen. (24.7.1989) Osswald/Imkeller

Bernhard FRITSCHER: Die Bedeutung der Chemie in der Vulkanismus-Neptunismus-Kontroverse. Ein Beitrag zur Geschichte und Theorie der Geowissenschaft. (7.12.1989) Folkerts/Kohler

Klaus HELML: Ausfalltolerante verteilte Systeme. (24.5.1989) Seegmüller/Kröger

Konrad JOOS: Abschätzungen der Konvergenzgeschwindigkeit in asymptotischen Verteilungsaussagen für Martingale. (20.2.1989) Gänßler/Georgii

Harald KIRCHHOFF: Gorensteinsche Erweiterungen lokaler noetherscher Ringe und glatter affiner Varietäten. (17.7.1989) Forster/Wolffhardt

Klaus PFAFFELMOSER: Globale klassische Lösungen des dreidimensionalen Vlasov-Poisson-Systems. (18.12.1989) Batt/Walther

Gerhard REIN: Das Verhalten klassischer Lösungen des relativistischen Vlasov-Maxwell-Systems bei kleinen Störungen der Anfangsdaten und Aussagen über globale Existenz. (7.12.1989) Batt/Kalf

Peter RUDOLF: Komplementierte Moduln über noetherschen Ringen. (19.7.1989) Zöschinger/Zimmermann

Walter SPANN: Fehlerabschätzungen zur Randelementmethode beim Signorini-Problem für die Laplace-Gleichung. (11.12.1989) Hämmerlin/Schäfer

Carl Hans WENNINGER: Galois-Algebren zu Hopf-Algebren und verallgemeinerte Quaternionen. (27.2.1989) Pareigis/Zimmermann

*1990:* Ulrich BERGER: Totale Objekte und Mengen in der Bereichstheorie. (23.7.1990) Schwichtenberg/Buchholz

William FINNOFF: Laws of Large Numbers for Systems of Stochastic Processes with Interaction. (25.7.1990) Imkeller/Kellerer

Gerhard HILL: Tachikawa-Ringe. (23.2.1990) Zimmermann/Pareigis

Frank LIEPOLD: Uniformitäten und das Problem der Vervollständigung topologischer projektiver Ebenen. (25.7.1990) Prieß/Fritsch

Barbara PAECH: Concurrency as a Modality. (6.11.1990) Kröger/Reisig

*1991:* Lidia ANGELERI-HÜGEL: Die erste Schicht der präprojektiven Zerlegung. (18.12.1991) Zimmermann/Zöschinger

Gabriele HEGERL: Numerische Lösung der kompressiblen zwei-dimensionalen Navier-Stokes-Gleichungen in einem zeitabhängigen Gebiet mit Hilfe energievermindernder Randbedingungen. (9.12.1991) Sachs/Hämmerlin

Kurt HOFFMANN: Coidealunteralgebren in endlich-dimensionalen Hopf-Algebren. (30.7.1991) Schneider/Pareigis

Irmengard HOFSTETTER: Erweiterungen von Hopf-Algebren und ihre kohomologische Beschreibung. (26.2.1991) Pareigis/Schneider

Matthias JOSEK: Zerlegung induzierter Darstellungen für Hopf-Galois-Erweiterungen. (31.7.1991) Schneider/Pareigis

## 11.5 Promotionen

Bernhard LANI-WAYDA: Hyperbolische Mengen für $C^1$-Abbildungen in Banachräumen. (29.4.1991) Walther/Georgii
Freddy LITTEN: Astronomie in Bayern 1914 - 1945. (6.12.1991) Folkerts /Schmeidler
Martin THOMA: Konvergenzverbesserung durch Defektkorrektur in der Methode der finiten Elemente für elliptische Randwertaufgaben. (8.2.1991) Hämmerlin /Richert
Fridtjof TOENNIESSEN: Meromorphe Funktionen endlicher Wachstumsordnung auf glatten, affin-algebraischen Kurven und Anwendungen auf vollständige Durchschnitte. (31.7.1991) Forster/Schottenloher
Helmut VALENTA: Kippmoduln über Artinschen Ringen. (22.2.1991) Zimmermann/Zöschinger
Michael WEILEDER: Integration elementarer Funktionen durch elementare Funktionen, Errorfunktionen und logarithmische Integrale. (28.2.1991) Kraus /Schottenloher

*1992:* Harald HOFBERGER: Automorphismen formal reeller Körper. (31.1.1992) Prieß/Greither
Wolfgang HOHENESTER: Über arithmetische Regelflächen. (16.2.1992) Forster /Greither
Daniel ROST: Das k-mean Clusterverfahren mit Gewichtsfunktion. (24.2.1992) Gänßler/Pruscha
Ulrich SCHMID: Untersuchung von Kollokationsverfahren für stark singuläre Integralgleichungen auf Hölderräumen. (30.1.1992) Hämmerlin/Schäfer
Peter HAUBER: Smooth affine varieties and complete intersections. (eingereicht) Forster/Wolffhardt
Wolfgang KOKOTT: Die Kometen der Jahre 1531 bis 1539 und ihre Bedeutung für die spätere Entwicklung der Kometenforschung. (eingereicht) Folkerts /Schmeidler
Peter SCHEINOST: Metaplectic Quantization of the Moduli Spaces of Flat and Parabolic Bundles. (eingereicht) Schottenloher/Forster
Christoph WIRSCHING: Eigenwerte des Laplace-Operators für Graßmann-Varietäten. (eingereicht) Forster/Schottenloher

# 12. Quellen und Literaturverzeichnis

## 12.1 Archivalien

*1. Archiv der Bayerischen Akademie der Wissenschaften*

Archiv BAdW: Act IV, 26 - Wahlvorschläge von Nichtgewählten - Nr.1 (Betr. Friedrich Hartogs 1927; 8.1.2, 10.15)
Archiv BAdW: Act IV, 110-139 (Mitgliederwahlakten 1900-1929, hier: 5.2.1927; 8.1.2)
Archiv BAdW: Act VII 51 - Math.-phys. Kabinett, Aufsätze, kleine physikalische u.a.d., Bl.191-194 (Schreiben von M.Ohm v.14.4.1832; 5.3.1).
Archiv BAdW: BAdW an Staatsministerium d.I. vom 6.9.1832: Bl. 189-190 (Antwortschreiben der Math.-phys. Classe an Ohm v. 6.9.1832; 5.3.1)
Archiv BAdW: Math.-phys. Classe 1823-1834, f.164-166 (Sibers Stellungnahme zu Ohm v. 29.7.1832; 5.3.1)

*2. Bayerisches Hauptstaatsarchiv*

BHStA: GL 1489/49 1773 XI 26 (Helfenzrieder; 3.4.3)
BHStA: MInn 19611 (Vorl.-Verz. 1776 ff.; 3.4.4)
BHStA: MInn 23170 (Desberger; 4.8)
BHStA: MK 11189 (Akten des Kultusministeriums) (Magold; 4.3.2)
BHStA: MK 11312 Habilitationen Bd.1 (1826-1908) (Schreiben des KM vom 11.10.1902 an Goettler; 5.2.4)
BHStA: MK 11313 Habilitationen Bd.3 (1914-1927) (KM an Senat vom 10.8.1922 betr. PD, Fakultät an Senat vom 29.7.1927 betr. Hab. Bochner; 7.4.4f.) (KM an Senat vom 9.4.1922, KM an Senat vom 10.10.1923; 8.1.3)
BHStA: MK 44150 - PA Pringsheim (8.3.2)
BHStA: MK 45040 - PA Perron (8.1.5)
BHStA: MK 43514 - PA Hugo Dingler (7.4.1)
BHStA: MK 17841 - PA Lindemann (6.4, 8.1.4)

*3. Bayerische Staatsbibliothek*

BSB: Clm 1607, f.90-120, 185-195 (Appenzeller; 2.1.3)
BSB: Clm 9801 (Pheder; 2.1.3)
BSB: Clm 11877, Clm 12425 (Scheiner; 2.2.3)
BSB: Clm 27322/II, 69 ff. (Scheiner; 2.1.3)
BSB: Clm. 4828; pp.480 (König, Hildebrandt; 2.3.2)

## 12. Quellen und Literaturverzeichnis

*4. Institut für Geschichte der Naturwissenschaften der Universität München*

IGN: MPhSem Akten "Mathematisch-Physikalisches Seminar der k. Universität München"
(Einzelnachweis siehe: Quellenverzeichnis zum Seminarbetrieb)

*5. Nachlaß Lindemann (Math. Institute München - Würzburg)*

Otto Volk hat einen erheblichen Teil des Nachlasses von Lindemann in Form einer Stiftung hinterlassen (Otto-Volk-Stiftung).

NL: Brief von Bauer an Lindemann vom 25.6.1893; 10.9
NL: Brief des derzeitigen Rektors v.Drygalski an Lindemann vom 10.4.1922; 8.3.3
NL: Briefe von Klein an Lindemann vom 9.8.1890, 27.2.1892, 7.3.1892, 15.3.1892; 6.4, 7.2.2, 10.9
NL: Brief von Sommerfeld an Lindemann vom 8.4.1922; 7.1
NL: Brief von Tietze an Lindemann vom 11.4.1932; 8.3.3, 10.9
NL: Briefe von Voss an Lindemann vom 28.5.1893, 8.4.1922; 10.9
NL: Glückwunschschreiben von Voss an Lindemann vom 8.4.1922; 8.3.3
NL: Lebenserinnerungen von F. Lindemann (Schreibmaschinen-Ms. 1971 = [Lindemann 1971])
NL: Verzeichnis der Doktoranden von Lindemann; 6.5


*6. Universitätsarchiv der Ludwig-Maximilians-Universität München*

UAM: E I, Nr.1, f.9 u. 11v - Einrichtung von Professuren   (1.3.1)
UAM: E I, Nr. 2 (25.3.1566) (1.7.2)
UAM: E II 414 (PA Bauer, u.a. Habilitationsprotokoll, Ernennungsschreiben des KM v.27.6.1869; 5.5.1)
UAM: E II 436 (Dempp; 5.2.1), E II 441 (Eilles; 5.2.1)
UAM: E II 465 (Gesuch von Hierl 1856; 5.5.1)
UAM: E II - Aurel Voss (Entpflichtung von Voss am 1.4.1923; 8.1.4)
UAM: E II - N (PA Pringsheim, Gesuch v.Lindemann betr. Ernennung Pringsheims; 6.7)
UAM: E II - N - F.Lindemann (Rücktrittsgesuch an das Dekanat vom 23.2.1923; 8.1.4)
UAM: E II - N - Hartogs (Ernennung zum 1.10.1913; 8.1.2)
UAM: O C I 19 (Sitzungsprotokoll der Fakultät vom 18.1.1893; 6.4)
UAM: O C I 26 (Goettler; 5.2.4)

## 12.1 Archivalien

UAM: O C I 26 - Phil.Fak. II.Skt., Correspondenz des Senats 1899/1900 (Goettlers Ernennung durch das Ministerium am 6.8.1899 und Dankschreiben; 5.2.4)
UAM: O C I 28 p - Oskar Perron (Promotion von Oskar Perron: Votum informativum vom 3.3.1902; 8.1.5, 10.12)
UAM: O C I 29 p (Promotion Fritz Hartogs; 8.1.2, 10.14)
UAM: O C I 33p - Hugo Dingler (Promotion Hugo Dingler, Votum informativum vom 24.22.1907; 7.4.1)
UAM: O C I 35p - F.Noether (Gutachten 21.2.1909, 5.3.8)
UAM: O C I 46p (Promotion Otto Volk; 8.1.3)
UAM: O C I 48 - Phil. Fak. (Habilitationsgesuch von Franz Schrüfer; 8.2.2)
UAM: O C N - 1d (Sitzungsprotokoll betr. Voss-Nachfolge vom 21.11.1923; 8.1.4)
UAM: O C N - 1d (Sitzungsprotokoll Phil.Fak.II.Sekt. vom 31.5.1922, 31.1.1923; 8.1.4)
UAM: O I 1 und 2 (1.2.3 f.)
UAM: O I 44 (Gutachten Seidels zur Fakultätsteilung vom 6.3.1864; 5.4.2)
UAM: PA Lindemann (Dankschreiben Lindemanns an das Dekanat vom 23.4.1922; 8.3.3)
UAM: Personalakten
UAM: Prof.Akt, Fasc.No. Voß (Ernennungsurkunde v. 10.12.1902; 6.8)
UAM: Sen 208/11 (Ernennung Seidel; 5.1.1)
UAM: Sen 208/14. E II 518. (Seidel; 5.1.1)
UAM: Sen 208/19 (Bauer; 5.2.3)
UAM: Sen 208/20,1 (Antrag um Beförderung Bauers zum Ordinarius 1869; 10.3)
UAM: Sen 208/20,3 (Berufungsantrag der Fakultät betr. Klein vom 16.6.1892; 6.3, 10.7)
UAM: Sen 208/21 (Berufungsantrag der Fakultät betr. Lindemann vom 19.7.1892; 6.4, 10.7)
UAM: Sen 208/22 (Dekan Ranke an Senat vom 19.1.1893; 6.4, 10.7)
UAM: Sen 208/22 (Senat an KM vom 20.7.1892; 6.4)
UAM: Sen 208/23 (KM betr. Berufungsvorschlag an Senat v. 9.1.1893; 6.4, 10.7)
UAM: Sen 208/23 (Senats an KM vom 21.1.1893; 6.4, 10.7)
UAM: Sen 208/24 (Ernennung Lindemanns vom 29.5.1893; 6.4)
UAM: Sen 208/26 (Berufungsantrag der Fakultät vom 25.6.1900; 6.7, 10.11)
UAM: Sen 208/26 (KM betr. Nachfolge Bauer an Senat vom 18.6.1902, zweiter Berufungsantrag der Fakultät vom 5.7.1902; 6.7, 10.13)
UAM: Sen 208/27 (KM betr. Voss an Senat vom 20.12.1902; 6.8)
UAM: Sen 208/30 (Betr. Ordinariat Pringsheim 1912; 6.7)
UAM: Sen 208/33 (Antrag der Nichtordinarien vom 28.11.1919; 7.4.3)
UAM: Sen 208/34 (Lehrauftrag Rosenthal; 7.4.4)
UAM: Sen 208/35 (ao.Professor von Hartogs 1922; 8.1.2)
UAM: Sen 208/36 (Entpflichtung von Lindemann am 21.6.1923; 8.1.4)

# 12. Quellen und Literaturverzeichnis

UAM: Sen 208/44 (Perron u. Carathéodory betr. LA Elementarmathematik 1924, K.Vogel 1939; 7.4.5)
UAM: Sen 208/45 (Auftrag für Vertretung R.Schmidt am 12.2.1941; 8.3.3)
UAM: Sen 208/55 (LA Versicherungsmathematik Lettenmeyer; 8.2.2)
UAM: Sen 208/20,1 (Seidel an die Phil. Fakultät betr. Ernennung Bauers; 5.5.1)
UAM: Sen 208/20,2 (Ernennung Bauers zum 1.7.1869; 5.5.1)
UAM: Sen 208/56,4 (Antrag Lindemanns vom 14.5.1919 betr. Lehrauftrag; 7.4.2)
UAM: Sen 209/1 (Gründungsgesuch math.-phys. Verein 1834; 5.4.1)
UAM: Sen 209/4 (Schreiben des KM an den Senat v. 12.6.1856; 5.3.2)
UAM: Sen 209/7 (Schreiben von Jolly an den Rektor v. Ringseis vom 7.7.1856; 5.3.2)
UAM: Sen 209/12 (KM an Senat vom 19.9.1858; 5.3.2)
UAM: Sen 209/14 (Antrag Seidels zum Seminarausbau "Pro memoria" vom 28.2.1874; Minist. Entschl. vom 13.3.1874; 5.5.2)
UAM: Sen 209/17 (Ernennung Boltzmanns zum Seminarvorstandsmitglied vom 20.3.1891; 6.5)
UAM: Sen 209/18 (Antrag Lindemanns im Wege der Berufungsverhandlungen betr. Seminarraum vom 29.5.1893; 6.5, 10.8)
UAM: Sen 209/24 (Seminarantrag betr. zusätzl. Mittel vom 16.11.1904; 5.3.6)
UAM: Sen 209/26 (Seminarbericht v. 9.8.1905; 6.7)
UAM: Sen 209/26 (Seminaretat 1905; 5.3.6)
UAM: Sen 209/30 (Zuschußantrag von Lindemann, 24.7.1909; 7.2.2)
UAM: Sen 209/33 (LA Versicherungsmathematik vom 10.7.1914 für Böhm; 8.2.2)
UAM: Sen 209/35 (Doehlemanns Schreiben vom 27.Juli 1912 an den Rektor; 7.2.2)
UAM: Sen 209/42 (Studienschema; 5.3.2, 10.1)
UAM: Sen 209/43 (Statuten 1856; 5.3.2, 10.2)
UAM: Sen 209/43 (Lindemann 1918 über Seminarbetrieb; 5.3.8)
UAM: Sen 209/57 (Zuordnung der Assistentenstelle 1923; 5.3.8)
UAM: Sen 211, 31/1 u. 31/2 (Dekan Voss an Senat am 13.2.1909; 5.3.7)
UAM: Sen 211 (Tätigkeitsberichte des Seminars; 5.3.6)
UAM: Sen 211/23,3 (Prämiengelder; 5.3.6)

*7. Niedersächsische Staats- und Universitätsbibliothek Göttingen*

UBG: Cod.Ms.D.Hilbert 14 (Bauer an Hilbert vom 2.10.1889, 30.10.1891; 6.9, 10.9)
UBG: Cod.Ms.D.Hilbert 74, Nr.1-2 (Dingler an Hilbert vom 2.1.1915, 12.12.1923; 7.4.1, 10.9)
UBG: Cod.Ms.D.Hilbert 231/3 (Lindemann an Hilbert vom 22.8.1892; 6.5).
UBG: Cod.Ms.D.Hilbert 231/4 (Lindemann an Hilbert vom 17.10.1893; 6.5)
UBG: Cod.Ms.D.Hilbert 231/5 (Lindemann an Hilbert vom 7.11.1893; 6.5)

## 12.1 Archivalien

UBG: Cod.Ms.D.Hilbert 231/6 (Lindemann an Hilbert vom 18.4.1894; 6.5)
UBG: Cod.Ms.D.Hilbert 231/8 (Lindemann an Hilbert vom 23.7.1894; 6.5)
UBG: Cod.Ms.D.Hilbert 231/9 (Lindemann an Hilbert am 1.1.1895; 6.4)
UBG: Cod.Ms.D.Hilbert 231/9 (Lindemann an Hilbert vom 1.1.1895; 6.7)
UBG: Cod.Ms.D.Hilbert 231/10 (Lindemann an Hilbert vom 13.1.1895; 6.7)
UBG: Cod.Ms.D.Hilbert 231/11 (Brief Lindemanns an Hilbert vom 7.4.1897; 7.2.2, 10.9)
UBG: Cod.Ms.D.Hilbert 301, Nr.1-3 (Briefe von Perron an Hilbert vom 4.7.1906, 25.7.1906, 1.6.1909; 8.1.5, 10.9)
UBG: Cod.Ms.D.Hilbert 418, Nr.1-2 (Briefe von Voss an Hilbert vom 19.7.1899, 3.1.1900; 6.8, 10.9)
UBG: Cod.Ms.F.Klein 1 C 2, Bl.46-54 (Korrespondenz und Vertrag im Zusammenhang mit Kleins Berufung nach München 1892; 6.3, 10.7)
UBG: Cod.Ms.F.Klein 8, Nr.64-65 (Bauer an Klein vom 6.3.1886, 21.11.1900; 6.9, 10.9)
UBG: Cod.Ms.F.Klein 10, Nr.841 (Brief von Lindemann an Klein vom 28.9.1894; 6.4).
UBG: Cod.Ms.F.Klein 11, Nr.373-375, 377-381 (Briefe Pringsheims an Klein 1882-1893, 6.1, 10.9)
UBG: Cod.Ms.F.Klein 12, Nr.137 (Brief v. Voss an Klein vom 13.6.1885; 5.2.4, 10.9)
UBG: Cod.Ms.F.Klein 12, Briefe 186 A-J (Voss an Klein 1903-1923; 6.8f. bzw. 8.1.4, 10.9)
UBG: Cod.Ms.F.Klein 7 M, Bl.8-9 (Postkarten von Voss an Klein 1914, 10.9)
UBG: Cod.Ms.F.Klein 22 F, Bl.126 (Brief Pringsheims an Klein vom 3.5.1902, 10.9)


*8. Universitätsbibliothek der Ludwig-Maximilians-Universität München*

UBM: 2° Cod.ms. 593 (1.4.2)
UBM: 4° Cod.ms. 722 (Vorl.-Script Cysat; 2.3.1)
UBM: 4° Cod.ms. 737 (1.4.2)
UBM: 4° Cod.ms. 738 (1.4.2)
UBM: Cod. 2° 411 (1786) VIII 25 (Steiglehner; 3.5.3)
UBM: Cod. Mscr. 525, 528, 529, 538-540 (Bücherverz.; 1.4.2)
UBM: Inkunabel 2° Inc. 1127 (1.4.2)
UBM: 4° Cod.ms. 1113/1-5 Vorlesungsnachschriften 1904, 1910/11
UBM: 4° Cod.ms. 1124/1-19 Vorlesungsnachschriften 1930/31

## 12. Quellen und Literaturverzeichnis

### 12.2 Quellenverzeichnis zum Seminarbetrieb

*Prämienübersicht*: WS 1886/87 bis WS 1899/1900
*Inscriptionsliste* für das Mathematisch-physikalische Seminar: SS 1885 bis WS 1887/88 (mit Wohnort, Stand der Eltern, betreuender Dozent)
*Candidatenlisten* für das Mathematisch-physikalische Seminar (Fortsetzung der Inscriptionsliste): 1888 bis 1892
*Statuten* für das Seminar 1856

**Hauptkasse an Seminar:**

30.9.1884 Etat für 1884 und 1885
Ausgabenübersicht 1885 und 1886 (u.a. für die Bibliothek)
*Etatfeststellung* des Seminars für 1888 und für 1889
12.12.1888 Hauptkasse an Seminar: Anordnung über Realexigenzpositionen (sie bilden "unüberschreitbare Maximalsummen", zweckgebunden und der Verteilungsmodus ist genehmigungspflichtig)
o.D. Seminar an Hauptkasse: Realexigenz-Zuweisung

**Senat** an Seminar mit Abschrift der ministeriellen Genehmigung zur Verteilung der Mittel (halbjährlich):

20.3.1882, 23.3.83, 9.8.83, 9.4.84, 17.8.84, 15.3.85, 4.8.85, 17.3.86, 11.8.86, 21.4.87, 11.8.87, 5.4.88, 12.8.88, 20.3.89, 31.8.89, 18.3.90, 11.8.90 (mit Seminar-Sitzungsprotokoll vom 31.7.90), 26.3.91, 10.8.91, 19.8.91, 1.4.92, 8.8.92, 27.3.93, 9.8.93, 17.7.94, 8.8.94, 27.3.95, 7.8.95, 26.3.96, 10.8.96, 29.3.97, 6.8.97, 21.3.98, 9.8.98, 19.3.99, 11.8.99, 23.3.1900, 14.8.1900, 9.4.01, 6.8.01, 5.8.02, 7.8.03, 10.8.04, 20.8.05, 9.8.06, 10.12.07.

Seminar an **Senat**:

Genehmigungsantrag zur Prämienverteilung - ab 1891 mit *Tätigkeitsbericht* - vom 8.2.88, 13.3.88, 31.7.88, 8.3.1889 (Entwurf, Vorschläge von Bauer, Lommel und Seidel), [2.8.89, in UA: Sen 211], 14.3.91, 29.7.91, [27.3.92, in UA: Sen 211], 29.7.92, 15.3.93 (keine Preise), 28.7.93 (keine Preise), 24.4.94, 28.7.94 (keine Preise), 20.3.95, 27.7.95, 16.3.96, 30.7.96, 18.3.97, 29.7.97, 11.3.98, 29.7.98, 9.3.99, 29.7.99, 12.3.1900, 24.7.1900, 26.3.01, 27.7.01, 2.6.02 (physikal. Vorträge, gez. Röntgen),
26.7.02 (alle Vorträge, gez. Lindemann),
1902/03 und 1903/04 (Entwürfe zur Prämienverteilung),
1904/05 Bericht zum phys. Seminar, gez. Röntgen
1904/05 Tätigkeitsbericht zum Studienjahr (keine Preise)
1905/06 Tätigkeitsbericht zum Studienjahr (keine Preise)

## 12.2 Quellenverzeichnis zum Seminarbetrieb

1906/07 Tätigkeitsbericht zum Studienjahr (Entwurf) (keine Preise)
1.12.07 Tätigkeitsbericht zum Studienjahr 1906/07 (keine Preise)
23.7.08 Tätigkeitsbericht zum Studienjahr 1907/08 (keine Preise)

Weitere Korrespondenz mit dem **Senat**:
Seminar an Senat: 14.3.91 Gesuch um Aufnahme Boltzmanns in den Seminarvorstand,
Senat an Seminar: 20.5.91 Berufung Boltzmanns in den Vorstand
Senat an Seminar: 7.11.92 Entpflichtung Seidels von den Seminaraufgaben
Seidel an Seminarvorstandskollegen: 15.2.93 (über die genehmigte Amtsenthebung)
Senat an Seminar: 9.7.94 Abschrift eines ministeriellen Schreibens (nur für hervorragende Leistungen soll es Prämien geben)
Senat an Seminar: 27.9.06 Berufung Sommerfeld in den Vorstand
Senat an Seminar: 8.2.07 allg. Portoablösung bei Postsendungen
Senat an Seminar: 21.7.07 geplante Ausstellung München 1908

Korrespondenz mit dem **Verwaltungsausschuß** der Universität:

Seminar an Verwaltungsausschuß: Antrag zur Genehmigung der Übertragung nicht verbrauchter Mittel in das neue Rechnungsjahr 25.1.89, 31.3.91

Verwaltungsausschuß an Seminar:
Genehmigung der Übertragung nicht verbrauchter Mittel in das neue Rechnungsjahr, erteilt am 6.1.1885, 1.9.86, 8.11.86 (Übertragungsgenehmigung nach Jollys Tod), 22.2.88, 28.2.89
Anweisungen zur Abrechnung: 24.1.91, 23.6.91

Seminar an Verwaltungsausschuß:
2.3.93 Eingabe um Zuweisung der durch die Entpflichtung Seidels freigewordenen Mittel an den Bibliotheks- und Regiefonds

Verwaltungsausschuß an Seminar:
15.6.93 (Eingabe vom 2.3.93 war dem Ministerium vorgelegt worden; gemäß seiner Antwort vom 9.6.1893 wird ein Teil der freigewordenen Mittel zur Deckung des Gehalts des neu ernannten Professors Lindemann verwendet.)

27.3.1901 Rundschreiben

Verwaltungsausschuß an Seminar:
23.6.86 Gesuch um Aufteilung der *Bibliotheksbestände*, die dem Seminar und die dem physikalischen Kabinett zuzuweisen sind
15.11.86 Antwort von Bauer dazu (3 1/2 Seiten)

23.11.86 Verwaltungsausschuß an Seminar: Aufforderung zur Inventarisierung der Bibliothek (5.12.86 beantwortet)

7.12.86 Verwaltungsausschuß an Seminar: Rückgabe der Bibliotheksinventarliste

## 12. Quellen und Literaturverzeichnis

**Verschiedenes** zum Seminarbetrieb:

*DMV-Mitgliedschaft*: 16.2.1901 Gutzmer an Bauer, Mitgliedskarte in Umschlag, Mitgliedschaft in der DMV durch Zahlung in einer Summe abgelöst.

WS 1900/01: Liste von 16 gehaltenen *Vorträgen*, der Vortragenden und der übrigen Seminarteilnehmer

12.5.02 Bauer an einen Kollegen (wahrscheinlich Lindemann): Übergabe der *Seminarakten* und Beitrag zum Seminarbericht
21.5.03 Rechnung für Schrankschließfach (Schlosser Schweighart)
21.7.03 Voss an einen Kollegen (wahrscheinlich Lindemann): Seminarteilnehmer WS 1902/03
20.2.05 Vorschlag zur Abschaffung der Prämien, gez. Bauer
27.7.05 PK von Bauer: Beitrag zum Seminarbericht
8.8.05 Voss an einen Kollegen (wahrscheinlich Lindemann): Mitteilung, daß er aus gesundheitlichen Gründen keine Seminarübungen abgehalten hatte.
20.7.09 Rektorat an Seminar: 20 Anweisungsformulare zur Verteilung der Seminarprämien.

## 12.3 Gedruckte Quellen und Sekundärliteratur

Mathematische Publikationen werden im allgemeinen im Haupttext nachgewiesen.

**Abel**, Niels Henrik: Untersuchungen über die Reihe $1 + (m : 1)x + (m(m-1)) : (1 \cdot 2)x^2 + (m(m-1)(m-2)) : (2 \cdot 3)x^3 + \ldots$ Journal für die reine und angew. Mathematik $\underline{1}$ (1826) 311-339.

**ADB**: Allgemeine Deutsche Biographie. Auf Veranlassung und mit Unterstützung seiner Majestät des Königs von Bayern Maximilian II. herausgegeben durch die Historische Commission bei der Kgl. Academie der Wissenschaften. Leipzig. 56 Bde. 1875-1912.

**AdBL**: Annalen der Baierischen Litteratur. Vom Jahr 1778: 1.Band (Nürnberg 1781) ff. Darin: Universität Ingolstadt. Bd.1. 1778-1780 (1781). S.65-68 u. 189. - Bd.2. 1781 (1782). S.155-164. - Bd.3. 1782 (1783). S.1-3.

**Apian**: Philipp Apian und die Kartographie der Renaissance. Bayerische Staatsbibliothek. Planung u. Gesamtred. Hans Wolff. Weissenhorn: Anton H. Konrad 1989. (Ausstellungskataloge Bd.50.)

**Aschbach**, J.: Geschichte der Wiener Universität im ersten Jahrhundert ihres Bestehens. 3 Bde. Wien 1865/1877/1888.

**Barthel**, Woldemar; **Vollrath**, Hans-Joachim: Otto Volk 1892 - 1989. JDMV $\underline{94}$ (1992) 118-129.

**Bauch**, Gustav: Die Anfänge des Humanismus in Ingolstadt. Eine litterarische Studie zur deutschen Universitätsgeschichte.- München, Leipzig: Oldenbourg 1901. (Historische Bibliothek. Bd. 13.)

**Bauer**, Gustav (1893): Erinnerungen aus meinen Studienjahren, insbesondere mit Rücksicht auf die Entwicklung der Mathematik in jener Zeit. Festvortrag. Mathematischer Verein. München 1893.

**Bauer**, Gustav (1903): Vorlesungen über Algebra. Hrsg. Mathematischer Verein München (Karl Doehlemann). (1.Aufl. 1903.) Leipzig: Teubner 3.Aufl. 1921.

**Bauernschmidt**, H.: Das K. Realgymnasium in München 1864 - 1914. Festschrift zum fünzigjährigen Bestande des K. Realgymnasiums. Beilage zum Jahresbericht 1913/14. München 1914.

**Becker**, Oskar: Grundlagen der Mathematik in geschichtlicher Entwicklung. Freiburg/München: Karl Alber Verlag 2.Aufl. 1964. Frankfurt: Suhrkamp 1975.

## 12. Quellen und Literaturverzeichnis

**Beckert**, Herbert; **Schumann**, Horst (Hrsg.): 100 Jahre Mathematisches Seminar der Karl-Marx-Universität Leipzig. Berlin: VEB Deutscher Verlag der Wissenschaften 1981.

**Behnke**, Heinrich: Die goldenen ersten Jahre des Mathematischen Seminars der Universität Hamburg. Mitteilungen der Math. Gesellsch. Hamburg 10(1976) (H.4)225-240.

**Bekemeier**, Bernd: Martin Ohm (1792-1872): Universitäts- und Schulmathematik in der neuhumanistischen Bildungsreform. Vandenhoeck & Ruprecht Göttingen 1987. (Studien zur Wissenschafts-, Sozial- und Bildungsgeschichte der Mathematik Bd.4).

**Bierlein**, Dietrich; **Mammitzsch**, Volker: Hans Richter zum Gedenken. JDMV 82 (1980) 94-107.

**Biermann**, Kurt-R.: Die Mathematik und ihre Dozenten an der Berliner Universität 1810 - 1933. Stationen auf dem Wege eines mathematischen Zentrums von Weltgeltung. Akademie-Verlag Berlin 1988.

**Bochner**, Salomon: Selected Mathematical Papers. New York: Benjamin 1969.

**Böhm**, Friedrich (1925 a): Elemente der Versicherungsrechnung. Sammlung Göschen. Berlin 1925

**Böhm**, Friedrich (1925 b): Lebensversicherungsmathematik. Einführung in die technischen Grundlagen der Sozialversicherung. Sammlung Göschen. Berlin 1925.

**Boehm**, Laetitia; **Spörl**, Johannes (Hrsg.): Die Ludwig-Maximilians-Universität in ihren Fakultäten. 2 Bde. Berlin: Duncker und Humblot 1972/1980.

**Boehm**, Laetitia (1959): Die Verleihung akademischer Grade an den Universitäten des 14.-16. Jahrhunderts. Ein Beitrag auch zur Geschichte der Alma Mater Ingolstadiensis. (Probevorlesung).- In: Chronik der Ludwig-Maximilians-Universität München. 1958/59. S. 164-178.

**Boehm**, Laetitia; **Müller**, Rainer Albert (Hrsg.): Universitäten und Hochschulen in Deutschland, Österreich und der Schweiz. Eine Universitätsgeschichte in Einzeldarstellungen. Düsseldorf: Econ Taschenbuch Verlag 1983. (Hermes Handlexikon 10009)

**Boehm**, Laetitia (1988): Einführung in das Thema "Wissenschaft und Bildung im Deutschland des 19. Jahrhunderts". 25.Symposium der Gesellschaft für Wissenschaftsgeschichte (München 1987). In: Berichte zur Wissenschaftsgeschichte 11 (1988) 129-132.

**Böhme**, Werner Max Egbert: Die Professoren der Philosophischen Fakultät an der Universität Ingolstadt im Zeitraum von 1721 bis 1799. Ihre Schriften. Diss. Erlangen-Nürnberg 1975.

## 12.3 Gedruckte Quellen und Sekundärliteratur

**Böschenstein,** Johannes: Ain neu geordnet Rechenbüchlein mitt den zyffern: den angenden schülern zu nutz, Inhaltent die siben species Algorithmi mit sampt der Regel de Try, und sechs regelen der prüch und der regel Fusti ... Getruckt in der Kayserlichen statt Augstpurg im 1518 Jar. (1.Aufl. 1514) Nachdruck dieser 3.Aufl.: (Hrsg.) Wolfgang Meretz. Berlin 1983.

**Bosl,** Karl: Die "Hohe Schule" zu Ingolstadt.- In: Ingolstadt. Hrsg. von Theodor Müller und Wilhelm Reissmüller. Bd. 2. Ingolstadt 1974. S.81-109.

**BPhV:** Die Gymnasien in Bayern 1963 - 1965. Hrsg. v. Bayerischen Philologenverband. Gesamtredaktion Johann A. Bauer. München/Ingolstadt 1966.

**Brachner,** Alto (Hrsg.)(1983): G.F. Brander, 1713 - 1783, wissenschaftliche Instrumente aus seiner Werkstatt. München: Deutsches Museum 1983.

**Brachner,** Alto (1986): Die Münchner Optik in der Geschichte. Entstehung, Unternehmungen, Sternwarten, Lokalitäten, Ausbreitung. München 1986.

**Bradwardine,** Thomas: Tractatus proportionum seu de proportionibus velocitatum in motibus. 1328. Ed. lat. u. engl.: H. L. Crosby: Thomas Bradwardine. His Tractatus de Proportionibus. Its Significance for the Development of Mathematical Physics. Madison: Univ. of Wisconsin Press 1955.

**Brand,** E.: Die Entwicklung des Gymnasiallehrerstandes in Bayern von 1773 - 1904. München 1904.

**Brandmüller,** Josef; **Oittner-Torkar,** Gisela: 100 Jahre Physikalisches Institut der Universität München. München 1994.

**Braunmühl,** Anton von (1891): Christoph Scheiner als Mathematiker, Physiker und Astronom. Bamberg: Buchner 1891. (Bayerische Bibliothek Bd. 24)

**Braunmühl,** Anton von (1894): Originalbeobachtungen etc. aus der Zeit der Entdeckung der Sonnenflecken. Jahrbuch für Münchener Geschichte. (Hrsg. Karl Trautmann) 5.Jg. Bamberg: Buchner 1894. S.53-60.

**Bruch,** Rüdiger vom; Müller, Rainer A.: Erlebte und gelebte Universität. Die Universität München im 19. und 20. Jahrhundert. Vorwort v. Laetitia Boehm. Geleitwort v. Wulf Steinmann. München: W. Ludwig Verlag 1986.

**Bulirsch,** Roland: Alfred Pringsheim der Mathematiker. In: Kruft, Hanno-Walter: Alfred Pringsheim, Hans Thoma, Thomas Mann. Eine Münchner Konstellation. München: Bayerische Akademie der Wissenschaften 1993. S.25-34.

**Butzer,** Paul L.; **Stark,** Eberhard L.: Dissertationen an den Hochschulen der Bundesrepublik Deutschland in der Zeit von 1961 bis 1970. Eine Bibliographie. Hrsg.v.Präs.d.DMV als Beiheft zum JDMV. Teubner Stuttgart 1975.

**Buzás,** Ladislaus (1984): Bibliographie zur Geschichte der Universität Ingolstadt-Landshut-München 1472-1982. München: J. Lindauer 1984.

## 12. Quellen und Literaturverzeichnis

**Buzás**, Ladislaus (1972): Geschichte der Universitätsbibliothek München. Wiesbaden: Reichert 1972.

**Cantor**, Moritz: Vorlesungen über Geschichte der Mathematik. 4 Bde. Leipzig: Teubner. Bd.1: 4.Aufl. 1922.- Bd.2 (1200-1668): 1.Aufl. 1892 (2.Aufl. 1900).- Bd.3 (1668-1758): 2.Aufl. 1901.- Bd.4 (1759-1799): 1.Aufl. 1908. (Nachdruck 1965).

**Carathéodory**, Constantin: Gesammelte Mathematische Schriften. Hrsg. Heinrich Tietze i.A.d. Bayerischen Akademie der Wissenschaften. 5 Bde. München: C.H.Becksche Verlagsbuchhandlg. 1954-1957.

**Chronik** der Ludwig-Maximilians-Universiät München. Im Auftrag von Rektor und Senat hrsg. vom Universitäts-Archiv. (Umschlagtitel:) Ludwig-Maximilians-Universität München. Jahres-Chronik. München. 1958/59 (ersch. 1959) - 1967/68 (ersch. 1970).

**Clavius**, Christoph: Euclidis elementorum libri XV. Accessit liber XVI. Omnes perspicuis demonstrationibus accuratisque scholiis illustrati. (Rom 1574. 1589. Köln 1591.) 4.Aufl. Rom: A.Zannettus 1603.

**Clebsch**, Alfred: Vorlesungen über Geometrie. Hrsg. v. F. Lindemann. Bd.1: Geometrie der Ebene. Leipzig: Teubner 1876. Bd.2: Geometrie des Raumes. 1.Theil: 1891. 2.Theil: 1908.

**Czymek**, Horst: Abitur und Hochschulzugang. In: Die höhere Schule (1988) Heft 7, S. 190.

**Dear**, Peter: Jesuit Mathematical Science and the Reconstitution of Experience in the Early Seventeenth Century. Stud. Hist. Philos. Sci. 18(1987)133-175.

**DMV** Deutsche Mathematiker-Vereinigung (Hrsg.): Verzeichnis der seit 1850 an den Deutschen Universitäten erschienenen Doctor-Dissertationen und Habilitationsschriften aus der reinen und angewandten Mathematik. München: C. Wolf 1893.

**DSB**: Dictionary of Scientific Biography. Ed. by Charles C. Gillispie. 16 vols. New York: Ch. Scribner's Sons 1970-1980.

**Duhr**, Bernhard: Geschichte der Jesuiten in den Landen deutscher Zunge. 4 in 6 Bdn. Freiburg/München/Regensburg 1907-1928.

**Dyck**, Walther von (Hrsg.)(1892): Katalog mathematischer und mathematisch-physikalischer Modelle, Apparate und Instrumente. Deutsche Mathematiker-Vereinigung. München 1892. Reprint: Nebst Nachtrag. Mit einem Vorwort von Joachim Fischer. Hildesheim: Olms 1994.

**Dyck**, Walther von (1920): Alte und neue Wege und Ziele der Technischen Hochschule. Festrede zur Erinnerung an die ersten fünfzig Jahre des Bestehens der Technischen Hochschule München. 8.Dezember 1920. München: E. Huber (1920).

## 12.3 Gedruckte Quellen und Sekundärliteratur

**Eccarius**, Wolfgang (1974): Der Techniker und Mathematiker A.L. Crelle und sein Beitrag zur Förderung und Entwicklung der Mathematik im Deutschland des 19. Jahrhunderts. Dissertation. Leipzig 1974.

**Eccarius**, Wolfgang (1987): Beziehungen zwischen Fachwissenschaft und Ausbildungsprozeß auf dem Gebiete der Mathematik im Deutschland des 19. Jahrhunderts. Mitteilungen der Mathematischen Gesellschaft der Deutschen Demokratischen Republik (1987) Heft 4, 39-60.

**Eckert**, Michael; **Pricha**, Willibald; **Schubert**, Helmut; **Torkar**, Gisela (1984): Geheimrat Sommerfeld - theoretischer Physiker: Eine Dokumentation aus seinem Nachlaß. München: Deutsches Museum 1984. (Abhandlungen und Berichte d. Dt. Museums, So.-heft 1.)

**Eckert**, Michael (1993): Die Atomphysiker, eine Geschichte der theoretischen Physik am Beispiel der Sommerfeldschule. Braunschweig: Vieweg 1993.

**Eiden**, Ingrid: Das erste gedruckte Vorlesungsverzeichnis der Universität Ingolstadt.- In: Ingolstädter Heimatblätter. Beilage zum Donau Kurier. 41 (1978) S. 39,40,43.

**Engel**, Friedrich; **Stäckel**, Paul: Die Theorie der Parallellenlinien von Euklid bis auf Gauß. Eine Urkundensammlung zur Vorgeschichte der nichteuklidischen Geometrie. Leipzig: Teubner 1895. Reprint New York 1968. (Bibliotheca Mathematica Teubneriana Bd.41.)

**Euklides**: Opus elementorum in geometriam artem. Venedig: Radolt 1482.

**Faber**, Georg (1959): Mathematik. In: Geist und Gestalt. Biographische Beiträge zur Geschichte der Bayerischen Akademie der Wissenschaften vornehmlich im zweiten Jahrhundert ihres Bestehens. Bd. 2: Naturwissenschaften. München: C.H. Beck 1959. S.1-45.

**Faber**, Georg (1928): Zur Erinnerung an Karl Doehlemann. JDMV 37 (1928) 209-212.

**Fischer**, Gerd (Hrsg.)(1986): Mathematische Modelle. Aus den Sammlungen von Universitäten und Museen. 2 Bde. Braunschweig/Wiesbaden: Vieweg 1986.

**Fischer**, Gerd; **Hirzebruch**, Friedrich; **Scharlau**, Winfried; **Törnig**, Willi (Hrsg.)(1990): Ein Jahrhundert Mathematik 1890-1990. Festschrift zum Jubiläum der DMV. Deutsche Mathematiker-Vereinigung. Braunschweig: Vieweg 1990. (Dokumente zur Geschichte der Mathematik Bd.6)

**Fischer**, Joachim: Napoleon und die Naturwissenschaften. Franz Steiner Verlag Stuttgart 1988. (Boethius Bd.16)

**Folkerts**, Menso (1977): Regiomontanus als Mathematiker. Centaurus 21 (1977) 214-245.

**Folkerts**, Menso (1981) (Hrsg.): Steck, Max: Bibliographia Euclideana. Die Geisteslinien der Tradition in den Editionen der "Elemente" (ΣΤΟΙΧΕΙΑ) des

## 12. Quellen und Literaturverzeichnis

Euclid (um 365-300). Handschriften - Inkunabeln - Frühdrucke (16. Jh.). Textkrit. Editionen d. 17.-20. Jahrhunderts. Editionen der Opera minora (16.-20. Jahrhundert). Mit einem wiss. Nachbericht u. mit faksimilierten Titelblättern, hauptsächl. d. Erstausgaben u. wichtiger Editionen. Hildesheim 1981. (Arbor scientiarum, Reihe C: Bibliographien, Bd.1)

**Folkerts**, Menso (1988)(Hrsg.): Gemeinschaft der Forschungsinstitute für Naturwissenschafts- und Technikgeschichte am Deutschen Museum 1963 - 1988. München: Deutsches Museum 1988.

**Folkerts**, Menso (1989): Euclid in Medieval Europe. The Benjamin Catalogue for History of Science (Publ.). Winnipeg, Canada 1989.

**Forster**, Otto; **Nastold**, Hans-Joachim: Die Mathematik an der Universität Münster. In: Dollinger, Heinz (Hrsg.): Die Universität Münster 1780 - 1980. Münster: Aschendorff 2.Aufl. 1980. S.429-432.

**Fraenkel**, Abraham A.: Lebenskreise. Aus den Erinnerungen eines jüdischen Mathematikers. Stuttgart: Deutsche Verlags-Anstalt 1967.

**Frei**, Günther; **Stammbach**, Urs: Die Mathematiker an den Zürcher Hochschulen. Basel; Boston; Berlin: Birkhäuser 1994.

**Fricke**, Robert: Felix Klein zum 25. April 1919, seinem siebzigsten Geburtstage. Die Naturwissenschaften 7(1919)275-280.

**Fritsch**, Rudolf: The transcendence of π has been known for about a century - but who was the man who discovered it? Results in Mathematics 7(1984)165-183.

**Fritsch**, Rudolf; **Fritsch**, Gerda: Der Vierfarbensatz. Geschichte, topologische Grundlagen und Beweisidee. B.I. Wissenschaftsverlag Mannheim 1994.

**Gebhardt**, Rainer (Hrsg.): Einblicke in die Coß von Adam Ries. Eine Auswahl aus dem Original mit aktuellen Anmerkungen und Kommentaren. Stuttgart/ Leipzig: B.G.Teubner 1994.

**Gerber**, Horst Peter: Die Professoren der Philosophischen Fakultät der Universität Ingolstadt vor und nach ihrer Übernahme durch die Jesuiten. Ihre Schriften. Diss. Erlangen 1974.

**Gerhardt**, C. J.: Geschichte der Mathematik in Deutschland. München 1877. (Geschichte der Wissenschaften in Deutschland. Neuere Zeit. Bd.17)

**Gericke**, Helmuth (1955): Zur Geschichte der Mathematik an der Universität Freiburg i.Br." Freiburg: Albert 1955.

**Gericke**, Helmuth (1966): Aus der Chronik der Deutschen Mathematiker-Vereinigung. JDMV 68(1966)46-74.

**Gericke**, Helmuth (1972): Bilder aus der naturwissenschaftlichen Forschung an der Ludwig-Maximilians-Universität München. Einleitung. In: Boehm, Lae-

## 12.3 Gedruckte Quellen und Sekundärliteratur

titia; Spörl, Johannes (Hrsg.): Die Ludwig-Maximilians-Universität in ihren Fakultäten. Bd. 1. Berlin 1972. S. 347-353.

**Gericke**, Helmuth; **Uebele**, Hellfried: Philipp Ludwig Seidel und Gustav Bauer, zwei Erneuerer der Mathematik in München. In: Boehm, Laetitia; Spörl, Johannes (Hrsg.): Die Ludwig-Maximilians-Universität in ihren Fakultäten. Bd. 1. Berlin 1972. S. 390-399.

**Gericke**, Helmuth (1984): Mathematik in Antike und Orient. Berlin: Springer 1984.

**Gericke**, Helmuth (1990): Mathematik im Abendland. Berlin: Springer 1990.

**Gerl**, Armin: Trigonometrisch-astronomisches Rechnen kurz vor Copernicus. Der Briefwechsel Regiomontanus-Bianchini. Stuttgart: Franz Steiner 1989.

**Gerlach**, Walter: Physiker, Lehrer, Organisator. Dokumente aus seinem Nachlaß. Hrsg. v. Rudolf Heinrich, Hans-Reinhard Bachmann, unter Mitarb. v. Margret Nida-Rümelin. München: Deutsches Museum 1989.

**Gernert**, Renate (Hrsg.): Drei Register über biographische Beiträge im Jahresbericht der DMV, Bd. 1 bis 83. JDMV 88 (1986) 1-10.

**Giering**, Oswald; **Ströhlein**, Thomas (Hrsg.): Fakultät für Mathematik der Technischen Universität München. München 1993.

**Gottwald**, Siegfried; **Ilgauds**, Hans-Joachim; **Schlote**, Karl-Heinz (Hrsg.): Lexikon bedeutender Mathematiker. Frankfurt a.M.: Harri Deutsch 1990.

**Graf-Stuhlhofer**, Franz: Humanismus zwischen Hof und Universität. Georg Tannstetter (Collimitius) und sein wissenschaftliches Umfeld im Wien des frühen 16.Jahrhunderts. Wien: WUV-Universitätsverlag 1996. (Schriftenreihe des Universitätsarchivs Bd.8)

**Grant**, Edward (Ed.): A Source Book in Medieval Science. Cambridge, Mass.: Harvard Univ. Press 1974.

**Grill**, R.: Coelestin Steiglehner, letzter Fürstabt zu Regensburg. München 1937.

**Grössing**, Helmuth: Humanistische Naturwissenschaft. Zur Geschichte der Wiener mathematischen Schulen des 15. und 16. Jahrhunderts. Baden-Baden: V. Koerner 1983. (Saecula Spiritalia. Hrsg. Dieter Wuttke. Bd.8)

**Grössing**, Helmuth (1968): Johannes Stabius. Ein Oberösterreicher im Kreis der Humanisten um Kaiser Maximilian I. In: Mitteilungen des oberösterreichischen Landesarchivs 9 (1968)239-264.

**Grundel**, Friedrich: Die Mathematik an den deutschen höheren Schulen. 2 Bde. Leipzig/Berlin: Teubner 1928/29.

**Günther**, Siegmund (1882): Peter und Philipp Apian, zwei deutsche Mathematiker und Kartographen. Ein Beitrag zur Gelehrten-Geschichte des XVI. Jahrhunderts. Prag 1882. Nachdruck Amsterdam: Meridian Publ. Co. 1967.

## 12. Quellen und Literaturverzeichnis

**Günther**, Siegmund (1887): Geschichte des mathematischen Unterrichts im deutschen Mittelalter bis zum Jahre 1525. Berlin: A. Hofmann 1887. Reprint Vaduz: Sändig 1969. (Monumenta Germaniae Paedagogica Bd.3)

**Guggenberger**, Karl: Geschichte des Ludwigsgymnasiums in München (1824 - 1924). München: Carl Seyfried & Co. o.J. (1924).

**Hartmann**, Ludwig: Der Physiker und Astronom P. Placidus Heinrich von St. Emmeram in Regensburg (1758-1825). Studien und Mitteilungen zur Geschichte des Benediktiner-Ordens und seiner Zweige. Bd.47. (= N.F. Bd. 16) München: Oldenbourg 1929. S.157-182, 316-351.

**Hartogs**, Friedrich: Zur Theorie der analytischen Funktionen mehrerer unabhängiger Veränderlicher, insbesondere über die Darstellung derselben, welche nach Potenzen einer Veränderlichen fortschreiten. (Leipzig 1905 =) Math. Ann. 62 (1906) 1-88.

**Hashagen**, Ulf: Mathematik für Ingenieure oder Stellenmarkt für Mathematiker. Die ersten 50 Jahre Mathematikunterricht an der TH München (1868-1918). In: Wengenroth, Ulrich (Hrsg.): Die Technische Universität München. Annäherungen an ihre Geschichte. Technische Univers. München 1993. S.39 -86.

**Heinhold**, Josef (1984): Erinnerungen an eine Epoche Mathematik in München. (1930-1960). In: Jahrbuch Überblicke der Mathematik 1984. Mannheim: Bibliographisches Institut 1984. S.177-209.

**Heinhold**, Josef (1980): Oskar Perron. Jahrbuch Überblicke Mathematik 1980. Mannheim: Bibliographisches Institut 1980. S.121-129.

**Heinhold**, Josef; **Kerber**, A.: Dem Andenken an Hermann Boerner. JDMV 86 (1984) 109-114.

**Heinrich**, Placidus: De sectionibus conicis tractatus analyticus. Ratisbonae (Regensburg) 1796.

**Hensel**, Susann: Die Auseinandersetzung um die mathematische Ausbildung der Ingenieure an den Technischen Hochschulen in Deutschland Ende des 19. Jahrhunderts. In: Susann Hensel; Karl-Norbert Ihmig; Michael Otte: Mathematik und Technik im 19. Jahrhundert in Deutschland. Göttingen: Vandenhoeck & Ruprecht 1989. (Studien zur Wissenschafts-, Sozial- und Bildungsgeschichte der Mathematik Bd. 6) S.1-111 u. Anhang.

**Hermann**, Armin (1971): Geschichte der Physik. 2 Bde. Köln: Aulis 1971/72. (= Lexikon der Schulphysik. Hrsg. Oskar Höfling. Bd. 6 und 7)

**Hermann**, Armin (1972): Arnold Sommerfeld (1868-1951). In: Boehm, Laetitia; Spörl, Johannes (Hrsg.): Die Ludwig-Maximilians-Universität in ihren Fakultäten. Bd. 1. Berlin 1972. S. 435-451.

**Hermann**, Armin (1973): Max Planck. In Selbstzeugnissen und Bilddokumenten. Rowohlt-Monographie. Reinbek b.Hamburg 1973.

## 12.3 Gedruckte Quellen und Sekundärliteratur

**Hermann**, Armin (1976): Werner Heisenberg. In Selbstzeugnissen und Bilddokumenten. Rowohlt-Monographie. Reinbek b.Hamburg 1976.

**Hilbert**, David (1889): Zur Theorie der algebraischen Gebilde I. Göttinger Nachrichten 1888/89. Auch in: Ges.Abh. $\underline{2}$(1933)176-183.

**Hilbert**, David (1899): Grundlagen der Geometrie. Leipzig: Teubner 1.Aufl. 1899. 7.Aufl. 1930. Stuttgart 12.Aufl. 1977.

**Hilbert**, David (1905): Über die Grundlagen der Logik und Arithmetik. Verhandlungen des 3.Internationalen Mathematiker-Kongresses in Heidelberg. Leipzig 1905. S.174-185. Nachdruck in: [Hilbert 1899], Leipzig 7.Aufl. 1930. Anhang VII.

**Hilbert**, David (1985): Der Briefwechsel David Hilbert - Felix Klein: (1886-1918). Hrsg. mit Anm. von Günther Frei. Göttingen: Vandenhoeck & Ruprecht 1985.

**Hille**, Einar; **Phillips**, Ralph S.: Functional Analysis and Semi-Groups. Providence: Amer.Math.Soc. (1st ed. 1948) 2nd ed. 1957.

**Höflechner**, Walter; **Hohenester**, Adolf: Ludwig Boltzmann 1844-1906. Vollender der klassischen Thermodynamik. Eine Dokumentation. Deutsches Museum München 1985.

**Högner**, Hermann-Ludwig Georg Friedrich: Philosophie und Medizin in Ingolstadt. Professoren der Philosophischen Fakultät von 1641 bis 1720. Diss. Erlangen. 1976.

**Hofmann**, Joseph Ehrenfried (1933): Heinrich Wieleitner. JDMV $\underline{42}$ (1933) 199--223.

**Hofmann**, Joseph Ehrenfried (1954): Die Mathematik an den altbayerischen Hochschulen. München 1954. (= Abhandlungen der Bayer. Akademie der Wiss. Math.-nat. Klasse. N.F. 62).

**Hofmann**, Joseph Ehrenfried (1957/1963): Geschichte der Mathematik. 3 Bde. Sammlung Göschen. Berlin: W. de Gruyter. Bd.1: 2.Aufl. 1963. Bd.2: 1957. Bd.3: 1957.

**Hradil**, Hannelore: Der Humanismus an der Universität Ingolstadt (1477-1585). In: Boehm, Laetitia; Spörl, Johannes (Hrsg.): Die Ludwig-Maximilians-Universität in ihren Fakultäten. Bd. 2. Berlin 1980. S. 37-63.

**Hubensteiner**, Benno (Hrsg.): Ingolstadt, Landshut, München. Der Weg einer Universität. Benno Hubensteiner; Reinhard Raffalt; Georg Schwaiger; Karl Bosl. Regensburg: Pustet 1973.

**Huber**, Max: Ludwig I. von Bayern und die Ludwig-Maximilians-Universität in München (1826-1832). Diss. München 1938.

## 12. Quellen und Literaturverzeichnis

**Huber**, Ursula: Universität und Ministerialverwaltung. Die hochschulpolitische Situation der Ludwig-Maximilians-Universität während der Ministerien Oettingen-Wallerstein und Abel (1832-1847). Berlin: Duncker & Humblot 1987. (Ludovico Maximilianea. Universität Ingolstadt-Landshut-München. Forschungen; Bd. 12.) Zugl. Diss. München 1981.

**Hünemöder**, Christian (Red.): Das Institut für Geschichte der Naturwissenschaften, Mathematik und Technik der Universität Hamburg 1960 - 1985. Universität Hamburg 1985.

**Informatik**: Ludwig-Maximilians-Universität München. Das Institut für Informatik: Lehre und Forschung. Hrsg.: Die Professoren d. Instituts. München 1994.

**Jahnke**, Hans Niels (1987): Motive und Probleme der Arithmetisierung der Mathematik in der ersten Hälfte des 19. Jahrhunderts - Cauchys Analysis in der Sicht des Mathematikers Martin Ohm. Archive for History of Exact Sciences 37 (1987) 101-182.

**Jahnke**, Hans Niels (1990): Mathematik und Bildung in der Humboldtschen Reform. Göttingen: Vandenhoeck & Ruprecht 1990. Habilitationsschrift Bielefeld. (Studien zur Wissenschafts-, Sozial- und Bildungsgeschichte der Mathematik; Bd.8)

**Jahrbuch** der Ludwig-Maximilians-Universität München. Hrsg. von der Gesellschaft von Freunden und Förderern der Universität München (Münchener Universitätsgesellschaft) e.V. 1957/58. München: Wolf (1958).

**Jesuiten**: Die Jesuiten in Bayern 1549-1773. Ausstellung des Bayerischen Hauptstaatsarchivs und der Oberdeutschen Provinz der Gesellschaft Jesu. Redaktion: Albrecht Liess. Weißenhorn: Anton H.Konrad 1991.

**Johannes de Lineriis**: Algorismus de minutiis. Um 1320. Ed. H.L.L. Busard: Het Rekenen met Breuken in de Middeleeuwen, in het bijzonder bij Johannes de Lineriis. Mededelingen van de Koninklijke Vlaamse Academie voor Wetenschappen, Letteren en schone Kunsten van Belgie. Klasse der Wetenschappen. Jaargang XXX, 1968, Nr.7.

**Johannes de Muris**: Tractatus Canonum minutiarum philosophicarum [Sexagesimalbrüche] et vulgarium [gewöhnliche Brüche], quem composuit mag. Johannes de Muris, Normannus. 1321.

**John**, Wilhelm: Das Bücherverzeichnis der Ingolstädter Artistenfakultät von 1508. Zentralblatt für Bibliothekswesen 59 (1942) 381-412.

**Jungnickel**, Christa; **McCormmach**, Russell: Intellectual Mastery of Nature. Theoretical Physics from Ohm to Einstein. Vol.1: The Torch of Mathematics, 1800 - 1870. Vol.2: The Now Mighty Theoretical Physics, 1870 - 1925. Chicago/London: The University of Chicago Press 1986.

**Juschkewitsch**, Adolf P.: Geschichte der Mathematik im Mittelalter. Leipzig: Teubner 1964.

## 12.3 Gedruckte Quellen und Sekundärliteratur

**Kasch**, Friedrich: Zur Situation der Forschung an der Universität München. In: Die deutsche Universitäts-Zeitung - vereinigt mit Hochschul-Dienst 27(1972) 682-683.

**Kaup**, Ludger; **Kaup**, Burchard: Holomorphic Functions of Several Variables. Berlin: de Gruyter 1983.

**Kink**, Rudolf: Geschichte der kaiserlichen Universität zu Wien. 2 Bde. Wien 1854.

**Klein**, Felix (1907): Vorträge über den mathematischen Unterricht an den höheren Schulen. Bearb. v. R. Schimmack. Tl.1. Leipzig: Teubner 1907.

**Klein**, Felix (1908): Elementarmathematik vom höheren Standpunkte aus. Autographierte Vorlesungsausarbeitung. 2 Bde. Göttingen 1908/09. (2.Aufl. 1911/ 1914.). Bd.1: 4.Aufl. Nachdruck Berlin: Springer 1968.

**Klein**, Felix (1926): Vorlesungen über die Entwicklung der Mathematik im 19. Jahrhundert. 2 Tle. Berlin: Springer 1926. Nachdruck 1979.

**Klein**, Felix; **Riecke**, Eduard: Über angewandte Mathematik und Physik in ihrer Bedeutung für den Unterricht an den höheren Schulen. Leipzig/Berlin: Teubner 1900.

**Kline**, Morris: Mathematical Thought from Ancient to Modern Times. New York: Oxford University Press 1972.

**Knobloch**, Eberhard: Astrologie als astronomische Ingenieurkunst des Hochmittelalters. Zum Leben und Wirken des Iatromathematikers und Astronomen Johannes Engel (vor 1472 - 1512). Sudhoffs Archiv 67(1983)129-144.

**Kobolt**, Anton Maria (1795): Baierisches Gelehrten-Lexicon, worin alle Gelehrten Baierns und der oberen Pfalz, welche bis auf das 18. Jahrhundert und zwar bis zum Ausgange des Jahres 1724 daselbst gelebt und geschrieben haben, mit ihren sowohl gedruckten als noch ungedruckten Schriften nach alphabetischer Ordnung beschrieben und enthalten sind. Landshut 1795.

**Kobolt**, Anton Maria (1824): Ergänzungen und Berichtigungen zum Baierischen Gelehrten-Lexicon von Anton Maria Kobolt. Nebst Nachträgen von Herrn Benefiziaten Gandershofen. Landshut 1824.

**Koch**, Ernst-Eckhard: Das Konservatorenamt und die mathematisch-physikalische Sammlung der Bayerischen Akademie der Wissenschaften. Arbeitsber. aus d. Inst. f. Gesch.d. Nat. d. Univ. Mchn. München 1967 (Veröff. d. Forschungsinstituts d. Deutschen Museums. Reihe A. Kleine Mitt. Nr. 30.)

**Koch**, Günter: Zum Gedenken an Robert Brückner. Münchner Blätter zur Versicherungsmathematik (Okt. 1988) H.9.

**Koethe**, Gottfried: Das wissenschaftliche Werk von Konrad Jörgens. JDMV 77 (1975) 78-88.

## 12. Quellen und Literaturverzeichnis

**Krafft**, Fritz (Hrsg.): Große Naturwissenschaftler. Biographisches Lexikon. Mit einer Bibliographie zur Geschichte der Naturwissenschaften. Düsseldorf: VDI-Verlag 2.Aufl.1986.

**Kraus**, Andreas: Die naturwissenschaftliche Forschung an der Bayerischen Akademie der Wissenschaften im Zeitalter der Aufklärung. München 1978.

**Kraus**, Wolfgang: Personalbibliographien von Professoren der Artistenfakultät in Ingolstadt von der zweiten Hälfte des 16. Jahrhunderts bis zum Beginn des Dreißigjährigen Krieges. Diss. Erlangen 1973.

**Kropp**, Gerhard: Vorlesungen über Geschichte der Mathematik. Mannheim: Bibliographisches Institut 1969.

**Kruft**, Hanno-Walter: Alfred Pringsheim, Hans Thoma, Thomas Mann. Eine Münchner Konstellation. München: Bayerische Akademie der Wissenschaften 1993. (Philos.-hist. Klasse, Abhandlungen, Neue Folge, Heft 107).

**Kühner**, Hans: Lexikon der Päpste. W. Classen, Zürich (1967).

**Kupcik**, Ivan: Alte Landkarten. Von der Antike bis zum Ende des 19. Jahrhunderts. Hanau: Dausien 1984.

**Lexis**, Wilhelm: Die deutschen Universitäten. 2 Bde. Asher & Co, Berlin 1893.

**Liess**, Albrecht: Die artistische Fakultät der Universität Ingolstadt 1472-1588. In: Boehm, Laetitia; Spörl, Johannes (Hrsg.): Die Ludwig-Maximilians-Universität in ihren Fakultäten. Bd. 2. Berlin 1980. S. 9-35.

**Lindemann**, Ferdinand (1881): Ueber das Verhalten der Fourier'schen Reihen an Sprungstellen. Math.Ann. 19 (1882) 517-523.

**Lindemann**, Ferdinand (1896/97): Zur Geschichte der Polyeder und der Zahlzeichen. Sitzungsber. Bayer.Akad.Wiss. 26 (1896/97).

**Lindemann**, Ferdinand (1898): Gedächtnisrede auf Philipp Ludwig Seidel gehalten in der öffentl. Sitzung d. k. Bayer. Akad. d. Wiss. zu München am 27.3. 1897. München 1898. 84 S. Kurzfassung in: JDMV 7 (1898) 23-33.

**Lindemann**, Ferdinand (1904): Lehren und Lernen in der Mathematik. Rede beim Antritt des Rektorats der Ludwig-Maximilians-Universität (26.11.1904). München 1904.

**Lindemann**, Ferdinand v. (1971): Lebenserinnerungen. Ferdinand v. Lindemann 1852 - 1939. Unveröff. priv. Manuskriptdruck. München 1971.

**Lindgren**, Uta: Die Artes liberales in Antike und Mittelalter: bildungs- und wissenschaftsgeschichtliche Entwicklungslinien. München: Institut für Geschichte der Naturwissenschaften 1992. (Algorismus; Heft 8)

**Litten**, Freddy (1991): Astronomie in Bayern 1914 - 1945. Diss. München 1991.

## 12.3 Gedruckte Quellen und Sekundärliteratur

**Litten,** Freddy (1994): Die Carathéodory-Nachfolge in München 1938-1944. Centaurus 37 (1994) No.2, 154-172.

**Lorey,** Wilhelm (1916): Das Studium der Mathematik an den deutschen Universitäten seit Anfang des 19. Jahrhunderts. Leipzig, Berlin: Teubner 1916. (= Abhandlungen über den mathematischen Unterricht in Deutschland, veranlaßt durch die Internationale Mathematische Unterrichtskommission. Hrsg. von Felix Klein. Band 3. Heft 9)

**Lorey,** Wilhelm (1938): Der deutsche Verein zur Förderung des mathematischen und naturwissenschaftlichen Unterrichts e.V. 1891 - 1938. Frankfurt a.M.: Otto Salle 1938.

**LMU:** Ludwig-Maximilians-Universität München 1472 - 1972. Geschichte, Gegenwart, Ausblick. Hrsg. vom Rektoratskollegium der Universität München. Redigiert von Otto B. **Roegele** und Wolfgang R. **Langenbucher.** München: Süddeutscher Verlag 1972.

**LMU:** Ludwig-Maximilians-Universität Ingolstadt-Landshut-München 1472 - 1972. Im Auftrag von Rektor und Senat hrsg. von Laetitia **Boehm** und Johannes **Spörl.** Berlin: Duncker und Humblot 1972.

**Mackensen,** Ludolf von: Vom Ursprung und Wandel der Technischen Hochschule München - zu ihrem Hundert-Jahr-Jubiläum 1968. In: Rechenpfennige. Aufsätze zur Wissenschaftsgeschichte. Kurt Vogel zum 80. Geburtstag am 30.9.1968. Forschungsinstitut des Deutschen Museums für die Geschichte der Naturwissenschaften und der Technik. München 1968. S. 217-231.

**Magold,** Maurus: Mathematisches Lehrbuch zum Gebrauch öffentlicher Vorlesungen auf der königlich bayerischen Landes-Universität zu Landshut. 5 Bde. z.T. in mehreren Ausg.: I. Arithmetik. 1802 (2.Ausg. 1808. 3.Ausg. 1813. 4.Ausg. 1830). II. Elementargeometrie, Trigonometrie. 1803 (2.Ausg. 1814). III. Polygonometrie, Markscheidekunst. 1804/1805. IV. Reine Mechanik. 1809. V. Angewandte Mathematik fester Körper. 1813. Landshut; München.

**Mandelkow,** Klaus-Joachim Karl: Philosophie und Medizin in Ingolstadt. Professoren der Philosophie von 1472 bis 1559. Ihre Schriften. Diss. Erlangen 1976.

**Marti,** Hanspeter: Philosophische Dissertationen deutscher Universitäten 1660 - 1750. München: Saur 1982.

**Maß, Zahl und Gewicht**: Mathematik als Schlüssel zu Weltverständnis und Weltbeherrschung. Hrsg. v. Menso Folkerts, Eberhard Knobloch, Karin Reich. Weinheim: VCH, Acta Humaniora 1989. (Ausstellungskatalog der Herzog-August-Bibliothek Wolfenbüttel Bd.60)

**Mathemata.** Festschrift für Helmuth Gericke. Hrsg. v. Menso Folkerts u. Uta Lindgren. Stuttgart: Franz Steiner Wiesbaden 1985. (Boethius Bd.12)

## 12. Quellen und Literaturverzeichnis

**Mederer**, Johann Nepomuk: Annales Ingolstadiensis Academiae. Pars I - IV. Ingolstadt: Krüll 1782. - Pars V. München: Weiss 1859.

**Mehrtens**, Herbert: Die "Gleichschaltung" der mathematischen Gesellschaften im nationalsozialistischen Deutschland. Jahrbuch Überblicke Mathematik 1985, S.83-103. Bibliographisches Institut Mannheim 1985.

**Menninger**, Karl: Zahlwort und Ziffer. Eine Kulturgeschichte der Zahl. 2 Bde. 2.Aufl. Göttingen: Vandenhoeck & Ruprecht 1958.

**Mises**, Richard von: Über die Aufgaben und Ziele der angewandten Mathematik. Zeitschrift für angewandte Mathematik und Mechanik $\underline{1}$ (1921) 1ff.

**Müller**, Karl Alexander von: Die wissenschaftlichen Anstalten der Ludwig-Maximilians-Universität zu München. Chronik zur Jahrhundertfeier im Auftrag des akademischen Senats hrsg. v. Karl Alexander von Müller. München: Wolf, Oldenbourg 1926.

**Müller**, Winfried: Universität und Orden im ausgehenden 18. Jahrhundert. Die bayerische Landesuniversität Ingolstadt zwischen der Aufhebung des Jesuitenordens und der Säkularisation (1773 - 1803). Berlin: Duncker und Humblot 1986. (Ludovico Maximilianea, Universität Ingolstadt-Landshut-München. Forschungen Bd.11.) Zugl. Diss. München 1982.

**Neubig**, Karl-Heinz: Naturwissenschaftliche Forschung und technisch-industrielle Entwicklung in München in der ersten Hälfte des 19. Jahrhunderts. In: Deutscher Verein zur Förderung des math.-nat. Unterrichts. 81. Hauptversammlung. Tagungsband. München 1990. S.17-28.

**Neuerer**, Karl: Das höhere Lehramt in Bayern im 19. Jahrhundert. Ausbildungsaspekte und ihre Realisationsformen dargestellt unter besonderer Berücksichtigung der Lehrämter des humanistischen Gymnasiums und der Ausbildungsverhältnisse an der Ludwig-Maximilians-Universität München. Berlin: Duncker & Humblot 1978. (Ludovico Maximilianea, Universität Ingolstadt-Landshut-München. Forschungen Bd.10.)

**NDB**: Neue Deutsche Biographie. Herausgegeben von der Historischen Kommission bei der bayerischen Akademie der Wissenschaften. Bisher 17 Bde. (A-Mol) Berlin 1953-1994.

**Neuenschwander**, Erwin; **Burmann**, Hans-Wilhelm: Die Entwicklung der Mathematik an der Universität Göttingen. Georgia Augusta. Nachrichten der Universität Göttingen. November 1987. S.17-28.

**Obermeier**, Rudolf: Ein Vorlesungsverzeichnis der Universität Ingolstadt aus dem Jahre 1548. In: Ingolstädter Heimatblätter. Beilage zum Donau-Kurier. $\underline{16}$ (1953) 3-4.

**Oittner-Torkar**, Gisela: Vom unbedeutenden Kabinett zum erfolgreichen Institut. Die Physik an der Ludwig-Maximilians-Universität in München. Physik und Didaktik $\underline{19}$ (1991) H.4, 293-310.

## 12.3 Gedruckte Quellen und Sekundärliteratur

**Paul**, Siegfried; **Ruzavin**, Georgij: Mathematik und mathematische Modellierung. Berlin 1986.

**Peckhaus**, Volker: Hilbertprogramm und kritische Philosophie: das Göttinger Modell interdisziplinärer Zusammenarbeit zwischen Mathematik und Philosophie. Vandenhoeck & Ruprecht Göttingen 1990. (Studien zur Wissenschafts-, Sozial- und Bildungsgeschichte der Mathematik Bd.7)

**Perron**, Oskar (1907): Zur Theorie der Matrices. Math.Ann. 64 (1907) 248-263.

**Perron**, Oskar (1913): Lehre von den Kettenbrüchen. Leipzig: B.G. Teubner 1913.

**Perron**, Oskar; **Carathéodory**, Constantin; **Tietze**, Heinrich: Das mathematische Seminar. In: Karl Alexander v.Müller: Die wissenschaftlichen Anstalten der Ludwig-Maximilians-Universität zu München. München 1926. S.206.

**Perron**, Oskar (1953): Alfred Pringsheim. JDMV 56 (1952/53) 1-6.

**Perron**, Oskar (1952): Constantin Carathéodory. JDMV 55 (1951/52) 39-51.

**Perron**, Oskar (1964): Heinrich Tietze 31.8.1880-17.2.1964. JDMV 83 (1981) 182-185. (Erstmals erschienen in: Jahreschronik der Universität München 1963/64.)

**Pinl**, M.: Kollegen in einer dunklen Zeit. I.Teil: JDMV 71 (1969) 167-228; II.Teil: JDMV 72 (1971) 165-189; III.Teil: JDMV 73 (1972) 153-208; IV.Teil (Schluß): JDMV 75 (1974) 166-208.

**Pölnitz**, Götz Freiherr von: Denkmale und Dokumente zur Geschichte der Ludwig-Maximilians-Universität Ingolstadt-Landshut-München. München: Callwey 1942.

**Poggendorff**, J.C.: Biographisch-Literarisches Handwörterbuch zur Geschichte der exakten Naturwissenschaften. (Ab Bd.5: Biographisch-literarisches Handwörterbuch für Mathematik, Astronomie, Physik, Chemie und verwandte Wissenschaftsgebiete.) Hrsg. Sächs.Akad.d.Wiss. Leipzig. In 7 Bänden bzw. Auflagen. Bd. I/II: Leipzig 1863. Fast vollst. erschienen bis Band VIIb (Berichtsjahr 1962), Teil 9, 4.Lieferung Akademie-Verlag Berlin 1992.

**Poincaré**, Henri: Wissenschaft und Methode. Autorisierte dtsche. Ausg. m. erläuternden Anmerkungen (S. 263-283) von F. u. L. Lindemann. Leipzig/Berlin: Teubner 1914. (Wissenschaft und Hypothese Bd.17.)

**Popp**, Walter Helmut: Philosophen und Mediziner. Professoren der Philosophie in Ingolstadt von 1560 bis 1640. Diss. Technische Univers. München 1978.

**Prantl**, Karl von: Geschichte der Ludwig-Maximilians-Universität in Ingolstadt, Landshut, München. Zur Festfeier ihres vierhundertjährigen Bestehens im Auftrage des akademischen Senats verfaßt. 2 Bde. München: Kaiser 1872. Neudruck Aalen: Scientia 1968.

## 12. Quellen und Literaturverzeichnis

**Pringsheim**, Alfred (1883): Ueber gewisse Reihen, welche in getrennten Convergenzgebieten verschiedene, willkürlich vorgeschriebene Functionen darstellen. Math.Ann. 22 (1883) 109-116.

**Pringsheim**, Alfred (1897): Über den Zahl- und Grenzwertbegriff im Unterricht. JDMV 6 (1897) 73-83.

**Pringsheim**, Alfred (1898): Zur Frage der Universitätsvorlesungen über Infinitesimalrechnung. JDMV 7 (1898) 139-145.

**Pringsheim**, Alfred (1904): Über Wert und angeblichen Unwert der Mathematik. Festrede Bayer. Akad. d. Wissenschaften. München: Verlag K.B. Akademie 1904. Ebenso: JDMV 13 (1904) 357-382.

**Radbruch**, Knut: Mathematik in den Geisteswissenschaften. Göttingen: Vandenhoeck & Ruprecht 1989. (Kleine Vandenhoeck-Reihe 1540.)

**Reich**, Karin (1985): Aurel Voss. In: Mathemata. Festschrift für Helmuth Gericke. Stuttgart 1985. S.674-699.

**Reich**, Karin (1987): Otto Volk 95 Jahre. Nachrichtenblatt der Deutschen Gesellschaft für Geschichte der Medizin, Naturwissenschaft und Technik 37 (1987) (H.2) 79-82.

**Reindl**, Maria: Lehre und Forschung in Mathematik und Naturwissenschaften, insbesondere Astronomie, an der Universität Würzburg von der Gründung bis zum Beginn des 20. Jahrhunderts. Dissertation Universität Würzburg 1965.

**Resch**, Liselotte, **Buzás** Ladislaus: Verzeichnis der Doktoren und Dissertationen der Universität Ingolstadt-Landshut-München 1472-1970. Bd.7: Philosophische Fakultät. 1750-1950. München: Universitätsbibliothek 1977. - Bd.8: Philosophische Fakultät. 1951-1970. Naturwissenschaftliche Fakultät. 1937-1970. Namenregister für Bd. 7-8. München: Universitätsbibliothek 1978.

**Röttel**, Karl (Hrsg.): Peter Apian. Astronomie, Kosmographie und Mathematik am Beginn der Neuzeit. Buxheim/Eichstätt: Polygon-Verlag 1995.

**Romstöck**, Franz Sales (1886): Die Astronomen, Mathematiker und Physiker der Diöcese Eichstätt. Serie I, II. In: Jahresbericht über das Bischöfliche Lyceum zu Eichstätt für das Studienjahr 1883/84 (Eichstätt 1884), 1885/86 (Eichstätt 1886).

**Romstöck**, Franz Sales (1898): Die Jesuitennullen Prantl's an der Universität Ingolstadt und ihre Leidensgenossen. Eine biobibliographische Studie. Eichstätt: Brönner 1898.

**Rottmanner**, Max: Eine Universitäts-Festrede aus dem Jahre 1839. (Thaddaeus Siber beim Stiftungsfest der Univ. München am 26.6.1839. Mit Angaben über Sibers Nachlaß im Kloster Andechs.) In: Altbayerische Monatsschrift 12 (1913/14) Heft 1 u. 2, S.26-36.

## 12.3 Gedruckte Quellen und Sekundärliteratur

**Ruf**, Paul (1932)(Hrsg.): Mittelalterliche Bibliothekskataloge. Deutschland und die Schweiz. 3.Bd. T.2. Bistum Eichstätt. S. 220-256. München: Beck 1932.

**Ruf**, Paul (1935): Der älteste Handschriftenbestand der Ingolstädter Artistenfakultät. In: Aus der Geisteswelt des Mittelalters. Studien und Texte Martin Grabmann zur Vollendung des 60.Lebensjahres von Freunden und Schülern gewidmet. Münster 1935. S.91-110. (Beiträge zur Geschichte der Philosophie und Theologie des Mittelalters. Suppl.-Bd. III, 1.)

**Säckl**, Herwig: Die Rezeption des Funktionsbegriffs in der wissenschaftlichen Basis an Hochschule und Schule im neunzehnten Jahrhundert. Eine Fallstudie zur Sozialgeschichte der Mathematik mit besonderem Blick auf Bayern. Diss. Regensburg 1984.

**Schaff**, Josef: Geschichte der Physik an der Universität Ingolstadt (1472 - 1800). Auf Grund archivalischer Quellen und der Originalschriften dargestellt. Erlangen: Junge 1912. Zugl. Diss. Erlangen 1912.

**Scharlau**, Winfried (Bearb.): Mathematische Institute in Deutschland: 1800 - 1945./ Deutsche Mathematiker-Vereinigung. Unter Mitarbeit zahlreicher Fachgelehrter bearb. von W. Scharlau. Braunschweig; Wiesbaden: Vieweg 1989. (Dokumente zur Geschichte der Mathematik Bd.5).

**Schneider**, Ivo (1987): Die Mathematisierung der Naturwissenschaften vor dem Hintergrund der Bildungsvorstellungen des 19. Jahrhunderts. Vortragsausarb. aus: 25.Symposium der Ges. für Wissenschaftsgesch. "Wissenschaft und Bildung im Deutschland des 19. Jahrhunderts" (München 1987). In: Berichte zur Wissenschaftsgesch. 11 (1988) 207-217.

**Schneider**, Ivo (Hrsg.)(1988): Die Entwicklung der Wahrscheinlichkeitstheorie von den Anfängen bis 1933. Einführungen und Texte. Darmstadt 1988.

**Schöner**, Christoph: Mathematik und Astronomie an der Universität Ingolstadt im 15. und 16. Jahrhundert. Berlin: Duncker & Humblot 1994. (Ludovico Maximilianea. Universität Ingolstadt-Landshut-München. Forschungen; Bd. 13.) Zugl. Diss. München 1993.

**Schottenloher**, Karl: Konrad Heinfogel. Ein Nürnberger Mathematiker aus dem Freundeskreise Albrecht Dürers. In: Beiträge zur Geschichte der Renaissance und Reformation. Joseph Schlecht zum sechzigsten Geburtstag. Hrsg. L. Fischer. München/Freising 1917. S.301-310.

**Schreiber**, Peter: Euklid. Leipzig: Teubner 1987. (Biographien hervorragender Naturwissenschaftler, Techniker und Mediziner Bd.87.)

**Schröder**, Eberhard: Dürer. Kunst und Geometrie. Dürers künstlerisches Schaffen aus der Sicht seiner "Underweysung". Basel/Boston/Stuttgart: Birkhäuser 1980. (Wissenschaft und Kultur Bd.37.)

**Schuberth**, Ernst: Die Modernisierung des mathematischen Unterrichts. Ihre Geschichte und Probleme unter besonderer Berücksichtigung von Felix Klein,

## 12. Quellen und Literaturverzeichnis

Martin Wagenschein und Alexander I. Wittenberg. Stuttgart: Freies Geistesleben 1971. Zugl. Diss. Tübingen 1970.

**Schubring**, Gert (1983/1991): Die Entstehung des Mathematiklehrerberufs im 19. Jahrhundert: Studien und Materialien zum Prozeß der Professionalisierung in Preußen (1810 - 1870). Weinheim/Basel: Beltz 1983. 2.Aufl. 1991.

**Schubring**, Gert (1985): Das Mathematische Seminar der Universität Münster, 1831/1875 bis 1951. Sudhoffs Archiv 69 (1985) 154-191.

**Schubring**, Gert (1986): Bibliographie der Schulprogramme in Mathematik und Naturwissenschaften (wissenschaftliche Abhandlungen) 1800 - 1875. Franzbecker: Bad Salzdetfurth 1986.

**Schubring**, Gert (1989): Zur strukturellen Entwicklung der Mathematik an den deutschen Hochschulen 1800 - 1945. In: Scharlau, Winfried (Bearb.): Mathematische Institute in Deutschland: 1800 - 1945./ Deutsche Mathematiker-Vereinigung. Unter Mitarbeit zahlreicher Fachgelehrter bearb. von Winfried Scharlau. Braunschweig/Wiesbaden: Vieweg 1989. (Dokumente zur Geschichte der Mathematik Bd.5). S.264-279.

**Schütze**, Christian: Nobelpreisträger der Universität München 1472 - 1972. Geschichte, Gegenwart, Ausblick. In: Ludwig-Maximilians-Universität München 1472 - 1972. Red. Otto Roegele und Wolfgang Langenbucher. München 1972. S.85-90.

**Schumak**, Richard: Der erste Lehrstuhl für Pädagogik an der Universität München. In: Boehm, Laetitia; Spörl, Johannes (Hrsg.): Die Ludwig-Maximilians-Universität in ihren Fakultäten. Bd. 2. Berlin 1980. S.303-344.

**Scriba**, Christoph J.: Die Rolle der Geschichte der Mathematik in der Ausbildung von Schülern und Lehrern. JDMV 85 (1983) 113-128.

**Seebach**, Karl; **Jacobs**, Konrad: Verzeichnis der unter H. Tietze angefertigten Dissertationen und Verzeichnis der Veröffentlichungen. JDMV 83 (1981) 186-191.

**Segl**, Peter: Die Philosophische Fakultät in der Landshuter Epoche (1800-1826). In: Boehm, Laetitia; Spörl, Johannes (Hrsg.): Die Ludwig-Maximilians-Universität in ihren Fakultäten. Bd. 2. Berlin 1980. S.125-184.

**Seidel**, Philipp Ludwig: Note über eine Eigenschaft der Reihen, welche discontinuirliche Functionen darstellen. (1848) Abh. d. Bayer. Akad. d. Wiss., Math.-Phys. Classe 7. München 1850. S.381-393. (Nachdr. Ostwalds Klassiker Bd.116. Leipzig 1916. S.35-45)

**Seifert**, Arno (1973)(Bearb.): Die Universität Ingolstadt im 15. und 16. Jahrhundert. Texte und Regesten. Berlin: Duncker und Humblot 1973. (Ludovico Maximilianea. Quellen Bd.1.)

## 12.3 Gedruckte Quellen und Sekundärliteratur

**Seifert**, Arno (1980): Die jesuitische Reform. Geschichte der Artistenfakultät im Zeitraum 1570 bis 1650. In: Boehm, Laetitia; Spörl, Johannes (Hrsg.): Die Ludwig-Maximilians-Universität in ihren Fakultäten. Bd. 2. Berlin 1980. S.65-90.

**Seiffert**, Helmut: Wie sicher ist die mathematische Erkenntnis? Kurt Schütte und die Beweistheorie. In: Ludwig-Maximilians-Universität München 1472 - 1972. Geschichte, Gegenwart, Ausblick. Hrsg. vom Rektoratskollegium der Universität München. Redigiert von Otto B. Roegele und Wolfgang R. Langenbucher. München: Süddeutscher Verlag 1972. S.271-278.

**Shea**, R.: Galilei, Scheiner and the interpretation of the sun spots. Isis 61 (1970) 498-519.

**Selle**, Werner: Statistisches Material zur Geschichte der Philosophischen Fakultät der Ludwig-Maximilians-Universität München. In: Boehm, Laetitia; Spörl, Johannes (Hrsg.): Die Ludwig-Maximilians-Universität in ihren Fakultäten. Bd. 2. Berlin 1980. S.345-360.

**Siber**, Thaddäus (1835): Rede bei der Grundsteinlegung des neuen Universitätgebäudes zu München am 25. August 1835.- In: Münchener politische Zeitung. Vom 29.8.1835. S.1351-1352.

**Siber**, Thaddäus (1927): Mein Lernen und Lehren. Autobiographische Aufzeichnungen, begonnen 1846, fortgesetzt bis 1854. Hrsg. Max Rottmann. Oberbayerisches Archiv für vaterländische Geschichte LXV. München 1927. S.89-193.

**Silbernagel**, E.: Die Astronomie von ihren Anfängen bis auf den heutigen Tag. München/Berlin: Oldenbourg 1925. (Der Werdegang der Entdeckungen und Erfindungen. Unter Berücksichtigung d. Sammlungen d. Deutschen Museums u. ähnl. wiss.-techn. Anstalten. Heft 2.)

**Smith**, David Eugene: History of Mathematics. 2 Vols. 2.Ed. 1951. Repr. Dover New York 1958.

**Sommerfeld**, Arnold (1945): Vorlesungen über Theoretische Physik. Bd.6: Partielle Differentialgleichungen der Physik. (1.Aufl. Leipzig: Akademische Verlagsgesellschaft 1945). 2.Aufl. Wiesbaden: Dieterich 1947.

**Sommerfeld**, Arnold (1968): Gesammelte Schriften. Hrsg.v. Fritz Sauter. 4 Bde. Braunschweig: Vieweg 1968.

**Sommervogel**, Carlos; **de Backer**, Aloys A.: Bibliothèque des écrivains de la Compagnie de Jésus. 11 vols., 2 suppl., Bruxelles/Paris 1884-1932. Nachdruck 1960/61.

**Spalt**, Detlef: Vom Mythos der mathematischen Vernunft. Darmstadt: Wiss. Buchgesellschaft 1981.

## 12. Quellen und Literaturverzeichnis

**Spörl**, Johannes: Aus der Geschichte der Fakultäten. In: Ludwig-Maximilians-Universität München. Personen- und Vorlesungsverzeichnis. München. Sommersemester 1966. S.9-14. (Zuletzt: WS 1970/71, S. III-VI.)

**Stäckel**, Paul: Über die Entwicklung des Unterrichtsbetriebs in der angewandten Mathematik an den deutschen Universitäten. JDMV 11 (1902) 26ff.

**Steiner**, Hans-Georg: Zur Entwicklung der Didaktik der Mathematik. Einleitung zu: Didaktik der Mathematik. Hrsg. v. H.-G. Steiner. Darmstadt: Wiss. Buchgesellschaft 1978. (Wege der Forschung, Bd.361)

**Stoermer**, Monika: Die Bayerische Akademie der Wissenschaften im Dritten Reich. Acta historica Leopoldina Nr.22 (1995), S.89-111.

**Stötter**, Peter: Vom Barock zur Aufklärung. Die Philosophische Fakultät der Universität Ingolstadt in der zweiten Hälfte des 17. und im 18. Jahrhundert. In: Boehm, Laetitia; Spörl, Johannes (Hrsg.): Die Ludwig-Maximilians-Universität in ihren Fakultäten. Bd. 2. Berlin 1980. S.91-124.

**Ströhlein**, Thomas: München, Technische Hochschule. In: Scharlau, Winfried (Bearb.): Mathematische Institute in Deutschland: 1800 - 1945./ Deutsche Mathematiker-Vereinigung. Unter Mitarbeit zahlreicher Fachgelehrter bearb. von W. Scharlau. Braunschweig; Wiesbaden: Vieweg 1989. (Dokumente zur Geschichte der Mathematik Bd.5). S.216-222.

**Teichmann**, Jürgen: 150 Jahre Ohmsches Gesetz. 1826 bis 1876. Festschrift. München: Deutsches Museum 1976. (Veröff.d.Forsch.-Inst.d.Deutschen Museums f.d.Gesch.d.Nat.u.d.Technik. Reihe A. Kl.Mitt. Nr.190. 1977)

**Thiersch**, Friedrich: Über gelehrte Schulen. Stuttgart; Tübingen: Cotta. Bd.1. Abth.4. 1826. S.472-482: Über Errichtung einer Universität in München. Bd.2. Die hohen Schulen mit besonderer Rücksicht auf die Universität in München. 1827.

**Tietz**, Horst: Fundstellen für biographische und bibliographische Angaben über deutsche Mathematiker, die nach 1933 verstorben sind. JDMV 82 (1980) 181-192.

**Tietze**, Heinrich: Gelöste und ungelöste mathematische Probleme aus alter und neuer Zeit. 2 Bde. München: Beck-Biederstein 1949.

**Tobies**, Renate; unter Mitwirkung von Fritz König (1981): Felix Klein. Leipzig: Teubner 1981. (Biographien hervorragender Naturwissenschaftler, Techniker und Mediziner Bd.50.)

**Tobies**, Renate (1989): Zur Stellung der angewandten Mathematik an der Wende vom 19. zum 20. Jahrhundert - allgemein und am Beispiel der Versicherungsmathematik. In: Zweites Österreichisches Symposium zur Geschichte der Mathematik. Hrsg. Christa Binder. Ergänzungsband. Wien 1989. S.16-32.

## 12.3 Gedruckte Quellen und Sekundärliteratur

**Tobies**, Renate (1991): Warum wurde die Deutsche Mathematiker-Vereinigung innerhalb der Gesellschaft deutscher Naturforscher und Ärzte gegründet? JDMV 93 (1991) 30-47.

**Tobies**, Renate (1992): Felix Klein in Erlangen und München: ein Beitrag zur Biographie. In: Amphora. Festschrift für Hans Wussing zu seinem 65.Geburtstag. Hrsg.v. S. Demidov u.a. Basel; Boston; Berlin: Birkhäuser 1992. S.751-772

**Toepell**, Michael (1986): Über die Entstehung von David Hilberts 'Grundlagen der Geometrie'. Vandenhoeck & Ruprecht Göttingen 1986. (Studien zur Wissenschafts-, Sozial- und Bildungsgeschichte der Mathematik Bd.2) Zugl. Diss. München 1984.

**Toepell**, Michael (1989): München, Universität. In: Scharlau, Winfried (Bearb.): Mathematische Institute in Deutschland: 1800 - 1945./ Deutsche Mathematiker-Vereinigung. Unter Mitarbeit zahlreicher Fachgelehrter bearb. von W. Scharlau. Braunschweig; Wiesbaden: Vieweg 1989. (Dokumente zur Geschichte der Mathematik Bd.5). S. 223-232.

**Toepell**, Michael (1991) (Hrsg.): Mitgliedergesamtverzeichnis der Deutschen Mathematiker-Vereinigung 1890 - 1990. Unter Mitarbeit des Präsidiums u. d. Geschäftsstelle der Deutschen Mathematiker-Vereinigung. München 1991.

**Treml**, Manfred (Red.): Politische Geschichte Bayerns. München: Haus d. Bayerischen Geschichte 1989.

**Tropfke**, Johannes (1980): Geschichte der Elementarmathematik. Bd.1. Arithmetik und Algebra. Vollst. neu bearb. v. Helmuth Gericke, Karin Reich, Kurt Vogel. 4.Aufl. Berlin, New York: de Gruyter 1980.

**Tropfke**, Johannes (1932): Heinrich Wieleitner. Mitteilungen zur Gesch. d. Medizin, der Naturwiss. u. d. Technik (Nr.146) 31(1932)H.2, S.97-101.

**TUM**: 125 Jahre Technische Universität München 1868 - 1993. Hrsg. v. Kurt Magnus. Technische Universität München 1993.

**Uebele**, Hellfried: Mathematiker und Physiker aus der ersten Zeit der Münchner Universität. Johann Leonhard Späth, Thaddäus Siber und ihre Fachkollegen. Ein Beitrag zum 500-jährigen Bestehen der Universität. Diss. München 1972.

**Universität**: Die Universität und die naturwissenschaftlichen Institute in München. I-IV. In: Allgemeine Zeitung. Augsburg 1873. Beilage Nr. 50-53.

**Vogel**, Kurt (1936) (zs.m. Friedrich Kuhn u. Adam Goller): Der Bayerische Mathematiker-Verein. In: Widenbauer, Georg (Bearb.): Geschichte des Verbandes bayerischer Philologen. Sein Ringen um die realistische Schule. München-Berlin: Oldenbourg 1936. S.194-203.

**Vogel**, Kurt (1973): Der Donauraum, die Wiege mathematischer Studien in Deutschland. Mit drei bisher unveröffentlichten Texten des 15. Jahrhunderts.

## 12. Quellen und Literaturverzeichnis

München: Fritsch 1973. (Neue Münchner Beiträge zur Geschichte der Medizin und Naturwissenschaften. Naturwissenschaftliche Reihe Bd.3.)

**Vogel**, Kurt (1959): Adam Riese - der deutsche Rechenmeister. München: Oldenbourg 1959. (Abhandlungen und Berichte des Deutschen Museums 27.Jg. (1959) H.3.)

**Vogel**, Kurt (1954): Die Practica des Algorismus Ratisbonensis. Ein Rechenbuch des Benediktinerklosters St. Emmeram aus der Mitte des 15. Jahrhunderts. München: C.H. Beck 1954.

**Vogel**, Kurt (1988): Kleinere Schriften zur Geschichte der Mathematik. Hrsg. v. Menso Folkerts. 2 Halbbände. Stuttgart: Franz Steiner Wiesbaden 1988. (Boethius Bd.20.)

**Volk**, Otto (1982): 400 Jahre Mathematik und Astronomie an der Universität Würzburg: Alma Julia Herbipolensis 1582- 1982. Celestial Mechanics 28 (1982) 243-250.

**Volk**, Otto (1990): Gesammelte Abhandlungen. Hrsg.v. Hans-Joachim Vollrath. Fakultät für Mathematik der Julius-Maximilians-Universität Würzburg 1990.

**Volk**, Otto (1995): Mathematik und Erkenntnis. Litauische Aufsätze. Hrsg.v. Hans-Joachim Vollrath. Würzburg: Königshausen & Neumann 1995.

**Vollrath**, Hans-Joachim: Über die Berufung von Aurel Voss auf den Lehrstuhl für Mathematik in Würzburg. Würzburger medizinhistorische Mitteilungen 11 (1993) 133-151.

**Vorlesungsverzeichnisse**:

**1492**: Lektions-Verzeichnis der Artisten vom September 1492. In: [Mederer] 1, 40-41.

**1548**: (Erste gedruckte Vorlesungsanzeige der Universität Ingolstadt; Kopf fehlt)... candidis lectoribus. ... Ingolstadii ... Anno Salutis 1548. 1 Bl. [UB Hs-Abt.: 2° H.lit. 176].

**1571**: Ordo studiorum et lectionum, in quatuor facultatibus apud celeberrimam Academiam Ingolstadiensem, authoritate et decreto ... Principis ... Alberti Comitis Palatini Rheni, ac utriusque; Bauariae Ducis, etc. renouatus et publice propositus, sub initium huius, Anni 71. Ingolstadii: Weissenhorn 1571. 17 Bl.

**1778**: In [AdBL] = Annalen der Baierischen Litteratur vom Jahr 1778, 1. Bd. Nürnberg 1781.

**1780/1784**: Collegia publica et privata, quae ... in alma et antiquissima universitate Angliopolitana a quatuor facultatum professoribus publicis ordinariis a Novembri anni 1780. ad Septembrem anni 1781. tradentur.- Ingolstadii: Lutzenberger 1780. 4 Bl. Dasselbe: 1781/82 - 1783/84.

**1787/1798**: Verzeichnis der Vorlesungen vom lten Nov. 1787 - letzten Augusts 1788. 8 Bl.; 1788/89. 7 Bl.; 1789/90. 7 Bl.; 1793/94. 8 Bl.; 1795/96. 8 Bl.;

## 12.3 Gedruckte Quellen und Sekundärliteratur

**1797/98.** 8 Bl.; **1798/99.** 8 Bl.- In: Akademische Gesetze für die Studirenden ... samt angefügtem Verzeichniß der Vorlesungen. 1788-1798.

**1799/1800:** Vollständigen Lehrplan sämmtlicher Fakultäten, und des Kameralinstitutes. In: Auszug aus der von Sr. Churfl. Durchlaucht zu Pfalzbaiern etc. an Höchstdero Hohen Schule zu Ingolstadt am 25. November 1799 erlassenen, der leztern gegenwärtige Einrichtung betreffenden Verordnung nebst beygefügtem vollständigen Lehrplane. Ingolstadt 1800.

**1800-1826:** Encyclopädisches Verzeichniss der Lehrvorträge für das WS 1800 bis 1801 an der kurfürstlich-bayer. Universität zu Landshut. Dasselbe: SS 1801 - SS 1802. Verzeichniss der an der kurfürstlichen (später: königlichen) Ludwig-Maximilians-Universität zu Landshut im ... zu haltenden Vorlesungen. Landshut: Hagen (später: Thomann). WS. 1803/04 - SS. 1826.

**1826-1912:** Verzeichniss der an der (bis 1912: Königlichen) Ludwig-Maximilians-Universität zu München im ... zu haltenden Vorlesungen. München.

**1912-1935:** Ludwig-Maximilians-Universität. Verzeichnis der Vorlesungen. München.

Ab **1935:** Ludwig-Maximilians-Universität. Personen- und Vorlesungsverzeichnis. München.

**Voss**, Aurel (1908): Über das Wesen der Mathematik. Leipzig/Berlin: B.G. Teubner 1908. 2.Aufl. 1913. 3.Aufl. 1922.

**Voss**, Aurel (1907): Zur Erinnerung an Gustav Bauer. JDMV 16 (1907) 54-75.

**Voss**, Aurel (1914): Die Beziehungen der Mathematik zur Kultur der Gegenwart. In: Die Kultur der Gegenwart. Ihre Entwicklung und ihre Ziele. III.Teil: Mathematik, Naturwissenschaften, Medizin. 1.Abt.: Die Mathematischen Wissenschaften. Unter Leitung von Felix Klein. Leipzig/Berlin 1914. S.1-49 (zweite Lieferung).

**Voss**, Aurel (1914a): Über die mathematische Erkenntnis. In: Die Kultur der Gegenwart. Ihre Entwicklung und ihre Ziele. III.Teil: Mathematik, Naturwissenschaften, Medizin. 1.Abt.: Die Mathematischen Wissenschaften. Unter Leitung von Felix Klein. Leipzig/Berlin 1914. 148 S. (dritte Lieferung).

**Weber**, Heinrich; **Wellstein**, Josef: Enzyklopädie der Elementarmathematik. 4 Bde. Leipzig/Berlin: Teubner 1.Aufl. 1903/05/07.

**Werk**, Günther: Die Personalbibliographien der Mitglieder des Lehrkörpers der medizinischen und philosophischen Fakultät zu Landshut seit ihrer Gründung im Jahre 1800 bis zur Verlegung nach München 1826 mit biographischen Angaben. Diss. Erlangen 1970.

**Wiegendrucke:** Gesamtkatalog der Wiegendrucke. Hrsg. Deutsche Staatsbibl. Berlin 1940/1978. Bd.8.

**Wieleitner**, Heinrich (1923): Was lehrt die Geschichte der Mathematik über den Sinn dieser Wissenschaft? Sudhoff's Archiv 15 (1923) 27-32.

## 12. Quellen und Literaturverzeichnis

**Wieleitner**, Heinrich (1922/23): Geschichte der Mathematik. Neue Bearb. 2 Bde. Berlin/Leipzig 1922/23. (Sammlung Göschen Bd.226/875.)

**Wieleitner**, Heinrich (1910): Der mathematische Unterricht an den höheren Lehranstalten sowie Ausbildung und Fortbildung der Lehrkräfte im Königreich Bayern. Leipzig/Berlin 1910. (Abh. ü. d. math. Unterr. i. Deutschland veranlaßt durch die IMUK, hrsg. v. Felix Klein. Bd. II, H. 1.)

**Wilhelmsgymnasium**: Erinnerungsgabe zur 400-Jahr-Feier des Wilhelms-Gymnasiums in München. München: Max Volk 1959.

**Winschiers**, Kurt: 500 Jahre Vermessung und Karte in Bayern. Ein Überblick in 60 biographischen Skizzen. Mitteilungsblatt des Deutschen Vereins f. Vermessungswesen. Landesverband Bayern 34 (1982) Sonderheft 2.

**Wolf**, Rudolf: Geschichte der Astronomie. Geschichte der Wissenschaften in Deutschland Bd.16. Hrsg. Hist. Comm. Kgl. Acad. Wiss. München: Oldenbourg 1877. (Geschichte der Wissenschaften in Deutschland. Neuere Zeit. Bd.16.)

**Wolters**, Gereon: Mach I, Mach II, Einstein und die Relativitätstheorie: eine Fälschung und ihre Folgen. Berlin/New York: de Gruyter 1987.

**Wußing**, Hans; Arnold, Wolfgang (Hrsg.): Biographien bedeutender Mathematiker. Eine Sammlung von Biographien. Volk und Wissen. Volkseigener Verlag Berlin/DDR 1975. Lizenzausgabe Köln: Aulis-Verlag Deubner 1978.

**Zinner**, Ernst (1925): Verzeichnis der astronomischen Handschriften des deutschen Kulturgebietes. München 1925.

**Zinner**, Ernst (1941): Geschichte und Bibliographie der astronomischen Literatur in Deutschland zur Zeit der Renaissance. Leipzig: Hiersemann 1941.

# Namenverzeichnis

Biographische Hinweise sind durch *Kursivdruck* hervorgehoben.

Abel 147; 149
Abzwanger 429
Adamski 346; 438
Adelmann 429
Adriansen 429
Aigenler *71*; 429
Akrivis 461
Albert v. Sachsen 18
Albert, K.A. 442
Albumasar 32
Althoff 209ff.; 214; 231; 373; 376-379; 415
Altmann 454
Aly 458
Ambos-Spies 462
Amman *83f.*; 430
Anding 303; 369; 444
Angeleri-Hügel 464
Apfelbacher 451
Apian, Peter 13; 25; 34; 42; 46-52; 68; 81; 429
Apian, Phil. 13; *51-55*; 57; 249; 429; 449
Apollonius von Perga 88; 106; 132
Appenzeller 62; 429
Aral-Memis 451
Arboreus 53
Archimedes 106; 132
Aristoteles 18; 22; 24; 27; 36-39; 44; 68f.; 79; 99
Armsen 452
Arnold, J. 151
Arzet, A. 249
Asam 461
Ashton 226; 447
Ast 151
Auer 181; 369
Augustinus 32
Aumann 82; 277; 320f.; *323*; 336; 431; 435; 450; 452f.
Aurich 439; 459
Aventin (Turmair) 33f.; 47; 52
Averroes 38

Baader, v. 125; *151*
Baeyer, v. *209f.*; 212; 373ff.; 378f.; 387; 411; 423; 426f.
Baireuther 459
Baldus 158f. 188
Baltzer 202
Bamberger 462
Barth 342; 344
Bartholomé 458
Bartl *104f.*; 114; 430
Bartmann 462
Bartsch 463
Batt *339*; 344; 431; 433; 437; 456; 458-464
Bauch 8; 30; 34; 42
Bauer 353
Bauer, F.L. 452
Bauer, G. 2; 5; 8-11; 15; 82; 129; 143; 154; 159; 174; 177f.; 180-183; *193-199*; 201; 205-208; 216-220; 223; 230; 233; 235f.; 239f.; 243; 245; 251f.; 279; 291; 294; 298; 336; 351; 353; 355-366; 368f.; 371; 386; 388f.; 405; 410; 412; 419; 423; 426; 431; 433f.; 440; 443-446; 452
Bauer, K.L. 443
Bauernfeind, v. 155
Baumann 461
Baumeister 457
Baumgartner 448
Baur 458
Bauschinger *175*; 303; 368; 444
Beck 461
Becker 459
Behnke 2; *192*; 296; 324; 336; 342
Behr 453
Beltrami 196; 462
Benedikt v. Holland 134
Berger 464
Berlet 49
Bernal 462
Bernoulli, D. 328

# Namenverzeichnis

Berr 464
Berwald *184*; 447
Berz 453
Bessel 127; 140; 144f.
Bestelmeyer, A. 370
Bethe 245
Bezold 354
Bibel 455
Bieberbach 196
Bielmeyer 443
Bierlein 436; 452; 454
Biermann 394
Bilz 368
Bininda 452
Bischoff, A. 442; 444
Bischoff, J.N. 158; 352
Björnbö 226; 445
Bochner *274-277*; 299; 307; 310; 435; 451; 463
Bock *176*; 369; 444
Bode 110
Boerner *227*; 297; 319f.; 433; 436
Boethius 17f.; 23; 38; 40
Bohlmann 302
Böhm 184f.; 226f.; 266; 274; 301; *302-304*; 307; 313; 320; 324; 334; 338; 433; 435; 447; 451
Boltzmann 180; 210; 217; 223; *244-247*; 253; 358ff.; 369; 375; 440
Bonami 461
Bopp 311; 452f.; 457
Borchardt 352f.
Borges 453
Bosch (Boscius) *54f.*; 58; 429
Böschenstein *43f.*
Bouvelles 45
Bradistilov 451
Bradwardine, Th. 25
Brahe, Tycho 48; 66; 77
Brand 461
Brander 81; 84; 127
Brater 369
Braun 346
Braunmühl, v. 158; *191*; 325f.; 443
Brill 158f.; 206; 217f.; 230-233; 251; 318; 383; 392; 419-424
Brosowski 436; 454
Brückner *305*; 344; 433

Brüning 433; 460
Brunn 138; 175; 218f.; 258; *298*; 307; 356; 368; 411; 435; 444
Buchholz 345; 434; 438; 458; 462; 464
Burkhardt 158; *190f.*; 326; 415; 444
Burmester 158; 219; 226; 447
Buzás 7f.; 440f.

Canisius 57
Campanus 38; 40
Cantor, G. *172*; 189
Cantor, M. 34f.; 101; 123; 325
Carathéodory 7; 12; 15; 82; 275; 279; 283; 285; 292; *295ff.*; 299; 306f.; 311; 313; 322; 336; 340; 428; 431; 450ff.
Cardano 54
Carnot 107
Carolsfeld 370
Carstengerdes 455
Cauchy 196; 201; 447
Cayley 195; 420
Celtis *32ff.*; 41
Chasles, M. 194
Cho 458
Chossy, v. 346
Chuquet 45
Clauß 368
Clavius 60
Clebsch 141; *171*; 212; 225; 231; 352; 371; 380; 413; 420ff.
Clemm 92; 95f.; 101; 107
Commandino 88; 106
Copernicus 41; 53; 76
Corell 456
Cornelius 62
Cramer, F.H. 226
Cramer, H. 446
Crelle 127; 141; 353; 357; 380
Cremona, L. 160
Cysat 66; *68ff.*; 249; 429

Dalwigk *177*; 313
Damköhler 450
Dannemann 413
Darboux 400
Daunderer 369

## Namenverzeichnis

de la Lande 101
Debye *184*; 245; 447
Dedekind 293
Degenhart 186; 226; 447
Degens 459
Dehm 347
Dempp *153*; 434
Desberger 6; 14; 129; *136-140*; 151; 303; 433
Descartes 46; 68; 75; 83
Deuring 462
Diem 369; 445
Dierolf, P. 438; 458
Dierolf, S. 439; 458
Diesbach 369
Diller 344; 437; 456f.
Dingeldey *191*
Dinges 453
Dingler 184; 188; 229; 256; *259-266*; 273ff.; 277; 307; 320; 328f.; 331; 357; 405f.; 433; 435; 447; 449
Dini, U. 202
Dirichlet 141; 143ff.; 171; 186; 194; 239; 246
Dischinger 459
Doehlemann 139; 158; 175; 186; 191; 196; 218f.; *226-229*; 251; 256; 258; 279ff; 328; 369; 433; 435; 444; 447
Donder 345; 434
Dormayer 463
Dorn 369; 445
Dotterweich 444
Driessche, v.d. 345
Droschl 180
Drygalski, E.v. 266
Duhr 9; 70
Duma 438; 456
Dürer 32; 47; 229
Dürr 345; 434
Dyck 157; *159f.*; 190f.; 204; 216ff.; 223; 230; 236; 250; 253; 283; 298; 326; 382; 383ff.; 398; 419; 428; 443

Eberhard 415
Eberhardt 345; 434; 438; 456; 460f.; 463
Eck, Joh. *44f.*
Eckardt 457

Eckerlein 370
Eckstein 453
Eder 459
Edlinger 368
Egger 449
Eggerz 463
Ehingen 429
Ehrbar 455
Eichner 459
Eigenstetter 464
Eilles, C.L. *152*; 434
Einhauser 183; 254
Einstein 236; 248; 283
Elstrodt 437; 455
Engel, F. 413
Engel, J. 13; *29-32*; 34; 41; 429
Epstein, P. 186
Erb 448
Ernst, Chr. 444
Eschenbach 461
Etzel 451
Euklid 18; 22; 24; 28; 38; 45; 51; 59f.; 63; 67; 84; 87; 224; 256
Euler 79; 82; 106; 107; 205; 286
Ewald 247; 448

Faber 12; 82; 158; *223*; 228; 283; 309; 428; 446
Fabricius, J. 66
Falk 75; 77; 430
Federle 337; 344; 346
Fehrle 370
Fick 360; 361; 369
Fieger 453
Finnoff 464
Finsler *322*
Finsterwalder *158f.*; 251; 428
Fischer, A. 265
Fischer, F. 449
Fischer, G. 254; 433; 437; 459
Fischer, Joachim 114
Fischer, Johann 41f.; 429
Fischer, Johann Nep. 82; *97*; 104; 433
Fischer, K. *176*; 359; 369
Fiva 70; 429
Flèche 67
Fleischmann 181; 369

# Namenverzeichnis

Florencourt 101
Foerster, F.W. 265
Folkerts 314; 329; *334*; 432; 441; 462-465
Forer 69
Forster, H. 451
Forster, O. 12; 82; *336*; 431; 436; 453; 462; 464f.
Fourier 207
Franke 369
Fraunhofer 152
Frege 314
Fricke 210; 415
Fried 226
Friedrich, H. 337; 439
Friedrich Wilhelm II. 119
Frisius, Gemma 51
Fritsch *342*; 432; 462ff.
Fritscher 464
Frobenius *214*; 294; 415
Fuchs, Fr. *184*; 226; 365; 370; 446
Fuchs, L. *172*; 183; 367; *415*; 446
Fueter 297

Gabler 90; 94-97; 442
Galilei 65; 66; 67
Galois 196
Gänßler *338*; 431; 460f.; 463ff.
Ganss 28
Gauß 101; 120; 127; 141; 144f; 152; 170; 196; 234; 410; 424f.
Gebhardt 453
Geiger 368; 444
Gemma Frisius 51
Georgii 345; 434; 464f.
Gerhard von Cremona 24
Gerhardt 22
Gericke 8; *332*; 334; 344; 432; 454f.; 457; 459; 462
Gerl 463
Gerlach 319; 451f.
Gibbs 368
Gierster *191*
Giesecke 453
Glareanus *41*
Gmeindl 342
Goebel 423; 426

Görres 126
Goethe 120f.
Goettler 11; *162*; 226; 435; 445
Goller 226; 363; 370; 445
Gordan 421
Gordeew 462
Goursat 201
Grabowski 222; 445
Graetz 363
Grammatici *76f.*; 430
Grashof, F. 156
Graßmann, H. 188
Greipel 462
Greither 346; 439; 461; 465
Grelling 186
Grevel 463
Grisar 449
Groff 426
Groß 368
Gruber 449
Gruithuisen 125; 139; 144
Grunert 141; 357
Gudermann 150
Günther, S. 8; 27; 32; 46; 49; 101; 188; *326*
Günzler 453
Guggenheimer 180
Guldberg 368
Gustav Adolf II. 63
Gutjahr 463
Gutzmer 177

Hackenbroch 459
Hämmerlin *339*; 344; 432; 454-465
Haendel 449
Härlen 344; 433
Hafner 461
Haggenmüller 346; 439; 460
Hall 368
Hamburger *184*; 186; 448
Hamilton 425
Hammer 451
Hammon 442
Harnack 202; 393
Harrison 345
Harting 369; 444
Hartmann, L. 103; 361; 369

Hartmann, P. 462
Hartogs 12; 15; 184f.; 256; 258; 265f.; 273f.; *280-284*; 289; 294; 300; 306f.; 309f.; 313; 337; 426ff.; 431; 433; 435; 446; 448; 451
Hauber, P. 465
Hauger 346; 438; 455; 461
Haupt 170; *186*; 229
Häusler, E. 439; 461
Häusler, L. 450
Hayes 456
Hecker 444
Hegering 343; 432; 456
Hegerl 464
Heine 143; 150; 213
Heinhold 188; 248; 308; 321; 451
Heinrich, J. Pl. 81f.; *102-107*; 430; 442
Heinz, E. *338*; 431; 453f.
Heisenberg *245*; 247f.; 311; 339; 449
Helfenzrieder 82; *85-91*; 93-97; 107; 430
Helger 423
Helmholtz 196
Helml 464
Helwig 344; 437; 457
Hempel 346; 439; 460
Henrici 55; 221; 222
Hensgen 462
Herglotz 287; 289; 291
Hermann, A. 247; 436
Hermite 224; 414; 421
Herreros 462
Herrmann, P. 461
Herting 444
Hertwig 182; 208; 372; 381; 418; 422f.; 426
Herz 450
Herzog Albrecht V. 51f.; 57
Herzog Georg 29
Herzog Wilhelm IV. 42; 57
Herzog Wilhelm V. 58
Heß, H. 228
Hess, Richard 449
Hess, W. 443
Hesse, O. *144*; 157; 159; 195; 234; 352; 424
Hessenberg 263
Hettner 416
Hetz 368

Heun *161*; 434
Hierl 6; *138f.*; 147f.; 193; 195; 351f.; 431; 433
Hiermeyer 460
Hieronymus Rud 42; 429
Hilb *176*; 180; 226; 257; 370; 446
Hilbert 5; 10; 12; 15; 185f.; 203; 207; 213; 215; 220f.; 224; 226; *230-234*; 238ff.; 246; 254f.; 257; 261f.; 274; 289; 293; 296; 314; 322; 340; 389; 405f.; 408; 410; 415f.; 419; 421-425; 462
Hildebrandt 70; 429
Hilger 426
Hill 464
Hindenburg, K.F. 122; 127
Hinz 346; 439; 461
Hiß 77
Hiss 430
Hitler 308
Höfler, A. *186*
Högner 9
Höhn 369
Hölder 231; 407
Höppner 226; 445
Hörnig 460
Höß 456
Hofberger 465
Hoffmann (Legat) 182; 252
Hoffmann, Karl-H. 344; 437; 455; 457f.
Hoffmann, Kurt 464
Hoffmann, M. 342; 346
Hoffmann, O. 368
Hofmann, J.E. 6; 26; 77; 159; 205; 315; 330; 341; 347
Hofstetter 464
Hohenester 465
Holz 457
Holzberger 186; 448
Honstetter 463
Hopf, E. 82; *311*; 320; 322; 336; 340; 431
Hopf, L. 447
Hoppe 345; 434; 437
Horn 226; 446
Horst, C. 346; 439; 459
Horst, E. 460
Hort 460

503

# Namenverzeichnis

Hoüel 196
Howland 226; 447
Huber, E. 459
Hüper 459
Hugo von St.Victor 18f.
Humboldt 115ff.; 125
Huntington *186*
Hurwitz *190f.*; 215; 380; 415f.; 421
Husserl 261

Ickstatt *78*; 89ff.; 93f.; 97
Ignatius 57; 83; 84
Imkeller 346; 439; 461; 464
Isenkrahe 393f.; 444
Isphording 454

Jacobi 127; 141; *144f.*; 150; 207; 239; 408f.; 425
Jacobs 436; 452
Jacoby, K. 463
Jäger, G. 439; 460
Jäger, W. 454
Jentzsch 186
Jochum 459
Jörg 442
Jörgens *339*; 431; 455ff.
Jörges 369
Jörn 346; 456
Johannes Campanus 24; 36; 38; 40
Johannes de Lineriis 19; 39
Johannes de Muris 19
Johannes de Sacro Bosco 18f.; 22ff.; 48; 55; 62
Johannes von Gmunden 6; 21; 39; 40
John 25; 39; 40
Jolly *167*; 184; 198; 245; 443
Jonescu 449
Joos 464
Josek 464

Kaestner 100f.; 104; 114
Kakuriotis 443
Kalf 345; 434; 462ff.
Karl Theodor 97; 103; 115
Karl V. 50

Karsten 99; 100; 101; 104
Kasch 12; *337*; 344; 431; 454-463
Kästner 100; 101; 104; 107; 110
Kaufmann 346
Kaunzner 49; 452
Keil 452
Keiner 452
Keller, A. 28
Keller, G. 443
Kellerer *341*; 432; 436; 453; 458-464
Kempf 452
Kepler 50; 53; 65; 69; 88; 330
Kerner 436; 453
Kerschensteiner *190f.*; 206; 265; 444
Kessler 346
Kiepert 202; 301; 402
Killermann *176*; 181; 369
Killing 415
Kinski 346
Kirch 461
Kirchhoff 360; 464
Klein 5; 10; 12; 15; *156f.*; 159f.; 190; 192; 202-216; 218; 223; 225; 230f.; 235-240; 246; 251; 253; 255ff.; 259; 261; 267; 287; 290; 295f.; 301; 308; 312; 318; 327f.; 342; 370-380; 384; 389; 396; 397; 414-417; 420f.; 424f.
Kleinbrodt, A. 75
Kline, M. 207
Klingenfeld 158; 352
Kneser *337*; 431; 453
Knobloch 436
Knöringen, J.E.v. 40
Knogler 82; *105f.*; 108ff.; 114; 116; 430; 442
Knorr 454
Kobell 195
Kobolt 9; 31
Koch, G. 346
Koch, P. 370
Koczian 457
Koebe, P. *185*
Köbel 43
Koecher 12; 82; *336f.*; 431; 437; 453-456
Koegler *75*; 430
König, H. 70; 82; 108; 429
König, J. 392

## Namenverzeichnis

König, M. 346; 439; 456
König, R. 12; *320-323*; 336; 346; 431; 452
Königsberger, K. 437; 453; 456
Koenigsberger, L. *171*
Kötter 422
Kokott 465
Kowalewski *290f.*
Krämer 462
Krapf, W. 28
Kratz, G. 80; 83; 104; 430
Kratz, J. 342; 346
Kraus, A. 82
Kraus, G. 345; 433; 438; 456; 465
Krehbiel 369
Kriegel 343; 432
Krieger 455
Kriegl 455
Kröger 345; 434; 456; 464
Krönauer 370
Kronecker 191; 207f.; 239; 352;371;421
Krüss 443
Kuenburg 449
Küstermann 448
Kulessa 462
Kummer *172*; 188; 239; 289; 352; 371
Kuntze 452
Kurz 370; 442
Kutta *176*; 181; 226; 369; 445


Lackerbauer 128; 151; 434
Lacroix, F. 194
Lagally *176*; 184; 226; 370; 446
Lagrange 82
Lakeit 458
Lambert 81; 104; 443
Lamé 195; 213; 361; 371; 381; 446
Lampart 226; 445
Landau 55; *176*; 289; 360f.; 369
Lang 449; 459
Lani-Wayda 465
Lanz *63*; 429
Laplace 137
Laue 186
Laurent 426
Lehmann 456
Lehner 460

Leibniz 63; 83; 91
Leinberger 429
Leinfelder 458
Leischner 462
Lenck 462
Lenz 186
Leonardo von Pisa 19
Lerzer 442
Lettenmeyer 11; 188; *226f.*; 297; 300; 304; 307; 340; 433; 435; 441; 448
Leupold 352
Lexis 254
Li. 450
Lie 234; 363; 365; 424f.; 436f.; 456
Liebherr 152
Liebig 191
Liebmann 285; 290; 308f.
Liepold 464
Ligon 459
Lindemann 2; 5; 9-12; 15; 82; 147; 162; 178; 180-184; 186f.; 201; *204*; 210; 212-227; 230-234; 246; 251; 253; 256ff.; 264f.; 271; 285-293; 295;300f.; 303f.; 312f.; 315; 319; 325-328; 336f.; 341; 360-367; 370; 379-389; 403; 406f.; 410; 412; 414; 418; 420f.;423f.; 426; 431; 441; 445-449
Liouville 194; 196; 357
Lippert, v. 97
Lipps 369; 447; 452
Lipschitz 202
Litten 465
Löbel, G. 463
Löbell, F.R. 159; 321
Locher 33; 66
Loehrl *176*; 226; 365; 370; 447
Loewy *176*; 181; 226; 369; 445
Lommel 180f.; 183; 217; 245; 358-363; 369; 447
Loos 454
Lorch 346
Lorenz 108
Lorey 7; 130; 133; 237; 262; 400
Lori *94*; 97
Loriti 41
Ludwig I. 113; 124; 127; 134; 141f.
Ludwig II. 244
Ludwig IX., der Reiche 19

# Namenverzeichnis

Luitpold 244
Lunz 451
Lurje 457
Lüroth 157; *193*; 206; 218; 392
Luther 44
Lutz 226; 448

Maak 82; 320f.; *324*; 337; 431; 452f.
Maas 460
Maass 462
Maaß 438; 458; 460
Mabillon 429
Mack 368
Maestlin 53
Magold 7; 82; *107-111*; 114; 120; 123; 125; 127; 135; 430; 442
Maier 344
Maier, H. 457
Mall 450
Mammitzsch 344; 437; 454; 456; 458
Mangold, J. *79f.*
Mangold, M. *79f.*
Mangoldt, H. v. 226
Mann, Katja siehe Pringsheim, K.
Mann, Thomas 308
Marc 226; 445
Maria Theresia v. Österr. 78
Martensen 436; 454
Marx 443
Marxsen *176*; 369
Masal 445
Maß 108
Matzka 459
Maurer 459
Maximilian I. 34f.; 108
Maximilian II. 142; 244
Maximilian III. Joseph 78; 80; 97
Maximilian, Erzhzg. 67
Maxwell 253
May 314; 320; 331; 436
Mayer, G. 442
Mayer, J. 445
Mayr, G.v. 301; 302
Mayr, J. 430; 442
Mayr, R. 226; 370; 445
Mazurkiewicz 184
Meier 377

Meierhöfer 449
Meixner 450
Melanchthon 23; 53
Mercator 48; 51
Mersenne 68
Merz 434; 442
Meunier 449
Meyberg 437; 454
Meyer 443
Michelsen 110
Milbiller 110
Miller, O.v. 247; 250
Minding 194
Minkowski 226; 231; 293; 298; 409
Mises, v. 203
Mittermaier 115
Möbius 141; 195
Mönch 110
Mohrmann 400; 401; 447
Moll *184*; 186; 460
Monge 137; 361; 363
Montgelas 113-116
Mucke 463
Müller, G.v. 209; 211; 374; 376f.; 382; 412
Müller, H.-J. 458
Müller, I.v. 264
Müller, P. 342
Müller, Wilhelm 311; 452
Müller, Wolfgang E. 437; 455
Münich 226; 446
Müntz 413
Mussmann 456

Nachreiner 443
Nagel 461
Napoleon 114
Narr 368f.; 443
Nazim 451
Nernst 368
Netzsch 460
Neuburger 344; 346
Neumann 141; 352
Newton 76; 79; 83
Nicolaus von Orbellis 37
Nicolaus von Oresme 25
Niethammer 115f.; 118; 121

## Namenverzeichnis

Nikolaus von Kues 20; 44f.
Nikomachos von Gerasa 17f.
Nobis 346
Noether *184*; 420; 447
Noßke 461

Oberseider 450
Oberst 437; 454; 457
Occam 26
Oeltjen 369
Oertel 444
Ogilvie-Gordon 441
Ohm, G.S. 133; *135*; 148; 317
Ohm, M. 135; *162-166*; 171; 194; 352
Oken, L. 126
Okyay 450
Oppel 345; 433; 437; 455; 459-463
Orban 249
Osorio 453
Osswald 345; 433; 437; 455; 457-460; 464
Ostermair 41f.; 429

Paasche 452
Paech 464
Pahl 454
Pareigis *336f.*; 344; 431; 436; 455-464
Pascal 48; 437
Paul Jordan II., F.v.Ursini 66
Paul, S. 238
Pauli, W. 245
Paulinus, R. 429
Pausch 186; 448
Peckam 25
Perron 7; 15; 82; 145; 176; 181; 184f.; 188; 197; 202f.; 226; 229; 275; 279; 283; 285; 287f.; *291-295*; 297; 299f.; 306-310; 313; 319-324; 330; 336f.; 363; 370; 403f.; 408f.; 422; 428; 431; 435; 446; 449-452
Perry 226; 445
Peschl 450
Petersson 454
Petri, K. 226; 370; 446
Petri, W. 345; 433; 436
Peukert 455

Peurbach 6; 21; 24; 32; 35
Peurle 55
Peutinger 34
Pfaff 121; 279
Pfaffelmoser 464
Pfeufer 449
Pfister, A. 453
Pfister, H. 346; 438; 455; 460-463
Pheder 61f.; 429
Pidoll, v. 184f.; 448
Pilzweger 456
Pincherle 394
Pinter 429
Pius II. 20
Planck *190*; 207; 243; 248; 339; 434; 443
Plank 28
Plücker 141; 188; 195; 231; 234; 360; 421; 424
Plueml 28; 37
Poggendorff 194
Pohlers 12; 434; 438; 457; 460; 462
Pohlmann 459
Poincaré 360; 363; 427f.
Poisson 137; 464
Polack 92
Poli 430
Pollak 442
Poncelet 194
Popp, K. 274; 277; 449
Popp, W. 454
Posch 442
Prandtl, W. 332
Prantl 9; 20; 28; 55; 71
Preisenberger 462
Priesack 463
Prieß 344; 345; 433; 459f.; 462; 464f.
Pringsheim, A. 2; 5; 9; 12; 15; 82; 201-207; 218; 225f.; 230; 233f.; 236; 240; 247; 256-261; 271; 279f.; 284; 287-292; 300; 304; 308f.; 328; 337; 348; 389f.; 392-396; 403f.; 417f.; 420; 423-428; 431; 433f.; 441; 446-449
Pringsheim, Katja 308
Prinz 62; 459
Proklos 51; 314
Prosch 180
Prunner 28

507

# Namenverzeichnis

Pruscha 346; 439; 458; 465
Prym 204
Ptolemaios 36f.; 39f.; 53
Purkert 101
Pythagoras 84

Rabe 450; 452
Radlkofer 358; 423; 426
Raff 447
Ramanujan 197
Ramspott 436
Ranke 217; 233; 383; 423; 425f.
Rassler 429
Ratdolt 37
Rauber 186; 226; 448
Rauch 105f.; 114
Rawitsch 181
Recht *139f.*; 147f.; 325; 433f.; 442
Recknagel 443
Regensburger 451
Regiomontanus 6; 21; 24; 35; 48; 463
Rehlinger 430
Rehm 264
Reich *332*; 438; 457
Reichenbach 137; 152
Reihs 369
Rein 464
Reindl 139f.; 148; 433; 442
Reiner 453
Reisch 23; *44ff.*; 451
Reittmair 430
Rentschler 454
Reye 228
Rhomberg 84; 249
Richert 345; 433; 438; 457; 461ff.; 465
Richter E.-H. 448
Richter, H. 82; *338*; 344; 431; 448; 453-458; 461
Richter, M. 454
Riebesell *304*; 320; 436; 452
Riecke *214*
Riederer 430
Rieger 344; 433; 436; 454
Riemann 202; 204; 246; 359; 381; 414; 420
Ries 48f.
Ring 430; 451

Roelcke 12; *337*; 344; 431; 455-463
Rohn 443
Röhrl 320f.; *324f.*; 334; 436; 452
Romstöck 9; 47; 84; 441
Röntgen 244; 246; 363; 364; 365; 366; 367; 368; 423; 426; 427; 446
Roquette 321; *325*; 334; 436
Rosenthal 184; 186; 226; 256; 266; *273*; 282; 310; 322; 433; 435; 447
Rost 454; 465
Rothlauf 443
Rousseau 94
Ruckert 462
Rud 41f.; 429
Rudolf II. 67
Rudolf, P. 464
Rued siehe Rud
Ruf 37; 39
Rügemer 450
Rüger 456
Runge *191*; 456

Sacher 456
Sachs 345; 433; 438; 456; 458-464
Säckl 8
Sailmair. 28
Sametinger 449
Schäfer 346; 439; 456; 463ff.
Schaff 8; 46; 55; 68; 248
Scharlau 11
Scheckenbach 226; 448
Scheeffer *161*; 434
Scheffers *290*
Scheidel 226; 447
Scheiner 13; 61; *63-69*; 104; 249; 429
Scheinost 465
Schellbach 127; *171*
Schelling 115f.; 121f.; 124; 126;131;134
Schering *214f.*; 352; 376; 416
Scherk 189
Scheuble 448
Scheuermeyer 368
Schief 463
Schieferdecker 452
Schimmack 261
Schimpf 392
Schlaginweit 442

Schleicher 369
Schleier 278; 320; 324
Schleiermacher *190f.*
Schlink 226; 445
Schlögl, K. 457
Schlögl, V. *97-100*; 102ff.; 301;430;442
Schlömilch 141; 202
Schlüchtermann 463
Schlumprecht 463
Schlüter *339*
Schmauderer 437
Schmauß 180; 370; 451
Schmeidel 28
Schmeidler 345; 463; 465
Schmerbeck 463
Schmerl 346; 439; 463
Schmid, A. 369; 447; 465
Schmidt, G. 454
Schmidt, H. 449
Schmidt, R. 284; *313*; 320f.; 323; 337; 431; 433; 452f.
Schmitz 346; 444
Schnauder 449
Schneemeier 463
Schneider, H. 456
Schneider, H.-J. 329; 332; 345; 433; 437; 455; 458; 460; 462; 464
Schneider, I. 345; 433; 437; 455; 463
Schneider, M. 455
Schneider, W. 463
Schnorr von Carolsfeld 370
Schoenflies *172*; 219; 398; 415
Schöll 186; 441; 448
Schönberger 64; 65
Schöner 8; 444
Schönwerth 368
Schorr *175*; 369; 444
Schottenloher 345; 433; 438; 457; 459; 461f.; 465
Schottky *215*; 363; 416
Schreier 77; 430
Schröter 424
Schrüfer 304
Schubert 326
Schubring 315
Schübel 226; 446
Schüppel 458
Schütte 82; *340*; 344; 432; 453; 455-460

Schütz 176; 369
Schuch 430
Schultz 105; 108
Schulz 346; 439; 460; 462
Schumacher 196; 444
Schupp 460
Schur, F. 231; *234*; 424f.
Schuster, D. 346; 463
Schuster, H.-W. 345; 433; 437; 455; 460-463
Schwald 346
Schwanengel 460
Schwartz, N. 439; 459f.; 464
Schwarz, H.A. *172*; 214f.; 313; 415f.; 420
Schwarz, J. 450
Schwarzschild 445
Schwichtenberg 12; 82; *340*; 432; 460; 462ff.
Seebach 278; *322f.*; 334; 342; 344; 432f.; 436; 441; 451; 459f.
Seebass 454
Seegmüller 343; 432; 456; 460f.; 464
Seeliger 184; *208*; 210; 287; 292; 371; 375; 413; 423; 426; 444-449
Segl 106
Seibert 452
Seibt 457
Seidel, L.Ph. 2; 5; 8-11; 15; 82; 129; 143-150; 156; 166f.; 177; 184; 192; 194f.; 197ff.; 201; 204-208; 212; 218; 223; 239; 243; 303; 336; 351; 354ff.; 358f.; 368-372; 375; 390; 431; 433f.; 440; 442ff.
Seidel, Wilfried 461
Seidel, Wladimir 450
Seifert 9; 458
Selling 442
Seoud 460
Serret 196
Seyffer 115f.
Siber 6; 82; 125; *133-136*; 139; 165; 317; 431; 457
Siegfried, M. 368
Silberhorn 62; 429
Silbernagel 446
Simader 433; 437; 455; 458
Sinzinger 459

## Namenverzeichnis

Smith 447
Sobotta 346
Sommer 457
Sommerfeld 11; 222; 226; 236; *244*;
  246ff.; 287; 291f.; 311; 318f.; 329;
  340; 367f.; 397; 448-451
Sonner 452
Spangler 460
Spann 464
Späth 6; 82; 87; *125-129*; 131; 133f.;
  136f.; 139; 148; 151; 303; 431; 457
Spengel 192
Spörl 26
Stabius *32ff.*; 41; 429
Staeble 226; 446
Stäckel *234*; 280; 424f.
Stahl 6; 14f.; 82; *115f.*; 120-123; 125f.;
  134ff.; 139; 165; 193; 317; 430f.
Stark 361; 369
Stattler 95f.
Staudt, v. 141; 194
Steck *313*; 331
Steeb 430
Steger 462
Steigenberger 93; 442
Steiglehner 82; *97-105*; 430; 442
Stein 12; 15; 82; 321; *336f.*; 344; 431;
  452-461
Steiner *143*; 188; 195; 239
Steinert 369
Steinheil, K.A. 11; 82; *139f.*; 145; 147;
  166; 431; 442
Steinheil, R. 369
Steinlein 346; 433; 438; 456; 460; 463
Stenger 454
Stern 352
Steuerwald *322f.*; 433; 451
Stevin 60
Stiborius 30; *35f.*; 41
Stiegler 457
Stigler 81
Stinglheim 430
Stoeckl 369
Stöffler 53
Stolz *172*; 202; 409; 414
Storer 429
Sträuble 180
Strauß, J. 346

Strauss, K. 226; 448
Strecker 452
Ströhlein 159
Studeny 346; 460
Study 444; 450
Stuloff 320; *325*; 334; 436
Stumpf 411
Sturm 194; 415
Stute 438
Suschowk 452
Sutner 462
Svoboda 463
Szász *186*

Tafel 460
Tannery 390
Tannstetter 25; *35f.*; 40f.; 47; 54
Teichmann 346; 439; 457
Tempel 226; 369; 446
Teodorescu 458
Thalreiter 226; 365; 370; 446
Thanner 429
Theon 45
Thiersch 124; 126; 131; 167; 325
Thoma, E. 321; 334; 436; 455
Thoma, M. 465
Thomae *213*
Thomas v. Aquin 38
Thüring 449
Thürlings 346
Tietze 7; 15; 82; 229; 236; 279; 283;
  285; 292; *297ff.*; 306f.; 310; 313;
  319ff.; 323; 336; 348; 414; 431; 450ff.
Tischleder 442
Toenniessen 465
Toepell 11; 441; 462
Tolhopf 12; *28ff.*; 33
Tonhawser 37
Treyling 76
Trio 415
Tromba 431
Tropfke 81; 330; 333
Turl 28
Turmair, *siehe* Aventin

Uebele 6; 8; 133; 457
Ulbricht 460

Ulrich 352
Unkelbach 451
Unverdorben 443
Urban 450
Utzschneider 152; 442

Valenta 465
Valentiner 370
Vallée 398
Vega 108
Veltmiller 41; 429
Viète 60; 83
Vietoris 298
Vitzthum 455
Vogel 6; 23; 188; 229; 274; 277f.;
 323f.; *328-332*; 334; 347; 395; 433;
 435; 450-454
Vogler 71; 429; 443
Vogt 462
Voigt 360
Voigt, J. 438; 458; 461
Voigt, W. 422
Volk 10; 226f.; *284ff.*; 435; 449
Volkmann 223
Voss, A. 2; 9; 12; 15; 82; 158; 179-184;
 194; 197; 201; 217; 222; 227;230-241;
 256; 258; 263; 271; 283; 286-292;300;
 304; 312; 336; 340; 348; 365-368;
 383; 392; 396-401; 404; 410; 412f.;
 419; 421-428; 431; 446-449
Voß, K. 436


Waerden, van der 197; 294; 336
Wagatha 461
Wagner 180; 370; 446
Waibl 71; 429
Walberger 443
Waldseemüller 47
Walek 226; 447
Wallis 88; 325
Wallner 180; 226; 325; 340; 446
Walmann 28
Walther, H.-O. 346; 434; 438; 458;
 461-465
Walz 370
Waring 185

Wasmuth 398
Weber, E.v. 10; 176; 257; *279f.*; 340;
 369; 433; 435; 445; 447
Weber, Hans 452
Weber, Heinrich 210; 215; 230; 377;
 416; 419; 422
Weber, Hellmut 458
Weber, J. 108
Wegmann 455
Wehler 346; 439
Weickmann 186; 447
Weidmann 437; 458
Weierstraß 15; *149*; 172; 188; 202; 205;
 208; 214; 239; 301; 352; 364; 371;
 381; 389f.; 394; 427
Weigand 320; 452
Weileder 465
Weinberg 330; 451
Weingärtner 369
Weiß, F. 30
Weiß, G. 451
Weiß, J. 429
Weizsäcker 438; 457
Welck 458
Welker 451
Wellhausen 377
Welser 66
Wendler 445
Wenninger 464
Wenzel 448
Werner, D. 461
Werner, H.J. 346
Werner, J. 32; 47
Wiechert 222; 246
Wiedemann 173
Wiegmann 344; 433; 437; 454
Wieland 275
Wieleitner 10; 176; 188; 226; 229; 307;
 *328-331*; 360f.; 369; 435; 446; 450
Wien 167; 244; 287f.; 291f.; 302
Wiener, H. *190f.*; 443
Wienholtz *340*; 344; 432; 455-463
Wilkens 449f.
Wimmer 368
Winkler, E. 450
Winkler, G. 346; 439; 450; 459; 462
Winkler, M. 458
Wirsching 465

# Namenverzeichnis

Wirsing 343; 432; 459
Wischnewsky 457
Witelo 25
Wittwer 434
Witzgall 453
Woepcke 171
Wohlthat 121
Wolf, G. 28
Wolff, Chr. 87f.; 90ff; 99; 101
Wolff, St. 463
Wolffhardt 344; 346; 433; 437; 453; 459; 461; 463ff.
Wolkenstörfer 450
Worpitzky 203; 390; 392
Wroblewski 443
Wüllner 173
Würfel 438; 457
Würzburger 41f.; 429
Wußing 49


Yurtsever 451


Zagler 455
Zahler 226; 446
Zahn 302
Zanner *83f.*; 430
Zapp 447
Zeitler 342
Zelzer 445
Zermelo 263
Zettl 448
Zimmer 369
Zimmermann, B. 458
Zimmermann, W. 346; 433; 438; 455; 460; 464f.
Zistl 368
Zittel 423
Zöllner 462
Zöschinger 346; 434; 438; 457; 464f.
Zrenner 447
Zurl 450

# Sachverzeichnis

Abelsche Integrale 380; 381
Akademie 6; 10; 34; 80-83; 126; 134; 141; 149; 152; 165f.; 220; 235; 247; 250f.; 257; 283; 294; 296; 299; 317; 328; 343; 357; 394; 418; 428
Albertinum 62
Algebra 14f.; 49; 63; 80; 83; 86ff.; 91; 93; 101; 107; 110; 129f.; 134; 170; 193-199; 205; 208; 218; 221; 224; 229f.; 240; 258; 270; 277; 279; 288; 290; 294; 327; 342; 344; 349; 355; 362; 365; 371; 418-421; 451
Altdorf 59; 72; 127
Analysis (*siehe auch* Differentialrechnung u. Integralrechnung) 14f.;121ff.; 125; 129; 140; 147; 149; 159; 198f.; 202; 205; 207f.; 213; 258; 268-271; 274; 280f.; 283; 296; 298; 300; 335f.; 339; 345; 349; 353; 355; 371; 380; 418; 427; 457f.; 460ff.
angewandte Mathematik 13f.; 18; 70; 89; 92; 99f.; 102; 106; 108; 114; 125; 127; 129f.; 132; 134; 141; 146; 150f.; 153; 165; 203; 207; 223; 246; 289; 296; 304; 313; 315; 318; 321; 335; 339f.; 342; 357; 440f.
Arithmetik 13; 17; 29; 35; 40; 45; 48f.; 51; 63; 67; 69; 71; 80; 86; 88f.; 91; 93; 101; 105; 107; 110; 123; 130; 132; 136; 194; 262; 342; 405; 439; 450; 463
Armarium 250; 317
artes liberales 17; 21
Artistenfakultät (*siehe auch* Fakultät: Philosophische) 12; 20ff.; 26ff.; 31; 34; 36; 38; 44f.; 51; 57f.; 119
Aschaffenburg 127; 139
Assistent 97; 211; 244; 246; 275; 285; 300f.; 308; 319f.; 325; 334; 375f.
Assistentenstelle 187; 209f.; 227; 285; 297; 332; 372f.
Astrologie 19; 29; 32; 35; 39; 49; 54

Astronomie 13; 17ff.; 21; 23; 27; 29f.; 32f.; 35; 39; 45f.; 48; 52; 59f.; 62; 64-69; 73; 79; 84; 88; 91; 93; 95f.; 99; 101f.; 110; 126; 146; 148; 224; 249; 286; 335; 349; 376; 423; 436; 449; 463; 465
Augsburg 40; 43f.; 66; 81; 140; 152; 154; 405

Baccalaureat 22
Bamberg 60; 127
Bautechnik 153
Bayern 8; 51f.; 62; 78; 108; 111; 115f.; 118f.; 137; 147; 154; 163; 165; 171; 187f.; 209; 212; 222; 228; 256f.; 327f.; 374; 377; 407; 412; 465
Bayreuth 392
Berlin 1; 2; 5; 11f.; 15; 81f.; 109; 117; 124f.; 129; 133; 141; 143f.; 146; 148; 160; 163ff.; 171; 173; 189; 194f.; 205; 208; 214; 219; 234; 239; 248; 267; 283; 289; 292; 296f.; 313f.; 326; 328; 352; 357; 360f.; 371; 373; 381; 390; 395; 415ff.; 420; 424f.; 434; 436
Bernoullische Zahlen 195; 353
Berufungsverfahren 4f.; 15; 31; 34; 69; 97; 142f.; 147; 157; 208f.; 212f.; 215; 217ff.; 224; 230; 232-235; 239; 245f.; 252; 287f.; 294; 297; 324; 343; 370; 372f.; 375ff.; 379; 383-388; 404; 407; 417ff.; 423f.; 440
Bibliothek 3; 34-38; 41; 45; 85; 128; 173f.; 178; 182; 220f.; 300; 308; 318; 331; 347; 355f.; 358; 387f.; 411
Biennium 14; 126
Bildung 22; 33f.; 57; 94; 137; 142; 155; 160; 164ff.; 172; 257; 305; 374; 445
Braunschweig 120f.; 155
Bücherkatalog 24; 36ff.; 40f.; 45

# Sachverzeichnis

Chemie 90; 95; 126; 128; 151; 191;
  335; 349; 357; 427; 464
Concurs 198; 354

Darmstadt 155; 191; 231; 235; 275;
  420f.; 424
Dekan 28; 135; 162; 182; 184; 192;
  195; 217; 233; 238; 264; 266; 288;
  291; 294; 311; 383; 422f.
Determinanten 154; 162; 186; 227; 270;
  279; 351; 443
Didaktik der Math. 2; 15; 140; 186;
  217; 229; 259; 260ff.; 264ff.; 268;
  271; 274; 277; 324; 329; 341f.; 345
Differentialgeometrie, *siehe* Geometrie
Differentialgleichungen 141; 161; 183;
  194; 205; 225; 236; 246; 258; 270;
  279; 290; 294ff.; 300; 312; 323; 326;
  335; 339f.; 361; 365ff.; 425; 434f.;
  439; 445; 448ff.; 453; 461f.
Differentialrechnung/Infinitesimalrechnung (*siehe auch* Analysis) 83; 87; 92;
  123; 129; 180; 207; 223f.; 229; 256;
  258; 325; 328; 345
Dillingen 20; 59; 61f.; 64; 127; 257
Dioptrik 93; 146f.; 150; 351; 443
Diplom 301; 314f.
Dirichletsches Prinzip 186
Disputationen 62; 72
DMV 11; 190; 203; 222; 238; 293; 310;
  319; 441
Dreierinstitut 333; 338; 343
Dresden 231; 235; 421; 424

Elektrodynamik 367
Elementarmathematik 99f.; 104; 127;
  130; 132; 139; 140f.; 164; 187; 219;
  257; 259; 262; 264ff.; 268; 271;
  273ff.; 277f.; 333
Erdabplattung 84
Ergodentheorie 312
Erlangen 9; 12; 141; 159; 163ff.; 194;
  197; 204; 223; 235; 255; 257; 297;
  371; 380
experimentell (*siehe auch* Physik) 69;
  80; 99; 245; 250; 317

Fachdidaktik, *siehe* Didaktik der Math.
Fachstudium, math. 113; 126; 130-133
Fakultät 4; 7f.; 30f.; 110; 113f.; 169;
  334f.; 385
  Mathematische 286; 312; 321; 334;
    342-348; 441
  Naturwissenschaftliche 138; 170; 192;
    305f.; 319ff.; 323; 340; 347f.
  Philosophische bzw. Artistenfakultät
    9; 11ff.; 17f.; 20ff.; 26ff.; 31; 34; 36;
    42; 44f.; 51; 54; 57f.; 61; 67; 73; 75-
    79; 90; 92; 94f.; 98; 108; 110; 114;
    119; 124ff.; 131; 135; 137; 139; 143;
    146; 167; 170; 178; 181f.; 191ff.; 207;
    210; 213; 216; 233f.; 238; 243; 252;
    264; 271ff.; 287f.; 290ff.; 294; 303ff.;
    334; 351; 370; 375; 379; 382; 404;
    419; 423ff.; 440f.
  Staatswirtschaftliche 130; 139; 152f.;
    268; 302; 304; 434
  Theologische 13; 21; 24; 58; 79
Ferienkurs 255; 257f.; 262; 326; 341;
  374
Flächentheorie 19; 62; 88; 105f.; 153;
  162; 196; 225; 227; 231; 234ff.; 258;
  279; 322; 359; 361ff.; 365f.; 421;
  424f.; 436; 438; 443-448; 450-454;
  456; 461
Forschung 1; 3; 5f.; 15; 62; 63f.; 109;
  114; 117; 129; 136; 143; 169; 193;
  196; 199; 201f.; 238; 250; 259; 274;
  289; 295; 298; 330; 337; 348
Forstwirtschaft 134
Fouriersche Reihen 362
Funktionalanalysis 339f.; 344
Funktionen
  Abelsche Funktionen 225; 270; 361
  automorphe 225; 453
  elliptische 141; 150; 205; 322; 445;
    449
  fastperiodische 324; 452
  Lamésche Funktionen 213; 361; 446
Funktionentheorie 3; 15; 123; 160f.;
  201f.; 205; 208; 224; 270; 277; 287f.;
  296; 306; 309; 323; 336; 344; 360;
  371; 418; 420; 425; 427

## Sachverzeichnis

Geisteswissenschaft 152; 192f.; 284
Geographie 32f.; 48; 50; 73; 93; 110; 139; 140; 193; 434
Geometer 151; 193; 212; 227; 234; 289; 297; 380; 393; 424f.
Geometrie 17; 20; 29; 35; 40; 45; 51; 60; 64; 67; 80f.; 83f.; 86; 88f.; 91ff.; 95; 101; 105; 107; 110; 128ff.; 160; 199; 208; 212; 219; 223-228; 230ff.; 234; 269; 273f.; 288f.; 313; 318; 321; 327; 335ff.; 340; 351; 366f.; 371; 380; 414; 418-422; 424; 439; 447; 462; 464
analytische 25; 83; 132; 136f.; 140; 148; 159; 170; 178; 198; 207; 212; 223; 227; 258; 268; 270; 276; 279; 307; 323; 330; 344; 349; 355; 360-364; 380; 435; 443; 454;
darstellende 14f.; 137ff.; 154; 158; 187; 195; 219; 223; 226ff.; 252; 258; 265; 270; 281f.; 298; 313; 318; 337; 344; 407; 411
Differentialgeometrie/Kugelgeometrie 225; 227; 236; 262; 271; 273; 277; 296; 300; 323; 335; 344; 361; 363; 366; 445; 449; 457
euklidische 186; 371
Grundlagen der Geometrie 225; 232; 238; 254-257; 263; 271; 273; 297; 410; 425; 462
Liniengeometrie 44; 88; 107; 225; 228; 231; 235; 251; 258; 271; 360; 362f.; 366; 421; 425; 438; 443; 445ff.
nichteuklidische 196; 204; 225; 236; 269; 271; 273; 295; 371
praktische bzw. technische Geometrie 45; 51; 95; 110; 148; 151; 263
projektive bzw. perspektive Geometrie 25; 196; 228; 336; 338
synthetische 159; 161; 187; 195; 198; 205; 230; 270; 281f.; 289; 298; 307; 351; 355; 359; 419
Geschichte 1; 2; 5; 7-10; 15; 35; 80; 90; 95; 99; 101; 115; 117; 128; 131f.; 170; 194; 241; 248; 256; 261ff.; 266; 267; 271; 273; 277f.; 286; 290; 297; 310; 314; 316; 321; 325f.; 328-334; 343; 345-348; 391; 399; 407; 425; 432; 435-439; 442; 457; 464

Geschichte der Naturwissenschaften 9f.; 277; 321; 328f.; 331-334; 343; 345ff.; 436-439
Mathematikgeschichte 1f.; 101; 128; 194; 261f.; 267; 271; 277f.; 297; 325f.; 328ff.; 332f.; 335; 425; 435
Gewerbeschule 194
gleichmäßige Konvergenz 282
Gleichungen 45; 49; 60; 88; 127ff.; 150; 154; 196; 221; 225; 235; 256; 365; 366f.; 371; 381; 439; 447f.; 452; 459; 464
Göttingen 1f.; 10; 12f.; 82; 101; 109; 116; 125; 133; 139ff.; 145; 170; 191; 195; 208; 210ff.; 214f.; 219; 230f.; 233; 235; 239; 246; 254f.; 261f.; 266ff.; 289; 292; 294ff.; 301f.; 310; 312; 318; 328; 339; 352; 371-377; 379; 381; 384; 389; 399; 403f.; 413; 415ff.; 419; 421; 423ff.; 436; 439
Greifswald 99; 319
Grundstudium 18; 21; 126
Gutachten 5; 10; 93f.; 136; 165; 185; 263; 280; 285; 292; 364
Gymnasiallehrer 14; 118f.; 131; 141; 169; 188; 220; 224; 230; 235; 255f.; 289; 326; 341f.; 374f.; 387; 421; 424; 434
Gymnasien 57; 64; 75; 80; 89; 91; 96; 117f.; 126ff.; 134; 144; 154; 157; 163; 171; 187f.; 194; 197; 224; 229; 255; 264; 285; 300; 330; 341; 375
Albert-Einstein-Gymnasium 329
Apian-Gymnasium 46
Christoph-Scheiner-Gymnasium 66
Ignaz-Koegler-Gymnasium 75
Ludwigsgymnasium 134; 153; 277
Maximiliansgymnasium 134
Wilhelmsgymnasium 80; 308
Realgymnasien 118; 154; 155; 250

Habilitation 2; 4f.; 120; 160f.; 191; 197; 204f.; 244; 261; 264f.; 276; 285; 304; 328f.; 408; 415; 434; 441
Halle 91; 108; 131; 133; 189; 294; 425
Handelsrechnen 100

515

# Sachverzeichnis

Hannover 155; 235; 296
Hilbertscher Basissatz 232; 239

Infinitesimalrechnung, *siehe* Analysis
Informatik 16; 286; 321; 335; 342f.; 345ff.; 432
Institut 10f.; 14; 140; 152; 159; 162; 165ff.; 169; 173f.; 193f.; 220f.; 244f.; 247; 250; 253f.; 286; 311; 313f.; 317-321; 331ff.; 335; 338; 343; 345f.; 356ff.; 432; 439
  Physikalisches Institut 140
  Institut für Informatik 321; 343; 346; 432
Integralgleichungen 185; 269f.; 272; 302; 458; 461; 465
Integraloperatoren 339
Integralrechnung (*siehe auch* Analysis) 87; 89; 102; 107; 127; 146; 148; 159; 161; 194f.; 236; 268; 270; 280; 307; 312; 323; 360; 362; 364
Invariantentheorie 270; 421; 444

Jablonowsky-Gesellschaft 86
Jena 20; 59; 114; 116; 120ff.; 133; 177; 318
Jesuiten 13; 52; 57-61; 63; 66f.; 73; 78; 89
Jesuitenorden 13; 28; 57f.; 89f.
Jesuitenuniversität 57

Kabinett 80f.; 102; 174; 247; 317; 356f.
Kameralinstitut 110
Karlsruhe 155; 234; 420; 424; 434
Kartenprojektion 47; 51; 69; 359
Kartographie 13; 46; 322
  Landkarten, Himmelskarten 32f.; 47; 51f.; 67; 71; 75; 249; 393
Kegelschnitte 88; 101; 103f.; 106f.; 125; 127; 132; 135; 227; 256; 362; 407; 445f.; 453
Kettenbrüche 144-147; 154; 155; 197; 205; 365; 434; 448; 450f.
Kolloquium 229; 262; 276; 305; 307ff.; 342; 345

Kombinatorik 122f.; 127; 154
konforme Abbildungen 225
Königsberg 11; 20; 59; 105; 129; 133; 140f.; 144; 146ff.; 189; 204; 213; 218-226; 231; 246; 286; 380; 384; 386f.; 406f.; 415; 419; 421; 425
Kopenhagen 86
Kugelfunktionen 144; 195; 197; 199; 213; 270; 353; 362; 421
Kugelgeometrie, *siehe* Geometrie

Lehramtsstudium 169; 306
Lehrauftrag 72; 219; 265; 272-275; 277; 281; 301f.; 304; 313; 322f.; 328
Lehrbeauftragter 30; 305; 331
Lehrbuch 4; 10; 19; 23; 25; 45; 60; 63; 86f.; 89; 91ff.; 94; 96; 107; 110; 122; 126; 134; 196; 202; 240; 279; 294f.; 299; 303; 322; 338; 419
Lehrerbildung 8; 119f.; 157; 259; 265; 314; 316
Leipzig 19; 47; 50; 63; 86; 101; 108; 122; 124; 127; 133; 141; 195; 251; 318; 322; 333; 352; 371; 389; 401; 417; 421; 424
Liniengeometrie, *siehe* Geometrie
Logik 15; 22; 75; 79; 84; 90; 95; 237; 262; 340; 437
Lyzeum 104; 124; 127; 128; 130; 134; 255, 277, 434

Magisterprüfung 24; 26; 65; 70
Maschinenlehre 110; 151; 153
Mathematiklehrer 103; 144; 159; 165; 201; 205; 228f.; 255; 257; 265; 326; 375
Mechanik 78; 80; 91ff.; 95; 107; 136ff.; 161; 203f.; 207; 236; 250; 271; 296; 304; 306; 311; 349; 353; 355; 362f.; 365-368; 422; 425; 434
Mengenlehre 263; 269f.; 272f.; 276; 323; 460
merkwürdige Punkte 366
Meteorologie 38; 94; 101; 103; 106; 110; 135; 193; 335

# Sachverzeichnis

Methode 13f.; 23; 49; 60; 65; 77; 80f.; 91; 101; 121f.; 136ff.; 143; 148f.; 156; 192; 204; 207; 224; 238; 283; 293f.; 304; 347; 408; 410; 421f.; 425-428; 436; 438; 447; 452; 457; 459-465
Methodik 2; 132; 186; 259; 261; 273; 277; 314; 324; 328f.; 435f.; 449
Minimalflächen 183; 360; 367; 446
MNU 228f. 229
Modelle 159; 174; 220; 249; 251-254; 376; 386f.
Modellsammlung 128; 252ff.; 357; 411; 415
Molekularphysik 381
Münster 2; 7; 12; 133; 144; 319; 337; 415

Nationalsozialismus 15; 305-311
Naturlehre 96; 98; 102
Neuhumanismus 116f.
Nürnberg 32; 41; 59; 151f.; 154; 228; 253; 359f.; 415

Oberrealschule 154; 229; 320
Oberseminar 170; 178; 180; 206; 345; 360-363
Optik 25; 35; 45; 67; 93; 95f.; 250; 296; 335; 442
Organisationsplan (Vorlesungen) 266ff.; 289

Pädagogik 132; 260; 264
Paris 17f.; 22ff.; 27; 42; 83; 137f.; 174; 194; 357; 380; 421; 461
Perspektive (*siehe auch* Geometrie) 25; 47; 93; 228; 251
Philosophie 17; 22; 75; 78f.; 85f.; 115; 121; 125f.; 132; 192; 241; 261; 263; 266f.; 314; 328; 352; 399
Photometrie 145; 150; 362; 443
Physik 2; 6; 8; 13ff.; 22; 38f.; 46; 64; 68f.; 79; 86; 90; 92f.; 101f.; 104f.; 108; 115f.; 120f.; 123; 125ff.; 131f.; 134-137; 139; 141; 151ff.; 157; 164f.; 167f.; 171; 173; 187; 191; 194; 209; 221; 261; 269; 272; 288; 293; 297; 311; 316f.; 330; 335; 339; 352; 355; 357; 361; 372f.; 376; 381; 423; 427; 430f.; 433; 434
Experimentalphysik 78; 85; 95f.; 98; 125; 135; 248f.; 349; 360
theoretische Physik 15; 99; 101; 104; 221; 223ff.; 243; 245ff.; 311; 318f.; 347; 440
Planetenbewegung 23
Poetik 30f.; 33f.; 41f.
Polytechnikum 137f.; 231; 235; 352; 392; 420f.
Potentialtheorie 195; 270; 361
Prag 17; 32
Prämie 10; 169; 173; 175; 177; 181-184; 187; 224; 350; 359ff.; 363; 365f.; 368
Prämienverteilung (Seminar) 177f.; 360
Preußen 5; 116-119; 128; 141; 163; 167; 173; 209; 211; 223
Privatdozent 5; 128; 140; 151; 153; 161f.; 196; 201; 205; 218; 227; 231; 243; 246; 265; 268; 272; 275f.; 286; 294; 302; 313f.; 322; 334; 345f.; 353; 368; 415; 420f.; 424; 434
Projektion 32; 47; 364; 446
Promotion 54; 115; 128; 145; 197; 293; 315; 330; 401; 440f.
Promotionsgutachten 4; 422; 426
Proseminar 170; 307; 318; 345
Prüfungsordnung 118; 148; 178; 198; 222f.; 274f.; 318; 327

Quadratur des Kreises 15; 224f.; 290; 381; 414; 422
Quadrivium 17; 22

Raumanschauung 219; 297
Rechenbuch 43; 48; 153; 452
Rechenmeister 100
Regelflächen 358; 364; 444; 447f.; 465
Regensburg 28f.; 47; 102; 106; 434
Reihenlehre 23; 122; 127ff.; 144; 147; 149; 154; 190; 198; 205ff.; 258; 270; 280f.; 295; 307; 355; 362; 392; 435; 445; 449; 451

517

## Sachverzeichnis

reine Mathematik 14; 18; 80; 85f.; 88; 94; 96; 99; 105; 114; 117; 119f.; 123; 125; 130; 135; 157; 206f.; 243; 289; 315; 327; 349
Rektor 12; 15; 18; 20; 28; 54; 67; 115; 135; 137; 182; 209; 224; 266; 277; 313; 331; 356; 358; 373; 411
Relativitätstheorie 236; 269; 272; 449

Salzburg 127
Schulprogramm 10; 169; 255
Sektion 113f.; 159; 179; 191f.; 216f.; 229; 238; 252; 264; 287; 290; 294; 304ff.; 335; 372; 382-385; 419; 423f.; 447; 449
Seminar
  Mathematikgeschichtliches 325; 331
  Mathematisches bzw. mathematisch-physikalisches 2-10; 14; 140; 145f.; 162-187; 189; 197f.; 201; 207; 209; 224f.; 252ff.; 300; 303; 306; 310; 318-323
  Physikalisches 319f.
  Versicherungsmathem. 300-304
Seminarausbau 354
Seminarbibliothek, *siehe* Bibliothek
Seminarraum 219ff.; 252; 386
Senat 10; 145; 162; 170; 180ff.; 184; 198; 208f.; 212; 216f.; 230; 233; 254; 276; 350; 354; 358; 360f.; 363; 370; 372f.; 379-383; 385f.; 396; 417ff.; 423
Societät 86; 145; 220; 387
Sonnenuhr 40; 62; 64; 67; 70; 249
Spezialstudium der Mathematik 131ff.
Staatsexamen 2; 22; 26; 118; 159; 187; 194; 197; 218f.; 241; 261; 280; 292f.; 300; 314; 354; 402; 423; 426
Staatsexamensarbeit 178
Statistik 110; 268; 270; 302; 304; 307; 324; 335; 338; 340
Statuten 10; 22; 24; 81; 166; 168f.; 349
Sternwarte 68; 75; 84; 102; 116; 147; 249
Strahlencomplex 359
Studienordnung 14; 18; 45; 78; 128; 131; 133; 157; 169; 187; 194; 198; 314; 349; 354

Stundenplan 26ff.
Substitutionen 161; 225; 293; 351; 408

Taylorsche Reihe 392; 395; 418
Technik 14; 99f.; 117f.; 128; 130; 137; 150-153; 155f.; 158; 160; 219; 231; 246; 250; 315; 333; 347; 350; 357; 371; 380; 382; 384f.; 419ff.; 424
Technische Hochschule 152f.; 155f.; 160; 218f.; 231; 252; 273; 281; 371; 380; 420f.; 424; 440
Technologie 94; 105; 108
Theologie 21; 28; 58; 61; 76
Thermodynamik 296; 367f.
Topologie 14; 236; 297f.; 335; 337; 344; 443; 459
Transformationsgruppen 234; 424f.
Trigonometrie 22f.; 71; 80; 88; 93; 101; 105; 107; 110; 127; 130; 141; 154f.; 170; 326f.; 349
Trivium 17


universitas litterarum 192
Universitätsbibliothek 10; 23; 39f.; 174; 208; 211; 376ff.
Universitätsgründung 17; 19; 59


Variationsrechnung 128; 161; 186; 270; 296f.; 312; 323; 326; 436; 450
Vektorrechnung 269
Verein
  Bayerischer Mathematikerverein 191
  Mathematikerverein 189ff.; 226f.; 229
Vermessungskunde 108; 139; 151; 193
Versicherung 212; 304; 378
Versicherungsmathematik 227; 267; 270; 272; 274; 300ff.; 304f.; 338; 344; 435f.
Vorlesungsangebot 59; 68; 130; 141; 157; 161; 205f.; 241; 258
Vorlesungsverzeichnis 37; 50; 54f.; 57; 95f.; 100; 106; 108f.; 114; 128; 148; 320

## Sachverzeichnis

Wahrscheinlichkeitsrechnung 127; 144; 148; 150; 154f.; 277; 303; 307; 351
Wahrscheinlichkeitstheorie 277; 303; 305; 338; 341
Waringsches Problem 185
Wärmelehre 194; 215; 226; 250; 351; 416; 442f.
Wien 6; 17; 18; 20; 21; 22; 24; 26; 27; 28; 29; 32; 34; 35; 41; 47; 50; 108; 140; 194
Wissenschaftsgeschichte 135; 263
Württemberg 119; 223
Würzburg 10; 30; 59; 67; 81; 114; 116; 154; 195; 204; 230f.; 234f.; 255; 286; 352; 380; 396; 410; 419; 421; 424; 436

Zahlbegriff 203; 396
Zahlentheorie 18; 141; 194; 205; 224; 236; 270; 289; 300; 307; 322f.; 335; 351; 420f.
Zeitschrift 141; 203
Zentralschule 138; 140; 153
Zürich 155; 191; 297; 308f.; 419; 436
Zweck der Universität 224